병 법 사
兵 法 史

-정치사政治史의 범주 내에서-

델브뤼크

제 II 편

게르만족

제3판

민 경 길 譯

한국학술정보㈜

Geschichte der Kriegskunst

in Rahmen der politischen Geschichte

von

HANS DELBRÜCK.

Zweiter Teil.

DIE GERMANEN.

Dritte, neu durchgearbeitete

und vervollständigte Auflage.

BERLIN 1921.

VERLAG VON GEORG STILKE.

역자譯者 서문

델브뤼크Hans Delbrück의 《병법사兵法史 ―정치사政治史의 범주 내에서》는 전쟁사 연구의 기념비적인 작품으로 너무 유명한 책이라 현역 군인인 역자도 이 책에 관심은 있었지만 전공분야(전쟁법戰爭法)와는 조금 거리도 있고 또 우리말 번역본도 없어 읽을 기회는 없었다. 그러던 서기 2005년 초 육군본부 인사참모부장으로 재직 중이던 윤일영 소장小將은 부서 내에서 영어 독해능력을 갖춘 초급장교들과 병사들로 번역조를 편성해서 미 육군사관학교 렌프로Walter J. Renfroe Jr. 교수의 이 책 제Ⅰ편 영역본英譯本(그린우드 출판사Greenwood Press, Inc., 서기 1975년)을 우리말로 재번역해 출판했고 그해 4월 육군사관학교 부교장으로 부임해 온 다음 역자에게 이 번역본을 건네주었다. 역자는 이 번역본을 읽어 본 후 실증사학實證史學의 의미와 가치를 이해할 수 있게 되었을 뿐 아니라, 전술戰術과 전략戰略에 관심 있는 사람이라면 이 책을 꼭 읽어 보아야 할 책이라는 생각이 들었고 또한 제Ⅰ편에서 제Ⅳ편까지 모두 번역해 놓으면 역사학 전공자는 물론 특히 현역군인들에게는 큰 도움이 될 것으로 보였다.

델브뤼크 자신은 이 책 집필 동기가 병법사兵法史 자체가 아니라 세계사世界史에 대한 이해 즉, 인류가 발전해 온 역사에 대한 이해를 위한 것이었고 현역군인들이 이 책을 읽고 어떤 자극을 받는다면 자신은 그저 만족하고 자랑으로 생각하겠지만 이 책은 어디까지나 한 역사가가 역사를 사랑하는 사람들을 위해 쓴 책이라고 했다(제Ⅳ편, 머리말). 역사학 전공자는 랑케Reopold Ranke 이후 발전한 실증사학實證史學의 백미白眉라 할 수 있는 이 책을 통해 델브리크의 소위 객관적 비판Sachkritik의 역사학 방법론이 역사학의 한 분야에서 어떻게 적용되었고 어떤 성과를 거두었는지를 보게 될 것이다.

그러나 델브뤼크는 다른 한편으로는 모든 민족의 생존은 그들의 군대조직에 의해 크게 좌우되고 군대조직은 전투기술과 전술 및 전략과 밀접한 관련이 있다고 했다(제Ⅳ편, 머리말). 민족의 생존을 책임져야 할 최후 보루라 할 수 있는 현역군인들은 이 책을 통해 고대부터 근대까지 전투기술과 전술 및 전략이 발전한 과정을 비교적 명확히 이해할 수 있을 것이고 또 이를 기초로 현재와 미래의 전투와 전쟁에 대비할 수 있는 길을 찾아낼 수 있을 것이다. 역사가는 주관을 철저하게 배제하고 오직 역사적 사실만을 규명해야 한다고 주장한 랑케와는 달리 역사란 "현재와 과거 사이의 끊임없는 대화"라면서 우리가 역사를 배우는 이유는 과거의 사실을 반추反芻 하여 현재의 상황을 이해하고 보다 발전적인 미래를 준비하는 것이라고 한 카Edward Hallett Carr의 말은 현역군인들이 이 책을 읽어야 할 이유가 될 것이다. 물론 전문적 연구가가 아닌 현역군인이 이 책을 읽고 병법사兵法史를 이해한 후 미래의 병법兵法을 구상한다는 것은 결코 쉬운 일은 아닐 것이다. 병법兵法을 의미하는 독일어의 '크리크스쿤스트Kriegskunst'라는 용어 자체가 말하듯이 델브뤼크는 병법兵法은 본질상 회화繪畵나 건축建築이나 교육敎育과 같은 것이므로 정치사政治史의 측면에서 각종 전투를 연구한 이 책이 문화사文化史 분야의 책으로 분류될 수도 있다고 했다. 뛰어난 병법兵法은 뛰어난 회화繪畵나 건축建築이나 교육敎育과 같이 천재성이 필요한 부분이다. 그러나 노력이 천재를 만든다는 말도 있듯 국가안보를 책임지고자 하는 군인이라면 뛰어난 병법가兵法家가 되기 위해 끊임없는 노력을 기울여야 할 것이며 그런 노력을 기울이는 군인에게는 이 책이 큰 도움이 될 것이다.

역자는 이런 생각을 갖고 이 책의 완역完譯 문제를 부교장과 상의한 결과 부교장이 독일어 원본을 구하고 번역은 역자가 전담하기로 했다. 부교장은 곧 전사학과 김광수 교수에게 의뢰해서 고풍古風스런 독일 알파벳으로 쓰인 원본(게오르크 스틸케 출판사Verlag Georg Stilke의 원본을 서기 1962년~1966년 발터 그루이터 출판사Walter De Gruiter & co.에서 재간한 영인본影印本)을 구할 수 있었고 역자는 이 원본을 영역본을 참고해 가며 직접 번역할 수 있었다. 원문에는 고대 라틴어와 헬라어로 된 고전 문구가 20세기 초 서양 학풍에 따라서 번역문 없이 인용된 경우가 있지만 영역본에는 이들이 모두 영어로 번역되어 있어 이 부분은 영역본 내용을 재번역해서 인용했다. 독자의 편의를 위해 필요한 몇 곳에 역주譯註를 붙였고, 해제解題를 겸해서 크레이그Gordon A. Craig의 "전쟁사 연구가 델브뤼크Delbrück: Military Historian"라는 논문을 번역해 제IV편의 끝에 첨부해 놓았다. 이 논문에는 델브뤼크의 학문세계와 생애 그리고 이 책의 줄거리가 간단히 잘 요약되어 있다. 예비지식이 없는 독자는 이 논문부터 읽어보면 도움이 될 것이다.

서기 2009년 3월 31일

민 경 길(육사 교수)

제3판
머리말

제3판에서는 서기 1909년에 출간했던 제2판에 비해 서西고트Westgoten/Visigoths족의 군사제도 등 몇 가지 사소한 내용만 추가했을 뿐이다. 제2판이 출간된 후 세부 내용에 대해 많은 비판이 있었지만 필자는 종전의 견해를 그대로 유지했다. 일례로 게르만족 전투대형이 쐐기Keils/Wedges 모습이었다는 종전의 생각에도 변함이 없고 현재 파데보른Paderborn 교회당이 있는 언덕에 알리소Aliso 요새要塞가 있었다는 생각에도 변함이 없다. 종전의 견해를 바꾸어야 할 근거도 없을 뿐 아니라 오히려 이를 뒷받침할 더 탄탄한 논거를 제시할 수 있게 되었기 때문이다.

그 사이에 이 책의 마지막 편으로서 나폴레옹과 클라우제비츠Clausewitz 시대까지 다룬 제IV편이 서기 1920년에 출간되었다. 오스트리아의 어느 비평가의 말에 의하면 이 제IV편에서 가장 기본적인 업적은 사료史料에 기록된 병력수를 대폭 줄여서 볼 수 있게 되었다는 점과 섬멸전전략殲滅戰戰略/Niederwerfungs-Strategie과 소모전전략消耗戰戰略/Ermattungs-Strategie(역자 주: 지구전전략持久戰戰略으로 번역되기도 함)의 차이를 분명히 밝힌 점에 있다고 한다. 따라서 혹자는 이 책 중 가장 중요한 부분은 제I편과 제IV편이라고 말할지도 모른다. 그러나 필자는 이 제II편이 이 책 중에서 가장 중요한 부분일 것으로 생각한다. 이 제II편은 세계사의 전통적인 네 가지 문제점 모두를 깊이 다루었다. 이 제II편을 통해 필자는 소극적 측면에서는 고대세계의 종식終熄과 게르만족의 민족대이동民族大移動/Völkerwanderung과 관련된 전설적 개념들을 배제할 수 있었고, 적극적 측면에서는 콘스탄티누스Konstantin/Constantinus 대제(재위: 서기 312-337년)와 기독교 교회 사이에 동맹이 성립한 결과 군사조직과 군사제도에 변화가 발생했음을 입증했으며, 또한 봉건시대의 군사조직과 기사騎士제도의 실체를 분명히 밝힐 수 있었으며, 마지막으로는 이런 요소들의 밑바탕에는 개인전투원個人戰鬪員과 전술조직戰術組織이 전사戰士 체계의 두 축軸을 이루고 있었다는 사실을 규명할 수 있었다. 제III편은 이런 두 축軸의 발전과정을 다룬 것이다.

서기 1921년 7월 29일 그루네발트Grunewald에서

델브뤼크Hans Delbrück

목 차

<일 러 두 기>

1. 원문 중의 헬라어를 번역한 곳은 「"ooooo"*」와 같이 인용부호 다음에
   별표(*)를 표시해 놓았다.

2. 라틴어 원문은 이탤릭체로 표기했다.

3. 고유명사나 주요 군사용어들은 각국 표기를 모두 병기했고(독일어, 헬라어
   또는 라틴어, 영어 또는 불어 순), 한국어 표기는 1차적으로는 우리들에게
   일반적으로 친숙한 발음이 있으면 이를 취하고 생소한 단어인 경우에는
   현지 발음을 취했다.

   ※ 예: 「골Gallien/Gaul」, 「헤로도투스Herodote/Herodotus」 등

4. 책자와 논문집 이름의 원문은 「《그리스 역사Griechische Geschichte》」와 같이
   이택릭체로 표시했다.

5. 같은 책이 여러 볼륨Volume으로 나뉘어 있는 경우 현재는 제I권, 제II권 등으로
   나누는 것이 보통이지만 이 책이 출판된 당시 독일의 관행은 이를 제I편篇/Band,
   제II편 등으로 나눈 후 각 편을 다시 제I권卷/Buch, 제II권 등으로 나누었었다.
   따라서 이 번역에서도 옛 독일의 관행에 따라 편篇, 권卷, 장章의 순서로 내용을
   나누었다. 인용된 서적 중 단편單篇으로 발간된 책의 경우에는 그 내용을 바로
   권卷, 장章, 절節의 순서로 나누었다.

   ※ 예: 「리비우스Livy/Livius, 《로마사史 Ab urbe condjta Libri》, XXXVI, 30. 2절」은
        같은 책의 제XXXVI권, 제30장, 제2절을 의미함

6. 원문 중의 거리 및 면적 표기는 원문대로 독일 마일 및 독일 평방마일로
   표기한 다음에 괄호 안에 km 및 ㎢로 환산해 놓았다.

제 Ⅰ 권
로마와 게르만족의 충돌

《 요도要圖 목록 》

제 I 장
초기의 게르만족

게르만족의 군사제도와 군사업적을 알려면 우리는 먼저 그들의 정치·사회적 조직을 알아야 한다.

골Gallien/Gaul족과 마찬가지로 게르만족 역시 정치적으로 통합되지 못한 부족部族/Völkerschaft(키비타트civitat)들로 나뉘어 있었다. 각 부족의 영역은 평균 100평방마일(5,625㎢)이었지만 모든 주거지들은 중심지에서 1일 행군거리 내에 있었고 변경지역에는 외부로부터의 침입을 우려해서 주민이 거주하지 않았었다. 그들의 영역은 거의 산림과 습지였고 경작지가 매우 귀해서 우유, 치즈 및 육류가 주식主食이었으므로 평균인구밀도가 1평방마일 당 250명(1㎢ 당 4~5명)을 넘을 수 없었다. 따라서 각 부족의 평균인구는 약 25,000명 정도였고 큰 부족이라고 해도 약 35,000~40,000명 정도였다. 이때 대표자 1인의 통제범위 내에서 통일된 협의기구를 구성할 수 있던 인원은 결석자 1,000명~2,000을 빼면 최대 6,000명~10,000명 정도였으며 이들로 구성된 부족총회部族總會/allgemeine Volksbersammlung가 최고의 주권적 권력을 행사했었다.

각 부족은 다시 씨족氏族/Geschlecht 즉, 백호百戶/Hundertschaft들로 나뉘었다. 씨족이란 그 용어 자체로 보아도 인위적 구성체가 아니라 자연스런 혈연관계를 지닌 집단이다. 일부 젊은 층이 흘러 들어와서 어떤 새 집단을 만들 수도 있는 도시都市는 존재하지 않았고 모든 인간은 자신이 태어난 집단과 함께 살았다. 씨족을 백호라고도 부른 것은 약 100가구家口 또는 100명의 전사戰士로 구성된 집단이었기 때문이다.[1] 물론 가구나 전사戰士의 숫자가 실제로는 100을 크게 웃돌 수도 있었지만 게르만족은 "백百"이라는 용어를 어느 정도 큰 집단을 말하는 일반 용어로 사용했었다. 이런 숫자를 사용한 호칭과 족장族長 이름이 결합해서 어느 씨족의 이름으로 사용되기도 했던 것은 씨족 구성원간 혈연관계가 실제로 매우 강했기 때문이다. 혈연관계가 없는 몇 부부가 가까이 모여 살다 수백 년이 흘러 하나의 큰 씨족이 된 것일 수는 없고 혈연관계가 강한 한 씨족이 한 장소에서 살다가 식량

---

[1] 시저Cäsar/Caesar의 《골 전기戰記 De Bello Gallico》, VI, 21장에 의하면 게르만족은 결혼 연령이 20세 이후였다고 하지만 그들의 결혼 연령이 너무 늦지는 않았을 것이다. 만약 결혼 연령이 너무 늦었었다면 결혼 전에는 순결을 지키는 그들의 전통이 유지되기 어려웠을 것이다. 따라서 가구들 숫자가 100인 한 씨족 공동체의 경우라면 우리는 그 공동체의 전사戰士 숫자를 계산할 때 가장家長들의 숫자 100명에서 노인, 병자, 허약자, 장애자 등의 숫자는 빼야 하지만 14세에서 20세까지의 매우 젊은 남성들은 전투대열에 참여했을 것으로 보아야 하기 때문에 결국 전사戰士 숫자를 대략 100명 정도로 보면 될 것이다.

문제를 해결하기에는 너무 커지자 100호百戶 단위로 나뉜 것으로 보는 것이 옳다. 결국 100이란 규모나 숫자는 이 집단의 기원이면서 성격이며 백호百戶란 이름도 역시 이 집단의 성격과 기원을 말해 준다. 씨족과 백호는 결국 같은 말이다.

1개 씨족 즉, 1개 백호의 인구는 400~1,000명으로 추정되며 때로는 2,000명에 이르는 경우도 있었다. 그들은 각각 면적 약 1평방마일(56㎢)의 구역Gau을 차지했었고 때로는 이보다 몇 배나 큰 구역Gau도 있었다. 그들은 한 부락部落/Dorf을 이루고 살았지만 담장이나 지붕을 잇대어 집을 짓지는 않았으며 어느 곳이건 숲이나 샘물 등이 있는 곳에 흩어져서 집을 짓고 살았다. 그렇다고 그들의 집이 오늘날 베스트팔렌Westfalens/Westphalia 지역에 널리 분산되어 있는 독립농장들 같은 모습은 아니었고 약간씩만 거리를 두고 흩어져 있었을 뿐이다. 수렵이나 전투에 참여 못하는 허약한 남성과 여성들이 주로 토지를 경작했으므로 그들의 수확이 많을 수는 없었다. 그들은 비옥한 새 땅을 경작하려고 구역Gau내에서 집을 자주 옮겼고 이 때문에 게르만법에서는 후일까지도 가옥을 부동산이 아닌 동산으로 보았었다. 앞서 말한 대로 그들의 인구밀도는 1평방마일 당 평균 250명 정도였으므로 평균 750명(400~1,000명)이 거주했던 1개 부락2)의 면적은 3평방마일(약 170㎢)이나 되었고 따라서 주거지를 자주 옮기는 것 외는 이렇게 넓은 땅을 활용할 방법이 없었다. 그들은 유목민은 아니지만 한 주거지에 정착하지 않았다.

한 부락Dorf의 주민인 씨족은 전쟁 때는 단일부대를 구성했다. 그 결과 오늘날에도 노르웨이어로 군부대軍部隊를 "토르프thorf"라고 한다. 스위스어에서도 "도르프Dorf"는 "집단"을 말하는 명사이고 "도르펜dorfen"은 "모이다"는 의미의 동사이다. 독일어의 "트루페Truppe"(역자 주: 부대를 의미하는 영어 "트룹troop"에 해당)도 같은 어원에서 유래되어 프랑크Franken/Franks족(역자 주: 라인 강 주변의 게르만족)에 의해 라틴어에 유입되었다가 다시 독일어로 복귀한 용어로서 선사시대先史時代 우리 조상의 삶의 흔적이 보존되어 있는 단어이다. 한 주거지에서 같이 살던 집단은 전쟁이 일어나면 하나의 부대가 되어 전쟁터로 나갔다. 따라서 집단주거지를 말하는 "도르프Dorf"와 군부대를 말하는 "트루페Truppe"는 어원이 같다.3)

결국 고대 게르만 공동체의 주거형태는 부락Dorf, 면적은 구역Gau, 인구규모는

---

2) 게르만족 1개 부락 인구가 약 750명이었다는 평가는 최근 선사시대先史時代에 관한 연구논문을 통해서 보강증거를 얻게 되었다. 키에케부쉬Abbert Kiekebusch의 학위 논문인 "남부 라인 강 지역의 고분군古墳群에 반영된 로마 문화의 게르만족에 대한 영향Der Einfluss der römischen Kultur auf die germanische im Spiegel der Hügelgräber des Niederrheins"(베를린, 서기 1908년)에서는 다자우Darzau 지방 옛 무덤 숫자를 기초로 이곳에 시신을 매장한 씨족공동체의 인구를 최소 800명으로 계산했다. 카우프만Kaufmann은 《독일 문헌학 학술저널Zeitschrift für deutsche Philologgie》 (서기 1908년), 456쪽에서 이런 평가에 사실상 반대하고 있다.

3) 《로마 문헌학 학술저널Zeitschrift für romanische Philologgie》, 22호, 456쪽 이하에 게재된 브라우네Braune의 글 참고.

백호百戶/Hundertschaft, 상호관계는 씨족Geschlecht이었다. 토지는 개인소유가 아니라 이 견고한 공동체의 공동소유共同所有였다. 후일 표현에 의하면 그들은 마르크 공동체 Markgenossenschaft(역자 주: 마르크Mark는 공동소유의 토지를 말한다)를 형성했었다.

로마인들에게는 게르만족의 이런 현상을 직접 표현할 말이 없어 우회적으로 표현해야 했다. 이에 가장 근접한 라틴어 단어인 "겐스gens"(역자 주: "사람들"의 뜻)는 이를 표현하기엔 거의 무의미한 단어였다. 결국 시저Cäsar/Caesar는 그들의 주거지에 진정한 혈연관계가 존재했다는 생각을 표현하려고 게르만족의 씨족을 "같이 사는 사람들과 가족들gentes cognationesque hominum, qui una colerunt"이라고 했다. 타키투스Tacitus는 들판에서 서로 이웃해 사는 "가족들과 친척들familiae et propinquitates"이란 표현과 경작지를 소유한 "집단universi"이라는 표현을 썼다. 디아코누스Paulus Diaconus도 라틴어로 쓴 그의 글에서 게르만족의 이런 현상을 라틴어로 표현할 수 없을 것으로 생각하고 게르만 단어인 "파라fara"(가족)를 번역할 때 이를 라틴어 "파리오pario" (내가 낳는다) 및 "페페리peperi"(내가 낳았다)와 같은 어원語源에서 파생된 단어로 보고 "게네라티오네스generationes"(종족 또는 가계家系), "리네아스lineas"(혈통) 또는 "프로사피아스prosapias"(가족) 등 3가지로 번역했다.4) 부락을 말하는 "도르프Dorf"의 번역 역시 혼란이 있다. 라틴어의 "비쿠스vicus"는 작은 도시와 같은 밀집 주거지 이다. 한편 타키누스는 느슨히 흩어져 있던 게르만족의 부락을 표현하기 위해 "비키 파지크vici pagique"(마을과 지방구역)라는 표현을 썼다.

씨족Geschlecht 또는 백호라고 불리던 각 공동체는 우두머리 1명을 선출했었고 이 우두머리를 장로長老/Altermann/elder 또는 후노Hunno라고 했다. 울피라스Ulfilas는 성경책에 나오는 센튜리온Centurio/centurion(역자 주: 로마군 센튜리Centurie/century의 지휘관. 이 책 제I편, 제VI권, 제III장 참고)을 훈다파트Hundafath라고 했다. 앙겔-작센angelsachsen/Anglo-Saxon 계통의 말에 엘도르만Ealdorman이란 단어가 있고 노르웨이 말에는 "헤레트쾌니히Herredskönig" 또는 "헤르센Hersen"이란 단어가 있다. 독일의 여러 지역에는 중세시대 전반에 걸쳐서 "후노"라는 말에서 파생된 부락 수장의 명칭으로 "후네Hunne", "훈Hun", "훈트Hundt" 등이 있었고 오늘날까지도 지벤부르겐Siebenburgen 지역에서는 부락 수장을 "혼Hon" 이라고 부른다.

장로長老/Altermann/elder 또는 후노Hunno는 평시平時에는 씨족공동체 통치자이며 지도자 이지만 전시戰時에는 지휘관이었다. 그러나 그 역시 사회적으로는 다른 주민들과

---

4) "…그가 그에게 롬바르디Longobard/Lombardy의 파라이farae 즉, 종족generationes 또는 혈통lineas을 허락한 것이 아니라면 그는 선택을 원했던 것이다. 실제로 그랬다. 그는 왕의 동의 하에 그가 선택한 저명한 롬바르디의 가족prosapias과 함께 살려는 그의 희망을 받아들였다*ninsi ei quas ipse eligere voluisset Langobardorum faras, hoc est generationes vel lineas, tribueret. Factumque est, et annuente sibi rege quas obtaverat Langobardorum praecipuas prosapias, ut cum eo habitarent, accepit.* 디아코누스Paulus Diaconus, 《롬바르디족의 역사*Historia Langobardorum*》, II, 9장.

동등한 지위에 있었고 주민들과 함께 살았다. 그에게는 주민들 사이에 분쟁이나 범죄가 발생했을 때 이를 진압하거나 평화를 회복시킬 수 있는 충분한 권한은 없었다. 그는 또한 정치적 지도력을 행사할 수 있는 높은 지위나 넓은 시야도 지니고 있지 않았다. 반면에 각 부족部族/Völkerschaft에는 일반주민보다 지위가 높은 고귀한 하나 이상의 가문家門이 있었고 이런 가문들은 일반주민들 위에서 특수신분을 누리면서 자신들을 신神의 자손으로 생각했다. 부족총회部族總會에서는 그들 중 몇 명을 "프린시프princip" 즉, "대공大公/Fürsten" 또는 "가장 탁월한 인물Vorderste"로 선출했는데 이들은 부족 영역 내의 씨족 구역Gau들을 차례로(지방의 구역들과 부락들을 차례로per pagos vicosque) 순회하며 재판도 하고 외부세력과 교섭도 했으며 또 공무公務를 협의하기도 했다. 공무 협의 때는 후노들도 참여했을 것이고 그들이 건의한 사항이 부족총회에 상정上程되기도 했을 것이다. 전시에는 대공大公들 중 1명이 "헤르조그Herzog"(장군)로서 최고지휘권을 행사했다.

노획물, 조공물, 선물, 전쟁포로 분배, 좋은 조건을 갖춘 결혼 등으로 인해서 대공大公 가문들은 게르만족으로서는 큰 재산을 소유했었고[5] 이런 재산을 가지고 용감한 자유민 전사戰士인 종자從者/Gefolg들을 거느릴 수 있었다. 이 종자들은 목숨을 바쳐 충성할 것을 주인에게 맹세했었고 주인의 식탁동료로 함께 살았다. 그들은 평시平時에는 주인을 위해 의식儀式을 거행했으며 전시戰時에는 주인을 보호하고 도왔고("평시에는 명예, 전시에는 보호in pace decus, in bello praesidium"를 제공했다) 주인이 있는 모든 곳에서 주인의 말에 권위와 힘을 실어주었다.

고귀한 가문의 자손들만 대공大公으로 선출된다는 특별한 법규정은 없었음이 분명했지만 실제로는 그런 가문들이 대중과 확연하게 구별되게 되면서 평민平民들은 그런 엘리트집단에 속하게 되기가 쉽지 않았다. 여타 평민들보다 뛰어나지 않은 사람을 부족총회에서 대공大公으로 선출할 이유가 있었을까? 그러나 씨족 수장의 직위를 한 가문에서 여러 세대에 걸쳐 차지한 결과 일정한 특권과 재산을 소유하게 된 후노Hunno들이 대공大公 계층에 흡수되는 일이 드물지는 않았을 것이다. 사실상 고귀한 가문이 탄생한 것은 어느 공직자公職者가 죽었을 때 그의

---

5) 게르만족은 최고권력자라도 타인보다 많은 것을 소유하지 않았다는 시저의 주장(《골 전기戰記 De Bello Gallico》, VI, 22장)을 우리는 문언 그대로 인정하면 안 되며 그가 경작지耕作地 공산제共産制에 대한 설명을 들은 후 받은 인상을 수사적修辭的으로 과장한 것이라고 보아야 한다. 자신을 따르는 자들을 먹여 살리고 그들에게 값비싼 장비를 제공한 게르만족 대공大公들은 이를 위한 수단을 지니고 있었음이 분명하다. 아리오비스투스Ariovist/Ariovistus(역자 주: 제I편, 제VII권, 제II장 및 제III장 참고)도 그렇고 게르만족의 그런 탁월한 인물로 로마에 모습을 나타냈던 아르미니우스Armin/Arminius나 그의 동생 플라부스Flavus 같은 인물들이 큰 재력가가 아니었다고는 볼 수 없다. 다만 시저와 같은 탁월한 로마인의 눈에는 그런 게르만족 대공大公도 일반 게르만인과 크게 다르지 않게 보였을 수도 있다. 경작지 공산주의는 게르만인들에게 매우 큰 경제적 지주支柱였기 때문에 시저로서는 그런 수사적 문구를 쓸 수 있었음이 분명하지만 우리가 이를 문언 그대로 해석하거나 이를 기초로 또 다른 결론을 도출하는 것은 옳지 않으며 또 그럴 필요도 없다.

아들이 그 후임자로 간주되는 등 뛰어난 인물의 아들이 자연스런 이점을 누리는 것이 점차 공직선거의 관행이 되었기 때문일 것이다. 그런 가문의 지위는 공직 수행에 수반되는 이점으로 인해 대중들보다 매우 높아졌으므로 보통 사람들은 그런 가문 출신과 경쟁하기가 점점 더 어려워지게 되었다. 이런 공공생활에서의 심리적 사회적 영향이 오늘날 적어진 것은 특권계급의 자연적 발전을 가로막는 여타 요소들이 강력하게 작용하고 있기 때문이다. 고대 게르만족에게는 공직이 선출직選出職이었지만 점차 세습적世襲的인 지위로 변했음이 분명하다. 후일 게르만족이 영국을 정복한 후(역자 주: 4세기 말 게르만족의 앙겔 부족과 작센 부족이 잉글랜드를 정복했다) 종래의 대공大公은 왕王이 되고 장로長老/Altermann/elder는 백작伯爵/earl이 된다. 지금 우리가 다루는 시기에도 이런 과정은 진행 중이었다. 대공大公 계급은 이미 대중보다 높은 신분으로 변했음이 분명하지만 후노들은 여전히 대중과 같은 신분이었고 특히 대륙에서는 그들이 결코 특수신분으로 변하지 않았다.

로마인들은 게르만 대공大公과 후노들의 부족총회部族總會/allgemeine Volksbersammlung를 게르만 부족 원로원元老院/Senat이라고 불렀던 것으로 보인다. 가장 뛰어난 가문의 자제들은 아주 어릴 때부터 대공大公과 같은 권위를 지니고 있었고 원로원 회의에도 참관할 수 있었다. 자유민으로서 일상생활보다는 특별한 무엇을 갈망했던 이 젊은이들에게 가정교사 역할을 했던 것은 대공大公의 종자從者/Gefolg였다.

여러 대공大公들이 이끌던 정부는 대공大公이 1명만 남거나 1명이 나머지를 모두 제거하거나 제압했을 때 곧 왕조王朝으로 변했다. 그러나 이런 경우에도 옛 체제의 기본 틀과 정신까지 변하지는 않았다. 최고 최종의 권한은 여전히 전사총회戰士總會/allgemeine Krieger-Bersammlung 즉, 부족총회部族總會/allgemeine Volksbersammlung에 있었다. 대공大公들이 이끌던 체제와 왕이 이끄는 체제는 별로 차이가 없어서 로마인들은 어느 게르만 부족의 대공大公이 1명이 아니라 2명이던 때에도 이들을 왕이라고 부른 적도 있다.6) 이런 왕의 지위는 대공大公이나 마찬가지로 세습적世襲的 지위는 아니었다. 가장 유능한 인물이 선거를 통해 또는 대중의 요청에 의해 왕이 되었다. 이런 체제에서는 왕의 상속자라 해도 신체적 정신적 능력이 부족하면 왕이 되지 못하고 넘어가는 경우가 있었을 것이다. 이렇게 처음에는 대공大公과 왕의 차이가 대공大公 숫자의 차이에 불과했다. 그러나 후일 지도와 지휘의 권한이 왕 1인에게 귀속됨에 따라서 대공大公과 왕의 차이가 자연스럽게 크게 벌어지게 되었다. 왕이 생긴 이후에는 반대의견이나 다양한 의견들이 제시되거나 총회에서 다양한 계획들을 놓고 장단점을 비교할 수 있는 기회가 차차 원천적으로 사라지게 되었다.

---

6) 타키투스Tacitus, 《연대기年代記/Annals》, XIII, 54장.

최고 최종의 권한을 지니고 있던 부족총회가 점차 왕의 뜻을 박수로 찬양하는 거수기구擧手機構로 변했다. 하지만 왕 자신의 필요 때문에도 이 기구를 없앨 수는 없었고 왕의 존재에도 불구하고 게르만족은 자유민이라는 자부심과 비판정신을 유지하고 있었다. 타키투스Tacitus의 표현에 의하면 그들의 왕은 "게르만인들이 자발적으로 그에게 복종하는 경우에만in quantum Germani regnantur" 왕이었다(《연대기年代記/Annals》, XIII, 54장).

구역공동체Gau-Gemeinde와 국가의 관계는 비교적 느슨했다. 구역공동체가 주거지를 멀리 옮기면 그가 속해있던 국가로부터 점차 분리될 수 있었다. 부족총회에 참가하기도 번거로워서 참석빈도가 낮아졌을 것이고 양자 간 공동의 이해관계도 줄어들었을 것이기 때문이다. 이 시기의 구역공동체와 국가의 관계는 일종의 동맹관계에 불과했고 때로는 그 씨족이 크게 성장해서 스스로 새 국가가 되기도 했을 것이다. 먼저 씨족 수장인 후노Hunno의 가문이 대공大公 가문으로 변한 후에 이런 대공大公 여럿이 그들의 행정영역인 구역Gau들을 통합해 1명의 왕을 세우고 모국에서 떨어져 나가는 일도 때로는 있었을 것이다. 이를 직접 입증할 기록은 없지만 사료史料에 사용된 용어들 자체가 불확실한 것을 볼 때 이런 추론이 가능하다. 국가(키비타트civitat) 수준의 부족들이었을 것으로 보이는 케루스키Cherusk/Cherusci족과 카티Chatt/Chatti족은 영역이 너무 넓어서 여러 국가가 모인 동맹체같이 보이기도 한다. 부족 이름들 중에는 단지 구역Gau 이름에 불과한 것으로 보이는 것도 있는데 "구역Gau"("파구스pagus") 이름들 중에는 한 백호百戶/Hundertschaft 이름이 아니라 여러 백호들을 거느린 한 대공大公의 지역Bezirk 이름 같이 보이는 경우도 흔하다(역자 주: 아래 각주 11 참고). 가장 결집력이 높았던 단위는 반쯤은 공산적共産的 생활을 하면서 외부적 요인에 의해서건 내부적 요인에 의해서건 쉽사리 해체될 수 없었던 백호 즉, 씨족Geschlecht이었다.

부 기附記

1. 게르만족의 정치·사회적 조직

필자는 《프로이센 연보年報 *Preussische Jahrbücher*》, 제81권(서기 1895년), 제3호에서 게르만족의 정치·사회적 조직에 대해 일반적 견해와 크게 다른 견해를 선보이며 충분한 근거를 제시했다. 필자가 제시했던 근거의 핵심부분을 이곳에 옮겨보겠다.

결정적인 부분은 씨족氏族/Geschlecht과 백호가 같은 말이라는 점이다.

필자는 백호와 구역Gau이 같은 말임을 바이츠Waitz가 이미 잘 설명했었다고 본다. 후일 지벨Sybel, 지켈Sickel, 에르하르트Erhardt, 브루너Brunner, 슈뢰더Schröder 등은 바이츠와 달리 구역Gau이 최소한 전사戰士 2,000명을 보유한 지역이라는 견해를 말하지만 이는 근거 없는 견해다. 문제의 핵심인 라틴어 단어 파구스pagus(역자 주: 복수형은 파기pagi)는 육지의 한 지역이나 국가의 한 지방같이 크기가 특정되지 않은 지역을 말하는 극히 일반적 의미를 지닌 단어일 뿐이다. 시저는 헬비티아Helvetien/Helvetia족(역자 주: 지금의 스위스 일대의 부족)이 4개 파구스를 차지했다고 했는데 이 파구스는 면적이 백호百戶와 달랐을 뿐만 아니라 천호千戶/Tausendschaft보다도 컸음이 분명하다. 헬비티아족은 인구가 늘어나자 1개의 부족총회로는 통치가 어려워서 서로 결속력 높은 공동체 4개로 나뉘었을 것으로 보아야 한다. 그러나 이 공동체 4개는 대외문제를 처리할 때는 단일체로 행동했기 때문에 로마인들은 그들을 단순하게 헬비티아족 국가의 파구스라고 한 것이다. 그러나 이 연구에서는 이렇게 사용된 파구스라는 개념을 중세시대 파구스나 마찬가지로 처음부터 배제해야 한다. 중세 시대의 파구스는 고대의 부족Völkerschaft에 해당하는 말이다.

우리는 1개 게르만 부족의 인구밀도와 인구를 확실히 알고 있지 못하다면 로마인들이 말한 파구스에 해당하는 초기 게르만족의 가장 넓은 단위지역을 천호千戶로 볼 수도 있을 것이다. 그러나 고대 게르만족의 문화 및 농업 조건에서 평균 인구밀도가 1평방마일 당 250명 이상은 될 수 없었음이 분명하다면 우리는 파구스가 천호千戶였다는 생각을 포기해야 한다. 우리는 3~4명의 대공大公이 있는 1개 게르만 부족이 각 대공大公에게 재판관 지위와 함께 1,200~2,000명의 전사戰士가 있는 지역을 1개씩 할당 했고 이런 1개 지역을 때로는 파구스pagus라고 불렀을 것으로 볼 수도 있다.[7] 그러나 백호百戶의 본질과 그 주거지의 모습을 확실히 알게 된다면 로마인들이 말한 게르만족 파구스pagus는 이 백호를 염두에 둔 것임이 분명하다. 작센Sachsen/Saxon족은 중세 후기까지도 "고Go"란 단어를 이런 의미로 사용했다. 초기 게르만족이 파구스라는 용어를 현재 우리들이 사용하고 있는 "베지르크Bezirk"(구역)란 용어나 마찬가지로 일반적 의미의 용어로 사용했을 가능성이 있다고 해도 역시 마찬가지다.

---

7) 필자와 같은 입장을 취하면서 파구스pagus를 백호구역Hundertschafts=Gau으로 본 라흐팔Rachfahl의 견해(《국가경제 연보年報 *Nationaloekonomie Jahrbücher*》, 제74권, 170쪽, 각주)는 옳다. 그러나 필자는 천호구역 Tausendschafts=Gau이라는 개념도 역시 간접적으로 고대 게르만족의 법률사적法律史的 개념인 것으로 본다. 현재 우리들이 사용하고 있는 "베지르크Bezirk"(구역)라는 용어의 경우나 마찬가지로 로마인들 역시 "파구스pagus"라는 용어를 언제나 동일한 의미로만 사용한 것은 아니라고 보지 못할 이유는 없다.

결국 문제는 백호百戶의 실체에 관한 것이다. 브루너Brunner의 최근의 가설에 의하면 백호는 1명의 지도자가 지휘하던 군대의 하급단위부대였지만 한 곳에 모여 사는 씨족의 병력 수가 언제나 100명으로 고정되었던 것이 아니므로 군사적 목적을 위해 병력수가 100명으로 조정되었을 것이라고 한다(슈뢰더Richard Schröder도 이를 지지한다).

그러나 이런 가설에는 문제가 있다. 게르만족이 씨족 단위로 전투에 참여했음은 분명히 입증된 사실이다. 그러나 이 씨족들이 (가구 수가 100호戶에 미치지 못했다 해도) 인위적으로 100호戶 단위로 재편성될 이유가 전혀 없다. 로마 같은 도시국가는 유용한 자연적 단위가 없었기 때문에 질서유지를 위해 전사戰士들을 센튜리Centurie/century라는 인위적 단위로 조직할 필요가 있었다. 그러나 겹코 그리 작은 규모일 수가 없는 게르만족의 씨족은—씨족의 규모가 그리 작았다면 적어도 부락部落/Dorf은—군사조직으로서도 매우 훌륭한 단위였다. 모든 게르만족에게 인원을 100호戶 단위로 나눈 인위적 조직이 등장해서 수세기에 걸쳐서 일반적으로 그리고 지속적으로 존재했을 이유를 우리는 발견할 수 없다.

더욱이 밑바닥 백성들의 진정한 지도자였음이 분명하고 고대로부터 끊임없이 존재했던 직위가 바로 그런 무리의 수장인 후노Hunno라는 직위였다. 만약 그가 계속 바뀌는 단위의 수장에 불과했고 백호百戶라는 단위 역시 극단적으로 고정된 지속적인 단위가 아니었다면 그리고 또한 이 단위 내에서가 아니라 그 하부 단위인 가족 내에서 진정한 공동생활이 이루어졌었다면 어떻게 그런 일이 수 세기 동안 가능했을까?

완전히 결정적인 요소로 볼 수 있는 것은 씨족은 너무 규모가 작아서 여러 씨족들이 모여 1개 백호를 형성한 것으로는 볼 수 없다는 점이다. 카시우스Dio Cassius의 《로마사 *Romanika*》, 71권, 11장에 의하면 아우렐리우스Marcus Aurelius 황제와 강화조약을 체결한 게르만족이 때로는 씨족Geschlecht이고 때로는 부족Völker이었다. 이런 씨족이 10~20개 가족들의 결합체인 작은 집단일 수는 없다. 앞서 인용한 디아코누스Paulus Diaconus의 기록(《롬바르디족의 역사*Historia Langobardorum*》, II, 9장)에서도 같은 결론을 얻을 수 있다. 씨족 자체를 100명 또는 때로는 수백 명의 전사戰士로 구성된 단위로 보아야만 한다면 백호는 씨족의 예하 단위였을 수가 없고 씨족과 백호가 당연히 같은 것이 된다. 이렇게 보아야 게르만 부족들에 널리 지속적으로 존재했었던 후노라는 직위의 실체를 분명히 알 수가 있다. 다시 말해서 후노는 씨족의 지도자인 장로長老/Altermann였다.

경제적 상황을 보아도 우리는 같은 결론에 도달할 수 있다. 토지를 공동으로 점유하고 토지 사유私有를 인정하지 않으면서 개인들에게 토지를 할당해 주던 주체가 씨족이었음이 분명하다. 카시우스나 디아코누스의 증언이 아니더라도 여러 씨족들이 함께 1개 부락을 점령하지는 않았을 것이 분명하다. 만약 그랬다면 부락과 가족 사이에서 씨족이 불필요할 뿐 아니라 용납될 수도 없는 단위였을 것이다. 고대 후기쯤의 기록 중에는 부락을 "게네알로기에genealogiae"라고 말한 경우도 있고8) 라틴어의 "트리부스*tribus*"는 옛 독일 표준어로는 "추니chuni"로 번역되며 "콘트리불레스*contribules*"는 "추니링가chunilinga"로 번역된다(친족들 및

---

8) 독일의 루드비히Ludwig 남쪽에서는 아직도 이런 말이 쓰이고 있다. 뤼벨Rübel, 《프랑크족과 그들의 주거지*Die Franken und ihre Siedlungen*》, 228쪽.

가족 구성원들을 각각 말함).9) 앙겔-작센angelsachsen/Anglo-Saxon 계통의 언어에서 메그트maegd (라틴어의 사람들gens에 해당함)라는 단어는 정확히 라틴어의 테리토리움*territorium*(역자 주: 영역嶺域), 프로빈시아*provincia*(역자 주: 속주屬州) 또는 파트리아*patria*(역자 주: 부분 구역)와 같은 의미를 지닌다. 결국 씨족과 부락部落/Dorf은 같은 것이다. 몇 개 주거지Ansiedelung들이 때로는 꽤 거리를 두고 흩어져 있었을 가능성도 있지만 상부상조相扶相助가 가능하려면 주거지가 너무 작을 수는 없기 때문에 현실적 관점에서 보면 그런 일은 매우 드물었을 것이다. 어떤 경우라도 정치적 관점에서 보면 자신을 그 지역의 주인으로 생각하며 그 지역을 개인들에게 분할했던 단위는 단 하나만 존재할 수 있었다.

바로 그런 단위인 부락에는 경제생활을 지도하기 위한 우두머리 1명이 있었어야 한다. 씨족이 공동으로 점령한 들판과 목초지牧草地와 숲에서 동물들의 방목과 보호, 화재의 예방과 진압 그리고 상부상조 등을 위해서는 항상 이 우두머리의 감시가 필요했을 것이므로 그는 매우 중요하고 권위 있는 인물이었어야 한다. 이런 인물 밑에 관리 1인이 있었다는 것도 입증된 적이 없지만 씨족이면서 부락인 집단을 이끄는 이 지도자는 사회적 지위는 아직 높지 못했지만 너무 중요한 인물이었으므로 그의 바로 위에 다시 후노Hunno란 직위가 있었을 수도 없다. 씨족 족장이면서 부락 수장인 직위가 따로 있었다면 그는 후노보다 상위였을 것이지만 두 직위는 극히 가까운 지위로서 후노가 약간 낮은 직위였을 것이다. 그러나 이 두 직위는 분리될 수가 없는 지위이다. 때로는 여러 부락 또는 씨족을 지휘한 군사지도자가 있었을 수도 있다. 그러나 여러 세기에 걸쳐서 게르만족의 지속적이고 공통적인 현상으로 거듭거듭 등장하는 후노라는 직위는 일시적 직위가 아니었고 본질적으로 견고한 한 공동체와 매우 분명한 관계가 있었다. 결국 후노는 씨족 족장이며 부락 수장인 직위와 다른 직위였을 수가 없다. 씨족 족장이며 부락 수장인 인물은 경제생활의 지도자로서 후노와 동일인이었다. 이 두 직위는 같은 지위였으므로 이와 관련된 공동체도 역시 같은 것이었다. 씨족氏族/Geschlecht이 부락部落/Dorf이고 부락이 백호百戶/Hundertschaft였다.

2. 게르만족의 인구밀도

로마인들이 기록해 놓은 게르만족 인구 수치들이 최근까지도 그대로 인정되어 왔지만 우리는 현재 이를 분명히 무가치한 수치들로 보고 있다. 기록자의 편파적 과장의 문제는 논외로 하더라도 기록을 통해 우리에게 알려진 부족 인구에 대한 평가가 얼마나 어려운 일인지는 최근에야 비로소 문명세계에 알려진 국가들의 경우를 통해서도 알 수 있다.

아프리카 우룬디Urundi의 인구밀도를 스탠리Stanley는 1㎢당 75명으로 평가하고 바우만Baumann은 단 7명으로 평가한다. 우간다Uganda의 인구밀도도 레쿨루스Reclus는 1평방마일 당 5,000명(1㎢당 약 90명)으로 볼 수도 있다고 했지만(이는 프랑스보다 훨씬 높은 인구밀도이다) 라쩰Ratzel은 단 670명(1㎢당 약 12명)으로 보며 야나쉬Janasch는 아프리카 지역의 인구에 관한 합리적이고 신뢰성 있는 평가는 전혀 불가능하다고 본다. 다만 비에르칸트Vierkandt는 중

---

9) 뮐렌호프Müllenhoff 편編, 《게르마니아*Die Germania*》, 202쪽.

앙아프리카 서부 지역 인구밀도를 1㎢당 0.85명에서 최대 6.5명으로 평가하고 면적 5,010,000㎢의 어느 지역 평균 인구밀도를 1㎢당 4.74명(1평방마일 당 약 250명)으로 보았는데 그는 실제로 믿을만한 기록들이 있었으므로10) 이를 기초로 여러 수치들을 비교해서 그런 평가를 내릴 수 있었다. 그러나 확실한 해석이 가능한 믿을만한 기록이 전혀 없는 게르만족의 경우 대략이라도 신뢰할 수 있는 평가를 내릴 수 있는 방법은 무엇일까?

오늘날 우리들은 대략이나마 신뢰할 수 있는 평가를 내릴 수 있게 되었다. 문명의 발전 단계별 각 국가들의 식량생산 지표들이 발견되어서 모든 지역은 아니더라도 많은 지역들에 관한 매우 명백한 참고점이 되기 때문이다. 이는 한 세대 전에는 전혀 몰랐던 지표들이다. 이 지표들에 의하면 대부분의 영역이 숲과 늪지로서 아직 도시는 없었으며 약간의 토지만 경작하고 있었고 우유, 치즈, 짐승 고기, 야생의 열매 그리고 물고기 등을 주식主食으로 했던 게르만족은 인구밀도가 매우 낮았다는 것을 분명히 말해 준다.

아른트E. Mor. Arndt는 《슈미트 역사학 학술저널Schmidts Zeitschrift für Geschichtliche Wissenchaft》, 제3권, 244쪽에서 게르만족의 경작지는 크지 않았다는 로마인의 기록이 사실과 다르다는 전제 하에 게르만족 인구밀도를 1평방마일 당 800~1,000명(1㎢당 14~18명)으로 평가한 적이 있다. 그러나 현재 학자들은 게르만족의 경작지가 크지 않았다는 시저나 타키투스Tacitus의 묘사를 사실로 본다. 이런 견해는 시저나 타키투스를 뛰어난 저술가로서 타고난 건전한 판단력을 지닌 인물로 보는 것이 되지만 그렇다면 게르만족은 인구가 많은 대규모 집단이었다는 시저나 타키투스가 즐겨 말하던 말은 이와는 모순된 말이 된다. 필자는 《프로이센 연보年報 Preussische Jahrbücher》, 제81권(서기 1895년), 제3호에서 게르만족의 인구밀도를 골Gallien/Gaul 지역 인구에 관한 벨로크Beloch의 수치들과 비교해서 앞서 말한 대로 1㎢당 4~5명(1평방마일 당 250명)으로 평가한 적이 있다. 하지만 그 후 필자는 벨로크의 평가의 출발점이었던 시저의 헬비티아Helvetien/Helvetia족 인구 수치들을 불신하게 되었고 그 결과 게르만족 인구에 관한 필자의 평가까지 기초가 약간 흔들리게 되었다. 그러나 우리는 이 평가 자체는 굳게 유지할 수 있다.

지금은 우리가 평가의 기초로 활용할 수 있는 비교수치들이 슈몰러Schmoller의 《정치경제학 원론Grundriss der Algemeinen Volkswirtsohaftslehre》, 제I편, 158쪽 이하(특히 183쪽)에 잘 정리되어 있다. 슈몰러는 1세기 초 게르만족 인구밀도를 1㎢당 5~6명으로 본다. 한편 그는 게르만족 1개 부족의 인구를 25,000명(1㎢당 4~5명)으로 본 필자의 수치가 너무 낮은 수치가 아니라 너무 높은 수치라고 말하지만(169쪽) 우리 두 사람의 평가가 모순된 것은 아니다. 우리 둘의 평가는 매우 일반적인 평가에 불과하기 때문이다. 인구밀도를 1㎢당 4명으로 보든 6명으로 보든 라인Rhine 강과 엘베Elbe 강 사이의 게르만족 인구는 대략 1,000,000명을 넘지 않는 범위에서 약간의 차이가 있을 뿐이다. 만약 개별적인 부족들의 구성과 팽창에 따른 수치들을 고려한다면 그 차이는 더 좁혀질 수 있다.

우리는 서북西北 독일 지역의 지리를 잘 알고 있으므로 라인 강과 북해北海와 엘

---

10) 그런 기록들은 모두 비에르칸트Vierkandt의 《서부 중앙아프리카의 인구밀도Die Volksdichte im westlichen Zentral-Africa》에 인용되어 있다.

베강 그리고 하나우Hanau 부근의 마인Main에서 잘Saale 강과 엘베 강의 합류지점을 연결하는 선으로 둘러싸인 지역에 약 23개 게르만 부족들이 거주했다고 단정할 수 있다. 그 이름은 프리스Friesen/Friesians(2개 부족), 카니네파트Canninefaten/Canninefates, 바타브Bataver/Batabians, 카마브Chamaven/Chamavi, 암시바리Amsivarier/Ampsivarii, 안그리바리Angrivarier/Angrivarii, 투반트Tubanten/Tubantes, 카우키Chauken/Chauci(2개 부족), 우시페트Usipeter/Usipetes, 텐크테리Tencterer/Tencteri, 브루크테리Bructerer/Bructeri(2개 부족), 마르시Marser/Marci, 카수아리Chasuarier/Chasuarii, 둘기비니Dulgibiner/Dulgibini, 롬바르디Langobarden/Lombards, 케루스키Cherusk/Cherusci, 카티Chatte/Chatti, 카투아르Chattuarier/Chattuarii, 이네리온Innerionen/Inneriones, 인트베르게Intvergen/Intverges 및 칼루콘Caluconen/Calucones 등이었다.11) 그들이 차지한 지역의 총면적은 약 2,300평방마일(134,375㎢)이었고 따라서 각 부족은 평균 약 100평방마일(5,625㎢)을 차지하고 있었다. 각 부족의 최고 권력은 부족총회部族總會 또는 전사총회戰士總會에 있었다. 아테네나 로마의 경우와 같이 발전된 국가에서는 노동자들은 주민 총회에서 큰 역할을 하지 못했다. 그러나 게르만족의 경우는 전사戰士 전원이 총회에 실제 참석했을 것이고 따라서 그들의 국가면적이 그리 크지는 않았을 것이다. 만약 변경지대의 부락에서 국가중심지까지 거리가 1일 최대 행군거리 이상이었다면 전원이 모이는 진정한 총회는 열릴 수 없었을 것이다. 진정한 총회가 열릴 수 있는 적절한 국가면적은 100평방마일이다. 또한 큰 국가라 해도 총회참석자가 6,000~8,000명을 넘으면 질서 있는 총회 개최가 어려웠을 것이고 실제 참석자는 평균 5,000명을 크게 넘지 않았을 것이다. 이 경우 1개 부족 인구는 대략 25,000명이 되고 인구밀도는 1평방마일 당 250명(1㎢당 4~5명)이 된다. 다만 이 수치가 최대수치란 점을 기억해야 한다. 그러나 인구밀도를 이보다 크게 낮추어 볼 수는 없는데 이는 군사적 이유 때문이다. 게르만족이 어느 정도 규모를 지닌 집단이 아니었다면 전투경험이 풍부한 로마제국 레기온legion들을 상대로 그와 같이 큰 업적을 성취할 수 없었을 것이다. 그들의 업적을 볼 때 1개 부족의 전사를 5,000명으로 보더라도 이는 아주 적은 숫자며 이보다 더 크게 낮추어 볼 수는 없을 것이다.

결국 이 문제는 유용하고 분명한 정보는 없음에도 불구하고 꽤 분명한 수치를 우리가 말할 수가 있는 경우이다. 상호관계가 너무나 단순하고 경제적, 군사적, 지리적 그리고 정치적 사실들이 너무나 밀접히 얽혀 있으므로 우리는 현재의 완

---

11) 그 외에도 《프로이센 연보年報 *Preussische Jahrbücher*》, 81권, 478쪽 및 무크Much의 《최초의 게르만 지역 *Deutsche Stammsitze*》 이란 책에서는 포스Fosen/Foci, 수감브리Sugambren/Sugambri, 단두티Danduten/ Danduti, 텍수안드리Texuandrien/Texuandri, 마르사키Marsaker/Marsaki, 스투리Sturier/Sturii 등의 이름들이 자세히 소개되고 있다. 그런 이름들은 사료史料에 기록되어 있고 또 이름만 보아도 모두 분명히 입증될 수 있는 이름들이다. 그러나 혹자는 그 중 일부가 부족 이름이 아니라 단지 씨족 또는 씨족의 구역Gau의 이름일 것이라는 반론을 제기할 수도 있을 것이다. 물론 매우 크게 성장한 어느 씨족이 개별적으로 소속 부족에서 떨어져 나와서 그들 자신의 새 부족을 형성하는 일이 매우 쉽게 그리고 자주 발생할 수 있었을 것이다. 그렇기 때문에 우리는 그 이름들 중 몇 개를 불분명한 것으로 보고 배제할 수도 있고 따라서 1개 부족의 면적을 평균 120평방마일(6,750㎢) 정도로 볼 수도 있다. 그러나 이런 점은 우리의 결론에 아무 영향도 주지 못한다. 그로 인한 결락을 상쇄해 줄 새로운 평가도 가능할 뿐 아니라 위의 이름들 중 어느 것은 부족연합의 이름으로 볼 수도 있기 때문이다.

성된 과학조사방법을 이용하면 사료史料의 결락을 보충해 가면서 옛 로마인들이 게르만족을 눈앞에 보고 매일 평가한 것보다도 더 정확한 평가를 내릴 수 있다.

세링Sering은 동부東部 엘베Elbe 지역 인구밀도가 1㎢당 4~5명 정도로 낮았을 것으로 보고 있다.

3. 대공大公/Fürsten/*princip*과 후노Hunno

게르만족의 관리官吏 조직에 상이한 두 부류가 있었다는 것은 사료에 의해 직접 입증되기도 하지만 사물의 이치나 정치조직이나 부족구성을 보아도 역시 같은 결론을 이끌어 낼 수 있다.

시저는 《골 전기戰記 *De Bello Gallico*》, IV, 13장에서 우시페트Usipeter/Usipetes족과 텐크테리Tencterer/Tencter족의 "대공大公들과 장로長老들Fürsten und Altesten/*principes majoresque natu*"이 그에게 왔다고 했다. 같은 책, IV, 11장에서는 우비Ubiern/Ubii족의 대공大公에 대해원로元老/Senat라는 말을 붙여 원로대공*principes ac senatus*이 왔다고 했고 또 게르만족은 아니지만 네르비Nervier/Nervii족 원로는 게르만족과 매우 유사하게 600명의 조직을 거느리고 있음이 분명하다고 했다. 숫자가 과장된 것이라는 점을 떠나서 로마인들이 말한 "원로대공"은 단순한 대공과는 달리 좀 더 큰 협의기구協議機構를 말할 때만 사용할 수 있었을 용어였음이 분명하다. 이 기구가 단순히 대공大公들만으로 구성된 기구일 수는 없으며 비교적 큰 기구였음이 분명하다. 결국 게르만족에게는 대공大公 외에도 다른 부류의 관리가 있었던 것이다.

시저는 게르만족의 농업조직을 말할 때 그냥 대공大公이 아니라 "추장대공酋長大公 *magistrates et principes*"들이 경작지를 분할했다고 했다. 추장*magistrates*이란 접두어接頭語가 단순한 중복어에 불과하다는 견해는 시저가 그냥 대공大公이란 표현만 사용한 곳도 있으므로 정당화될 수 없다. 시저가 가끔 이런 접두어를 붙인 것이 단순한 "대공大公"을 자기식으로 표현한 것이라면 이는 지극히 비정상적인 일일 것이다.

타키투스Tacitus의 기록에는 게르만족 관리 조직에 존재했던 상이한 두 부류가 그리 분명히 나타나 있지는 않다. 특히 타키투스는 백호百戶/Hundertschaft란 개념을 치명적으로 잘못 이해함으로써 오늘날 학자들에게 큰 혼란을 초래시켜 놓았다. 그러나 그의 기록을 철저히 분석해 보면 우리는 이 문제를 분명히 정리해 낼 수 있다. 만약 게르만족 관리조직이 한 부류뿐이었다면 그들의 수가 아주 많았어야 한다. 타키투스의 기록에는 각 부족 내에 대중보다 지위가 매우 높은 몇 가족이 있어 다른 가족은 그들과 비교가 안 될 정도였다는 말과 그런 가족을 흔히 왕족王族/*stirps regia*이라고 했다는 말이 계속해서 등장한다(《연대기年代記/*Annals*》, XI, 16장 및 《역사*Historiae*》, IV, 13장). 그러나 본래의 게르만족에는 하급귀족Kleinadel은 없었다는 것이 오늘날 학자들의 일치된 견해이다. 기록에 자주 등장하는 노빌리타스*nobilitas*란 단어는 귀족을 말한다. 이들은 자신을 신神의 후손으로 자처했었다. 타키투스의 《게르마니아*Germania*》, 7장에는 "그들은 그들의 왕을 노블리타스 중에서

골랐다*reges ex nobilitate sumunt.*"는 구절이 있고12) 또 그의 《연대기年代記/*Annals*》, XI, 16 장에는 케루스키Cherusk/Cherusci족이 유일한 왕계 혈통인 아르미니우스Armin/Arminius의 조카를 돌려달라고 로마황제 클라우디우스Claudius에게 요청했다는 구절도 있다. 북방 국가들에는 왕족 아닌 귀족가문은 없었다. 만약 각 백호百戶마다 대공大公 가족이 하나씩 있었다면 귀족과 평민 간에 그리 뚜렷한 차이가 있을 수 없었을 것이다. 수많은 씨족 족장 가족들 중 일부만 매우 큰 특권을 향유했다고 보는 것 역시 적절치 못하다. 만약 그런 가족과 평민 가족 사이에 본질적인 차이가 없었다면 그런 가족이 대가 끊겼을 경우 다른 가족이 간단히 그 지위를 차지할 수 있었을 것이며 따라서 "왕족"이라고 불리던 가족이 소수에 불과했을 수는 없을 것이다. 물론 평민 가족과 왕족의 구별이 절대적인 것은 아니었고 오랫동안 씨족 수장인 후노Hunno를 역임한 가족이 때로 대공大公 가족으로 신분이 상승될 수 있었을 것이 분명하다. 그러나 대공 가족과 평민 가족 간에는 차이가 컸었다. 대공의 직위는 일종의 귀족지위였고 관리의 직위는 극히 2차적인 지위였다. 대공으로 신분이 상승된 후노는 원래는 그가 속한 공동체 내에서 자유민에 속했었지만 대공 직위 로 인해 신분이 크게 상승했고 이 대공 직위는 사실상 세습적 직위였다. 대공 가족에 관한 타키투스Tacitus의 설명은 그들의 수가 매우 적었음을 암시하고 있다. 숫자가 적었었다는 것은 대공 밑에 하급관리가 있었다는 것을 의미한다.

군사적 관점에서 보면 꽤 큰 규모의 단위부대에는 그 밑에 하급 지휘관들이 지휘하는 최대 200명~300명 규모의 작은 단위부대들이 있어야만 한다. 전사戰士 숫자가 5,000명 정도 되는 게르만 징집군 부대라면 그런 하급 지휘관이 최소한 20~50명은 있었어야 한다. 대공大公 급의 인물이 그렇게 많았을 수는 없다.

경제생활의 측면에서도 마찬가지이다. 부락Dorf마다 수장이 있어야 했다. 토지의 공산적共産的 경작과 가축 떼의 보호를 위해서는 그럴 수밖에 없었다. 단일 공동체 인 부락은 항상 필요한 조치를 취할 준비가 되어 있어야 했다. 꽤 멀리에 사는 대공大公/*princip*이 와서 명령을 내리기만 기다릴 수는 없었다. 부락 면적이 상당히 큰 경우라 해도 부락 수장은 여전히 매우 낮은 관리였다. 반면 왕으로 간주되는 인물인 대공은 부락 수장보다는 숫자도 훨씬 적고 큰 권한을 지니고 있었음이 분명하다. 따라서 대공과 부락수장은 구별되어야 한다.

4. 부락과 경작지의 이동

게르만족이 매년 경작지와 더불어 주거지까지 옮겼다는 시저Cäsar/Caesar의 말은 모두로부터 의심을 받고 있다. 매년 주거지를 옮겨야만 할 이유를 알 수 없기 때문이다. 오두막과 가재도구 및 식량 그리고 가축 등은 쉽게 옮길 수 있다고 해도 새로운 주거지를 만드는 것은 매우 힘든 일로서 특히 얼마 안 되는 조잡한 농기구들을 가지고는 매년 새 땅을 개간하기가 너무 힘들었을 것이다. 따라서

---

12) 뮐렌호프Müllenhoff 편編, 《게르마니아*Die Germania*》, 183쪽.

필자는 골Gallien/Gaul족과 게르만족이 자신들은 "매년" 주거지를 옮긴다고 시저에게 설명했다는 것은 엄청난 과장이거나 오해일 것으로 확신한다.

한편 타키투스Tacitus의 기록에는 게르만족이 주거지까지 매년 옮겼다는 말은 없고 경작지를 바꾸었다는 말만 있다(《게르마니아Germania》, 26장). 이 두 기록의 차이를 두고 게르만족의 경제생활이 보다 높은 단계로 발전된 것으로 해석하는 경향이 있지만 이는 불가능한 해석이다. 분명히 타키투스의 시대(역자 주: 서기 56년~120년경)에는 —사실상 시저 시대(역자 주: 기원전 100년~44년)에도— 고정된 주거지와 계속 경작이 가능한 매우 비옥한 토지를 지닌 씨족부락이 많이 있었을 수 있고 그런 부락들은 매년 경작지와 휴경지休耕地를 서로 바꾸는 것만으로도 충분히 생활을 영위할 수 있었을 것이지만 자신의 씨족 구역Gau이 주로 숲과 늪지로 되어 있거나 토지가 그리 비옥하지 못했던 부락들은 그러지 못했을 것이다. 그들은 광활한 그들의 구역Gau 내에서 쓸만한 지역들을 차례차례 이용해야 했을 것이며 이를 위해 때때로 부락을 옮겨야만 했을 것이다. 투디쿰Thudichum이 이미 정확히 지적한 대로 타키투스의 설명이 이런 식의 주거지 이동이었을 가능성을 배제하고 있는 것은 결코 아니다. 필자는 타키투스가 명시적으로 그리 말하지는 않았지만 기록을 작성할 때 그렇게 생각하고 있었음이 분명했을 것으로 본다. 그는 "토지agri는 경작자耕作者 숫자에 비례해서 그들 모두에게 차례로 취득되었고 이때 토지가 계급에 따라 나뉘었다. 그들의 들판은 나누기 쉬운 크기였다. 그들이 매년 경작지avra를 바꾸었어도 여전히 남는 토지가 있었다 *agri pro numero cultorum ab universis in vices occupantur, quos mox inter se secundum dignationem partiuntur; facilitatem partiendi camporum spatia praevent, avra per annos mutant et superest ager*"고 했다(《게르마니아Germania》, 26장). 이 구절 중 특이한 대목은 이중二重 교체에 관한 부분으로서 앞에서는 토지agri가 차례로 취득되었다고 한 후 뒤에서는 경작지arva를 매년 바꾸었다고 했다. 단지 부락의 구역 내에서 교대로 경작할 땅을 지정한 후 매년 경작지와 휴경지를 교체만 한 것이라면 위의 설명은 다른 곳에서는 매우 간결한 타키투스의 문체文體에 비해 너무 복잡하게 기술되어 있다. 그런 절차는 이렇게 많은 단어들을 동원해 설명하기에는 너무 단순한 절차이다. 그러나 타키투스의 의도가 구역 내에서 땅을 교대로 점령해 가면서 새로 점령한 땅을 구성원들에게 경작지로 분배했던 어느 공동체가 경작지를 변경할 때 주거지도 동시에 옮겼다는 것이라면 문제는 크게 달라진다. 그는 명시적으로 그렇게 말하지 않았지만 다른 곳에서는 매우 간결한 그의 문체에 비추어 보면 그런 의도였을 것이라는 해석이 그리 어렵지는 않다. 그러나 모든 부락이 같았을 것으로는 볼 수 없다. 크지는 않아도 비옥한 토지를 점유한 부락은 자주 경작지를 따라 주거지까지 옮기지는 않았을 것이다.

필자는 타키투스Tacitus가 위의 문구에서 "토지는…차례로 취득되었으며*agri…in vices occupantur*"라는 말과 "그들이 매년 경작지를 바꾸었어도*avra per annos…mutant*"라는 말을 구분해서 쓴 것은 게르만족의 경제생활이 새 단계로 발전했음을 말한 것이라기보다는 시저의 설명을 조용히 수정한 것이라고 확신한다. 게르만족 부락의 평균 인구는 750명이었고 평균면적은 3평방마일(약 170㎢)이었음을 우리가 안다면 타키투스의 설명은 곧 명확해진다. 그들의 토지경작법은 효율적이지 못했으므로 매년 새 토지를 개간해야 했고 주거지 근처의 들판을 모두 개간 경작해서 지력地力이 떨어지게 되면 현 주거지에서 그대로 머물기보다 부락 또는 씨족의 구역Gau 내의 먼 곳으로 주거지 전체를 옮겨서 새 땅을 경작하고 지키는 것이 보다 편했을 것이다. 이렇게 수년 동안 몇 번 이동하다 보면 처음 주거지로 다시 돌아와 옛 경작지를 다시 사용할 수도 있었을 것이다.

5. 부락의 크기

필자의 견해 중 핵심은 게르만 부락은 꽤 컸었을 것이라는 점이다. 백호百戶/Hundertschaft(씨족 구역Gau)를 매우 작은 부락들의 집합체라고 보는 경향이 있지만 이는 사료史料 기록을 통해 객관적 관점에서 쉽게 반박될 수 있는 견해다.

1) 투르Tours 주교主教 그레고리우스Gregor/Gregorius의 《프랑크 왕국사Historia Francorum》, 제II권, 9장에는 서기 388년 로마군이 프랑크족 영토로 원정을 나갔을 때 그곳에 "큰 부락들ingentes vicos"이 있었다는 알렉산더Sulpicius Alexander의 말이 기록되어 있다.

2) 부락과 씨족은 분명히 같은 것이며 씨족은 그 규모가 컸음이 분명히 입증된 바 있다(앞의 본문 참고).

3) 이와 동일한 맥락에서 키에케부쉬Kiekebusch는 선사시대先史時代 자료들을 통해 서기 1세기와 2세기 당시 게르만족 부락의 규모를 최소한 인구 800명으로 평가했다(앞의 각주 2 참고). 다자우Darzau 고분군古墳群은 약 4,000구軀의 유해遺骸가 매장되어 있고 약 200년에 걸쳐 사용된 공동묘지이다. 그렇다면 매년 사망자는 20명 정도였으며 따라서 그 인구는 최소 800명은 되었다는 증거가 된다.

4) 사료史料에는 경작지와 주거지를 옮기는 일이 상당히 과장되어 있지만 그 속에도 일말의 진실은 포함되어 있을 것이다. 경작지 전체와 더불어 주거지까지 옮기는 일은 그 관할지역이 매우 넓은 부락인 경우에만 논리적일 수 있다. 경작할 지역이 그리 넓지 못한 작은 부락의 경우에는 경작지와 휴경지休耕地를 교체하는 방법 외에는 경작지나 주거지를 바꿀 일이 없었다. 그러나 큰 부락의 경우는 가까운 곳에 새로 경작할만한 토지가 없으면 자신의 구역 내에서 부락 전체를 옮길 수 있었고 또 옮겨야 했었다. 헤트너Hettner는 러시아 초원지대의 부락들은 매우 광대한 토지를 공유하고 있고 그 결과 아직도 농사철에는 주민들이 부락을 떠나 들판으로 나가서 급조된 오두막에서 생활한다고 한다("유럽의 러시아Das europäische Russland," 《지리 학술저널Geographische Zeitschrift》, 10권, 11호, 671쪽 이하).

5) 각 부락에는 1명의 수장이 있어야 한다. 토지 공유, 공유 가축의 이동 및 사육, 적과 맹수들로 인한 빈번한 위험 때문에 현장 권한을 지닌 인물이 없으면

안 된다. 늑대 떼의 공격을 몰아내고 자신들을 보호하기 위해 멀리 있는 지도자를 불러온다는 것은 불가능하다. 적의 공격으로부터 가족과 가축을 대피시키는 일, 둑이 무너지는 것을 막는 일, 화재 진압, 일상적으로 발생하는 다툼을 진정시키는 일이나 경작과 추수의 시작 역시 마찬가지다. 특히 토지 공유 상황에서 경작과 추수는 동시에 시작되어야만 한다. 이런 견해가 옳다면 부락에는 반드시 1명의 공동체 지도자가 있어야 하며 또한 부락이 바로 씨족이기 때문에 그 지도자는 씨족 족장이었다. 그러나 앞서 우리가 말한 바와 같이 그는 반드시 후노Hunno와 동일인이어야 했다. 결과적으로 부락은 백호百戸/Hundertschaft로서 약 100명 이상의 전사戰士가 있는 단위였으며 따라서 규모가 그리 작을 수 없었다.

6) 소규모 부락은 식량획득이 좀 수월하다는 장점이 있었다. 그러나 큰 부락은 자주 부락을 옮겨야만 하는 불편함은 있었지만 게르만족은 항상 위험 속에서 살아야 했기 때문에 큰 부락을 선호했다. 사나운 짐승의 위협을 받거나 그보다 더 사나운 인간의 위협을 받더라도 큰 부락은 이에 대처할 많은 인원을 보유하고 있었다. 여타 야만족, 예를 들어 후일의 슬라브Slavs족의 경우에는 소규모 부락들을 발견할 수 있지만 그렇다고 지금껏 말한 증거들과 논거들이 약화되는 것일 수는 없다. 슬라브족과 게르만족은 달랐고 환경이 유사하기는 해도 모든 것이 같지는 않았기 때문이다. 더욱이 슬라브족의 경우는 보다 후일의 문제로서 또 다른 발전단계에서의 문제일 수도 있다. 물론 규모가 큰 게르만족 부락들은 후일 인구가 증가해서 경작지 비율이 늘어나고 더 이상 그들의 구역 내에서 경작지와 주거지를 옮길 곳이 없게 되면 작은 부락들도 분할되었다.

6. 퉁기누스TUNGINUS

후노Hunno라는 직위의 본질과 관련된 필자의 견해는 프랑크Franken/Franks 왕국시대(역자 주: 프랑크 왕국은 5세기에 게르만족의 일파인 프랑크족이 골 북부에 세운 국가. 5세기 말 클로드비크Chlodwig/Clovis 1세가 골 전역을 지배하고 소小페펭이 왕위에 즉위하기까지의 메로빙 왕조〈서기 481년~751년〉에 이어 카롤링 왕조〈서기 751년~843년〉가 있었고 서기 843년에 현 독일지역의 동東프랑크와 현 프랑스지역의 서西프랑크 그리고 현 이태리지역의 중中프랑크로 분리된다)를 보면 확신을 얻을 수 있다. 우리는 게르만족의 민족대이동民族大移動(역자 주: 라인 강과 도나우 강 북쪽 산림지대에 고트, 반달, 프랑크, 앙겔, 작센 등으로 흩어져 살던 게르만족은 4세기 후반 아시아에서 훈족(흉노匈奴)이 한족漢族에게 밀려들어오자 흑해 연안에 살던 서西고트Westgoten/Visigoths족을 필두로 이를 피해 라인 강과 도나우 강을 넘어 이동하기 시작한다. 서西고트족은 현재의 남南프랑스와 북北스페인으로, 동東고트Ostgoten/Ostrogoths족은 이탈리아로, 반달족은 아프리카로, 부르고뉴족과 프랑크족은 라인 강 중하류 서쪽의 현 프랑스 지역으로, 앙겔족과 작센족은 영국으로 각각 이동한다. 뒤의 제II권 참고) 이후 본래의 게르만족 조직이 해체되는 시기를 다룰 때 이 문제로 다시 돌아가겠지만 필자는 이곳에서 후일의 후노 직위 문제와 관련해 몇 가지 분명히 언급해 두고자 한다. 프랑크족 직위의 성격과 특징에 대해 언급해 놓지 않은 모순이 뒤에서 발견되면 초기시대에 관한 우리의 견해가 의심을 받을 수 있지만 이곳에서 후일의 후노 직위 문제에 대해 몇 마디만 확실히 언급해 놓으면 우리는 일관성을 유지할 수 있고 이로써 중요한 보강증거를 얻을 수 있게 될 것이기 때문이다.

후노 직위에 관한 필자의 견해가 옳다면 민족법民族法/Volksrecht들을 소개할 때에 자주 언급되는 쎈테나리우스centenarius(역자 주: 복수는 쎈테니Centeni)란 직위는 그 이름의 의미대로 후노와 동일한 직위이며 "퉁기누스 또는 백호百戶 tunginus aut centenarius"라는 문구에서 두 호칭은 같은 직위를 말하는 것으로서 후자가 전자의 의미를 명확히 한 것에 불과하다. 그라프Graf/count(역자 주: 후일의 대공大公)는 왕이 임명한 관리이다. 반면에 쎈테나리우스 즉, 퉁기누스는 주민들이 선출한 관리로서 3배의 배상금 dreifachen Wergeldes/widrigild(역자 주: 병역기피 벌금. 이 책 제III편, 제I권, 제I장, 부기, 서기 726년 〈리우트프란드 칙령Edictum Liutprandi〉 참고)을 징수할 수 있는 특권이 없었고 그라프가 임명하거나 해임하지 않았으며 카롤링Karoling/Caroling 왕조 때에 가서야 그라프 밑의 관리가 되었다. 그라프의 중요 권한은 옛 대공大公/princeps과 같았지만 법적으로는 옛날 같은 권한이 아니라 새로 생긴 왕의 대리인으로서의 권한이었다. 왕은 옛 대공大公 같은 존엄한 지위였고 옛 대공大公들은 없어지자 왕만 남게 되었다. 그러나 점점 많은 부족들이 그에게 복속服屬되자 이제 왕은 자신이 임명한 그라프가 그들을 지배하는 것을 수락하게 되었다. 하지만 종래의 공동체 지도자로서 주민들에 의해 선출되어 대공大公의 지휘를 받던 후노는 이제 그라프의 지휘를 받는 것만 달라졌을 뿐 여전히 수세기에 걸쳐 존속했다. 로마가 지배하던 지역에서는 폐쇄적인 게르만 씨족 공동체가 없었으며 처음부터 쎈테나리우스가 비카리우스vicarius라는 이름으로 그라프 밑에 있었지만 게르만 지역의 쎈테나리우스는 후일에야 그라프의 지휘를 받게 된다.

브루너Brunner와 슈뢰더Richard Schröder는 그라프가 행정관에 불과했고 후노에 대한 사법권을 퉁기누스tunginus가 행사한 과도기가 있었다고 본다. 그의 견해에 의하면 그 시기의 퉁기누스는 사법관으로서는 옛 대공大公/princeps과 같았지만 주민에 의해 선출되었고 상당히 큰 지역에 대해 권한을 행사했던 직위라는 말이 된다. 그는 퉁기누스의 이런 직무를 후일 그라프가 자신의 직무로 흡수한 것으로 본다.

브루너Brunner는 이런 자신의 견해를 《살리 법전lex Salica》(역자 주: 살리Salier/Salian 왕조의 법전)의 몇 개 조항들을 통해 입증하려 한다. 브루너의 견해를 아미라Amira는 부정하고(《괴팅겐 학술비평學術批評 Göttingische Gelehrte Anzeigen》, 서기 1896년 호, 200쪽) 슈뢰더는 지지한다(《역사지歷史誌 Historische Zeitschrift》, 제78권, 196-98쪽).

역사가인 필자는 법적 측면을 상세히 따져 볼 처지는 못되지만 슈뢰더Richard Schröder가 아미라의 반박을 제대로 방어하지 못한 것이 분명하다고 본다. 그는 "퉁기누스의 '말루스 푸부리쿠스 레지티무스mallus publicus legitimus'('일반사법기구')는 '쿠리아 레기스Curia Regis'와 같은 것으로 보이지만 퉁기누스 또는 쎈테나리우스가 관할하던…말루스mallus(사법기구)와 같은 것이 아니었다"며 가능성만을 말했다. 결국 그의 말 가운데 아미라의 견해를 뒤엎을만한 진정한 반대증거는 없다.

한편 브루너는 퉁기누스가 꽤 큰 씨족 구역Gau의 사법관이 아니었다면 사법관으로는 왕을 제외하면 백호사법관百戸司法官/Hundertschaftsrichter만 있었던 것이 된다고 하지만 연표年表를 세밀히 살펴보면 이런 주장은 근거가 약하다.

슈뢰더는 "클로드비크Chlodwig/Clovis(역자 주: 게르만족 일파인 프랑크족이 골 지역에 세운 프랑크 왕국의 초대 왕) 자신이 제정했을 가능성이 극히 높은 첫번째 《살리 법전lex Salica》에서도 씨족 구역Gau의 정규사법관은 퉁기누스가 아니라 그라프Graf/count였다"고 했다(《역사지》, 제78권, 200쪽). 그러나 매우 넓은 영역을 지닌 왕조를 창설한 결과 직접 전국을 돌아다니면서 사법관 임무를 수행할 수 없게 된 인물이 바로 클로드비크였으므로 적어도 그때까지는 왕(종래의 대공大公/princip 직위의 계승자)과 후노Hunno 사이에 또 다른 사법관 직위가 있었어야 할 이유가 전혀 없다. 왕조가 아직 탄생 중이던 시기에 주민들이 그들의 구역에서 자신들을 위해 선출한 관리 후노가 왕이 임명한 그라프Graf/count와 라이벌 관계가 되게 한다는 것은 있을 수 없는 일이었을 것이다. 우리는 클로드비크가 권력을 장악해 나가는 과정에서 어떻게 라이벌들을 압박하고 제거했는지 알고 있다. 필자는 씨족의 구역Gau을 관할하는 정규사법관으로 그라프Graf/count가 임명된 것은 클로드비크가 진정한 프랑크 왕국을 창설한 후 전국을 순회하면서 고등사법관 직무를 수행할 수 없게 된 시기임이 분명하다고 본다. 씨족의 구역을 관할할 고등사법관을 선출할 필요도 없고 선출할 수도 없었다면 《살리 법전lex Salica》이 말한 퉁기누스tunginus는 쎈테나리우스centenarius 즉, 종래의 후노 이외의 존재일 수 없다. 브루너와 슈뢰더의 오류는 옛 후노 직위의 중요성을 인식하지 못하고 게르만족에 공통으로 존재했던 최초의 제도가 천호千戸구역Tausendschaftgau이라는 생각에 집착한 데 있다. 두 사람은 백호百戸/Hundertschafts의 중요성과 조직 및 직무를 올바로 평가하지 못했다.

널리 알려진 바와 같이 퉁기누스tunginus라는 단어의 분명한 어원학적 정의定義는 아직 규명되어 있지 않다. 이 문제에 대한 최근의 연구서로는 헬텐van Helten의 《게르만 언어 및 문학의 역사에 관한 기고문寄稿文 Beiträge zur Geschichte der deutschen Sprache und Literatur》(지베르Sievers 출판사), 제15장, 456쪽(145항)을 참고할 것. 이 단어는 "탁월한vortrefflich" "평판 높은angesehen"이라는 뜻과 더불어 "상위의rector"라는 뜻도 포함된 단어이지만 헬텐은 지금껏 법제사法制史에 근거해서 인정되어 온 개념을 기초로 "상위의rector"라는 의미는 없었을 것으로 보고 있다. 그러나 만약 필자가 제시한 의견이 옳다면 헬텐의 견해는 부인되게 된다.

7. 최근의 연구

서기 1906년에 출간된 브루너Brunner의 《게르만 법제사法制史 Deutsche Rechtsgeschichte》, 제I편에서는 게르만족의 조직 문제에 관한 필자의 견해를 주변적인 몇 부분만 다루고 있고 우리 두 사람의 견해 차이가 완전히 소개되어 있지 않다.

우리 두 사람의 견해 차이는 근본적으로 중요한 의미를 지닐 뿐 아니라 여러 유럽지역의 역사를 이해하기 위해서도 필요하므로 필자는 이곳에 부록 형식으로 그 중 가장 중요한 요소들만 대강 소개해 보겠다.

브루너Brunner는 게르만족이 천호千戶구역Tausendschaftgau들로 나뉘어 있었고(158쪽) 각 천호구역은 여러 부락Dorf들로 구성된 조직으로 이에 군사적 사법적 목적의 단순한 인적人的 집단인 백호百戶/Hundertschaft가 병치竝置되어 있었으며(159쪽) 매우 중요한 단위인 씨족은 몇 가족의 집단으로서 그 유래는 조상이 같은 남성 가계家系였다고(111쪽) 본다. 또한 천호구역의 우두머리는 구역대공區域大公/Gaufürsten이었고 백호의 우두머리는 추장酋長/Vorsteher이었는데 초기시대부터 이미 이 추장을 후노Hunno라고 불렀을 것으로 본다(163쪽). 그러나 농업경제의 기본단위는 부락이므로 부락추장Dorf-Vorsteher이 분명 있었을 것인데 이에 대한 언급은 없다. 씨족에도 역시 여러 기능이 있으므로 씨족의 우두머리가 없을 수 없다. 부루너 자신도 이를 당연한 것으로 보기는 하지만(119쪽, 1항의 결론 부분) 더 이상의 언급은 없다.

필자는 게르만족의 조직을 그렇게 지역적 인적으로 복잡하게 나뉜 조직으로 볼 것이 아니라 단지 백호百戶구역Hundertschaft-Gau들만으로 나뉜 단순한 조직으로 볼 것을 제안한다. 필자의 생각으로는 이 백호百戶구역에는 큰 부락이 하나씩 있었고 그 주민들은 한 조상의 후손들이었고 따라서 이를 씨족 또는 시페Sippe라고 부르기도 했다. 또한 부락이면서 구역Gau이고 또 백호이기도 한 이 씨족의 우두머리는 후노 또는 장로長老Altermann/elder(엘도르만Ealdorman)였다.

필자는 이런 생각의 증거를 부락과 씨족은 분명히 시종 동일했다는 사실에서 발견한다. 브루너Brunner는 씨족이 경작지 소유자지만 부락도 동시에 토지 소유자였던 때가 있었다고 단언한다(90쪽 및 117쪽). 도대체 누가 소유자라는 말인가? 씨족이란 말인가 부락이란 말인가? 물론 양자 모두를 소유자라고 말할 수 있는 사료史料들이 수없이 많고 또 그 내용도 분명하다. 그러나 그는 이런 모순을 해명해 보려 하지 않았다. 결국 그들을 동일한 존재로 볼 수밖에는 없다.

부락의 크기가 매우 컸다는 명백한 징표가 있다(앞의 부기 4 참고). 이는 앞서 설명한 대로 부락들이 때때로 이동했던 관행으로부터도 알 수 있다. 다만 작은 부락일 경우에는 그 같이 이동할 필요가 없었을 것이다.

부락의 크기가 매우 컸다면 가족이 100개는 되었을 것이므로 백호百戶/Hundertschaft와 부락이 동일한 것임이 분명하다. 따라서 우리는 부락과 일치하지 않는 인원으로 인위적인 단위를 만들었을 것이라는 생각을 버릴 수 있다.

이때 문제는 백호 위에 천호千戶구역Tausendschaftgau이란 상위집단이 또 존재했는지 여부다. 경우에 따라 그런 집단이 있었을 수도 있다. 국가 전체를 공동으로 통치하던 대공大公/principes들이 행정구역을 —특히 사법 관할권을— 나누어 각자가 여러 백호들을 관할하게 되면서 이러한 상위집단들이 실제로 형성되었을 수도 있다. 그러나 최초의 부족은 실제로 브루너Brunner가 말하고 있는 방식으로 탄생한 것은 아니며 "천호"라는 이름도 초기에는 사용된 적이 전혀 없다.

전시戰時 조직으로 씨족과 백호의 상호관계에 관해서도 브루너Brunner는 씨족과 백호 중 누가 토지소유자였는지에 관한 문제의 경우와 같은 모순에 빠져 있다. 그는 백호를 우두머리 1명의 지휘를 받는 전사戰士 100명(또는 120명)의 인적 단위로 보고 있다(162쪽). 그러나 그는 다른 곳에서는 아주 후기시대에 대해서까지 씨족의 군사적 중요성을 말해주는 사료 중의 인상적 구절들을 모두 소개한 후에 "한 씨족이 공동의 리더십 아래 하나의 단위로 전투에 참여했던 시대도 있었고 그럴 수밖에 없었던 상황도 있었다"는 결론을 내리고 있다(118쪽). 만약 씨족이 백호의 예하단위였었다면 그의 설명은 모순 없는 설명이 될 수 있었을 것이다. 그러나 브루너는 전혀 그런 식으로 생각하지 않고 단지 씨족은 분할될 수 없는 단위이므로 "군대조직에서 씨족이란 단위를 고려했었다"고 하거나(118쪽) 백호는 통일된 병력수의 단위가 아니었다고 했을(163쪽) 뿐이다. 그가 이렇게 불확실한 표현을 고집할 수밖에 없었던 것은 만약 씨족이 백호의 예하단위라는 말이 그의 글 중에 있었다면 그가 묘사하려던 백호의 모습은 전혀 다른 의미가 되기 때문이다. "통일된 병력수"란 있을 수 없었을 것이다. 우리는 백호란 이름에서 수치적인 개념을 완전히 포기하든지 아니면 백호는 야전에 보낼 전사 숫자가 100명쯤 되는 씨족들만으로 의도적으로 구성되었었다는 결론을 내리든지 둘 가운데 하나를 선택해야 한다. 결국 앞서 이미 지적했던 바와 같이 씨족을 백호 예하의 구성단위로는 생각할 수 없음을 알 수 있다.

브루너는 자신의 견해를 방어하려고 "게르만족 최초의 기본조직이 백호구역Hundertschaft-Gau이라는 견해를 뒷받침하기 위해 백호구역과 파구스pagus가 같은 것이라고 보는 사람은 게르만족 파구스는 상당히 넓은 지역이었음을 지적한 시저의 말부터 배척해야 하고 백호에 관련된 타키투스Tacitus의 기록도 이를 오해로 보아야 하며 또 게르만족 파구스와 켈트Kelt/Celt족 파구스의 비교에서 나온 결론들도 포기해야 한다"고 말하고 있다(195쪽).

이에 대해 필자는 "그러지 못할 이유가 도대체 무엇인가?"라고 반문할 수밖에 없다. 브루너는 수에브Sueven/Sueves족(역자 주: 게르만족의 한 지파)의 각 구역Gau이 출전시킬 수 있던 전사戰士 숫자가 2,000명이었다는 시저의 기록을 인정하고 있는데 그러려면 그는 초기 게르만족 인구밀도에 관한 필자의 설명부터 부인할 수 있어야 하는데 그는 전혀 그런 시도를 하지 않았다. 시저의 수치들은 과장된 수치임이 분명하다. 그의 수치들 중에는 100배 이상으로 과장된 수치도 매우 흔한데 아마 2,000명이라는 지금의 수치는 겨우 10배 정도로 과장된 수치에 불과할 것이다.

더욱이 쎈테나리우스centenarius 즉, 백호에 관한 타키투스의 정보가 오해였음은 바이츠Waitz 등 많은 학자들의 일관된 평가이므로 이를 굳이 언급할 필요는 없다.

마지막으로 게르만족 파구스pagus를 켈트Kelt/Celt족 파구스와 비교해야 할 필요는 전혀 없다. 현재 우리들이 사용하는 베지르크Bezirk(구역)라는 단어와 마찬가지로 로마인들은 파구스라는 단어를 매우 다양한 의미로 사용했었기 때문이다.

브루너Brunner는 백호와 구역과 씨족과 부락이 모두 같은 성격의 개념이라는 필자의 설명에 대해 "그들이 모두 같다는 것은 지나친 말이다. 그들이 모두 존재했다는 것은 서로 차이가 있다는 것이다"라는 식으로 비판한다(160쪽, 각주). 필자는 이런 식의 비판에 동의할 수 없다. 누가 자신의 아들 하나를 두고 어떤 때는 아들이라 하고 어떤 때는 아이라 하고 어떤 때는 어린애라 하고 또 어떤 때는 소년이라 했을 경우 그에게 아들 넷이 있다고 말할 수 있겠는가?

그의 주된 오류는 정치적, 사회적, 경제적 표현형식을 해석함에 있어 그 규모가 어떠했는지를 고려하지 않은 점에 있다. 1개 게르만 부족의 총 인구와 남성 숫자와 면적을 최대한 얼마로 평가할 수 있는지를 알면 사료가 구역이라고 한 것이 천호千戶구역Tausendschaftgau인지 백호百戶구역Hundertschaft-Gau인지 곧 분명해진다.

브루너의 또 다른 오류는 씨족이 여전히 경제단위(토지공유의 단위)였던 시기와 후일 단지 법적 제도에 불과했던 시기를 구분하지 않은 것이다. 후자의 시기에는 씨족의 범위가 경우에 따라 일정한 세대世代까지로 제한되어서 부자父子가 별개 씨족이 되는 때도 있었다. 이 시기에는 피해보상이 결정되면 보상이 누구까지 주어질 것인지는 대상자가 몇 번째 세대인지에 따라 결정되었다. 하지만 씨족 범위에 대한 이런 가변적 제한방식은 토지공유 시기의 씨족에겐 불가능한 방법이다. 씨족 범위가 7세대로 제한될 경우 8세대가 태어났다면 과연 어떻게 될까? 그 8세대 이후 어린이는 그 씨족에 속하지 않게 되는 것인가? 그는 성장해서 가정을 꾸리려 해도 씨족의 공유재산에 대해 아무런 청구도 할 수 없을까? 이 문제만 생각해도 확실한 답을 얻을 수 있다. 다시 말해서 토지공유 시기의 씨족은 결코 세대를 가지고 구성원의 범위를 제한했을 수가 없다.

토지를 공유하는 씨족은 가족 즉, 부자父子가 함께 있는 외의 다른 방식으로는 나누어질 수 없었다. 일정한 세대까지 만으로 구성되는 씨족은 시저나 타키투스Tacitus의 시대까지 존재했던 본래의 씨족과는 좀 다른 씨족이다. 브루너Brunner는 이 문제에 있어 시기별로 발전이 있었다는 점을, 따라서 씨족의 본질을 생각할 때는 시대를 몇 단계로 나누어야 한다는 점을 간과했던 것이다.

본래의 씨족은 세대로 제한된 것이 아니라 실제 공동생활을 하는지 여부로 결정되었던 것으로 단정할 수 있다. 즉, 본래의 씨족은 부락과 같은 것이었다.

라흐팔Rachfahl은 슈몰러Schmoller 출판사의 《법제연보法制年報/Jahrbücher für Gesetzgebung》, 제31권, 1739쪽에서 브루너의 견해를 비판하고 있으며 1751쪽에서는 필자와 같은 논거를 가지고 게르만족에게 최초로 존재했던 공통의 기본조직이 백호百戶구역Hundertschaft-Gau이라는 견해를 지지하고 있다.

크라머Krammer는 《고대역사학 신보新報 Neues Archiv der älteren Geschichtskunde》, 제32권(서기 1907년), 538쪽에서 게르만족의 최초 제도가 천호千戶/Tausendschaft라는 견해를 지지하고 있지만 그가 제시한 증거들은 실제로 유효한 증거가 되지 못한다.

슈뢰더Richard Schröder는 《게르만 법제사 편람Lehrbuch der deutschen Rechtsgeschichte》, 제5판

(서기 1907년)에서 천호, 백호 및 씨족(부락)의 3중 조직이란 개념을 채택하고 있다. 그는 씨족과 부락은 동일한 것이기는 하지만 백호는 공법公法상으로 볼 때 최하 단위의 공동체였다고 본다. 그는 백호가 본래 후노Hunno를 수장으로 하는 순수한 인적단위로서 구역Gau을 형성하지는 않았는데 이 백호가 후일 군사단위로서 일정한 사법관할권을 지닌 구역을 형성한 것으로 본다. 또한 그는 천호의 우두머리가 대공大公/princip이었다고 본다.

이러한 슈뢰더의 견해는 다음과 같은 점에서 겉보기보다 필자의 견해에 매우 근접해 있다. 그 역시 (1) 씨족과 부락을 같은 것으로 보았고 (2) 후노와 대공大公을 구별했고13) (3) 대공大公을 여러 백호를 거느린 우두머리로 보았다. 그러나 필자는 사실 세 번째 요소를 중요한 기본적 요소로 보지 않으며 천호라는 직위가 그리 중요하지는 않지만 실제로 아주 흔히 존재했던 직위임을 인정한다(앞의 본문 참고). 슈뢰더의 견해와 필자의 견해가 조화를 이루려면 한 부락의 오두막집이 10~30개가 아니라 100~200개였을 것으로 보기만 하면 된다. 그렇다면 백호를 "인적 단위"로만 보는 불분명하고도 이해하기 어려운 개념이 불필요해진다. 부락Dorf은 곧 백호였으며 자연적으로 형성된 본래의 주거지였다. "천호"는 단지 상황에 따라서 달라지는 대공大公의 관할지역에 불과했다.

리첼Siegmund Rietschel은 《샤비니 재단財團 학술지Zeitschrift der Savigny-Stiftung》, 제27권, 234쪽 이하 및 제28권, 342쪽 이하에서 가용한 사료史料들을 최대한 널리 검토해 가면서 천호 및 백호의 개념을 재검토한 결과 역시 천호가 아니라 백호를 게르만족의 최초 제도로 보아야 한다는 결론에 도달했다. 그는 또한 앙겔-작센angelsachsen/Anglo-Saxon족 백호의 기원을 민족대이동 시기로 거슬러 올라가는 것으로 보았다.

그의 견해는 씨족의 본질 문제에 있어서 만큼은 다른 학자들의 견해보다 훨씬 앞서 있기는 하나 여전히 불분명한 점이 있다. 그는 씨족을 단일조상의 후손들로 정의하고 있는 일반적 견해에 따라서 씨족을 무엇이 연합된 것이 아니라 크건 작건 단일 조상에서 기원된 하나의 단위였을 것으로 보면서도(423쪽 및 430쪽) 씨족의 크기를 매우 다른 방식으로 정의한 결과 정상적인 씨족을 100후프 Huf/hide(역자 주: 경작지 면적의 단위로 1후프는 1가족을 부양할 수 있는 면적) 크기의 조직으로만 볼 수밖에 없었다. 하지만 그는 그럴 경우 백호가 후일 법적인 제도로서의 성격을 지닐 수 없음을 인식하지 못했다. 어느 경우는 형제까지만 포함되고 다른 경우에는 사촌들까지 포함되고 또 다른 경우에는 제2세대, 제3세대, 제4세대 또는 제5세대까지도 포함되는 조직이라면 이를 동일한 제도적 조직으로 볼 수는 없다.

슈베린Schwerin 남작男爵 역시 리첼의 글이 발표된 것과 동시에 사료들을 근거로

---

13) 슈뢰더는 후기의 아주 많은 부족들에서도 후노Hunno가 확실하게 등장한다는 사실을 근거로 후노는 게르만 시대에 이미 존재했음이 분명하다고 매우 정확히 말하고 있다(그의 책 20쪽, 각주 16). 따라서 필자는 브루너가 그의 《게르만 법제사法制史 Deutsche Rechtsgeschichte》, 제I편, 75쪽에서 필자의 말을 인용하면서 왜 "후노"라는 말에 의문부호를 붙여놓았는지 이해할 수가 없다. 더욱이 필자는 "후노"라고만 하지 않고 "후노 또는 다른 지도자"라고 했었다.

게르만족에 공통으로 존재했던 최초의 제도가 백호라는 견해를 지지하는 "고대 게르만족의 백호Die altgermanische Hunderschaft"란 글을 발표했다(《기에르케 연구보고서 시리즈Untersuchungen herausg. von Gierke》, 90권, 서기 1907년). 그러나 그는 백호百戶/Hundertschaft의 "백"은 100이란 숫자와는 아무런 관계가 없고 단지 큰 숫자를 의미할 뿐이라는 점을 특별히 강조했다. 슈베린이 말한 어원학적語源學的 근거는 리첼의 생각과 같이(420쪽) 잘못된 것일 수도 있지만 그의 결론만큼은 정확한 것일 수도 있다(앞의 본문 참고). 다만 그가 백호의 규모를 완전히 불확정적인 것으로 생각한 결과 20명이 될 수도 있고 10,000명이 될 수도 있게 한 부분만큼은 정당화될 수 없을 것이다. 우리는 그렇게 보면 안 된다. 현실적으로 백호는 100이란 숫자와 잘 부합되는 집단이며 이를 100 가족의 집단으로 보건 전사戰士 100명의 집단으로 보건 앞서 본문에서 설명한 바와 같이 거의 동일한 것이다.

슈베린의 오류는 (씨족의 분명한 개념을 이해하지 못하고 있는 점 이외에도) 백호의 규모문제를 제대로 이해하지 못함으로써 시작된 것이다. 그는 필자의 연구를 잘 검토해 보지도 않고 게르만족의 부족과 백호의 인원수에 대한 필자의 평가를 부인했다. 필자는 초기 게르만족의 조직을 재현해 보려면 가용한 모든 자료들로부터 인구평가를 시도해 보는 것이 가장 확실하고 신뢰성 있는 방법이라는 반론을 제시해 보고 싶다. 고대 작가들의 글이나 중세 초기의 법률들에 포함되어 있는 정보는 어느 것이나 모두가 불확실해서 다양한 해석이 가능하다. 수에브Sueven/Sueves족의 한 구역Gau이 출전시킬 수 있었던 전사戰士의 숫자가 2,000명이었다는 시저의 기록을 인정하는 사람도 있고 부인하는 사람도 있다. 쎈테나리우스centenarius에 관한 타키투스Tacitus의 기록을 오해로 보는 사람도 있고 그렇지 않은 사람도 있다. 모든 것이 그런 식이다. 그러나 필자가 앞서 본문에서 설명한대로 라인 강과 엘베 강 사이의 지역은 면적이 2,300평방마일(129,375㎢)로서 약 20개 부족들이 차지하고 있던 인구밀도가 매우 낮은 지역이었음이 분명하다.

만약 슈베린Schwerin이 이런 사실과 그 의미를 고려해 보았다면 후노Hunno 또는 장로長老를 대공大公/princip과 같은 것으로 볼 수는(109쪽) 없었다. 그 역시 필자와 마찬가지로 후노와 프랑크Franken/Franks 왕국 시대의 쎈테나리우스centenarius 그리고 퉁기누스Tunginus를 동일한 것으로 보았으므로 더더욱 그러하다.

그는 또한 백호百戶를 구역Gau으로 부르는 것에 대해 강하게 반대하면서 그런 견해는 문제를 복잡하게 할 뿐이라고 주장한다(109쪽, 각주 4). 그러나 그 자신도 작센Sachsen/Saxon족의 "고Go"가 백호이고 또한 파구스pagus(우리는 이를 "구역Gau"으로 번역할 수밖에 없다)임을 입증하고 있으므로 "구역Gau"을 백호와 같은 것으로 보지 않을 수 없다. 후일에는 "구역Gau"이란 단어가 과거의 키비타스civitas 같이 크기가 일정하지 않은 지역 또는 현대 독일어의 베지르크Bezirk(구역)를 의미함은 사실이다. 그 결과 다양한 크기의 지역들을 이 동일한 단어로 부름에 따라 혼란이 초래될 수 있었고 사실상 혼란이 초래된 것이다. 파구스pagus란 단어도 역시 마찬가지이다(앞의 본문 참고). 우리는 보다 명확히 구분된 용어가 기록에 전해지지 않았음을 인정해야만 한다. 타키투스Tacitus는 문맥상 "부락"으로 해석될 수밖에는 없게 파구스란 단어를 사용한 적도 있다(《역사Historiae》, IV, 45장, 각주). (게르버Gerber, 《렉시콘 타키테움Lexicon Taciteum》, 1049쪽 참고.)

　게르만 부족들의 일반적인 병력수에 관한 필자의 견해를 수용한 최초의 글은 슈미트Ludwig Schmitt의 "민족대이동 시대 말기까지 게르만 부족의 역사Geschichte des deutschen Stämm bis zum Ausgange der Völkerwanderung"(지글린W. Sieglin, 《고대 역사 및 지리 관련 사료 및 연구Quellen und Forschungen zur alten Geschichte und Geographie》에 수록)이다. 필자의 이 《병법사兵法史/Geschichte der Kriegskunst》에 대한 슈미트의 평론(《계간季刊 역사Historische Vierteljahrsschrift》, 서기 1904년, 66쪽 이하)도 참고하기 바란다. 그러나 슈미트는 씨족과 백호를 동일시한 필자의 견해에 반대하면서 게르만족 최초 제도는 천호千戶라는 견해를 지지한다. 그의 견해는 이로써 일관성을 상실한 것으로 보인다. 게르만족 1개 부족의 전사戰士가 평균 5,000~6,000명 이하였고 소규모 부족은 겨우 3,000명 정도였음이 사실이라면 그런 부족에는 전사戰士 1,000명으로 조직된 하위의 기본단위가 존재할 수 없다. 1,000명이란 규모는 어설프게 큰 규모로서 부족의 전체 병력수에 너무 근접한 규모일 것이다. 더욱이 그렇게 볼 경우 게르만족에 공통으로 존재했던 최초 제도가 천호라는 주장의 주된 논거인 시저의 말 즉, 수에브Sueven/Sueves족의 100개 구역Gau이 각각 출전시킬 수 있었던 전사戰士 숫자가 2,000명씩이었다는 말은 설 자리가 없게 된다.

　슈미트 역시 부락과 씨족이 같은 것임을 인정하면서도 10~20개 가족들로 구성된 소규모 씨족(부락)도 있었을 것으로 본다. 그러나 그는 부락이 그렇게 작았고 따라서 그에 상응한 토지도 그렇게 작았다면 굳이 부락을 옮길 필요가 있었는지에 대해서는 의문을 가져보지 못했다. 그는 명문明文의 사료 기록들에 대해서는 이를 게르만족 부락이 상당히 컸었다는 취지로 해석하려고 했지만 그가 사용한 방식은 부적절했음이 분명하다. 그는 부락이 컸었다고 하면서도(《계간季刊 역사Historische Vierteljahrsschrift》, 68쪽) 오두막 10~20개 정도 되는 부락도 로마인들에게는 "널리 퍼져있는" 것으로 보였을 것이고 아우렐리우스Marcus Aurelius 황제와 강화조약을 체결했다고 카시우스Dio Cassius가 말한 게르만족 "씨족genē/γένη"은 보통의 씨족과 다른 것이었다고 믿고 있다. 그의 말은 여타의 보통 씨족은 강화조약 체결 주체가 되기에는 너무 규모가 작았다는 뜻이다. 그의 말대로라면 보통의 씨족은 큰 줄기 즉, 많은 종자從者와 하인들을 거느린 고귀한 씨족에 소속된 가지들과 같은 것이라고 보아야 한다. 그렇다면 고귀한 씨족에 소속된 그러한 소규모 씨족은 어느 정도 규모였을까? 결국 전사戰士 숫자가 기껏해야 수백 명 이내였다는 말임이 분명한데 그렇다면 이 숫자는 필자가 게르만족 씨족의 전사戰士 숫자로 생각하는 것과 같아진다. 따라서 슈미트 자신의 말에 의하더라도 소규모라는 규모가 사료 기록에 대한 문언적 해석과 배치되는 규모가 되지는 않는다. 우리에게 전해져 내려온 사료들에는 소규모 씨족 또는 소규모 부락에 관한 언급이 없다. 따라서 알렉산더Sulpicius Alexander 역시 지지하고 있는 카시우스(역자 주: 원문에는 디오스Dios라고 했으나 카시우스Dio Cassius의 오기로 보고 고쳤다)의 매우 명백한 기록을 부인한다는 것은 방법론을 무시한 완전한 독단獨斷이다.14)

필자는 독자들이 다음 장에 주목하기를 기대하고 부탁하면서 필자가 병법사에 관한 이 연구에서 정확한 정치적 역사적 해석을 그렇게도 강조하는 이유가 무엇인지 말함으로써 이 논쟁적論爭的 설명들을 끝내도록 하겠다. 필자는 이런 정치적 법적 기초 없이는 게르만족의 군사적 업적을 전혀 이해할 수 없다고 본다. 지금 우리들이 입증한 바와 같이 게르만족의 인구가 매우 적었다면 개인들의 야만적 용맹성만 가지고는 그들이 이룬 군사적인 업적을 결코 충분히 설명할 수 없다. 그들에게는 용맹성 외에 리더십과 통제력이 발휘될 수 있는 유용하고 효과적인 군사조직이 반드시 있었어야 한다. 백호百戶가 일관성 없는 단순한 인위적 "인적 단위"에 불과했었다는 생각은 전혀 효과적이지 못하다. 그런 단위에게는 엄정한 군기軍紀가 존재하지 않기 때문이다. 마른 모래를 단단하게 뭉칠 수 없다. 게르만족은 부락과 씨족의 동일성, 씨족과 백호의 동일성 그리고 그들의 우두머리인 장로長老(후노Hunno)의 존재로 인해 강한 도전에 맞설 수 있는 자연적인 단결력과 결집력을 지니고 있었다. 뒤의 제Ⅱ권, 제Ⅴ장(이동 당시의 민족군대民族軍隊), 부기 1(민족대이동民族大移動 시기의 백호)을 참고하기 바란다.

---

14) 필자는 왜 슈미트가 고트Goten/Goths족에게는 부락이 구역의 예하 단위였음을 입증하기 위해 〈성聖 사바스 전傳 Acta S. Sabae〉을 권위 있는 글로 인용했는지 전혀 이해할 수가 없다. 이 기록에는 (슈미트가 "민족대이동 시대 말기까지 게르만 부족의 역사Geschichte des deutschen Stämm bis zum Ausgange der Völker-wanderung", 93쪽에서 소개한 것 같이) "씨족 구성원들이" 아니라 "몇 명의" 이교도異敎徒/Heide들이 사바스Sabas를 보호하려 했다고 되어 있을 뿐이다(《성인열전聖人列傳/Acta Sanctorum/Acts of the Saints》, 4월 축일祝日Aprilis, Ⅱ편, 89쪽; 같은 편, 부록의 그리스어 원문은 2쪽). 이 기록으로부터는 씨족과 부락의 관계 또는 부락과 구역의 관계와 관련하여 어떤 결론도 이끌어 낼 수 없다.

제 II 장
게르만족 전사戰士

  앞서 제I편에서 강조한 바와 같이 큰 군사적 업적은 서로 크게 다른 두 가지 형태의 뿌리로부터 성취된다. 우선 분명한 것은 개개 전사들의 용맹성과 신체적 능력이고 다른 하나는 개개 전사들이 단결한 견고한 대형 즉, 전술적 구성체다. 개인의 효율성과 그들의 단결력이라는 이 두 가지의 힘은 본질상 다른 것이지만 후자는 전자와 불가분의 관계에 있다. 겁쟁이들로 구성된 단위부대는 많은 훈련을 한다 해도 아무것도 할 수 없을 것이다. 그러나 어느 정도 용기를 지닌 집단이라면 단결력만 갖추면 탁월한 개인적 용기만으로 달성할 수 있는 것보다 더 높은 군사적 능력이 생긴다. 페르시아 전사戰士들의 기사적騎士的 용맹성도 그리스 시민들의 팔랑스phalax 앞에서 힘을 쓰지 못했고 이 팔랑스라는 전술단위가 로마 군대에서 제대전술梯隊戰術/Treffen-Taktik/echelon tactics 및 코호르트전술Kohortentaktik/cohorts tactics 이란 더 세련된 형태로 발전했다는 것이 고대병법사古代兵法史의 핵심이다. 로마군이 연전연승 할 수 있었던 것은 병사 개개인이 상대방보다 용맹했었기 때문이 아니라 엄격한 군기軍紀로 견고한 전술조직을 만들 수 있었기 때문이다. 이런 발전과정을 연구하며 우리는 덩치만 크지 경직되었던 본래의 팔랑스가 작고 유연한 전술단위로 변한 것이 얼마나 중요하고 어려운 일이었는지 알 수 있었다.

  이런 발전과정을 기억한다면 우리는 게르만족의 조직을 연구한 후에 이 민족의 선천적 군사능력이 얼마나 컸었는지 바로 알 수 있게 된다. 사나운 짐승이나 이웃 부족과 끊임없이 싸워야 하는 자연에 가까운 원시적 환경 속에서 살면서 그들은 모두가 극도의 용맹성을 지니게 되었다. 전평시戰平時를 막론하고 후노Hunno 라는 지도자 1인이 그 존재 전반을 장악하는 권위를 갖고 이끌었던 씨족이면서 이웃이고 경제공동체면서 군사 동지였던 게르만족 백호百戶/Hundertschaft는 결집력이 너무나도 강해서 로마 레기온legion은 그 엄격했던 군기軍紀에도 불구하고 이들을 이길 수가 없었다. 게르만족 백호와 로마 레기온은 그 내부의 심리적 요소들은 서로 완전히 달랐지만 성취한 업적은 비슷했다. 게르만족은 훈련이 없었고 후노에게는 명확한 징벌권懲罰權도 없었다. 특히 중벌권重罰權은 분명히 없었고 심지어 군인은 상관에게 복종해야 한다는 개념 자체가 게르만족에게는 없었다. 그러나 사료 기록을 보면 이들을 공동체, 부락, 동지 또는 씨족으로 부를 정도로 백호는 그 존재 자체가 태생적으로 견고했고 이런 자연적 결집력은 문명민족이 훈련을 통해 만들어 냈음이 분명한 인위적인 단결보다 더 강했었다. 로마인들의 센튜리

Centurie/century는 게르만족 백호百戶/Hundertschaft보다 대형隊形을 형성할 때나 접적接敵 행군을 할 때나 공격을 할 때 방향유지와 정렬 등 외부적 질서는 우수했었다. 반면 게르만족 백호는 높은 사기士氣와 강한 상호의존성 때문에 내부적 견고성이 매우 강해서 외부로부터 공격을 받을 때는 물론이고 대형이 붕괴되거나 때로는 후퇴해야만 하는 상황에서도 흔들림이 없었다. 후노Hunno의 구령口令에 —이를 "명령"이라고 할 수는 없을 것이다— 따르지 않는 사람은 없었고 다른 사람들도 이 구령에 따른다는 것을 모두가 잘 알고 있었다. 훈련되지 않은 전사戰士 집단의 진정한 취약점은 공황상태에 빠지기 쉽다는 것이지만 게르만족은 적의 추격을 받는 중에도 백호의 구령 한마디에 발걸음을 돌려 다시 공격을 재개할 수 있었다.[1)]

필자가 앞의 제I장에서 후노와 장로長老, 구역Gau 그리고 씨족이 같은 것임을 입증하려고 한 목적은 다른 데 있었던 것이 아니다. 단지 형식적인 정치적 법적 상황을 말하기 위한 것이 아니었으며 세계사에 있어 위대하고도 중요한 한 요소를 발견하기 위한 것이었다. 후노는 우연히 또는 상황에 따라서 다양한 형태로 인위적으로 편성되는 중대급 부대의 선출직選出職 지도자가 아니었다. 그는 자연적으로 생겨난 한 단위부대의 태생적인 지도자였다. 그는 로마군의 센튜리온Centurio/centurion과 같은 뜻의 이름을 지닌 리더로서 전시에는 로마군 센튜리온과 동일한 기능을 수행했었지만 자연적 현상과 인위적 현상이 서로 다르듯 차이가 있었다. 씨족 장로인 후노가 명령권이 없었다면 센튜리Centurie/century의 군기軍紀를 장악하지 못한 센튜리온과 같이 전쟁시에 아무것도 할 수 없었을 것이다. 그러나 그는 씨족 장로였기 때문에 부대원의 충성서약 없이도 자신과 같은 뜻의 이름을 지닌 센튜리온과 동일하게 부대원의 단결과 군기와 복종을 확보할 수 있었다. 로마인들은 게르만족이 무질서하다고 했다.[2)] 특히 게르마니쿠스Germanicus는 레기온 병사legionär/legionary들의 용기를 북돋아 주기 위해 게르만족에 대해서 "그들은 수치심도 없이 지도자의 눈치도 보지 않고 후퇴한다_sine pudore flagitii, sine cura ducum abire_"고 했다. 로마적인 관점에서는 틀린 말이 아니었다. 그러나 이런 외형적 무질서, 일시적 후퇴 그리고 형식적 리더십의 결여 속에서도 게르만족이 임무를 잘 수행할 수 있었음을 볼 때 게르나니쿠스의 말과 같은 것들은 다른 관점에서 보면 오히려 게르만족의 내부적 단결이 얼마나 강했는지를 말해주는 증언인 것이다.

게르만족 보병의 전술대형戰術隊形을 고대인들은 "쿠네우스_Cuneus_"라고 했고 이를 현대학자들은 "쐐기Keil/Wedge"로 번역한다. 그러나 이런 번역은 자칫 오해를 부를

---

1) 타키투스Tacitus, 《게르마니아_Germania_》, 6장.
2) 타키투스Tacitus(《연대기年代記/_Annals_》, II, 45장), 마우리티우스Mauritius(《G. A.》, 167장) 및 아가티아스 Agathias(니버B. G. Niebuhr, 《비잔티움 문서_Corpus SS. Byzan._》, 본Bonn, 서기 1828년, 81쪽) — 뮐렌호프 Müllenhoff 편編, 《게르마니아_Die Germania_》, 180-181쪽에서 재인용.

수 있으므로 "종대縱隊/Kolonne"로 번역하는 것이 가장 정확할 것이다. "횡대橫隊Linie" 대형과 "종대" 대형을 비교할 때 흔히 전자는 종심縱深보다 정면이 긴 대형이고 후자는 그 반대라고 한다. 그러나 실제는 양자가 점차 혼동되어 사용되고 있다. 일례로 종심이 6명이고 정면은 12명 내지 40명인 대형을 우리는 "중대종대中隊縱隊/Kompagnie-Kolonne"라고 부른다. 마찬가지로 로마군의 대형 중 우리가 "팔랑스phalanx" 나 "횡대"로 불러야 할 대형의 이름이 "쿠네우스"로 기록된 경우도 있다. 일례로 리비우스Livy/Lyvius는 칸네Cannä/Cannae 전투 때 카르타고Karthago/Carthage 군 중앙의 대형을 "매우 얇은 쿠네우스cuneum nimis tenuem"라고 했는데 이대형은 말할 나위 없이 횡대 대형이며 그것도 리비우스 자신의 부기附記에 의하면 종심이 얕은 횡대대형이다. 쿠네우스라는 단어가 단지 "무리Schar"를 말한 것에 불과한 경우도 있다.3)

이와 같이 쿠네우스란 단어에서 확정적 의미를 발견할 수는 없지만 이 단어가 일반적인 의미 외에 특별한 기술적 의미로 사용된 경우는 분명히 있었다.

쿠네우스란 단어를 특별한 기술적 의미로 사용한 예가 게르만족의 민족대이동民族大移動/Völkerwanderung 시대 이후 작가들의 기록에서 정확히 발견된다. 베게티우스Vegez/Vegetius는 이를 "전진하며 적의 횡렬橫列들을 깨뜨린, 정면은 좁지만 후미는 넓은 밀집대형을 형성한 보병 집단"으로 정의했다(《로마 군제軍制 Rei militaris instituta》, III, 19장). 또한 암미아누스Ammian/Ammianus는 로마군(야만인들로 편성된 로마군을 말함)은 "정면이 뾰족한desinente in angustum fronte" "멧돼지 머리Eberkopf" 대형으로 "군인답고 단호하게soldatische simplicitas" 공격했다고 했다(《사건연대기事件年代記 Rerum gestarum libri》, XVII, 13장). 그리고 아가티아스Agathias는 로마의 나르세스Narses와 싸웠던 프랑크Franken/Franks족의 "쐐기embolon/ἔμβολον" 대형은 삼각형(Δ)이었다고 했다(《유스티니아누스 통치사統治史》). 이런 기록들 때문에 흔히 게르만족 쐐기대형은 최선두에 가장 용맹한 전사戰士 1인이 서고 제2횡렬에는 3인이 서며 제3횡렬에는 5인이 서는 식의 대형일 것으로 보아왔다. 그러나 자세히 검토해 보면 이는 비현실적 생각임을 알 수 있다. 그런 쐐기대형의 첨단에 선 전사는 아무리 잘 무장되어 있어도 적진敵陣을 파고들 때 상대해야 할 적이 처음에는 앞에 1명뿐이지만 곧 앞과 좌우로 3명이 된다. 이렇게 적에게 포위된 첨단의 전사를 보호하려면 그의 좌우 뒤쪽에 있던 제2횡렬 전사 2명이 가능한 빨리 앞으로 튀어나가는 방법밖에 없다. 그러나 이렇게 해서 첨단에 선 병사들 역시 적에게 포위되는 상황이 계속 반복될 수밖에 없다. 따라서 뾰족한 선두가 적진을 돌파하는 것이 아니라 적과 접촉하자마자 바로 뒷걸음질을 치게 되고 삼각형 쐐기를 만들려고 일부러 뒤에 쳐져서 삼각형 측면에 있던 전사戰士들이 앞으로 뛰어나가면서 뾰족했던 정면이

---

3) 뮐렌호프Müllenhoff 편編, 《게르마니아Die Germania》, 179쪽.

곧 평평하게 되고 만다. 선두가 뒤로 물러서야 하는 것은 그들이 그렇게 하지 않으면 처음에는 자신 앞에 아무도 없던 측면 전사戰士들이 앞으로 뛰어나가면서 이제는 오히려 자신 뒤에 아무도 없는 상황이 되기 때문이다. 따라서 그런 쐐기대형은 아무런 기능도 수행할 수 없을 뿐 아니라 오히려 뒤에 쳐져 있던 측면의 전사戰士들이 앞으로 뛰어나가기까지 선두에서만 큰 손실을 입게 된다. 이보다 더 어리석은 전투대형은 없다. 인간이 만든 대형은 아무리 견고한 집단이라도 결국 개인들의 집합체인데 이 개인들은 뒤에서 앞으로 밀고 나갈 수는 있지만 송곳의 끝과 같은 어느 한 점에서 앞과 좌우로부터의 압력을 뚫고 들어갈 수는 없다.

쐐기대형을 정확히 묘사한 기록이 둘이 있다. 하나는 타키투스Tacitus의 기록이며 또 하나는 비잔티움Byzanz/Byzantium 제국 마우리키우스Mauricius 황제가(아니면 서기 579년경에 다른 누가) 쓴 《전술론Strategikon/Strategicon》이라는 글이다. 후자에서는 민족 대이동 시기의 말기에 "금발金髮족," 프랑크족 및 롬바르디Langobarden/Lombards족 등은 종심縱深도 깊지만 정면도 넓게 무리를 지어서 공격했다고 했고4) 5) 타키투스는 게르만 야만족의 쿠네우스Cuneus는 "모든 방향에서 매우 밀집되어 정면과 후방 및 양 측면이 모두 안전했다densi undique et frontem tergaque ac latus tuti"고 했다(《역사Historiae》, IV, 20장). 매우 밀집되어 있으면서 사방의 힘이 균등한 무리는 그 총원이 400명이면 정면과 종심이 각 20명씩이고 그 총원이 10,000명이면 정면과 종심이 각 100명씩인 방진方陣/Geviert-Haufe/square formation이다. 그러나 이런 대형의 실제 모습은 정사각형이 아닌 직사각형이 되는데 이는 행군 중 횡렬橫列 간 간격이 종렬縱列 간 간격의 2배로 되기 때문이다. 이런 종대縱隊의 지도자인 대공大公/princip이 종대의 앞에 선 다음 종자從者/Gefolg들에게 자신의 뒤나 옆을 따르게 하면 직사각형 무리 앞에 우뚝 튀어나온 모습이 된다. 그는 이렇게 선두에 섬으로써 리더십을 발휘할 수 있게 된다. 이는 마치 현대의 기병여단騎兵旅團의 대형과 같다. 현대의 기병여단은 가장 선두에 부관과 나팔수 1명씩 뒤에 대동한 여단장이 위치하며 그 뒤

---

4) 원문은 "전투 시에 그들은 횡대의 정면을 고루 밀집되게 만들고 마병馬兵이나 보병을 통제할 수 없이 사납게 만들었으며 이렇게 해야만 비겁한 행동을 방지할 수 있다고 생각했었다"* 고 되어 있다(쉐퍼 Scheffer, 269쪽에서 재인용). 이 구절의 의미에 대해 뮐렌호프Müllenhoff 편編, 《게르마니아Die Germania》, 179쪽에서는 필자의 해석과는 달리 팔랑스 정면의 모습으로만 해석했다. 필자는 이 책 제II편 초판과 제III편 초판에서 뮐렌호프의 견해에 동의했었지만 이제는 정확한 해석을 다시 발견했다고 생각한다. 레오Leo(역자 주: 비잔틴 제국의 황제. 재위 서기 717년~741년)의 《전술론Taktik/Tactics》, 제III편, 제III권, 제II장의 구절들을 참고하라. 하지만 그 실제 모습이 어떠했건 간에 레오의 시대에는 게르만족 방진方陣이 더 이상 존재하지 않았다. 또한 레오의 묘사(제III편, 제III권, 제VII장)는 마우리키우스Mauricius 황제의 《전술론Strategikon/ Strategicon》을 베낀 것일 뿐이다.

5) (역자 주: 델브뤼크의 원문에서는 이 각주가 다음의 각주 6과 같은 본문을 설명한 각주로 되어 있으나 내용상 이곳의 본문을 설명하는 각주이므로 위치를 옮겼다.) 플루타크Plutarch의 《마리우스Marius 전傳》, 25장에서는 킴브리Cimbern/Cimbri족 전투대형은 정면이 종심과 같았다고 했는데 이는 게르만족의 전투대형이 방진方陣이었다는 근거가 된다. 그러나 그는 이 대형의 종심과 정면이 각각 30 스타디아 stadia(약 3/4마일〈약 5.6km〉)라고 하는 등 다른 부분에서는 그의 설명 전체가 우화寓話와 뒤섞여 있어서 그 증거 가치가 미약하다.

에도 역시 각자 부관과 나팔수 1명씩 뒤에 대동한 연대장 2명이 따라간다. 다시 또 그 뒤로는 나팔수 1명씩 뒤에 대동한 대대장 8명이 뒤따르고 또 그다음에는 소대장 32명이 뒤따르며 그런 다음에야 기병 병사들이 무리를 지어서 뒤따른다. 이때 전체의 모습은 삼각형이 되는데 다만 이는 연병장 페레이드 때의 모습일 뿐이다. 전투 시에는 규정상 축차적으로 적에게 돌진하는 것이 아니라 전 병력이 선두의 장교들을 추월해서 동시에 돌진하도록 되어 있기 때문이다. 우리는 게르만족의 멧돼지 머리 대형의 선두에 대해서도 이런 식으로 이해해야 된다. 종자從者/Gefolg들이 바짝 그의 뒤를 따르는 대공大公/princip 또는 북방 민족의 테인 Thegn/Thane(역자 주: 왕 밑에서 복무하던 기마전사騎馬戰士)은 사각형 본대의 앞에 서서 적진으로 돌진함으로써 그를 따르는 무리들을 선도하고 사기士氣를 진작시킬 수 있었을 것이지만 적과 충돌할 때는 아마도 전 병력이 거의 동시에 돌진했을 것이다. 적진을 먼저 뚫고 들어가는 것이 이런 선두의 임무는 아니었고 적과 충동 순간에는 전 병력이 리더와 함께 일체가 되어서 파도 같이 적에게 밀고 들어가 충격력을 발휘해야만 했다. 그러나 게르만족의 종심縱深 깊은 종대縱隊는 앞으로 튀어나간 첨단부가 없더라도 적에게 돌진할 때는 삼각형 비슷한 형태로 변했을 것이다. 가령 종심이 40명이고 따라서 총원이 1,600명인 게르만족 쐐기 대형이 넓은 정면을 지닌 적에게 돌진해 들어간다면 가장 위험한 병사는 제1횡렬의 양쪽 끝에 위치한 2명이다. 그들은 적과 충돌하는 순간 자신의 앞에 있는 적뿐 아니라 그 병사 옆에 있다 자신의 측면을 공격할 적도 방어해야 하기 때문이다. 이렇게 앞과 옆에서 동시에 공격을 받은 양쪽 끝 병사들이 조심하느라고 약간 뒤로 물러서면 중앙의 병사들만 먼저 적과 충돌하게 될 수 있다. 반면에 후미 횡렬의 양쪽 끝에 있는 병사들은 공격 중에 바깥쪽으로 퍼져 나가게 되기가 쉽다. 이렇게 되면 그렇지 않아도 약간 좁아 보이는 종대 대형의 정면이 실제로 뾰족한 모습으로 보이게 된다. 그러나 이런 형태는 아무런 도움이 되지 않는다. 이런 모습은 정상적인 대형이 아니라 기형적인 대형이다. 대형 전체가 일시에 적을 밀어붙일 수 있는 대형일수록 좋은 대형이다. 측면 병사들은 용감하게 전진할수록 자신들이 의도적으로 전진을 늦춘다는 의심을 피할 수가 있다. 후미 횡렬들이 종대를 잘 밀어줄수록 대형 전체가 적에 대해 날카로운 충격력을 지니게 된다. 따라서 지휘자들은 병력들이 횡적으로나 종적으로나 최대로 질서 있게 적을 타격 하는지 감독하려고 최선을 다했을 것이 분명하다.

게르만족 종대가 적에게 돌진할 때는 전사戰士들이 바리투스baritus라는 전투군가戰鬪軍歌를 불렀다. 이 군가를 부를 때 전사들은 방패를 입 앞에 대고 최대한 큰 소리가 나게 했다. 타키투스Tacitus에 의하면 "그들의 군가는 둔탁하게 중얼거리는 소리같이 시작되나 전투가 무르익을수록 점점 커져서 나중에는 파도가 바위에 부딪치는 소리 같이 들렸다"고 한다.6) 앞서 우리는 스파르타 팔랑스phalanx의 피리 소리를 질서 있는 전진의 증거로 보았듯이(이 책 제I편, 44쪽 참고) 게르만족 쐐기대형에서는 바리투스라는 군가가 그런 피리소리에 해당한다.

게르만족 쐐기대형과 병력수가 비슷한 상대방 팔랑스phalanx가 서로 충돌해서 양측 모두 최초충격에 버티면 후미병력들이 앞으로 나가서 상대방을 포위하려 한다. 이때 상대방보다 정면이 좁은 게르만족 대형의 쐐기부분이 상대방 팔랑스를 돌파하면 상대방은 돌파된 곳뿐 아니라 전선戰線 전체가 밀리게 되겠지만 돌파에 성공하지 못하고 접전이 계속되면 후미병력들이 최대한 신속히 앞으로 나가 정면을 상대방 팔랑스와 같은 폭으로 넓힐 수밖에는 없게 된다.

로마군의 센튜리온Centurio/centurion은 중대中隊의 선두 횡렬橫列 우측에 위치해서 전진 했었다. 그곳에 있어야 그는 간격유지나 필룸pilum 투창投槍(역자 주: 이 책 제I편, 473쪽 참고) 일제투척이나 돌격을 명하는 등 자신의 임무를 수행할 수 있었다. 게르만족 의 후노Hunno도 쐐기대형 앞에 섰었다. 몇 개 씨족이 연합해 큰 쐐기대형을 만들 면 각 씨족이 1개 종대가 되어 2개 내지 3개 종대로 나란히 정렬해서 각 종대의 앞에 후노들이 나란히 섰고 대공大公/princip은 종자從者/Gefolg들과 함께 전체 대형의 최선두에 섰었다. 그러나 그들에게는 지정된 간격이나 투창 일제투척 명령 같은 것도 없었고 훨씬 먼 거리에서부터 돌격을 시작했다. 지도자는 인접 단위부대에 신경 쓰거나 특별히 방향을 유지할 필요도 없었다. 그는 자신을 따르는 무리와 함께 가장 유리한 통로와 찾아오는 기회를 활용하기만 하면 되었다.

그리스군과 로마군에게는 팔랑스phalanx 횡대橫隊가 그들의 전술적 구성체의 고유 대형이었지만 게르만군에게는 종심 깊은 종대縱隊인 방진方陣이 고유대형이었다. 이제 다시 강조하자면 두 대형이 본질적으로 다른 것은 아니다. 방진이라 해서 종렬과 횡렬의 수가 반드시 같아야 하는 것은 아니다. 종렬이 횡렬보다 2배인 방진, 일례로 총원 9,800명에 정면 140명 종심 70명인 방진도 얼마든지 그 목적을 달성할 수가 있다. 우리는 그런 대형도 방진으로 볼 수 있고 또 그렇게 보아야 한다. 측면에 70명만 서도 자체적으로 대형의 측면을 방어할 수 있기 때문이다. 이런 대형도 타키투스Tacitus의 표현에 의하면 "모든 방향에서 매우 밀집되어서 정

---

6) 타키투스Tacitus, 《게르마니아Germania》, 3장; 《역사Historiae》, II, 22장; IV, 18장. 암미아누스Ammian/ Ammianus, 《사건연대기事件年代記 Rerum gestarum libri》,, XVI, 12장; XXXI, 7장. 노르덴Eduard Norden의 《타키 투스의 게르마니아에 기록된 초기 게르만족 역사Die germanische Urgeschichte in Tacitus' Germania》(서기 1920 년), 125쪽에서는 이 "방패 군가"를 필자가 지나치게 강조한다고 본다.

면과 후방 그리고 양 측면이 모두 안전했었다_densus undique et frontem tergaque ac latus tutus_". 반면에 매우 깊은 종심으로 정렬한 팔랑스도 있었다고 한다. 결국 전투대형들은 특별한 차이가 없이 서로 닮아 가는 것이다. 그렇다고 두 대형이 개념상 달랐을 가능성이 배제되는 것은 아니며 고대 다른 민족들의 대형과 게르만족의 대형이 달랐던 이유를 찾아내기가 어려운 것도 아니다.

쐐기대형과 비교할 때 팔랑스_phalanx_의 장점은 더 많은 무기들을 직접 전투에 사용할 수 있는 점이다. 병력 10,000명이 10개 횡렬의 팔랑스로 정렬하면 선두 횡렬에 1,000명이 선다. 그러나 같은 병력이 종심 100명의 쐐기대형으로 정렬하면 선두 횡렬에 1,00명만 서게 된다. 이런 쐐기대형은 팔랑스를 돌파하지 못하면 바로 사면을 포위당하게 된다. 팔랑스는 포위기동이 용이하기 때문이다.

반면에 팔랑스는 측면이 약하다. 팔랑스는 측면을 강타 당하면 바로 붕괴된다. 특히 기병은 상대방 팔랑스 측면을 강타할 때 유용하게 사용될 수 있다. 그런데 그리스군이나 로마군보다 게르만족은 기병이 강했다. 따라서 게르만족은 보병의 측면을 강하고 안전하게 하기 위해 종심 깊은 대형을 선호했던 것이다. 그러나 그리스군이나 로마군은 생각이 달랐었다. 그들은 종심이 얕은 대형에 수반되는 위험을 감수하면서 정면에서 보다 많은 무기가 사용될 수 있도록 했다.

양자가 이렇게 다른 대형을 선호한 두 번째 이유는 게르만군은 산업이 발달했던 그리스군과 로마군에 비해 보호장비가 수적으로나 질적으로 떨어졌기 때문이다. 따라서 게르만군은 장비를 제대로 갖춘 소수 병력만 선두의 횡렬에 배치하고 그 대신 종심을 깊게 함으로써 충격효과를 최대한 활용하고 이로써 장비가 열악한 쐐기대형 안쪽 병사들의 피해까지 줄일 수 있을 것으로 생각했다.

마지막으로 팔랑스는 빠른 속도로는 단거리밖에 이동할 수 없었지만 쐐기대형은 평탄치 못한 지형에서도 질서를 유지하며 쉽게 이동할 수 있었다.

문제는 게르만족 방진_方陣_의 규모가 얼마나 컸는지 그런 방진을 몇 개나 만들었었는지 그리고 그들의 대형 전체의 모습이 어떠했는지의 여부이다.

시저_Cäsar/Caesar_에 의하면 아리오비스투스_Ariovist/Ariovistus_와 전투 당시에 게르만족은 하루드_Haruden/Harudes_, 마르코만_Markomnnen/Marcomnnen_, 트리보키_Triboker/Triboci_, 방기온_Bangionen/Vangionee_, 네메트_Nemeter/Nemetes_, 세두니_Sedusier/Seduni_, 수에브_Sueven/Sueves_ 등 7개 부족_generatim_이 같은 간격을 두고 부족 별로 정렬했었다고 했다(《골 전기_戰記 De Bello Gallico_》, I, 51장). 우리는 당시 아리오비스투스의 병력이 얼마였는지 모른다(앞의 제I편, 제VII권 참고). 그러나 전투대형을 형성한 시저의 레기온 병사_legionär/legionary_가 25,000명~30,000명이었고 아리오비스투스의 게르만족 병력이 그보다 많았을 수는 없으므로 우리는 그의 병력수를 최대 15,000명으로 평가할 수 있다. 따라서 그들은 기병騎兵과 전선 앞에 배치된 경보병輕步兵을 제외하면 각 2,000명 정도의 쐐기대형 7개를 편성했을 것이고 이 대형의 종심縱深과 정면은 각각 40명이 약간 넘었을 것이다. 그들이 로마군을 너무 빠른 속도로 타격했으므로 센튜리온Centurio/centurion들은 필룸pilum 투창의 일제투척을 적시에 명할 수 없었고 그 결과 레기온 병사들은 창을 손에서 놓고 칼로 싸울 수밖에 없었다. 시저는 이때 "게르만족은 신속히 그들의 관습적인 팔랑스로 정렬했고 로마군은 칼로 맹공을 펼쳤다Germani celeriter ex consuetudine sua phalange facta impetus gladiorum exceperunt"고 했다. 필자는 "게르만족은 신속히 그들의 관습적인 팔랑스로 정렬했고"라는 말을 "게르만족의 방진方陣이 로마군 전선을 돌파하지 못하자(이때 시저는 당연히 제2제대를 즉시 제1제대에 접근시켰을 것이다) 로마군이 게르만족의 7개 쐐기대형의 측면을 포위하려고 각 대형들 사이의 간격들로 밀고 들어오자 게르만족 최후미 횡렬들이 앞으로 밀고 들어와서 그 간격들을 채워줌으로써 팔랑스로 정렬하게 되었다"는 의미로 해석한다. 게르만족의 이런 행동은 질서 있게 진행될 수 있는 것이 아니었다. 또한 시저가 다음 구절에서는 "팔랑스들"이라는 복수형 단어를 쓴 것을 보면 게르만족이 연속된 단일전선을 형성하지도 못했던 것으로 볼 수 있다. 최후미 횡렬들이 앞으로 밀고 들어왔다는 것은 게르만족 전사戰士들이 얼마나 큰 용기를 발휘했는지를 보여주는 빛나는 증거이다. 그들의 쐐기대형이 로마군 팔랑스를 돌파하지 못했다면 그들의 힘의 기초가 이미 무너져서 불리한 전술상황에 몰리게 되었을 것이기 때문이다. 그들은 이렇게 되었을 때 로마군 코호르트Kohort/cohort(역자 주: 현대의 대대급 부대)들의 견고한 대형과 수적 우세 앞에 용기를 내기 힘들었을 것이다. 그뿐만 아니라 로마군은 이때도 질서를 잘 유지하고 있었을 것이다.7)

타키투스Tacitus의 묘사도 시저의 묘사에서 우리가 상상할 수 있는 모습과 일치한다. 그의 묘사에 의하면 키빌리스civilis(역자 주: 서기 69년 로마에 대항해 반란을 일으켰던 바타브족 지도자)는 그가 거느리고 있던 카니네파트Canninefaten/Canninefates족, 프리스Friesen/Friesians족 및 바타브Bataver/Batavians족을 각각 별도의 쐐기대형으로 정렬시켰다 하며 (《역사Historiae》, IV, 16장), 다른 어느 전투에서는 게르만족이 "확장된 전선戰線이 아닌 쐐기대형들로haud porrecto agmine, sed cunnneis" 정렬했다고 한다(같은 책, V, 16장).

게르만족의 쐐기대형은 그 형태 때문에 쉽게 정렬할 수 있었고 이동을 위한 특별한 훈련도 필요 없었다. 플루타크Plutarch의 《마리우스Marius 전傳》, 19장에서는 암브론Ambronen/Ambrones족이 박자를 맞추어 방패를 두드리면서 순식간에 전투에 돌입했다고 했지만 이를 그들이 마치 연병장에서 퍼레이드 하듯이 정확하게 발을

---

7) 카시우스Dio Cassius의 《로마사Romanika》, XXXIX권, XXXXIX권 및 XL권에 기록된 설명들은 완전히 수사적修辭的인 설명들로서 역사적 가치는 전혀 없다.

맞추어서 전진했다는 의미로 보면 안 된다. 그들은 아마 자연스럽게 전진했을 것이다. 게르만족은 그런 질서 있는 전진을 포기하고 불규칙한 집단으로 또는 완전히 개인적으로 노도와 같이 전진하거나 숲이나 들판으로 쉽게 신속히 이동할 수도 있었다. 그러나 그들은 분명히 각 개인의 본능에 의해서건 지도자들의 호령에 따라서건 전술적 구성체로서의 성격과 통일체로서의 심리적 감각과 상호 신뢰 및 행동 통일을 유지했으며 앞서 알 수 있었듯이 여기에 모든 것이 달려 있었다. 이런 요소들은 외부로 나타난 질서보다 훨씬 중요했고 군사적 훈련을 통해 발전시킨 군기軍紀만 가지고는 달성되기 힘든 요소였다. 그들은 자연조직인 게르만 씨족과 이 조직의 태생적 지도자인 후노Hunno 또는 장로長老가 있어서 이런 요소들을 어렵지 않게 확보했다. 따라서 게르만족은 전형적인 형태의 전투 뿐 아니라 특히 숲 속에서의 기습과 매복, 적을 유인하기 위한 허위 후퇴 및 각종 형태의 게릴라전 등 산발적인 전투에도 능했었다.

게르만족은 무장은 열악했고 특히 금속이 부족했었다. 그들은 오래전에 청동기시대를 거쳐 철기시대로 들어섰지만 금속을 필요한 형태로 마음대로 가공하는 방법을 지중해 연안 문명인들이나 심지어 켈트Kelt/ Celt족 만큼도 몰랐다.8) 그러나 놀랍게도 우리는 어떤 면에서는 고대 공화국 시대 로마인들의 무기보다 게르만족의 무기를 더 잘 아는데 이는 로마인들과 달리 게르만족과 켈트족이 무기를 시신屍身과 함께 매장해 놓아서 이를 현재 우리가 발굴할 수 있기 때문이다. 로마 전사戰士는 징집 당국이 그를 배치한 마니플Manipel/ maniple(역자 주: 보병 중대)의 부속품이나 숫자에 불과했고 그들에게는 무기가 공산품에 불과했었다. 그러나 게르만족은 무기가 신체의 일부였기 때문에 무기를 시신과 함께 매장했다. 그런데 옛 무덤에서 발견된 그들의 무기는 대부분 구부러져서 사용할 수 없는 상태이다. 왜 그랬을까? 지금껏 도굴盜掘에 대한 우려 때문에 그랬을 것으로 생각해 왔지만 이는 정확치 못한 설명일 수 있다. 구부러진 것은 얼마든지 다시 펼 수 있고 옛 무덤 속에는 비싼 보석들도 있기 때문이다. 오히려 죽은 사람은 더 이상 아무 일도 할 수 없으므로 그의 무기 역시 힘을 잃었다는 상징으로 그리했을 것이다. 옛 무덤 속 부장품副葬品들을 잘 조사해 보면 게르만족의 무장에 관한 로마인들의 기록이 일부 잘못된 부분도 있지만 대체로 큰 차이는 없다. 로마인들의 기록에 의하면 게르만족은 극히 일부만 갑옷과 투구를 착용했었다고 한다. 그들의 보호

---

8) 키에케부시Abbert Kiekebusch의 "남부 라인 강 지역의 고분군古墳群에 반영된 로마 문화의 게르만족에 대한 영향Der Einfluss der römischen Kultur auf die germanische im Spiegel der Hügelgräber des Niederrheins"(앞의 제Ⅰ장, 각주 2 참고), 64쪽에 의하면 이는 단지 라인강 유역의 게르만족에 한정된 말이다. 키에케부시는 옛 무덤에서 발견된 부장품에 의하면 엘베 강 유역의 게르만족에게는 철이 풍부했고 일반적 문화수준이 라인 강 유역의 게르만족보다는 높았다고 한다.

장구에서 중요한 것은 나무나 노끈에 가죽을 덧씌운 방패였다. 머리는 가공된 가죽이나 생가죽으로 덮었었다. 로마군의 지휘관 게르마니쿠스Germanicus는 전투에 앞서 행한 연설에서 게르만족의 선두횡렬(아키에스acies)은 창을 휴대하지만 나머지는 "불에 달구어서 끝을 뾰족하게 만든 막대기praeusta 또는 단창短槍/brevia tela"을 휴대했을 뿐이라고 했다(타키투스Tacitus, 《연대기年代記/ Annals》, II, 14장). 이 말은 부하들의 사기를 올리려는 과장에 불과했다. 만약 게르만족 전사에게는 대부분 뾰족한 막대기만 있었다면 머리끝부터 발끝까지 보호장구를 갖춘 로마병사들과 감히 맞설 수 없었을 것이다. 타키투스는 이를 보다 상세히 설명한《게르마니아 Germania》, 6장에서 그들은 장창長槍은 몇 자루밖에 없고 단창短槍도 많지 않다고 했다. 또한 그들의 주요 무기를 프라메아framea라고 한 구절이 계속 등장하는데(같은 책, 6, 11, 13, 14, 18 및 24장) 그 모습이 고대 그리스 호프라이트Hoplit/hoplite가 쓰던 창과 같다고 했다. 전투용 도끼가 무기로 등장하는 것은 후일의 일이다.9)

그들이 장창과 짧은 무기를 함께 사용했다면 쐐기대형에서 어떻게 이들을 함께 사용할 수 있었을지 의문이다. 게르마니쿠스Germanicus는 앞서 소개한 연설에서 그들의 장창은 숲 속에서는 자신들의 필룸pilum 투창과 칼보다 다루기 힘들다며 부하들을 안심시켰다고 했는데 이를 보면 그들의 창은 사리싸Sarissen/sarissa 창(역자 주: 이 책 제I편, 제III권, 제I장 및 특히 제VI권, 제I장 참고)이나 랭스크넷Landsknecht/lansquenet 창(역자 주: 16-17세기의 독일인 용병들의 창)과 길이가 같았을 것으로 볼 수도 있을 것이다.

장창은 두 손을 사용해야 쓸 수 있으므로 장창을 휴대하면 방패는 휴대할 수 없고 따라서 장창을 휴대한 전사戰士는 보호장갑을 착용했을 것이며 그들은 아마 자신의 보호를 위해 넓은 방패를 든 선두횡렬 전사들과 섞여 쐐기대형의 첨단을 형성했을 것이다. 그리고 이 선두가 강력한 충격행동으로 적의 전선戰線을 돌파해 와해시키는 사이에 프라메아framea를 휴대한 전사戰士들은 뒤에서 선두횡렬 앞으로 나가서 적의 전선에 생긴 간격 속으로 이동했을 것이다. 이런 식으로 짧은 무기

---

9) 게르만족의 무장에 관한 뛰어난 연구로는 광범위한 자료를 기초로 서기 1916년에 코씨나스 마누스 Kossinas Manus 도서관이 발행한 《고대 철기시대의 게르만족의 무장-기원전 약 700년에서 서기 200년Die Bewaffung der Germanen in der älteren Einzeit etwa von 700 v. Chr. bis 200 n. Chr》(얀Martin Jahn 저, 뷔르츠부르흐Würzburg, 카비쉬Curt Kabitzsch)이 있다. 이 책에서는 게르만족의 무기체계에 영향을 미쳤을 가능성이 있는 켈트 Kelt/Celt족과 로마인의 무기체계까지 포괄적으로 다루고 있다. 옛 무덤에서 발견된 게르만족의 방패는 너무 가볍고 얇아서 투창이나 칼날을 제대로 막지 못했을 것으로 보인다. 그러나 이 방패에는 강도를 높이기 위한 장치로 길이가 12cm 이상 되는 금속 막대기가 덧붙어 있다. 이런 형태를 보면 그들은 방패를 상대방의 창끝이나 칼날을 막기 위한 방어용 무기로 들고있기만 했던 것이 아니라 로마인들과 같이 적극적으로 휘둘러서 상대방의 창끝이나 칼날을 쳐냈던 것으로 볼 수밖에는 없을 것이다. 즉, 방패가 공격과 방어의 역할을 동시에 했을 것이다. 이 문제에 대해서는 이 책 제III편, 제I장의 부기附記 중 헤룰Heruler/ Herulians족 부분을 참고할 것. 얀Martin Jahn 선생이 필자에게 보낸 서신에 의하면 옛 무덤에서 나온 부장품들을 보면 전투용 도끼는 적어도 서기 200년경까지는 별로 사용된 흔적이 없다고 한다. 전투용 도끼가 자주 발견되는 것은 3세기 내지 4세기 이후 특히 로시스Lausiss/Lusatian 지역의 옛 무덤에서인데 당시 이 지역에는 부르고뉴Burgund/Burgogne족이 살고 있었다.

를 든 전사들과 협조하지 않는다면 장창은 백병전에서는 쓸모가 없었을 것이다. 또한 장창을 휴대한 전사들은 최초의 충격 이후에도 계속 전투를 하려면 길건 짧건 칼 한 자루를 반드시 제2의 무기로 휴대했어야만 한다.

게르만족의 창이 엄청나게 길었다는 로마인들의 기록은 게르만족의 창을 자신들의 필룸pilum 투창投槍과 비교했기 때문에 그렇게 과장해서 말한 것에 불과하다. 만약 이런 게르만족 창의 길이가 12~14피트에 불과해서 전사들이 한 손으로는 이 창을 휘두르고 다른 한 손으로는 방패를 들 수 있었다면 그들이 프라메아framea나 마찬가지로 방진方陣에서도 쓸 수 있는 적절한 길이였을 것이다.

중요한 문제는 그리스인이나 로마인은 후대後代의 기사騎士들과 같이 좋은 백병전白兵戰 보호장비를 착용했던 것과 달리 그런 장비가 없었던 게르만족이 어떻게 백병전을 벌일 수 있었는지 여부이다. 오래전부터 필자는 옛 무덤 속에서 썩은 채 발견된 짐승가죽을 그들이 몸을 감쌌던 장비로 믿었다. 그러나 역사기록에 보이는 게르만 전사戰士들의 모습은 그렇지 못하며10) 그들에게는 방패 외에 다른 보호장비가 없었다는 기록을 사람들은 믿고 있다. 이 문제에 대한 해답은 아마 게르만족의 대형에서는 개별 병사들의 전투행위에 대한 의존도가 그리스 팔랑스phalanx나 로마 레기온legion에 비해 훨씬 낮았다는 점에서 찾아볼 수 있을 것이다. 게르만족은 개별 병사들의 전투행위보다 전투대형의 깊은 종심을 이용해서 적을 격파하는데 중점을 두었고 격파에 성공하면 남는 것은 추격밖에는 없게 된다. 따라서 보호장비는 정면의 병사들에게만 필요했으며 이런 모습은 후일 스위스 병사들에게서도 발견된다. 또한 뛰어가면서 싸우는 산발적 전투에서는 ―게르만족에게는 대형을 갖춘 전투보다 이런 전투가 더 흔했다― 재빠른 이동이 너무도 중요하기 때문에 방패 외의 보호장비들을 모두 포기했었다.

게르만족은 투창投槍을 사용하는 경우가 매우 흔했다. 그들은 청동기시대부터 가지고 있었던 활과 화살을 도중에 포기했고 이를 다시 사용한 것은 3세기 이후이다. 사료史料의 기록과 고고학적 발견물들은 이 점에서 일치한다.11)

---

10) 슈마허K. Schumacher의 《게르만족이 묘사한…캐스팅 벽화 모음Verzeichnis der Abgüsse…mit Germanen-Darstellungen》, 제2판(마인츠Maintz, 서기 1910년)에 그런 기록들이 잘 수집 정리되어 있다.

11) 얀Martin Jahn, 《고대 철기시대의 게르만족의 무장-기원전 약 700년에서 서기 200년Die Bewaffung der Germanen in der älteren Einzeit etwa von 700 v. Chr. bis 200 n. Chr》, 87쪽 및 216쪽.

부 기附記

1. 쐐기대형KEIL/WEDGE

포위작전용의 삼각형 모습을 한 속 빈 쐐기대형이 서기 1828년에 이미 소개한 바 있는데 (《장교용 휴대문고Handibibliothek für Offiziere》, I편, 97쪽 이하의 "전투사戰鬪史/Geschichte der Kriegwesen" 항) 이는 분명히 훈련용으로 소개된 대형이었다.

위의 글에서는 "이 쐐기대형은 실전용이 아니라 연병장에서 전술훈련을 쉽게 하려고 창안해 낸 대형에 가까웠을 것이며 실전에서 사용된 예는 없다"고 했다.

한편 위의 글에서는 "일반적으로 그리스인들은 쐐기대형을 정면보다 종심縱深이 더 큰 공격 집단을 의미하는 것으로 이해했다. 에파미논다스Epaminondas의 공격종대攻擊縱隊(역자 주: 제I편, 183쪽 참고)가 이에 해당한다"고 했다.

반면에 포이커von Peuker는 게르만족의 삼각형 쐐기대형에 대해 "이 대형은 정면에 변화를 주 는 것이 훨씬 쉬웠다"는 사료史料의 구절을 인용하면서 높이 평가한다(《원시시대 게르만족의 군사체계Das deutsche Kriegswesen der Urzeiten》, 제II편, 237쪽). 그가 인용한 기록을 남긴 그리스 전 술이론가들의 권위를 우리가 폄하할 필요는 없다. 그들은 단지 두루미가 비상飛翔하듯 전진하는 기병騎兵의 경우를 말했을 뿐이기 때문이다. 그들이 묘사한 이동이 용이한 대형이란 이론상 허 구에 불과했다.

한편 퓨커는 같은 책 245쪽에서 "쐐기 형태의 공격용 종대는 바닥이 평탄하고 단단한 개활 지일 경우에만 결집력을 유지하며 이동할 수 있다"고 했다.

게르만족의 역사기록을 포괄적으로 다룬 글로는 네켈G. Neckel의 "하말트 필킨Hamalt Fylkin"(브 라운네스Braunes, 《게르만 언어의 역사적 공헌Beitrage zur Geschichte der deutschen Sprache》, 제40권, 서기 1915년, 473쪽 이하)라는 논문과 "하말트 필킨 및 스빈 필킨Hamalt Fylkin und Svinfylkin"(《게 르만 문헌학 잡지Arkiv för Nordisk Filologie》, 34권—신편新編에서는 30권)이라는 논문이 있다.

네켈은 "하말트Hamalt"를 방진方陣과 같은 말로 이해했으며 방패들을 잇대어 전선戰線을 만드는 것이 특징이라면서 이 "하말트"의 첨단부가 적을 향한 삼각형이 된 것이 "스빈 필킹Swinfylking" 이라고 했다. 그러나 우리는 그런 첨단부가 전술적 효과가 전혀 없음을 이미 확신할 수 있었 다. 그들이 단지 접적기동接敵機動 중에만 통제를 쉽게 하기 위해 1명 또는 수명의 전사戰士가 선 두에 서고 나머지 전사戰士들이 그 뒤에 밀집대형으로 있다가 적과 접촉하는 순간 뒤에 있던 전사戰士들이 앞으로 뛰쳐나가 선두와 나란히 섰던 것인지 아니면 모든 횡렬의 병력수가 처음 부터 같았던 것인지를 우리에게 전해진 시문체詩文體 사료史料들을 보고 분명하게 구분해 낼 수 는 없다. 만약 지휘관이 실제로 그런 삼각형 첨단부를 유지하면서 전진해서 돌격할 계획이었다 고 해도 계획대로 실행될 수 없었을 것이다. 두 번째 세 번째 네 번째 횡렬의 전사戰士들이 의 도적으로 선두 횡렬과 일정한 거리를 유지하면서 앞으로 전진하기란 매우 어려운 일이다. 그들 은 각 횡렬 간 거리가 너무 좁았기 때문에 평소 반반한 지형에서 훈련할 때도 각 횡렬 간 거 리 유지가 어려웠을 것이고 모든 병사들이 인접병사 못지않은 전과를 올리려고 최선을 다하는 실전에서의 돌격 시에는 말할 필요조차 없었을 것이다.

필자는 아가티아스Agathias의 기록(《유스티니아누스 통치사統治史》)이나 게르만족 전래시傳來詩 뿐 아니라 이들에 근거한 그라마티쿠스Saxo Grammaticus의 기록이 지닌 사료 가치를 네켈Neckel보 다 낮게 본다. 사실 필자는 일반적 경향과 달리 호머Homer의 시詩에서도 전술대형에 관한 결론 을 말하지 않으려 주의했다. 특히 아가티우스의 기록은 비잔티움Byzanz/Byzantium 제국 마우리키우 스Mauricius 황제의 《전술론Strategikon/ Strategicon》에 기록된 내용들(앞의 제I장, 부기 7 참고)과도 비교가 되지 못한다.

이 문제에 관해서는 이 책 제Ⅲ편(제Ⅲ권, 제Ⅱ장; 제Ⅴ권, 제Ⅳ장의 마지막 두 문장 및 제Ⅷ장의 끝에서 7번째 및 8번째 문장)을 참고할 것.

타키투스Tacitus의 《연대기年代記/Annals》, Ⅱ, 45장에서는 아르미니우스Armin/Arminius와 마로보두스Marobod/Marobodus 사이의 전투를 설명하면서 "게르만족도 우리와 똑같이 승리를 기대하고 있었고 종래 무리를 지어서 산발적으로 이곳저곳 공격했었던 것과는 달리 정렬해서 전선戰線을 형성하고 있었다. 그들도 우리들과 오랫동안 싸운 경험을 통해서 군기軍旗를 뒤따르는 일이나 예비대로 전선戰線을 지원하는 방법이나 지휘관 명령에 복종하는 일에 익숙해져 있었기 때문이다 *diriguntur acies, pari utrimque spe, nec ut olim apud Germanos, vagis incursibus aut disjectas per catervas: quippe longa adversum nos militia insueverant sequi signa, subsidiis firmari, dicta imperatorum accipere*"라고 했는데 이는 게르만족의 전투에 관한 필자의 설명과는 약간 모순이 있다. 위의 문장은 게르만족은 종래에는 전술대형이 없었지만 로마인들로부터 긴 전선戰線을 형성하는 방법이나 예비대 즉, 제2제대梯隊나 제3제대를 이용해서 전선戰線을 지원하고 보호하는 방법을 배워 알게 되었다는 의미로 번역되어야 한다.

그러나 우리는 이 문구에서 수사적修辭的으로 과장되어 있는 부분에 조심해야 한다. 타키투스가 게르만족의 "옛 관습"을 "무리를 지어서 산발적으로 이곳저곳 공격했었던*vagis incursibus aut disjectas per catervas*"이라고 말한 구절은 투창수投槍手나 궁수弓手 등이 함께 참여했고 신속히 완전하게 산개散開할 수 있는 쐐기대형의 방진方陣으로 공격했다는 말에 불과하다. 그러나 "예비대로 전선戰線을 지원하는*acies subsidiis firmata*" 방법만큼은 로마군의 대형을 모방한 것임이 인정될 수 있다. 시저 시대 이후로 게르만족은 대공大公/princip들을 포함해서 많은 전사戰士들이 로마군에 복무하면서 로마군 체계에 완전히 익숙해져 있었다. 마로보두스나 아르미니우스 역시 로마군의 전투대형을 도입하는 것이 유리할 것으로 보았을 가능성이 높다. 그런 전투대형을 취하려면 씨족들이 모두 섞여서 하나의 큰 방진方陣을 만드는 대신에 각 씨족별로 옆으로 나란히 정렬하기만 하면 되었다. 게르만족의 씨족 즉, 백호百戶/Hundertschaft는 결국 로마군의 센튜리Centurie/century나 마니플Manipel/maniple과 거의 같은 것으로서 이를 기본단위로 해서 몇 개의 제대梯隊를 편성하거나 예비대를 편성할 수도 있었다. 이런 발전된 조직을 갖추는데 지중해 연안 사람들에게는 수세기의 시간이 필요했지만 게르만족은 별 어려움 없이 이를 모방할 수 있었다는 사실에 이의를 제기할 사람은 없다. 그러나 게르만족이 스스로 그런 조직을 만들 수는 없었을 것이다. 백성들이 너무 완고하고 보수적이었으며 자신들의 고유대형에 대한 신뢰가 너무 컸었기 때문이다. 또한 그런 혁신적 조치 특히 제대 편성이나 예비대 편성에 대한 불신을 극복할 권위를 지닌 인물도 없었다. 하지만 로마군이 이런 대형으로 성취한 업적들을 자신 또는 동료들의 경험을 통해 알고 있던 후노Hunno들의 진중회의陣中會議에서는 이런 대형을 채택하자는 야전지휘관의 제안이 쉽게 승인받을 수 있었을 것이다. 또한 자신이 거느린 단위부대를 철저하게 장악하고 있었음이 분명한 후노들에게는 전투 시에 야전지휘관의 명령을 기계적으로 이행하는 것이 그렇게 어려운 일은 아니었을 것이다.

게르만족이 로마군과 같은 형태의 전투방식을 취했던 이유를 대략은 그렇게 볼 수 있다. 하지만 필자는 사료들을 세밀히 분석해 보면 그런 설명에 의문이 생기기도 한다는 점을 말해두고 싶다. 게르만족의 전투방법에 관해 신뢰할 만한 로마인의 기록이 실제 존재하는지에 대해서는 큰 의문이 제기될 수 있으며 우리에게 전해진 기록은 로마인들의 환상에 불과하다고 보는 것이 결코 불가능하지 않을 것이다. 로마인들의 기록은 그리 중요하지가 않다. 바타비Bataver/Batavian족과 전투에서는 로마군에 복무하던 게르만족조차 그들 고유의 전투대형을 취했던 것으로 보이며 민족대이동民族大移動/Völkerwanderung 시기에 관한 기록에서도 게르만족의 방진方陣

또는 쐐기대형이 자주 발견된다. 엄청나게 왜곡된 말이기는 하지만 아가티아스Agathias의 기록에 의하면 카실리누스Casilinus 전투(이 책 제III편, 제IV장 참고) 당시 부케린Buccelin과 로타르 Leutar/Lothar가 지휘하던 프랑크-알레만fränkisch-allemannischen 연합군도 ─비록 괴상하게 왜곡된 모습이긴 하지만─ 쐐기대형을 취했다고 하며, 앞서 보았다시피 마우리키우스Mauricius 황제는 이런 방진方陣을 게르만족의 특별한 전투대형이라고 했다.

2. 직업전사職業戰士

타키투스Tacitus의 《게르마니아Germania》, 30장 및 31장에서는 카티Chatten/Chatti족을 매우 특별한 군사적 능력을 지닌 부족이라고 칭찬하면서 그들 중 다수는 평생 집도 땅도 없이 오로지 군인으로만 산다 했다. 이 설명은 카티족을 여타 게르만 부족보다 지나치게 높이 평가하고 있는 것이 아닌가 싶다. 역사적 사실을 보면 게르만족 가운데 어느 부족이 다른 부족보다 월등히 큰 업적을 달성한 경우는 전혀 없다. 게르만족의 각 부족들은 서로 물고 뜯으며 싸웠음이 분명하며 타키투스의 설명에 의하면 한때 그들 중 매우 월등한 위치에 있던 케루스키Cherusk/ Cherusci 부족도 자신이 살았던 시대에는 이미 크게 쇠퇴해 있었다고 한다. 게르만 부족 중에 여타 그리스인들에 비해 호전성이 매우 높았던 기원전 5세기의 스파르타인과 같은 부족이 있었음을 입증할 근거는 전혀 없다. 게르만족은 개개인 모두가 일차적으로는 전사戰士였고 이런 사실은 다른 모든 요소에 영향을 미쳤다. 개개인 모두가 전사戰士인 풍토에서도 유별나게 가정도 꾸미지 않고 농사도 짓지 않으면서 모험가나 약탈자나 또는 식객食客으로 돌아다니다 아주 가끔씩만 자신들의 씨족에게 돌아왔던 자들이 게르만 부족 중 꽤 있었을 것으로 우리는 얼마든지 믿을 수 있을 것이다. 그들은 평소에는 여러 씨족 구역들을 돌아다니면서 특별한 영웅 대우를 받고 전투가 벌어지는 곳이면 어디든 불려 다니며 자진해서 선두횡렬에 서고 때로는 로마군으로 들어가서 급료를 받기도 했을 것이다. 이런 부랑배浮浪輩들을 직업전사職業戰士라고 부를 수는 있을 것이다. 그러나 그렇다 해서 여타의 게르만인들은 농민에 불과했을 것으로 생각하지 않도록 조심해야 한다. 게르만족은 비록 정도 차이는 있을지 몰라도 개개인 모두가 전사戰士였다.

3. 프라메아Framea

타키투스Tacitus의 《연대기年代記/Annals》, II, 14장(게르마니쿠스Germanicus의 연설) 및 《게르마니아Germania》, 6장에는 게르만족 무기에 관한 묘사가 있지만 그 내용에 의문점과 모순점이 많다. 게르마니쿠스의 연설 중 "불에 달구어서 끝을 뾰족하게 만든 막대기praeusta 또는aut 단창短槍/brevia tela"이라는 말이 있는데 이는 그리 명확한 말은 아니다. 게르만족 일부가 불에 달구어서 끝을 뾰족하게 만든 목창木槍만 사용했던 것은 사실이지만 "아우트aut"("또는")란 단어 다음에 말한 것이 그 앞에 말한 것의 부연 설명인지 아니면 다른 무기를 말한 것인지 불분명하다.

《게르마니아》, 6장에서는 "그들은 쇠가 충분하지 않아서 무기형태를 보면 칼이나 큰 란세아lancea(투창投槍의 일종)를 쓰는 자가 아주 적었다. 그들은 그들 말로 프라메아Framea라고 하는 하스타hasta(역시 투창投槍의 일종)를 썼는데 가늘고 짧은 쇳조각이 앞에 붙어 있어 매우 날카로웠고 다루기도 쉬웠으므로 이를 가지고 상황에 따라 백병전도 벌일 수 있었고 원거리에서 싸울 수도 있었다*Ne ferrum quidem superest, sicut ex genere telorum colligitur: rari gradiis aut majoribus lanceis utuntur; hastas vel iposorum vocabulo frameas gerunt angusto et brevi ferro, sed ita acri et ad usum habili, ut eodem telo prout ratio poscit, vel comminus vel eminus pugnent*"는 구절이 있다.

"가늘고 짧은 쇳조각angusto et brevi ferro"이 앞에 붙어 있는 하스타hastas는 옛 호프라이트 Hoplit/hoplite 창과 같은 창으로서 투창으로 쓸 수도 있고 백병전에서 쓸 수도 있었다. 그러나 그들이 이런 창을 쓰고 "큰 란세아*majoribus lanceis*"(역자 주: *lanceis*는 *lancea*의 복수형)를 쓰지 못한 이유를 쇠의 부족 때문인 것으로 설명한 것은 명백한 왜곡이다. 창의 크기 즉, 길이는 쇠로 된 촉의 크기나 길이와는 아무 관계가 없다. 로마군의 필룸pilum 창은 촉은 매우 길었지만 자루는 짧았다. 촉은 짧지만 자루는 긴 창도 있었다. 따라서 푸크스Joseph Fuchs는 "큰 란세아*majoribus lanceis*"는 창의 촉만 말한 것으로 보아야 한다고 주장한다(《계간季刊 역사지歷史誌 *Historische Vierteljahrsschrift*》, 제4권, 서기 1902년, 529쪽). 그렇게 보면 위 구절에서 비논리적 부분이 해소될 수 있겠지만 그렇게 보기에는 원문의 표현 자체가 이상하고 여타 사료들을 통해서 분명히 그 존재가 입증되는 게르만족의 장창長槍에 대해서는 설명할 방법이 전혀 없게 된다. 더 이상한 것은 로마군에서도 호프라이트 창으로 사용했었던 매우 흔하고 정상적인 무기가 특별한 무기인 것처럼 과장되게 묘사되어 있는 점이다. 타키투스Tacitus의 기록 중에는 마치 게르만족이 이 프라메아를 경건한 물건으로 존중했었던 것처럼 "피와 승리의 프라메아*cruenta victrixque framea*"라는 표현을 쓴 경우가 여러 곳 있다.12) 따라서 필자는 푸크스의 견해에는 전혀 동의할 수가 없다. 옛 무덤들을 발굴할 때 아주 초기시대부터 쓰인 특이한 도구가 하나 발견되었는데 골동품 애호가들은 이 도구에 "켈트celt"라는 이름을 만들어 붙였다.13) 이 "켈트"는 돌이나 구리 또는 쇠로 만든 가느다란 도끼 모양의 도구로서 촉이 뾰족한 보통의 창과는 달리 목표물을 벨 수 있는 넓은 날이 전방을 향하도록 자루와 'T' 자 모양으로 놓여 있는 것도 있었다. 학자들은 이 도구를 게르만족의 프라메아Framea로 믿는 경향이 있다. 옌스Jähns의 《고대 공격무기 발달사 *Entwicklungsgeschichte der alten Trutzwaffen*》 역시 이런 해석을 수용하고 이에 필요한 치밀한 논거까지 대고 있다. 그의 주요 논거는 그렇게 보아야 지금껏 자주 언급되면서도 달리 설명할 수가 없었던 이 도구의 적절한 용도를 설명할 수 있다는 것이다. 그는 또한 그렇게 보아야만 이 도구와 역사기록이 조화를 이룰 수가 있고 특히 프라메아를 전혀 색다른 무기로 강조한 타키투스의 기록이 정당화된다고 본다. 그는 또한 프라메아 즉, 켈트는 쇠가 부족한 민족이 다양한 용도로 쓸 수 있게 창안해 낸 작업용 연장임과 동시에 무기로서 베기나 찌르기에 쓸 수도 있고 필요할 때는 던지는 무기로 쓸 수도 있다고 본다. 물론 던지기나 찌르기에는 보통 창이 더 효과적이고 넓은 날은 뾰족한 촉에 비해 특히 찌르기에는 불편하지만 대부분의 게르만족이 그랬듯이 창 한 자루만 있고 칼이 없는 사람은 베기에도 쓸 수 있는 창을 원했을 것이고 바로 켈트의 넓은 날이 그런 용도에 적합하다는 것이 옌스의 생각이다. 그는 이런 해석의 근거로서 다른 곳에서도 발견되었다는 넓은 날의 찌르기 무기를 원용하고 있다. 그는 또한 석기石器시대 무기를 예로 들면서 촉이 뾰족한 석제石製 무기는 상대방의 보호장비에 부딪치면 부서지므로 수렵용으로만 쓸 수 있었기 때문에 석기시대의 전투용 무기는 본래 넓은 날을 지녔었고 인간은 효용성이 입증된 이런 무기를 청동기시대는 물론 철기시대에도 계속 사용했을 것으로 본다. 그가 제시한 마지막 논거는 19세기 용어사전에서 프라메아framea의 의미를 "플로Ploh" 즉, 쟁기pflug/plow란 단어를 가지고 설명한 것을 보면 플라메아를 뾰족한 촉이 아니라 넓은 날을 지닌 무기로 볼 수 있다는 것이다.

이런 일련의 추론은 매우 매력적이긴 하지만 오류임이 분명하다. 많은 수량이 발견된 이 켈트celt라는 도구를 반드시 로마-게르만 시대의 것으로 보아야 하는 것은 아니며 그보다 훨씬 더 고대의 것도 있음이 분명하다. 따라서 이 발굴품과 로마인 작가들의 기록이 반드시 일치되어야 하는 것도 아니다. 비록 켈트들 중에 몇 개는 실제로 창의 모습을 하고는 있지만 ―옌스Jähns는

---

12) 《게르마니아*Germania*》, 14장 등.

13) 이 도구의 발견자는 켈티스Konrad Celtis라는 멋쟁이로서 본래 이름은 "픽켈Pickel"이었지만 후일 골동품 애호가들이 이 도구에 붙인 이름을 따라 자신의 이름까지 켈티스Celtis로 부르게 했던 것으로 보인다. 올스하우젠Olshausen, 《인류학회 회의록*Verhandlungen der anthropologischen Gesellschaft*》, 서기 1894년, 353쪽.

이 점을 매우 강조하고 있다(그의 책, 168쪽)— 대부분의 켈트는 날 부분이 "ㄱ"자 모습으로 자루에 붙어 있어 무엇을 다듬는 도구나 도끼로 주로 쓰일 수 있다. 넓은 날 형태의 도구는 뾰족한 촉 형태에 비해 찌르기에는 너무 비효율적이므로 이를 주로 찌르기 용으로 만들었을 가능성은 없다. 또한 켈트는 날이 너무 무디어서 베기 용으로도 부적합하다. 베기 용으로 쓰려면 적어도 한쪽만이라도 예리하게 만들었을 것이다. 또한 타키투스Tacitus 자신도 "가늘고 짧은 쇳조각angusto et brevi ferro"이 앞에 붙어 있는 무기라고 했고 켈트의 가장 중요한 특징인 넓은 날(뾰족한 촉이 아닌)의 무기라는 말은 한 적이 없다. 옌스의 말대로 뾰족한 촉 대신 넓은 날이 달린 화살이나 찌르기 용 무기가 다른 곳에서 실제로 발견되었고 해도 그런 무기들은 특별한 용도에 쓰였던 것일 수도 있다. 켈트가 찌르기에는 적합하지 못한 도구라는 것을 우리는 결코 부인할 수 없다. "손바닥 넓이의 자크sach"(옌스가 그의 책 174쪽에서 언급한 시그프리트 화살Siegfrieds pfeil의 날 또는 촉)에 대해서도 옌스와는 다른 해석이 가능하다. 19세기 용어사전에서 프라메아의 의미를 "플로Ploh" 즉, 쟁기pflug/plow라는 단어를 가지고 설명하고 있지만 이 "플로Ploh"라는 단어 역시 아무것도 입증할 수 없다. 아주 초기시대 쟁기는 언제나 뾰족한 촉의 형태였고 넓은 날의 형태는 없었다. 참고로 여타 사료들을 비교하려면 린덴슈미트Lindenschmit의 《독일고고학 편람: 독일 고대시대 Handbuch der deutschen Altertumskunde: Anzeigen für deutsches Altertum》, 제 II편에 대한 뮐렌호프Müllenhoff의 평론(《독일 고고학Deutsche Altertumskunde》, 제IV편 〈게르마니아 Die Germania 편〉, 621쪽 이하에 수록되어 있음)과 《민족학지民族學誌/Zeitschrift Ethnologie》, 제2권(서기 1870년), 347쪽 이하를 참고하라.

　　결국 우리는 게르만족의 프라메아를 약 6~8피트 길이의 고대 그리스의 호프라이트Hoplit/hoplite 창과 같았을 것으로 보아야 한다. 타키투스Tacitus가 특별히 "단창短槍/brevia tela"이라고 한 것은 창의 촉 부분만 로마군의 필룸pilum 투창投槍과 비교했기 때문일 것이다. 객관적 관점에서 볼 때 타키투스의 묘사 중에 오류는 그가 게르만족 창을 다른 긴 창과 비교한 부분이다. 이 점만 배제하면 우리는 게르만족은 쇠가 부족했기 때문에 칼과 창을 모두 갖지는 못했었고 창만 가지고 싸웠는데 그들의 창은 백병전에서도 쓸 수 있었고 원거리 투척용으로도 사용할 수 있는 것이었다고 생각할 수가 있다. 로마인이라면 아주 당연히 이렇게 말했어야 한다. 타키투스가 "매우 날카로웠고 다루기도 쉬웠으므로 이를 가지고 상황에 따라 백병전도 벌일 수 있었고 원거리에서 싸울 수도 있었다"면서 앞부분과 뒷부분을 인과관계因果關係로 말한 것은 잘못된 설명임이 분명하다. 그는 "매우 날카롭고 다루기도 쉬웠다. 그리고 이 무기를 가지고 상황에 따라 백병전도 벌일 수 있었고 원거리에서 싸울 수도 있었다"라고 말했어야 한다. 이 부분만 아니라 타키투스의 문장은 전체적으로 오해를 불러일으키고 있다. 프라메아framea는 다용도로 쓰이는 매우 흔한 무기였음에도 불구하고 그는 마치 이 무기가 매우 특별한 무엇인 것 같이 보이도록 말했다. 그러나 널리 알려진 바와 같이 타키투스의 특이한 역사기록 형식을 우리가 인정한다면 이런 것들은 큰 문제가 되지 않는다. 그의 기록에는 본질보다 느낌이 강조되어 있고 어떤 차이점을 직접 말하지 않으면서도 마치 어떤 차이점이 있는 것 같은 흔적을 남기고 있다.

　　(이하 부분을 제3판에서 추가함.) 슈베르트Schubert와 졸데른Soldern은 옌스Jähns의

주장을 다시 옹호한다(《무기 발전사 잡지*Zeischrift für historische Waffenkunde*》, 제3권, 서기 1905년, 3387쪽 이하). 그는 게르만족이 철鐵을 이용하기 어려웠던 시기에는 청동靑銅이나 돌로 뾰족한 촉을 만들면 부서지기 쉽기 때문에 뾰족한 촉 대신 넓적한 날을 선호할 수 있었을 것이라는 점을 특별히 강조하면서 켈티스celtis란 단어가 후기 라틴 시대에는 "끌Meissel"의 의미를 지니고 있음을 지적하고 있다.

제 III 장
로마의 게르만 지역 정복

로마는 골Gallien/Gaul 지역을 정복하고 라인 강까지 국경이 뻗어나가게 되자 정복한 지역을 게르만족으로부터 보호해야 할 숙제가 생겼다. 이때까지 골 지역은 게르만 야만인들의 속박을 받지 않으려고 자신의 운명을 시저Cäsar/Caesar 손에 맡겼었고 로마는 그들과 연합해서 게르만족의 아리오비스투스Ariovist/Ariovistus를 골 지역에서 축출한 후 이 지역의 패권을 장악해 나가기 시작한 것이었다. 그러나 이때부터 시작된 게르만족의 항쟁은 끊임없이 계속된다. 게르만 야만인의 무리들은 끊임없이 라인 강을 다시 넘어왔다. 골 지역에 설치된 새로운 속주屬州와 로마 세계제국 사이에는 점차 평화로운 관계가 굳어졌지만 이제 이 원시림原始林의 아들들이 약탈자로서 밀려들었다. 로마인들은 게르만족의 음산하고 안개 낀 땅에는 거의 매력을 느끼지 못했었지만 게르만 지역을 자신의 지배 밑으로 들어오게 해서 그들의 자유로운 행동을 끝나게 하는 것이 그들의 끊임없는 위협에 대처할 수 있는 가장 효과적인 방법이라고 보았다.

아우구스투스Augustus(역자 주: 시저의 양자인 옥타비아누스. 시저가 암살된 후 '존엄한 자'란 뜻을 지닌 '아우구스투스'란 이름으로 로마제국 최초의 황제가 된다. 그의 시대에는 의붓아들인 드루수스와 그의 친형인 티베리우스에 이어서 바루스가 게르만족 정벌에 나섰고 티베리우스가 황제가 된 다음에는 드루수스의 아들로 티베리우스의 양자가 된 게르마니쿠스가 2차 정벌에 나선다. 시저는 이집트 원정 때 역법曆法을 도입해서 태양력太陽曆의 시초인 율리우스력을 만들었고 자신의 생월生月인 7월의 이름을 자신의 이름을 따서 쥴리July로 바꾸었다. 그가 죽자 그가 죽은 8월의 이름이 아우구스트August로 개칭되었다)는 제국 내부를 장악한 후 알프스 지역을 정복해서 국경선을 도나우 강까지 밀어 올린 다음 젊은 의붓아들 드루수스Drusus에게 그리고 드루수스가 죽자 자신의 양자養子인 티베리우스Tiberius에게 라인 강과 엘베 강 사이의 부족들을 정복하라는 임무를 부여했다. 두 로마인은 이 어려운 과제를 체계적으로 수행해 나갔다.

게르만족 부족들은 인구가 매우 적어서 여러 부족이 연합해도 그리 큰 군대를 만들 수 없었지만 큰 군대를 만든다 해도 효율적인 작전수행 능력은 없었다 〔이 책 제I편, 제VII권, 제VI장(야만인들에 대한 로마군의 병법兵法) 참고〕. 그러나 개개인이 모두 전사戰士였고 죽음과 부상을 두려워하지 않는 이 야만인들을 상대하려면 로마군은 결집력 높은 대규모 군대를 편성할 수밖에 없었는데 게르만 지역 깊이 들어간 큰 병력의 보급문제는 매우 어려운 일이었다. 경작지가 매우 적었던 게르만 지역에서는 얻을 것이 별로 없어서 보급대열을 원거리까지 이동시킬 수밖에 없었고 이를 위해서는 매우 강력한 조직이 필요했다. 그러나 좋은 도로는 전혀 없었고 게르만족이 놀랄만한 노력을 기울여

영리하게 만들어 놓은 소택지沼澤地들을 건너야 했다. 드루수스Drusus는 게르만 지역으로 1차 출정을 나갔다가 보급문제로 인해 불가피하게 철수한 다음에는 전진기지前進基地를 2중으로 구축했다. 남부南部 라인지역의 로마군 주기지主基地는 리페Lippe 강과 라인 강의 합류지점을 마주보는 작스텐Xaxten 부근에 구축한 베테라Vetera(현 비르텐Birten) 숙영지였다. 그러나 리페 강은 봄에는 물론이고 거의 1년 내내 상류 수원지水源池까지 소형선박 운행이 가능했었기 때문에 드루수스는 현재 파데보른Paderborn 성당이 있는 이 강 상류에 두 번째 기지인 알리소Aliso 요새를 구축했고 이 요새가 보급품 저장소로 이용되었다(기원 전 11년).

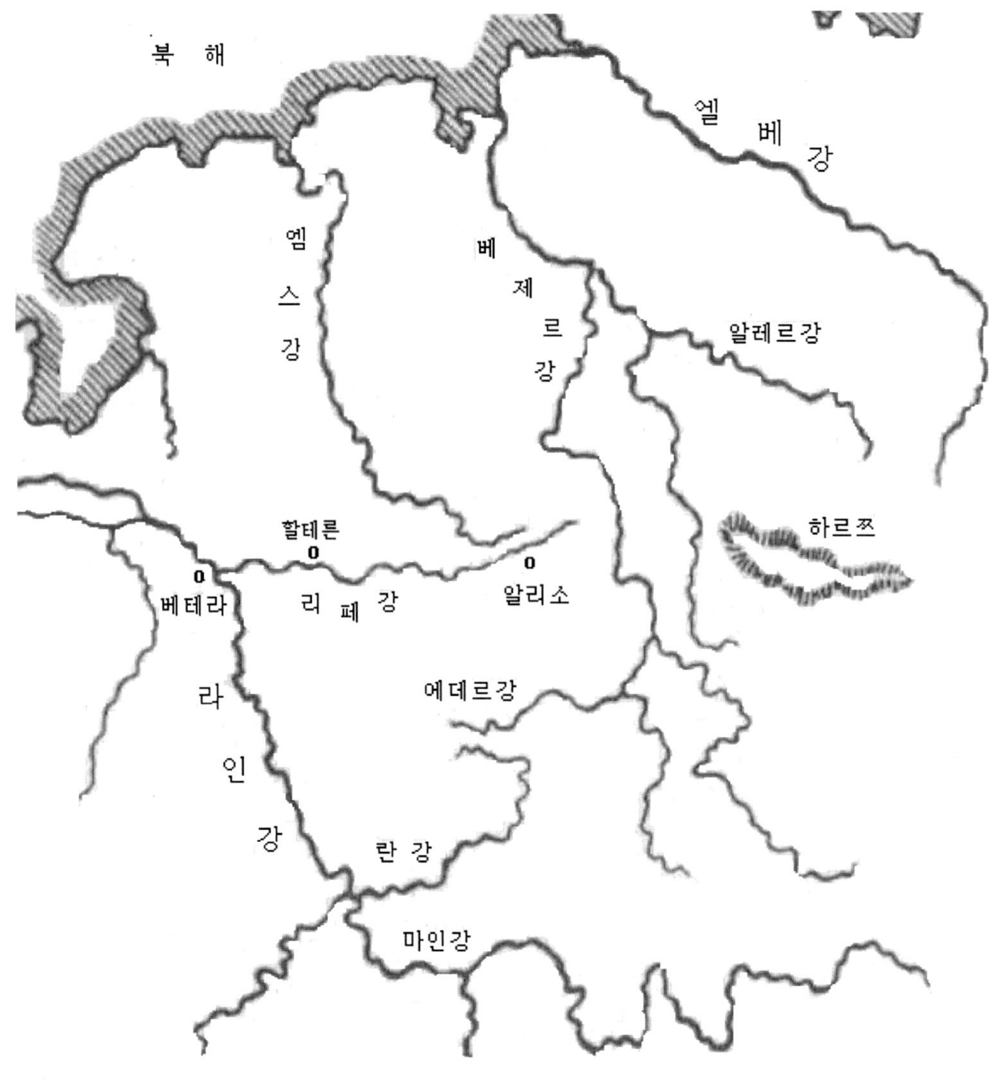

요도 1. 라인 강과 에베 강 사이의 게르만 지역

크건 작건 보루堡壘나 요새要塞를 구축하는 것을 그 인접부족들을 굴복시켜 패권을 장악하려는 수단으로 보는 것만큼 잘못된 생각은 없을 것이다. 물론 보루堡壘나 요새要塞에 수비대를 투입하거나 병력을 주둔시키는 것만으로 인접부족들을 통제할 수 있을 때도 있다. 전쟁이 예상되지도 않고 정복활동도 크게 진전되지 않아서 소규모 반란만 진압하면 되는 경우로 이때 필요한 것은 전략이 아니라 경찰警察활동뿐이다. 그러나 게르만족은 예를 들어 현재의 아프리카 흑인들과는 달랐다. 현재의 흑인들은 넓은 지역에 산재해 있더라도 고정된 한 주둔지로부터 소규모 이동기지만 운용하면 그들을 통제할 수 있다. 그러나 로마군이 게르만족을 그런 식으로 통제하려고 했었다면 파멸되고 말았을 것이다. 게르만족을 정복하려면 대규모 전투가 필요했다. 따라서 로마군이 구축한 보루의 임무는 그들을 정복하기 전에 자신들의 안전을 보호하면서 그들이 점령지역으로 접근하는 것을 차단하기 위한 것이었다. 시저도 골Gallien/Gaul 지역에서 라인 강 다리를 보호하려고 보루를 구축한 일 외는 다른 보루가 필요했다는 말은 하지 않았다. 그는 늘 병력을 분산시키지 않고 집결시켜 놓았다가 압도적인 병력으로 개활지 전투를 통해 골 지역의 부족들을 격파하고 몰아내려고 했었다.

혹자는 드루수스Drusus가 리페Lippe 강 보루를 구축한 것은 자유롭고 안전한 도강渡江을 확보하기 위한 것이었고 따라서 리페 강 하류 쪽의 어느 지점을 확보하려 했던 것으로 보기도 한다. 리페 강과 같은 중간 규모의 강에서는 비록 강둑을 따라서는 아니지만 양안兩岸에 모두 작은 길이 있어서 안전한 도강渡江의 확보는 필수적 요구가 아니다. 하지만 이런 점도 사실 결정적인 고려사항은 아니었다. 리페 강은 강둑에 붙어 있는 소택지沼澤地들 때문에 늘 쉽게 건널 수는 없었지만 여러 종류의 지원도구와 비교적 간단한 우회수단을 보유하고 있었던 로마군이 이 강을 건너려고 할 때 게르만족은 이를 차단할 수 없었을 것이다. 결국 리페 강 보루는 도강을 위한 교두보橋頭堡로 구축된 것이 아니었다.

그러나 수로水路에 의존해야 했을 보급상황을 생각해 보면 문제는 완전히 달라진다. 그들이 리페Lippe 강 수로를 이용하려면 선박 기착지寄着地 겸 병참기지兵站基地가 있어야 보급품을 내릴 수 있고 수송병력이 보급품을 인계 받아 게르만 지역 깊이 행군해 들어갈 수 있었다. 게르만 지역의 전쟁은 라인 강에서부터 게르만 지역으로 식량을 나를 필요가 없었다면 크게 달라졌을 것이다. 그들은 수로를 이용해서 식량을 실어 나르지 않을 수 없었고 리페 강 수로를 따라 직선거리로 150km 거슬러 올라 간 곳까지만 식량 등 필요한 보급품을 운송하면 병력들에게 공급할 수 있었다. 시저는 골 지역에 병참기지를 구축한 후에도 이를 보호하기 위해 그의 레기온legion에서 병력을 빼낼 필요가 없었다. 그들이 굴복시킨 민족들과 연합해서 보급문제를 해결할 수 있었기 때문이다. 그러나 게르만 지역에서는 이런 조직을 이용할 수 없었다. 결국 드루수스Drusus가 알리소Aliso 보루堡壘를 구축한 것은 주변주민들을 통제하기 위한 것이 아니라 —그런 목적으로는 보루 구축이 효율적 방법이 못 되었다— 게르만 지역 내에서 로마군이 작전을 수행하기 위한 안전한 병참기지로 쓰기 위한 것이었다(뒤의 제VI장 말미의 「알리소Aliso의 위치에 관한 특별 연구」를 참고할 것).

물론 그런 요새가 구축되면 환자나 부상자의 치료 및 유사시 피난처로 쓸 수도 있고 힘이 미치는 범위 내에서 주변 지역과 주민을 감시 통제해 가면서 주변 부족들에게 끊임없이 압박을 가하는 데 쓸 수도 있었을 것이다. 그러나 그 위치로 볼 때 이 시설의 가장 중요한 목적은 수로水路의 기착지寄着地로서 수로운송과 육상운송의 중계기지中繼基地로 쓰기 위한 것이었다.

드루수스Drusus는 알리소 요새 외에 라인 강을 따라 50개의 보루를 더 구축했다 한다.1) 이는 외견상 게르만족 정복계획과 모순된 일로 보인다. 50개 거점을 모두 점령하는 데만 해도 상당한 병력이 필요하기 때문이다. 뿐만 아니라 게르만족 정복에 성공하면 이 보루들은 필요 없는 것들이 될 것이다. 이렇게 많은 보루를 구축한 것은 아마도 민병대民兵隊가 이를 점령해서 지키게 하다가 야전에 투입된 로마군에 밀려서 그들의 땅을 지킬 수가 없게 된 게르만족이 로마군의 압력을 피해 로마 관할지역으로 거꾸로 들어올 때를 대비한 주변주민들의 피난처였을 것으로 볼 수도 있을 것이다. 야전병력은 아마도 도움이 필요한 곳을 지원하기 위해 대규모 영구 숙영지에 주둔하고 있었을 것이다.

군대를 게르만 지역 내부로 침투시킬 수 있는 통로로는 라인 강에서 리페Lippe 강을 따라 올라가는 통로 외에도 바다에서 다른 강을 따라 들어갈 수 있는 통로들도 있었다. 드루수스가 게르만 지역의 지휘권을 인수한 후 처음 벌인 사업은 라인 강에서 이쎌Yssel 강에 이르는 운하運河 건설이었다. 그는 이 운하를 이용해서 주이더 지Zuider Zee를 거쳐 게르만 지역의 북해北海 해안까지 직접 갈 수가 있었다. 오늘날까지도 이 드루시스 운하fossa Drusiana가 남아있고 수에토니우스Suetons/Suetonius는 이 운하를 "거대한 토목공사 업적noviet immensi operis"이라고 했다(《황제전皇帝傳 De vita Caesarum》, 〈클라우디우스Claudius 전傳〉, 1장).2) 북해에서 게르만족의 교역규모는 운하가 필요할 정도로 크지 않았었다. 그러나 전략적 관점에서 보면 이 운하의

---

1) 플로루스Florus, 《리비우스의 로마사 요약본 Epitome de T. Livio bellorum omnium annorum DCC libri duo》, IV, 12장.
2) 리털링Ritterling은 이 운하가 이쎌Yssel 강이 아닌 라인 강에서 더 먼 베크트Vecht 강에 이르렀을 것으로 본다(본 연보年報 bonner Jahrbücher, 서기 1906년). 그러나 어떻게 보건 이 연구에는 아무 차이가 없다.

필요성을 이해할 수 있다. 드루수스Drusus 다음으로 티베리우스Tiberius가 서기 4년 엘베Elbe 강으로 출정 나갔을 때도 그의 지상군이 엘베 강의 하구河口에서 "각종 보급품을 운송하는 대함대大艦隊"와 만났다고 한다.3) 로마 선박들은 유틀란트Jutland 반도까지 올라갔고 여러 강江 위에서 수 차례 게르만족과 교전을 벌였다.4) 후일 키빌리스Civilis가 일으킨 반란에서도 브루크테리Bructerer/Bructeri족이 로마 함대의 기함 旗艦인 프레토르 트리렘Prätorischen Dreiruderer/Praetorian trierem(역자 주: 프레토르는 로마의 최고위 집 정관인 콘술Konsul/consul의 다른 이름이지만 이곳에서는 함대사령관이 탑승한 트리렘 선박을 프레토르 트 리렘이라고 한 것으로 보인다)을 나포했을 때 이 선박을 그들의 여사제女司祭 예언자인 벨레다Veleda에게 바치려고 리페Lippe 강을 따라서 끌고 올라갔다.5)

드루수스 당시 이미 베제르Weser 강 하구河口는 물론 엘베Elbe 강 하구에까지 보루 들이 구축되었다고 하며 베제르 강 하구에 있던 요새要塞의 결정적 흔적이 후일 발견되었다.6) 이 시설들은 로마의 수군 및 상선 함대들의 기지로 활용되었다.7)

이런 식으로 치밀하게 준비된 로마의 계획은 매우 완벽한 성공을 거두었다. 먼저 드루수스는 해안의 프리스Friesen/Friesians족과 카우키Chauken/Chauci족이 로마의 패권 을 인정하게 만들었고 이어서 티베리우스Tiberius는 엘베 강까지 모든 부족들을 복속시켰는데 이 과정에서 큰 전투를 치를 필요도 없었다. 마르코마니Markomannen/ Marcomanni족 대공大公/princip 마로보두스Marobod/Marobodus가 상당한 규모의 게르만 왕국을 건설했던 시기에 로마가 이리 쉽게 목표를 달성할 수 있었던 상황을 골Gallien/Gallia/ Gaul 지역이 시저 쪽에 붙었을 때의 상황과 비슷했을 것으로 보는 것이 랑케Ranke 의 흥미 있는 가설이다. 그는 마로보두스의 마르코마니 왕국이 보헤미아 Böhmen/Bohemia(역자 주: 엘베 강의 상류 현 체코의 서부 지역) 지역으로부터 엘베 강 하류 지 역까지 뻗어나가며 세력을 넓혀가고 있을 때 베제르Weser 강 유역의 부족들은 이 를 피하기 위해 로마군과 동맹을 맺었을 것으로(기원전 11년~7년) 본다.

이 동맹관계는 처음엔 느슨한 동맹이었고 로마군은 겨울이 되면 라인 강이나 그 부근까지 철수했었다. 이렇게 기지基地를 이동하는 것이 매우 불편했을 것이

---

3) 벨레이우스Velleius Paterculus, 《로마사 대계大系》, Ⅱ, 106장.

4) 스트라보Strabo, 《역사 스케치Historical Sketches》, Ⅶ, 1. 3절, 벨레이우스Velleius Paterculus, 위의 책, Ⅱ, 121장.

5) 타키투스Tacitus, 《역사Historiae》, Ⅴ, 22장.

6) "그 외에도 속주屬州들의 보호를 위해 그는 뮤즈Meuse 강, 엘베 강 및 베제르 강 전역에 요새와 초소를 두었고 라인 강 둑을 따라 실제로 50개 이상의 보루를 구축했다Praeterea in tutelam provinciarum praesidia atque custodias ubique disposuit, per Mosam flumen, per Albim, per Visurgim, Nam per Rheni quidem ripam quinquaginta amplius castella direxit."(플로루스Florus, 《리비우스의 로마사 요약본Epitome de T. Livio bellorum omnium annorum DCC libri duo》, Ⅳ, 12장). 아스바흐Asbach는 위의 구절 중 'Mosam'(역자 주: 뮤즈 강)을 'Amisiam'의 오기誤記로 보고 있 는데(《본 연보年報 Bonner Yahrbücher》, 85권, 서기 1888년, 28쪽) 아마도 맞는 말일 것이다. 이 문제와 관 련하여 타키투스Tacitus, 《연대기年代記/Annals》, Ⅰ, 38장도 참고할 것.

7) 따라서 드루수스가 엘베 강으로 진출한 것은 "일회적인 일시 전진"이었을 뿐이라는 쾌프Koepp의 표현 (《독일 지역의 로마군Die Römer in Deutschland》, 22쪽)은 잘못된 것이다.

분명하지만 로마군이 겨울에는 이렇게 돌아갔었기 때문에 이 지역 게르만족은 자신들이 로마군에게 돌이킬 수 없이 종속되어 있는 것으로는 생각하지 않았다. 당시 로마군의 이 같은 상황은 오직 보급문제를 가지고만 설명될 수 있다.

북해北海를 지나 엠스Ems 강이나 베제르Weser 강 또는 엘베Elbe 강까지 항해한다는 것은 여름에도 큰 모험이었고 특히 겨울에는 이를 완전히 포기할 수밖에 없었다. 따라서 로마군은 게르만족을 매년 새로 굴복시켜야 했었다. 이런 반항적인 부족들을 최종적으로 굴복시킨 것은 티베리우스Tiberius가 두 번 째로 북방으로 파견된 서기 4년의 일로 보인다. 그는 병력과 함께 겨울을 리페Lippe 강 상류 즉, 알리소Aliso 부근에서 보내는 모험을 했다.

로마군은 마을과 시장을 세웠고 게르만족이 이 시장을 자주 드나들며 침입자들과 교역을 시작하면서 새로운 생활방식에 적응해 나갔던 것으로 보인다(카시우스Dio Cassius, 《로마사Romanika》, XLVI, 18장). 로마군은 곧 보헤미아에 있는 마로보두스Marobod/Marobodus의 마르코마니 왕국까지 정복할 준비에 착수했다. 이미 정복한 마인Main 지역 부족들이 로마군에게 전투기지를 제공했을 것이다. 그러나 같은 방식으로 정복했던 도나우 강 남쪽의 부족들이 이때 큰 반란을 일으키자 로마군은 마로보두스 정복계획을 중단하고 3년 동안이나 이 반란의 진압에 전 병력을 투입해야 했다. 이 기간 중 게르만 북부 지역에서는 완벽한 평화가 유지되었다.

그후 로마군이 바루수Varus 지휘하에 게르만 지역의 패권을 거의 장악해 가고 있을 때 이번에는 엘베 강과 라인 강 사이의 전 부족이 또 큰 반란을 일으켰다.

부 기附記

1. 사료史料의 기록들

우리는 게르만족의 성격이나 상황 또는 활동을 분명하고 믿을만하게 묘사할 수는 있지만 아주 초기의 개별적인 역사적 사건들은 사정이 다르다. 그 이유는 우리가 지닌 사료들의 성격 때문이다. 우리는 포괄적 내용의 많은 사료를 갖고 있지만 그 내용은 도깨비불같이 혼란스럽다. 골Gallien/Gaul 정복에 관한 시저의 기록도 로마인적인 편견에 깊이 젖어 있을 뿐 아니라 다른 사료들과도 충돌하므로 주의해서 다루어야 하지만 로마와 게르만족간 전투에 관한 사료들은 문제가 더 심각하다. 우리에게는 여러 사료가 있지만 이들은 모두 2차 내지 3차 아니면 심지어 4차 사료이다. 토이토부르크Teutoburg 숲 전투(역자 주: 서기 9년)의 주된 사료인 카시우스Dio Cassius의 기록은 사건 발생 이후 200년이 지난 후에야 작성된 것이고 게르마니쿠스Germanicus의 전투에 관한 타키투스Tacitus의 기록도 사건 이후 100년이 경과한 후 작성된 것이다. 그러나 이런 시간차 자체가 큰 문제가 되는 것은 아니다. 그들은 사건 당시에 작성된 좋은 기록들을 가지고 있었고 우리에게는 현장목격자로서 당시의 일을 잘 알고 있던 벨레이우스Velleius Paterculus의 기록도 있기 때문이다. 상황이 복잡해 진 것은 수사修辭에 몰입되어 있었던 그 시대 작가들의 문학정신 때문이다. 당시의 작가들은 사건을 사실 그대로 설명하려 하지 않았고 심지어는 자신들이 묘사한 사건들이 실제로 일어났을 것으로 독자들이 믿게 하려고도 하지 않았다. 그들은 문장을 멋지게 꾸며서 독자의 감성을 자극하는 데만 관심이 있었다. 아르미니우스Armin/Arminius와 게르마니쿠스 사이의 전투를 재현시켜 보려 했던 수많은 연구들이 있지만 이들 역시 사료들의 이러한 특수성을 자주 언급하면서도 그에 상응한 비판은 크게 부족했던 것으로 보인다.

이 사료들이 사용한 어떤 단어들은 그 단어들이 지니는 의미에서조차 객관적인 신뢰성이 없다. 따라서 그들의 설명으로부터 간접적으로 도출해 낼 수 있는 결론들은 더 신뢰성이 없다. 이 작가들에게는 자신들의 설명에 따라 창조되는 개념들을 객관적인 실제의 모습으로 보이게 하려는 의도가 없었기 때문이다. 이제 몇 가지 예를 가지고 이런 상황을 명백히 밝혀보기로 하자.

카시우스에 의하면 —타키투스Tacitus의 기록도 그의 설명을 뒷받침하고 있다— 바루스Varus는 행군 중 게르만족의 기습공격을 받았다고 했는데 플로루스Florus에 의하면 그는 숙영지에서 군사재판을 진행 중 기습공격을 받았다고 한다. 이렇게 두 기록의 차이가 너무 심해서 랑케Ranke는 이들이 별개의 사건일 수밖에 없다고 보았다. 그는 바루스Varus의 레기온legion이 폭풍우 속에 숲과 늪지를 행군하던 중에 패배했다는 카시우스의 유명한 기록은 어느 한 분견대의 사건임이 분명하고 바루스 자신은 플로루스의 말과 같이 숙영지에서 재판 진행 중 기습공격을 받은 것으로 본다. 그러나 몸센Mommsen은 이들을 두 사건으로 보는 것에 반대하면서

플로루스Florus의 설명은 바루스Varus가 안전불감증에 빠져 있다가 불운한 처지가 되었다는 말이 수사적修辭的으로 과장된 것으로 본다. 우리는 이런 몸센의 견해에 동의해야 할 뿐 아니라 타키투스의 기록을 포함해서 우리가 지닌 사료들의 내용 전체를 이와 동일한 잣대로 날카롭게 비판해야 한다.

플로루스는 "숙영지는 포위되었고 3개 레기온이 무너졌다castra rapiuntur, res legiones opprimuntur"고 했다. 우리가 이 문장의 문맥을 보고 게르만족이 먼저 숙영지를 점령한 다음에 레기온들을 공격했다고 보면 안 된다.

타키투스Tacitus의 《연대기年代記/Annals》, I, 61장은 게르마니쿠스Germanicus가 서기 15년 사망자 시신을 매장하려고 바루스의 전투장소까지 갔을 때 "숲이 우거진 산을 정찰도 하고 물에 잠긴 습지와 함정이 설치된 들판에 다리도 놓고 통로도 개척하려고ut occulta saltuum scrutaretur pontesque et aggeres umido paludum et fallacibus campis imponeret" 케시나Cäcina/Caecina를 먼저 보냈다고 했는데 흔히 이를 게르마니쿠스는 로마군이 당시까지 몰랐던 산과 숲과 습지의 통행이 어려운 지역을 행군했을 것으로 해석해 왔다. 그러나 게르마니쿠스는 로마군이 과거에 많이 다녀 본 길을 이용하는 것이 결코 불가능하지 않았다. 아마 로마군이 과거에 이용했던 길들이 있었을 것이다. 다만 로마군이 이 지역을 지배할 때 잘 닦아놓았던 길이라도 이 지역에서 철수한 6년 동안 자연히 망가졌을 것이고 게르만족이 고의로 파괴했을 수도 있다. 따라서 게르마니쿠스는 교량 등을 수리해야 했을 것이고 또 그 지역에는 게르만족이 살고 있으므로 도로와 그에 인접한 숲도 꼼꼼하게 수색해 보아야 했을 것이다. 타키투스의 설명에서는 이 이상 어떤 결론도 이끌어 낼 수 없다.

이어서 타키투스는 게르마니쿠스와 동행했던 병사들이 어떻게 사건의 경과를 인식하고 있었는지를 설명하면서 3개 레기온이 들어간 큰 숙영지를 먼저 말하고 벽도 무너지고 참호의 폭도 좁았지만 심한 피해를 입고 숫자가 줄어든 병력이 들어갈 수 있던 작은 숙영지를 나중 말했다. 이 기록 때문에 흔히 게르마니쿠스는 바루스와 같은 경로를 따라 행군했을 것으로 보아 왔다. 바루스도 큰 숙영지를 거쳐 작은 숙영지로 간 것으로 보기 때문이다. 그러나 여러 학자들이 이미 지적한 바과 같이 그는 바루스와는 반대방향에서 왔고 타키투스는 당시의 장면을 극적으로 묘사하기 위해 이를 과장한 것일 가능성이 매우 높다.

카시우스Dio Cassius의 《로마사Romanika》, XLVI, 18장에 의하면 게르만족은 바루스를 라인 강으로부터 베제르Weser 강으로 유인했다고 한다("그들은 그를 라인 강으로부터 베제르 강까지 케루스키족 영역 속으로 멀리 이끌고 왔다"*). 이 구절을 두고 흔히 게르만족의 음모는 오래전부터 준비된 것으로 게르만족 영토 깊숙한 곳에 숙영지를 구축하도록 바루스를 교활하게 설득했다는 의미로 해석해 왔다. 그러나 이 구절의 의미를 게르만족이 바루스를 교묘히 유인했다는 것은 과장된 표현에 불과하고 단지 바루스에게 안도감을 주고 있었을 뿐이라고 보아도 원문의 해석상 아무런 문제가 없다. 그가 게르만족을 믿지 않았었다면 어떻게 모든 보급품과 숙영지를 베제르 강까지 추진할 수 있었을까?

사료의 이런 개별적인 구절들은 전혀 실제 상황을 말해주지 못함에도 불구하고 이런 구절들까지 신뢰하는 것이 현재의 일반적인 경향이다. 특히 그의 권위를 우리가 부인할 수 없는 타키투스Tacitus 같은 역사가의 기록에 대해서는 더욱 그렇다. 하지만 비록 외견상 아무 의문이 없는 것 같은 그의 표현들까지 모두를 전적으로 불신하기로 우리가 단호히 결심하지 않는다면 그런 사료들의 내용에 대한 정확한 이해가 불가능하다.

우리가 그런 역사가들의 기록을 일일이 의심한다고 해서 그들을 폄하하는 것은 아니다. 그들에게 중요했던 것과 우리에게 중요한 것은 전혀 다르다는 것을 우리는 알아야 한다. 로마인 작가들이 원했던 것은 가장 인상적인 그림을 그리는 것이었다. 그들에게 개별적인 사실들은 중요하지 않았다. 그러나 우리들에게는 바로 그 개별적인 구체적 사실들이 극히 중요하다. 타키투스는 사건들의 논리적 관계들을 전혀 염두에 두지 않았지만 이를 새롭게 밝혀보려는 것이 우리들의 임무이다.

지금껏 여러 번 그랬던 것과 같이 이번에도 우리는 운 좋게도 가장 최근의 역사편찬 예를 통해 이런 원칙의 실제적 중요성을 스스로 분명히 알게 될 것이다. 유추類推가 바로 증거가 되는 것은 아니지만 증거의 척도는 된다. 검증작업이 매우 어려운 고대사古代史를 연구하는 사람이라도 주의만 한다면 자신의 판단에 이용되는 척도들이 동일하게 적용될 수 있는 보다 가까운 역사로부터 좋은 사례를 발견할 수 있게 될 것이다.

현대의 전투장면을 가장 거창하게 묘사한 역사기록은 트라이츠케Treitschke의 《독일사 *Deutsche Geschichte*》에 기록된 벨레-알리앙스La Belle-Alliance 전투(역자 주: 나폴레옹의 마지막 전투인 서기 1875년 워털루Waterloo 전투. 이 책 제Ⅳ편, 435쪽 이하 참고)에 관한 설명이다.

만약 다른 사료가 없었다면 그의 기록으로부터 이 전투의 객관적 맥락을 판단 하거나 재현하기가 거의 불가능했을 것이다. 그의 모든 관심은 인물들과 민족들 그리고 이 전투에서 싸운 전사戰士들의 성격을 최대한 강력한 인상을 남기도록 묘사함으로써 이 큰 사건에 대한 감동을 독자들에게 불러일으키는 데 있었다. 따라서 그는 개별적 행동들과 이들의 상호관계에는 큰 주의를 기울이지 않았다. 그는 심리적 효과에 치중하다 보니 사건의 모습을 설명할 때 결정적으로 중요한 요소인 시간의 선후관계까지도 무시했다.

그는 웰링톤Wellington의 방어진지를 "강력한*fest*" 진지라고 했는데 우리는 이런 말 을 기술적 의미로 이해하지 않도록 조심해야 한다. 이는 과장된 표현이다.

그는 또한 "낭떠러지 위에 울타리를 두른 샛길"이 방어진지 앞을 가로지르고 있었다고 했지만 이는 방어진지 앞의 극히 일부에 대한 설명에 불과하다. 또한 프로이센군이 4시 반에 공격을 시작하자 웰링톤은 예비대를 "마지막 한 사람까 지" 투입했다고 했지만 이는 전혀 틀린 말이다. 밤 8시까지도 그에게는 전투에 전혀 투입되지 않은 온전한 사단(카쎄Chassé 사단)과 일부만 투입된 또 다른 사단 (클린톤Clinton 사단)이 있었다. 그의 말은 진지방어를 위해 엄청난 노력이 있었다 는 것을 상황적 긴장감을 크게 조성하면서 상징적으로 표현한 말에 불과하며

"마지막 한 사람까지" 투입했다는 말도 "강력한" 진지라는 표현이나 앞을 가로지르는 "낭떠러지 위에 울타리를 두른 샛길"이라는 표현과 같이 과장된 말이다. 이런 말을 그대로 인정한다면 영국군이 나폴레옹의 노병친위대老兵親衛隊/alte Garde의 야간공격에 어떻게 버틸 수 있었는지 전혀 이해할 수 없게 된다.

또한 그는 프로이센이군 주력이 1시에 생 람베르St. Rambert 구릉에 있었을 것으로 보지만 이곳은 전투장소 한쪽에서 불과 0.75마일(5.6km) 떨어진 곳이다. 프로이센이군 주력이 1시에 이미 그곳에 있었다면 블뤼헤르Blücher가 그리도 늦게 전투에 참여했다는 것은 변명의 여지도 없고 이해될 수도 없는 일이다.

한편 트라이츠케Treitschke는 나폴레옹의 친위대가 영국군 전선戰線을 공격하다가 실패한 상황을 설명한 다음에 "블뤼헤르는 그 사이에 이미 나폴레옹군을 타격해서 궤멸시켰다"고 즉, 플랑세노아Plancenoit를 함락시켰다고 했다.

"블뤼헤르는 그 사이에 이미…"라는 말을 문언 그대로 해석하면 프랑세노아는 프랑스군과 영국군 사이의 전투가 끝나기 전에 이미 함락되었다고 해야 할 것이다. 그가 이렇게 말해야 했던 것은 또한 이에 앞서 프랑스군 친위대가 영국군 공격을 시작하기 전에 자이텐Zeiten이 지휘한 프로이센 대대들이 "프랑스 군 우익右翼을 맹렬하게 공격해서 대파했다는 유언비어가 프랑스 군 중심부에 퍼져 공황상태에 빠졌다"고 말했었기 때문이다.

만약 프랑세노아는 6시 30분쯤에 이미 프로이센군에게 함락된 반면 프랑스 친위대의 영국군 공격은 8시에 시작되었음을 입증할 다른 사료가 있다면 그의 말에 아무런 의심도 생기지 않을 것이다. 그러나 실제로는 프랑세노아가 프로이센군에게 먼저 함락되었다가 프랑스 근위대에 의해 탈환된 것이고 —트라이츠케는 이 중간 상황을 모두 누락시켰다— 프로이센군의 재탈환작전은 프랑스 근위대의 영국군 공격이 실패한 후에 시작된 것이다. 또 프랑세노아는 프랑스군 전선보다 아주 뒤에 있었는데 만약 트라이츠케의 말이 옳다면 영국군 공격에 실패한 프랑스 친위대가 어떻게 프로이센군에게 차단되어 포획되지 않고 도주할 수 있었는지 이해할 수 없게 된다.

이렇게 역사기록이 잘못된 것은 갑작스런 전운戰運의 변화를 최대한 극적으로 묘사함으로써 프로이센군의 역할을 강조하는 것이 트라이츠케의 주된 관심사였기 때문임이 분명하다. 그에게는 작전 전체의 진정한 전술적 상황은 그리 중요하지 않았으므로 그가 말한 상황들의 실제적인 선후관계를 도외시한 채 두 상황을 연결하는 표현으로 "블뤼헤르는 그 사이에 이미…"라는 말을 사용했던 것이다.

그러나 트라이츠케는 결코 부정확한 역사가가 아니다. 그는 모든 사료를 세밀하고 비판적으로 연구하면서 세부적인 사항에까지 매우 깊은 주의를 기울였다. 그러나 그는 전술적 사건들의 흐름에는 관심이 없었고 그런 요소들은 그의 관점에는 관련이 없었다. 바로 이 때문에 벨레-알리앙스 전투에 관한 그의 설명 중 앞서 예로 든 구절들은 우리들에게 큰 교훈이 된다. 게르만족과 로마군의 전쟁을 설명한 사료들은 모두가 사실문제의 정확성에 있어서도 트라이츠케의 기록을 따라가지 못하지만 그 수사적修辭的 맥락은 훨씬 더 강력하고 인상적이어서 "수사

修辭”라는 말을 “단어들의 음률적音律的 표현”이라는 보통의 의미로 이해하면 안될 정도다. 그들의 기록에는 그저 언어적 윤색潤色에 그친 수사修辭도 있지만 그들의 강력한 수사는 바람직한 것이 무엇인지 표현하기 위한 것으로서 그들의 강력한 내적 감정 즉, 애탄哀歎/pathos을 표현하려는 진정한 표현예술이었다.

그러나 역사기록이 다 그렇다는 것은 결코 아니며 모든 역사기록을 믿을 수 없다는 것도 결코 아니다. 헤로도투스Herodote/Herodotus, 크세노폰Xenophon, 폴리비우스Polyb/Polybius 그리고 시저의 기록도 나름대로 오류가 있지만 그들의 오류는 종류가 전혀 다르다. 그들의 오류는 트라이츠케Treitschke나 타키투스Tacitus의 기록과 달리 그들이 참고했던 원사료原史料로부터 시작된 오류이다. 벨레-알리앙스 전투에 관한 트라이츠케의 설명에서 발견되는 오류들을 그런 고대 작가들은 범하지 않았을 것이다. 트라이츠케의 오류는 본 연구와 같은 경우에 있어서는 근본적인 오류이다. 특징과 인상의 묘사에만 관심이 있던 트라이츠케나 그의 기록을 읽는 일반 독자에게는 그런 오류가 전혀 중요하지 않는 오류이다. 벨레-알리앙스 전투 당시의 상황이 잘 알려져 있기는 하지만 트라이츠케의 기록에 포함된 오류들로부터 충격을 받고 이들을 지적해 낸 사람은 필자가 처음일 것이다. 필자와 같은 지적을 한 사람이 과거에 없었던 것은 우리가 다행히도 그의 기록을 “사료史料”라기 보다는 문학작품으로 간주해 왔기 때문이다. 그의 기록과 마찬가지로 타키투스Tacitus의 기록 역시 특이한 가치를 지니고 있다. 우리가 그들의 기록에 등장한 모든 표현들을 의심하면서 그들의 기록에는 사건들 간의 연결고리와 중요한 상호관계가 완전히 도외시되었을 가능성이 있음을 입증한다고 해도 이로써 우리가 그들의 기록들이 지니고 있는 가치를 폄하하는 것이라고는 할 수 없다.

지금껏 학자들은 타키투스의 설명은 옳으며 사건의 모습을 신뢰성 있게 묘사한 것으로서 올바른 또는 정확한 해석 아니면 기껏해야 이곳저곳 보충하거나 수정하는 일만 남았다고 생각했었다. 그러나 필자로서는 타키투스의 수사적修辭的 묘사와 표현들로부터 실제 상황을 확인할 수 있다고 보는 것은 완전히 잘못된 생각이며 그의 기록은 벨레-알리앙스 전투에 관한 트라이츠케의 기록보다도 훨씬 더 큰 보충과 수정을 거친 이후라야 사건들의 진정한 인과관계를 보여줄 수 있다고 말하고 싶다.

2. 베제르WESER 강 하구河口의 로마군 초소

타키투스의 《연대기年代記/Annals》, I, 28장에서는 서기 14년에 로마 병사들이 큰 반란을 일으켰을 때 카우키Chauken/Chauci족 영역에 있는 베테란vexillari/veterans 요새에서도 반란이 일어났다고 했는데 이 요새는 드루수스Drusus가 베제르Weser 강 하구河口에 구축했던 보루가 분명하다. 플로루스Florus의 《리비우스의 로마사 요약본Epitome de T. Livio bellorum omnium annorum DCC libri duo》, IV, 12장을 보면 드루수스가 엘베Elbe 강과 베제르Weser 강에도 요새들을 구축했다는 말("그는 요새와 초소를 두었다praesidia atque custodias disposuit")이 있기 때문이다.

흔히 카우키Chauken/Chauci족은 베제르 강 양안兩岸을 포함해서 엠스Ems 강까지 차지했던 것으로 보지만 무크Much만은 엠스 강 하류를 암프시바르Ampsivarier/Ampsivarii족 영역으로 보며(《본래의 게르만 지역Deutsche Stammsitze》, 54쪽) 그 근거가 타당하다. 만약 무크의 말이 틀린 말이고 엠스 강 우안右岸부터는 카우키족의 영역이었다 해도 로마군의 보루들은 이곳이 아니라 베제르 강 하구에 있었음이 분명하다. 엠스 강 하구에도 보루가 있었을 것으로 추정할 수도 있겠지만 만약 그랬다면 그 위치는 강 좌안左岸이었을 것이고 따라서 카우키족 영역이 아니라 프리스Friesen/Friesians족 영역이었을 것이다. 엠스 강 하구에는 고정교량이 없었음이 분명하고 따라서 우안이 좌안보다 위험했을 것이므로 우안에 보루를 구축하면 아무 성과도 없이 늘 안전대책에만 고심해야 했을 것이다. "카우키족 영역"에서라면 베제르 강 하구에, 아마도 강 앞의 모래섬 위에 보루가 있어야 쓸모가 있었을 것이다. 이곳은 로마군이 베제르 강 일대에서 강력한 패권행사를 진정으로 원했다면 고정초소를 두지 않을 수 없었을 위치이다.

제 Ⅳ장
토이토부르크 숲 전투(역자 주: 서기 9년)

토이토부르크Teutoburg 숲 전투가 벌어졌던 장소의 비정比定 문제가 자주 제기되고 있기는 하지만 이는 병법사兵法史의 직접적인 관심사는 아니다. 본 연구의 초점은 이 전투가 있었던 위치의 지리문제가 아니라 로마군과 게르만족 간 전쟁의 전략상황들이 일반적으로 어떻게 전개된 것인지를 밝히는 데 있다. 그러나 이러한 전략상황들을 밝히는 작업은 이 전투가 벌어졌던 장소의 비정 문제에도 나침반 역할을 할 것이 분명하다.

먼저 바루스Varus의 여름 숙영지 위치부터 확인해 볼 필요가 있다.

앞서 우리는 로마군이 한편으로는 바다를 그리고 다른 한편으로는 리페Lippe 강 수로水路와 그 상류의 알리소Aliso 기지를 작전기지로 활용했었음을 알 수 있었다. 하지만 그들이 리페 강 수로를 따라 알리소에 도착하면 라인 강 유역과 베제르Weser 강 유역을 나누는 분수령인 오스닝Osning 산악지대를 지나야 했었다.

리페 지역에서 한 단계 더 진출하면 알리소와 직선거리로 50km 떨어진 베제르 지역인데 베제르 지역 어느 곳에 숙영지를 구축하면 알리소와 베제르 사이의 산악지대에는 기지를 세울 필요가 없었을 것이다. 베제르는 큰 강으로서 어느 곳에 숙영지를 구축해도 상류와 하류를 모두 통제할 수 있기 때문에 마초馬草와 땔감 그리고 로마에 굴복한 게르만족이 제공한 보급품(짐승 고기, 치즈, 우유, 물고기 등) 중 적어도 일부를 베제르 강 수로를 통해 쉽게 운송할 수 있었을 것이기 때문이다. 따라서 그들의 전진기지前進基地는 리페 강 상류의 파데보른Paderborn(알리소)과 최대한 가깝고 교통도 편리한 베제르 강변 어느 곳에 있었어야 한다.

베제르 강 중류中流는 둥그렇게 휘어서 베베룽겐Beverungen/Bevern과 레메Rheme 사이의 강변마을들은 모두가 리페 계곡에서 대략 등거리에 있으므로 리페 지역과 교통문제만 보면 그들은 베제르 강 어디에 주둔해도 좋았을 것이다. 그러나 베제르 지역 로마군에게는 북해北海와 교통문제가 리페 강 통로와 교통문제 못지않게 중요해서 베제르 강 하구河口의 카우키Chauken/Chauci족 영역에 요새를 갖고 있었는데 이 요새는 바루스Varus가 게르만족에게 패배한 후에도 서기 14년까지 그대로 남아 있었다. 그들은 이 요새를 통해서 북해와 통할 수 있었으므로 리페 강과 교통을 위해서는 알리소에서 등거리에 있는 지점들 중 최북단에 숙영지를 구축할 수밖에 없었을 것이고 따라서 이곳은 알리소와 최단거리에 위치해서 가장 적절한 교통선을 지니고 있고 또 베제르 강 하구와도 아주 가까운 지점이었을 것이다.

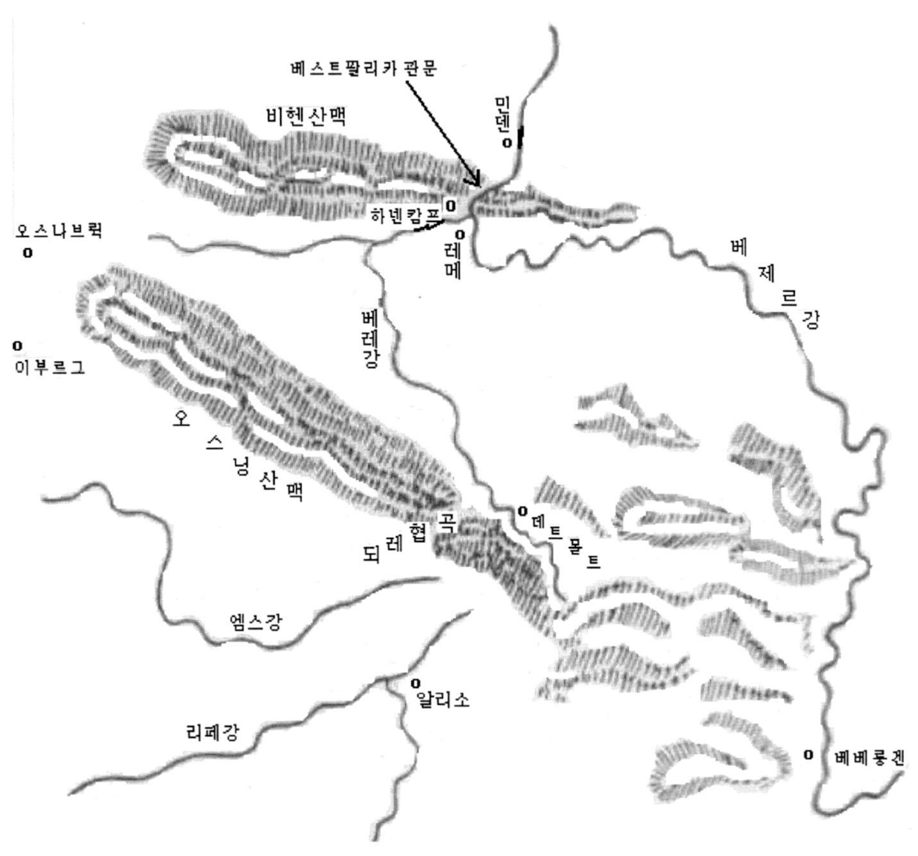

요도 2. 토이토부르크 숲 전투가 벌어진 지역

베스트팔리카 관문Porta Westphalica이 바로 그곳이며 그 남쪽 입구에는 레메Rheme 마을이 있고 북쪽 입구 가까운 곳에는 민덴Minden 시市가 있다.

알리소에서 레메까지는 직선거리로 7마일(53km)이며 그 도로가 멀리서도 보일 정도의 깊은 안부鞍部를 통해 오스닝Osning 산맥을 가로지르는데 이 안부를 "되레 Döre"(문門/Türe) 또는 "되레협곡Dörenschlucht"이라 부르며 기억할 수 없는 먼 옛날부터 이곳을 지나는 길이 있었다. 이 도로가 고대古代부터 있었던 흔적을 입증할 증거로 수많은 석총石塚들이 있는데 몇 세대 전에는 훨씬 더 많았을 이 석총들은 베레Werre 계곡부터 되레협곡을 거쳐 세네Senne 강으로 이어진 단애斷崖 지역을 휘돌며 산자락을 따라 알리소Aliso까지 산재散在해 있다. 초기시대에는 무덤지대를 군사도로를 따라 세우는 것이 관행이었다. 로마군이 리페Lippe 강에서 북부 게르만 평원지대로 가려면 이 길을 이용할 수밖에는 없었다.

베스트팔리카 관문은 게르만 지역 깊이 들어갈 수 있는 전략적 접근로 둘이 교차하는 곳이므로 로마군이 베제르 지역을 지배할 수 있는 자연적 기지基地숙영지였다. 이곳에서 그들은 고향과 통하는 안전한 교통선 둘을(역자 주: 수로 및 육로) 이용할 수 있었고 또한 그들이 꼭 장악해야 할 여러 부족들의 중앙에 위치할 수 있었다. 뿐만 아니라 이곳에서는 필요시 강을 따라 상류나 하류 어느 쪽으로도 작전을 펼 수 있었고 강을 통해 용이하게 보급품을 추진할 수 있었으며 고정된 교량을 설치하면 필요에 따라서 강의 좌안左岸이나 우안右岸으로 마음대로 옮길 수 있었다. 오래전부터 바루스Varus의 숙영지가 이곳에 있었을 것이라고 추정되어 왔고 실제로 그랬을 것이 분명하다. 그러나 수 없는 탐사에도 불구하고 정확한 지점이 아직은 발견되지 않았다. 그 숙영지는 베스트팔리카 관문 북쪽에 있었을 수도 있고 남쪽에 있었을 수도 있고 강 좌안에 있었을 수도 있고 우안에 있었을 수도 있다. 그러나 당시에는 강의 우안에는 강에 연한 도로가 없었다. 산악지대 절벽이 바로 강물과 접해 있었기 때문이다. 이 절벽이 홍수 때 충분히 무너져 내려 강가에 길이 생긴 것은 17세기나 18세기 이후의 일일 것이다. 그러나 강의 좌안에는 관문 남쪽의 레메Rheme와 가까운 곳에 로마군 숙영지가 있었을 것으로 보이는 지점이 한 곳 있다.

레메 마을 자체는 골짜기에 위치해 있어서 요새화된 진지로 이용될 수 없지만 그 반대편인 베레Werre 강 북안北岸에는 베제르Weser 강 가까이 하넨캄프Hahnenkamp라고 불리는 평평한 언덕이 하나 솟아있는데 이곳은 레기온legion 규모의 병력이 주둔할 만한 큰 숙영지가 될만한 조건들을 갖춘 지형이다. 그 남쪽과 동쪽은 베레 강과 베제르 강이 각각 보호해 주고 북쪽은 관문 방향으로 급경사를 이루고 있으며 서쪽만 안부鞍部를 이루면서 다른 지형과 연결되므로 서쪽만 적에게 노출될 수 있는 지형이다. 또 이 언덕은 베제르와 베레를 모두 통제할 수 있을 만큼 두 강 쪽으로 돌출되어 있으면서도 그 아래로는 선박이 접근해 정박할 만한 충분한 공간도 있다. 그러나 이 언덕을 발굴해 본 결과 지형이 당시와 크게 바뀐 것이 아닌 한 이곳에는 로마군 숙영지가 없었다는 결론을 내릴 수밖에 없었다. 병사들의 유물 같은 직접증거들도 발견되지 않았다. 다른 로마군 숙영지에서는 참호들이 서로 연결된 것일 수 있는 십자十字 참호들이 여러 곳에서 발견되지만 이곳에서는 지표면 밑에 참호를 팠던 흔적도 없었다. 그 대신 이곳에서 중요한 흔적이 발견되었는데 타키투스Tacitus의 기록대로 초기 게르만 족 마을 흔적인 소규모 주거용 땅구덩이들이 여기저기 있었으며 기둥이 박혀있던 바닥의 구멍에서는 탄화炭化된 모퉁이 들보의 잔해가 아직도 남아있었다.

바루스Varus의 숙영지가 이 하넨캄프Hahnenkamp 언덕에 없었다면 베스트팔리카 관문보다 하류 쪽 즉, 북쪽에서 다시 찾아볼 수밖에는 없다. 관문의 북쪽은 관문협곡을 뒤로 두고 있어서 분명히 덜 안전하지만 즉각적으로 공세를 취하기에는 더 적합하고 훌륭한 지역이다. 또한 지금 기념비가 서 있는 비테킨트Wittekind 산에 요새를 구축하면 관문협곡을 얼마든지 지킬 수 있었을 것이다. 그러나 이 지역에서도 지금껏 아무 흔적도 발견되지 않는데 아마도 현 파데보른Paderborn 시市가 알리소Aliso 요새 자리에 세워진 것처럼 현 민덴Minden 시市가 이 숙영지 자리에 세워졌기 때문에 흔적이 사라져버린 것일 가능성도 있다. 아마도 분명히 그랬을 것이다. 당시 로마군이 숙영지로 절절할 것으로 보았던 지점들을 후대사람들도 주거에 적합할 것으로 보고 그 자리에 마을이나 촌락을 세운다는 것은 아주 자연스러운 일이다. 실제로 그랬다면 우리는 옛 숙영지 흔적을 그곳에서 찾을 수 없을지도 모른다. 로마군은 게르만 지역에 최소한 50개의 요새와 숙영지를 구축했었지만 지금껏 발견된 것은 극소수에 불과하다.

로마군은 베스트팔리카 관문 부근의 베제르Weser 숙영지를 위해 2중의 유리한 교통선을 구축했지만 겨울에는 이 숙영지에서 지내려 하지 않고 라인 강 아니면 적어도 리페 강 중류 할테른Haltern으로 돌아갔다. 할테른에는 규모가 큰 숙영지의 흔적이 있다. 바루스의 베제르 숙영지는 여름숙영지였을 뿐이다. 로마군은 즉시 도로들을 개선했을 것으로 추정할 수 있지만 이 도로들은 계곡 속 울창한 숲을 지나는 도로였다. 그러나 끊임없는 보급지원이 필요한 대규모 병력은 겨울에는 절대적으로 안전한 기지基地와 교통을 확보해야만 한다.

바루스가 약간 멀리 있는 부족들이 반란을 일으켰다는 보고를 받은 것은 그가 베제르의 여름숙영지에 있을 때였다. 그는 전 병력을 데리고 반란을 진압하러 출발했고 부녀자, 어린이, 노예, 수레 및 보급품 운송용 짐승들의 긴 행렬이 이 행군대열을 뒤따랐다. 이 행군대열을 보면 우리는 로마군의 행군경로를 분명히 알 수가 있다. 바루스가 비록 그리 유능한 야전지휘관은 아니었다고 해도 이런 수송대열과함께 게르만 지역 숲 속 깊이 원거리를 이동하는 것은 절대로 있을 수 없는 일이다. 게르만 지역에서는 병력이동과 보급이 매우 어렵다. 만약 그런 행군이었다면 어떤 로마 장군이라도 극히 중요한 필수품만 휴대하고 행군에 나섰을 것이다. 그들이 짐 호송 때문에 행군이 느려졌다는 기록이 수사적 과장은 아닌지 의심해 볼 수도 있겠지만 사건의 전 과정을 보면 실제로 그랬음이 입증된다. 전투는 분명히 가을에 있었으므로 바루스가 겨울을 나기 위해 관문 근처 여름숙영지로 다시 돌아올 생각이 없었을 것이 분명하다. 그는 이 여름숙영지를 버렸기 때문에 수송대열을 이끌고 가야 했고 이로 인해 전투 자체가 큰 영향을 받았다는 기록이 결코 허구일 수 없다. 뿐만 아니라 바루스Varus가 리페Lippe 강의 알리소Aliso로 가는 주도로主道路 외에 다른 길을 택했을 가능성도 전혀 없다. 추측 건대 바루스가 진압하러 나갔던 부족들도 이 방향 즉, 알리소 남쪽이나 서쪽에 사는 부족들이었을 것이다. 혹시 그는 자신들이 우호적인 지역에 있는 것으로 믿고 일부 호송병력만으로 수송대열을 엄호해서 알리소로 보내고 자신은 즉시 레기온legion들을 이끌고 반란이 일어난 곳으로 가면서 단기원정에 필요한 보급품과 수송대열만 그를 따라갔을는지도 모른다. 그러나 이 원정의 상대가 브루크테리Bructerer/Bructeri족이건, 마르시Marser/Marci족이건, 카티Chatten/Chatti족이건 다른 어떤 부족이건 간에 그의 병력이 처음 수송대열과 함께 행군에 나섰던 경로는 분명하다. 지금껏 많은 학자들이 이 경로가 어떤 경로였는지 알지 못했던 것은 로마군이 도처에 협곡이 있고 지형도 평탄치 못한 산악지대의 숲 속을 행군해야만 했고 적의 공격을 받기 직전에도 통로개척과 나무 쓰러뜨리는 일과 교량건설에 매달려 있었다고 한 카시우스Dio Cassius의 기록 때문이다. 이런 기록 때문에 로마군의 경로가 완전한 원시림 지역을 지나고 있었다고 보는 것은 잘못이다. 새 통로를 만들어 가면서 행군하는 것은 불가능한 일이다. 큰 나무 하나를 쓰러뜨리거나 다리 하나를 세우는 일만 해도 여러 시간이 걸린다. 도로가 없는 원시림을 행군해 나가려면 주력은 숙영지에 남아 휴식을 취하게 하고 도로건설 병력을 먼저 내보내야 한다. 주력은 도로개설 진도에 따라 몇 km씩 단계적으로 이동할 수 있을 뿐이다. 카시우스의 기록은 크게 과장된 것이다. 학자들은 이 기록 때문에 로마군이 도로도 없는 지형을 행군했다고 보았지만 그들과 함께 이동했던 거대한 수송대열을 한 번만 생각해 보았다면 그런 생각을 할 수 없었을 것이다.

카시우스의 기록을 확대해석 할 것이 아니라 오히려 그의 기록에서 수사적인 과장들을 제거해서 축소해석 한다면 우리는 그가 묘사한 경로가 알리소로 가는 경로였음을 바로 알 수 있다. 레메Rehme 남쪽의 리페Lippe 지역 즉, "렘가우Lehmgau"(렘고Lemgo)는 질퍽한 점토Lehmboden(진흙) 지역으로서 그 당시에는 원시림 지역이었음이 분명하며 지금도 일부 숲으로 뒤덮여 있다. 알리소로 가는 경로는 심한 늪지대인 베레Werre 계곡을 지나는 길이 아니라 협곡들 사이에 있는 언덕지대에서 직접 서남쪽으로 나가는 길이었다. 그러나 거센 폭풍우가 행군대열을 덮치면서 땅바닥을 미끄럽게 만들었다. 우리는 이 길을 잘 다듬어 놓은 로마 군사도로로 보면 안 되고 다리도 놓고 물구덩이도 메우고 둑을 깎아내는 등 이곳저곳 개선해놓은 평범한 숲 속 오솔길로 보아야 한다. 로마군은 이 지역을 장악했던 짧은 기간 중 아직 리페Lippe 지역에도 제대로 된 견고한 도로들을 지니고 있지 못했고 이 지역에서는 더 그러했다.1) 악천후 때는 곳곳이 막혔기 때문에 여기저기에 우회도로들을 만들어야 했는데 아마 이때마다 적어도 몇 그루의 나무들을 쓰러뜨려야만 했을 것이다. 큰비가 내리면 다리는 쓸려 내려가고 나무도 쓰러져서 행군을 중단시켰을 것이다. 게르만 부족들도 그들 나름대로 다리들을 파괴해서 로마군의 행군을 지연시켰을 것이다.

세게스트Segest/Segestes(역자 주: 로마군 쪽에 붙은 게르만족 대공大公)의 경고가 있었음에도 불구하고 바루스Varus는 별도의 안전대책을 강구하지 않았다. 병사들은 전투준비를 갖추지 못했고 수송대열은 행군대열 중간에 무질서하게 위치해 있었다. 이럴 때 돌연 게르만족이 숲 속에서 뛰쳐나와서 긴 행군대열을 덮쳤을 것이다.

카시우스Dio Cassius의 기록에 의하면 바루스가 진압에 나섰던 게르만족의 봉기는 주동자들이 의도적으로 일으킨 봉기였다고 한다. 이 말은 그 주동자들이 바루스를 견고한 도로로부터 기습공격을 가하기에 유리한 지역으로 꾀어내려고 봉기를 일으킨 것이라는 의미로 해석되어 왔다.

그러나 이는 허구적 해석이다. 게르만 지역에는 기습공격을 가하기에 적합한 곳이 어느 곳에나 있다. 적을 멀리 있는 특정지역으로 유인해서 적이 이 지역을 통과하는 바로 그날 자신의 병력을 눈에 뜨이지 않게 그곳에 몰래 배치해 놓는다는 것은 있을 수 없는 계략이다. 뿐만 아니라 게르만족의 지도자였던 아르미니우스Armin/Arminius의 계획을 위해서는 베스트팔리카 관문에서 알리소Aliso에 이르는 정규도로보다 더 적절한 곳은 없었을 것이다.

게르만족의 봉기 당시 진정으로 주동자들의 음모가 있었다면 이는 로마군을 특정지역으로 유인하려는 것이 아니라 바루스를 지원하러 가는 것처럼 위장해서 게르만 부족들을 집결시킨 다음 이동시키려는 것이었을 가능성이 있다.

이때 로마군 측 병력은 3개 레기온legion과 6개 동맹군 코호르트Kohort/cohort(역자 주: 현대의 대대급 부대) 및 3개 기병단騎兵團/ala으로 구성되어 있었다. 사료에는 개별 요새들의 점령, 수송대열 호송 및 약탈자 추격 등에 파견대를 보내 병력이 상당히 감소되어 있었다고 분명히 기록되어 있다. 다만 이 병력감소가 레기온 병력의 감소를 말한 것인지 소규모 보조병력의 감소였는지 분명치 않다. 결국 우리는 전투현장의 로마군 측 전투원은 12,000~18,000명 정도였고 바루스Varus는 임박한 전투에 대비하려고 현지 게르만족 중에 추가적으로 보조병력을 징집해서 병력을

---

1) 도로가 계곡을 따라서 있지 않고 언덕 위로 있었다는 사실은 오늘날 우리들의 눈에는 이상한 일로 보이지만 고대의 도로들은 거의 모두 그랬었다. 현재까지 남아있는 라인 강 지역의 이정표들은 트라야누스Trajan/Trajanus 황제(재위: 서기 98년-117년)이후의 것일 뿐이다.

보강할 계획이었다는 말밖에는 할 수 없다. 그러나 지배자들을 향해 돌연 칼날을 돌려 무질서한 행군대열을 덮쳤던 것은 바로 이 예상 동맹군들이었다.

수송대열 전체를 이끌고 가느라고 행군군기가 문란했을 총 18,000~30,000명의 인원이 2마일(15km)쯤 늘어져 있었을 것으로 우리가 추정할 수 있는 로마군의 행군대열은 적의 공격을 받았을 당시 헤르포르트Herfort 또는 잘주펠른-쉐트마르Salzufeln-Schöttmar 부근의 "검은 모르schwarzen Moor"까지 나가 있던 첨병尖兵들까지 포함하면 행군장경이 총 2~2.5마일(15~19km)에 달했을 것이다.

게르만족이 기습적으로 공격해 왔다는 고함소리가 선두에서 울리자 첨병들은 당연히 제자리에 멈추었다. 본대는 조금 넓은 지점을 골라서 숙영지를 세운 후 울타리를 치고 참호를 판 다음에 이 숙영지로 병력을 들여보냈다. 바루스Varus는 방어에 유리할 것이 당연한 방금 떠난 여름숙영지로 다시 돌아갈 것인지 잠시 생각해 보았을 것이다. 아마도 여름숙영지에는 겨울용으로 강화된 요새 하나에 약간의 수비병력을 남겨두었을 것이다. 그러나 게르만족이 이미 이 수비병력을 제압하고 여름숙영지를 점령했을지도 모르는 일이고 그렇지 않더라도 그곳에서 장기간 포위를 버티기에 충분한 보급품이 있었을 가능성은 없다. 더욱이 그들이 지나온 길보다 앞으로 나갈 길이 그래도 덜 위험한 길이었다. 따라서 바루스는 꼭 필요한 것이 아닌 보급품과 수레들을 태워버리게 한 다음 이튿날 처음보다 행군질서를 지키면서 목적지인 알리소Aliso 방향으로 계속 나갔다. 그러나 대열 재정비와 불필요한 보급품 소각 등으로 상당히 지체되어서 이튿날 아주 늦게나 출발했을 것이다. 선두는 넓은 곳을 지나고 있었지만 그렇다고 아무런 피해가 없었을 수는 없다. 여하간 계속 행군할 수 있었다는 것은 적의 공격이 그렇게 거세지 못했었고 적에게 기병騎兵이 거의 없었다는 말이 된다. 사료에는 기병에 관한 말이 없지만 전투현장에 기병도 있었음이 분명하다. 게르만족은 원래 기병이 강했고 로마군에도 3개 기병단騎兵團이 있었기 때문이다. 만약 게르만족에게 기병이 전혀 없었다면 개활지에서 로마군 기병이 그들을 몰아냈을 것이므로 그들은 행군대열에 접근할 수 없었을 것이다. 이와 반대로 게르만족에게도 강한 기병이 있었다면 로마군이 전혀 앞으로 전진할 수 없었을 것이다. 어떤 부대도 전투와 행군을 동시에 진행할 수는 없다. 우리는 이런 점을 카르헤Carrhä 전투(이 책 제I편, 제VI권, 제V장 참고)와 루스피나Ruspina 전투(이 책 제I편, 제VII권, 제X장, 부기 1 참고)를 통해 알 수 있었다. 여하간 첫날의 공격이 그리 거세지 못했음은 틀림없다. 말하자면 탐색전 정도였을 것이다. 만약 그렇지 않았다면 그리도 무질서하고 길었던 로마군 행군대열은 숲에서 빠져 나오지 못했을 것이다.

둘째 날의 행군대열은 밀집되고 긴장된 상태였기에 전진속도가 전날보다 느릴 수밖에 없었다. 그들은 드디어 다시 숲 속으로 들어가야만 했는데 이때부터는 행동의 자유가 극도로 제한되었다.

오늘날에도 그곳 지형을 보면 숲과 개활지가 번갈아 나타난다. 잘주펠른Salzufeln 부근부터는 점토질 흙이 끝나고 늪지가 많은 모래땅이 시작되며 어디에나 흔한 너도밤나무 숲도 끝나고 참나무나 이곳저곳에 자라고 있었을 뿐이다. 현재 이 모래땅에 널리 퍼진 소나무 숲은 후일 생긴 것이다. 따라서 잘주펠른 부근에서부터 다시 개활지를 행군하게 된다. 그러나 오스닝Osning 산맥 직전부터는 산과 평행으로 뻗은 굴껍질 같은 토질의 구릉들이 모래땅 위로 솟아올라 있고 이 구릉들은 그 당시에도 산의 구릉들과 마찬가지로 숲으로 덮여 있었음이 분명하다. 로마군이 2마일(15km) 이상 행군해서 숲 사이의 되레협곡Dörenschlucht에 접근하면서 통로가 게르만족에 의해 이미 차단하고 있음을 발견했을 때는 벌써 오후 늦은 시간이었을 것이다. 게르만족은 병력수가 계속 증가하고 있었고 밤이 되면 장애물들이 더 보강될 수도 있으므로 이럴 때 로마군으로서는 전 병력이 총공세를 취해서 통로를 휩쓸며 인공장애물을 제거하는 것이 최선의 방책이었을 것이다. 그러나 그러려면 측면기동을 통한 우회공격도 필요했을 것이고 따라서 시간이 걸렸을 것이다. 뿐만 아니라 요새화된 진지 같은 것을 구축해서 비무장 호송대열을 보호해 놓지 않고는 전투에 돌입할 수 없었을 것이다.

로마군으로서는 게르만족의 반격을 밀집대형으로 받아치며 통로 속으로 밀고 들어갈 수는 없었을 것이다. 또한 그날 낮에 개활지를 행군하며 이미 큰 피해를 입었으므로 양쪽 언덕 위를 게르만 병력이 지키고 있는 이 통로로 계속 진군할 수도 없었을 것이다. 이 통로를 돌파하려면 적이 후방으로부터 증원을 받기 전에 돌파해야 했고 그러려면 호송대열을 비무장 상태로 방치하고 바로 치열한 전투를 벌여 통로에서 적을 몰아내야 했다. 결국 바루스Varus는 다음 날 통로를 돌파할 계획으로 다시 한번 숙영지를 구축하기로 결정했다.

제3일차 전투에 관한 기록은 매우 허술하지만 앞서 마라톤Marathon 전투(역자 주: 이 책 제I편, 제I권, 제V장 참고)를 연구하며 알 수 있었듯이 쌍방의 무장과 전투방법만 알면 현지 지형은 지금 우리가 그 경과를 대략이라도 재현해 보려는 이 전투의 성격을 알 수 있는 중요한 증거가 된다. 전투의 결말이 분명하기 때문이다.

오스닝Osning 산맥의 깊은 안부鞍部인 되레협곡Dörenschlucht은 좁은 부분도 그 폭이 약 300보步는 된다. 이 산맥의 지면은 석회암 지질이고 양 측면과 접근로는 모래 언덕이다. 되레협곡 자체는 깊은 모래땅으로 채워져 있고 나무는 없었다. 그러나 도로는 골짜기 중간의 모래땅이 아니라 솟아오르는 양 측면을 따라 나있었다. 모래언덕으로 된 양 측면과 접근로의 일부에는 웃자란 히드Heidekraut/Heather 관목이 자라고 있었고 여기저기 점토질 흙도 있었다. 골짜기 중앙에는 작은 시냇물이 북쪽을 향해 흐르고 있었고 늪지나 물구덩이도 일부 있었다.

지형이 이렇게 생긴 넓은 골짜기를 통과하는 일은 매우 어려운 일로서 가운데의 깊은 모래땅으로 통과하던지 양쪽 약간 솟아오른 곳 위로 통과하던지 둘 중의 하나를 선택해야 한다. 게르만족 지도자 아르미니우스Armin/Arminius는 첫날부터 병사들에게 나무를 쓰러뜨려 통로를 차단하게 했을 것이다.

우리는 이때 로마군이 통로를 정면공격하지 않은 것을 높이 평가해야 한다. 그들은 산 위로 우회하려고 했을 것으로 보아야 한다. 산 위에는 통행이 불가한 곳은 없었다. 사료에 의하면 그들은 계곡입구 첫 번째 모래언덕을 맹렬히 공격해서 언덕 위의 게르만 병력을 밀어냈지만 이 첫 언덕 뒤에 점점 더 많은 언덕들이 있었다. 이런 언덕 지형의 끝에서부터 좁은 통로까지의 거리는 약 1.5km 정도로 앞으로 나갈수록 로마군은 산 구릉으로부터 게르만족의 측면공격을 받게 되었다. 게르만족 전사들은 보호장비는 허술했지만 로마군의 호프라이트Hoplit/hoplite 밀집대형과 맞섰던 것을 보면 병력수는 매우 많았음을 알 수 있다. 그들은 뒤로 밀리면서 대형이 흩어졌지만 공황상태에 빠지지는 않았다. 그들은 처음에 있던 유리한 지점에서 얼마 떨어지지 않은 또 다른 좋은 지점을 점령하려고 가벼운 무장의 장점을 이용해서 재빨리 철수했을 뿐이다. 로마군은 다시 밀고 나갔지만 질퍽한 숲 바닥을 지나 무른 토질의 언덕 위를 공격하려면 매우 힘이 들었다. 기병은 이 통로에서는 무용지물이었기 때문에 아마도 아르미니우스는 처음부터 그들의 기병을 통로 밖에 위치시켜 놓고 적의 대형 형성을 지연시키거나 후미를 공격하는데 썼을 것이다. 로마군은 앞으로 나갈수록 차단된 통로를 뚫고 나가고 있다기보다는 점점 통로 속에 갇혀버리게 되는 느낌이 들었을 것이다.

그러다가 로마군의 공격은 결국 끝이 났다. 퍼붓는 비는 그들의 전진을 방해하는데 그치지 않고 그들의 의지와 사기를 꺾어버렸다. 코호르트Kohort/cohort들이 처음 한발을 물러서자마자 게르만족 백호百戶/Hundertschaft들이 주변의 모든 언덕에서 밀고 내려와서 로마군은 다시 숙영지로 들어가게 되었다. 그들이 구조될 가능성은 사라졌다. 로마군의 기병은 산을 넘을 수 있는 곳을 찾아서 달아났다. 바루스Varus를 비롯해서 상당수 고위 장교들은 자살을 택했다. 군기軍旗를 보존할 수 없게 된 기수旗手들은 군기를 적에게 빼앗겨서 레기온legion의 명예가 실추되는 일이라도 막아보려고 군기와 독수리 상像을 들고 늪지로 뛰어들었다.

숙영사령宿營司令/Lagerpräsekt(역자 주: 뒤의 제VIII장 참고) 케이오니우스Ceionius의 지휘 하에 있던 나머지 인원은 결국 무조건 항복을 했다. 항복조건을 협상 중에 바루스의 충성스런 하인들은 주인의 시신이 모욕당하는 것을 막아보려고 시신을 불태우려 했지만 결국 다 태우지도 못하고 매장할 수밖에 없었다. 아르미니우스Armin/Arminius는 이를 다시 파낸 후 머리를 잘라서 마르코마니Markomannen/Marcomanni 지역의 왕이 된 마로보두스Marobod/ Marobodus에게 보냈다.

후대 작가의 기록에 의하면2) 아르미니우스는 로마군 요새에 공포심을 불러일으키려고 포획한 적의 머리를 잘라 창끝에 꽂아서 담장 위로 올려놓게 한 적도 있다고 하지만 되레협곡Dörenschlucht 부근의 로마군 마지막 숙영지에서는 그런 일이 없었을 것이다. 그곳에서 포위되어 있던 로마 병사들은 무슨 일이 있었는지를 이미 잘 알고 있었을 것이기 때문이다. 그러나 이 전투와 관문 부근 숙영지에 남겨놓았던 요새에서는 그런 일이 있었을 것이다.

되레협곡을 통해 또는 산 위로 게르만족의 포위망을 뚫고 도주에 성공한 로마 병사들은 알리소로 도주해서 그곳에서 오랫동안 포위되어 있다가 식량이 떨어져 가자 게르만족의 경계의 허점을 찔러보려고 했다. 폭풍우가 부는 어느 어두운 밤에 프리무스 필루스primus pilus/Primipilars(역자 주: 이 책 제I편, 제VI권, 제II장, 부기 2 참고)로서 숙영사령이었던 결단력 있는 노병 캐디시우스L. Caedicius의 지휘 아래 포위병력을 돌파한 다음 계략을 써서 추격군을 따돌리는데 성공했다. 그들은 나팔병에게 나팔을 불게 해서 게르만 병사들이 마치 구원병력이 접근하고 있는 것으로 오인해서 겁을 먹게 만들었다.3) 1천 년 이상의 세월이 흐른 다음에도 프로이센군에 포위되어 있던 기사騎士들은 이와 완전히 같은 방식으로 요새에서 탈출한 적도 있다. 바르텐슈타인Bartenstein 요새에 포위되어 있던 기사들이 이런 식으로 적진을 뚫고 15마일(112km) 떨어진 쾌니히스베르그Königsberg에 무사히 도착했었다(이 책 제III편, 제III권, VII장 참고). 그러나 아직 게르만 지역 내에 흩어져 있던 여타 로마군 요새들과 분견대들은 모두 반란군 수중에 넘어갔고 이로써 바루스Varus의 3개 레기온legion은 사실상 완전히 붕괴되었다.

토이토부르크Teutoburg 숲 전투에 관해 우리에게 전해진 기록은 패배자 측 기록뿐이다. 전투지역 이름조차 이곳이 게르만 지역 한가운데임에도 게르만족 고유의 이름이 아니라 로마인이 쓰던 이름일 가능성이 있다. 토이토부르크란 이름은 다른 역사기록에는 없고 타키투스Tacitus의 기록 중 단 한 구절에만 등장하는데(원

---

2) 프론티누스Frontin/Frontinus의 《전략론戰略論/Strategemetos》, II, 9. 4절.
3) 위의 책, III, 15. 4절 및 IV, 7. 8절의 인용구들과 단 1개의 로마군 요새만 계속 지탱했었다는 취지의 카시우스Dio Cassius의 기록을 함께 보는 것이 적절하다. 이 문제와 관련해서 다음 제VI장 다음에 있는 「알리소Aliso의 위치에 관한 특별 연구」를 볼 것.

문은 "*saltus Teutoburgiensis*", 《연대기年代記/*Annals*》, I, 60장) 이 기록을 근거로 이 지명을 다시 사용하기 시작한 것은 17세기 학자들이다. 그러나 이제 우리는 이 지명을 이해할 수 있고 이 지명의 유래를 밝힐 수 있게 되었다.

되레협곡Dörenschlucht 동남쪽으로 약 1마일(7.5km) 떨어진 곳에는 둥그런 성벽이 둘이 있다. 하나는 매우 큰 성벽으로 산을 가로막고 있고 그보다 수백 보 아래의 작은 성벽은 초기 게르만 시대의 시설물이라는 인상을 주고 있다.4) 작은 것은 대공大公/*princip*이 살았던 곳이고 큰 것은 백성들 피난장소였을 수 있다. 평시에는 사람이 거주하지 않지만 비상시에는 전 지역 주민들을 보호해 줄 수 있는 그런 피난처가 독일 여러 곳에 보존되어 있다. 그중에 가장 큰 것은 보스게스Vogesen/Vosges 지방의 오딜리엔베르그Odilienberg/Saint Odile 산에 있다.

"토이토부르크Teutoburg"는 십중팔구 "백성들의 성城 Volksburg"을 의미하는 말로서 첫 음절이 인접도시 이름인 데트몰트Detmold(티에트말루스*Tietmallus*)와 같은 계통이다. 그런 계통의 속명屬名에서 점진적으로 발전된 지명地名들은 매우 흔하다. "토이토부르크"란 이름은 아마도 게르만족이 사용하던 이름이 아니라 로마인들이 사용한 이름으로 현지주민에게 산 위에 작은 대공大公의 성보다 높은 곳에 있는 큰 성이 무엇이냐고 물어본 로마인들이 "토이토부르크"라는 대답을 듣자 그들의 군사도로가 중간을 지나는 숲으로 덮인 언덕들을 같은 이름으로 불렀을 가능성이 있다.

오늘날은 이 토이토부르크를 그로텐부르그Grotenburg라고 부르며 둥그런 큰 성벽의 중앙에 헤르만Hermann 기념비(역자 주: 아르미니우스Armin/Arminius 기념비)가 서 있다.

이 기념비는 제 위치에 서 있다. 이곳을 세게스트Segest/Segestes의 거점으로 볼 수 있기 때문이다. 그는 투스넬다Thusnelda를 데리고 이곳에서 로마군에게 도주했다.

이 전투의 흔적들이 보존되어 있다. 바루스Varus의 테이블 위에 있다 케루스키Cherusk/Cherusci족 대공大公의 노획물이 되었을 아름다운 은제銀製 그릇 하나가 서기 1868년에 힐데스하임Hildesheim 부근 지하 9피트에서 발견되었다. 본Bonn 박물관에는 바루스의 전쟁에서 살해된 제18레기온 소속 센튜리온centurion인 캘리우스M. Caelius를 위해 세운 묘지석이 보관되어 있다. 이 묘지석에는 켈리우스와 그의 충성스런 하인 2명의 초상과 더불어 캘리우스의 시신을 매장할 수 없었다는 글이 새겨져 있다.

---

4) 슈크하르트Schchhardt, "독일 동북지역에 대한 로마인과 게르만인의 조사Römisch-Germanische Forschung in Nordwestdeutschland," 《고대고전古代古典 신연보新年報/*Neue Jahrbücher für das Klassissche Altertum*》, 29쪽에서 인용.

부 기附記

1. 바루스의 여름 숙영지 위치

앞서 우리는 순수한 객관적 분석을 통해 바루스Varus의 여름숙영지는 베제르Weser 강 지역에 있었을 것으로 보았고 사료에도 이를 입증할 구절이 두 곳이 있지만 이와 다른 해석도 가능하다. 카시우스Dio Cassius는 "게르만족은 바루스를 라인강으로부터 케루스키족의 영역까지 베제르 강으로 멀리 이끌고 왔다"*고 했는데 이 구절 중 "베제르 강으로καί πρός τόν Οὐίσουργον(kai pros ton Quisourgon)"라는 말이 "베제르 강까지"라기보다는 "베제르 강 방향으로"라는 의미일 수 있기 때문이다. 또한 벨레이우스Velleius Paterculus의 《로마사 대계大系》, II, 105장에는 "게르만 지역에 들어간 직후 카니니파트족, 아투아리족 및 브루크테리족을 굴복시켰고 케루스키족도 정복했다. 그리고 우리의 패배로 유명한 베제르 강을 건넜다Intrata protinus Germania, subacti Caninifati, Attuari, Bructeri, recepti Cherusci gentes et amnis mox nostra clade nobilis transitus Visurgis"는 말도 있지만 이는 추측에 불과하다. 원문의 끝에서 일곱 번째 단어 "amnis"가 초판初版과 아메르바흐Amerbach 판에서는 "inamninus"로 되어 있고 부러Burer 문고판文庫版에서는 "inamminus"로 되어 있어서 최근 학자들은 원문 중의 "gentes et amnis" 부분을 "gentis ejus Arminius(이 부족의 아르미니우스)"로 고쳐 읽는 경향이 있다(역자 주: 이렇게 고쳐 읽으면 원문의 마지막 문장은 "우리를 패배시킨 것으로 유명한 이 케루스키족의 아르미니우스가 베제르 강을 건너 왔다"는 의미가 될 것으로 보인다).

지금껏 데트몰트Detmold/Tietmallus가 바루스의 여름숙영지 위치일 것으로 추정되어 왔는데 이는 지명地名을 보면 이곳에 게르만족 법정法廷이 있었을 것이라는 객관적 이유 때문이다("티에트말루스Tietmallus"는 장소를 말하는 "티에트Tiet"와 재판裁判을 말하는 "말루스mallus"의 합성어이다). 그러나 필자는 로마군이 이곳에 숙영지를 구축할 이유가 전혀 없었다고 본다. 당시 로마군은 게르만족 대규모 무장집단의 집결을 통제할 수 있을 정도로 이 지역을 장악하지는 못했을 것이다. 로마군은 게르만족이 대규모 무장집단으로 집결하는 것을 막아야 했겠지만 만약 그럴 수 없었다면 그들과 일정한 정치적 관계는 유지하면서 그들의 집결을 허용할 수밖에 없었을 것이고 그렇다면 로마군은 쉽게 흥분하는 이 집단의 지역에서 멀리 떨어져 있어야 했을 것이다. 게르만족이 성역聖域으로 여겼을 법정 같은 성스러운 장소 부근에 로마군이 숙영지를 구축하고 게르만족이 조상들이 했던 방식대로 이곳에서 집결하는 것을 방해했었다면 이는 그들에 대한 불필요한 도발행위가 되었을 것이다. 역으로 로마군이 자신의 숙영지 부근에서 게르만족이 집결하는 것을 허용했었다면 이보다 더 비논리적이고 위험한 일을 없었을 것이다.

그러나 이런 요소는 어떤 것도 핵심요소는 아니다. 숙영지 위치의 결정에는 전략적 이유만 필요하다. 전략적 관점에서는 반드시 강이 필요했을 것이다.

서기 1901년 봄 필자는 박물관장 슈크하르트Schchhart와 함께 레메Rheme 지역을 둘러보고 하넨캄프Hahnenkamp를 로마군 숙영지에 적절한 장소로 보았다. 오인하우젠

Oeynhausen 의료원장인 후크제르마이어Huchzermeier 박사는 15년 전쯤 어떤 사람이 이곳에서 로마황제의 초상이 새겨진 금화金貨를 발견해서 고전古錢 연구가에게 팔았다 한다. 불행히도 그가 기억하고 있는 것은 그것이 모두였지만 그는 더 알아보겠노라고 약속했다. 이 지역에서 다른 것이 발견되었다는 말은 없다.

언덕 위의 깊지 않은 우물들에는 모두 물이 있었다.

슈크하르트Schchhart는 이곳에 있던 숙영지는 규모뿐 아니라 남향 언덕 경사면에 위치한 점 등 로마군의 숙영지 관행에 부합된다는 점을 특히 강조했다.

그의 또 다른 지적과 같이 베제르Weser 강은 레메Rheme에서 조금만 더 상류로 올라가면 급류急流로 변해서 북해와 통항에 방해가 되었을 것이라는 점은 로마군 숙영지가 레메보다 상류 쪽에 있었을 수 없었던 매우 중요한 이유이다.

그러나 그해 가을 필자가 슈크하르트 씨와 함께 발굴해 본 결과 바루스Varus의 숙영지가 하넨캄프에 있었을 것이라는 증거를 찾을 수 없었다. 평평한 언덕 위에서 옛날 참호 흔적이 전혀 확인되지 않을 뿐 아니라 오히려 이곳은 로마군 숙영지 자리가 분명히 아니었다고 말할 수 있었다. 어느 지역에서 지형을 보면 로마군 참호의 구체적 위치를 정확히 알 수 있다. 그러나 우리가 그렇게 보이는 곳을 파 본 결과 어느 정도 깊게 흙을 파냈던 흔적이 전혀 보이지 않았다. 이는 숙영지가 이곳에 있었을 가능성이 전혀 없다는 증거이다.[5]

우리는 기대했던 것은 발견하지 못했지만 더 중요한 것을 발견했다. 그곳의 평평한 언덕 위에는 게르만족 주거용 구덩이들이 전체에 걸쳐 흩어져 있었다. 이곳은 최초로 발견된 게르만족 마을로서 “그들은 흩어져서 따로 살았고 우물과 마당과 과수원이 하나씩 있는 곳을 집터로 선호했다. 그들은 우리들 같이 건물들이 서로 연결되고 결합된 구조의 마을을 만들지 않았다. 각 가옥이 넓은 마당으로 둘러싸여 있었는데 이는 화재사고에 대비한 것 아니면 건축방법을 몰랐기 때문이다*colunt discreti ac diverci ut fons, ut campus, ut nemus placuit, vicos locant non in nostrum morem conexis et cohaerentibus aedificiis: suam quisque donum spatio circumdat, sive adversus casus ignis remedium, sive inscitia aedificandi*”는 타키투스Tacitus의 묘사와 일치했다. 이로써 우리는 타키투스의 묘사가 현재 베스트팔렌Westfalens/Westphalia 지역에 흩어져 있는 독립농장 같은 것이 아니라 가옥들이 느슨히 흩어진 마을을 말한 것이라는 이론을 입증할 수 있었다.

이 같은 형태의 주거흔적은 베제르 강 약간 상류의 바벤하우젠Babenhausen 부근에 있는 모스캄프Mooskamp라는 다른 평평한 언덕 위에서도 발견되었다.

베스트팔리카 관문 바로 앞에 있고 숙영지로 적합한 이 두 곳에 게르만 마을이 있었다면 로마군은 이곳에는 숙영지를 구축하지 않았을 것이다.

필자는 이어서 베제르 강 바로 건너편 우안右岸 지역도 답사해 보았지만 그곳에서도 역시 아직 아무런 숙영지 흔적이 발견되지 않았다.

---

5) 그러나 담Dahm 소령少領은 이곳에 바루스의 여름숙영지가 있었을 수 있다고 주장한다(《라벤스베르거 신보新報 *Ravensberger Blätter*》, 제4권, 서기 1904년, 제6호). 반대 견해에 대해서는 슈크하르트Schchhardt, 《라벤스베르거 신보》, 제4권, 제7/8호 참고.

　지역 관계자들은 답사를 계속하고 특히 베스트팔리카 관문보다 하류 쪽 지형도 조사해 보아야 할 것이다. 과거 필자는 하류 쪽 지형의 조사를 단호히 반대했었는데 로마군이 관문 골짜기보다 먼 하류 쪽에서 숙영을 했다고는 믿어지지 않았기 때문이다. 하지만 상류의 적절한 지점을 게르만 마을들이 차지하고 있었다면 로마군은 관문에서 먼 하류 쪽에 숙영지를 정했을 수 있다. 실제 그랬다면 그들은 그곳에 고정된 도하시설을 설치하고 이를 통해서 하류지역 전체를 자유롭게 이동할 수 있었을 것이다. 만약 레메Rheme 부근에 그런 다리가 있었다면 이 다리는 좁은 깔때기 꼴 지형으로 연결되었을 것이므로(따라서 이때 베제르 강 우안右岸을 따라서 도로가 어디까지 연결되었는지의 문제가 또다시 대두된다). 이때 전략적으로 가장 효율적인 조치는 강 우안에 숙영지를 구축하는 것이다. 우안에 숙영지를 구축하면 이 다리를 교두보 하나로 보호할 수가 있었을 것이고 관문 골짜기로 인한 위험은 베테킨스베르그Wittekinsberg쯤에 요새 하나를 구축해서 감소시킬 수 있었을 것이다. 그러나 필자가 혼자서 답사해 보고 알게 된 것은 자콥Jacob산 아래 네젠Neesen 마을 부근에서 처음 약간 솟아올라 있는 우안 지형은 너무 특징 없는 곳이므로 숙영지 자리로 볼 수 없었다. 다음으로 검토해 본 곳은 좌안左岸의 뵐호르스트Böhlhorst 부근 지역과 민덴Minden 시市였다. 그러나 이곳들이 로마군 숙영지 자리였다 해도 전자는 뵐호르스트 광산鑛山과 그 뒷마당 때문에 그리고 후자는 민덴 시 때문에 그 흔적이 완전히 사라졌을 것이다. 전략적 관점에서 안전문제를 엄격히 따져보면 관문 골짜기를 지나 앞으로 나가서 숙영지를 정하는 것은 물론 잘못일 것이다. 그러나 로마군은 자신들이 이미 이 지역에서 게르만족을 확고하게 통제하고 있다고 생각하면서 관문보다 앞으로 나간 숙영지의 단점이 다른 장점들에 의해 상쇄될 것으로 생각했을 수도 있다.

　필자는 하넨캄프Hahnenkamp 발굴보고서를 더 상세하게 작성해서 《프로이센 연보年報 *Preussische Jahrbücher*》, 제105권(서기 1901년 9월), 555쪽 이하에 게재했고 슈크하르트 Schchhart도 나름대로 발굴보고서를 작성해서 《네덜란드 역사 및 베스트팔렌 고고학 학술저널*Zeitschrift für vaterländische Geschichte und Altertumskunde Westfalens*》, 제61권, 163쪽 이하에 게재했다. 발굴 당시 수거한 유물들은 오인하우젠Oeynhausen 대학교에 인계했다.

　후일 필자는 피비트샤이데Pivitsheide 부근의 되레협곡Dörenschlucht 출구 쪽에서 실시된 발굴 결과도 검토해 보았지만 지금껏 아무 소득이 없다. 로마군이 어느 때인가 이 지역 어느 곳에서 숙영했었음은 틀림이 없다. 그들은 이 지역을 장악하고 이 지역에서 전쟁을 수행했던 20년 동안에 리페Lippe강 지역에서 북부 게르만 평원으로 이동하지 않을 수 없었는데 그때마다 언제나 토이토부르크Teutoburg 숲과 비헨Wiehen 산맥을 넘어야 했고 이 두 고지대를 넘으려면 몇 개 안 되는 뚜렷한 통로들을 이용하지 않을 수 없었다. 이 통로들 중 하나가 베스트팔리카 관문을 통해 비헨Wiehen 산맥을 넘는 통로이고 토이토부르크 숲을 지나는 통로는 되레협곡과 비엘레펠트협곡Bielefelder Schlucht이다. 되레협곡에서 발견되는 수많은 석총石塚들은 이곳이 아주 오래된 통로였음을 단정적으로 말해준다. 그러나 어느 때인가 이 통로 곁에서 로마군 숙영지 흔적이 발견되더라도 이는 바루스Varus의 행군과는 관련 없는 것일 수도 있다. 로마군은 이 지역을 수 없이 자주 통과했었고 위험한 동맹군들이 주변에 널려 있는 이곳에서는 어디에서나 울타리와 참호를 갖춘 행군숙영지를 구축했을 것이다. 이곳에서 아직 아무 흔적도 발견되지 않은 것은 놀랍지만 끝내 아무 흔적도 발견되지 않을 것으로는 생각되지 않는다. 지역관계자들의 조사가 계속되었으면 한다.

2. 되레협곡Dörenschlucht

필자와 슈크하르트Schchhart는 레메Rheme 지역에 이어 되레협곡도 답사했다. 이때 우리를 잘 안내한 데트몰트Detmold의 베에르트O. Weerth 교수는 이 지역을 잘 아는 유능한 자연학자自然學者지만 고대사古代史에도 상당한 식견이 있었다. 그는 이 지역의 지질학적 성격이 잘주펠른Salzufeln 부근에서 변하는데 잘주펠른 남쪽 넓은 사질砂質 황무지에 소나무 숲이 생긴 것은 18세기 이후라고 했다(후일 그는 이를 리페Lippe 지역 공문서에서 확인해 주었다). 이곳에 원래 숲이 없다가 18세기에 비로소 계획적 조림造林이 이루어졌다면 초기시대에도 이 지역은 개활지였다고 보아도 별 문제가 없을 것이다. 결국 우리는 베스트팔리카 관문과 되레협곡 사이의 식재植栽 환경에 관한 카시우스Dio Cassius의 기록을 사실로 인정할 수 있다.

필자는 또 이 통로의 역사에 관한 지표로 이곳 석총石塚들에 관한 정보를 베에르트O. Weerth 교수에게 얻을 수 있었다. 또한 우리는 타페Wilhelm Tappe의 서기 1820년 논문("아르미니우스와 3일간 전투를 벌인 위치와 이동경로Die wahre Gegend und Linie der dreitägigen Hermannsschlacht")에서 이곳의 19세기초 석총 분포도를 발견할 수 있었다.

되레협곡 자체에 대한 지금까지의 묘사들은 장소별로 서로 모순되거나 정확하지 못한 부분이 있어 이에 대해 몇 마디 첨언하고자 한다.

되레협곡 이외에 리페Lippe 상류에서 오스닝Osning 산맥을 넘어 베스트팔리카 관문으로 가는 통로로는 지금 기차가 다니고 있는 비엘레펠트협곡Bielefelder Schlucht도 있지만 이 길은 우리의 관심대상이 되지 않는다. 알리소Aliso에서 되레협곡을 거쳐서 가는 길이 훨씬 가까운 길이기 때문이다.

담Dahm 소령少嶺은 이 두 협곡에 대해 "모두 통행 가능한 폭 500~600보 정도의 넓은 사질砂質 지형으로 양쪽은 경사가 심한 산악지대지만 통로에는 경사가 거의 없다"고 했다("아르미니우스의 전투Die Hermannsschlacht", 26쪽). 그러나 스탐포르트von Stamford 중령中嶺은 이와 달리 되레협곡 속에서는 통로가 급격히 올라갔다 급격히 내려가며 경사가 너무 급해서 무거운 짐을 실은 수레가 지나기 어려운 "고약한 지점böse Stelle"도 한 곳 있다고 했다("토이토부르크 숲의 전투장소Das schlachtfeld im Teutoburger Walde", 86쪽 및 111쪽).

되레협곡 동쪽의 현 포장도로는 경사가 완만한 점에서는 담Dahm 소령의 묘사도 맞다. 낮은 사질砂質지대에서도 산 남쪽과 북쪽 평평한 곳 위는 경사가 그리 급하지 않다. 그러나 옳은 말은 스탐포르트 중령의 말뿐이다. 이 길이 완만하게 된 것은 최근의 일이기 때문이다. 협곡의 가운데는 모래언덕과 시냇물 때문에 굴곡이 심하고 모래가 많아서 다니기가 불가능하지는 않아도 매우 어렵다.

크노케Knoke는 "리페Lippe 숲이나 그 북쪽에서는 습지 문제가 있을 수 없다"고 했다(《게르마니쿠스의 전역Die Kriegszüge des Germanicus》, 96쪽). 담Dahm 소령의 생각도 이와 비슷하지만 좀 더 조심스럽게 "군대에 지장을 줄 수 있는 습지"란 표현을 썼다(앞의 논문, 29쪽). 사료에도 습지가 군대에 직접 장애가 되었었다는 말은 없다(마이어Eduard Meyer, 《토이토부르크 숲 전투 연구Untersuchungen zur Schlacht im Teutoburger Walde》, 216쪽 참고). 그러나 스탐포르트 중령은 리페 숲(토이토부르크 숲) 전체에 걸쳐 습지가 있었음을 입증한 바 있고 이는 분명한 사실이다. 되레협곡의 북쪽 바로 앞에도 깊은 습지 계곡을 만드는 훼르스테Hörste 단애斷崖가 있으며 협곡 자체에도 습지들이 있다(스탐포르트, 앞의 논문, 85~86쪽).

협곡의 가장 좁은 부분 약간 북쪽에서 통로 전체를 가로지르면서 좌우측 경사면 모두에서 숲이 뻗어나가기 시작하는 지점들까지 이어진 토벽土壁들은 중세쯤에나 형성된 것으로 추정된다.

리페 지역의 프리드리히Friedrich 공公이 서기 1820년 발간한 《토이토부르크 숲과 아르마니우스의 전쟁 부도附圖 Charte des Teutoburger Waldes und der Hermannsschlacht》에는 되레협곡의 북쪽 가까이 숙영지 하나가 표기되어 있다. 바루스Varus의 마지막 숙영지가 대체로 이 지역에 있었음은 분명하다. 그러나 정체가 불분명한 이곳 울타리 잔해는 협곡입구와 너무 가까이 있어 우리가 찾는 로마군 요새와는 아무 관계가 없다. 슈크하르트Schchhardt는 이를 중세시대 야전시설물의 흔적으로 본다. 이 울타리 흔적은 피비트샤이데Pivitsheide에서 훼르스테Hörste로 가는 도로 우측에 있는 함메르모르Hammer Moor의 도로자락 바로 곁에 있는데 현재 농부들이 파헤쳐 급격히 사라지고 있다. 필자가 이를 언급한 것은 후일의 답사자들이 프리드리히 공公의 지도를 보고 이곳에서 로마군 숙영지 흔적을 찾는 헛수고를 덜어주기 위해서이다.

현지에서 발견된 주화鑄貨들을 근거로 바레나우Barenau 전투의 현장을 오스나브뤽Osnabrück 북쪽에서 찾던 경우가 있었듯이 우리는 바루스Varus의 숙영지를 찾으면서 매우 신뢰성이 있는 인물인 슈미트F. W. Schmidt 중령中領의 말을 믿고 싶은 유혹을 느끼게 된다. 그는 《네덜란드 역사 및 베스트팔렌 고고학 학술저널Zeitschrift für vater-ländische Geschichte und Altertumskunde Westfalens》(서기 1859년), 299쪽에서 "되레협곡에서 1시간 반 거리에 있는 스타펠라게Stapelage 지역 특히 후네켄Hunecken과 크라빈켈Krahwinkel의 큰 농장에서는 고대로마 주화가 발굴되는데 이 주화들 중 필자가 알고 있는 것은 아우구스투스Augustus 시대 이전의 것들이다"고 했다.

이 문구는 노이부르그Neubourg의 《바루스의 전투장소Die Oertlichkeit der Varusschlacht》, 50쪽에서 재인용한 것이다. 필자는 그가 말한 주화들을 보지 못했으므로 결정적인 요소 즉, 그것들이 진정 아우구스투스 시대 이전의 것인지를 확인할 수 없다. 그러나 그의 말이 사실이라 해도 우리는 여전히 이것들은 이 지역에 살고 있던 케루스키Cherusk/Cherusci족의 누군가가 토이토부르크 전투 당시 노획한 것들이라는 말 이외에는 달리 할 말이 없을 것이다. 그가 말하는 곳은 로마군 숙영지 자체가 이곳에 있었다고 하기에는 너무 먼 산에 있다.

볼프Wolf 소장小將은 파데보른Paderborn 부근 엘센Elsen 마을 지역은 숙영지에 적합한 장소의 지질이 모든 것을 삼켜버리는 모래언덕으로 되어 있어 알리소Aliso 요새의 흔적이 그곳에서는 결코 발견되지 않을 것이란 생각을 가끔 비치고 있다. 같은 일이 되레협곡 앞의 지역에서도 또한 일어날 수 있었을 것이다. 이 지역에서는 수백 년의 세월이 언덕지형의 형상을 현재 우리의 관찰을 통해 상상할 수 있는 것보다 훨씬 더 크게 변화시켰을 것이다.

3. 클로스터마이어Clostermeier와 비에터하임Wieterheim의 견해

클로스터마이어는 이미 바루스Varus의 행군을 대체로 정확히 설명한 바 있다 (《아르미니우스가 바루스를 격파한 곳Wo Hermann den Varus Schlug》(렘고Lemgo, 서기 1822년). 그가 정확하게 묘사하지 못한 것은 행군의 마지막 단계뿐이다. 그는 바루스의 숙영지가 민덴Minden 부근 즉, 좀 하류 쪽으로 떨어진 파테르스하겐Patershagen 쯤이었을 것으로 그리고 최후의 참극은 되레협곡 앞에 이르기까지는 일어나지 않았고 그로텐부르크Grotenburg의 끝자락인 베를레베케Berlebeke 골짜기에서 일어났을 것으로 본다. 그는 바루스가 되레협곡을 통과하려고 했지만 게르만족이 이미 이 협곡을 차단하고 있어서 데트몰트Detmold를 경유하는 우회로로 도주하려 했다고 하지만 이는 불가능한 일이다. 만약 자신에게 되레 통로를 돌파할 힘이 없다고 판단했다면 그가 롭스호른Lopshorn 통로를 거쳐서 산악지대를 행군하거나 산을 넘어서 도주하려 했을 이유는 더욱 없다. 게르만족은 그의 길고 느린 호송대열과 일단 만났으면 결코 이를 놓치지 않았을 것이다. 로마군으로서는 되레협곡을 돌파하든지 죽든지 두 가지 방법밖에는 없었을 것이다.

비에터하임은 《민족대이동사民族大移動史/Geschichte der Völkerwanderlung》에서 클로스터마이어의 설명에 대해 이런 반대의견을 이미 효과적으로 제시했었다. 그는 최후 참극의 장소를 되레협곡으로 정확히 지적했다. 그러나 그는 바루스의 여름숙영지를 베제르Weser 강 훨씬 상류로 믿었기 때문에 바루스의 정확한 행군경로나 마지막 전투의 전술적 성격을 인식하지 못했고 무엇보다도 게르만족 전투의 기본적인 전략적 요소들을 완전히 이해하지는 못했다. 이런 점만 없었다면 진실에 매우 근접한 비에터하임의 견해는 훨씬 더 높은 평가를 받았을 것이다.

4. 행군과 전투가 있었던 기간

토이토부르크Teutoburg 전투가 로마군이 여름숙영지를 출발한 바로 그날 시작된 것인지 아니면 며칠 후 시작된 것인지 그리고 이 전투가 2일간 계속된 것인지 3일간 계속된 것인지에 대해서 역사가들의 견해는 갈려 있다.

카시우스Dio Cassius의 기록을 읽다보면 비록 직접 언급되어 있지는 않지만 바루스Varus는 여름숙영지를 출발한 후에 며칠 동안은 아무 일 없이 행군한 것 같은 인상이 든다. 크노케Knoke는 이런 인상을 근거로 해답을 찾고 있다. 그러나 타키투스Tacitus의 《연대기年代記/Annals》, I, 58장에는 세게스트Segest/Segestes가 "차라리 그날 밤이 나의 마지막 밤이었으며nox mihi utinam potius novissima"이라면서 바루스에게 했던 경고가 성과가 없었음을 한탄한 구절이 있는데 참극이 바로 다음날 일어났음을 말하는 것으로 보인다. 세게스트에게는 "첫 번째 경고 다음에 두 번째 경고를 할 기회가 없었다nec diutius post primum indicem secundo relictus locus"는 벨레이우스Velleius Paterculus의 기록(《로마사 대계大系》, II, 118장)을 보면 더욱더 그렇게 보인다. 빌름Wilms은 이 점을 특히 강조한다. 물론 사료분석의 기본규칙을 염두에 둔다면 우리는 사건 당대當代 인물인 벨레이우스의 기록을 중요시해야 하겠지만 이 같은 간접 결론에 큰 비중을 둘 수는 없다. 그러나 사료기록을 보면 로마군이 여름 숙영지를 떠난 바로 그날 게르만족의 공격이 있었다고 볼 수도 있다.

전투가 2일간 계속된 것인지 3일간 계속된 것인지에 대해서도 동일한 해석이 가능하다. 사료기록들을 보면 두 가지 해석이 모두 가능하지만 앞서 말한 바와 같이 3일간 전투가 계속된 것으로 보는 것이 가장 가능성 높은 해석이다.

카시우스의 기록은 결정적 부분에 오류가 있다. 그의 원문에는 2일차 전투에 대한 묘사에 이어서 "그리고 낮에는τότε γάρ ἡμέρα/tote gar hēmera 행군 중에 그들에게 동이 텄고"*로 되어 있다. 이는 말이 되지 않는 구절이다. 이를 아주 단순하고 자연스럽게 교정하면 "그리고 세 번째 날에는τρίτη τ' ἄρ ἡμέρα/tritē t'ar' hēmera 행군 중에 그들에게 동이 텄고"*라고 해야 될 것이다.

객관적 분석을 기초로 전투기간을 2일로 볼 수도 있겠지만 로마군이 밤중에 빠져나갔을 것으로 보는 견해만큼은 이를 인정할 수 없다. 바루스의 로마군과 같은 대규모 군대는 조용히 슬쩍 빠져나갈 수가 없다. 이때의 게르만족은 과거 그리스군이 가급적 먼 곳에 안전한 야간숙영지를 구축하기 위해 저녁 무렵 페르시아군을 따돌리고 떠났던 때의 티싸페르네스Tissaphernes 휘하의 페르시아 군과는 달랐다. 적이 가까이 있으면 전투 없이 빠져나갈 수 없다. 사기가 크게 위축되어 있던 병력에게 야간전투란 가장 바람직하지 못한 상황이었을 것이다. 야간전투가 벌어졌다면 로마군은 바로 공황상태에 빠져서 완전히 궤멸되었을 것이다.

타키투스Tacitus는 게르마니쿠스Germanicus가 후일 토이토부르크Teutoburg 숲으로 가서 바루스Varus군의 잔재와 유류품들을 둘러볼 때 "첫 숙영지는 가운데 본부막사가 있는 큰 원 형태를 한 3개 레기온legion 규모의 시설로 보였고 반쯤 파괴된 울타리와 좁은 참호가 있었는데 이곳에서 병사들이 끝까지 버티다가 마지막 병사까지 쓰러졌던 것으로 보였다prima castra lato ambitu et dimensis principiis trium legionum manus ostentabant; dein semiruto vallo, humili fossa accisae jam reliquiae consedisse intellegebantur"고 했다. 원문 중 가장 앞에서 말한 "첫 숙영지prima castra"를 여름숙영지로 이해하는 것이 일반적 경향인데 그런 해석도 전혀 불가능하지는 않겠지만 그렇다면 타키투스는 이 숙영지의 특징을 강조하려고 독자들을 속인 것이 된다. 그러나 로마인이라면 누구나 영구적인 여름숙영지와 하룻밤 지낼 행군숙영지가 크게 다르다는 것쯤은 잘 알고 있었을 것이므로6) 타키투스가 굳이 이런 차이점을 강조한 것일 수는 없다. 행군숙영지가 실제로 한 곳밖에 없었고 타키투스가 이곳과 다른 본기지本基地의 특성을 강조하려 했다면 그는 자신의 문장력으로 쉽게 그 차이점을 부각시킬 수 있었을 것이다. 따라서 "첫 숙영지prima castra"는 "첫 행군숙영지"였을 가능성이 가장 높다. 크노케Knoke가 정확히 말한 대로 이 첫 행군숙영지는 첫날 전투에서 큰 손실이 있었지만 처음에 계획했던 대로 3개 레기온 크기로 구축되었을 것이다. 그러나 우리가 현지 지형을 분명히 이해하게 되면 지역 간 거리를 가지고도 핵심적인 요소를 결정할 수 있다. 레메Rheme에서 되레협곡Dörenschlucht까지 5마일(약 37km)이고 민덴Minden 시市에서 되레 협곡까지는 6마일(약 45km)이다. 당시의 로마군 같이 많은 수송대열을 거느린 군대가 하루에 그런 거리를 행군한다는 것은 불가능하며 절반 정도의 거리라야 하루 행군거리로 적당했을 것이다. 사실 필자는 많은 수레와 함께 진흙땅을 적시는 비를 뚫고 숲과 언덕과 협곡을 통과했던 로마군으로서는 행군이 크게 지연되었을 것이고 따라서 전투는 2일차, 3일차 또는 4일차까지도 계속되었을 수 있다고 본다. 타키투스가 말한 숙영지가 단 두 개뿐이라고 해서 그랬을 가능성이 배제될 수는 없을 것이다.

5. 최후의 참극慘劇

되레협곡에서의 실제 전투와 최후의 참극에 대해 필자가 앞에서 말한 내용은 어느 특정된 사료 하나에 근거한 것이 아니다. 필자는 벨레이우스Velleius Paterculus와 타키투스Tacitus의 기록에서는 개별적인 세부사항들을 취하고 카시우스Dio Cassius의 기록에서는 기본적 사실들을 취한 후에 거리나 지형 등에 대한 객관적 분석을 통해 나머지 공백들을 보충했다. 이렇게 한데는 특별한 이유가 있었다.

토이토부르크Teutoburg 전투를 전체적으로 묘사한 사료는 카시우스의 기록뿐인데 이 사료는 매우 훌륭한 기록을 근거로 작성된 것이지만 우리에게 전해진 것은 세 번 또는 네 번에 걸쳐 수정된 내용뿐이며 우리는 이런 사실을 알고 연구를 시작해야 한다. 그의 기록에서 현란하게 수식된 부분들은 당연히 그가 강조한 부분이고 그 자신이나 그가 본 원사료의 작성자가 큰 관심을 가지지 않았거나 원사료가 슬쩍 언급만 하고 만 부분들은 아예 삭제되었을 수도 있을 것이다.

레가티legati(역자 주: 장군將軍)들도 적에게 살해된 것인지 아니면 사령관 바루스Varus 같이 자살한 것인지는 이곳에서 다룰 수 없다. 이 문제에 대한 기록이 로마 자체에도 전해지지 않았거나 기록들마다 내용이 달랐을 수도 있다.

---

6) 베게티우스Vegez/Vegetius의 《로마 군제軍制 *Rei militaris instituta*》, Ⅲ, 8장에 양자의 차이가 상세하게 묘사되어 있다.

카시우스Dio Cassius는 마지막 전투가 시작되자마자 곧바로 끝났고 로마병사들은 게르만족에게 계속 살해되고 지도자들은 자살했다고 했다. 그러나 벨레이우스Velleius Paterculus는 이와 달리 숙영사령宿營司令/Lagerpräsekt 중 에기우스Lucius Eggius는 훌륭히 싸웠고 케이오니우스Ceionius는 군인답지 못한 행동을 했다("항복을 선동한 그는 로마병사들이 대부분 희생되자 전투를 계속하다 죽기보다 적에게 처형되어 죽기를 원했다qui cum longe maximam partem absumpsisset acies auctor deditionis supplicio quam proelio mori maluit")고 했다. 이어 벨레이우스는 게르만족이 이미 반쯤 타버린 바루스의 시신에서 목을 잘라냈다고 했는데 이는 매장되어 있던 바루스의 시신을 땅에서 파냈다는 플로루스Florus의 기록을 보완할 수 있는 부분이다. 견고한 숙영지가 아니었다면 장례식이나 화장火葬 같은 것은 생각해 볼 수 없다. 게르만족의 특이한 전투방법과 맞섰던 로마병사들은 전혀 항복할 수 없었을 것이다. 여러 면에서 많은 것을 알고 있던 당대 인물인 벨레이우스의 기록 같은 분명한 기록을 우리가 우화寓話로 보고 배척할 이유는 없다. 카시우스의 기록에는 이 점에 대해 아무 말도 없으며 이 문제에 관한 말이 있었음직한 끝 부분이 공백상태로 되어 있다. 한 페이지가 분실된 것일 수도 있지만 다른 부분은 매우 자세히 묘사한 카시우스 자신이 마지막 부분만 축약한 것일 가능성이 매우 높다. 그는 사람이나 짐승이나 모두가 전투에서 쓰러졌다고 축약해서 말한 반면 그에 이어서 후일 가족들이 낸 배상금을 받고 풀려난 포로들에 대해서까지 말하고 있는 것을 보면 그가 전투의 마지막 부분을 스스로 간략하게 표현하고 만 것이 거의 분명하다.

바루스Varus를 화장하려 한 일과 마지막 항복에 관한 벨레이우스Velleius Paterculus의 말을 인정한다면 전투가 행군 중에 벌어진 것일 수는 없고 별개의 정면 대결로 벌어진 것으로 보아야 한다. 로마군이 행군 중이었다면 바루스의 시신을 화장한 다음에 항복할 수 있는 숙영지가 그들에게는 없었을 것이다.

이런 차이점은 군사적으로나 이론적으로나 매우 중요한 부분이므로 바로 이 부분이 카시우스의 기록에서 누락된 것을 우리는 심리학적으로 얼마든지 이해할 수 있다. 얼핏 생각해 보아도 카시우스가 염두에 두었던 마지막 전투의 모습은 전날의 전투와 그리 차이가 없었을 것이다. 그러나 무엇보다 우리는 이 문제에 대해 우리가 지닌 기록은 로마인들이 작성한 기록뿐이라는 점을 기억해 두어야 한다. 로마인 작가들로서는 로마군이 행군 중에도 공격을 당했을 뿐만 아니라 마지막에는 정면 전투에서도 패했고 이 정면전투 때도 공격에 실패했다는 사실을 특별히 강조할 수는 없었을 것이다. 로마인 작가들은 로마군이 패배한 원인을 기만과 기습의 결과로 설명할 준비가 되어 있었음을 우리는 타키투스Tacitus의 기록 중 마로보두스Marobod/Marobodus가 전사들에게 한 연설의 한 구절을 보면 알 수 있다. 그는 아르미니우스Armin/Arminius가 격파한 적은 "전투에 투입되지 않고 꼼짝 않고 있던 레기온들tres vacuas legiones"이었으므로 그의 승리가 큰 자랑거리는 아니라고 했다(《연대기年代記/Annals》, II, 46장). 이런 주장은 보통의 설명으로는 크게 부당하지 않은 것으로 보인다. 따라서 로마군이 마지막에 벌였던 정면 대결의 전투를 우리가 복원시킬 수 있다는 것은 전쟁사의 관점에서는 매우 중요한 일이다.

이런 사실은 타키투스가 숙영지의 특징을 말한 방식에 의해서도 입증된다. 그는 후일 게르마니쿠스Germanicus가 "큰 원 형태"의 첫 숙영지와 "반쯤 파괴된 울타리와 좁은 참호"를 보았다고 했다. 이때 "반쯤 파괴된 울타리"는 결코 높지 않은 무너진 울타리를 말한다. 엄격히 말해 그가 말한 숙영지는 규정대로 크게 만든 여름 숙영지와 달리 완성되지 않은 준비가 빈약한 작은 숙영지이다. 타키투스는 흔히 그랬던 것 같이 여기서도 숙영지 특징을 너무 에둘러 말했기 때문에 그의 글을 읽으려면 이리저리 보충해 가며 읽어야 한다. 그는 "반쯤 파괴된semirutum"이라는 표현을 통해 울타리가 게르만족의 돌격에 의해 무너진 사실을 암시한 것이다. 그가 참고한 기록을 작성했던 현장목격자는 울타리와 참호의 이런 상태에 깊은 인상을 받았을 것이며 이를 통해 마지막 전투의 참혹한 모습을 마음속에 그려보았을 것이다. 그렇다면 "반쯤 파괴된"이라는 말은 바로 그 현장목격자가 쓴 말이고 타키투스는 이를 인용하기만 했을 것이다.

독자들은 지금 필자가 말한 마지막 전투의 모습을 확실하다고 볼 수도 있고 단지 가능성에 불과한 가정으로 볼 수도 있겠지만 여하간에 사료에 기록된 외적 요소들만 가지고는 마지막 전투를 재현再現할 수 없다. 그러나 객관적인 문헌적 접근방식을 동원해서 카시우스Dio Cassius의 기록에 이 숙영지의 마지막 항복장면을 추가시킨다 해도 큰 문제는 없을 것이다.

이렇게 재현된 마지막 전투의 모습을 통해 사료 중 달리 이해할 방법이 없던 나머지 부분들까지 간단하게 설명되므로 이 재현은 정확한 재현일 수밖에 없다.

벨레이우스Velleius Paterculus에 의하면 이 패배 당시 로마인다운 전통에 따라 용기 있게 끝까지 싸우려고 했던 병사들은 처벌을 받았다고 하는데 아마도 이런 조치는 항복협상이 진행 중일 때 있었을 것으로 보아야 할 것이다.

카시우스는 마지막 전투가 좁은 지역에서 있었다고 한 반면 타키투스는 "들판 한 가운데medio campi" 널려 있는 죽은 자의 백골白骨들을 후일 게르마니쿠스가 보았다고 했지만 이제는 이런 모순도 설명될 수 있다. 카시우스는 되레협곡Dörenschlucht 자체에서 벌어진 실제의 마지막 전투를 말한 것이지만 당연히 로마군은 그 협곡에서 물러난 다음 협곡 앞의 들판에서 훨씬 더 많이 살해되었을 것이다.

마이어Eduard Meyer는 이미 《토이토부르크 숲 전투 연구Untersuchungen zur Schlacht im Teutoburger Walde》에서 카시우스의 기록 자체는 좋은 기록이고 여타 사료들의 세부 내용과도 조화된다는 사실을 사료분석을 통해 입증했다. 이런 마이어의 설명이 일반적 지지를 받지 못한 이유는 아마도 세부적 부분에서 부정확한 점이 그의 결론들 속에서 너무 자주 발견되기 때문일 것이다. 가장 중요한 문제는 게르만 지역 전투의 기본적인 전략적 상황에 관한 것인데 그는 아직 이를 잘 이해하지 못했고 이 때문에 지형 문제에 관한 그의 결론들이 정확하지 못한 것이다.

6. 몸센Mommsen과 크노케Knoke의 가설

토이토부르크Teutoburg 전투가 벌어진 장소를 오스나브뤽Osnabrück 북쪽 바레나우Barenau 부근 아니면 남쪽 이부르그Ibirg 근처로 보려는 논쟁적 가설들은 상세히 검토할 필요가 없다. 우리의 개념에 의하면 전투는 분명 베스트팔리카 관문에서 일리소Aliso로 가는 통로 상에서 벌어졌기 때문이다. 전투가 오스나브뤽 인근에서 있었다는 것은 로마군의 주된 군사도로가 리페Lippe 계곡을 지나 북쪽으로 이어지지 못하고 뮌스터Münster-오스나브뤽 방향의 할테른Haltern에서부터 민덴Minden 또는 레메Rheme를 향해서 비헨Wiehen 산맥의 남쪽 또는 북쪽으로 나있었다는 것을 의미한다. 이곳에도 통로가 있었을 가능성은 매우 높다. 언덕 자락에는 비헨 산맥과 오스닝Osning 산맥 사이를 지나는 게르만족 도로가 하나 있었다는 크노케Knoke의 생각에 우리는 특별히 동의할 수 있다. 또 바루스Varus의 여름숙영지에 필요한 보급품을 이 육로로는 수송이 극히 어려워서 북해를 통해 민덴까지 수송했을 것으로 볼 수도 있다. 그러나 로마군에게는 분명히 리페 강을 따라 오스닝 산맥(되레통로Dören=Pass)을 넘어 베스트팔리카 관문에 이르는 군사도로 하나가 있었다. 그들은 이 도로 옆으로 리페 강 상류에 요새화된 보루를 하나 가지고 있었고 따라서 이 도로가 그들의 주된 군사도로였다. 통로 옆의 보급기지는 통로를 오고가는 병력에게 큰 도움이 되었을 것이다. 게르만 지역에서 큰 대가를 치를 준비 없이 리페 통로 외의 다른 통로를 이용한다는 것은 불가능한 일이다. 따라서 바루스로서는 베스트팔리카 관문을 출발해서 오스나브뤽 지역으로 직접 가야 할 어떤 이유가 있었다 해도 큰 보급대열과 함께 이 통로로 행군하지는 않았을 것이다. 그는 가까이 있는 게르만족을 충성스런 동맹군으로 보았기 때문에 적어도 보급대열만큼은 직접 리페 통로로 보냈을 것이 분명하다.

이런 점들 외에 우리가 첨언할 수 있는 것은 후일 배를 타고 엠스Ems 강 상류까지 간 게르마니쿠스Germanicus가 엠스 강과 리페 강 사이의 모든 지역을 초토화시킨 다음 토이토부르크Teutoburg 숲 속으로 브루크테리Bructerer/Bructeri족의 경계선까지 올라갔었다는 타키투스Tacitus의 분명한 기록이다. 더욱이 게르마니쿠스는 리페Lippe 요새를 구원한 다음에는 파괴되어 있던 무덤지대를 복구하는 일을 포기했었다. 이런 사실들은 오스나브뤽 부근에서 바루스의 마지막 전투가 있었다는 가설과는 조화되기 매우 어려울 것이다. 사실상 조화가 불가능하다. 이 점에 대해서는 뒤의 제VI장 말미의 「알리소Aliso의 위치에 관한 특별 연구」를 참고할 것.

몸센Mommsen의 "바루스의 전투장소die Oertlichkeit Varusschlacht", 10쪽을 읽어보면 인구밀도라는 요소를 알게 되므로 인해 이 문제들에 대한 연구의 기초가 모든 면에서 얼마나 달라졌는지 알 수 있다. 그의 말에 의하면 게르만족 지도자들은 "로마군보다 2배 내지 3배는 많았던 그들의 병력을 필요한 모든 곳에 심지어 외진 곳에까지도 배치해 놓을 수 있었다"고 한다.

바르텔스Eduard Bartels는 《바루스의 전투와 그 장소Die Varusschlacht und ihre Oertlichkeit》 (서기 1904년)에서 몸센의 가설을 지지하면서 바루스Varus 군이 북쪽에서 비헨 Wiehen 산맥 곁으로 행군한 것이 분명하고 산악지대 숲 속을 통과하지는 않았다는 점을 특히 강조한다. 그는 바레나우Barenau 부근 지역은 "되레협곡Dörenschlucht"에서는 보이지 않는 큰 습지가 있는 것이 사료 기록과 일치한다고 했다. 이에 대해 우리는 습지들을 중요한 요소로 기술한 것은 플로루스Florus와 벨레이우스Velleius Paterculus뿐이고 그들이 습지를 말한 것은 게르만 지역 풍경을 묘사할 때 흔히 습지를 빠뜨리지 않았던 그들의 단순한 수사修辭로 볼 수도 있다고 말할 수 있다. 우리들의 주된 사료인 카시우스Dio Cassius의 기록에는 습지에 관한 말이 없다. 더욱이 되레협곡에도 결코 습지가 없는 것은 아니다.

바르텔스는 수송대열을 거느린 군대는 원시림 속의 도로를 행군로로 선택할 수 없다는 점을 알고 로마군이 숲이 많은 산이 아니라 비헨 산맥 북쪽 기슭의 평원지대를 따라서 간 것으로 본다. 하지만 그는 이 점만 생각하다 간과해서는 안 될 또 다른 지형 요소를 놓치고 말았다. 당시의 지형은 게르만족이 로마군의 호송대열을 계속적으로 공격할 기회가 있었고 마지막 단계에서 통로를 완전히 차단할 수 있었던 지형이어야 한다.

바르텔스는 반란을 일으킨 부족들 이름이 기록되어 있지 않다는 점을 로마군 호송대열이 리페Lippe 쪽으로 이동한 것일 수가 없는 중요한 이유로 본다. 로마인 들은 리페와 루르Rhur 주변 부족들을 잘 알고 있었기 때문에 반란이 이 지역에서 일어났다면 반란을 일으킨 부족들 이름이 사료에 기록되었을 것이라는 것이다. 그러나 우리는 로마군은 라인 강과 베제르Weser 강 사이의 전지역을 장기간 지배 하고 있었기 때문에 이 지역 부족 이름을 모두 잘 알고 있었고 따라서 어느 곳 에서 반란이 일어났다고 해도 굳이 그 부족들의 이름을 언급할 필요는 없었을 것으로 볼 수도 있다.

리페 강 상류 쪽으로 가는 통로는 위험하지는 않았을 것이라는 주장도 있다. 그러나 그들이 베레Werre 강의 계곡을 따라서 갔건 필자의 생각과 같이 이 강의 만곡부彎曲部를 가로질러 직접 남쪽으로 갔건 모두 비헨 산맥 북쪽 기슭을 따라서 가는 것보다는 위험한 지형이다. 가장 중요한 점은 되레협곡이 게르만족의 계획 과 전투방식에 적합하게 자연적으로 생성된 지형이라는 점이다.

사료의 원문原文

토이토부르크Teutoburg 숲 전투에 대해 독일인들은 각별한 관심을 지니고 있지만 고대 작가들의 기록을 직접 볼 수 있었던 독자들은 거의 없을 것이다. 따라서 이제 우리들의 설명의 기초가 된 원사료原史料들을 직접 읽어보면서 이를 우리가 재현해서 특별히 전하는 내용들과 비교해 볼 수 있다면 큰 도움이 될 것이다.

카시우스Dio Cassious의 기록

로마군은 게르만 지역에 많은 레기온legion들을 보유했었는데 그들은 모두 격파되었다. 역사기록에 이 레기온들이 더 이상 등장하지 않는 것은 이 때문이다. 이 병사들은 게르만 지역에서 겨울을 보내며 마을들을 세웠고 로마인들의 관습에 곧 적응한 야만인들이 시장 복판까지 와서 그들과 평화로운 관계를 유지했다. 그러나 그들은 아직 조상들의 관습과 향토적인 습관과 자유로운 생활방식 그리고 자신들의 무력武力을 버릴 수가 없었다. 그들은 아직 천천히 조심해 가면서 그런 것들을 잊어가고 있었지만 그들 사이에서 일어나는 변화를 느끼지 못하고 무의식중에 새로운 생활방식을 채택해 가고 있었을 것이다. 그러나 시리아 총독직을 끝낸 후 게르만 지역 속주屬州로 온 바루스Quinctilius Varus는 너무나 조급했으며 모든 것을 빨리 변화시키려 했다. 그는 너무 오만했었고 이 속주에서도 피정복 민족들에게 하는 것 같이 공물貢物을 거두어들였다. 게르만족은 이를 싫어했다. 부족 수장들은 종래 대로 권력을 행사하려 했고 백성들도 조상 대대로 이어져 온 조직이 외국인의 지배보다 더 좋음을 알았다. 하지만 그들은 라인 강과 자신들의 영역에서 로마군이 너무 강한 것을 알았으므로 처음에는 대놓고 반란을 일으키지는 않았고 오히려 모든 요구사항을 다 만족시켜 줄 것 같이 하면서 바루스를 라인강으로부터 케루스키족의 영역까지 베제르 강으로 멀리 이끌고 왔다. 이곳에서 그들은 바루스와 함께 완전히 평화적이고 우호적인 관계 속에 살았고 그가 무력을 쓰지 않아도 자신들이 그의 명령에 공손히 따를 것 같이 믿도록 만들었다.

그 결과 바루스는 다른 적지敵地에서와는 달리 병력들을 집결시켜 놓지 않게 되었다. 그는 힘없는 부족들의 요청에 따라 때로는 어떤 지역을 보호하기 위해 때로는 도둑들을 잡기 위해 또 어떤 때는 보급품 이동을 보호하기 위해 여러 곳으로 많은 병력을 보냈었다. 이때 진행 중인 음모와 배신과 전쟁의 주모자主謀者 중에는 아르미니우스Arminius와 시기메르Sigimer(역자 주: 원문에는 세기메르Segimer로 되어 있으나 아르미니우스의 친아버지인 시기메르Sigimer의 오기로 보여 고쳤다. 시기메르는 그의 형이며 아르미니우스의 양부인 세게스트Segest/Segestes와 함께 서기 15년 말 로마군 편에 붙는다)가 포함되어 있었는데 이들은 늘 바루스 곁을 맴돌았고 때로는 그의 식탁에서 식사도 했다. 바루스는 그들을 너무 믿고 전혀 의심하지 않았다. 그는 사태를 우려해 조심할 것을 충고하는 사람들을 오히려 불신하고 책망했고 때로 그들을 무고 혐의로 고발하기도 했다. 이때 먼 곳에서 반란이 일어났다. 이 반란은 바루스를 함정으로 유인하기 위한 것이었는데 그는 모든 부족들이 동시에 그에게 반기反旗를 들었을 경우를 대비한 정상적인 예방대책들을 취하지 않으려 했고 마치 도중에 우호적 지역을 통과하는 것처럼 그들을 향해 나서려고 했다. 이렇게 사건은 시작되었다. 게르만족은 바루스Varus가 나서는 것을 그대로 보면서 얼마 정도 거리를 두고 쫓아갔다. 이때 그들은 최대한 신속하게 병력을 집결시킨 다음에 바루스를 지원하러 갈 것처럼 위장해서 뒤로 처져 있었다. 그들은 이에 앞서 먼저 초청했었던 바루스의 부대들을 집결되어 준비를 끝낸 병력으로 급습해서 쓰러뜨린 후에 길도 없는 숲 속으로 이미 들어와 있는 바루스를 공격했다. 동맹군으로 생각되던 자들이 이제 적으로 변해 잔인하게 공격을 퍼부었다. 그들이 지나고 있던 산은 협곡과 평탄치 못한 지형들이 가득했고 큰 나무들이 많아 전투 직전까지도 그들은 나무를 쓰러뜨려 길을 내고 필요할 때 개울에 다리도 놓느라고 여념이 없었다. 또한 그들에게는 평시와 같이 보급품을 실은 많은 수레들과 짐승떼가 있었고 부녀자와 아이들과 하인들도 많이 따라갔었기 때문에 호송대열이 길게 늘어질 수밖에 없었다. 몰아치는 폭풍우 때문에 그들의 행렬은 더 늘어졌었고 나무뿌리 근처는 땅이 젖고 미끄러워 발을 내딛기 힘들었다. 나무가 쓰러지면 큰 소동이 났다. 이런 어려운 상황에서 야만인들이 사방의 깊은 숲에서 나와 로마군을 덮쳤다. 그들은 지리를 잘 알고 있는 이점을 이용해 로마군을 둘러쌌고 처음에는 멀리서 창이나 돌등을 던졌다. 그러나 이를 방어할 수 없었던 로마군은 부상자가 속출하고 한 곳으로 몰려들었다. 로마군은 수레와 비무장 인원들이 함께 섞여 질서 없이 이동하고 있었으므로 쉽사리 밀집된 횡렬로 전개할 수 없었다. 그들은 적보다 병력수도 적어서 적에게 피해는 가하지 못하면서 심각한 손실만 입었다.

그들은 숲 속에서 그나마 적절한 장소를 찾아내 숙영지를 구축한 후 없어도 될 무기와 수레들은 모두 태우거나 버렸다. 이튿날 그들은 좀 더 질서를 갖추고 행군했지만 큰 손실을 치른 후에야 좀 더 넓은 곳으로 나올 수 있었다. 그들은 다시 가다가 더 깊은 숲 속을 지나면서 적과 싸우게 되었고 이때 새로운 불운이 찾아왔다. 그들은 반격하려고 보병과 기병으로 밀집 횡대로 정렬했었지만 좁은 공간과 수목 때문에 대형은 매우 혼잡해 졌다. 그들이 이런 식으로 움직인 세 번째(네 번째?) 날에는 심한 폭풍우가 다시 그들을 덮쳐서 더 이상 전진할 수도 없었고 단단한 땅을 밟을 수도 없었다. 화살이나 투석기나 방패가 모두 젖었고 무기를 사용할 수도 없게 되었다. 상대적으로 무장이 가벼웠던 적은 전진 후퇴가 자유로워 폭풍우로 인한 피해가 적었다. 더욱이 그들은 처음에는 망설이던 자들까지 노획물이라도 얻으려고 합류해서 병력수에서도 훨씬 우세했다. 그들은 앞서의 전투에서 많은 손실을 입은 로마군을 훨씬 더 쉽게 포위해서 쓰러뜨릴 수 있었다. 바루스Varus와 최고지휘관들은 가장 증오스런 적에게 생포되거나 살해되는 것이 두려워(그들은 이미 부상을 입었기 때문이다) 자신들의 칼 위에 쓰러지는 슬프지만 당시로는 불가피했던 결정을 내렸다.

이 소식이 퍼져 나가자 모두 싸움을 그쳤다. 아직 힘이 남아있던 자들까지도 그랬다. 지휘관들과 같은 길을 택한 자들도 있었고 무기를 버리고 가장 가까이 있던 적의 칼날에 몸을 던진 자들도 있었다. 도주하려 해도 방법이 없었기 때문이다. 야만인들은 거리낌 없이 사람과 짐승들을 쓰러뜨렸다.

벨레이우스Velleius Paterculus의 기록

바루스Varus가 죽고 3개 레기온legion과 많은 기병단騎兵團 및 6개 코호르트 Kohort/cohort가 섬멸 당했다는 게르만 지역의 불행한 소식을 닷새 후에 테베리우스 Tiberius가 들었지만 이때 판노니아Pannonia(역자 주: 현 헝가리 서부와 오스트리아 동부 일부 및 유고슬라비아 북부 일부)와 달마티아Dalmatia(역자 주: 현 크로아티아의 아드리아 해 연안)에서는 전쟁이 아직 끝나지 않았다. 이 사건 당시 운명은 우리에게 단 하나의 호의를 보였다. 즉, 이 패배를 복수할 수 있는 지휘관으로 티베리우스가 있었던 것이다. 여기서 이 참극의 원인과 관련된 중요 인물들에 대해 주목해야 할 필요가 있다. 바루스Quinctilius Varus는 전통 있는 귀족가문은 아니지만 높이 평가되던 가문 출신으로서 평범한 생각과 조용한 성격을 지닌 인물이었다. 생각과 몸이 약간 느렸던 그는 전투보다는 조용한 숙영지 생활에 적합했었다. 그가 얼마나 재산을 탐했는 지는 앞서 시리아 총독으로 갔을 때 그는 가난한 사람으로 부유한 지방에 도착 했지만 부자가 되어서 가난한 지방을 떠났다는 사실을 보면 알 수 있다. 게르만 지역의 최고사령관에 임명되었을 때 그는 게르만족을 목소리와 겉모습만 인간인 존재로 보았다. 그는 칼만 가지고는 그들을 통제할 수 없고 로마법을 시행해야 그들을 길들일 수 있다고 믿었다. 이런 의도 하에 그는 마치 평화의 축복을 누 리고 있는 인간들에게 가는 것처럼 게르만 지역으로 갔고 도착한 후에는 재판장 석에 앉아 공식적 판결권을 행사하며 여름숙영지 안에서 세월을 보냈다.

그러나 직접 보지 않으면 믿기 어려울 정도로 그들은 모두가 사납고 교활한 타고난 거짓말쟁이였다. 그들은 소송을 복잡하게 끌어갔고 늘 서로 고발했었다. 그러나 그들은 때로는 바루스가 로마법으로 분쟁을 해결해 주고 지금껏 몰랐던 새 기율로 그들의 야만성을 순화시켜 주고 정의로 힘을 대체해 주고 있다면서 고마움을 표시함으로써 바루스에게 큰 안전감을 느끼게 했다. 그 결과 바루스는 자신이 게르만 지역 복판에서 군대를 지휘하고 있다기보다는 법정에서 정의를 설파해 주는 프레토르Prätor/praetor(역자 주: 로마의 최고위 집정관인 콘술Konsul/consul의 최초 명칭) 인 것처럼 느끼게 되었다. 이때 게르만족 귀족가문 출신으로서 용맹성과 빠른 판단력과 누구도 그가 야만인일 것으로는 믿지 않을 지혜를 지닌 한 젊은이가 있었다. 그는 한 부족의 대공大公 시기메르Sigimer의 아들인 아르미니우스Armin/Arminius 였다. 그의 표정과 눈에는 불타는 정신이 빛나고 있었다. 그는 로마군에서 복무 한 적도 있고 로마 시민권과 기사騎士 계급을 수여 받기도 했었다. 그는 두려움 없는 사람보다 더 쉬운 상대는 없고 방심은 흔히 재앙의 시작이 된다는 것을 잘 알고 비굴한 행동을 통해 사령관 바루스Varus의 방심을 유도했다. 그는 처음에는 그의 계획을 몇 사람에게만 귀띔해 주다 후에 많은 사람에게 밝혔다. 그는 자신 들이 로마군을 분명히 이길 수 있다고 자세히 설명해 주었다. 결정이 되면 곧 계획을 실행에 옮기기로 했고 공격시간도 분명히 정해졌다.

같은 부족의 유수한 가문 출신으로 바루스에게 충성하던 세게스트Segest/Segestes는 이 정보를 바루스에게 주었다. 그러나 바루스는 이미 판단력이 마비되어 있어서 현명한 충고에 귀를 닫고 있었다. 이렇게 되면 대개 신들은 행복을 파괴시키려고 작정한 자들의 지혜를 가려버려서 일어나고 있는 모든 일이 매우 슬프게도 당연한 일 같이 보이도록 만들며 그 결과 한 차례의 실수가 재앙이 되고 만다. 바루스는 결국 세게스트의 경고를 믿지 않았지만 마치 그가 이 우정어린 정보에 어떻게 보답해야 할지 알고 있는 것처럼 세게스트를 안심시켰다. 그 결과 세게스트에게는 첫 번째 경고 다음에 두 번째 경고를 할 기회가 없었다.

크라수스Crassus가 이민족異民族에게 패한 이후로 로마인들에게 닥쳤던 이 최악의 무서운 재앙에 대해서 나는 별도의 책으로 상세히 기록하게 될 것이다. 이곳에서는 우선 한탄스런 결과만 언급하는 것으로도 충분하다. 그 군기軍紀와 용기와 전투경험이 로마 전사戰士들 가운데 가장 뛰어났던 이 더없이 용감했던 군대는 지도자의 무능과 적의 배신과 불운 때문에 싸울 수도 탈출할 수도 없게 되었다. 심지어 로마 무기와 로마인의 용기로 끝까지 싸우려 했던 자들은 처벌받았으며 숲과 습지와 적의 기습에 포위된 군대는 앞서 그들이 순한 양을 죽이듯이 도살했었던 바로 그 적의 손에 섬멸되었고 이제 그들의 생사는 적의 분노와 자비에 따라 갈려지게 되었다. 사령관은 싸울 용기는 없었고 죽을 용기만 있었다. 그는 자신의 할아버지와 아버지가 했던 대로 자신의 칼에 의해 쓰러졌다.(역자 주: 바루스의 아버지 섹스투스 퀸틸리우스 바루스는 시저의 암살 음모자 중 한 사람으로 기원전 42년 필리피 전투 이후 자살했다.) 2명의 숙영사령宿營司令/Lagerpräsekt 중에서 에기우스Lucius Eggius는 고귀한 본보기를 보여 주었지만 케이오니우스Ceionius는 군인답지 못한 본보기를 보여주었다. 그는 전투에서 병사들이 대부분 쓰러지자 싸우다 죽기보다는 적에게 처형되어 죽기를 바라며 항복했다. 바루스의 레가티legati(역자 주: 장군) 중 하나로 다른 때는 현명하고 용감했었던 누모니우스Vala Numonius는 라인 강까지 가려고 보병들을 곤경 속에 방치한 채 기병대와 함께 도주하는 끔찍한 본보기를 보여주었다. 그러나 운명은 그의 이런 행동에 보복했다. 그는 자신이 방치했던 자들보다 오래 살지 못하고 탈영자로 처형되었다. 야만스런 적들은 반쯤 타버린 바루스의 시신屍身을 찢고 머리를 잘라서 마로보두스Marobod/Marobodus에게 가져갔지만 마로보두스는 바루스의 머리를 로마 황제에게 보내서 가족묘지에 명예롭게 매장될 수 있도록 해주었다.

플로루스Florus의 기록

속주屬州는 세우기보다 지키기가 더 어렵다. 속주는 무력으로 세울 수 있지만 이를 지키려면 정의正義로 지켜야 한다. 따라서 즐거움은 순간뿐이었다. 게르만족은 길들여진 것이라기 보다 정복되었었다. 드루수스Drusus가 그들을 지배할 때도 그들은 우리의 관습을 따르기보다 우리의 힘을 경계했었다. 그러나 드루수스가 죽은 후에는 게르만족은 바루스Quinctilius Varus의 분노보다 그의 태도와 거만함을 더 증오했었다. 바루스는 위험하게도 게르만족 부족총회를 소집했고 조심성 없이 릭토르lictor(역자 주: 막대기 다발에 도끼를 끼운 소위 파시스fasces를 들고 콘술의 형벌명령을 현장에서 집행하던 관리)의 매질과 포고령布告令으로 야만인들의 야만성을 통제할 수 있다고 거들먹거렸다. 그러나 슬프게도 로마군의 칼은 녹슬었고 말은 길들여지지 않은 것을 본 이 야만인들은 로마군의 토가Toga(역자 주: 로마 성인남자가 입던 바지)와 코트가 로마군의 무기보다 전투에서 더 비효율적임을 알게 되자 아르미니우스Armin/Arminius 지휘 아래 봉기했다. 이때 바루스는 너무 평화스런 분위기의 환상에 젖어 있다가 게르만족 대공大公 세게스트Segest/Segestes가 게르만족의 음모를 그에게 알려주었지만 아무런 안전대책도 강구하지 않았다. 아무런 문제점도 예견하지 못하고 아무런 두려움도 없던 바루스는 예상 밖의 공격을 받았다. 그는 법정에 앉아 법조문을 읊고 있다가 —아! 그가 도대체 얼마나 방심하고 있었나?— 사방으로부터 공격을 받았다. 숙영지는 점령되었고 3개 레기온legion이 격파되었다. 바루스는 숙영지를 잃은 후에 칸네Cannä/Cannae 전투 때 파울루스Paulus가 했던 일을 뒤따라 했다. 숲과 습지에 널린 주검들은 이에서 더 할 수 없이 잔혹한 모습이었으며 특히 로마군 지도자들을 향한 야만인들의 조롱보다 더 참기 힘든 것은 없었다. 그들은 로마 병사의 눈알을 빼내기도 했고 팔을 자르기도 했다. 또 혀를 자르고 입술을 꿰매 붙이기도 했다. 잘라낸 로마병사의 혀를 손에 들고는 "이 뱀 같은 놈아. 이제 네 혓바닥 날름거리는 짓도 끝이다"며 혀를 잘린 로마병사에게 소리치기도 했다. 심지어 충성스런 부하들이 매장했던 바루스의 시신을 다시 파내기도 했다. 이때 빼앗긴 로마군의 야전 군기軍旗들과 독수리 상像 두 개가 지금껏 야만인들 손에 있다. 기수旗手는 세 번째의 독수리 상을 적에게 빼앗기기 전에 부수어서 옷 속에 감추고 있다가 피로 붉게 물든 늪 속으로 뛰어들어 사라졌다.

바다 앞에서도 전진을 멈추지 않았던 로마제국은 이제 이 패배로 인해 라인강의 둑에서 멈추지 않을 수 없었다.

타키투스Tacitus의 기록

타키투스의 기록은 아우수스투스Augustus 사후의 일부터 시작하므로 이 전투에 관한 직접 설명은 없다. 다만 게르마니쿠스Germanicus의 후일의 전역戰役과 관련해서 특히 전투장소 방문과 유골매장에 관한 일을 설명하는 중 이 전투에 관해 약간 간접적으로 설명한 곳이 있다. 로마인들의 다른 기록에도 이 전투에 관한 언급이 이곳저곳 보인다. 예를 들어 세네카Seneca의 서신 중 하나(서신번호 47번)를 보면 이 전투 때 로마인들 중 가장 고위급 인사들은 게르만족에게 노예로 끌려갔고 만약 살아남아서 로마로 돌아갔다면 원로원 의원이 되려 했을 인사들이 그 여생을 게르만족의 양치기나 문지기로 보냈다고 한다.

제 V 장
게르마니쿠스와 아르미니우스

　　로마인들은 토이토부르크Teutoburg 숲 전투의 패배를 바로 복수할 수 없었다. 로마에서 그런 임무를 맡을만한 유일한 지휘관이었던 티베리우스Tiberius가 서둘러서 라인 강으로 가려고 했던 것은 사실이지만 그는 1년은 꼬박 걸릴 새로운 전쟁에 뛰어들 형편이 되지 못했었다. 그는 아우구스투스Augustus 황제의 친손자를 제치고 황제직을 승계할 양자로 지명되었으므로 늙은 황제가 언제 죽을지 모르는 상황에서 로마에 머물러 있어야 했었다. 그는 라인 강 경계선을 안전하게 확보하고 군대가 온전한 전투력을 갖추도록 재정비해 가면서 군대의 사기를 회복시키는 일에 전념했다. 드루수스Drusus의 아들로 드루수스의 형 티베리우스의 조카이자 양자인 게르마니쿠스Germanicus가 엘베Elbe 강까지 게르만족을 굴복시킬 계획을 갖고 복수의 전쟁을 시작한 것은 아우구스투스가 죽고(역자 주: 서기 9년) 티베리우스가 황제직을 승계한 후에도 다시 5년이 지난 후의 일이었다.

　　게르마니쿠스의 전역戰役에 관한 사료는 타키투스Tacitus의 기록뿐인데 이 기록은 상세하지만 충분치 못하다. 화려한 수식으로 가득 찬 이 기록은 객관성과 일관성을 등한시했을 뿐 아니라 내용도 혼란스럽다. 그는 게르만족을 상세히 묘사해 놓았지만 게르만 지역의 지리에 매우 어두웠음이 분명하다. 카우키Chauken/Chauci족은 실제 베제르Weser 강 하구河口의 북해北海 연안에 살던 부족인데 그의 《게르마니아 *Germania*》에서는 이 부족을 헤쎈Hessen/Hesse 지역의 잘 알려져 있지 않은 부족인 카티Chatt/Chatti족과 이웃한 부족으로 또 두 부족의 중간에 있던 케루스키Cherusk/Cherusci족만큼 큰 부족이었던 것으로 묘사해 놓았다.[1]

　　타키투스는 로마군이 서기 15년 전역戰役에서 엠스Ems 강까지 갔다가 해안선을 따라서 라인 강으로 철수했다고 하지만 실제로는 로마군이 이미 베제르 강까지 갔었던 것으로 해석될 수도 있다.

　　타키투스는 이듬해인 서기 16년에도 게르마니쿠스가 엠스 강의 둑에 군대를 상륙시켰다고 하면서 바로 이어서 "그는 숙영지 구축 중에 후방에서 안그리바리Angrivarier/Angrivarii족이 반란을 일으켰다는 보고를 받았다"고 했다. 그러나 안그리바

---

1) 뮐렌도르프Müllendorf의 《게르마니아*Germania*》, 436쪽 및 545쪽에서는 이런 믿을 수 없는 오류의 원인을 밝혀보려고 다양한 의견을 제시했지만 결국 타키투스가 잘못된 지리개념을 지니고 있었다는 결론에 도달했다. 브레머Bremer는 "게르만 부족들의 인종학人種學 Ethnographie der germanischen Stämme"라는 글(《사도 바울 강요綱要 *Pauls Grundriss*》에 수록되어 있음)에서 부족들의 위치를 재검토해 봄으로써 이런 혼돈을 바로 잡아보려 했지만 역시 만족스러운 결과를 얻지 못했다.

리족은 당시 엠스Ems 강의 후방이 아니라 베제르Weser 강 양안兩岸에 살고 있었다. 학자들은 이런 명백한 모순을 해결해 보려고 베제르 강을 네덜란드의 작은 강 운싱기스Unsingis 강(훈제Hunse 강)으로 고쳐 읽거나 또는 안그리바리족을 암시바리Amsivarier/Ampsivarii족으로 고쳐 읽어보기도 했다. 그러나 문맥 전체를 보면 그럴 수 없으며 그렇게 고쳐 읽으면 오히려 더 큰 문제점이 생길 뿐이다. 우리는 이런 오류가 타키투스 자신이 저지른 오류임을 인정해야 하지만 사실 심리학적으로 보면 전혀 있을 수 없는 오류는 아니며 그의 관점과 밀접히 관련된 오류이다. 그는 사실들간의 객관적 관계에는 무관심했고 부족이나 강 이름 정도의 혼동도 그에게는 별문제가 아니었다. 물론 우리는 이를 바로 알 수 있다. 여하간 타키투스는 서기 15년 일을 말할 때는 로마군이 라인 강으로 철수하기 전 베제르 강 하구河口까지 정찰 나간 일을 실수로 언급하지 않은 것이고 서기 16년 일을 말할 때는 로마군이 엠스Ems 강에서 베제르 강으로 갔다가 돌아온 일을 이와 관련된 특이한 사건이 없었으므로 실수로 언급하지 않은 것으로 보는 것이 지금까지의 경향이다. 그렇게 보는 것도 전혀 불가능하지만은 않다. 그러나 그와 같이 해석할 경우에는 타키투스의 기록이 지니는 전쟁사 사료로서의 신뢰성은 그가 부족 이름과 강 이름을 혼동한 것이라고 해석하는 경우보다 더 떨어지게 된다. 후자의 경우라면 타키투스가 작은 문제에 주의를 태만히 한 것이 되지만 전자의 경우라면 근본적 문제에 주의를 태만히 한 것이 되기 때문이다. 도중에 아무런 전투가 없었다 해도 큰 병력이 엠스 강에서 베제르 강까지 갔다가 돌아온 일은 매우 중요한 사건이며 전체적인 전략상황에 관심이 있는 작가라면 이를 누락할 수는 없다. 여하간 게르마니쿠스Germanicus의 전역戰役에 대한 연구가 성공하려면 우리는 1급 역사가인 타키투스의 상세한 기록에도 불구하고 신뢰성 있는 객관적 기록은 없으며 사료기록을 매우 크게 고쳐서 읽지 않는다면 총체적 이해에 도달하지 못할 것이라는 점을 처음부터 염두에 두고 연구에 착수해야 한다.

시저Cäsar/Caesar의 경우에는 골Gallien/Gaul족과 처음에는 반쯤 평화스런 상태로 함께 살다가 그들이 반란을 일으키자 집결시켜 놓았던 대병력의 수적인 우세를 이용해서 개활지 전투에서 그들을 격파한 다음 그들의 마을들을 점령하고 진압했으며 이때 로마군은 행군에 나서거나 들어올 때 넓은 농경지 속에 살며 로마에 충성했던 일부 부족들로부터 식량을 공급받을 수 있었다.

하지만 게르만 지역에서는 문제가 전혀 달랐다. 게르만족에게는 탈취하거나 파괴함으로써 그들을 통제할 수 있는 마을들이 없었다. 골 지역에서도 베르킨게토릭스Vercingetorix가 시저와 정면 대결을 피할 수 있었지만(역자 주: 이 책 제VII권, 제V

장 참고) 이제 게르만 지역의 원시림과 황무지에서는 게르만족이 로마군의 공격을 피하기가 훨씬 더 쉬웠었다. 그보다 더 큰 문제는 게르만 지역에서는 로마군이 토지 자체로부터 식량을 획득하는 일이 전혀 불가능했던 점이다. 이를 우리는 다시 한번 강조해 두어야 한다. 게르만 지역은 인구밀도는 매우 희박했고 주로 목축에 의존해서 식량을 해결했으며 농지는 적었었다. 징발을 위해서건 구매를 위해서건 곡식 자체의 생산량이 적었다. 게르만족이 전투를 회피할 경우 할 수 있는 일이라고는 마을을 찾아내 불태우는 일밖에는 없었다. 하지만 게르만족은 미리 가재도구들을 피신시킬 시간만 있다면 로마군의 그런 행위로 인해서 입을 피해가 별것이 아니었다. 그들을 가장 고통스럽게 할 수 있는 일은 가축들을 빼앗는 일이었다. 그러나 이는 쉬운 일이 아니었다. 로마군은 소규모 분견대로 나뉘어 숲 속을 뒤져가며 게르만족 은거지와 재산을 빼앗을 수 없었다. 규모가 작은 분견대는 게르만족의 기습을 예상해야 했다. 수천 명 규모의 큰 분견대라 해도 병력수가 더 많은 게르만족과 조우할 수 있었고 끝이 보이지 않는 지형 속에서 길을 잃을 수 있었다. 이 때문에 로마군은 전투역사에 관한 기록에서 전례를 찾아볼 수 없는 완전히 특이한 전략적 과제를 안게 되었다.

서기 14년 가을쯤에 게르마니쿠스Germanicus는 리페Lippe 강의 남쪽 지역에서 살던 마르시Marser/Marci족 토벌에 나섰다. 그는 완벽한 기습공격을 위해 병력을 넷으로 나누는 모험을 했고 최대 10마일(75km)을 진출하면서 약탈했다. 돌아오는 길에 마르시족을 구원하러 온 브루크테리Bructerer/Bructeri족과 투반트Tubanten/Tubantes족 및 우시페트Usipeter/Usipetes족이 그를 공격했지만 질서가 잘 잡혀 있고 모든 준비를 갖추고 있던 로마군은 26개 동맹군 코호르트Kohort/cohort(역자 주: 현대의 대대급 부대) 및 8개 기병단騎兵團/ala의 지원 하에 병력수가 통상 수준의 약 절반밖에 안 되는 12,000명뿐인 4개 레기온legion으로 그들의 공격을 격퇴했다. 이때 동맹군 병력을 8,000명 내지 10,000명으로 그리고 기병 병력을 1,000명 내지 1,500명으로 본다면 총병력은 약 20,000명 남짓이었을 것이다.

서기 15년의 춘계전역春季戰役

이듬해 봄 게르마니쿠스는 카티족 지역으로 토벌을 나가서 에데르Eder 강 너머까지 멀리 갔었다. 라인 강 상류 부대의 기지基地숙영지로서 출발지점이었음이 분명한 마인쯔Mainz에서 에데르 강 중류까지는 직선거리로 150km 또는 20마일 정도이다. 게르만 산림지역에서 극도의 안전대책을 강구한 채 파괴행동까지 하면서 행군하는 부대는 아마도 직선거리로 1일 평균 1마일(7.5km) 밖에는 전진하지 못했을 것이므로 이 원정에 분명히 5~6주는 걸렸을 것이다. 이때 원정대는 4개 레기온legion과 10,000명의 지원병력으로 구성되었었는데 이 당시의 레기온이 완전편성 되지는 못했을 것으로 본다면 4개 레기온의 총병력이 약 30,000명 정도였을 것이고 여기에 보급대열도 있었을 것이므로 원정대 총인원은 약 50,000명 정도 되었을 것이다. 50,000명이 5~6주 동안 필요한 보급품을 육로로 운송하는 것은 거의 불가능하다. 양식수송만 해도 수레가 3,000대는 필요하고 행군장경도 6마일(약 45km)은 된다.2) 게르마니쿠스Germanicus가 이때 수로水路까지 이용했을 것으로 볼 수 있는 징표가 있다. 타키투스Tacitus에 의하면 원정 초기에 게르마니쿠스는 과거 그의 친아버지 드루수스가 구축했지만 파괴되어 있던 "타우누스 산에 있는in monte tauno" 요새를 재구축 했다고 한다. 흔히들 이 요새를 잘부르그Saalburg 요새로 보아왔고 그렇게 보는 것이 전혀 불가능하지는 않다.

그 당시 도로는 아마 마인-니다Main-Nidda 계곡으로부터 잘부르그 요새의 보호를 받는 타우누스Taunus 통로를 거쳐 란Lahn 계곡으로 뻗어 있었을 것이다. 게르마니쿠스는 일부병력만 데리고 마인쯔에서 직접 출발하고 주력은 보급대열과 함께 코브렌쯔Coblenz를 거쳐 란Lahn 강으로 갔을 것이다. 이때 타우누스 산 위로 접근하는 주력 때문에 게르마니쿠스의 분견대는 스스로 상대하기에는 너무 숫자가 많은 게르만족 무리의 공격으로부터 간접 보호를 받을 수 있었을 것이다. 바일부르그Weilburg에 도착했을 때쯤에는 두 병력은 이미 적시에 합류해 있었을 것이다. 이때 로마군은 보급품들을 이런 목적에 매우 유용한 란Lahn 강을 이용해서 마르부르그Marburg까지 수송할 수 있었을 것이다. 란Lahn 강 굴곡부에서 북쪽으로 직선거리로 20km 남짓만 가면 에데르Eder 강이다. 따라서 마인쯔에서 직선거리 70km 떨어진 타우누스 산에 있는 잘부르그 요새의 임무는 철수할 때를 위해 통로를 지키면서 다소간 보급품도 비축해 두고 또한 산의 남쪽과 북쪽에 있는 게르만족들이 서로 왕래하는 것을 최대로 방해하는 것이었을 가능성도 있다.

하지만 이런 일련의 추론이 전혀 불가능한 것은 아니지만 정확히 그랬을 것 같지는 않다. 마인쯔에서 에데르 강까지가 이 전역戰役의 무대였다면 이에 훨씬 더 잘 부합되는 장소 하나가 타우누스 산에 있다. 프리트베르그Friedberg라는 마을이 바로 그곳이다. 이 마을은 타우누스 산의 일부로 볼 수 있는 구릉지대 위에 있고 후일 마인쯔에서 베테라우Wetterau를 거쳐 에데르 강 방향으로 가는 로마군의 큰 도로가 이 마을을 통과하게 된다. 프리트베르그는 우제Uhse라는 조그만 하천 옆에 있는데 이 하천은 물길이 부드럽고 봄에는 작은 배들의 통항도 가능하다. 경사가 급한 이곳 구릉지대의 북쪽에 중세시대 성城의 흔적이 남아있는 지점은 리페Lippe 강의 알리소Aliso 요새와 마찬가지로 우제Uhse 수로水路의 끝에 구축된 전진

---

2) 뒤의 제IV권, 제IV장, 부기 5(식량 및 보급대열) 참고.

기지前進基地였을 것이다. 이곳에서 에데르Eder 강까지는 11마일(약 83km) 정도로 비교적 가까워 보이나 게르만 지역의 일반적인 조건에서 대부대가 이동하려면 평소와 다른 준비와 노력이 필요한 거리였다.

게르마니쿠스Germanicus가 서남쪽에서부터 카티Chatt/Chatti족을 휩쓸고 나가는 것과 동시에 케시나Cäcina/Caecina는 라인 강 하류의 레기온legion들로 바테라Vatera에서 리페Lippe까지 휩쓸면서 케루스키Cherusk/Cherusci족이 카티족을 구원하러 가지 못하게 방해했다. 카티족은 감히 케시나에게 접근하지 못했고 케시나는 전년도에 로마군이 한 번 휩쓴 적이 있는 마르시Marsern/Marsi족과 또 한 차례 전투를 벌였다.

게르마니쿠스가 원정에서 돌아오자 세게스트Segest/Segestes는 그에게 밀사를 보내 그의 대공大公이 자신과 아르미니우스Armin/Arminius 사이를 이간질해서 지금 아르미니우스가 자신을 포위하고 있다고 보고하며 도움을 청했다. 게르마니쿠스는 즉각 병력을 출발시켜 또다시 리페 통로를 따라 이동해 올라가서 세게스트의 적을 몰아내고 세게스트와 그의 병력들을 라인 강까지 호송해 왔다. 타키투스Tacitus의 기록에 이때 케루스키족과 전투가 있었다는 말이 없는 것을 보면 세게스트가 포위되어 있었던 거점은 케루스키족 영토의 바로 초입에 있었음이 분명하다. 케루스키족의 산림지대 속으로 깊이 들어가려면 큰 준비와 많은 장비가 필요했을 것이며 게르마니쿠스의 병력이 케루스키족 산림지대 속으로 더 깊이 들어갔었다면 아르미니우스가 한차례 전투도 없이 그를 돌려보내지는 않았을 것이다. 또한 이듬해에 게르만족이 알리소Aliso를 포위했다는 말이 있는 것을 보면 서기 15년 봄에 케시나가 이곳에 있으면서 보호해 줄 수 있을 때 게르마니쿠스가 알리소 거점을 재구축 해서 이미 보급기지로 활용하고 있었을 것으로 보아야 한다. 리페 강 상류에 충분한 보급품을 저장해 둘 수 있는 거점이 없었다면 이번과 같은 원정은 엄두도 내지 못했을 것이다. 아마도 세게스트가 포위되어 있던 거점은 토이토부르크Teutoburg(그로텐부르그Grotenburg) 요새로서 알리소로부터의 거리는 3마일(약 23km) 이내였을 것이다. 따라서 이번 원정은 그리 큰일은 아니었다. 그러나 로마군이 구상중인 작전을 위해서는 알리소 요새 하나만으로 충분하지 못했을 것이다. 주 영역이 베제르Weser 강 너머에 있으면서 하르쯔Harz 산맥(힐데스하임Hildesheim, 브라운슈바이그Braunschweig)까지 뻗쳐 있던 케루스키Cherusk/ Cherusci족을 혼내주려면 상당한 규모의 군대를 보내야만 했기 때문이다.

서기 15년의 2차 전역戰役

게르마니쿠스는 춘계전역春季戰役에서 리페Lippe 강과 마인Main 강 사이의 게르만 부족들을 크게 혼내주었을 뿐 아니라 알리소Aliso 요새까지 재구축 하게 되므로 인해 더 큰 규모의 두 번째 전역을 준비할 수 있었다. 춘계전역에서는 로마군이 둘로 나뉘어서 간접적으로만 서로 협동했지만 2차 전역에서는 전 병력이 동시에 공세를 가해 먼저 리페 강 북쪽의 브루크테리Bructerer/Bructeri족에게 그다음으로는 케루스키Cherusk/Cherusc족 자체에게 차례로 강력한 충격을 가할 예정이었다.

요도 3. 알리소 요새의 위치

게르마니쿠스Germanicus는 엠스Ems 강 상류의 양안兩岸에 살고있는 브루크테리족을 북쪽에서부터 공격하기 위해 그의 병력 중 절반이 좀 안 되는 4개 레기온legion을 배에 태워 드루수스Drusus 운하와 북해를 거쳐 엠스 강 상류로 올라갔고 케시나Cäcina/Caecina는 나머지 절반의 병력을 이끌고 남쪽 즉, 베테라Vetera에서 출발해서 리페 강을 따라 올라갔다. 기병대는 프리스Friesen/Friesians족 지역을 통과하는 별도의 통로를 따라 진군했다. 왜 기병대가 케시나와 함께 가지 않았는지에 대한 설명은 기록에 없다. 로마군이 병력을 이렇게 나눈 것은 어쨌건 엠스 강 서쪽에서의 공격은 계획하지 않았었다는 것을 말한다(앞의 요도 3 참고).

시간상으로나 공간상으로나 전 병력이 베테라에서 몇 개 종대縱隊를 형성해서 평행으로 함께 진군하는 것이 훨씬 유리했다. 또한 게르만족은 개활지 전투에는 응하지 않고 포위도 피해갔으므로 전 병력이 한 방향으로 가거나 여러 방향으로 나뉘어 가거나 실제 차이는 없었다. 그러나 병력을 나누면 보급품을 배로 수송할 수 있는 큰 장점이 있었다. 우리는 게르마니쿠스Germanicus가 아마도 메펜Meppen 부근의 하제Hase 강과 엠스Ems 강 합류점에 있으면서 브루크테리Bructerer/Bructeri족과는 아직 상당한 거리를 두고 있을 때 선박의 대부분과 돌아갈 때 필요한 보급품은 요새화된 숙영지 하나에 남겨두고 당장 사용할 보급품을 실은 특수 평저선平底船 몇 척만 이끌고 엠스 강을 따라 올라갔을 것으로 추정할 수 있을 것이다.

타키투스Tacitus는 이때 로마군은 전 병력이 엠스Ems 강에서 만났다고 했지만 우리는 이를 단지 접촉을 위한 만남이었을 뿐 실제 합류한 것은 아니라고 보아야 한다. 실제 병력이 합류했다면 이는 이 전쟁의 목적과는 모순된 일일 것이다. 게르만족을 정면전투에 끌어들일 수 없는 이상 병력을 합류시키는 것보다 분산시켜 놓고 가능한 넓은 지역을 휩쓸며 파괴하고 약탈하는 일이 보다 중요한 일이었다. 보다 넓은 지역을 휩쓸수록 적이 숨겨놓은 것들을 노획할 가능성도 컸다. 병력을 나누면 넓은 지역을 휩쓸 수 있을 뿐 아니라 효과도 컸다. 유일한 문제점은 각 부대가 게르만족의 공격에 스스로 맞설 수 있을만한 병력을 유지하는 것이었다. 이어 타키투스는 로마군이 리페Lippe 강과 엠스Ems 강 사이의 전 지역을 초토화시켰다고 했지만 우리는 이에 대해서도 로마군이 작전을 엄격히 이 지역에 국한시켰을 것으로 보면 안 된다. 수원지水源池 부근에서는 두 강 사이의 거리가 2마일(15km) 이내이기 때문이다. 타키투스가 두 강 사이 지역을 특별히 언급한 것은 아마도 이 지역에 브루크테리Bructerer/Bructeri족의 주거지들이 있었기 때문일 것이다. 그러나 브루크테리족의 영역은 바로 북쪽의 숲이 우거진 산들과 계곡까지 포함되어 있었고 이 계곡에 오스나브뤽Osnabürck이 위치해 있었다. 아마 로마군은 이 지역을 가능한 최대로 휩쓸었을 것이다.

로마군이 이 지역을 지나 오스닝Osning 산맥을 따라 엠스Ems 강 수원지 부근의 브루크테리족 경계선에 왔을 때 그들은 바루스Varus가 전투를 벌였던 장소 부근에 도달한 것이다. 게르마니쿠스Germanicus는 몇 개월 전 이곳에서 아주 가까운 곳까지 와서 세게스트Segest/Segestes를 구원해 준 적은 있었지만 이곳까지 다 오지는 않았었다. 이곳에서 그가 왜 죽은 바루스의 병사들을 위해 장례식을 거행하지 않았는지는 지금껏 의문의 대상이었다. 그러나 이유는 분명하다. 사실 되레협곡Dörenschlucht은 알리소Aliso에서는 겨우 3마일(약 23km) 떨어져 있었으며 게르마니쿠스가 얼마 전에 세게스트를 구원해준 곳과 매우 가까운 곳인 토이토부르크Teutoburg에서 겨우 1마일(7.5km) 떨어져 있었다. 그러나 정식으로 장례절차를 끝내려면 베스트팔리카Porta Westphalica 관문 부근에 있던 바루스의 여름숙영지까지 가야만 했고 그곳까지 가려면 극도의 경계조치를 강구해야 하므로 알리소에서 출발해도 행군에만 3~4일은 걸리고 유골들을 모아 정식으로 장례를 치르려면 또다시 며칠은 걸렸을 것이다. 따라서 일을 끝내기까지 최소 10~12일은 필요했을 것이고 막대한 준비도 필요했을 것이다. 그러나 무엇보다 게르마니쿠스의 계획은 서둘러서 참극의 현장을 찾아 장례식을 치르고 돌아오는 것이 아니었다. 그의 목적은 장례식과 전투를 모두 성공적으로 치름으로써 로마군의 위엄을 다시 한 번 확립하고 바루스의 패배를 설욕하는 데 있었다. 그가 바루스의 참극과 관련이 있는 어느 게르만 부족에게 엄중한 벌을 내린 후에 참극의 현장에 나타났을 때는 게르만족이 감히 더 이상은 그에 대항해서 고향 땅을 방어할 엄두를 내지 못할 정복자가 되어 있었다.

타키투스Tacitus에 의하면 로마군이 브루크테리Bructerer/Bructeri족 경계선에 도착했을 때 케시나Cäcina/Caecina는 먼저 정찰대를 내보내 숲으로 덮인 산을 수색하고 습지와 황무지에 길을 내고 다리를 놓도록 했다고 한다. 이때 토이토부르크 숲 바로 아래 세네Senne 지역은 황무지로서 그 당시에는 현재보다도 더 습지가 많은 지역이었고 로마군이 앞서 개설해 놓았던 도로나 다리들도 게르만족이 이미 파괴해 버렸을 가능성이 있기 때문에 로마군은 일부만 알리소Aliso에서 되레협곡Dörenschlucht을 지나는 옛 도로를 따라서 계속 진군했을 가능성이 있다. 여하간 로마군은 일부만 이 통로를 따라나갔다. 북쪽으로 행군한 일부는 비엘레펠트Bielefeld 통로를 따라 이동했을 가능성이 있는데 이 통로에는 과거 다리 등의 시설물을 설치한 적이 없으므로 새 작업이 필요했다. 케시나가 설치했던 도로시설물의 흔적이 최근에 발견되었다고 주장하는 사람들도 있다.

이때 아르미니우스Armin/Arminius가 무엇을 했는지에 대한 기록은 없다. 타키투스는 이때 게르마니쿠스가 길도 없는 곳으로 그를 쫓아갔었고 소규모 전투가 한번 있었다고 하지만 이런 설명으로는 불충분하다. 아르미니우스가 후퇴하고 게르미니우스가 쫓아 간 방향에 대한 언급이 없기 때문이다. 우리가 참고할만한 말은 게르마니쿠스가 결국 병력을 엠스Ems 강 쪽으로 되돌렸다는 말뿐이다. 만약 로마군이 베제르Weser 강 너머까지 케루스키Cherusk/Cherusci족을 쫓아갔었다면 게르마니쿠스는 결코 엠스 강으로 돌아오지 않고 보급품도 저장되어 있을 뿐 아니라 리페Lippe 강 통로를 따라서 라인 강으로 돌아가기에 편리한 훨씬 가까운 알리소Aliso 쪽으로 갔을 것이다. 그렇다면 게르만족은 로마군의 앞에서 집결하지 않고 로마군이 토이토부르크Teutoburg 숲을 거쳐 베스트팔리카 관문Porta Westphalica 쪽으로 가고 있을 때 그들 뒤에서 집결했을 가능성이 훨씬 높다고 보는 것이 합리적일 수 있다. 따라서 게르마니쿠스Germanicus는 베르스팔리카 관문부터는 방향을 서쪽으로 돌려 비헨Wiehen과 오스닝Osning 산악지대에서 아르미니우스Armin/Arminius를 잡으려고 했을 것이다. 추측건대 로마군의 일부는 레메Rheme에서 오스나브뤽Osnabrück 방향의 산악구릉지대 사이로 이동하고 또 다른 일부는 산 북쪽에서 민덴Minden으로부터 브람쉬Bramsche 방향으로 이동했을 것이다. 병력이 회군回軍해서 알리소Aliso에 도착한 후에는 보급품을 다시 채우고 야지野地 속으로 상당히 멀리 행군할 준비를 했을 것이다. 그러나 아르미니우스는 로마군의 추격을 피했으며 결국 보급품이 고갈된 게르마니쿠스는 철수할 수밖에 없었다. 그는 거느리고 있던 절반의 병력과 함께 엠스Ems 강으로 이동한 다음 배를 타고 고향으로 돌아갔다. 로마군은 이때를 위해서 엠스 강이 아니면 하제Hase 강에 있었을 메펜Meppen 부근 숙영지에서 보급품들을 미리 앞으로 보냈을 것이다. 에메리히-라이네Emmerich-Rheine 통로 아니면 아른하임-링겐Arnheim-Lingen 통로를 따라 프리스Friesen/Friesians족 영역을 통과해서 철수했을 기병대는 게르마니쿠스를 출항出航 지점까지 멀리 호위해야 했을 것이다. 게르만족이 가까이에 있었기 때문이다. 그러나 이 기병대는 배를 탈 수 없었고 부르탕Bourtang 황무지로 가로막혀 고향으로 직접 갈 수 있는 통로도 없었기 때문에 이 황무지를 북쪽으로 돌아서 해안선을 따라 라인 강으로 돌아갔을 것이다.3)

　　로마군 병력이 이렇게 나뉜 후에 케시나Cäcina/Caecina 휘하의 나머지 절반 병력은 육로로 직접 베테라Vetera로 갔다. 이제 아르미니우스가 행동을 할 때가 되었다. 케시나의 병력은 몇 해 전에 로마군 사령관 아헤노바르부스L. Domitius Ahenobarbus가 숲으로 덮인 언덕의 습지에 통나무를 깔아서 다리를 개설해 놓은 매우 위험한 통로를 지나야 했다. 로마군은 이 통로를 폰테스 롱고스*Pontes longos*(긴 다리)라고 불렀었는데 이를 찾아내려고 온갖 노력을 다했지만 찾지 못하고 있었다. 이런

---

3) 크노케Knoke는 이미 사건의 전개과정을 이런 식으로 정확하게 설명한 적이 있다.

옛 통나무 통로는 여러 곳에 있고 로마군이 침투해 본 적이 없는 서부 프로이센 지방에서도 최근 그 흔적이 발견된 적이 있다. 타키투스Tacitus의 기록을 엄격히 해석해 보면 우리는 엠스Ems 강까지는 로마군이 모두 함께 움직였고 병력을 나눈 적이 없었을 것이라고 추정할 수 있다. 그렇다면 그 폰테스 롱고스Pontes longos는 반드시 엠스 강 왼쪽에 코에스펠트Coesfeld 가까운 곳에 있어야만 다. 그러나 앞서 우리가 알 수 있었듯이 타키투스는 이 같이 단정적으로 해석하기에 충분한 근거를 기록해 놓지는 않았다. 케시나Cäcina/Caecina는 엠스Ems 강에 도달하기 훨씬 전에 이미 게르마니쿠스Germanicus와 헤어졌었고 그 폰테스 롱고스는 오스나브뤽Osnabrück 남쪽의 이부르그Iburg 부근에 있었을 가능성도 결코 부인될 수 없다.4)

 그러나 이런 지리문제는 지금의 전쟁사 이해에 있어서는 그리 중요한 문제는 아니다. 중요한 점은 8개 레기온legion과 지원병력까지 총 50,000명 정도에 달했을 대규모 병력을 이끈 게르마니쿠스가 게르만족을 대규모의 전술적인 결전決戰에 응하도록 만들지 못했고 그들을 포위하지도 못했다는 점이다. 그와는 정반대로 보급문제로 인해 로마군이 병력을 나누어 철수할 수밖에는 없게 되었을 때 아르미니우스Armin/Arminius는 그들 중 하나인 케시나Cäcina/Caecina의 병력을 제대로 공격할 장소와 시간을 찾아내었다. 로마인들의 기록에 의하면 아르미니우스는 그들을 매우 위험한 상황으로 몰고 갔으며 이때 만약 게르만족의 무질서와 탐욕이 아르미니우스의 계획을 망쳐놓지만 않았다면 케시나 역시 바루스Varus와 같은 운명에 처했을 것이라고 했다. 게르만족은 아르미니우스의 숙부叔父로서 케루스키Cherusk/Cherusci족의 또 다른 대공大公였었던 인구이오메루스Inguiomerus에게 설득당해 로마군 숙영지를 덮치게 된다. 그러나 이때 그들은 마치 알레시아Alesia 전투 당시의 시저Cäsar/Caesar와 같이(역자 주: 이 책 제VII권, 제IV장 참고) 자신이 할 일이 무엇인지를 알고 적절한 순간에 출격에 나섰던 노련한 케시나에게 패배하고 만다. 이때의 게르만족의 패배는 심각한 패배였다. 게르마니쿠스가 이끌고 갔던 병력도 역시 배 위에서 폭풍우를 만나 큰 피해를 입기는 했지만 결국 케시나와 마찬가지로 성공적으로 본거지에 도착했다.

---

4) 볼프F. Wolf 장군의 《아르미니우스의 위대한 업적Die That des Arminius》에서는 타키투스가 말한 장소는 어떤 면에서 보건 이부르그Iburg와 부합된다고 본다. 그렇다면 케시나Cäcina/Caecina는 오스테르카펠른Osterkappeln이나 브람쉬bramsche 부근에서 게르마니쿠스와 헤어졌을 것이다.

부 기附記

1. 타키투스Tacitus의 《연대기年代記/*Annals*》, I, 56장에서 게르마니쿠스Germanicus가 카티Chatte/Chatti족 지역으로 가기 전 구축했다고 한 "타우누스 산에 있는*in monte tauno*" 요새는 과거에 드루수스Drusus가 구축한 옛 시설을 재구축 한 것이다. 한편 카시우스Dio Cassius의 《로마사*Romanika*》에서 알리소Aliso 요새 구축에 관한 일을 기록한 XLIV, 33장에서는 드루수스가 그 외에도 카티족 지역에서 라인 강에 또 다른 요새를 구축했다고 했는데 이 요새가 바로 타키투스가 말한 "타우누스 산에 있는" 요새라는 추정도 가능해진다. 그럴 경우 카시우스의 기록이 잘못된 기록이 아니라면 "타우누스 산에 있는" 요새는 라인 강변에 있어야 한다. 따라서 최근에 학자들은 마인쯔Mainz에서 훼크스트Höchst 방향으로 2마일(15km) 떨어진 호프하임Hofheim이 바로 이 요새의 위치였을 것으로 지목해 왔고 이곳에서는 아주 오래된 로마군 시설물들이 발견되고 있다. 그러나 이 위치가 정확하다면 이 요새는 주요새主要塞(역자 주: 알리소)와 너무 가깝기 때문에 중요한 요새는 아니었을 것이며 바로 이 때문에 타키투스 외에 다른 사료에서는 이 요새를 언급하지 않았을 것이다. 더욱이 호프하임은 라인 강변이 아닌 것으로 볼 수도 있다. 우리는 카시우스의 말만 보면 그가 말한 요새를 라인 강변의 카스텔Kastell 교두보 같은 것으로 보아야 할 것이다.

하지만 필자는 그와는 다르게 해석하고 싶다. 우리가 결코 잊으면 안 될 것은 카시우스의 기록은 원사료原史料가 아니며 초기의 누군가의 기록을 바탕으로 작성된 것이라는 점이다. 그가 보았던 원사료에서는 드루수스가 알리소Aliso 요새를 구축했던 리페Lippe 전역戰役을 끝내고 라인 강으로 회군했다 다시 카티족 지역으로 가서 또 다른 요새를 구축했다고 기록되어 있었을 가능성이 전혀 없지는 않으며 이런 기록을 발견한 카시우스는 드루수스가 라인 강에 요새를 구축한 것이라고 비약해서 생각했을 수도 있다. 결국 타키투스가 말한 요새와 카시우스가 말한 요새를 동일시하는 것은 추측에 불과할 뿐이다.

프리트베르그Friedberg에 있는 옛 시설물이 진정으로 우리가 찾고 있는 문제의 "타우누스 산에 있는" 요새라는 사실이 발굴을 통해 어느 정도 확인된다. 발굴 결과 아우구스투스Augustus 시대의 유물遺物들이 발견되었다. 그 시대의 주화鑄貨들과 그 시대 도공陶工인 아테우스Ateus의 도자기 조각들 및 스위스 바덴Baden 공장 제품으로 당 세기 초반부에 널리 쓰였던 칼집도 나왔다. 이에 관해서는 《독일역사학 연합회 총회의사록*Protokollen der Generalversammlung des Gesamtverbands der deuttschen Geschichtsvereine*》, 서기 1900년, 65쪽 이하에 수록된 안테스Eduard Anthes의 논문을 참고할 것.

만약 프리트베르그가 우리가 찾고 있는 장소라면 로마군은 왜 리페Lippe에서와 달리 베테르Wetter 강에서는 상류까지 최대한 멀리 이동하지 않았었는지 의문이 생긴다. 그 이유로 여러 가지 요소가 복합적으로 작용했을 수 있지만 특히 주목해야 할 점은 베테르Wetter 통로는 로마군이 소규모 원정 때만 이용되었고 대규모 전투를 위해 멀리 갈 때 이용한 통로는 리페Lippe 통로였다는 사실이다. 로마군은 프리트베르그Friedberg에서 베제르Weser 지역으로 이동할 수 있었으며 베제르 지역부터는 함대艦隊 지원을 받아서 엘베Elbe 지역까지 이동할 수 있었다. 결국 그들이 가능한 최대로 전진해서 필요할지도 모르는 위험한 구조작전을 감당해야만 했던 곳은 프리트베르그였었다. 베테라우Wetterau에는 전진기지前進基地가 있어서 기지로부터 가까이 있을 수 있었으므로 그들은 임무를 수행하기가 쉬웠었다.

2. 타키투스Tacitus의 《연대기年代記/Annals》, I, 56장에는 게르마니쿠스가 서기 15년 카티족 지역으로 가면서 아드라나Adrana(에데르Eder) 강에 도착해 다리를 놓고 있을 때 게르만족 젊은이들이 강을 헤엄쳐 건너와 방해하다 실패했다는 구절이 있다. 흔히 이 장소를 프리쯜라Fritzlar 지역으로 보지만 크노케Knoke는 풀다Fulda 강의 카셀Kassel 지역으로 보려 한다.5) 그는 에데르 강은 헤엄칠 만큼 물이 깊지 않고 아마 로마군은 에데르 강을 주류主流로 간주하고 풀다 강 하류까지도 같은 이름으로 불렀을 것으로 본다. 하지만 우리는 그와 달리 에데르 강은 물살 빠른 강이므로 그 당시 매우 깊었을 수 있다고 볼 수도 있다. 타키투스에 의하면 그해 봄에는 평소와 달리 매우 가물었다고 하지만 실제는 에데르에서 전투가 벌어지기 전에 그의 말대로 기대하고 있던 비가 내렸을 것으로 생각할 수도 있기 때문이다.

여하간 이 구절에는 로마인의 과장이 포함되어 있을 수 있다. 이 구절에서는 "남녀노소를 불문한 모든 허약자들quod imbecillum aetate ac sexu"이 로마군의 손아귀로 들어갔고 "젊은이들juvetus"만 헤엄쳐 달아났다고 했다. 그러나 카티족 허약자들도 상당수가 얼마든지 강을 건너 도주할 수 있었을 것이다.

3. 타키투스Tacitus의 《연대기年代記/Annals》, I, 57장은 마인쯔Mainz에서 에데르 사이의 통로 상에서 세게스트Segest/Segestes가 구조된 것으로 보이도록 묘사되어 있다. 그의 말에 의하면 로마군이 라인 강 지역으로 철수한지 얼마 되지 않아서 세게스트가 보낸 밀사가 자신에게 오자 게르마니쿠스Germanicus는 되돌아갈 가치가 있음을 알았다 한다("게르마니쿠스로서는 행군을 되돌릴 가치가 있었다Germanicum pretium fuit, convertere agmen"). 그러나 병력과 함께 마인쯔Mainz에서 에데르까지 간다는 것이 얼마나 힘든 일인지를 우리가 안다면 게르마니쿠스가 즉시 되돌아갈 수는 없었음을 증명할 필요가 없다. 세게스트의 거점이 디멜Diemel에 있었다 해도 로마군이 즉흥적인 전투로 마인쯔로부터 가서 그를 구원해 줄 수는 없었을 것이다. 게르마니쿠스는 그때까지 자신이 거느리고 있었던 병력을 되돌아가게 한 것이 아니라 분명 리페Lippe강을 따라서 작전을 벌이고 있었을 케시나Cäcina/Caecina를 대신 보냈을 것이다. 다시 구축해 놓은 알리소Aliso 기지에 보급품들이 있는 케시나로서는 어려움 없이 그렇게 할 수 있었을 것이다.

---

5) 《게르마니쿠스의 전역Die Kriegszüge des Germanicus》, p. 39.

그러나 쾌프Koepp는 게르마니쿠스가 마인쯔로부터의 통로 상에서 세게스트를 구원하기 위한 작전을 벌일 수 있었을 것으로 믿고 있다(《독일 지역의 로마군 *Die Römer in Deutschland*》(서기 1905년), 34쪽). 그는 게르마니쿠스가 아직 라인 강까지 가지 못한 상태에서 아마 아직 에데르Eder에 있었을 때 발걸음을 되돌린 것일 뿐이며 세게스트의 거점은 디멜Diemel이었을 것으로 본다. 따라서 그는 세게스트를 구조하기 위해 가야 할 길은 마인쯔까지 되돌아가는 거리의 절반에 불과했을 것으로 추정하고 있다. 쾌프는 그 정도의 역행군을 불가능하다고 말할 수 없다고 한다. 타키투스의 원문만 보면 케시나가 아니라 게르마니쿠스가 세게스트를 구조했던 것이 분명하다. 그러나 로마군은 구조에 나설 때뿐 아니라 돌아올 때도 식량이 있었어야 한다. 케루스키Cherusk/Cherusci족 영역이 디멜까지 이르렀을 가능성이 전혀 없다는 점은 전혀 고려하지 않더라도 에데르에서 디멜까지 가려면 처음에 계획했던 식량의 50%는 더 필요했을 것이다. 게르만 지역에서 로마군의 보급문제의 중요성을 필자와 달리 평가하는 사람이라면 쾌프와 같이 게르마니쿠스가 에데르 강을 건너 세게스트를 구원하러 간 것으로 믿을 수도 있을 것이다. 하지만 쾌프와 같이 보급문제의 결정적인 중요성을 원칙상 알고 이를 인정하는 사람이라면 이 문제에 관한 타키투스의 기록을 인정해서는 안 된다.

케쓸러Kessler의 《게르마니쿠스의 전설*Die Tradition über Germanicus*》에서는 사료분석을 통해 타키투스가 혼동을 한 과정을 훌륭하게 설명하고 있다(다음의 제Ⅵ장, 부기 5 참고).

제 VI 장
전쟁의 절정기絶頂期 및 종료

　앞서 우리는 로마군의 전쟁 수행에서 알리소Aliso 요새가 얼마나 중요했었는지 알 수 있었다. 아르미니우스Armin/Arminius는 이듬해인 서기 16년 이 요새를 탈취하기 위해 포위했지만 게르마니쿠스Germanicus가 6개 레기온legion을 거느리고 다시 접근해 오자 단 한 번의 전투도 치르지 못한 채 포위를 풀고 철수했고 이로써 주도권을 다시 또 로마군에게 넘겨주게 된다.

　서기 16년 전역에 관한 타키투스Tacitus의 기록은 이전 전역에 관한 기록들보다 더 불명확하다. 이 기록은 너무 큰 본질적 모순 때문에 전면 수정 없이는 사건 이해가 전혀 불가능하다. 타키투스는 처음 게르마니쿠스가 상황을 어떻게 판단했었는지에 대해 구체적으로 서술했다. 그의 판단에 의하면 로마군은 정면전투와 개활지에서는 적을 격퇴할 수 있지만 적은 숲과 늪지의 도움을 받을 수 있다. 여름은 짧고 겨울은 빨리 온다. 그에게는 부상자 문제보다 더 어려운 것이 행군과 보급 문제이다. 골Gallien/Gaul 지역에서 말馬 공급이 줄고 있다. 길고 긴 호송대열은 적에게 기습의 기회를 제공하고 방어는 어려울 것이다. 그가 수로水路로 이동하면 적은 예상밖에 그에게 필요한 다른 장소로 나타날 것이다. 레기온legion들과 보급대열들을 함께 이동시키면 전쟁을 일찍 시작할 수 있을 것이고 기병대와 말도 건강한 상태로 게르만 지역 중심부에 도착해서 작전을 준비할 수 있을 것이다. 게르마니쿠스는 이런 점들을 모두 고려해서 선박 1,000척 규모의 함대를 준비한 후 과거와 같이 엠스Ems 강까지는 배로 가고 엠스에서 베제르Weser 강까지 긴 거리는 육로로 이동했다 한다.1) 그의 말대로라면 작년과 큰 차이는 처음에 절반이 아니라 전 병력이 함께 배로 이동한 점일 것이다. 그러나 로마군에게는 이러한 변화가 별 소득이 없었을 것이다. 케시나Cäcina/Caecina가 거느린 일부 병력이 리페Lippe에 기지基地를 두고 있었던 작년과 달리 병력을 집중시킴에 따라 이동이 훨씬 힘들어졌을 것이기 때문이다. 또한 게르마니쿠스가 출발 전 6개 레기온과 함께 이미 알리소Aliso 부근에 있었던 사실을 상기해 보면 이해의 작전은 전혀 이해할 수 없는 작전이다. 알리소에서 베제르로 육로로 직접 갔다면 4일 이상은 걸리지 않았을 것이다. 그러나 그가 엠스Ems로 가려면 역행군을 해서 배를 타야

---

1) 타키투스의 《연대기年代記/Annals》, II, 6장에서는 마치 파도를 의식한 것인 듯 바닥이 유달리 평평한 선박이 건조되었다고 한다. 그러나 크노케Knoke의 설명과 같이 이런 선박의 건조는 강의 상류로 최대한 멀리 올라가기 위한 것이었다고 보는 것이 보다 정확할 것이다.

했을 것이다. 또한 엠스Ems에서 육로로 베제르Weser까지 가는 데만 해도 최소한 8~10일은 걸렸을 것이다. 이렇게 가는 것이 말과 병력의 힘을 빼지 않고 게르만 지역 중심부까지 가려는 특별한 방법이었을까?

더욱이 타키투스Tacitus는 엠스에서 베제르까지 육로행군에 대해서는 아무 말이 없고 병력이 엠스 강의 둑에 도착했을 것으로 추정되는 때에 이미 베제르까지 도착한 것으로 기록해 놓았다.

이런 혼동을 설명할 유일한 방법은 타키투스가 엠스와 베제르의 이름을 혼동했다고 보는 것이다. 우리는 드루수스Drusus와 티베리우스Tiberius가 이미 베제르와 엘베Elbe까지 배로 갔었다는 것을 알고 있고 또 베제르 하구河口의 카우키Chauken/Chauci족은 로마군에 복종했었고 바루스Varus의 패배 이후 서기 14년까지도 로마군 요새 하나가 그들 영역 내에 있었음을 알고 있다(앞의 제III장, 부기 2 〈베제르 강 하구의 로마군 초소〉 참고). 후에 아르미니우스Armin/Arminius가 그의 동족들에게 한 연설 중에는 로마군이 바다로 우회하는 길을 택했기 때문에 아무도 그들이 도착한 즉시 접촉할 수 없었고 그들을 격퇴했다고 해도 추격할 수는 없었다는 구절이 있다. 만약 로마군이 엠스에서부터 육로로 장거리행군을 했었다면 이 연설은 말이 되지가 않는다. 우리가 앞서 인용한 다른 구절(앞의 제V장, 첫 부분 참고)에는 엠스 강에서 라인 강으로 돌아온 병력이 돌아오기 전에 베제르 강에 가본 적이 있는 것처럼 기록된 부분이 있는데 앞서 말했듯이 이는 타키투스가 게르만 지역에 있는 강들의 지리적 위치를 모르고 있었음을 보여주는 구절이다. 지금도 역시 강 이름들이 혼동되었음은 의문의 여지가 없다. 게르마니쿠스는 배편으로 엠스가 아니라 베제르로 가서 바로 케루스키Cherusk/Cherusci족 영역의 경계지점에서 내렸던 것이다. 그러나 이 해로海路 원정에는 로마군의 전 병력이 아니라 일부 즉, 4개 또는 2개 레기온legion만 참여한 것이 분명하다. 좀 작은 듯도 하지만 2개 레기온이 거의 정확한 규모가 분명하다. 만약 알리소Aliso 부근에서 함께 있던 다른 6개 레기온 중 일부라도 육로로 라인 강까지 가게 한 후에 그곳부터 배를 타고 북해를 경유해 베제르 강을 따라 베스트팔리카 관문Porta Westphalica까지 가게 하려 했었다면 이해하기 매우 어려운 노력이 필요했을 것이다.2) 게르마니쿠스의 인격과 능력에만 모든 관심이 집중되어 있던 타키투스Tacitus로서는 물론 보다 큰 병력이지만 게르마니쿠스Germanicus와 같이 있지 않았고 그들에게는 기록할 만한

---

2) 이 병력 중 게르마니쿠스를 엄호하던 일부가 회군回軍했던 이유는 설명이 불가능하지는 않을 것이다. 게르마니쿠스는 그의 레기온들과 함께 알리소로 와서 전에 그의 아버지의 명예를 기리기 위해 세운 적이 있는 제단祭壇을 다시 세워놓고 축제를 열어 헌정했기 때문이다. 이럴 경우 빨리 이동할 수 있는 기병대가 기동이 느린 레기온보다는 더 좋은 엄호병력임은 의문의 여지가 없다. 더욱이 6개 레기온은 알리소에 남겨두고 2개 레기온은 해로로 이동했을 가능성이 더 높을 것으로 보인다.

가치가 있는 사건이 벌어지지 않았던 병력에 대한 언급을 빼놓은 것이 불합리한 일은 아니다. 비록 작은 부분의 병력만 게르마니쿠스와 함께 해로海路로 이동했던 것이지만 이 전역戰役 중 가장 어렵고 가장 중요한 부분인 함대艦隊의 지휘를 게르마니쿠스 자신이 맡았다는 것은 그의 리더십을 보여주는 증거이다.

해로원정대의 목적은 오로지 보급품 수상저장소水上貯藏所를 베제르 강으로 옮기는데 있었다. 이 원정대에 병력이 필요했던 것은 단지 안전 때문이었고 병력이 실제로 2개 레기온 뿐이었다면 이들만 완전편성된 레기온이고 나머지 다른 6개 레기온은 요새들과 라인 강 국경을 지킬 수비병력으로는 남겨졌을 수도 있다. 또 이 해로원정대는 동맹부족인 카우키Chauken/Chauci족이 파견한 큰 병력과 베제르 강에서 합류했을 가능성도 얼마든지 있다. 타키투스는 게르마니쿠스가 돌아올 때를 대비해서 병력 중 일부를 겨울숙영지로 보냈다고 나중에 분명히 말했다 (《연대기年代記/Annals》, II, 23장).

따라서 필자는 게르마니쿠스가 얼마가 되었건 그의 병력의 일부를 거느리고 배편으로 베제르까지 가는 동안 나머지 병력은 알리소Aliso에서 되레협곡Dörenschlucht을 지나는 지상통로를 따라서 그와 합류하러 갔을 것으로 추정한다. 두 병력은 베제르 중류의 어느 곳에서, 아마도 민덴Minden 쯤에서 합류했을 것이다.

주력은 게르마니쿠스의 함대가 베제르까지 가기를 기다리던 오랜 시간 동안 알리소에 머물며 견고한 직행도로를 만들어 이 지역을 라인 강과 연결함으로써 알리소 지역의 안전을 확보하게 했을 것이다.3)

사료기록에 대한 이런 수정을 통해 우리는 이 전역戰役의 기본적인 전략개념을 명백하게 알 수 있었지만 이어지는 사건들의 흐름까지 분명히 알 수 있는 것은 결코 아니다. 타키투스는 게르마니쿠스가 두 차례의 큰 전투 즉, 베제르 강 옆의 이디스타비소Idistaviso에서 벌어진 전투와 안그리바리Angrivarier/Angrivarii족과 케루스키Cherusk/Cherusci족의 경계지점인 둑 위에서 벌어진 전투에서 게르만족을 격파했다고 한다. 이 기록에는 참고할 지리적 위치가 분명히 언급된 것으로 보이지만 이동상황이 불명확해서 학자들은 전투장소가 베제르 강의 좌안左岸인지 우안右岸인지 또는 두 번째 전투가 전진 중 발생한 것인지 철수 중 발생한 것인지를 모른다. 로마군이 대승을 거두었다는 주장은 매우 의심스럽다. 로마군에게는 이로 인해 아무런 소득도 없었을 것이기 때문이다. 더욱이 타키투스Tacitus 자신의 뒤의 기록을 보면 마로보두스Marobod/Marobodus와의 전투에서 아르미니우스Armin/Arminius가 로마군

---

3) "알리소 요새와 라인 강 사이의 모든 지역에는 새 리미티부스가 완전히 건설되었다*cuncta inter castellum Alisonem ac Rhenum novis limitibus aggeribusque permunita*"는 말은 바로 이런 뜻이다. 이와 관련하여 뒤의 부기 6 (역자 주: 델브뤼크의 원문에는 부기 3으로 되어 있으나 오기誤記로 보고 고쳤다)을 볼 것.

에게 패배한 것이 아니라 이긴 것으로 묘사되어 있다.(역자 주: 후일 게르만족은 로마군에 끝까지 대항하는 게르마니쿠스 편과 로마군에 협력하는 마로보두스 편으로 나뉘어서 내전을 벌이며 이때 전투에서는 아르미니우스가 이긴 것은 분명하지만 그 자신은 친척들의 배신으로 인해 이 내전에서 결국 살해된다.) 이 전투들에 관한 세부적 설명들은 불분명하고 모순될 뿐 아니라 전술적 관점에서 볼 때 전혀 불가능한 설명이다. 필자는 이 전투들이 과연 실제로 있었던 것인 지부터 의문이 생길 정도이다.

병력을 나누어 협동작전을 편 로마군을 상대로 아르미니우스가 도대체 어떻게 정면 대결을 할 수 있다고 보았을까? 지금까지 연구로 우리는 이 케루스키Cherusk/Cherusci족 대공大公이 로마군의 상단점을 정확하게 판단하고 있었던 인물임을 알게 되었다. 그는 개활지 전투를 회피하면서 기습공격의 기회를 노리고 있었다. 그는 그 사이에 외교를 통해 게르만족 연합군의 범위를 크게 확장시켰고 작년에 비해 훨씬 더 많은 가용병력을 보유하게 된 것은 사실이나 그의 전략은 여전했었다. 금년에는 게르만족이 기습공격을 가할 수 있을 만한 대규모 보급대열이 로마군에게 없었다. 케루스키족이 로마군을 회피하자 로마군으로서는 그들의 영역을 돌아다니며 약탈하고 불태우는 일 외에 달리 할 일이 없었다. 이런 작전을 좀 더 유리하게 수행하기 위해 로마군은 병력을 나누었다. 이런 로마군의 조치는 어떤 경우이건 게르만족에게는 로마군 전체와 맞서서 방어전을 펴는 것보다는 유리한 기회가 되었을 것이다. 게르만족이 분리되지 않은 로마군과 맞서서 정면 대결을 한다면 어느 곳에서 전투를 벌이건 로마군은 압도적으로 우세한 대규모 병력으로 게르만족을 포위해서 격파했을 것이기 때문이다.

로마군이 대규모의 결정적 승리를 거두었다는 것은 그런 승리의 영향이 아무 것도 나타나지 않는 그 후의 사건들을 보아도 그렇고 아르미니우스가 패배를 모르는 인물로 계속 묘사된 타키투스Tacitus 자신의 뒤의 기록들을 보아도 그렇고 여하간 불가능한 일이다.4) 반면에 로마군이 패했다고 보는 것 역시 불가능하다. 그들이 패했다면 라인 강까지 돌아온 병력이 매우 적었을 것이다. 이 두 차례 큰 전투가 결정적 승부를 내지 못하고 끝났다고 보기도 역시 불가능하다. 첫째, 실제로 무승부로 끝난 다른 대규모 전투에서는 언제나 쌍방의 피해가 너무 컸기 때문에 이 전투들의 경우에도 타키투스의 기록과 같은 일방적인 기록일지라도 그런 피해가 어디에선가 언급되지 않을 수가 없다. 둘째, 로마군이 진정한 대규모의 전투에서 승리하지 못했다면 이는 로마군으로서는 완전한 전략적 패배나 마찬가지였을 것이다. 로마군은 이 전투현장에 전 병력이 함께 있었다. 그들이

---

4) 훼퍼Paul Höfer의 《게르마니쿠스의 서기 16년 전역Der Feldzug des Germanicus im jahre 16》 (서기 1885년)은 이를 잘 입증하고 있다.

이런 집결된 병력을 가지고 정면전투를 벌이면 절대적으로 확실한 승리를 거두
어야 한다는 것은 그들의 전쟁수행의 기초일 뿐 아니라 그들의 전반적인 정치적
지위의 기초이기도 했다. 이는 비단 게르만족과의 관계에서만 그런 것이 아니라
세계 어느 민족과의 관계에서도 그랬었다고 볼 수 있다.

따라서 필자는 이디스타비소Idistaviso 전투와 안그리바리Angrivarier/Angrivarii족 경계선
시설인 둑 위에서 벌어진 전투를 우화寓話에 불과한 것으로 본다. 로마인들의 기
록을 가지고는 오늘날 우리는 이들을 실제 사건으로 믿을 수 없다. 전투의 결과
가 아무것도 없고 객관적으로 볼 때 이런 사건이 있을 수 없기 때문이다. 소규
모 접전들은 있었을 수 있다. 게르마니쿠스Germanicus의 이 전역戰役에 관해 타키투
스Tacitus가 직접 또는 간접으로 보았던 사료는 시구詩句에 불과했을 것으로 보는
사람들도 있다.5) 필자도 그랬을 가능성이 매우 높다고 고백하지 않을 수 없다.
아르미니우스Armin/Arminius와 강 건너 있던 그의 동생 풀라부스Flavus 사이의 대화들,
깊은 밤 숙영지를 배회하는 게르마니쿠스와 이때 그가 우연히 엿듣게 되는 자신
에 대한 병사들의 찬양소리, 바다 위에서의 회항回航과 같은 오딧세이적 이야기
등 이 전역에 대한 설명들은 전쟁서사시戰爭敍事詩 작가들에게나 어울리는 모험적인
일화들과 화려한 장면들로 가득 채워져 있다. 반면 전략적 지리 문제는 객관적
기록이라고는 거의 말할 수 없을 정도로 소홀히 취급되었다.

따라서 필자는 이런 세부사항은 모두 무시하지만 그럼에도 불구하고 일반상황
에 대한 분석을 통해 전략적인 맥락을 파악하고 이를 재구성해 보는 것이 전혀
불가능하지는 않을 것으로 믿는다.

어쨌건 우리는 지금 잘못된 기록들을 근거로 아무 생각 없이 즉흥적으로 수행
된 무계획적인 전투를 말하고 있는 것은 아니다. 우리가 알고자 하는 것은 경험
많은 최상의 전문가가 넓은 시야를 가지고 모든 세부사항들까지 분석해서 세워
놓은 전쟁계획인 것이다. 사료의 기록자들이 젊은 게르마니쿠스의 능력을 과장
해서 묘사했을 가능성도 있지만 인간특성에 대한 날카로운 판단력을 지녔었던
아우구스투스Augustus와 티베리우스Tiberius는 분명히 그에게 가장 노련한 장교들 중
한 사람을 참모로 붙여 주었을 것이다. 또 이때의 전쟁계획은 군수뇌부의 동의
를 받은 것일 뿐 아니라 티베리우스에게도 제출되어 승인된 것임이 분명하다.
또한 티베리우스는 매우 탁월한 장군으로서 게르만족을 너무나도 잘 알고 있었
으므로 그의 승인과정에서 이 전쟁계획이 현명하고도 합리적으로 다듬어졌을 것
이다. 사료에 분명히 기록된 사실들을 기초로 다양한 논리적 가능성들을 발견할
수 있다면 우리는 그 중 어느 하나만을 고집할 수는 없다. 그러나 필자가 알 수

---

5) 훼퍼Paul Höfer의 《게르마니쿠스의 서기 16년 전역*Der Feldzug des Germanicus im jahre 16*》.

있는 범위 내에서는 그리고 지금껏 발표된 다양한 논문들을 보면 이 전쟁계획이 주의 깊게 작성된 것이라는 가정 하에 그 전반적 맥락을 설명할 수 있는 요소는 단 한 가지뿐이다. 우리는 이 한 가지 요소를 전제로 연구를 진행해야 한다.

타키투스Tacitus의 《연대기年代記/Annals》, I, 58장에 의하면 세게스트Segest/Segestes는 로마군 편으로 넘어왔을 때 자신이 로마군과 자신의 고향 동료들 사이에서 중재 역할을 맡겠다고 제안했었다.

설령 이런 구절이 기록에 없었다 해도 우리는 세게스트가 그런 말을 했을 것으로 보아야 할 것이다. 아테네의 폭군 히피아스Hippias에서부터 시작해서 프랑스 대혁명 당시 프랑스 귀족들과 서기 1848년의 독일 공화주의자들에 이르기까지 역사상 망명자émigré들은 항상 고향땅에서 많은 동족들이 자신이 돌아오기만을 기다리고 있다는 공통적인 환상幻想 속에서 망명생활을 했었다. 아르미니우스의 양아버지 세게스트에 이어 그의 아우인 친아버지 시기메르Sigimer 역시 서기 15년 말에 이미 로마군 편으로 붙었다. 우리는 이 두 케루스키Cherusk/Cherusci족 대공大公들이 게르마니쿠스Germanicus에게 만약 그가 큰 병력을 이끌고 베제르Weser 강으로 가기만 하면 케루스키족이 아르미니우스를 버리고 자신들 편으로 즉, 로마군 편으로 오도록 보장하겠다고 제안했을 것으로 볼 수 있다. 우리는 그런 점이 게르마니쿠스의 계획에 일정한 역할을 했을 것으로 볼 수 있을 뿐 아니라 그렇게 보지 않을 수 없다. 그러나 실제로 그랬었다 해도 로마군이 작전구역을 케루스키족 영역으로 돌렸던 것은 명백한 실수였다. 로마군은 서기 14년과 15년에 마르시Marser/Marci족, 브루크테리Bructerer/Bructeri족 및 카티Chatte/Chatti족의 영역은 물론 그들 중간에 살았을 소규모 부족들의 영역까지 아주 심하게 약탈했었다. 브루크테리족의 경우 서기 15년에 로마군의 심한 약탈에 어떻게 버틸 수 있었는지 우리가 이해할 수 없을 정도이다. 만약 로마군이 몇 해 동안 이런 약탈을 반복했다면 약탈을 당한 부족들은 굶어 죽거나 다른 곳으로 이주하거나 로마군에게 굴복하지 않을 수 없었을 것이며 로마군은 이런 식으로 라인 강에서 베제르 강까지 단계적으로 이동할 수 있었을 것이 분명하다. 그러나 단 한 차례의 전역戰役만으로 케루스키족을 굴복시킬 수는 없는 상황에서 로마군이 그런 부족들에게 이제 어느 정도 숨을 돌리고 케루스키족과 병력을 합칠 수 있는 여유를 준다는 것은 케루스키족이나 나머지 부족들 모두를 가볍게 생각했기 때문이다. 대규모 전투들이 있었던 결과 이런 일이 생겼을 것으로 볼 수는 없을 것이다. 당시의 상황이 전년도에 비해 아르미니우스Armin/Arminius에게 전투를 강요할 수 있는 상황이 아니었다. 대규모 전투가 없었음이 분명하다. 게르마니쿠스에 협력한 인물 중에는 아르미니우스의 동생 플라부스Flavus도 있었다. 또한 타키투스Tacitus의 기록에는 언급되어 있지 않지만 아르미니우스의 양아버지 세게스트Segest/Segestes와 그의 동생이며 아르미니우스의 친아버지인 시기메르Sigimer도 로마군에 협력하고 있었을 것으로 볼 수 있다. 만약 케루스키족 대공大公들인 이 세 사람이 자신들의 부족을 분열시켜 그 일부라도 로마군 편으로 넘어오게 할 수 있었다면 아르미니우스가 오래 버티지는 못했을 것이 분명하며 결국 붙잡혀서 로마군에게 넘겨졌든지 아니면 엘베Elbe 강 너머로 도주했을 것이다. 다른 지도자들 밑에 있던 케루스키족은 로마군에게 접수되어 용서를 받았을 것이다. 또한 그 영향으로 라인 강과 베제르Weser 강 사이에 있는 부족들이 로마군에게 우호적 입장으로 변할 수 있었을 것이다. 결국 로마군은 단 한 번의 성공을 통해 엘베 강까지의 모든 지역에서 패권을 확립했을 것이다.

그러나 우리는 아르마니우스와 그의 동생 플라부스Flavus가 베제르 강을 사이에 두고 나눈 것으로 보이는 대화에서 아르마니우스가 이런 정책을 거부했음을 알 수 있다. 그 이후에도 아르미니우스가 적극적으로 타협을 주도했을 것으로 보면 우리는 헷갈릴 수밖에 없다. 심리학적으로 볼 때 그런 일은 결코 있을 수 없다. 이 대화에 관한 이야기가 완전한 허구가 아니라면 한편으로는 싸우면서 다른 한편으로는 협상이 있었다는 것은 시적詩的으로 왜곡한 이야기일 것이다. 협상 내용이 어땠는지는 몰라도 세게스트가 전혀 중재仲裁 약속을 이행하려 하지 않을 수는 없었을 것이다. 그가 중재에 성공하면 대공大公의 권력을 되찾을 수 있었을 것이기 때문이다. 만약 세게스트가 중재를 시도하지 않았었다면 로마인 작가인 타키투스Tacitus는 그의 제안을 전혀 기록에 남기지 않았을 것이다.

사료에 직접 언급되어 있지 않은 요소를 한 전역戰役에 대입시키는 것은 무모한 일로 보일 것이다. 그렇게 하려는 사람은 이를 단지 가정이라고 볼 수 있을 것이다. 그러나 그런 요소 하나를 대입시켜야 게르마니쿠스가 마르시Marser/Marci족과 브루크테리Bructerer/Bructeri족을 완전히 제압하기도 전에 케루스키Cherusk/Cherusci족을 공격한 명백한 실수가 설명될 수 있다. 뿐만 아니라 우리는 위대한 업적의 달성에 욕심이 있는 로마군 지휘관이라면 이와 다르게 행동하지는 않았을 것이라고 말할 수 있다. 그러나 그가 벌인 전역戰役의 기초가 되었던 정치적 전제조건들이 변함에 따라서 위대한 계획은 실패로 끝날 수밖에 없었다. 케루스키Cherusk/ Cherusci족은 긴박한 상황에 몰려 있음을 알고는 마음이 흔들렸을 것이 분명하고 그렇게 많은 귀족들이 이탈했음에도 불구하고 아르미니우스Armin/Arminius는 부족을 자신 편에 붙잡아 두고 사기를 유지시킬 수 있을 정도의 강력한 인품을 지니고 있었다.

이때의 상황은 안토니우스Antonius/Antony가 파르티아Parthern/Parthian를 공격했을 때(역자주: 이 책 제I편, 제IV장, 부기 2 참고)와 유사했다. 로마군은 베제르Weser 지역의 베스트팔리카 관문에서 성공적으로 합류했고 아마도 케루스키족 영역 속으로 더 깊이 침투해서 라이네Leine 강 아니면 알레르Aller 강까지 멀리 들어갔을 것이며 이 강에서 다시 또 그들의 보급품 수상저장소水上貯藏所를 만났을 것이다. 그러나 케루스키족 내의 로마파들은 전혀 나타나지 않았거나 아무것도 한 일이 없었고 또 케루스키족과 카우키Chauken/Chauc족 사이에 있던 베제르 강 중류의 안그리바리Angrivarier/Angrivarii족이 또다시 봉기했기 때문에 로마군으로서는 회군回軍 할 수밖에 없었다. 이 회군의 이유를 타키투스Tacitus는 단지 여름이 끝났기 때문이라고 했다. 그러나 타키투스 자신의 말로도 게르마니쿠스는 같은 해 가을에 계속해서 카티Chatte/Chatti족과 마르시Marser/Marci족을 상대로 두 차례나 대규모 원정을 나갔다고 하므로 그가 말한 회군의 이유는 의심을 받아왔다. 지금까지의 평가대로 그가 실제로 엠스Ems 강에서 회항回航했었다면 그런 의심은 타당한 의심이 된다. 그러나 그의 원정범위를 베제르 강까지로 보면 모든 문제들이 해결된다. 게르마니쿠스는 그의 거대한 수송함대가 북해北海의 가을 폭풍우를 뚫고 가야만 하는 지경까지 사태를 끌고 가면 안 되었을 것이다. 그러나 그가 폭풍우를 만났던 것을 보면 그는 아직도 게르만족을 길들일 수 있다는 희망 아래 아주 멀리까지 장악할 수 있을 것으로 기대하면서 적어도 9월 초까지는 케루스키족 영역에서 기다리고 있었던 것으로 보인다. 그는 9월말에는 라인 강으로 돌아왔지만 여전히 경계선 상의 부족들을 상대로 10월에 두 차례나 원정을 나갈 수 있었다.

타키투스의 기록을 전쟁서사시戰爭敍事詩에 불과한 것으로 본다면 이 전역戰役의 전략개념을 설명하면서 정치 문제에 관한 언급이 전혀 없는 것이 자연스런 일로 보일 것이다. 전쟁서사시에는 그런 무미건조한 문제가 어울리지 않기 때문이다. 물론 그의 기록을 전쟁서사시에 불과한 것으로 볼 근거는 없지만 그가 게르마니쿠스를 찬양한 태도를 보면 그가 정치적 문제를 언급하지 않은 이유를 우리는 충분히 이해할 수 있다. 그런 상황적 측면을 언급하려면 그는 게르마니쿠스의 과오를 인정하지 않을 수 없었을 것이다. 그러나 이 전쟁은 애초에 승리한 전쟁으로 보이도록 예정되어 있었고 타키투스는 그런 인상을 주는 데 성공했다. 그의 기록에 의하면 로마군은 케루스키Cherusk/Cherusci족을 두 차례의 큰 전투에서 거의 섬멸 수준까지 격파했지만 단지 계절이 변해서 라인 강으로 회군했고 계절변화가 로마군의 게르만 지역 중심부 잔류를 방해한 것으로 되어 있다.

그러나 우리는 바로 이런 사실로부터 로마군이 게르만 지역의 중심부에 머문다는 것이 무엇을 의미하는지 알 수 있다. 게르마니쿠스Germanicus는 군사적 측면에서는 두 차례의 전역戰役을 성공적으로 수행했지만 알리소Aliso에서도 그렇고 베제르 지역에서는 더더욱 감히 겨울을 보낼 수 없었고 라인 강으로 돌아가야만 했었다. 로마군은 리페Lippe 강 남쪽과 북쪽에 살던 브루크테리Bructerer/Bructeri족과 마르시Marser/Marci족을 굴복시켜서 그들이 로마의 지배권을 인정하도록 만들지 못하는 한 리페 상류의 겨울숙영지는 너무 위험하고 불편했으며 자신들이 게르만족에게 줄 수 있는 피해는 자신들이 기울인 노력에 비해 하찮은 것이었다.

전쟁의 종료

게르마니쿠스가 치른 전역들의 결과를 종합적으로 검토해 보면 비록 로마군이 군사적으로는 우위를 차지하고 있었다 해도 그 결과는 대체로 실패였음이 분명하다. 그러나 전혀 소득이 없는 것은 아니었다. 타키투스Tacitus의 기록에 의하면 안그리바리Angrivarier/Angrivarii족은 결국 로마군에게 굴복했고 로마군의 호감을 얻기 위해 타 부족들이 억류하고 있던 포로들까지 몸값을 주고 찾아와서 로마군에게 되돌려주었다고 한다. 또 로마군은 이미 프리스Friesen/Friesians족과 카우키Chauken/Chauci족과 동맹을 맺고 있어서 베제르Weser 지역에 진지陣地 하나를 구축하고 이를 기점으로 케루스키Cherusk/Cherusci족에게 큰 압력을 행사할 수가 있었다고 한다. 그러나 우리는 안그리바리족이 로마군에게 굴복했다는 기록을 의심해 볼 수 있다. 또한 로마군에게 우호적이었던 카우키족은 엘베Elbe 강 하구河口까지 점령하고 있었던 부족인데 그들이 과연 어느 부족들로부터 침몰선박의 포로들을 몸값을 지불하고 찾아왔는지도 이해하기 어렵다. 그러나 여하간 강력한 로마군은 베제르 강과 엘베 강 사이까지 진출했었고 비록 고향으로 돌아가던 길에 선박 침몰로 피해를 입기는 했지만 케루스키족 영역에서 많은 파괴활동을 벌였음은 분명하다. 로마군은 이듬해에는 아무 방해 없이 돌아갈 수 있었다.

시저Cäsar/Caesar는 일단 골Gallien/Gaul 지역으로 간 후에는 패배한 경우에도 결코 그곳을 떠나지 않았었다. 그러나 게르만 지역에서 로마군은 수시로 라인 강까지 되돌아가야 했다. 숲과 목초지뿐인 게르만 지역에서 식량을 자급할 수 없었기 때문이다. 그들은 좀 더 오래 전쟁을 계속했었다면 우선 케루스키Cherusk/ Cherusci족 지역으로는 다시 들어가지 않았겠지만 브루크테리Bructerer/Bructeri족과 마르시Marser/Marci족은 완전히 격파할 수 있었을 것이다. 그러려면 물론 매우 큰 노력이 필요했을 것인데 그들은 겨우 수 개 레기온legion 정도만 게르만 지역 깊숙이 침투시킬 수 있었을 것이다. 한편 시저는 골Gallien/Gaul 전역이 끝날 무렵 최소한 11~12개의 레기온을 보유하고 있었지만 게르만 지역에서 게르마니쿠스Germanicus에게는 겨우 8개 레기온 밖에는 없었다. 왜 로마제국은 골 전역戰役 때와 비슷한 병력을 여러 해 동안 라인 강 너머로 계속 보낼 수가 없었는지도 이해하기 어렵지만 게르만족의 변경부족들이 어떻게 로마군을 방어할 수 있었는지도 이해하기 어렵다. 집결된 병력으로 일전一戰을 벌여서 큰 전술적 승부를 낼 수 있을 만큼 충분한 병력을 보유하지 못한 측은 장기적으로 볼 때 결국 패배할 수밖에 없다. 한편 과거의 골족과 같이 게르만족 내에도 로마군에게 우호적인 분파分派를 형성하려는 경향들이 있었음을 우리는 알고 있다. 이미 서기 16년 가을쯤에 마르시Marser/Marci족 대공大公 말로벤두스Malovendus는 동족들의 적에게 붙었으며 그는 토이토부르크Teutoburg 숲 전투 당시 노획했던 로마군 독수리 상像이 숨겨진 장소를 로마군에 알려주었다. 우리는 로마군이 케루스키족을 상대로 두 차례의 큰 전투에서 승리했다는 기록은 전혀 믿지 않지만 로마병사들은 적이 이미 흔들리고 있으며 강화講和 요청을 고려 중이어서 이듬해 여름쯤에는 전쟁이 끝날 것으로 믿어 의심치 않았었다는 타키투스Tacitus의 기록은 어느 정도 사실일 것이다.

우리는 사정이 이러했던 이유를 전투지역만 보고 찾으려 할 것이 아니라 랑케Ranke가 이미 정확히 간파했던 바와 같이 로마제국 지도계층의 내부관계 속에서도 찾아보아야 할 것이다. 티베리우스Tiberius는 아우구스투스Augustus의 양자養子가 되었기 때문에 황제가 될 수 있었다. 그는 아우구스투스와 혈연관계가 없었다. 그러나 게르마니쿠스와 아우구스투스의 관계는 아우구스투스와 시저의 관계와 같았다. 그는 아우구스투스의 누이의 손자로서 아우구스투스의 손녀 아그리피나Agrippina와 결혼했다. 그의 아들들은 따라서 아우구스투스의 진정한 혈통이었다. 로마법에서는 양자에게도 친자親子와 동등한 권리가 있었고 티베리우스는 게르마니쿠스를 양자로 입양하기는 했지만 티베리우스와 게르마니쿠스 가족은 여전히 긴장관계에 있었고 이 때문에 이 가족은 줄곧 위험을 느끼게 되었다. 티베리우스로서는 여러 해 동안 전쟁을 통해 게르마니쿠스와 게르만 지역 레기온legion들 사이의 관계가 마치 과거 시저와 골 지역의 로마제국 레기온들 사이의 관계와 같이 발전되는 것을 자신의 안전을 위해 참을 수가 없었다. 바루스Varus의 토이토부르크Teutoburg 숲 전투와 게르마니쿠스의 세 차례에 걸친 전역戰役은 저 완강한 자연의 아들 게르만족을 굴복시키는 것이 얼마나 놀라울 정도로 어려운 과제인지를 알 수 있게 해주었다. 최고의 권위와 최대한 광범위한 수단들과 수년 동안 자유로운 재량권을 지닌 지휘관이라야만 이 전쟁을 끝낼 수 있었다. 그러나 티베리우스Tiberius에게는 이런 지휘관이 없었다. 사실 그는 이런 지휘관을 만들 생각이 없었던 것이다. 그는 2년 동안 사태의 추이를 지켜보다가 게르마니쿠스

Germanicus를 소환한 다음에는 게르만족을 그대로 방치해 버렸다.

후세들을 위해 가장 필요한 일은 켈트Kelt/Celt족(역자 주: 알프스 남쪽 골 지방의 한 종족)과 같이 게르만족도 로마의 지배권밖에 머물게 하면서 로마화 되지 않게 하는 것이었다. 그 이유는 이중적 측면을 지니고 있었고 중요한 일이 무엇인지 모두 간파한 타키투스Tacitus는 이를 이미 잘 알고 있었다. 그의 기록은 많은 세부내용들이 우리를 만족시키지 못하고 있고 저변에는 전혀 주관적 어조語調들이 문학적인 분위기만 형성하고 있지만 그는 자신이 문제의 진상에 접근했다고 생각했을 것이다. 그는 한편으로는 티베리우스의 의심 때문에 게르마니쿠스가 소환되지만 않았다면 로마군이 승리했었을 것으로, 다른 한편으로는 아르미니우스Armin/Arminius가 게르만족을 해방시켜 준 인물임이 분명하다고 옳게 판단했었다.

아르미니우스는 토이토부르크Teutoburg 숲 전투에서 승리한 후 바루스Varus의 머리를 잘라 마르코마니Markomannen/Marcomanni 지역의 왕 마로보두스Marobod/Marobodus에게 보냈다. 우리는 그의 이런 행위를 모든 게르만족에게 로마에 대항해서 민족투쟁에 나설 것을 요청한 행위로 볼 수밖에는 없다. 그러나 마로보두스는 동참을 거부하고 바루스의 머리를 아우구스투스Augustus에게 보내 장례를 치를 수 있게 했다. 바로 이런 행위를 통해서 우리는 진상을 알 수 있으며 이는 분명히 입증된 사실이다. 오래지 않아 게르마니쿠스 편과 마로보두스 편으로 나뉜 게르만족은 서로 싸우게 된다. 이 내전에서 롬바르디Langobarden/Lombards 족과 연합한 케루스키Cherusk/Cherusci족 지도자 아르미니우스가 이긴 것은 분명하지만 그 자신은 친척들의 배신으로 인해 내전 당시 결국 살해되었다. 이 사건들을 한 세기가 지난 다음에 기록한 로마인 작가 타키투스는 아르미니우스가 게르만족의 해방자였고 이 야만인들은 아직도 그를 찬양하는 노래를 부른다 했다. 그럼에도 불구하고 아르미니우스를 동족들 사이에 잊힌 인물이 되었다가 1,500년이 지난 후에야 학자들의 연구를 통해서 새 생명을 되찾은 인물일 뿐이라고 할 수 있겠는가? 문헌학자들은 자신들이 날카로운 시선으로 아르미니우스의 이런 사후 명성의 한 줄기 빛을 발견해낸 것이라고 주장한다. 그러나 비록 그의 명성은 진정으로 입증될 수 있는 것은 아니지만 그 자체가 큰 시적詩的 영향력을 지니고 있어 결코 잊힐 수가 없없다.

우리는 이 케루스키족 지도자 아르미니우스의 본명도 모르고 있다. "헤르만Hermann"은 그의 본명과 관계가 없고 아르미니우스라는 이름도 그가 로마를 방문해서 기사騎士 작위를 받을 때 얻은 로마식 이름이다. 그러나 그의 친아버지 이름은 시기메르Sigimer였고 독일풍습에서는 아들 이름을 아버지 이름과 두음頭音을 맞추어 짓는 경우가 가끔 있다. 그의 본명이 혹시 시그프리트Siegfried는 아니었을까?

니벨룽겐 노래Nibelungenlied(역자 주: 중세독일의 영웅서사시)의 주인공인 시그프리트는 그 아버지 이름이 세기문트Segimund이다. 타키투스Tacitus의 기록에는 세기문두스Segimundus란 이름을 지닌 또 다른 케루스키Cherusk/Cherusci족 대공大公이 등장한다. 이런 계통 이름은 모두 아르미니우스와 같은 씨족에 속한 인물들의 이름이 분명하다. 시그프리트 영웅담은 기원이 게르만족의 신화에 있지만 로마시대와도 관련이 있다. 시그프리트의 아버지가 활동한 곳은 크산텐Xanten인데 이곳은 로마군의 큰 기지基地였던 베테라Vetera 기지가 여기에 있었을 때만 중요한 곳이었기 때문이다. 아르미니우스와 마찬가지로 시그프리트도 젊은 시절 그가 한참 발전하던 시기에 그의 친척들의 시기와 배신으로 죽었다. 그의 아내는 끝까지 남편에게 충성했고 자신의 친척들을 따르지 않았다. 니벨룽겐 노래에는 없는 말이지만 다른 이야기에 의하면 시그프리트를 죽인 하겐Hagen은 애꾸였다. 아르미니우스의 동생으로 로마편에 붙었던 플라부스Flavus 역시 애꾸였다는 말이 있다. 아르미니우스의 가문은 로마군과 함께 살던 플라부스의 아들 하나를 제외하고는 아르미니우스가 죽은 다음 마치 니벨룽겐의 대공大公들과 마찬가지로 투쟁하다가 멸족 당했다.

만약 아르미니우스가 시그프리트와 같은 인물이었고 그의 인격에 대한 추억이 가장 고결한 인간의 모습으로 전해져 내려온 것이라면 한 민족이 그들의 영웅을 위해 세운 기념비는 모든 기념비 중 가장 고귀한 기념비일 것이다. 사실 이런 이야기는 역사적 실존인물에 관한 이야기로는 너무나 위대한 이야기일 것이다. 이 때문에 우리는 이를 상상의 베일을 통해서만 볼 수 있는 한 우화에 불과한 것으로 생각할 수도 있는 것이다.

부 기附記

서기 16년 전역戰役에 관하여

타키투스Tacitus의 《연대기年代記/Annals》가 지니고 있는 사료적史料的 가치와 성격에 대한 필자의 평가가 정당한 것임을 입증하기 위해 이제 서기 16년 전역에 대한 그의 세부적인 설명 몇 가지를 검토해 보기로 하겠다.

1. 그의 설명에 의하면 로마군은 상륙 직후에 안그리바리Angrivarier/ Angrivarii족이 배후에서 봉기하자 그들을 징벌하려고 스테르티니우스Stertinius 휘하의 부대를 보냈다고 한다. 그러나 이 스테르티니우스는 그다음의 베제르Weser 강 전투와 또 그 직후의 이디스타비소Idistaviso 전투에도 본대와 함께 참여했고 이 전역의 말기에는 또다시 안그리바리족과의 전투에 나가서 그들을 굴복시켰다고 한다. 이런 일이 전혀 불가능하지는 않겠지만 안그리바리족의 배후 봉기가 진압되기 전에 그가 본대로 돌아갔다는 것은 매우 의심스럽다. 이 역사가의 설명이 정확하다고 하더라도 그는 분명히 자신의 설명에 큰 공백 하나를 남겨놓은 것이다.

이 설명 바로 다음에는 베제르 강을 사이에 두고 아르미니우스Armin/Arminius와 플라부스Flavus가 나눈 대화에 관한 말이 나온다. 그러나 베제르 강은 양쪽에 있는 두 사람이 대화를 나누기에는 너무 넓은 강이므로 학자들은 종전부터 이 강이 베제르 강이 아닌 다른 강이었을 것으로 보아야 한다고 생각했었다. 실제로 이 케루스키Cherusk/Cherusci족 형제의 접촉은 시적詩的 허구였을 수도 있고 로마군이 엠스Ems 강으로 원정로를 변경시킨 일을 비난하기 위해 꾸며낸 말일 수도 있다(역자 주: 아르미니우스가 로마군 편에 붙은 동생과 내통해 로마군이 원정로를 엠스로 변경케 했다는 의미로 보임). 타키투스는 자신이 참고한 원사료原史料에서 게르마니쿠스Germanicus가 배로 도착한 강의 이름을 찾아내지 못했을 수도 있다. 그러나 뒤에 그는 분명히 로마군은 엠스 강을 건너갔다고 즉, 적 방향으로 갔다고 했고 또 로마군이 엠스 강을 건넌 후에 케루스키족 대공大公 형제가 대화를 나누었던 강을 분명히 베제르 강이라고 한 것을 보면 그는 로마군의 상륙장소를 엠스 강으로 본 것이다. 하지만 사실상 이런 맥락은 이 시인詩人 같은 작가의 주의력 부족을 말해주고 있을 뿐이다. 그는 형제 간의 대화를 말하기 전에 먼저 로마군이 베제르 강을 건넜다고 했다. 그렇다면 형제가 베제르 강의 동안東岸에 같이 있었던 것이 되는데 그는 이를 생각하지 못한 채 형제가 베제르 강을 사이에 두고 대화를 나누었다고 한 것이다.

게르마니쿠스가 배로 강에 도착한 후 적 방향의 강둑으로 상륙하지 않고 그 반대편 둑으로 상륙해서 다리를 놓느라고 며칠을 낭비한 일에 대한 타키투스의 비판을 보면 우리는 놀라지 않을 수 없다. 그런 비판은 게르마니쿠스를 찬양한 서사시敍事詩라면 있을 수 없을 것이다. 그러나 이는 그가 로마군이 도착한 강의 이름을 혼동했기 때문일 것으로 볼 수 있다. 게르마니쿠스가 베제르Weser 강을 거슬러서 올라갔다면 알리소Aliso에서 올라오는 병력과 레메Rheme나 민덴Minden에서 접촉하려고 먼저 서안西岸에 상륙하는 것이 매우 자연스런 일이다. 그러나 타키투스의 서사시에는 알리소Aliso에서 올라온 병력에 대한 언급이 없고 로마군이 엠스Ems 강에서 상륙했던 것으로 보았기 때문에 강에 도착한 다음 서안에 상륙해야 할 이유를 찾아낼 수 없었던 것이다. 타키투스는 그가 본 기록과 그의 영웅을 전혀 별개로 분석한 결과 결국 그런 큰 실수를 비판해야겠다고 결심한 것이다.

타키투스에 의하면 게르마니쿠스는 베제르 강 건너의 게르만족 대형을 염두에 두고 다리나 방어진지 없이 그의 레기온legion들이 강을 건너게 하는 모험을 하지 않으려고 기병대만 한 도섭지점徒涉地點을 통해 강 건너로 보냈다고 한다. 그러나 이는 전혀 믿을 수 없는 말이다. 어떻게 기병대만 홀로 게르만족을 상대한다는 말인가? 만약 상대방이 게르만족의 본 대형이 아니라 강 건너편의 약간 큰 전초진지前哨陣地 정도여서 기병대로 그들이 다리 건설을 방해하지 못하도록 몰아내게 한 것이라면 우리는 이를 믿을 수 있을 것이다. "이 지휘관은 다리와 방어진지가 구축되지 않았는데 레기온들을 전투에 내보내는 것은 나쁜 지휘법의 징표가 된다고 보았다*Caesar nisi pontibus praesidiisque impositis dare in discrimen legiones haud imperatorium ratus*"는 그럴듯한 말은 미사여구에 불과하다. 그의 기록에는 두 번의 다리건설 즉, 엠스 강과 베제르 강에서의 다리건설이 언급되어 있지만 실제로 두 곳에 다리가 건설된 것은 결코 아니다. 한 곳에서만 다리 건설이 있었지만 그가 보았던 원사료의 내용이 불분명하자 그는 이를 두 개의 사건으로 해석한 것일 수도 있다.

게르만족이 전투장소를 선택했고 로마군 숙영지를 밤에 공격하려 한다는 보고가 게르마니쿠스에게 들어왔다고 한다. 그러나 이는 환상에 불과하다. 게르마니쿠스의 병력은 50,000명 이상이었고 아르미니우스Armin/Arminius의 병력은 그보다는 훨씬 적었지만 야간에 마치 수색정찰 하듯이 적의 숙영지 울타리까지 왔다 철수하기에는 너무 많은 병력이었다.

말을 탄 게르만 병사 하나가 밤중에 적의 숙영지까지 와서 라틴어로 로마병사들에게 귀순을 권했다는 이야기 역시 시적詩的인 허구에 속한다. 그는 로마병사들에게 만약 게르만족에게 귀순하면 여인과 땅과 100세스테르티우스Sestertius(역자 주: 로마의 화폐단위. 복수는 세스터스Sesterce)의 돈을 일시에 주겠다고 약속했다 한다. 로마인 시인詩人의 이런 환상은 단적으로 말해서 너무 빈약한 환상이었다. 타키투스가 이런 말도 안 되는 환상을 반복한 것은 놀라운 일이다.

타키투스는 이디스타비소Idistaviso 전투의 장소에 대해서 "이곳은 베제르 강과 구불구불한 언덕들의 중간지점이며 강둑들이 끝나고 산의 돌출부들에 가로막힌 곳이었다. 뒤로는 숲에 덮인 산줄기들이 정상으로 뻗어 올라가기 시작하고 나무줄기들 사이에 장애물이 없는 곳이었다*is medius inter Visurgim et colles, ut ripae fluminis cedunt aut prominentia montium resistunt inaequaliter sinuatur; pone terugum insurgebat silva, editis in altum ramis et pura humo inter arborum truncos*"고 했다. 이런 말은 경치 묘사로는 적합할지 몰라도 전장戰場 묘사로는 매우 빈약하다. 우리는 이 말을 게르만족의 한 측면은 강에 다른 측면은 나무가 있는 언덕들에 각각 접해 있었고 뒤에는 높은 숲이 있었다는 말로 이해할 수밖에 없다. 한 전투대형 측면이 이곳저곳에서 개활지로 뻗어나가는 여러 강 구비들이나 여러 언덕들에 접해 있을 수는 없는 일이다. 주전투土戰鬪가 벌어진 장소라면 항상 하나의 강 구비와 하나의 언덕에 접해있어야 한다.

로마군의 전투대형에 대해서도 앞에 골Gallien/Gaul 동맹군과 게르만 동맹군들이 서고 그다음으로 보병궁수, 4개 레기온legion, 프레토르 코호르트Prätorischen Kohort/Praetorian cohort(역자 주: 로마의 황제근위대를 말하지만 여기서는 총사령관 게르마니쿠스가 직접 지휘한 코호르트를 말한 것으로 보인다)들과 정예기병, 지휘관에 이어 다시 또 4개 레기온이 차례로 서고 마지막으로 기마궁수와 경무장 병력 및 여타의 동맹군들이 섰다고 묘사되어 있다. 그러나 첫눈에 보기에 이런 대형은 분명히 전투대형이 아니라 기껏해야 행군대형이고 그것도 잘못 이해된 행군대형이다.

한편 케루스키Cherusk/Cherusci족은 언덕 위에 있다 밀고 내려오면서 로마군 측면을 공격하려고 했지만 그들이 언덕에서 내려오고 있을 때 게르마니쿠스는 기병에게 그들의 양 측면을 공격하게 명했고 "기병이 제때 그곳으로 갔을 것이다ipse in tempore adfuturus"라고 했다. 그러나 이는 군사적 관점에서는 이해되지 않는 일이다. 로마 기병이 어떻게 케루스키족의 양 측면을 공격할 수 있었을까? 이미 케루스키족 옆까지 진격해 있다가 그들의 측면을 공격했다는 말인가? 또 게르만족은 얼마나 자신들의 측면방호를 소홀히 했기에 그것도 숲에 덮인 언덕을 넘어서 온 기병들에게 순식간에 포위되었다는 말인가?

또한 이와 동시에 보병이 공격을 했고 앞서 나간 기병은 게르만족의 후미와 측면을 압박해 들어갔다고 했다. 그러나 한쪽은 강 다른 한쪽은 산에 접한 지형에서는 앞서 나간 기병이 그런 식으로 적을 포위할 수 없다. 만약 게르마니쿠스가 다른 먼 곳에 있던 일부 기병을 게르만족 후방으로 보낸 것이라는 의미로 이런 말을 한 것이라면 타키투스Tacitus는 이런 효과적이고도 특이한 기동을 확실하게 언급했어야 했다. 이런 기발한 작전을 그의 문장과 같이 표현한다는 것은 전혀 잘못된 일임이 분명하다. 결국 그의 묘사는 한 시인詩人의 환상에 불과하다.

여하간 이렇게 정면과 측면에서 이중으로 공격을 당한 적은 도주했는데 이때 둘로 나뉘어 있던 병력들이 서로를 가로지르며 도주했다고 한다. 숲 속에 있던 병력은 개활지로 도주하고 개활지에 있던 병력은 숲 속으로 도주했다는 것이다. 이 말의 의미에 대해 우리는 선두에 있던 게르만 병력들이 이미 로마군에 의해 뒤로 밀려나가고 있을 때 뒤쪽 숲 속에 있던 예비대는 로마군이 후방에서 공격해오자 선두 쪽을 향해 도주하는 극단적 경우를 상상해 볼 수도 있을 것이다. 그러나 우리는 타키투스가 말한 장면 변화에 군사적인 의미를 부여하려는 것은 헛수고임을 바로 알 수가 있다. 그는 나중에 다시 또 케루스키Cherusk/Cherusci족이 언덕 위로부터 이 도주중인 무리의 중간으로 밀려 내려왔다고 하기 때문이다.

앞서 그는 케루스키족이 위로부터 밀고 내려왔고 게르마니쿠스Germanicus는 그들을 향해 기병대를 보냈다고 했다. 기병대를 보냈다는 것은 적의 측면으로 보냈다는 말일 수밖에는 없는데 이제 어떻게 같은 케루스키족이 갑자기 중간에 있게 될 수 있을까? 또한 이들이 로마군 궁수들을 공격했고 이 로마군 궁수들은 켈트Kelt/Celt족 보조병력이 구해주지 않았으면 뒤로 밀려났을 것이라 한다. 그러면 레기온legion들은 어디 있었다는 말인가? 더욱이 아르미니우스Armin/Arminius도 카우키Chauken/Chauci족(역자 주: 로마군의 게르만족 동맹군인 것으로 보인다)이 그를 알아보고 그대로 지나가게 했기 때문에 겨우 목숨을 건졌다고 했다. 그렇다면 더더욱 레기온들이 어디에 있었다는 것인가? 앞서 로마군 전투대형을 묘사한 구절에 의하면 레기온들은 골Gallien/Gaul족과 게르만족 동맹군 및 보병궁수에 이어 중간에 있었던 것으로 보인다. 그렇다면 그들은 왜 적의 지휘관을 포획하지 않았다는 말인가?

또한 게르만족 병력 전체가 전장戰場을 뒤덮고 있었던 것으로 보이며 이 야만인들이 포로를 잡으면 묶으려고 준비했던 쇠사슬이 나중에 그들의 숙영지에서 발견되었다고 한다. 이런 쇠사슬 이야기는 서기 1544년의 케레솔레Ceresole 전투 등 전쟁사에서 자주 등장하는 이야기이다. 그러나 쇠가 부족해서 제대로 무기도 만들 수 없던 민족의 경우라면 이런 쇠사슬 이야기는 그들이 승리에 대한 아주 강한 확신을 지니고 있었던 징표일 수도 있고 이를 허구의 이야기로 볼 수 있는 아주 강력한 증거일 수도 있다.

한편 이디스타비소Idistaviso 전투에서 승리한 기념으로 게르마니쿠스가 세워놓은 상징물에 화가 난 게르만족은 다시 도전을 했고 그들이 전투장소로 선택한 곳은 강과 숲에 접한 곳으로서 깊은 늪지가 숲을 둘러싸고 있었다고 한다. 이 기록에 대해 우리는 게르만족이 늪지를 등지고 있었을 것으로는 볼 수 없으므로 늪지가 숲 앞에 있어서 한 측면을 보호해 주고 있었을 것으로 보아야 한다. 한편 강과 늪지 사이에 있는 좁은 평원의 중간에는 안그리바리Angrivarier/Angrivarii족의 경계선 시설인 둑이 가로지르고 있었다고 했다. 이상은 매우 분명한 지형묘사임에도 불구하고 전투 자체에 대한 설명과 전혀 앞뒤가 맞지 않는다. 로마군이 이 평원으로 쉽게 침투했다 했는데 이 평원은 어디라는 말인가? 또한 로마군은 기병을 숲으로 보냈다고 했으므로 늪지는 숲의 앞이 아니라 뒤에 있었던 것이 되고 그렇다면 게르만족은 퇴로退路도 없는 곳을 전투장소로 택했었다는 말이 되고 만다. 또한 좁은 평원의 중간의 둑을 넘을 것으로 예상되던 로마군이 둑을 넘지 않았지만 게르마니쿠스는 레기온legion들에게 이 둑이 있는 평원에서 떠나게 한 것이 아니라 단지 뒤로 물러서게만 한 다음 궁수와 투석수들에게 둑 너머로 화살과 돌을 날려보냄으로써 결국 게르만족을 후퇴하게 만들었다고 한다. 또한 그 결과 이제 전투가 숲 속에서 계속되어서 게르만족은 실제로 늪지를 등지게 되었지만 이런 상황이 그들로서는 그리 나쁠 것이 없었는데 이는 그들이 늪지를 등지게 된 만큼 로마군은 강을 등지게 되었기 때문이라고 했다. 그러나 타키투스Tacitus의 이 말은 양측 지휘관이 모두 퇴로退路도 없이 대치할 만큼 형편없는 전술가들이었다는 의미가 아니고 단지 그에 이어 "양측의 배치는 전면전을 요구했다. 용기만이 희망을 주고 승리만이 안전을 지켜주게 되었다*utrisque necessitas in loco, spes in virtute, salus ex victoria*"는 미사여구를 늘어놓기 위한 발판이었을 뿐이다.

마지막으로, 전투가 곧 끝날 것 같지 않자 로마군 지휘관은 1개 레기온legion을 빼내서 숙영지를 구축하게 하고(사전에 숙영지도 만들어 놓지 않고 이런 전투를 벌였다니 정말 이상한 로마군 지휘관이다) 나머지 레기온들은 밤까지 공격을 계속해서 적을 무너뜨렸지만 기병전투는 승부가 나지 않았다고 했다. 그러나 파살루스Pharsalus 전투에 대한 시저Cäsar/Caesar의 설명(역자 주: 《내전기內戰記/De Bello Civili》, III, 92. 93절) 같은 실제 전투기록을 직접 보면 우리는 보병전투에서 이 같이 결정적인 승리를 거둔 군대가 기병전투에서는 승부를 내지 못하는 경우란 있을 수 없는 일임을 곧 알게 된다. 그뿐이 아니다. 안그리바리족의 경계선 시설인 둑에서의 전투에 관한 타키투스의 설명을 읽어보면 진실한 말은 하나도 포함되어 있지 않다는 것을 우리는 곧 알 수 있게 된다.

2. 게르마니쿠스Germanicus의 이 전투들과 비슷한 경우로 우리는 브리튼Brittannier/Briton족에 대한 아그리콜라Agricola의 큰 승리와 베드리아쿰Bedriacum의 두 전투에 관한 타키투스의 기록(역자 주: 아그리콜라는 타키투스Tacitus의 장인丈人으로서 타키투스는 그의 전기傳記인 《아그리콜라Agricola 전傳》을 썼다)을 인용해 볼 수 있다.

브리튼족에 대한 승리의 기록은 전체적으로 단순하고 이해하기가 쉬운데 이는 그리 가치가 없는 작전을 마치 큰 승리를 거둔 작전처럼 보이게 기록된 것임이 분명하다는 증거이다. 아르리콜라가 보유한 8,000명의 연합군 병력과 기병대는 브리튼족을 정복하기에 충분했었다. 제2제대梯隊 또는 예비대로 서 있던 레기온legion들은 전투에 전혀 참여하지 않았는데 타키투스는 그 이유를 "레기온들은 보조병력들이 뒤로 밀릴 경우를 대비해 예비대로 숙영지 울타리 앞에 서 있었다. 로마인들의 피를 흘리지 않고 이긴 전투는 더 위대한 승리가 될 것이기 때문이었다*legiones pro vallo stetere, ingens victoriae decus citra Romanum sanguinem bellanti, et auxilium, si pellerentur*"라고 했다. 만약 이 말이 진실이라면 우리는 아그리콜라를 아주 무능한 지휘관으로 보아야 할 것이다. 이어서 타키투스는 브리튼족 병력이 크게 우세해서 로마군은 한때 큰 압박을 받았다고 했는데 만약 아그리콜라가 많은 레기온들을 예비대로 방치해 두지 말고 그 일부를 즉시 전투에 투입했다면 그런 어려움이 없었을 것이기 때문이다. 그렇게 위험한 상황이 있었다는 말은 사실은 레기온들을 예비대로 대기시켜 놓았다는 말이나 브리튼Brittannier/Briton족이 크게 우세했다는 말과 함께 이야기를 흥미 있게 꾸미려는 허구虛構였을 것이다. 브리튼족은 거의 저항할 수 없을 정도로 병력이 적어서 로마군은 제1제대梯隊를 접근시키는 것만으로도 충분히 그들을 도주하게 할 수 있었고 실제 전투는 벌어지지도 않았을 것이다.

베드리아쿰Bedriacum의 두 전투에 관한 기록에서는 우리가 배울 것이 더 없다. 이 내전内戰에 관한 타키투스의 기록은 전체가 미사여구뿐이어서 전쟁사의 관점에서는 거의 무가치한 것이다.

타키투스Tacitus에 의하면 로마군이 보아드케아Boadicea를 굴복시킨 전투에서 10,000명의 로마군 중 전사자가 400명에 불과한 반면 브리튼족은 약 80,000명이 죽었다 한다(《연대기年代記/Annals》, XIV, 34장). 그러나 카시우스Dio Cassius에 의하면 브리튼족의 병력은 320,000명이었다고 한다(《로마사Romanika》, XLXII, 8장). 학문적 배경이 꽤 튼튼한 학자나 비평가들 중에서도 아직 사료에 기록된 페르시아 전쟁 당시 페르시아 군 측의 한없이 많은 병력수를 부인하지 못하는 사람들도 있으며 절대로 부인할 수밖에 없을 경우라 해도 이를 1/10로 줄여 볼 수는 있어도 결코 1/100로 줄여 볼 수는 없다고 생각하는 사람들도 있다.

3. 담Dahm 중령中領은 군사적 관점에서 보완하면서 서기 16년 전역에 관한 타키투스의 기록을 해명해 보려고 한다.6) 그러나 필자는 《독일 문예평론Deutsche Literat-enzeitung》, 제3권(서기 1907년 1월 17일)에 수록된 인터뷰에서 그의 책에 대한 의견을 다음과 같이 말했다.

담 중령은 타키투스의 《연대기》, II, 8장에 쓰여진대로 로마군이 배를 타고 엠스Ems 강으로 들어가서 메펜Meppen에 대규모 보급품저장소를 세웠다는 식으로 게르마니쿠스Germanicus의 서기 16년 전역戰役을 설명하려고 한다.7) 그는 로마군이 메펜부터는 베제르Weser 강 쪽으로 평원을 가로질러 진군해서 베스트팔리카 관문 남쪽 이디스타비소Idistaviso에서 전투를 한 것으로 추정한다. 또한 그는 이때 보급 문제로 인해 진군중인 병력과 보급품저장소 사이에는 언제나 보급대열이 늘어져 있었을 것으로 보고 있다. 그의 계산에 따르면 100,000명의 병력이 1일 필요한 식량과 말먹이는 약 200,000kg이므로 보급대열이 2열로 간다고 해도 행군장경行軍長徑이 17km에 달하는 12,000마리의 보급품 운송 짐승들이 6일에 한 번씩은 병력들에게 도달해야 했다고 한다.

그러나 그가 계산한 수치는 너무 작은 수치이다. 우선 메펜에서 이디스타비소 전투가 벌어진 장소로 그가 추정하는 장소까지 근 200km에 달한다. 이는 최소한 6일이 아니라 9일은 걸리는 거리이며 도중 휴식시간까지 계산하면 12일 거리는 된다. 둘째, 그는 말 1필이 먹는 사료飼料를 겨우 1일 평균 5kg으로 보고 필요한 짚과 건초乾草는 야외에서 구할 수 있었을 것으로 추정한다. 그러나 이는 밀집대

---

6) 담Otto Dahm(예비역 중령), "게르만 지역에서 게르마니쿠스의 전역戰役Die Feldzüge des Germanicus in Deutschland," 《서부 독일 역사예술지歷史藝術誌 Westdeutsche Zeitschrift für Geschichte und Kunst》, 부록 XI.

7) 담Otto Dahm 중령 자신도 메펜Meppen의 저장소 건설이 근본적으로 불가능하다는 인상을 완전히 부인하지는 않았다. 그는 베제르Weser 강이 보급로로 이용되었을 수도 있음을 뒤늦게 인정하고 있지만 이 점을 공개적 의문의 상태로 남겨 둔 채(100쪽) 이로부터 더 이상의 결론은 끄집어 내지 않았다.

형으로 이동하는 거대한 무리로서는 불가능한 일일 것이다. 행군 중 얻을 수 있는 짚이나 건초는 말들이 금방 먹어치워 버렸을 것이다. 셋째, 그는 보급대열 (25,000마리의 짐승 〈역자 주: 12,000마리의 보급대열 둘이 서로 왕복해 가며 보급품을 운송했을 것으로 계산한 듯하다〉과 이를 몰고 가는 인원) 자체가 필요로 하는 식량과 짐승먹이는 고려하지 않았다. 이 세 가지 점을 고려한다면 보급소요는 그의 계산보다 6배로 증가하며 결국 그가 계산한 수치는 기술적으로 불가능한 수치일 수밖에 없다. 또 그 같이 거대한 짐승떼를 배에 태우고 북해北海를 항행航行한다는 것은 상상도 할 수 없는 일이다. 마지막으로, 베제르Weser 강변을 따라 작전하는 로마군이 엠스Ems에 보급기지를 두는 것은 전략적으로 불가능한 일이다. 만약 그랬다면 아르미니우스Armin/Arminius로서는 우세한 병력을 이용해서 이 긴 보급대열들 중의 하나를 공격하기보다 더 쉬운 일이 세상에 없었을 것이며 따라서 게르마니쿠스Germanicus와 그의 병력은 모두 굶어 죽고 말았을 것이다.

한편 그는 병력을 실은 로마함대가 간 곳이 엠스Ems 강이 아니라 베제르Weser 강일 것이라는 필자의 설명에 대해서는 이를 단호하게 부인하면서 타키투스Tacitus의 기록은 "의문의 여지가 없기 때문"이라고 했다(97쪽). 그러나 이와 달리 타키투스의 기록 중 다른 부분을 "군사지리軍事地理에 관한 지식이 전혀 없는 타키투스 자신의 근거 없는 말에 불과하다"고 혹평한 곳도 있다(93쪽).

이렇게 한 사료의 내용을 어떤 때는 절대 신뢰하고 다른 때는 배척하는 그의 자의적인 방법의 또 다른 예가 엠스 강에서 베제르 강까지 있었을 것으로 그가 추정하는 육로행군에 대해 타키투스가 아무 말도 없는 데 대한 그의 설명이다 (95쪽). 그는 베제르 지역에 살던 카수아리Chasuarier/Chasuarii족과 안그리바리Angrivarier/ Angrivarii족을 징벌하려고 로마군이 그렇게 행군했을 것으로 믿으면서 타키투스가 이를 언급하지 않은 것은 "케루스키Cherusk/Cherusci족의 이 동맹군들에게는 분명히 비인간적인 행위였을 비열한 살육殺戮과 파괴를 자신의 영웅이 저지른 것을 자주 언급하는 것은 그에게도 부담이 되었을 것이 분명하기 때문"이라고 했다. 그러나 이보다도 더 로마인들의 방법과 생각을 잘못 이해하기는 어려울 것이다.

필자는 서기 16년 전역戰役에 대한 담Dahm 중령의 생각을 군사적 기술적 관점에서나 사료의 비판적 분석의 측면에서나 인정할 수가 없다. 그는 로마군이 치른 게르만 전역의 특징을 보급문제에서 찾아보아야 함을 사실상 정확히 인식하고 있었고 이는 그의 중요한 공헌이다. 그러나 그가 사용한 학문적 방법은 올바른 해답을 찾기에는 부족했다. 지금껏 언급한 것과 유사한 과오들은 다른 전역들의 경우에도 흔히 발견된다(뒤의 IV권, 제IV장, 부기 5 〈식량 및 보급대열〉 참고).

4. 쾌프Koepp의 《독일 지역의 로마군Die Römer in Deutschland》에서도 서기 16년 전역戰役에 관한 타키투스의 기록이 신뢰성이 없음을 간파하고 있다. 그러나 쾌프는 지리조건들에 대한 정확한 지식과 전략적 기반에 대한 이해를 통해 타키투스의

기록에 내포된 오류를 식별하고 수정해 보려는 필자의 노력에 대해서는 냉정한 회의를 보이면서 자신의 이해 부족을 인정하고 있다. 하지만 만약 그의 태도가 일관성이 있다면 고려할 가치가 있겠지만 그 자신도 여러 경우에 전략적 추론(가끔 정확하지 않은)을 통해 타키투스의 기록을 보완하려 하고 있다. 그는 누구라도 타키투스보다 더 현명해지려고 하면 안 된다는 전제 하에(34쪽) 문제에 접근하고 있음이 분명하다. 그러나 그 자신이 바로 그런 전제에 반하는 말을 한 경우가 많다. 이제 그의 전제와 관련하여 필자는 이렇게 묻겠다. 그는 과연 필자의 충고대로(앞의 55~57쪽 참고) 군사문제에 관한 사료로서 타키투스의 기록을 벨레-알리앙스La Belle-Alliance 전투에 대한 트라이츠케Treitschke의 묘사와 비교해 보았을까? 필자가 느끼기에 그렇지 않은 것 같다. 그는 선배 역사가들이 헤로도투스Herodote/Herodotus의 기록과 불링거Bullinger의 기록을 비교해 본 것이나 시저Cäsar/ Caesar의 기록을 나폴레옹이나 프리드리히Friedrich/Frederick 대왕의 기록과 비교해 본 것만큼도 타키투스Tacitus의 기록을 트라이츠케Treitschke의 기록과 비교해 보지 않았던 것 같다. 만약 그렇게 해보았다면 그렇지 않아도 보기 좋고 유용한 그의 책이 내용상으로 여러 곳에서 지금과는 차이가 있었을 것으로 필자는 확신한다.

5. 케쓸러Kessler의 《게르마니쿠스의 전설Die Tradition über Germanicus》(서기 1905년, 라이프찌히Leipzig 대학교 학위 논문)도 역시 사료분석을 통해 게르만 전역戰役을 해명해 보려고 했다. 그는 타키투스가 주로 참고했던 원사료는 게르마니쿠스Germanicus의 전기傳記였을 것이고 카시우스Dio Cassius의 기록도 이 전기를 바탕으로 작성되었을 것으로 추정한다. 그가 말한 사건과 사실들은 필자의 견해와 대체로 일치한다. 그도 서기 16년에 로마군은 엠스Ems 강이 아니라 베제르Weser 강으로 항행航行해 들어갔을 것으로 본 점이 특히 그렇다. 그는 영리하게도 게르마니쿠스가 엠스 강을 지난 다음 다시 베제르 강을 지난 것이기 때문에 강 이름에 혼동이 생긴 것으로 해석하기도 했다. 하지만 그는 이때 8개 레기온legion이 모두 동일한 함대로 수송되었을 것으로 보고 있는데(51쪽) 이는 50,000명이나 되는 병력이 한 함대로 그 같이 긴 항행을 한다는 것이 어떤 의미인지를 깨닫지 못한 것이다. 게르마니쿠스가 전년도에 4개 레기온을 함대로 수송했다는 사실이나 이번에도 새 선박을 많이 건조해서 많은 병력을 선박으로 수송할 수 있었다는 타키투스의 세부 기록 같은 것은 이 문제에 대한 답이 되지 못한다. 2개 레기온과 지원병력이 여름숙영지에서 여름 내내 필요로 하는 식량과 여타의 보급품 그리고 북해北海를 항행할 선박들과 강을 거슬러서 최대한 상류까지 올라갈 수 있는 보조선박들을 준비하는 것만 해도 엄청난 노력이 필요한 일이므로 게르마니쿠스가 이때 많은 준비를 했다는 타키투스의 설명은 타당할 것으로 보인다. 전년도의 원정에서 기병대는 분명히 프리스Friesen/Friesians족 영역을 통해 육로로 이동했다고 기록되어 있는 것을 볼 때 전년도의 4개 레기온은 아마 지원병력은 제외한 병력이었을 것이

다. 또한 전년도에는 케쓸러가 추정하는 이번의 원정과 같이 베제르 강까지 간 것이 아니라 엠스 강까지만 갔다. 따라서 서기 16년의 원정은 비록 배로 이동한 병력은 전년보다 적지만 전체적으로는 전년보다 훨씬 큰 규모의 원정으로서 최대한 많은 준비가 필요했었다.

8개 레기온과 지원병력 및 기병대 그리고 전역 내내 필요한 보급품들을 모두 바타비Batavischen/Batavian 군도群島에서 베제르Weser 강까지 수송한다는 것은 가능하지도 않을 뿐 아니라 불필요한 일이었다. 로마군은 리페Lippe 강에서부터 보다 짧은 거리의 육로를 통해서 케루스키Cherusk/Cherusci족 영역까지 보다 신속하고 편하게 이동할 수 있었기 때문이다. 큰 함대를 준비한 것은 병력수송을 위한 것이 아니라 보급품 운송과 수상저장소水上貯藏所 역할을 하려는 데 있었다. 이런 준비 없이는 로마군이 케루스키Cherusk/Cherusci족 영역에서 작전을 펼 수가 없었다. 배로 이동한 2개 레기온legion과 지원병력은 보급품 호송병력이었다. 케쓸러Kessler는 이 중요한 보급문제에 대해 충분한 주의를 기울이지 않은 결과 그의 전략문제 분석은 이 문제뿐 아니라 다른 문제에 있어서도 지지를 받을 수 없게 되었고 결국 게르마니쿠스Germanicus 전략의 특성과 그의 전략적 능력에 대해 전혀 부당하고 근거도 없는 판단을 내리게 된 것이다. 게르마니쿠스가 자신에게 부여된 임무를 최대한 정력적으로 수행한 점을 우리는 높게 평가하지 않을 수 없다. 더욱이 그가 채택한 수단과 다양한 임무수행 방법은 정확한 판단의 결과로서 당시의 제반 상황과 조건들에 잘 부합되는 것이었다. 사실 이를 알아야만 아르미니우스Armin/Arminius에 대한 역사적 평가도 제대로 이루어 질 수 있다. 만약 게르마니쿠스가 케쓸러의 묘사와 같이 시야가 좁은 인물이고 세게스트Segest/Segestes와 그의 씨족은 대수롭지 않은 존재였다면 아르미니우스의 업적은 큰 의미가 없을 것이다. 가장 중요한 요소는 게르마니쿠스는 자신이 그와 연합한 케루스키족 대공大公들과 함께 여름 내내 전쟁을 지원할 수 있는 보급함대補給艦隊와 더불어 큰 병력을 이끌고 베제르 강에 나타나기만 하면 케루스키Cherusk/Cherusci족은 이미 사태가 기울은 것으로 생각하고 로마의 지배를 수락할 것으로 정당하게 판단했다는 점이다. 그러나 그가 기대했던 대로 일이 진행되지는 않았다. 케르스키족이 이런 모든 사정에도 불구하고 계속 싸우면서 지도자 곁을 떠나지 않았다는 것은 아르미니우스Armin/Arminius가 진정으로 위대한 인물이었음을 토이토부르크Teutoburg 숲 전투보다도 훨씬 더 잘 보여주는 증거이다.

6. 리미테스limites(역자 주: 리미티부스limitibus 또는 리메스limes와 같은 말임.)

타키투스Tacitus의 《연대기年代記/Annals》, II, 7장을 보면 "알리소 요새와 라인 강 사이의 전 지역에는 새 리미티부스가 완전히 건설되었다cuncta inter castellum Alisonem ac Rhenum novis limitibus aggeribusque permunita"는 구절이 있다. 학자들은 이 구절 중에 "리미티

부스*limitibus*"라는 단어를 경계선 둑을 의미하는 것으로 생각하는 경향이 있지만 이는 분명히 불가능한 생각이다. 둑을 어느 방향으로 쌓았다는 말인가? 무엇의 경계선이고 무엇을 보호하기 위한 둑이란 말인가? 그런 경계선을 수비할 병력이 어디에서 왔다는 말인가? 우리는 이 문제를 후일의 보다 큰 "리메스*limes*"를 다룰 때 다시 언급하게 될 것이다. "리메스*limes*"는 원래는 경계선임과 동시에 도로를 의미하는 단어였지만 흔히 그 중 하나의 의미로만 쓰였다. 예를 들어 벨레이우스 Velleius Paterculus의 《로마사 대계大系》, II, 121장에 있는 "아페리레 리미테스*aperire limites*"라는 말은 "경계선을 구축했다"는 말이며 세네카Seneca의 《자선에 관하여*De beneficiis*》, I, 14장의 "미누스 락숨 리미템 아페리레 리미테스*minus laxum limitem aperire limites*"라는 구절도 "덜 허술한 경계선을 구축했다"는 말에 불과하다. 그러나 리비우스Livy/Livius의 《로마사史 *Ab urbe condita Libri*》, XXXI, 39장에서는 필립 왕이 "사선斜線 도로를 따라*transversis limitibus*" 적에게 접근했다고 했고 키케로Cicero의 《공화정에 관하여*De republica*》, VI, 24(스키피오의 꿈*Somnium Scipionis*), 8절에서는 ("천국의 문으로 가는 길이 조국을 위해 큰 봉사를 한 사람들에게 열려 있듯이*bene meritis de patria quasi limes ad coeli aditum patet*")라고 한 것 같이 "리미티부스*limitibus*" 또는 "리메스*limes*"라는 용어가 "도로"의 의미로 쓰였고 심지어 오비디우스Ovid/Ovidius의 《변신담變身談 *Metamorphosis*》, 8, 558절에 있는 "솔리투스 플루미니스 리메스*solitus fluminis limes*"라는 구절은 "평상시의 강줄기"란 뜻이다. 결국 타키투스의 《연대기年代記/*Annals*》, II, 7장의 "리미티부스*limitibus*"는 "도로"를 말할 뿐이다. "리메스*limes*"가 요새와 관련이 있다거나 사실상 변경 방어시설을 말한다는 생각은 훨씬 후일의 생각으로서 아마 전혀 현대적인 생각일 것이다. 그러나 "리메스*limes*"에 대한 조사 결과 그런 생각이 서서히 다시 수그러들게 되었다.

타키투스는 이 용어를 일곱 차례 썼다. 《게르마니아*Germania*》, 29장 및 《아그리콜라*Agricola* 전傳》, 41장에는 이 용어가 "경계선"의 의미로 쓰였지만 《역사*Historiae*》, III, 21장 및 25장의 크레모나Cremona 전투 부분에서는 나머지 묘사들은 어떤 뜻이건 이 용어는 "도로"의 의미로 쓰였음이 분명하다. 《연대기》, I, 50장에서는 게르마니쿠스가 마르시Marser/Marci족에게 진군한 일에 대해 그는 "케스 숲과 티베리우스가 건설하기 시작한 도로를 지났고 이 도로 위에 숙영지를 구축했다*silvam Caesiam limitemque a Tiberio coeptum scindit, castra in limite locat*"고 했다. 그는 리페Lippe 강 북쪽으로 이동한 후 다시 남쪽으로 방향을 틀어 리페 강을 건넜고 그 후 케스 숲과 티베리우스의 리메스*limes*(리미테스*limites*)〈원자 주: 원문의 *limitemque* 또는 *limite*〉를 통해 이동한 것이다. 이때 요새가 있었을 것으로는 전혀 상상할 수 없다. 반면 티베리우스 때 리페 강과 거의 평행 되게 강의 남쪽에 건설하기 시작했고 지금 게르마니쿠스가 지났고 또 그 위에 숙영지를 구축한 도로라면 이 기록과 잘 어울린다.

마지막 일곱 번째로(역자 주: 《연대기》, I, 50장에는 이 용어가 두 번 〈*limitemque* 및 *limite*〉 사용되었음) 이 용어가 사용된 곳이 바로 지금 우리가 검토 중인 《연대기》, II, 7

장이다. 이곳에서는 리메스*limes*(역자 주: 원문의 리미티부스*limitibus*)가 "경계선"과 관련된 용어일 수가 없다. 리미테스*limites*(역자 주: 원문의 리미티부스*limitibus*)와 연결되어 쓰여진 아게레스*aggeres*(역자 주: 원문의 아게리부스크*aggeribusque*)는 통로를 말한다. 그 외에 앞서 크레모나*Cremona* 전투에 관한 기록으로 소개한 바 있는 《역사*Historiae*》, Ⅲ, 21장 및 25장의 구절에서는 "아게르 비에*agger viae*"(도로의 둑)라는 표현이 먼저 나오고 바로 이어서 리메스*limes*란 표현이 "도로"의 의미로 사용되었는데 아마 이곳에서 말한 도로와 같은 도로를 말할 것이다. 그밖에 이곳에서 사용된 "페르무니레*permunire*(역자 주: 원문의 페르무니타*permunita*)"란 표현은 "강화하다"는 뜻으로서 앞의 "페르*per*"는 의미를 강조하기 위한 말일뿐 이로 인해 의미가 바뀌지는 않는다. 그러나 "강화하다"는 말이 "참호를 구축하다"는 의미로 쓰인 것일 수 없으며 아마도 이는 "안전하게 하다"는 말로 번역될 수 있을 것이다. "무니레*munire*"라는 말은 가끔 이런 의미로 쓰이는데 플리니우스*Pliny/Plinius*의 《자연사自然史 *Historia Naturalis*》, XX, 51장에 있는 같은 표현, 루크레티우스*Lucretius*의 《만물萬物 본성론本性論 *De rerum natura*》, IV, 1256장(라흐만*Lachmann*)에 있는 "그나티스 무니레 세네크탐*gnatis munire senectam*"("늙은 나이에 아들들을 안전하게 하기")란 표현이 그런 예에 해당한다. 그러나 "무니레 비암*munire viam*"("도로 건설")이란 표현도 자주 쓰이므로 지금 우리가 다루고 있는 《연대기》, II, 7장의 구절은 이를 "알리소*Aliso* 요새와 라인 강 사이의 모든 곳에 새 도로들과 통로들이 건설되었다"로 번역하거나 혹은 보다 자연스럽기는 "알리소 요새와 라인 강 사이에 끊김이 없는 견고한 도로 하나가 건설되었다"로 번역하는 것이 최선의 번역일 수도 있다.

필자가 처음 생각했던 해석은 리미테스*limites*(역자 주: 원문의 리미티부스*limitibus*)를 게르만족의 습격을 어렵게 만들려고 도로 부근의 숲을 제거했다는 의미로 보는 것이었는데 이런 해석 역시 전혀 불가능하지는 않다. 리메스*limes*(역자 주: 원문의 리미티부스*limitibus*)의 본래 의미가 "경계선"이고 경계선이 숲을 통과할 때는 항상 나무를 베어낸 공간으로 경계선이 표시되는 경우가 흔했을 것이기 때문이다. 그러나 리메스*limes*가 단지 "도로"의 의미로 쓰인 경우가 너무 흔하고 또 이곳에서는 "아게르*agger*"(역자 주: "둑")와 함께 쓰인 것을 보면 "도로"로 보는 것이 역시 옳은 해석일 것이다. 리메스*limes*(를 어떤 의미로 보건 이 구절은 게르마니쿠스*Germanicus*가 알리소에 있던 레기온*legion*들을 그대로 남겨두면서 자신이 함대와 함께 베제르*Weser* 강에 들어서기를 기다리면서 그 사이에 라인 강까지 통로를 개선해 놓게 했다는 의미이다.

★　★　★

(이하는 제2판에서 추가한 부분임) 오크세*Oxé*가 광범위한 문헌연구를 통해 작성한 논문(《본 연보年報 *Bonner Jahrbücher*》, 114/115권)에서는 필자가 위에서 발전시킨 개념들에 동의하고 있다. 그 역시 타키투스*Tacitus*가 말한 리메스*limes*는 군사도로를 말한다고

보면서 이 도로는 매우 곧고 넓은 도로였을 것으로 추정하고 있다. 오크세는 서기 16년의 게르마니쿠스Germanicus의 도로건설은 단지 티베리우스Tiberius가 건설하기 시작한 도로의 완성이었을 뿐이라고 한다. 그의 견해에 의하면 "리메스limes"란 표현과 "페르무니레permunire(역자 주: 원문의 페르무니타permunita)"란 표현이 같이 사용되면 도로건설 사업이 완성되었다는 뜻을 지니게 된다. 그러나 이런 생각이 옳다면 타키투스는 그의 기록에서 "페르무니레permunire"란 표현을 사용하지 않았을 것이 분명하다. 타키투스 자신은 지형에 대한 지식이 매우 부족했을 뿐 아니라 게르마니쿠스가 한 일을 설명하면서 티베리우스의 리메스limes를 생각할 만큼 사건전개의 객관적 가능성에 대해 많은 주의를 기울이지 않았기 때문이다. 다음 장, 부기 3(도미티아누스Domitian/Domitianus 황제의 리미테스limites 건설)을 참고할 것.

《알리소Aliso의 위치에 관한 특별 연구》

알리소는 우리가 로마군의 게르만 전역戰役 전체를 재현함에 있어 거의 중심적인 지점이 되었기 때문에 우리는 논란 많은 이 요새의 위치 문제를 특별히 검토하지 않을 수 없다. 어떤 면에서는 이 문제가 아직까지 해결되지 않았던 것은 극히 다행이라고 볼 수 있다. 이 문제에 대한 조사를 통해 필자는 게르만 전역에서 로마군의 일반적인 전략의 원칙과 조건들을 검토해 볼 수 있었기 때문이다. 독자들은 순전히 이론적 성격을 지닌 서론적 설명보다는 각 전역들에 대한 검토과정을 보아야 이런 원칙과 조건들을 보다 명백히 알 수 있게 될 것이다.

이 문제의 연구에 있어서는 처음부터 분명한 두 가지 문제점이 있다. 첫째는 과연 로마군이 게르만 지역의 진정한 중심부인 리페Lippe 강 상류에 보급품 저장소 하나를 건설해서 그들의 작전기지로 사용했었는지의 문제이고 둘째는 과연 그곳을 알리소라고 불렀었는지의 문제이다.

이 문제에 관한 연구 및 사료들의 비교분석에 있어 가장 적절한 전제조건은 기술적인 조건 즉, 리페 강은 상류의 어디까지 항행航行이 가능한지의 여부이다.

이 문제에 대해 필자는 수로水路의 기술적 문제에 관한 전문가들인 추밀원의 건설고문 뢰더Röder 씨와 건설부의 켈러Keller 씨뿐 아니라 과거 리페Lippe 강의 함Hamm에서 근무하다 지금은 디에즈Diez에서 근무 중인 건설엔지니어 뢰더Röder 씨 등이 친절하게 제공해 준 정보들을 이곳에서 공개하게 될 것이다.

견고한 도로가 건설되기 전에는 육로를 이용한 화물수송이 너무 어려웠기 때문에 특히 고대에는 아주 작은 수로까지도 화물수송에 이용되었다. 15세기에 헤르포르트Herford는 베레Werre 강을 수로로 개발하려 했었고 브라운슈베이그Braunschweig는 오케르Oker 강을 수로로 개발하려 했었다.1) 물론 강변에 배를 끌 수 있는 길을 만들기 전에는 짐 실은 배가 강의 상류로 거슬러 올라가기가 쉽지 않았지만 그래도 같은 무게의 짐 실은 수레들이 무른 땅을 지나기보다는 쉬웠다. 배가 상류로 거슬러 올라가려면 보통 둑에 가까운 물속에서 사람들이 배를 끌고 올라갔다. 도중에 짐을 실을 채로 끌고 거슬러 올라갈 수가 없는 급류를 만나면 짐을 배에서 내려 적절한 지점까지 옮기고 빈 배만 끌고 올라간 다음에 다시 짐을 싣고 끌었다. 아직도 아프리카에서는 이런 방식을 사용하고 있다. 이렇게 장애지점이 있는 강이라 해도 육로보다는 화물수송에 유리했다. 리페Lippe 강에는 그런 장애지점들은 없지만 오늘날은 리프스타트Lippstadt까지만 항행航行이 가능하다. 리프스타트 이상은 농업용 댐 때문에 배가 갈 수 없다. 그러나 이런 장애물만 없다면 파데르Pader 강과 알메Alme 강이 리페 강과 합류하는 노이하우스Neuhaus까지도 배가 올라갈 수 있다.2) 리프스타트에서 노이하우스까지는

---

1) 슈타인Stein, 《한자 동맹의 역사적 공헌Beiträge zur Geschichte der Hanse》, pp. 25, 25.
2) (이 각주를 제2판에서 추가함.) 프라인O. Prein 목사의 《오베라덴 부근의 알리소Aliso bei Oberaden》은 옛날에도 "자연스런 항행"이 리프스타트까지만 가능했던 것처럼 이 구절의 의미를 오해했다(p. 65).

고도高度가 평균 2,000피트당 1피트씩 높아진다. 양쪽 둑은 경사가 매우 급하지만 배의 운항에는 유리하다. 따라서 장애지점들을 제외하면 45t(100,000파운드)의 화물을 실을 수 있는 길이 20m, 너비 4m 그리고 흘수吃水 즉, 물에 잠기는 부분이 0.75m인 바지barge 선박이 어려움 없이 운행할 수 있다. 그런 바지 선박은 연 평균 98일을 쉽게 운항할 수 있고 지정된 수로水路만 따라가면 101일까지 운항할 수 있다. 나머지 166일 중 156일은 수량水量 부족 때문에 10일은 너무 많은 수량 때문에 배가 전혀 운항할 수 없다. 독일 지역의 강들의 수량이 고대에는 오늘날보다 크게 많았다고는 할 수 없다. 그러나 그런 문제를 떠나서 방금 소개한 수치들을 보면 아르미니우스Armin/Arminius 시대의 리페 강은 조금 전에 말한 것보다 물론 훨씬 작은 규격의 선박을 이용했을 수 있는 로마군이 군사목적으로 노이하우스까지 충분히 운항할 수 있었음이 분명하다. 특히 수량이 늘어나는 봄에는 하계전역夏季戰役에 필요한 보급품들을 거의 상류의 수원지水源池까지 배로 나를 수 있었을 것이다.

그런데 이제 필자의 이런 판단에 만만치 않은 적수가 나타난 것 같다. 뒤쎌도르프Düsseldorf 문서보관소장으로 있는 일겐Ilgen 씨가 발표한 "리페 강은 중세시대에도 상당히 중요한 수로였나War die Lippe im Mittelater ein Schiffahrtsweg von erheblicher Bedeutung?"란 제목의 논문3)이 바로 그 적수이다. 일겐 씨는 필자가 요청하자 연구결과를 발표 전 미리 볼 수 있게 해주었다. 문화적 역사적 측면에 큰 관심을 갖고 작성한 이 논문에서 그는 중세부터 18세기까지는 리페 강이 거의 수로로 쓰이지 않았고 선박운항에는 많은 자연 장애 지점들이 있었다는 사실을 입증했다. 하지만 그의 조사결과에 의하더라도 필자의 판단이 인정될 수 있는 여지는 충분히 남아있다. 그가 논문제목에서 사용한"상당히erheblich"라는 단어는 매우 융통성 있는 단어이기 때문이다. 선박운행이 약간만이라도 가능했다면 고대에는 이를 충분히 군사적으로 이용할 수 있었다. 필자는 그의 논문 내용 중 분명히 타당한 핵심부분이 아니라 리페 강에서 선박운항의 가능성을 상대적으로 너무 낮게 보이게 한 사소한 내용과 그 어조語調만 수정해 보고 싶다.

일겐 씨에 의하면 서기 1735년과 1738년에 실시된 기술조사에서는 베젤Wesel과 함Hamm 사이의 강물 속에 모래 언덕 51개와 암초 3개가 있었다고 한다. 그러나 이런 장애지점들은 크게 중요한 것일 수가 없다. 건기乾期에조차 그들 위로 1.5피트 깊이의 물이 흐르고 있었기 때문이다. 좀 더 골치가 아픈 것은 하우스 달Haus Dahl과 함Hamm 사이에 있던 6개의 물레방아용 댐이었을 것이다. 이런 물레방아용 댐들은 중세 말부터 현재까지도 두 가지의 이해관계가 서로 충돌하고 있는 존재들로서 어느 강에서나 선박운행을 제한하고 있다. 수자원위원회水資源委員會가 발행한 《오데르 강Der Oderstrom》, I권, 233쪽에는 "실레지아Silesia가 정치적으로 쇠퇴한 시기에 지방 영주領主들은 물레방아용 댐들의 건설을 허가했고 이 때문에 수로교통이 큰 제약을 받았다"는 구절이 있다. 오데르 강의 선박운항 증가는 이런 댐들이 철거된 이후의 일이다. 아마 똑같은 일이 리페Lippe 강에서도 있었을 것이다. 일겐Ilgen 씨에 의하면 뮌스터Münster 예수회 교

---

3) 《베스트팔렌 고대위원회 보고서Mitteilungen der Altertumskommission für Westfalen》, 제II권, 서기 1901년.

단이 교회신축용 벽돌을 운반할 때도 할테른Haltern까지만 배로 운반하고 그 이후로는 육로로 운반했다 한다. 그러나 이런 말만으로는 할테른 상류의 선박운항 가능성에 대해 아무 말도 할 수 없다. 할테른에서 뮌스터까지의 육로가 그보다 상류인 대략 베르네Werne에서 뮌스터까지의 육로보다 크게 멀지는 않기 때문이다.

또한 헤르포르트Herford, 코르베이Corvey, 리스보른Liesborn 등지의 수도원들에서 생산된 라인 강 포도주가 뒤스부르그Duisburg부터 육로로 수송되었었다는 사실도 우리에게는 아무 의미가 없다. 9월은 리페 강 수위가 가장 낮은 때고 10월에도 수위는 약간 높아질 뿐이다. 그러나 빈 술통은 9월에 라인 강으로 보내고 포도주를 채운 술통은 10월에 돌아온다. 리페 강을 수로로 이용하기 힘든 시기가 바로 이때이다. 지금까지 필자는 일겐 씨의 논문 중 리페 수로의 이용을 부정적으로 본 부분만 검토했지만 이제부터는 그가 긍정적으로 본 부분을 집중적으로 검토해 보기로 하겠다.

서기 1486년에 소에스트Soest 마을에서 소에스트 샛강과 아세Ahse 샛강을 이용해 리페 강 수로를 개설하려고 필요한 공사비를 거둔 적이 있다고 하는데 이는 리페 강이 전혀 소용없는 수로가 아니었다는 분명한 증거가 된다. 더욱이 도르스텐Dorsten과 할테른과 오스텐도르프Ostendorf에는 선착지船着地가 있었고 서기 1526년에 도르스텐 선착지를 통과한 선박이 225척이나 되었다고 한다. 이는 상당히 많은 숫자이다.

따라서 베스트팔렌Westfalens/Westphalia 지방에는 항행航行 가능한 강이 없었다는 로레빙크Werner Rolevink의 증언(대략 서기 1475년 경)도 이 지방에는 라인 강이나 스프레Spree 강 같이 항상 열려 있는 수로는 그의 말대로 분명히 없었지만 1년 중 일정한 시기에는 항행에 충분히 이용할 수 있는 작은 하천들은 있었다는 의미로 보아야 한다.

이 점에 대해서 슈크하르트Schchhardt는 리페 강은 미끄러운 점토질 하상河床 때문에 배를 상류로 끌고 올라갈 수 없었을 것이라는 반론을 제기한다.[4] 이런 문제와 관련해서 필자는 과거 리페Lippe 강의 함Hamm에서 근무하다 지금은 디에즈Diez에서 근무 중인 건설엔지니어 뢰더Röder 씨에게 정보를 요청했다. 그는 다년간 하천 통제 경험을 통해 리페 강 상황을 잘 알고 있는 사람으로 다음과 같은 답신을 보내왔다.

> 리페 강 곁에는 어디에도 습지 지형 즉, 황무지와 소택지가 보이지 않습니다. 베젤Wesel에서 상류 쪽으로 노이하우스Neuhaus까지는 강 옆 모든 지형이 모래땅입니다. 반면에 강둑은 늘 젖어 있고 비만 오면 넘치는 낮은 곳들이 여러 군데 있습니다. 로마 시대에는 그런 지점들이 아마 훨씬 많았을 것입니다. 그러나 로마 레기온legion 같이 도로건설 경험이 많은 사람들의 큰 집단에게는 그런 곳도 강둑에서 배를 견인하는 데 큰 장애가 되지 않았을 것입니다. 오히려 공물貢物을 강 건너로 보내기가 이보다 더 어려웠을 것이 분명합니다. 공물을 싣고 가는 말들을 빈번하게 배에 태워 반대편 둑까지 배로 실어 나르지 않으려면 다리를 놓아야 했을 것이기 때문입니다.

> 그러나 매우 체계적인 조직을 갖추고 모범적인 큰길과 훌륭한 다리들을 건설하는 일에 익숙했던 로마군 부대들로서는 이 때문에 큰 문제는 없었을 것입니다.

---

4) 《베스트팔렌 고대위원회 보고서*Mitteilungen der Altertumskommission für Westfalen*》, 제II권, 서기 1901년, p. 212, 각주.

둑 주변의 젖은 땅에는 통나무를 깔아 도로를 만든 다음 건넜을 것이며 그 흔적들이 오늘날까지도 가끔 발견됩니다.

결국 "미끄러운 점토질" 바닥 때문에 배를 끌고 올라갈 수 없었다는 슈크하르트Schchhardt의 생각은 틀렸다. 배를 말이 아니라 사람이 끈다면 부드러운 바닥으로 인한 어려움은 뢰더 씨의 생각보다 더 쉽게 극복할 수 있을 것이다. 말이 배를 끌 길이 현재도 없는 강둑 바로 옆의 땅 위로 사람들은 다니고 있다. 도중에 지나갈 수 없는 지점에 통나무를 깔아 통과하는 데는 배를 말이 끄는 것보다 사람이 끄는 것이 더 쉽다. 공물을 강 건너로 보낼 때도 마찬가지며 때로는 다리가 전혀 필요 없다.

이런 점들을 보면 노이하우스Neuhaus까지는 리페Lippe 강을 충분히 수로水路로 이용할 수 있었음이 분명하다면 로마군 보급품 저장소도 그곳에 건설되었음이 분명히 입증된다. 왜 로마군 전역戰役들을 연구해 온 수많은 학자들이 지금껏 이런 생각을 못했는지를 설명하기는 어렵지가 않다. 바로 얼마 전까지만 해도 학자들은 게르만족의 병력이 큰 병력이었다는 점에 대해 아무 의심도 하지 않았었다. 그들은 게르만족이 수십만 명씩 몰려다닌 것으로 알고 있다. 타키투스Tacitus의 기록과 수에토니우스Suetons/Suetonius의 기록에 의하면 티베리우스Tiberius는 1개 수감브리Sugambren/Sugambri족에서만 40,000명의 인원을 라인 강 좌안左岸으로 이동시킨 것으로 보인다.5) 널리 읽히고 있는 포이커von Peuker 장군의 《원시시대 게르만족의 군사체계Das deutsche Kriegswesen der Urzeiten》(베를린, 서기 1860년), 제Ⅱ권, 34쪽에서는 게르만족 지도자들은 큰 병력수 때문에 상황이 말할 수 없이 복잡했었다고 한다. 그는 거침없이 이렇게 말한다.

> 오로시우스Orosius의 《이교도異敎徒와 투쟁사Historiarum adversus paganos》와 리비우스Livy/Livius의 《로마사史 Ab urbe condjta Libri》에 의하면 튜튼Teuton족 군대가 300,000명의 병력으로 진군했다 하며, 리비우스, 벨레이우스Velleius Paterculus, 유트로푸스Eutrop/ Eutropus와 오로시우스의 기록에 의하면 킴브리Cimbern/Cimbri족 군대는 200,000명이었다고 한다. 시저Cäsar/Caesar의 설명에 의하면 아리오비스투스Ariovist/Ariovistus는 100,000명 이상 병력을 거느리고 있었다 한다. 폴리오Trebellius Polio에 의하면 3세기 중 흑해 연안에서 소탕된 고트Goten/Goths족 군대 중 서기 269년 클라우디우스Claudius 황제가 격파한 군대는 320,000명에 달했다고 한다. 5세기 초 라다가이수스Radagais/Radagaisus가 이태리로 갈 때 거느렸던 병력에 대해 오로시우스는 고트 지방에만 200,000명이 있었으므로 그 이상이었다 하며 요르난데스Jornandes는 200,000명이라 하며 교황敎皇 조시무스Zosimus는 400,000명이라 한다. 게르만족이 주축이 되어 카탈로니Catalaunischen/Catalaunian 평원에서 싸웠던 아틸라Attila의 병력을 요르난데스는 500,000명이라 하고 디아코누스Paul/Paulus Diaconus는 700,000명이라 한다.

그렇게 큰 무리가 살며 돌아다닐 수 있는 곳이면 보급문제도 어렵지 않았을 것이

---

5) 게르만족의 병력수가 엄청나게 많았었다는 생각이 얼마나 뿌리가 깊었는지는 오늘날에도 방Martin Bang의 뛰어난 작품인 《로마군에서 복무한 게르만 전사戰士 Die Germanen im römischen Dienst》, 6쪽을 보면 알 수 있다. 그는 이 수치조차 게르만족에게는 너무 작은 수치라는 것을 전제로 하고 있다.

므로 이제껏 학자들은 보급문제를 전혀 거론하지 않았던 것이다. 그러나 인구문제를 재검토하게 된 다음에는 보급문제가 다시 거론되었고 결국 리페Lippe 강 요새의 위치 문제는 보급문제에 대한 검토를 통해 해결될 수밖에 없게 되었던 것이다.

파데보른Paderborn과도 멀지 않고 리페 강과 알메Alme 강의 합류지점과도 멀지 않은 곳 으로 알메 강 좌안左岸에는 엘센Elsen 마을이 있다. 그렇게 많은 사람들이 지목했던 장 소 부근에 알리소Aliso와 비슷한 이런 이름을 지닌 곳이 있기 때문에 이 문제를 연구 하던 사람들은 자연스럽게 알리소와 엘센을 동일시하게 되었었다. 필자 역시 이 책 의 초판에서는 그 지명 때문에 이 지역을 알리소로 보는 것이 옳다고 믿었었다. 그 러나 그 이후 이런 계통의 지명들은 너무 흔해서 지명의 유사성만으로는 알리소 위 치를 이 지역으로 볼 수 있는 근거가 되지 못함이 입증되었다(《서부독일 연구지 *Westdeutsche Zeitschrift*》, 21권, 서기 1902년, 254쪽에 수록된 크라메Fr. Cramer의 견해 참고).

이제부터는 사료에 기록된 증언들을 비교해보기로 하자.

★ ★ ★

카시우스Dio Cassius의 《로마사*Romanika*》, XLIII, 33장에 의하면 드루수스Drusus는 기원 전 11년의 전역戰役 당시 베제르Weser 강 방향으로 케루스키Cherusk/Cherusci족 영역 중심부 로 들어갔는데 이때 식량 부족 때문에 돌아가야만 할 상황이 아니었다면 베제르 강 을 건넜을 것이라고 했다. 또한 드루수스는 돌아오는 길에 게르만족의 공격을 받고 이를 격퇴했지만 결국 이 때문에 그는 모험을 무릅쓰고 리페 강과 엘리손Elison 강의 합류지점에 그들을 방어하기 위한 요새를 구축했다고 했다.

카시우스의 기록을 원문 그대로 옮겨보겠다.

> "적들은 어디에나 매복을 설치해 놓고 드루수스에게 큰 해를 입혔다. 한 번은 그들
> 이 언덕들로 둘러싸여 있고 좁은 통로들을 지나야 드나들 수 있는 지역에 그를 가두
> 어 놓고 거의 격파해 가고 있었다. 로마군이 이미 그들의 손아귀에 있어서 이제 한
> 칼이면 끝낼 수 있다고 확신하고 있던 적이 만약 무질서하게 그들에게 밀어닥치지만
> 않았다면 드루수스는 전 병력을 잃을 뻔했었다. 적은 무질서하게 밀어닥치다가 패배
> 했고 이제는 더 이상 과감하게 움직일 생각을 못하게 되었다. 그 후 적은 접근하지
> 는 않고 멀리에서만 그들을 방해했고 따라서 드루수스로서는 리페 강과 엘리손 강이
> 합류하는 지점에 적을 방어하기 위한 요새 하나를 세웠고 또 다른 하나를 라인 강의
> 카티Chatte/Chatti족 영역 내에 세웠다."*

이 문장의 전반적인 문맥은 드루수스가 베제르 강에서 돌아오던 중 어떤 곳에서 싸웠던 적은 케루스키Cherusk/Cherusci족일 수밖에 없음을 말해준다.(역자 주: 카티족은 로마군 과 동맹관계였다.) 이 문장에서의 지형 묘사는 리페 강 주변 평평한 땅이 아니라 파데보 른Paderborn 동쪽(북동쪽과 남동쪽) 산악지형의 묘사이다. 리페 계곡을 형성하는 지형은 경사가 별로 급하지 않아서 로마군에게 위험을 안겨 주었을 정도가 되지는 않는다. 드루수스가 로마군을 심하게 압박하던 부족들로부터 방어를 위해서 요새를 구축한

지점이라면 케루스키족으로부터 며칠간의 행군거리에 있는 곳일 수는 없으며 케루스키족 영역 내가 아니면 케루스키족 영역 입구 바로 앞에, 다시 말해서 파테보른 지역이어야만 한다. 또한 이 전역戰役에서 그가 성공하지 못한 이유가 보급의 어려움 때문이었으므로 이 요새를 구축한 목적은 장래 전쟁재개를 대비한 보급품저장소를 준비하는 것이었다. 이런 보급품저장소를 구축했던 곳이라면 역시 라인 강과도 수로 교통이 연결되는 바로 이 지역 외의 다른 곳일 수는 없다.

이 전역의 목적은 사실상 그런 시설물의 구축에 있었음이 분명하다. 즉, 카시우스Dio Cassius에 의하면 드루수스가 리페 강 남쪽 수감브리Sugambren/Sugambri족 영역에 나타났던 바로 그 시간에 수감브리족은 카티 족과 교전 중이었다고 한다. 이때 만약 드루수스Drusus가 즉시 큰 승리를 얻고자 했다면 전 병력을 이끌고 수감브리Sugambren/Sugambri족을 향해 밀고 나가는 것보다 더 좋은 방법이 있을 수 없었음이 분명하다. 그렇게 했다면 로마군과 카티Chatte/Chatti족 사이에 낀 수감브리족은 격파될 수 있었을 것이다. 언뜻 보기에는 드루수스가 이런 성공의 기회를 흘려보낸 것이 전혀 이해가 되지 않을 것이다. 그러나 그는 이 기회를 이용해서 베제르Weser 강 쪽으로 리페 강을 따라서 거침없이 진군해 올라가기만 했다. 이곳부터는 그에게 기지基地도 없었고 배후에 수감브리족이 있었기 때문에 아무것도 할 수 없었던 지역이었다. 하지만 만약 우리가 이 전역의 목적이 처음부터 통로 정찰과 보급기지의 건설에 있었던 것으로 본다면 그가 약간의 노력만으로도 거둘 수 있었던 수감브리족에 대한 승리의 기회를 흘려보낸 것은 실수가 아니라 사려 깊은 전략가다운 행동이었다. 그로서는 그리도 두려운 상대였던 수감브리족이라해도 한 부족을 상대로 한 승리보다는 이런 보급기지가 더 중요했었다. 그의 계획은 엘베Elbe 강까지 게르만족 전체를 굴복시키는 데 있었기 때문이다. 이런 생각에 대해 혹자는 그렇다면 드루수스는 왜 전진하던 중 요새를 구축하지 않았는지 의문을 제기할 수도 있을 것이다. 그러나 리페 강을 따라 선박운항이 더 이상 불가한 곳까지 왔을 때 그는 사실상 목적지에 즉, 그런 시설이 있어야 할 곳에 도달했던 것이다. 어떤 경우에도 로마군은 그들의 보급품 대부분을 수로를 이용해 따라오게 했는데(앞의 제V장, 「서기 15년의 춘계전역」 참고) 리페 강 상류 부근부터는 모든 보급품을 화물수송용 짐승이나 수레에 싣고 베제르 강까지 올라갔다 다시 돌아온다는 것은 현실적으로 불가능한 일이다. 그러나 드루수스는 고향으로 회군할 때도 상당량의 보급품이 필요하다는 것을 처음부터 알고 있었다. 수로水路 종점에 회군 시 필요할 보급품을 저장해 놓고 임시요새를 구축하고 수비대를 남겨서 이를 보호하게 하는 것보다 더 자연스런 일은 없었다. 이는 로마인들의 사고방식으로는 너무나도 분명한 사실이기에 우리가 지닌 사료들은 이를 아예 언급조차 하지 않은 것이다. 병력들이 통로 정찰을 위해서 베제르 강 쪽으로 진군하고 있던 사이에 수비대의 엔지니어들은 주변지역을 둘러보고 영구요새 건설에 적합한 지점을 찾아냈었고 병력들이 돌아왔을 때는 요새가 완성되어 있었다. 이 시설물이 새로 건설한 것이건 본래 있던 것을 확장한 것이건 간에 카시우스Dio Cassius는 "드루수스가 돌아왔고 이미 적을 격파했을 때 그는 이 지역에 요새 하나가 건설됨으로써 그들을 방어하기에 충분히 강해졌다고 느꼈다"고 자연스럽게 말한 것이다.

드루수스는 이 요새의 건설과 같은 목적으로 전년도에 이미 라인 강에서 이쎌Yssel까지 그리고 주이더 지Zuider Zee를 거쳐 북해北海까지 이르는 거대한 운하運河를 팠었다. 그런 일을 한 사람이라면 수감브리Sugambren/Sugambri족 같은 변경부족들을 굴복시키는 것으로는 만족하지 않으며 큰 전역을 마음속에 그리고 있는 법이다. 즉, 드루수스의 목표는 엘베Elbe 강까지 전 지역을 굴복시키는 것이었다. 이를 위한 전략적인 수단이 바로 가능한 최대로 전진한 지역에 건설한 보급품저장소였다.

슈크하르트Schchhart와 쾨프Köpp 공저共著의 "알리소와 할테른Aliso und Haltern"이란 논문(《독일사 및 고고학 연합학회 소식*Korrespondenzblatt des Gesamtverbands der deutschen Geschichts und Altertumsvereine*》, 서기 1906년)에서는 리페 강 상류에 요새가 있었음은 분명하며 이는 그렇게 되면 적대적인 수감브리족과 브루크테리Bructerer/Bructeri족이 이 요새의 뒤에 있게 되기 때문이라는 의견을 보이고 있다. 그러나 그들의 논거는 쉽게 반박될 수 있다. 만약 그렇다면 이 부족들이 알고 있는 한 자신들의 중앙에 있으면서 자신들로서는 난공불락의 요새인 알리소 요새가 로마군으로서는 오히려 게르만족 방어에 있어 족쇄足鎖가 될 수도 있는 것이기 때문이다. 하지만 그럼에도 불구하고 게르만족은 기아작전飢餓作戰을 통해 결국 이 요새를 탈취할 수 있었을 것이라는 생각은 잘못된 것이다. 로마군이 이 요새를 비워놓았을 때나 게르만족은 이 요새를 탈취할 수 있었을 것으로 보아야만 옳을 것이다. 그러나 이 요새를 고립된 요새로 아니라 이를 건설한 전략과 관련된 요새로 본다면 그랬을 가능성은 없어진다. 이 요새는 이 지역에서 작전하는 야전군의 기지基地로서 야전군은 이 기지를 보호해 주었다. 야전군이 라인 강으로 돌아간 다음에도 이 요새의 자체 방어력을 보면 라인 강의 야전군이 충분히 가까운 곳에 위치한 것이 된다. 게르만족이 (서기 16년의 아르미니우스Armin/Arminius 같이) 이 요새를 함락시키려고 해도 이 요새는 언제나 구원군이 올라와서 포위를 풀어 줄 수 있을 때까지 충분히 오래 버틸 수 있었을 것이다. 장기간 포위되어 있던 중 서기 9년에 구원군이 격파되자 알리소 요새는 비로소 함락되었다.

★ ★ ★

리페 강 연안에는 라인 강에 이르기까지 일련의 중간 규모 요새들이 건설되었을 것으로 추정되어 왔는데 만약 그렇지 않았다면 배테라Vetera에서 직선거리로 20마일(150km)이나 떨어진 알리소 요새는 완전히 고립되었을 것이기 때문이다. 그러나 현지에서 발견되었을 이런 시설들의 잔해는 (뒤에 다시 설명할 한 경우를 제외하면) 그렇지 않았음을 입증하고 있으며 필자 역시 그런 요새들의 존재에 의문을 지니고 있는 편이다. 분명히 로마군은 야간에 요새화된 숙영지를 구축하지 않고는 이 통로를 지나지 않았을 것이며 과거 구축해 놓았던 숙영지들을 게르만족이 무너뜨려 놓지만 않았으면 가능하면 수시로 이를 다시 사용했을 것이다. 그러나 영구적인 요새를 여러 곳에 건설하려면 많은 인력이 필요한 반면 그 효용성이 그리 높지 않았을 것이다. 행군 중인 병력은 스스로를 방어했고 보급대열은 엄호병력과 함께 이동했으며 상인들은 자체적인 안전대책을 지니고 있었다. 보급품 운송병력을 위한 야간숙소로 요새가 건설되지는 않았다. 적은 그들을 길 위에서도 공격할 수 있었다. 게르만족이 고립된 엘리손Elison 거점을 공격한다면 이 거점에서는 구원군이 라인 강에서 도착할 때까지 자체적으로 방어해야 했다. 중간 규모의 요새들은 아무 도움이 되지 않았을 것이다. 가장 중요한 일은 포위 소식을 베테라Vetera까지 신속히 전달하는 것이었다. 시간상 약간 차이가 있을 수 있어도 반드시 그렇게 했을 것이다. 필요시는 동족들에게 잠입해 들어가서 첩보를 캐 올 수 있는 게르만인 몇 명을 지휘관 곁에 두는 일도 중요한 일이었다. 따라서 완전히 고립된 로마군 시설물이 파데보른Paderborn에 있을 수 있음을 전혀 부인할 수는 없다. 우리는 게르만족이 이를 실제로 포위하는 것은 그들의 지도자가 매우 무능한 경우에나 있을 수 있는 일이었다는 점만 명심하고 있으면 된다. 게르만족은 무기를 만들 쇠도 충분치 않았고 보통의 연장을 만들 쇠는 더더욱 없었다. 그들의 사기는 최대한 올라가고 로마군의 사기는 최대한 떨어졌던 토이토부르크Teutoburg 숲 전투 이후에조차도 그들은 알리소Aliso 요새를 힘으로 빼앗을 수 없었다. 드루수스Drusus가 모험을 무릅쓰고 적대적인 수감브리Sugambren/Sugambri족과 마르시Marser/Marci족 및 브루크테리Bructerer/Bructeri족을 넘어서 게르만 영역 한복판에 요새를 구축한 것은 사실이었다. 더욱이 그의 마음속에는 결국 하나의 고정된 상황만 있었던 것이 아니다. 로마인들은 수년 내에 최소한 베제르Weser 강까지라도 게르만 지역의 지배가가 되려고 했었다.

★ ★ ★

발레리우스Valerius Maximus의 《기억할 만한 공적功績과 격언格言 Factorum et dictorum memorabilium》, V, V. 3절에 의하면 드루수스Drusus의 임종臨終이 임박했다는 소식이 로마에 전해지자 그의 형 티베리우스Tiberius는 서둘러 그에게 가기 위해 게르만 영역 깊숙이 들어가야 했다고 한다. 우리는 이 사건을 후일 게르마니쿠스Germanicus가 6개 레기온legion을 가지고 이 요새를 구원했을 때 다시 세우게 되는 드루수스 제단祭壇을 서기 15년에 리페Lippe 강에 있는 요새를 포위한 게르만족이 파괴한 사건(타키투스Tacitus, 《연대기年代記/Annals》, II, 7장)과 같은 사건으로 볼 수 있다. 만약 로마군이 드루수스를 위해서 게르만족 영역 깊숙한 곳에 제단을 세웠다면 그가 사망한 장소 이외의 곳에 세웠을 것으로는 볼 수 없다. 그들이 그저 적당한 장소를 골라서 제단을 세웠다고 해도 그 장소는 최소한 라인 강변의 큰 영구숙영지 부근에 세웠을 것이다. 이때 우리가 한 사료에서는 드루수스 제단이 리페 요새 부근에 있었음을 알 수 있고 다른 사료에서는 드루수스가 게르만족 영역의 깊숙한 곳에서 죽은 것을 알 수 있다면 그 요새를 리페 강 하류가 아니라 상류 부근에서 찾아보아야 할 것이다.

★ ★ ★

벨레이우스Velleius Paterculus의 《로마사 대계大系》, II, 105장에 있는 구절을 원문대로 읽어보자면 로마군은 서기 15년에 최초로 게르만 지역의 "줄레 강 수원지水源池에 *ad caput juliae*" 여름숙영지를 갖게 되었다고 한다. 그러나 줄레Julia/*juliae*라는 이름으로 알려진 강이 없기 때문에 리프시우스Lipsius는 이미 줄레를 루페Lupiae로 고쳐 읽었으며 이는 정당한 일임이 분명하다. 최근 "졸렌베크Jollenbeck"라는 지명을 가진 곳이 관심을 끌고 있는데 이곳은 레메Rheme 강 위쪽에서 베레Werre 강으로 흘러들어 가는 작은 하천 곁에 있다. 그러나 "줄레"와 "졸렌베크"가 비슷한 이름이기는 해도 "졸렌베크"는 아주 흔한 이름이며 비판적 시각으로 보면 "졸렌베크"를 "줄레"로 볼 수는 없다. 티베리우스Tiberius가 여름숙영지를 그렇게 멀리 산악지대에 두었을 것으로 볼 수는 없기 때문이다. 그렇게 자신감 넘치던 바루스Varus조차 감히 그런 모험은 하지 않았었다. 그뿐 아니라 티베리우스가 그곳에 여름 숙영지를 구축했다고 해서 베제르Weser 강에는 숙영지를 구축하지 않았을 것으로는 볼 수 없다. 결국 우리는 "줄레 강의 수원지에*ad caput juliae*"를 "루페 강의 수원지에*ad caput Lupiae*"로 본 루피우스의 추정을 수용할 수 있는 것이다. 리페Lippe 강이 하류에서만 선박의 운항이 가능한 하천이라면 벨레이우스의 말에서 아무 결론도 끄집어 낼 수 없을 것이다. 실제로 그렇다면 티베리우스는 리페 강 상류까지는 육로로 보급품을 수송했을 것이기 때문이다. 그러나 우리는 어떤 경우이든 리페 강은 상류까지 선박운항이 가능한 하천으로 볼 수 있으므로 티베리우스가 단지 리페 강 상류에서 하루나 이틀 정도의 행군거리에 숙영지를 설치하기 위해 참모들에게 리페 강 상류의 선박 기착지로부터 이 숙영지 사이에 거대한 육로수송체계를 설치해야 할 부담을 안겨주었을 것으로는 볼 수 없다. 그가 선택할 수 있는 유일한 조치는 바로 이 자연스런 수로와 육로의 중계지점에 숙영지를 설치하는 것이었다.

불확실한 내용의 사료가 아니더라도 로마군의 전략적 요충지는 리페Lippe 강 상류 부근에 있었을 것이라는 우리의 주장을 입증할 결정적 증거가 있다. 파테보른Paterborn은 리페 강 상류에서 2마일(15km)도 채 안 되는 곳에 있다.

이곳에 있는 숙영지라면 얼마든지 "루페 강 수원지에*ad caput Lupiae*" 있다고 말할 수 있을 것이다. 기지基地숙영지를 두기에 유리한 장소가 매우 먼 리페 강 상류에서 발견되었다면 그곳은 보급품저장소를 최대한 전방으로 추진해서 구축할 수 있는 논리적 장소이기도 하다. 벨레이우스Velleius Paterculus가 정확히 지적한 것 같이 과거 선착장만 있었던 이곳에 티베리우스Tiberius가 모험을 무릅쓰고 여름숙영지를 구축한 것은 로마군의 지배권 확보 과정에서 중요한 전진이었다.

★ ★ ★

게르마니쿠스Germanicus는 서기 16년에 게르만족이 포위한 리페 강 거점을 구원한 다음 파괴되어 있던 드루수스Drusus 제단祭壇을 다시 세웠다. 타키투스Tacitus는 이어서 "그는 무덤지역은 다시 세우지 않기로 했다*tumulum iterare haud visum*"고 한다. 이 무덤지역은 작년에 바루스Varus 군 사망자들을 묻어놓았지만 게르만족이 파헤친 곳이었다. 이 무덤지대가 전혀 다른 곳에 있었다면 이 말은 납득할 수 없는 말이 될 것이다. 우리는 이 당시 로마군이 게르만 지역에서 마음대로 먼 지역까지 전역戰役을 계획할 수 없었을 것이라는 점을 잘 알고 있다. "그는 무덤지역은 다시 세우지 않기로 했다"는 말은 무덤지대가 이 요새에서 그리 멀지 않은 곳에 있었을 경우에만 사리에 맞는 말이 된다. 토이토부르크Teutoburg 숲 전투가 우리가 생각했던 장소 부근에서 벌어졌을 것으로 생각되는 한 이 요새는 리페 강의 중류나 하류가 아니라 상류에 있었을 것으로 보아야만 한다.

★ ★ ★

이 특별연구에서 지금껏 필자가 인용한 고대작가들의 문구에는 어디에도 정확히 "알리소Aliso"란 이름이 언급되어 있지 않다. 이 구절들에는 리페 강과 엘리손 Elison 강의 합류지점에 있는 거점이라는 말과 서기 16년에 게르만족에게 포위되었다가 게르마니쿠스에 의해 구원된 요새라는 말만 있다. 그러나 이 요새는 리페 강 상류에 있었음이 분명하다는 것을 우리는 알게 되었다. "알리소" 또는 이와 유사한 이름은 사료들의 다른 구절에서 세 차례 발견되는데 이들이 과연 리페 강 상류의 요새인지 다른 요새인지는 검토해 보아야 한자.

첫째, 지리학자인 프톨레미Ptolemäus/Ptolemy의 기록(II, 11장)에는 베테라Vetera보다 동쪽으로 경도經度 1/2°남쪽으로 위도緯度 1/4°떨어져 있는 지점에 알레이손Aleison/ Αλειοον이란 곳이 있다고 했는데 이곳은 우리가 말한 곳과 일치하지 않는다. 베테라에서 너무 남쪽으로 떨어져 있기 때문이다. 특히 게르만 지역의 지리에 관한 프톨레미의 말은 극히 신뢰성 없는 것으로 알려져 있다. 여하간 그가 말한 곳은 고려대상에서 완전히 배제될 수 있다. 그가 "드루수스의 전승기념비戰勝記念碑"*가 있다고 한 장소 역시 마찬가지이다.

둘째, 타키투스Tacitus의 《연대기年代記/*Annals*》, II, 7장에서는 먼저 리페 강 요새의 포위 및 구원에 대해 말한 다음 드루수스 제단祭壇을 다시 세운 일과 무덤지대는 다시 세우지 않은 일을 말하고 마지막으로 "알리소 요새와 라인 강 사이의 전 지역에는 새 리미티부스가 완전히 건설되었다*cuncta inter castellum Alisonem ac Rhenum novis limitibus aggeribusque permunita*"고 했다.(역자 주: 앞의 제VI장, 부기 6 참고.)

그가 가장 먼저 말한 리페 강 요새는 여하간 리페 강 상류에 있었는데 문제는 이곳이 그가 마지막에 말한 알리소와 같은 곳인지 여부다. 만약 같은 곳이라면 타키투스의 통상적 문투로 볼 때 그는 분명히 이 이름을 가장 앞에서 언급했을 것이다. 그러나 우리는 이미 그가 지리에는 무관심한 인물이었음을 알고 있다. 그가 말한 두 요새가 같은 곳일 수도 있다. 아마도 그는 이를 굳이 분명히 말해 둘 필요는 없다고 생각했을는지도 모른다. 그는 여러 사료들을 참고해 가면서 이를 종합하는 과정에서 첫 번째 문구에서는 우연히 그 이름을 소홀히 했다가 나중 문구에서는 문장구조상 이를 말해 두는 것이 유용할 것으로 생각했을 수도 있다. 실제로 그랬을 가능성이 매우 높다. 그의 설명은 강 하류에 있는 요새에 관한 설명으로는 부적합하며 "알리소 요새와 라인 강 사이의 전 지역에는 새 리미티부스가 완전히 건설되었다*cuncta inter castellum Alisonem ac Rhenum novis limitibus aggeribusque permunita*"는 말은 알리소 요새와 라인 강 사이에 끊김이 없는 견고한 도로가 건설되었다는 의미이기 때문이다. 이 도로가 겨우 몇 마일 정도의 짧은 도로일 수가 없다. 리페 강 전체의 길이는 넉넉히 20마일(150km)은 된다. 둑을 쌓아가면서 이렇게 긴 도로를 만들었다면 이 로마인 역사가로서는 어느 정도 강조해서 언급할 만한 가치가 있는 공사였다.

셋째, 벨레이우스Velleius Paterculus의 《로마사 대계大系》, II, 120장에도 바루스Varus의 패배에 관한 설명에 이어 로마군은 철저한 경계와 단호한 각오로 극히 위험한 상황에서 자신들을 지켰다고 했고 이 때문에 "숙영사령宿營司令/Lagerpräsekt(역자 주: 뒤의 제VIII장 참고) 루시우스 케디쿠스Lucius Caedicus/Caedici의 용기가 알리소에서 수많은 게르만족에게 포위되었던 자들의 용기와 함께 찬양 받았다*L. Caedici, praefecti castrorum, eorumque qui una circumdati Alisone immensis Germanorum copiis obisidebantur, laudanda virtus est*"는 말이 있다. 이 문구는 로마군 요새 중 오직 하나만 끝까지 버티었다는 조나라스Dio Zonaras의 문구 (카시우스Dio Cassius의 《로마사Romanika》, XLXXI, 11장에 인용되어 있음)와 "바루스의 참극에서 생존자들이 포위되었을 때*reliqui ex Variana clade cum obsiderentur*"라는 말이 보이는 프론티누스Frontin/Frontinus의 《전략론戰略論/Strategemetos》, III, 15. 4절의 문구와 관련이 있다. 프론티누스는 또 다른 문구(IV, 7. 8절)에서도 바루스의 패배 이후의 포위를 말하고 있는데 이 때 포위된 로마군 지휘관은 역시 케디쿠스Lucius Caedicus/Caedici였다. 카시우스는 단 하나의 요새만 끝까지 버텼다 했으므로 이상의 네 문구는 결국 같은 사건을 말한 것이다. 네 문구 모두 바루스의 패배 이후의 포위를 말하는 것일 뿐 아니라 포위된 병력들도 모두 "바루스의 참극 당시의 생존자들*reliqui ex Variana clade*"이었고(프론티누스, III, 15. 4절) 그 장소도 알리소Aliso였다 (벨레이우스Velleius Paterculus, II, 120장). 이는 리페Lippe 강 상류의 요새 이름이 알리소Aliso였다는 사료상의 직접증거이다. 되레협곡Dörenschlucht 대학살에서 도주한 자들은 자신들을 보호해 줄 수 있는 가장 가까운 거점으로 몰려갔을 것이고 그런 곳이 리페 강 상류의 요새였을 것이기 때문이다. 그들이 혹시 이곳도 적에게 포위될 것을 우려해서 더 멀리 도주했다면 게르만 지역에는 그럴만한 요새가 더 이상 없으므로 그들은 바로 라인 강까지 도주했을 것이다. 비록 직접적인 기록도 없고 우리가 지니고 있는 모든 기록들이 다른 요새를 언급한 것이 분명하다 해도 여하간 우리는 바루스 시대에는 리페 강 상류에 로마군 요새 하나가 있었을 것으로 보아야 한다. 독일의 경작耕作 환경을 보면 로마군이 리페 강에서 가장 작은 배들도 운항이 불가능하게 되는 바로 그 지점에 규모가 큰 보급품저장소를 두지 않고는 베제르Weser 강까지 지속적으로 왕래한다는 것이 절대로 불가능한 일이다. 이 보급품저장소는 당연히 요새화되어 있었을 것이다. 결국 이곳이 토이토부르크Teutoburg 숲 전투의 패잔병들에게는 가장 가까운 거점이었고 피난처였다. 벨리우스Velleius에 의하면(Ⅱ, 120장) 이곳의 이름이 알리소Aliso였다.

★ ★ ★

게르만족의 힘으로는 이 요새를 함락시킬 수 없었다. 기아작전飢餓作戰을 시도해 보았지만 요새에 식량이 충분해서 포위는 오래 지속되었다. 로마군 수비대가 얼마나 오래 포위 당해 있었는지는 티베리우스Tiberius가 큰 병력을 이끌고 구원을 온다는 소식을 수비대가 들은 것을 보면 알 수 있다. 티베리우스는 토이토부르크Teutoburg 숲 전투 때 파노니아Pannonien/Pannonia에 있었고 라인 강으로 가기 전에 로마에고 들렸다. 로마군 수비대는 긴 포위 끝에 게르만족의 감시가 소홀해진 틈을 타 포위망을 몰래 빠져나와 라인 강까지 20마일(150km)을 아무 일 없이 도주할 수 있었다. 긴 도주기간 중 게르만족이 이를 따라잡지 못한 것이 이상하게 생각될지 모른다. 그러나 전쟁사에는 이와 아주 유사한 사건이 있다. 대반란大反亂 기간 중 프로이센에서 게르만 기사騎士들의 거점들이 장기간 포위되고 구원군도 기대할 수 없던 때가 있었는데 게르만 기사들이 그 거점들 중 하나인 크로이쯔부르그Kreuzburg 요새에서는 포위망을 뚫고 빠져나가다 적에게 발견되어 몰살당했지만 4년 동안이나 포위되어 있던 바르텐슈타인Bartenstein 요새에서는 알리소에서 로마군이 한 일을 똑같이 해냈다(이 책 제Ⅱ편, 제Ⅱ권, 제Ⅶ장 참고.) 그들이 엘빙Elbing까지 도주한 거리는 15마일 이상(약 113km)이었다.

★ ★ ★

로마군의 게르만 전역戰役 연구에 많은 도움을 준 것은 큰 노력이 투입된 발굴작업이다. 이 발굴 결과 이미 매우 값진 유물들과 많은 정보가 나타났다. 그러나 이 전역과 관련된 직접적인 지식에 있어서는 이런 결과들이 문제점들을 해명해 주기보다는 오히려 더 복잡하게 만들어 놓았다. 종래 우리는 로마군의 시설을 선사先史시대나 카롤링Karoling/Caroling 왕조 시대의 시설과 명백히 구분할 수 없었고 심지어 단순한 자연현상과도 구분할 수 없었다. 횔쩌만Hölzermann 대위와 베이트von Veith 장군은 자신들이 라인 강 하류와 리페 강에서 로마군 요새들의 체계 전체를 발견한 것으로 생각했었지만 이들은 자연적 모래 둔덕에 불과함이 입증되었다. 가장 큰 규모의 진정한 로마군 시설물들이 현재 최고의 전문학자들에 의해 식별되고 있으나 이 시설물들의 역사적 지위는 잘못 결정되고 있다. 라인 강과 엘베 강 사이의 패권을 장악했던 20년 동안 로마군은 수백 개의 행군숙영지들과 수십 개의 기지基地숙영지 및 요새들을 구축했음이 분명하며 그 흔적들 많이 남아있을 것이다. 그러나 그런 기지숙영지와 요새들 중 지금껏 발견된 것은 단 몇 곳에 불과한데 이들을 발견한 탐험가들은 행복한 목소리로 저마다 자신들이 발견한 곳이 바로 알리소Aliso 요새라고 소리쳐 왔다. 이 발견자들과 그들과 함께 있었던 고대사에 관심 있는 사람들의 여론뿐 아니라 이 분야의 최고 학자들까지도 몇 마디 유보를 붙이기는 하지만 발견자들의 환호성에 휩쓸려서 이에 동의해 오고 있다. 하지만 그 결과 로마군 전역戰役의 전반적 전략에 대한 이해는 오히려 진전되지 못하고 있고 그들이 발견한 알리소라는 여러 지역들을 모두 찾아다니면서 이 지역들을 사료의 기록들과 비교 검증해 가면서 그들이 증거라고 내세우는 것들에 대한 부정적 평가를 반복하지 않을 수 없게 되었다.

필자는 훈테Hunte 강에서 알리소 요새를 발견했다는 뒨쩨르만Dünzermann의 생각이나 알리소 요새가 베젤Wesel 강에 있었다는 주장을 모두 무시할 수 있을 것으로 본다. 알리소의 위치로 검토해 볼만한 가치가 있는 곳은 대규모 발굴이 성공적으로 이루어진 할테른Haltern과 오베라덴Oberaden 두 곳뿐이다.6)

라인 강과 만나는 곳에서 약 6마일(약 45km) 남짓 떨어진 리페Lippe 강 중류의 강변 북쪽 마을인 할테른Haltern 부근에는 선트 안나베르그St. Annaberg/Anna 산이 있고 오래전부터 이곳에 로마군의 요새가 있는 것으로 알려져 있었는데 최근 그 전체적인 윤곽이 상세히 드러나고 있다. 이곳에서 강을 따라 1~1.5km만 더 올라가 강에서 약간 떨어진 곳에서는 표면에 아무 흔적도 없었던 한 언덕 위에서 서기 1900년과 1901년 및 이후의 계속적 발굴 결과 큰 규모의 로마군 숙영지 하나가 발견되었다. 또 바로 이 일대의 옛 강둑에서는 일련의 요새들과 접안接岸 및 저장 시설들도 발견되었다. 비록 세부적으로는 많은 의문점이 있기는 하지만 이 시설들의 일반적 목적과 성격에 대해서는 설명이 필요 없다. 앞서 우리가 알 수 있었듯이 리페 강에서는 1년 중 7개월을 좀 큰 배들은 알리소Aliso까지 운항할 수 없었다. 비록 고대인들에게는 아주 작은 배를 이용하더라도 수로운송水路運送이 육로운송陸路運送보다는 더 유리했고 이 때문에 그들은 1년 중 아마 8개월 이상은 수로를 통해서 상류의 알리소까지 보급품을 운송했을 것이다. 하지만 로마군이 그런 일을 끝내는 시기가 곧 왔었다. 중류의 할테른까지는 1년 내내 선박 운항이 가능했을 것이므로 그들은 게르만 전역戰役 초기에 이곳에 보급 및 저장 시설과 둑으로 둘러싼 배의 정박지碇泊地를 건설한 다음 이를 보호하려고 선트 안나베르그 산에 요새를 구축했던 것이다.

레기온legion들은 가끔 이 정박지 부근에 행군숙영지와 기지基地숙영지를 구축했었다. 기지숙영지를 운용하려면 리페 강에 대규모의 정박시설이 필요했고 기지숙영지와 정박시설은 긴 제방으로 안전하게 연결되었을 것으로 보인다. 이곳에

---

6) 할테른을 알리소로 보는 대표적 인물은 슈크하르트Schuchhardt이다. 그의 견해는 앞서 소개한 《베스트팔렌 고대위원회 보고서Mitteilungen der Altertumskommission für Westfalen》, 제II권(서기 1901년)와 "알리소 문제에 관해Zur Alisofrage"(《서부독일지Westdeutsche Zeitschrift》, 제24권, 1905년) 및 《할테른의 로마 유적 발굴을 통해서 본 알리소 지침서Aliso, Führer durch die römischen Ausgrabungen bei Haltern》, 제3판(서기 1907년) 참고할 것. 오베라덴을 알리소로 보는 가장 대표적 인물은 이를 발견한 프라인O. Prein 목사이다 그의 견해에 대해서는 《오베라덴 부근의 알리소Aliso bei Oberaden》(서기 1906년, 부록 첨부)를 참고할 것.

기지숙영지가 최소한 3개 이상 차례로 구축되었을 것으로 학자들은 보고 있다. 무기, 주화鑄貨, 도자기, 보석, 연장 등 여기서 발견된 많은 유물들은 이 시설들이 오래 사용된 것임을 입증한다. 아헤노바르부스Domitius Ahenobarbus가 "폰테스 롱고스 *Pontes longos*"라는 긴 다리를 건설했을 때도 이곳에 지휘본부를 설치했을 수 있다. 레기온legion들이 서기 5년에서 8년 사이의 어느 때인가는 이곳에서 겨울을 보냈을 수도 있다. 게르마니쿠스Germanicus가 전쟁을 재개했을 때 이 요새들을 복구했는지 불분명하지만 아마도 그 역시 이곳을 행군숙영지로 사용했을 것이다.

한편 할테른Haltern에서 4마일쯤(약 30km) 더 올라가면 강에서 1.5km 떨어져 이와 유사한 1개 레기온 규모의 기지숙영지가 오베라덴Oberaden 부근 남쪽에 있는데 크기가 할테른 부근 기지숙영지들 중 가장 큰 것보다도 더 크다.

이런 모든 시설물들 가운데 알리소Aliso 요새였을 가능성이 조금이라도 있는 곳은 할테른 부근의 선트 안나베르그St. Annaberg/Anna 산에 있는 거점뿐이다. 나머지 숙영지들은 요새로 보기에는 그 규모들이 너무 크다. 규모가 큰 것을 카스트룸 *castrum*(역자 주: 숙영지. 복수는 castra)이라고 했고 작은 것을 카스텔룸*castellum*(역자 주: 요새. 타키투스Tacitus의 《연대기年代記/*Annals*》, II, 7장에서 알리소 요새를 "카스텔룸 알리소넴castellum Alisonem" 이라고 했음)이라 했는데 이름으로 보나 불변의 전략원칙으로 보나 알리소는 규모가 작을 수밖에 없다. 게르만 지역의 군사 여건상 전략상 우선 야전병력 숫자가 많아야 한다. 따라서 지휘관은 여건상 불가피한 곳에만 절대적으로 필요한 규모 내에서 요새들을 구축한 다음 최소의 병력만 요새수비병력으로 운용하고 나머지 병력을 집결 운영했었다. 수비병력 숫자에 비해 너무 큰 요새는 매우 위험하며 방어력이 약해진다. 따라서 우리가 찾고 있는 알리소 요새는 수비병력과 몇 개의 약간 큰 보급품 저장시설 그리고 혹 병원 하나와 작업장 몇 개 정도를 겨우 수용하기에 적절한 규모로 그리 크지 않은 요새였을 수 있다. 그러나 오베라덴Oberaden 부근 숙영지는 35 헥타르 이상의 면적을 차지하고 있는 반면 할테른Haltern 부근 숙영지들은 가장 큰 것이 약 35헥타르, 중간급은 약 20헥타르 그리고 가장 작은 것은 약 18헥타르 정도이다.

이제 이 면적들을 우리가 알고 있는 다른 로마군 시설들과 비교해 보자.

	면적(ha)	수비병력
시저의 아이스네Aisne 숙영지	41	8개 레기온
시저의 게르고비아Gergovia 숙영지	35	6개 레기온
시저의 선트 피에레St. Pierre 산 숙영지	24	4개 레기온
본Bonn 부근 숙영지	25	1개 레기온 및 지원병력
노이쓰Neuss 부근 숙영지	24	1개 레기온 및 지원병력
아프리카의 람베세스Lambaesis	21	1개 레기온

카르눈툼Carnuntum 숙영지	14	1개 레기온
케쎌스타트Kesselstadt	14	
선트 안나베르그St. Annaberg/Anna 산	7.25	
니데르-비베르Nieder-Bieber	5	1개 코호르트 및 2개 누메리numeri
페링Pföring	4	500명
프리트베르그Friedberg	3.75	1,000명
살부르그Sallburg	3.25	
바이쎈부르그Weissenburg	3	500명

리메스limes(역자 주: 앞의 제VI장, 부기 6 참고)를 따라서 위치한 대부분의 요새들은 면적이 각 1.5헥타르에서 3.5헥타르 사이였고 수비대 규모는 각 500명 정도의 1개 코호르트Kohort/cohort(역자 주: 현대의 대대급 부대)나 1개 기병단騎兵團/ala이었는데 큰 요새의 경우 전시에 가장 위험할 때는 1,000명까지 늘어났다.7)

이상의 수치들을 비교해 보면 요새들은 규모가 매우 다양했음을 알 수 있다. 시저 당시의 숙영지에서는 1개 레기온legion이 6헥타르 즉, 1,000명당 1헥타르의 면적을 차지했다. 그러나 요새의 경우에는 같은 병력이 차지하는 면적이 3배나 4배 심지어 8배까지 늘어난다. 이는 매우 자연스러운 일이다. 개활지 전투 때의 숙영지에서는 병력이 최대한 밀집 수용되지만 영구요새에서는 수비가 가능한 범위 내에서 병력들이 보다 분산 수용되는데 이때 요새의 크기뿐 아니라 여러 가지 다른 조건들을 고려해서 병력수가 결정된다.

본Bonn과 노이쓰Neuss 및 람베세스Lambaesis의 세 숙영지만 보면 1개 레기온 정도의 병력이면 20~25헥타르 크기의 고정숙영지를 수비하기에 충분했다고 볼 수 있다. 그러나 가장 노출된 위치에서 흙담장에만 의존해 적을 방어했을 알리소Aliso 요새를 수비하려면 그 정도 병력으로는 너무 부족했을 것이다. 할테른Haltern 부근의 여러 숙영지들 중 가장 규모가 작은 18헥타르 크기의 숙영지일 경우라도 이를 상주하며 수비하려면 수비대 규모가 1.5개 레기온 이하일 수는 없다.

그러나 우리는 규모가 극히 작은 숙영지 하나를 두고 지금껏 너무 많은 곳을 생각해 왔다. 슈크하르트Schchhardt 자신도 인정하다시피 우리는 지금 같은 시설물의 위치를 이곳저곳으로 중복해서 말하고 있는 것이 극히 분명하기 때문이다. 결국 알리소Aliso라고 알려진 장소를 중복해서 말하다 보니 할테른 지역 전체를 알리소라고 부를 빌미를 슈크하르트에게 제공한 것이다. 그러나 할테른 지역의 정박시설과 선트 안나베르그 산의 요새까지 함께 유지되었다면 시설물 방어에만

---

7) 헤트너Hettner, 《북부 게르만-레티안 지역의 레미스에 관한 조사보고서Bericht über die Erforschung des obergermanisch-rötischen Limes》, 서기 1895년, 25쪽. 《본 연보年報 Bonner Jahrbücher》, 제111권, 25쪽에 수록된 노베시움Noväsium의 보고. 드라겐도르프Dragendorff는 "독일에서의 고고학 탐사Archäologische Forschungen in Deutschland"라는 논문(《월간 독일Deutsche Monatsschrift》, 서기 1906년 3월호)에서 1개 코호르트 정도의 병력을 수용할 수 있는 20,000~23,000㎢(즉, 2헥타르) 크기의 요새들이 여러 곳 확인되었다고 했다.

3개 레기온legion을 포함한 바루스Varus의 병력 전부가 필요했을 것이며 그렇다면 야전병력은 전혀 없었을 것이다. 슈크하르트는 할테른 전체가 알리소라는 그의 가설에는 이런 문제점이 뒤따른다는 것을 제대로 따져보지 않은 것이다. 결과적으로 둘레가 거의 2.5km에 달하는 오베라덴Oberaden 숙영지까지 알리소의 잠재적 후보지로 등장한 데 대한 책임도 슈크하르트 자신에게 있다고 할 수 있다.

앞서 소개한 시저의 숙영지들도 크기를 보면 그중 가장 작은 것이라 해도 3개 레기온legion을 수용할 크기는 되었을 것이다. 이 작은 숙영지는 아마도 공간에 여유가 있고 편리한 영구적인 겨울숙영지였을 것이며 따라서 우리는 이 작은 숙영지가 2개 아니면 1개 레기온만 수용했을 것으로 보아야 한다. 하지만 할테른Haltern 부근에 있는 숙영지 중 큰 숙영지와 오베라덴Oberaden 부근 숙영지는 적어도 3개 레기온은 수용했을 큰 규모임에도 이들을 발견한 사람들은 흥분한 나머지 이들을 수비병력이 상주하는 요새들로 보게 된 것이다. 그런 시설물이 삼켜버릴 수비대 규모의 문제는 별론으로 하더라고 알리소에는 그렇게 큰 공간이 전혀 필요하지 않았을 것이라는 점은 이를 굳이 언급할 필요조차 없다. 그렇게 큰 공간이 어디에 필요했을까? 야전병력이 어떤 요새에 도착하면 자신들이 머물 숙영지는 따로 구축하는 법이고 요새에는 요새로서의 기본원칙이 있다. 요새에서는 시설물 둘레에 최대한 빽빽하게 병력을 배치해야 방어가 쉬워질 것이다. 요새와 숙영지는 크기만이 아니라 기본원칙 자체가 다르다. 요새에서는 시설물 둘레가 얼마인가에 따라 수비대 규모가 결정되지만 숙영지에서는 병력의 규모에 따라 시설물의 둘레가 결정되는 것이 기본원칙이다.

결국 할테른과 오베라덴에서 발견한 흔적들은 요새가 아니라 숙영지들이다.

그런 겨울숙영지들은 병력이 떠날 때 수비병력을 남겨두거나 파괴할 필요가 없었다. 게르만족에게는 이 시설이 필요 없었기 때문이다. 게르만족이 이를 점령하더라도 로마군의 우수한 공성攻城장비로 인해 알레시아Alesia에서 베르킨게토릭스Vercingetorix가 당했던 것보다도(역자 주: 이 책 제VII권, 제IV장 참고) 더 빨리 함락되었을 것이다. 로마군이 이를 다시 사용할 것을 우려해서 게르만족이 이를 파괴한다 해도 로마군은 신속히 이를 재구축 할 수 있었다.

이제 우리에게 남은 유일한 문제는 선트 안나베르그St. Annaberg/Anna 산 위에 있는 7.25헥타르 크기의 요새가 알리소일 수 있는지의 여부뿐이다. 그러나 이 문제는 검토할 필요가 없다. 엄격히 말해서 현재 그런 주장을 하는 사람은 전혀 없기 때문이다. 할테른이 알리소라고 주장하는 사람들은 자신들이 로마 군사체계를 화려하고 완전하며 또 역동적인 모습으로 소개해 왔기 때문에 언제나 로마군의 숙영지는 환상을 불러일으킬 정도로 컸었다고 말하면서 주장을 굽히지 않는다. 그러나 이런 논쟁에서도 우리는 유연성을 지녀야 하므로 이제 리페Lippe 강 요새를 언급한 앞서 소개한 사료기록들이 이런 다른 숙영지들을 말한 것일 수도 있는지 다시 한번 주저 없이 검토해 보기로 하자.

카시우스Dio Cassius의 기록에는 드루수스Drusus가 수감브리Sugambren/Sugambri족을 향해 진군해 나갔지만 그들이 통상 거주하던 지역에서 그들을 발견할 수가 없었는데 이때 수감브리족이 카티Chatte/Chatti족을 공격하려고 이동 중이었기 때문이고 결국 드루수스는 베제르Weser 강 쪽으로 올라갔다는 말이 있다.

슈크하르트Schchhardt는 이 말의 의미를 "수감브리족이 카티족을 공격하러 이동한 것은 아직 힘이 넘치던 로마군의 제1격을 회피하려는 것이었다"는 뜻으로 해석했다. 그러나 고향땅에서 힘이 넘치는 로마군의 공격을 받은 수감브리족이 이를 "회피"하려고 카티족과 재빨리 전쟁을 시작했다면 로마군으로서는 수감브리족을 맹렬하게 공격하지 않고 그들의 전략을 친절하게 존중해서 어디로 간다는 말인가? 더욱이 수감브리족 영역은 직경 10마일 이내였음이 분명하다.

이로부터 문제점 하나가 발견된다. 드루수스의 계획은 게르만족 변경부족들만 정복하려는 데 있었는가 아니면 모든 게르만족을 상대로 대규모 전쟁을 계획했던 것인가? 전자의 경우라면 왜 수감브리족을 격파할 기회가 있었음에도 이를 방치했을까? 후자의 경우라면 한 전역戰役의 유일한 성과로 국경선으로부터 겨우 6마일(약 45km)쯤 떨어진 곳에 요새 하나를 구축하는 데 만족하지 않았을 것이다. 로마인 작가들은 누구나 로마군의 업적을 찬양할 준비가 되어 있었던 만큼 카시우스가 참고했던 사료에서도 그런 요새 하나의 건설을 적을 "방어하기 위한" 큰 업적으로 묘사해 놓지는 않았을 것이다.

이에 못지않게 잘못된 생각이 로마군의 목표가 리페Lippe 강에서 안전한 도하시설의 건설에 있었을 것이라는 생각이다. 로마군에게 왜 그런 시설물이 필요했을까? 혹시 리페 강 같은 작은 강을 로마군이 건너려고 할 때 게르만족이 이를 저지할 수가 있었다는 말인가? 로마군에게는 필요에 따라서 강의 좌안左岸이나 우안右岸 어디로든 아무 문제없이 다닐 수 있는 능력이 없었다는 말인가? 개활지에서는 적보다 훨씬 우세한 군대가 리페 강 같은 작은 강의 도하지점을 요새를 구축해서 보호해야 했다고 보는 것은 아마츄추어적 생각에 불과하다.

드루수스라는 인물이 어느 해에는 바다로 게르만족을 공격하기 위해 대운하를 건설하고 다른 해에는 정복자로서 국경선에서 겨우 6마일 정도에 요새 하나를 구축하는 데 그쳤다면 우리는 그를 군사백치軍事白痴로 볼 수밖에 없다.

담Dahm 중령은 할테른Haltern 요새의 필요성을 입증하기 위해 매우 특이한 시도를 했다(《고고학 지침서Archäologische Anzeiger》, 서기 1900년, 101쪽). 그는 타키투스Tacitus의 《연대기年代記/Annals》, Ⅱ, 7장에 나오는 "새 리미티부스가 완전히 건설되었다 novis limitibus aggeribusque permunita"는 말 중 리미테스limites(역자 주: 원문의 리미티부스limitibus)를 요새들을 뜻하는 옛말로 보았으며 드루수스Drusus와 게르마니쿠스Germanicus가 라인 강 도하를 여하한 경우에도 보장하려고 베테라Vetera와 마인쯔Mainz 반대편의 라인 강 우안右岸에 병력전개를 위한 지역을 확보하려 했었다고 믿고 있다. 그의 견해에 의하면 알리소Aliso 요새, 할테른 요새 및 (타우누스Taunus 산에 있는)호프하임

Hofheim 요새는 고립된 초소들이 아니라 "리미테스로 서로 연결되어 있는 여러 진지와 관측초소들 및 여타 요새화된 시설들을 지원하기 위한 중심 거점들"일 뿐이다. 또한 그에 의하면 규모가 큰 기지基地숙영지에서 할테른Haltern이 2일간 행군거리에 있고 호프하임은 단 1일간 행군거리에 있었다면 이는 리페Lippe 강 주변 지형이 매우 불규칙해서 게르만족에게 특히 유리했을 것이기 때문이라고 한다. 더욱이 그는 중요한 작전들은 모두 이 기지숙영지로부터 시작되었기 때문에 마인쯔Mainz 보다 넓은 지역이 병력집결을 위해 필요했다고 한다.

필자는 이와 같은 담Dahm 중령의 분석을 완전히 배척하지 않을 수 없다. 병력집결 지점이 대규모의 요새화된 지역 앞에 1일 또는 2일 행군거리를 떨어져서 위치한다는 개념은 전쟁사에서는 찾아볼 수가 없다. 널리 인정된 전략원칙에 의하면 라인 강 좌안左岸을 모두 장악하고 있었고 그들이 원하면 어느 곳에라도 도하장비를 집결시킬 수 있었던 로마군이 라인 강을 도하하는 것을 게르만족은 결코 방해할 수 없었다. 로마군이 편안한 도하를 원했을 경우 그 수단이 되는 것은 고정된 교량과 교두보들이지 결코 라인 강에서 1일 또는 2일 행군거리에 있는 요새화된 방어선防禦線일 수는 없다. 그런 방어선을 지키려면 라인 강 지역의 로마군을 모두 합한 것의 10배 이상의 병력이 필요했을 것이다. 객관적으로 전혀 불가능한 —사실상 말도 되지 않는— 요새화된 병력집결지란 개념을 그가 생각한 것은 단지 리메스limes가 방어용 변경요새였다는 오해와 할테른Haltern 요새의 전략적 목적을 찾아내야 할 분명한 필요성이 결합된 결과임이 확실하다.

드루수스Drusus의 사망과 그를 위한 제단祭壇 건립을 말한 발레리우스Valerius Maximus의 《기억할 만한 공적功績과 격언格言Factorum et dictorum memorabilium》, V, V. 3절 및 타키투스Tacitus의 《연대기年代記/Annals》, II, 7장에 언급된 곳이 할테른 같이 라인 강과 가까운 장소일 수 없음은 이미 입증되었다. 게르만족이 리페Lippe 강변의 요새를 포위했고 게르마니쿠스Germanicus 가 6개 레기온legion으로 이 요새를 구원하러 갔다는 기록(《연대기》, II, 7장) 역시 할테른을 말한 것이 아니다. 세계의 어떤 전쟁사를 보아도 월등히 우세한 적이 기다리는 곳에서 겨우 6마일 떨어진 어떤 곳을 포위한다는 것은 있을 수 없는 일이다. 만약 양측의 병력이 대등하더라도 그 같은 포위는 자신의 지역을 신속히 요새화 할 능력이 있는 경우나 가능하다. 그러나 게르만족에게는 그럴 능력이 없었다. 하루의 강행군만으로도 로마군은 현장에 기습적으로 나타날 수 있었을 것이며 따라서 장점이라고는 신중한 관측과 경계밖에 없던 게르만족으로서는 포위자인 자신들을 격파해 버릴 수 있는 적의 기습공격을 늘 대비하고 있어야만 했을 것이다.

그런 임무에 소집된 게르만족은 비록 최하급 전사戰士일지라도 자신의 임무가 소용없고 위험하기만 한 것임 알고 자신을 고용해 자신의 힘을 그렇게 어리석게 소모시키고 있는 인물의 리더십을 불신하게 되었을 것이다.

타키투스Tacitus의 《연대기年代記/Annals》, II, 7장에는 이런 기록에 이어서 로마군이 라인 강과 알리소Aliso 사이에 견고한 도로를 건설했다는 취지의 기록이 있지만 우리는 이 기록이 이때의 로마군에게는 적합하지 못한 기록임을 이미 분명히 알 수 있었다. 이때 로마군은 길이 6마일의 도로 건설을 시작하지는 않았을 것이다. 더욱이 티베리우스Tiberius가 전에 도로를 건설했던 곳도 바로 이곳이었다(앞의 제 VI장, 부기 6 참고).

토이토부르크Teutoburg 숲 전투 때 패잔병들은 알리소로 도주해 들어갔다. 이로써 우리는 알리소가 전투현장에서 그리 멀지 않은 곳에 있었을 것으로 볼 수 있다. 그러나 슈크하르트Schchhart는 이와는 반대로 "이때 도주거리가 큰 거리였을 것으로 보기만 한다면 이 사건이 얼마나 놀라운 참극이고 도주자는 왜 그리 적었는지 이해할 수 있다"고 믿은 결과 기록상의 설명이 할테른Haltern에 관한 것이라고 한다. 이를 반박할 수 있는 논거로 우리는 로마군의 도주는 산악통로에서 아르미니우스Armin/Arminius의 진지들에 의해 차단된 것이므로 도주 거리는 문제되지 않는다고 말할 수 있다. 더욱이 이때 분명했던 점은 게르만족이 5~6일 내내 패잔병들을 추격하다가 승리 축하연을 열기 위해 다시 그만한 시간이 걸려서 되돌아온 것이 아니라 추격이 끝난 지점에서 전리품들과 함께 남아 있었다는 점이다. 만약 그들이 패잔병 추격을 끝내지 않고 돌아옴으로써 도주를 방치했었다면 패잔병들은 할테른Haltern에 머물지 않고 서둘러 직접 라인 강까지 갔을 것이다. 하지만 그들은 알리소에서 포위되었다. 이제 잠시 토이토부르크 숲 전투의 현장을 다른 곳으로 보면 알리소를 할테른 부근에서 찾을 수 있을 것으로 가정해 보자. 그러나 한 가지 분명한 것은 슈크하르트의 생각과 같이 토이토부르크 전투가 되레협곡Dörenschlucht 또는 그로텐부르그Grotenburg(토이토부르크Teutoburg) 부근의 다른 어느 곳에서 있었던 것으로 가정하는 순간 알리소는 할테른 부근에 위치할 수는 없게 된다는 점이다. 할테른은 토이토부르크와는 20마일(150km) 떨어져 있고 라인 강과는 하루 행군거리밖에 안 되기 때문이다.

포위의 과정과 기간을 보아도 결과는 같다. 라인 강과 가까운 할테른이 알리소였다면 2개 레기온legion을 이끌고 올라갔고 정력이 뛰어난 것으로 유명했던 레가티legati(역자 주: 장군) 아스프레나스Asprenas는 포위된 요새를 구원하려고 시도했을 것이다.

슈크하르트Schchhart는 서기 16년에 게르마니쿠스Germanicus는 이미 6개 레기온legion을 거느리고 알리소Aliso에 위치해 있었음에도 그의 부대를 배에 태우고 북해를 거쳐서 엠스Ems 강으로 들어가 상륙한 다음 베제르Weaer 강까지는 육로로 행군해 올라갔다는 타키투스Tacitus의 설명을 특별히 신뢰하고 있다. 그는 이렇게 되려면 알리소가 리페Lippe 강 하류 즉, 할테른에 있었어야만 한다고 말하고 있다. 그는 게르마니쿠스가 배를 타고 들어간 곳이 엠스 강이 아니라 베제르 강이었다는 필자의 견해를 단지 알리소가 파데보른Paderborn에 있었다는 주장을 유지하기 위한 편법으로 보고 있다. 이를 보면 슈크하르트는 알리소 위치를 할테른으로 보아야 이 전역戰役에 관한 타키투스의 기록이 논리적 기록이 된다고 믿고 있다고 볼 수 있다. 그러나 그의 이런 견해는 "3 x 3 = 11"이라는 말을 부인하려는 사람에게 그보다는 "3 x 3 =10"이라고 말하는 것이 좋다고 말하는 것보다 나을 것이 없는 견해이다. 베제르 강에서 전투가 벌어질 것으로 예상하고 있는 부대가 엠스 강으로 이동했다는 것은 그 부대가 이에 앞서 파데보른에 위치해 있었을 경우보다는 할테른에 위치해 있었을 경우에 약간은 덜 비논리적 설명이 되기는 하지만 여전히 비논리적 설명이 된다는 것은 마찬가지이다. 쾌프Koepp 역시 이를 인식했지만8) 필자의 견해(타키투스는 베제르를 엠스로 혼동했고 게르마니쿠스Germanicus는 병력을 둘로 나누었었다는 견해)가 사료 기록을 너무 심하게 고쳐 읽은 것으로 본 그는 이 전역戰役을 이해해 보려는 희망을 그저 포기해 버리고 만다. 만약 그가 사료 기록 속에서 알리소Aliso 위치를 할테른으로 볼 수 있는 증거를 여전히 보았다 해도 이를 완전히 논리적이라고 할 수는 없음이 분명하다. 사료 기록 전체가 이 전역을 논리적으로 이해할 수 있는 것이 아니라면 전체 중에서 개별적인 한 부분만을 그것도 착오가 실제로 포함되어 있을 수 있는 어느 한 부분만을 증거로 사용할 수는 없는 것이기 때문이다.

　지금껏 알리소의 위치를 할테른Haltern이나 오베라덴Oberaden에서 찾았던 유일한 이유는 우연히 이곳에서 로마 시설물의 흔적이 발견되었다는 사실뿐이다. 이런 우연의 일치 때문에 심리학적으로 납득이 불가능한 것은 아닌 이와 같은 혼동이 생긴 것과 같이 파데보른Paderborn에서는 그런 흔적이 없기 때문에 많은 사람들은 이곳을 정확한 장소로는 인정하지 않고 있는 것이다. 사실 문제해결에 있어 큰 의미가 없기로 말하자면 한 곳 즉, 파데보른에는 물증物證이 없다는 사실과 다른 곳에는 발견물이 넘친다는 사실이 별 차이가 없다. 로마군이 행군숙영지 외에도 여타 많은 기지基地숙영지와 요새들을 게르만 지역에 갖고 있었음은 누가 무어라 해도 전혀 의심의 여지가 없는 사실이지만 이런 시설물 들 중 운 좋게 발견된 것은 몇 곳에 불과하다. 알리소의 위치는 돌에 새겨진 글자 같은 것이 발견된 것이 아닌 한 발견물들을 통해서가 아니라 오로지 전략적 고려사항들을 기초로 해석된 사료의 기록들을 통해서만 해결될 수 있는 문제이다. 우리는 할테른이나 오베라덴을 알리소로 보지는 않지만 그렇다고 그곳에서의 발굴결과가 아무런 가치도 없는 것은 아니다. 또한 파데보른에서 요새 같은 것이 혹시 발견되더라도 그로 인해서 알리소가 그곳에 있었다는 일련의 사료상 증언들이 조금이라도 강화되는 것도 아니다. 몸센Mommsen, 크노케Knoke, 담Dahm, 바르텔Bartels, 슈크하르트Schchhart, 쾌프Koepp 등 대부분의 현대학자들은 바루스Varus의 숙영지가 분명히 베스트팔리카 관문Porta Westphalica 부근에 있었다는 데 대해서 견해를 같이 하고 있지만 이곳에서도 아직은 로마군 숙영지 흔적 같은 것이 발견된 적이 없다. 학자들이 이곳에서 발견물이 없었다고 해서 헤매지 않는 것처럼 파데보른에서도 발견물이 없다고 미혹에 빠질 필요는 없다. 리페Lippe 강 상류의 티베리우스Tiberius의 숙영지도 아직 발견되지 않았다. 알리소 요새나 티베리우스의 숙영지는 장차 발견될 확률이 높다. 게르만 지역의 다른 숙영지들이나 요새들 같은 토성土城이 아니라 석성

---

8) 《독일사 및 고고학 연합학회 소식*Korrespondenzblatt des Gesamtverbands der deutschen Geschichts und Altertumsvereine*》, 서기 1906년, 405단; 《독일 지역의 로마군*Die Römer in Deutschland*》, 37쪽.

石城으로 만들어진 노이쓰Neuss의 레기온legion 규모 숙영지도 겨우 20년 전 발견되었다. 이 숙영지에 병력이 주둔한 기간은 단지 몇 년에 그쳤던 것이 아니라 여러 세대에 거쳐서였다. 수백 년간 병력이 주둔했었을 수도 있다. 할테른의 대규모 숙영지들이 발견된 것도 불과 9년 전이며 그것도 우연히 발견된 것이다. 발견 전에는 지표면에 어떤 흔적도 남아있지 않았었다. 프라인O. Prein 목사는 4년 전 오베라덴Oberaden 부근의 숙영지를 발견했고 그 직전 하르트만Hartmann 교수는 리프스타트Lippstadt에서 동남쪽으로 20km 떨어진 뤼텐Rüthen 부근의 크네블링하우젠Kneblinghausen에서 또 다른 숙영지를 발견했다. 장차 또 어떤 것이 발견될 수 있을지 몰라도 발견된 곳이 역사적 장면들과 일치하는지 여부는 숙영지나 요새의 복원이 아니라 관련된 전역戰役의 전략적인 맥락의 복원을 통해서만 결정될 수 있다. 누구든 이 분야에 뛰어드는 사람은 적 후방에는 아군 요새가 있을 수 없다고 믿거나 요새화된 숙영지와 요새를 혼동하는 오류를 범해서는 안 된다. 또한 패배한 적이 없는 우군의 야전군이 겨우 2일 행군거리에 위치해 있는 상황에서 어느 거점이 적에게 포위되었을 것으로 생각하면서 이 거점의 수비대 병력수와 야전군 병력수 사이의 상호관계는 생각하지 않는 오류도 범하지 않도록 해야 한다. 뿐만 아니라 할테른Haltern을 알리소Aliso로 보는 사람들이 지니고 있는 모든 형태의 아마추어적 개념에 빠져들어서는 안 된다.

(이하는 제3판에서 추가한 내용임.) 오베라덴Oberaden 숙영지를 발굴해 본 결과 이곳은 할테른의 숙영지보다 더 오래된 것임을 알 수 있었다. 이곳은 아마 티베리우스Tiberius가 수감브리Sugambren/Sugambri족의 일부를 소집해서 라인 강 건너편으로 이동시키기 위해 이곳에 위치해 있을 때 구축한 기지基地숙영지였을 것이다. 이 숙영지들은 그 어느 것도 우리가 논하고 있는 전역戰役과는 맥락이 닿지 않는다. 이 숙영지와 우리가 논하고 있는 전역을 연관지어보려던 문헌학자들은 숙영지와 요새의 차이점을 이해하지 못함으로 인해 실패로 끝나고 말았다. 필자는 크로파체크G. Kropatscheck와 비교적 긴 토론을 통해 이를 자세히 설명했다(《프로이센 연보年報 Preussische Jahrbücher》, 143권, 서기 1911년, 209쪽 이하 참고). 어느 곳이 숙영지인지 요새인지는 매우 결정적인 요소다. 양자간의 차이는 대포와 권총의 차이나 같다. 첫째 그 크기가 다른데 크기의 차이는 실질적 관점에서는 형태의 차이가 된다. 요새는 그 자체의 (추구하고 결정해야 할) 고유 목적이 있다. 요새에 수비 병력을 두는 것은 주로 그 요새를 유지하고 방어하기 위한 것이다. 요새 수비대가 요새 밖에서 수행하는 임무는 군사적 성격보다 경찰적 성격을 지닌다. 그러나 요새화된 숙영지는 그 자신을 위해서가 아니라 병력을 위해서 존재하는 것이며 병력은 그 안에서 보호를 받게 된다. 물론 이 두 가지 기능을 혼동하는 사람은 누구나 정확한 전략적인 결론에 도달하지 못한다.

슈미트Ludwig Schmidt는 《로마-독일 소식Römische-germanisches Korrespondenzblatt》(서기 1911년), 94쪽에 알리소의 위치를 리페 강 상류에서 찾아보아야 하는 이유들을 다시 한번 소개해 놓았다.

제 VII 장
교착상태의 로마와 게르만족

토이토부르크Teutoburg 숲 전투와 게르마니쿠스Germanicus의 전역戰役 이후에는 로마와 게르만족간에 일종의 균형상태가 생겼다. 로마군은 그들의 세계제국과 인접한 숲과 산과 늪지로 이루어진 광활한 영역에서 살고 있는 이 용맹하고 구속받기 싫어하는 야만인들을 정복할 수 없었다. 그러나 게르만족 역시 개활지에서 로마군을 맞아 공세를 펼 수 있는 처지가 아니었다.

하지만 로마제국의 팽창은 끝나지 않았다. 기원후 첫 세기 동안 팽창한 로마제국은 다음 세기에도 팽창을 위해 싸우고 있었다. 게르만족은 너무 용맹했었고 그 영역은 접근이 불가능했었지만 로마는 켈트Kelt/Celt족과 이웃한 브린튼Brittannier/Britons족을 굴복시킬 수 있었고 도나우 강 하류의 북쪽 평원인 현재의 헝가리와 루마니아 지역에 새로 다키아Dacien/Dacia라는 큰 속주屬州를 세웠다. 결국 두 번째 세기 초엽에 파르티아Parther/Parthian(역자 주: 카스피해 남동쪽의 고대국가로서 한 때 마케도니아 또는 그리스 지배 하에 있었다)를 상대로 한 대규모 전투가 재개되었고 메소포타미아(역자 주: 서西아시아의 티그리스 강과 유프라테스 강 사이 지역)는 정복되었다.

로마가 게르만족을 정복할 생각을 결국 포기한 것과 동일한 이유로 크라쑤스Crassus의 패배와 안토니우스Antonius/Antony의 실패(역자 주: 이 책 제I편, 제VI권, 제V장 참고)를 보복도 하기 전에 파르티아에서 발을 빼기까지는 한 세기 반의 세월이 걸렸다. 파르티아가 로마제국의 전력 공세에 저항할 수 있을 정도로 강했을 것으로 볼 수는 없다. 그러나 새로운 "알렉산더 전역"을 위해서는 새로운 알렉산더가 필요했었다. 안토니우스도 새로운 알렉산더를 꿈꾸던 인물이었다. 그의 실패는 그의 자질 부족 때문도 아니었고 그의 계획이 전혀 불가능한 계획이었기 때문도 아니었다. 단지 특별한 계획에 따라 진군進軍하다가 불리한 상황을 만나자 포기했기 때문이다. 로마는 단계적으로 전진해서 우선 메소포타미아부터 정복하려고 했을 것이다. 그러나 이런 정도만 해도 황제 자신이 손에 넣을 수 있는 매우 큰 업적이었다. 황제가 이런 업적을 달성하려면 그 자신이 확고한 권위를 지닌 위대한 정열적 전사戰士여야 했고 수도首都를 떠나 아주 먼 변경지대로 나가 여러 해 동안 전쟁에 전념할 수 있게 있을 정도로 제국의 법과 질서를 확립해 놓고 있어야만 했다. 율리우스-크라우디우스Julisch-Claudischen/Julian-Claudian 계係 황제들이나 플라비우스Flavischen/Flavian 계 황제들에겐 그런 자질이 없었고 그럴 처지도 못 되었다. 트라야누스Trajan/Trajanus 황제(재위: 서기 98년-117년)에 이르러서야 로마제국은 비로소 그런 일을 할 인물을 갖게 된다. 트라야누스는 마인쯔Mainz에 본부를 둔 라인 강 상류의 레기온legion들을 지휘하고 있던 중 입양入養을 통해서 황제 직에 오른 인물이다. 만약 그가 전쟁을 통해 로마의 명성을 높이고 제국에 대한 장래의 위협을 제거하려 했다면 결국 게르만족을 굴복시키는 일에 관심을 두었을 것으로 생각하는 사람도 있을 것이다. 그러나 트라야누스는 그런 모험을 하지는 않았다. 아피안Appian에 의하면 로마가 브리튼Brittannier/Briton족 최북단 지역을 정복하지 않은 것은 그 지역이 쓸모없는 땅이었기 때문이라고 한다. 아마도 로마제국 수뇌부에서 과연 게르만 지역을 로마제국에 흡수하는 것이 바람직하고 또 필요한 일인지를 논의할 때도 늘 그와 같은 이유를 들어 반대하는 사람들이 있었을 것이다. 트라야누스 역시 다키아Dacien/Dacia 쪽을 생각하는 편이 나을 것으로 보고 파르티아Parther/Parthian로 방향을 틀었다. 그는 실제로 아르메니Armenien/Armenia족과 메소포타미아를 제국의 영역에 합병했지만 이 전쟁 중 죽고 말았다. 그가 죽자 바로 제국 내부 단속과 전쟁수행이 교대로 진행되게 되었다. 황제 직 계승권이 확실하지 않았던 후계자 하드리아누스Hadrian/Hadrianus는 친히 파르티아 전쟁을 계속할 처지가 못 되었고 그렇다고 어느 장군에게 이 전쟁을 맡길 처지도 못 됐다. 그는 전쟁을 끝내고 트라야누스가 벌이던 정복사업을 포기했다. 로마군이 여러 차례 티그리스Tigris 강을 넘었음은 분명하지만 그들은 매번 그곳에 잠시만 머물렀다.

　제국의 국경을 엘베Elbe 강까지 넓히려는 계획은 더 이상 없게 되었다. 결국 티베리우스Tiberius가 게르마니쿠스Germanicus를 도중에 소환한 일은 세계사의 결정적 전환점이 되고 말았다. 그 후 로마는 게르만족에 대한 대공세를 포기하고 주로 현 국경선을 지키는 일에 전념했다. 그러나 이런 국경선 방어는 그 본질상 전혀 새로운 병법兵法에 대한 도전이었다.

　티베리우스가 게르마니쿠스의 전쟁수행을 중단시켰을 때 레기온legion들은 모두 라인 강 좌안左岸으로 돌아오지 않고 우안右岸에서 몇 개 지역과 거점들을 유지했으며1) 때로는 어느 정도 전진하기도 했다. 라인 강과 마인Main 강 사이의 온난한

---

1) 타키투스Tacitus의 《연대기年代記/Annals》, XI, 19장의 기록은 로마가 서기 16년까지는 베테라우를 포기하지 않았다는 증거들과는 반대되는 기록이다. 그러나 필자의 견해로는 비록 처음에는 로마인들이 이곳에 거주하지는 않았다고 해도 여전히 로마가 이곳을 점령하고 있었던 것으로 보인다. 타키투스는 클라우디우스Claudius에 관해 "그는 게르만 지역에서의 새로운 전역을 강력하게 금지하고 요새들을 라인 강의 가까운 쪽으로 철수시키도록 명령했다adeo novam in Germanias vim prohibuit, ut referri praesidia cis Rhenum juberet"고 했다. 이 말을 남부 게르만 지역에만 관련된 것으로 볼 수도 있지만 우리는 이를 인정할 수 없다. 특히 "위대한 로마인들은 라인 강 너머로 그리고 옛 국경선 너머로 제국의 관심을 확장했다 protalit magnitudo populi Romani ultra Rhenum ultraque veteres terminos imperii reverentiam"는 타키투스의 《게르마니아 Germania》, 29장의 구절은 그런 해석과 상치되는 구절이다. 게르마니쿠스Germanicus는 남부 게르만 지역뿐 아니라 바로 이곳 베테라우Wetterau에서도 카티Chatte/Chatti족과 싸웠었다. 《본 연보Bonner Jahbücher》, 105권(서기 1901년), 67쪽 이하에 수록된 헤르조그C. Herzog의 글을 참고할 것. 필자는 이런 모순점들이 어떻게 해명될 수 있을지 모르겠다.

모퉁이 지역과 란Lahn 강에서 발견된 은색의 퇴적층 지역은 너무 매력적이었기 때문에 그들은 이곳을 점령하고 정착했다. 그들은 라인 강이라는 거대한 자연적 방벽을 넘게 되면서 인공적인 국경 방어체계를 수립해야만 하게 되었다. 이렇게 돌출된 국경선 안에 베테라우Wetterau도 들어오고 그에 인접한 라인 강과 도나우 강 사이의 지역과 오덴발트Odenwald와 슈바르쯔발트Schwarzwald도 들어오게 되었다.

이제 이런 국경선을 어떻게 방어할 것인지가 문제였다.

게르만족은 상비 레기온legion들이 끊임없이 지키는 로마제국을 공격할 처지가 되지 못했지만 그렇다고 양측이 평화로운 이웃이 되지는 않았었다. 로마제국은 게르만족이 변경지대를 매일 침범해서 약탈하는 것을 방어하거나 대규모 개활지 전투에서 그들을 격퇴하려면 상비군이 필요했다. 야만민족들은 이웃을 침범하지 않도록 보장해 주고 싶어도 자신들 중 호전적 무리들을 통제할 능력이 없었다.

로마제국으로서는 끊임없이 도전적인 적으로부터 길고 긴 국경선을 지키기가 매우 어려웠었다. 적은 어느 때라도 어느 곳에서든 침범해 올 수 있었다. 만약 국경 병력을 골고루 분산 배치해 놓으면 그들은 모든 곳에서 약해질 수 있었고 집결된 적에게 유린당할 수 있었다. 그렇다고 몇 곳에만 병력을 집중 배치해 놓으면 긴 국경선 중 대부분이 개방될 수밖에 없었다.

로마제국은 라인 강 하류 너머의 게르만 부족들인 바타브Bataver/Batabians족, 카니네파트Canninefaten/Canninefates족 및 프리스Friesen/Friesians족과 장기간 동맹관계를 맺어서 자신을 방어할 수 있었다. 이 부족들은 많은 젊은이들이 로마군에 입대해 로마군으로부터 봉급을 받았고 이럴 경우 고향에 있는 그들의 친지들까지 로마제국에 우호적 태도를 보였으며 쌍방 간 가끔 발생하는 문제점들도 극복되었다.

대략 현 프로이센 라인 지방을 끼고 있는 상류지역에서는 라인 강이 국경선이었지만 로마제국은 강 건너 상당한 범위까지 게르만족이 거주하지 못하게 감시했고 그곳에 정착하는 것을 허용하지 않았었다. 게르만족은 하루 행군이면 이 미개척지를 지나 라인 강을 넘어 제국의 영역으로 들어 올 수 있었지만 로마군이 순찰을 계속하고 관측소가 어느 정도 긴장하고 있는 동안에는 쉽사리 그렇게 할 수 없었다. 물론 로마군은 동쪽으로부터 라인 강으로 흘러 들어오는 지류의 끝을 특히 조심해야 했다. 적이 배를 타고 갑자기 들어올 수 있었기 때문이다.

본Bonn과 코브렌쯔Coblenz 사이 노이비드Neuwied 약간 밑에서는 국경선이 라인 강 좌안左岸에서 우안右岸으로 건너뛰고 이곳에서 리메스limes가 시작되어 프랑크푸르트에서 상류 쪽 3마일(약 23km)의 마인Main 강을 건너 켈하임Kehlheim에서 도나우 강과 만나며 이곳은 라티스본Latisbon 상류 쪽의 알트뮐Altmühl 강과의 합류점이다. 라인 강과 도나우 강 사이의 모퉁이 지역은 이 리메스로 차단되어 보호된다.

이 리메스는 지역별로 각각 다른 시기에 전혀 상이한 방식으로 건설되었다. 넥카르Neckar 강 주변에서는 초기에 건설된 멀리 뻗은 장벽이 아직도 보인다. 후기에 건설된 부분은 이보다 훨씬 앞으로 나가있다. 마인Main 강 구비나 넥카르 강 구비 같이 큰 하천이 국경선이 되는 곳에서는 리메스가 도중 중단되기도 한다.

현재도 부분적으로 남아있어서 흔히들 "장벽fahls" 또는 "악마의 방벽Teufelsmauer"이라고 부르는 당시의 국경 방어선이 최근의 조사 결과 그 경로뿐만 아니라 그 역사까지도 우리가 정확하게 추적해 볼 수 있게 되었다. 어느 예리한 조사자의 표현을 빌리자면 기념비적으로 견고했던 이 거대한 방벽은 이제 해체되었고 그 고유한 발전과정 자체에 대한 관심들이 살아나게 되었다.

티베리우스Tiberius와 그의 후계자 때까지는 게르만족을 방어하기 위한 연속적 요새선要塞線이 구축되지 않았다. 베스파시아누스Vespasian/Vespasianus 황제는 라인 강과 도나우 강 사이를 연결하는 짧은 방어선을 구축하려고 슈바르쯔발트Schwarzwald를 지나 라인 강 상류 쪽으로 넥카르Neckat 강까지 갔었지만 이곳은 거주민이 거의 없어 쉽게 점령할 수 있었다. 그러나 넥카르 강은 게르만족과 가까운 곳이었다. 베스파시아누스의 아들 도미티아누스Domitian/Domitianus는 카티Chatte/Chatti족과 한 차례 전쟁을 치른 후 베테라우Wetterau를 점령했지만 돌출된 베테라우 지역 때문에 형성된 긴 육지경계선의 방어가 특별히 어려운 문제로 대두되었다.

도미티아누스는 이곳을 제국 영역에 편입한 후 방어를 위해 완전한 요새체계를 구축했다. 아마 이 때 아니면 그보다 좀 뒤에 요새들을 서로 연결한 연속적 요새선으로 우리가 좁은 의미의 리메스limes라고 부르는 것이 발전되었을 것이다. 이 최초의 리메스는 격자格子울타리Flechtwerk(비니에vineae)를 서로 연결한 선이었다.

하드리아누스Hadrian/Hadrianus 황제 때 이 리메스가 말뚝울타리Verpalissadierung/palisade로 대체되었고 다시 여러 세대가 지난 후 이 말뚝울타리가 완성되거나 토성土城과 참호로 대체되었다. 도나우 강 북쪽의 래티아 방벽rätischen/ratian Mauer에 높은 석성石城으로 마지막 부분을 축조한 것은 아마 3세기 초일 것이다. 이로써 지형의 흐름과 유사했던 선이 이제는 관측과 신호에 유리하게 최대한 직선화되었다. 지금도 몇 곳에서 확인할 수 있듯이 래티아 방벽의 높이는 최소한 2.5m 이상이다.

이로부터 우리는 노이비트Neuwied에서 시작해서 라인 강을 따라가다 베테라우Wetterau를 둥글게 돌아서 스투트가르트Stuttgart 동쪽 뷔르템베르그Würtemberg의 로쉬Lorch까지 이어진 북부 라인 강 리메스oberrheinischen *limes* 또는 북부 게르만 장벽obergerman-ische Pfahl과 로쉬에서 래티스본Ratisbon 부근의 도나우 강까지 동서로 이어진 래티아 리메스rätischen/ratian *limes* 또는 래티아 방벽rätischen/ratian Mauer을 구분한다.

오늘날도 보면 알 수 있듯이 북부 게르만 장벽은 일반적으로 토성과 참호로 되어 있고 래티아 방벽은 잘라낸 돌을 쌓아올린 석성石城으로 되어 있다. 전자의 경우 장벽 위에는 5분 각도 간격으로 떨어져 있는 작은 감시탑들이 있고 장벽 뒤의 가까운 곳에 2마일(15km) 이내의 간격으로 평균 1개 코호르트Kohort/cohort(역자 주: 현대의 대대 급 부대) 규모의 수비대가 주둔하기 적합한 다양한 크기의 영구요새들이 있다. 원래 이 요새들을 흙으로 울타리를 쌓은 것이고 감시탑들은 나무로 만든 것이었는데 로마군은 나중에 이들을 돌로 개조했다.

래티아 방벽 뒤의 요새들 중 방벽에서 좀 멀리 떨어진 것도 가끔 있지만 모두 4~5km 내에 있다. 북부 라인 강 리메스와 래티아 리메스의 형태가 크게 다르다 해서 양자의 목적까지 달랐다고는 할 수 없다. 형태가 다른 것은 부분적으로는 지반의 지질地質 때문이다. 전자의 경우 지반이 부드러운 흙이라 토성土城과 참호가 필요했고 후자의 경우 지반이 암석이라 석성石城이 필요했던 것이다. 물론 어떤 형태가 목적 달성에 적합한 것인지에 대한 지휘관의 주관도 어느 정도 작용했을 것이다. 북부 게르만 장벽에서도 토성 아닌 석성의 흔적이 발견될 때도 있다.

종전에는 흔히 이 장벽을 직접 방어했을 것으로 생각했지만 이제 그런 생각을 버릴 수 있게 되었다. 길이가 70마일(525km)이나 되는 장벽에 모두 병력을 배치할 수는 없음을 알게 되었기 때문이다. 장벽을 쌓지 않고 언덕 한 면을 수직으로 잘라낸 곳도 있는데 잘라낸 수직면이 게르만족 쪽이 아닌 로마군 쪽을 향하고 있는 것이 특징이다.2) 또한 습지의 뒤가 아니라 습지 너머에 둑을 쌓은 경우도 있다. 이 때문인지 이 장벽의 목적이 군사용이 전혀 아니고 관세를 거두기 위한 것이었다고 주장하는 학자도 있지만 이는 지나친 비약이다. 가난한 게르만족들을 상대로 관세를 거두어들이기 위해 이런 거대한 시설물을 구축할 수는 없었을 것이다. 이 장벽은 실제로 군사시설이었다.

이 장벽은 우선 매우 위험한 기병의 침입을 막기 위한 중요한 장애물이었다. 그 외에도 슈뢰더Gustav Schröder 장군의 표현에 의하면 이 장벽은 철수를 방해하는 장애물로서의 성격도 역시 지녔을 도 있다.3) 아마 3명씩 배치되었을 각 감시탑 수비병들로는 게르만족 무리들이 약탈을 위해 개간된 로마 영역으로 침투하는 것을 방어할 수가 없었다. 그들의 임무는 감시와 통보였다. 각 감시탑은 적어도 수백 미터씩은 전방지형을 관측할 수 있게 설치되었고 후방요새에 신호를 보낼 수도 있었다. 트라야누스 기둥Trajansfäule(역자 주: 트라야누스 황제를 기념하는 이태리 베네치아 광장에 세워진 탑 모양 기둥)에 그려진 감시탑에는 신호용 횃불이 보인다. 이 횃불신호를

---

2) 슈뢰더Gustav Schröder 장군은 이렇게 주장하고 있으나(《프로이센 연보年報 *Preussische Jahrbücher*》, 69권, 511쪽) 필자는 아직 그런 곳을 직접 확인하지 못했다.
3) 《프로이센 연보年報 *Preussische Jahrbücher*》, 69권, 514쪽.

본 요새에서는 즉시 수비병력 일부를 즉시 내보내 침입자들을 차단했을 것이며 이때 장벽은 추격 중인 게르만족의 도주를 방해할 수 있으므로 큰 도움이 될 수 있었을 것이다. 게르만족은 그들 자신도 쉽게 장벽을 넘을 수 없었겠지만 그보다도 약탈한 물품, 가축, 수레 또는 포획한 포로들을 장벽 너머로 쉽게 이동시킬 수 없었을 것이다.4) 추격군이 여러 방향에서 출동할 때는 처음부터 협동작전을 폈을 것이다. 1개 또는 여러 개의 요새에서 수비병력이 모두 출동해도 부족할 정도로 침입자 규모가 크고 호전적이어서 멀리 있는 기지基地숙영지에서 레기온legion들이 출동해야만 할 경우에도 마찬가지였을 것이다. 그들은 침입자들을 장벽으로 몰아붙일 수만 있으면 쉽게 격파할 수 있었다.

이 장벽은 직접 관측을 통해 로마군 부대와 순찰병들에게 안전과 엄호를 보장함으로써 직접적인 경계선 방어에도 중요한 역할을 했을 것이다. 장벽에 접근한 게르만족은 그들이 넘어가려 하는 장벽 바로 뒤에 자신들을 기다리는 로마 병사들이 우연히 있을 수도 있음을 모를 수는 없었을 것이다.

라인 강과 도나우 강을 연결하는 래티아 리메스rätischen/ratian *limes* 전체에는 아마도 50개 정도의 요새가 있었고 이들은 수비대는 이들을 동시에 점령했었을 것이다. 조그만 감시탑들에서 전망을 고려해 보면 이 리메스의 수비병력은 아마도 15,000명 정도였고 아무리 많아도 25,000명은 넘지 않았을 것이다.5) 이 병력은 레기온 병사Legionär/legionaries들이 아니라 동맹군 병사들이었으므로 그들 중 아마 로마군에 복무하는 게르만족도 일부 섞여 있었을 것이다. 레기온 병사들은 후방의 라인 강에 있었다. 그들의 주력은 마인쯔Mainz의 본부에 있었고 나머지는 처음에는(서기 105년까지) 쭈리히Zurich 부근 빈디쉬Windisch에 있다 나중에는 스트라스부르크 Strassburg/ Strasbourg에 있었는데 몇 개의 중간요새들로 파견 나간 레기온 병사도 일

---

4) 국경선을 따라 감시탑을 설치하고 불을 신호로 사용한 매우 유사한 체계가 18세기까지의 스위스에서 발견된다. 문헌조사와 현지지형조사를 통해 이런 체계를 연구한 홍미 있는 글로는 뤼티Lüthi의 《17세기 베른의 감시탑 추쩬*Die bernischen Chuzen oder Hochwachten im 17 Jahrhundert*》, 제3판(베른Bern: 프랑케A. Francke 출판사, 서기 1905년)이 있다. 서기 1448년에 프라이부르그Freiburg 사람들이 베른을 침입했을 때 구게르스호른Guggershorn의 감시탑에서 이 사실을 수도로 알린 적이 있다. 베른 방위군이 즉시 소집되었지만 그들은 침입자들을 향해 이동하지 않고 침입자들의 퇴로를 차단해서 격파한 후 약탈물들을 되찾았다.

히르쉬베르그Hirschberg와 라센게비르게Riesengebirge 사이의 아른스도르프Arnsdorf 부근에는 여러 방향으로 산을 지나는 것을 관측할 수 있는 언덕 위에 돌로 만든 감시탑의 혼적이 있다. 이 탑은 아마도 후씨테 Hussiten/Hussites 시대에 만들어진 것으로 보인다.

5) 몸센Mommsen의 《로마사*Römische Geschichte*》, 제V편, 108쪽, 각주에서는 도미티아누스Domitian/Domitianus와 트라야누스Trajan/Trajanus 당시 북부 게르만지역 수비대의 보조병력을 10,000명으로 보고 있다. 래티아 리메스는 길이가 훨씬 짧고 수비병력도 적었다. 몸센은 최대 10,000명인 래티아 리메스 수비대가 라티스본Ratisbon에서 파쏘Passau까지 도나우 국경도 지켜야만 했기 때문에 평시에는 리메스 수비병력이 매우 적었을 것으로 믿고 있다. 그러나 이 수비대는 적의 기습공격으로부터 스스로를 방어해야 했고 강력한 약탈무리들을 추격할 때는 병력을 파견해야만 했었다. 몸센은 남부 게르만지역 수비대의 경우 보조병력이 북부 게르만 지역 수비대의 경우보다 훨씬 적었을 것으로 본다.

부 있었을 것이다. 남부 게르만 지역 레기온legion들은 본Bonn, 노이쓰Neuss, 니즈메겐Nijmegen 및 특히 베테라-크산텐Vetera-Xanten의 숙영지들에 주둔하고 있었는데 베테라-크산텐은 늘 이곳 속주屬州의 중심지였던 곳이다. 북부 게르만 지역과 남부 게르만 지역은 각각 4개 레기온이 점령하고 있었지만 래티아rätien/ratia에는 레기온이 없었다. 결국 8개 레기온과 동맹군 병력 모두를 합해서 70,000명의 로마병력이 북해에서 시작해서 라인 강에 이어 리메스limes를 따라가다 다시 도나우 강을 따라서 파쏘Passeu 까지 이어지는 선에 주둔하고 있었던 것이다.

로마군이 확립한 이 국경방어체계는 국경선에 대한 직접적이고 절대적인 방어 개념에 기초한 것이 아닌 간접방어체계였다. 그들은 가능한 한 국경선을 자연장애물인 하천까지 전진시키든지 인공장애물로서 장벽을 쌓고 장벽 앞의 지역을 비워놓게 해서 게르만족이 국경선을 넘는 것을 어렵게 만들어 놓았었다. 게르만족이 이런 장애물을 넘는 것이 전혀 불가능하지는 않았지만 잘 조직된 관측 및 보고 체계 때문에 로마군은 장애물을 넘는 자들에게는 가차없이 처벌을 가할 수가 있었다. 게르만족은 국경선을 넘어 약탈에 성공할 경우에도 다시 돌아오거나 약탈품들을 가져오기가 힘들다는 것을 알게 될 수밖에 없었다.

적이 대규모로 공격하는 실제 전쟁에서는 이 장벽 때문에 가용병력이 방어선을 따라 널리 분산되어 방어력을 발휘하지 못하게 될 위험성도 있었다. 그러나 여하간에 국경선을 방어하지 않을 수는 없었기 때문에 이는 불가피한 일이었다. 하지만 그들은 이렇게 될 가능성을 염두에 두고 레기온들은 방어선을 따라 배치하지 않고 후방 멀리 라인 강에 일반예비대로 주둔시켜 놓았었다.

앞서 알 수 있었듯이 게르만족은 쉽사리 병력을 집결시킬 능력이 없었고 로마군은 적의 병력이동을 자신에게 알려 줄 게르만인들과 접촉을 유지하고 있었다. 따라서 로마군은 큰 적이 침입해 오더라도 레기온들이 그들 주변의 동맹군들과 함께 충분한 병력으로 적시에 이에 대응할 수 있는 상황이었다.

로마인들은 국경을 방어하는 레기온들 덕분에 자연에 가까운 폭발적인 힘을 지닌 민족이 점령한 황무지와 원시림 바로 옆에서 세련된 문화를 화려하게 꽃피울 수 있었다. 현재도 사람들은 옛 로마군 시설물의 흔적들을 보고 감탄하고 있고 특히 트리에르Trier 지역의 옛 시설물 흔적을 보면 놀라지 않을 수 없다.

로마제국은 국경이 안정된 2세기 중반쯤 라인 강 레기온 수를 8개에서 4개로 줄여서 북부 라인지역과 남부 라인지역에 각 2개 레기온씩만 주둔시켰다.

부 기附記

1. 참고자료들

서기 1885년 독일제국이 설립한 「국립 리메스*limes* 연구위원회」의 체계적인 연구 결과 몸센Mommsen이 그의 《로마사*Römische Geschichte*》, 제V편(서기 1885년), 140쪽 이하에서 묘사했던 리메스의 모습이 일부는 재확인되었고 일부는 수정되었으며 특히 연대年代문제는 바뀌게 되었다. 이 위원회의 연구와 현지발굴 결과는 주로 헤트너Hettner 위원장과 파브리시우스Fablicius 교수에 의해 《리메스 저널*Limesblatt*》에도 발표되었고 서기 1894년부터는 《고고학 지침서*Archäologische Anzeiger*》에 매년 훌륭한 보고서로 발표되고 있다.

헤트너 씨가 서기 1895년 꼴로뉴Cologne에서 열렸던 문헌학자 대회에서 강연도 하고 후일(트리에르Trier 및 프랑스 린츠Lintz에서) 논문으로도 발표한 내용을 보면 리메스와 관련해서 당시까지 발표된 모든 내용들이 도표 형식으로 잘 정리되어 있다.

특별히 소개할만한 가장 최근의 연구로는 헤르조그C. Herzog 교수의 조사보고서인 "리메스의 연대年代에 관한 비판적 평가Kritische Bemerkungen zur der Chronologie des Limes"(《본 연보年報 *Bonner Yahrbücher*》, 105권, 서기 1900년) 및 사르베이von Sarwey 중장中將의 "리메스 지역에서 로마의 도로들Römische Strassen im Limesgebiet"(《서부 독일 역사예술지歷史藝術誌 *Westdeutsche Zeitschrift für Geschichte und Kunst*》, 18권, 서기 1899년)이 있다.

그 외에 파브리시우스Fabricius의 훌륭한 요약서인 《독일 내 로마 리메스 시설물의 기원*Die Entstehung der Römischen Limesanlagen*》(트리에르Trier 및 프랑스 린츠Lintz: 서부 독일 역사예술지歷史藝術誌/*Westdeutsche Zeitschrift* 발행사, 서기 1912년) 및 그의 "북부 게르만 지역 및 래티아 지역의 로마군Das Römische Heer in Obergermanien und Raetien"이라는 논문 《역사지歷史誌*Historische Zeitschrift*》, 98권, 서기 1906년)도 참고할 만하다.

이 책에서 리메스에 대해 필자가 묘사한 내용들은 이런 연구물들을 요약하고 전쟁사의 관점에서 해석한 것이며 그 세부적 내용들과 중간 단계는 생략했다.

2. 말뚝울타리PALISSADEN

코하우젠Cohausen 대령은 "로마의 국경선 장벽"에 관한 폭넓은 연구를 통해서 리메스가 말뚝울타리로 되어 있었다는 것은 기술적으로 불가능하다고 보았다. 슈뢰더Schröder 장군 역시 통나무 수명 때문에 수비병들이 늘 울타리 수리와 교체에 매달려 있었을 것이라며 그의 견해에 동의했다. 그러나 분명한 말뚝울타리 잔해들이 발견되었다. 끊임없는 보수작업 때문에 리메스가 말뚝울타리였을 수 없다는 생각은 합리적이지 못하다. 오히려 평소 할 일도 별로 없는 수비병들에게 보수작업에 매달리게 하는 것이 군기軍紀 유지에 도움이 되었을 것으로 볼 수 있다. 이 사례는 문헌학자들뿐 아니라 기술적인 전문가들도 허황된 생각을 할 수 있다는 것을 보여주는 사례이다. 해당 분야에서 인정받는 전문가들인 이 두 사람의 일치된 견해는 실제의 고고학적 증거에 의해 부인되고 있다.

3. 도미티아누스DOMITIAN/DOMIYIANUS 황제의 리미테스LIMITES 건설

프론티누스Frontin/Frontinus의 《전략론戰略論/Strategemetos》, I, 3. 10절에는 도미티아누스 황제가 "리미티부스가 120마일로 늘어난 다음 전쟁의 본질을 바꾸어 놓았을 뿐 아니라 그에게 은둔처를 빼앗긴 적들을 통제할 수 있게 되었다limitibus per centum viginiti milia passuum actis non mutavit tantum statum belli, sed subjecit ditioni suae hostes, quorum refugia nudaverat"는 구절이 있는데 흔히 이를 도미티아누스 황제가 리메스를 건설했음을 입증하는 증거로 본다. 그러나 볼프Wolf 장군은 《주간군사週刊軍事/Militär-Wochenblatt》, 120호(서기 1900년), 2533단段에서 그런 해석을 부인하고 전해져 내려온 《전략론》 수고手稿에 는 위 구절 중 첫째 단어가 "리미티부스limitibus"(역자 주: 리메스limes와 같은 말)가 아니 라 "밀리티부스mlimitibus"로 되어 있다고 강조한다. 그는 "밀리티부스"를 "리미티부 스"로 읽은 것은 추측일 뿐이며 단기간의 전역戰役 중에 그 같이 거대한 요새선要 塞線을 건설할 수는 없었을 것으로 본다. 또한 어떤 군대이건 적이 요새선의 건설 에 눈을 돌리기 전에 그들을 굴복시켜야 했을 것이므로 만약 로마군이 긴 요새 선을 동시에 건설하느라고 병력을 분산시켜 놓았었다면 카티Chatte/Chatti족과 같은 대담하고 모험적인 부족이라면 그렇게 분산되어서 요새건설에 매달려 있는 로마 군의 일부를 공격했을 것이라는 것이 그의 견해다. 마지막으로 그는 "이 사례는 가장 뛰어난 라틴어 학자들조차도 군사적 상황을 잘 이해하지 못하면 라틴어 원 문조차 잘못 해독할 수 있음을 보여준 경우이다"라고 했다.

그러나 원문 해독에 그런 착오가 있었을 수는 없다. 사르베이von Sarwey 중장조차 원문을 "리미티부스"로 읽는 것이 옳다고 본다. 그렇게 읽는 것이 분명히 옳다. 프론티누스의 《전략론》, I, 3장은 전체가 경우별로 정확한 전략체계를 탐구한 ("전쟁의 본질 확인De constituendo statu belli") 부분이다. 그는 알렉산더 대왕과 시저 Cäsar/Caesar가 늘 결전決戰을 추구했었던 것은 그럴만한 충분한 이유가 있었기 때문 이고 쿤크타토르Fabius Cunctator(역자 주: 칸네Cannä/Cannae 전투 당시 로마의 딕타토르Diktator/dictator 즉, 독임집정관獨任執政官이었던 파비우스Quintus Fabius Maximus를 말함. 그는 신중한 지구전 전략을 주장했기 때문 에 그의 이름에 꾸물거리는 사람이란 뜻의 쿤크타토르를 덧붙여서 파비우스 쿤크타토르라고 했고 그의 전략을 쿤크타토르 전략이라고 했음. 이 책 제I편, 제V권, 제II장 참고)로서는 그들과 반대로 한 것이 옳았었다고 설명하고 있다. 또한 페리클레스Pericles는 들판을 비워놓고 바다 에서 싸웠고(역자 주: 이 책 제I편, 제II권, 제III장 참고) 스키피오Scipio는 스스로 아프리카로 원정을 나가서 이태리를 한니발Hannibal로부터 해방시켰다고 했다(역자 주: 이 책 제I편, 제V권, 제VI장 참고). 그는 같은 맥락에서 도미티아누스에 대해서는 "게르만족이 그 들의 관습대로 협곡과 예상치 못한 은거지로부터 우리 병력을 반복해서 공격하 고는 깊은 숲 속으로 안전하게 철수했을 당시에 도미티아누스 황제는 리미티부 스가 120마일로 늘어난 다음 전쟁의 본질을 바꾸어 놓았을 뿐 아니라 그에게 은 둔처를 빼앗긴 적들을 통제할 수 있게 되었다Imperator Caesar Domitianus Augustus, cum Germani more suo e saltibus et obscuris latebris subinde impugnarent nostros tutumque regressum in profunda silvarum haberente, limitibus per centum viginiti milia actis non mutavit tantum statum belli, sed *subjecit ditioni suae hostes, quorum refugia nudaverat*"고 했다. 만약 이 구절 중 "리미티부스*limitibus*"를 "밀리티부스*mlimitibus*"로 읽는다면 프론티누스가 묘사한 도미티아누스의 전역戰役은 매우 평범한 모습이 되고 말지만 이를 그대로 "리미티부스"로 읽으면 이런 문제점은 사라진다. 다만 "리미티부스"로 읽는 경우에도 리메스*limes*를 통상의 해석대로 경계선 요새만 본다면 위의 구절 중 마지막의 "은둔처를 빼앗긴 *refugia nudaverat*"이라는 부분을 설명하기 어렵게 된다. 따라서 필자는 리미테스*limites*(역자 주: 리메스*limes* 또는 리미티부스*limitibus*와 같은 말)를 "경계선 요새"나 "경계선"이라기보다는 타키투스*Tacitus*의 《연대기年代記/*Annals*》, II, 7장에서와 같이 "도로"로 생각할 것을 제안한다. 이렇게 해석하면 위의 구절 전체가 매우 일관된 정확한 의미를 갖게 된다. 로마군은 먼 숲 속 깊숙이 은거하던 카티*Chatte/Chatti*족을 정확히 찾아낼 수 없었을 것이다. 따라서 도미티아누스는 카티 족의 영역 전체를 관통하는 180km에 달하는 도로를 건설한 것이다. 이 도로를 건설함으로써 그는 "전쟁의 본질*statu belli*"을 바꾸어 놓았을 뿐 아니라 적의 은거지에 접근할 수 있게 됨으로써 그들을 그의 지배 하에 들어오도록 굴복시킬 수 있었던 것이다.

이렇게 해석하면 위의 구절이 도미티아누스가 장벽을 건설했다는 증거는 될 수 없지만 그렇다 해서 이 문제에서 실제로 달라지는 것은 아무것도 없게 된다. 로마군은 정복한 지역들을 방어해야 했었고 발견된 요새 흔적들은 이 요새들이 도미티아누스 시대에 구축된 것임을 확인해 주고 있기 때문이다.

로마군이 도로와 요새와 장애물들을 함께 건설하려고 병력을 분산시켰던 것은 당연히 아니다. 공사는 집결된 병력의 보호 하에 조금씩 진행되었을 것이다.

(이하는 제2판에서 추가한 부분임.) 오크세*Oxé*는 리메스*limes*에 대한 연구에서 (《본 연보年報 *Bonner Jahrbücher*》, 114권, 109쪽. 앞의 제VI장, 부기 6 참고) 위의 구절 중 우리가 120마일로 읽은 부분을 120피트로("*limitibus per centum viginiti milia actis*"를 "*limitibus ped. CXX actis*"로) 바꾸어 읽을 것을 제안하면서 이 숫자는 도로의 길이가 아니라 폭을 말하는 것으로 보려고 한다. 그러나 이야말로 군사적 지식이 없는 문헌학자가 범할 수 있는 오류의 진정한 고전적 예에 속한다. 오크세*Oxé*는 "우리는 프론티누스*Frontin/Frontinus* 같은 현역군인이 리메스*limes*를 묘사하면서 그런 묘사에서는 가장 중요한 요소이면서 이런 분야의 전문문헌에는 언제나 언급되는 폭의 수치를 말하지 않았을 것으로는 볼 수 없다"고 했다. 그러나 이와 정반대로 신속한 행동이 분명히 중요했었을 로마군이 30피트 내지 20피트 폭의 도로만 있으면 충분히 목적을 달성할 수 있는데 120피트 폭의 도로를 황무지에서 건설하려고 엄청난 노력을 투입했다는 것은 이해할 수 없는 일이다. 비록 120피트를 도로 자체의 폭으로만 보지 않고 적의 기습공격에 대비해서 숲에서 나무를 베어내고 시야를 확보한 폭으로 본다고 해도 그런 폭은 도로의 길이에 비하면 전혀 중요한 문제가 아니다. 도미티아누스는 적의 영역에서 수행한 이 전역戰役에서 180km의 도로를 건설한 업적을 남겼으며 이 도로는 로마군이 게르만 부족들의

지역을 장악하기 위한 수단이었다. 프론티누스가 군사적 지식이 전혀 없는 도로 건설 기술자였다고 볼 경우에만 그가 후세를 위해 도로의 길이가 아니라 폭을 기록해 놓았다는 생각을 할 수 있을 것이다. 따라서 전혀 부인할 수 없는 사료 의 구절을 불필요하고 무의미하게 바꾸어 읽는 것은 결코 정당화될 수가 없다.

비제Vieze의 《도미티아누스의 카티족과의 전쟁Domitians Chattenkrieg》(베를린 시립 실업학교 제8차 강의록, 서기 1900년 부활절)에서는 여전히 리미테스limites를 "국경 선 요새"로 번역하고 있다.

4. 베버Max Weber는 《정치학 소사전Handwörterbuch der Staatswissenschaften》, 제I편, 180쪽에 서 로마인들이 단순히 경계선 안으로 철수한 것으로 보면서 매우 특이한 근거를 제시하고 있다. 그는 거대한 속주屬州의 지주地主들이 "우선은 그들의 토지에 대한 보호와 감시를 그리고 또한 방어임무defensive Aufgaben를" 군대에게 요청했을 것으로 믿고 있다. 그의 말에 의하면 지주들도 다른 사람들과 마찬가지로 게르만족으로 부터 보호를 받지 못했었다는 말이 된다. 하지만 만약 그랬었다면 이 지주들이 게르만족으로부터 가장 잘 보호받을 수 있는 길은 —물론 가능하기만 하다면— 게르만족을 굴복시키는 일이었을 것이다.

제 VIII 장
로마제국 군대의 내부조직과 생활

    옛 로마 군사체계의 모습과 자취를 소개하는 것은 이 연구의 임무가 아니지만 그래도 우리는 이 거대했던 조직에서의 일상생활의 주요 측면들을 이해하도록 노력해야 한다.

    로마군의 모습은 아우구스투스Augustus가 제정한 《아우구스투스 법전constitutiones Augusti》에 포함되어 있는 완벽하고도 체계적인 일련의 규정들에 따라 만들어진 것이었다. 이 규정들은 오늘날 남아있지 않지만 사료에 기록된 문구들 속에서 우리는 그 일반적인 내용을 식별해 낼 수 있다.

    내전內戰 시기에는 레기온Legion 숫자가 계속 증가했다. 시저Cäsar/Caesar의 배후에는 40개 이상의 레기온이 있었고 삼거두三巨頭/Triumvirn/Triumvirate(역자 주: 공화정 말기인 기원전 60년 원로원 공화파에 대항하여 결성된 정치동맹의 거두인 시저와 폼페이우스 및 크라수스. 7년 후에 크라수스의 사망으로 동맹이 해체된 후 벌어진 시저와 폼페이우스의 투쟁에서 시저가 승리하고 독재가 시작됨)는 몇 개 레기온을 추가로 편성했고 상대방인 공화파에게는 23개 레기온이 있었다. 기원전 36년에는 옥타비아누스와 안토니우스에게 총 75개 이상의 레기온이 있었다. 공화정 시대에는 로마시민권자만 레기온 병사로 소집되었지만 이런 기본원칙은 점차 포기되었을 뿐 아니라 오히려 뒤집혔다. 즉, 레기온에 들어가면 로마시민권자가 될 수 있게 되었다. 시저의 레기온에서도 태생적 로마 시민은 소수였고 삼거두가 추가로 편성한 레기온의 경우에는 더 그랬다. 레기온들 중 상당수는 겉으로만 로마적인 모습을 지닐 수 있었다. 베르길리우스Vergil/Vergilius는 이태리에 정착한 야만인들 중 노련한 전사戰士들을 대충 소집했었다.[1] 아우구스투스는 도전자가 없는 단독 통치자가 된 후 옛 원칙들로 돌아가서 로마 시市와 라틴 민족을 핵으로 건설된 세계제국 상황에 맞추어 이 원칙들을 참으로 재치 있게 적용할 수 있었다. 그는 시민들로 편성된 단위부대와 비시민으로 편성된 단위부대들을 전혀 융통성 없이 분리시키지는 않았지만 다양한 민족들로 형성된 로마제국의 정치상황에 맞추어 군대도 다양한 민족분견대들로 조직했다. 만약 시민과 비시민이 아무 없이 같은 단위부대에 계속 할당되었다면 각 단위부대 내에서는 라틴적인 요소는 너무 약해져서 비라틴적인 요소를 지배하거나 자신들에게 동화시키지 못했을 것이며 그렇게 되었다면 단위부대들의 군사능력은 틀림없이 떨어지게 되었을 것이다.

---

1) 베르길리우스Publius Vergilius Maro, 《목가牧歌/eclogue》, I, 71절.

아우구스투스Augustus(역자 주: 재위 기원전 27년~서기 14년)는 이 때문에 레기온legion 수를 18개로 줄였던 것으로 보인다. 그러나 그가 죽을 때쯤 다시 25개로 늘어났고 세프티미우스 세베루스Septimius Severe/Severus(재위: 서기 193년-211년) 때는 33개로 늘어났다. 내전內戰 당시는 일반적으로 경무장 병력과 기병대만 보조병력으로서 레기온 옆에 섰었지만 이제는 중무장 보병 내에서도 순수한 로마적 성격의 레기온과 민족 단위로 코호르트Kohort/cohort(역자 주: 현대의 대대급 부대)를 편성한 보조병력이 구분되게 되었다. 또 레기온에 들어가면 자동으로 로마시민권이 부여되던 원칙도 유지되었으므로 레기온에 배치된 사람이 모두가 태생적 로마 시민은 아니었다. 그러나 우리는 레기온에 배치된 비시민은 어느 정도는 이미 로마화 된 사람들이었을 것이고 특히 그들은 라틴어를 알았을 것이기 때문에 그들로 인해서 그가 소속한 단위부대가 로마적인 성격을 잃지는 않았을 것으로 추정해 볼 수 있다.

율리우스Julian/Julischen 계係 황제들(역자 주: 율리우스 시저Julius Cäsar/Caesar의 가계에 속한 황제들) 시대에도 동부 지역 레기온들은 여전히 이태리 본토민本土民을 주축으로 구성되어 있었지만 베스파시아누스Vespasian/Vespasianus 황제(역자 주: 재위 서기 69년~79년) 때부터는 그런 상황이 점진적으로 종식되고2) 이태리 본토민들은 주로 로마의 프레토르 근위대Prätorianer=Garde/Praetorian Guard(역자 주: 로마 시 수비대를 말함)에만 배치되었다. 레기온들은 각 레기온이 주둔한 속주屬州 출신의 병사들로 충원되었다. 금석문金石文 등의 증거에 의하면 게르만족까지도 점차 많은 인원들이 레기온에 입대했었다.3) 어느 금석문에 의하면 한 프레토르는 베르길리우스Vergil/Vergilius의 기록과 같이 "야만인 레기온"이라는 말을 쓰고 있다. 이제는 원래 야만인이었지만 이미 로마화 되어 있거나 로마화 되어 가고 있던 제국의 각 민족집단들로부터 혈통이 아니라 정신과 관습과 사용언어를 기준으로 레기온 병력이 충원되었다.

레기온에서는 소수 센튜리온Centurio/centurion(역자 주: 센튜리Centurie/century 지휘관. 흔히 백부장百夫長으로 번역되나 실제로는 병력 100명의 지휘관은 아니었다. 센튜리온에 관한 상세 내용은 이 책 제I편 제VI권, 제III장 참고)만 자체적으로 선발함으로써 로마적 특성을 유지했다. 대부분의 센튜리온들은 이태리 본토인으로 편성된 프레토르 근위대에서 선발되었다.4) 더욱이 금석문, 특히 묘비墓碑에서 확인할 수 있듯이 센튜리온들이 한 레기온에서 다른 레기온으로 아주 빈번히 이동한 결과 전군全軍의 장교단은 통일적인 정신을 유지하고 발전시켰었다.

---

2) 바르W. Bahr, "레기온의 센튜리온에 관한 연구De centurionibus legionariis," 베를린 대학교 학위 논믄, 서기 1900년, 45쪽 이하.

3) 방Martin Bang, 《로마군에서 복무한 게르만 전사戰士 Die Germanen im römischen Dienst》, 78쪽.

4) 이 점은 금석문들에 대한 도마스제프스키Domaszewski의 세밀한 연구 덕에 우리가 얻게 된 중요한 정보이다. 그의 《로마군에서의 위계位階Die Rangordnung des rmischen Heeres》(서기 1908년) 참고.

물론 로마 시민들이 개별적으로 보조부대에서 복무하는 경우도 있었지만 보조부대는 주로 아직 로마화 되지 않은 로마 신민民들로 구성되어 있었다. 그러나 그들의 무기나 전투방법이나 군기軍紀는 레기온과 동일했었다. 장교나 부사관은 로마인이었고 언어는 라틴어를 사용해야 했다. 아마도 부대별로 자신들의 모국어를 비공식적으로 사용하기도 했을 것이다.5) 따라서 이런 보조부대들과 레기온의 차이는 상대적 차이였을 뿐인데 이런 차이조차 세월이 흐름에 따라서 점점 더 사라지게 되었다. 이런 보조 코호르트Kohort/cohort들은 민족별로 조직된 경무장 지원부대 및 기병대 그리고 순수한 야만인들과 레기온 사이에 놓인 가교架橋였다. 로마인들과 순수한 야만인들과의 관계는 피정복 민족과의 관계라기보다는 동맹 민족과의 관계에 가까웠다. 순수한 야만인들도 자신들의 고유 무기와 고유 조직을 유지하면서 자신들의 본래 지도자들과 함께 로마인들에게 왔었다. 그러나 이때도 역시 다양한 차이가 여전히 존재했었다.

타키투스Tacitus의 《아그리콜라*Agricola* 전傳》, 28장에 의하면 한 우시페트Usipeter/Usipetes족 코호르트가 브리튼Brittannier/Briton 지역에서 반란을 일으켜 "군기軍紀를 세우려고 마니플Manipel/maniple(역자 주: 보병 중대)에 혼합배치 되어 있던, 모범군인이자 교관敎官으로 간주되던*qui ad tradendam diciplinam immixti manipulis exemplum et rectores habebantur*" 센튜리온Centurio/centurion들과 여타 로마인 병사들을 죽이고 3척의 배로 고향으로 탈출하려고 했다 한다. 이를 보면 로마군이 고집 센 게르만족을 강제로 로마의 군사체계에 완전히 적응시키려고 했었음을 알 수 있다.

반면 키빌리스Civilis가 주동이 되어 반란을 일으킨 바타브Bataver/Batabians족 코호르트는 전원 게르만족으로만 편성되어 있었지만 이 사건 직후 로마군은 더 세심한 주의를 기울여서 야만인 보조부대들을 같은 구역 출신 게르만족으로 편성하지 않고 고향이 서로 먼 사람들로 혼합 편성했다. 종래에는 게르만족 대공大公 가문 출신을 그들의 지휘관으로 임명했지만 이후로는 로마인을 지휘관으로 임명했다. 이런 로마군 보조부대들과 유사한 경우가 오늘날 인도의 영국군이다.

그러나 가장 중요한 로마적 특성은 대부대大部隊의 조직에 있었다. 래티아 방벽 rätischen/ratian Mauer 수비대의 경우 같이 레기온과 레기온에 배속되지 않은 야만인 코

---

5) 바로 이런 상황 때문에 생긴 결과가 히기누스Hygin/Hyginus의 《문에 관하여*de mun*》, 제42장의 한 구절(도마스제프스키의 앞의 책, 62쪽에 인용되어 있음)에 분명히 기록되어 있다. 아마 서기 1918년 이전의 현대 오스트리아 군 각 연대에는 군대언어인 독일어 외에 그들 고유의 연대언어로 민족언어가 쓰였던 것과 같은 상황이었을 것이다. 그러나 속주屬州들이 로마화 되어 갈수록 이 코호르트들의 민족색民族色도 점차 사라져 갔다. 구성원의 고향에서 아주 멀리 떨어진 곳에 주둔하던 코호르트들은 새 병력들이 보충되면서 그 성격도 변했을 가능성도 있다. 몸센Mommsen은 《헤르메스*Hermes*》, 제19권, 211쪽에서 이런 코호르트들의 민족색은 단지 부대창설 초기의 호칭 때문에 생긴 것이 분명하다고 보았는데 우리는 이에 동의하지 않을 수 없다.

호르트Kohort/cohort들이 병존並存한 예외적인 경우도 있었지만 로마군의 진정한 기본 체계는 각 레기온에 야만인 코호르트들 몇 개가 보조부대로 배속되어 있는 체계였고 이 코호르트Kohort/cohort들의 총병력이 레기온legion 자체의 병력보다 많지 않은 것이 정상이었고 보통은 훨씬 적었다. 만약 이들 야만인 코호르트들을 한데 모아 단일부대를 편성했다면 모든 사정이 크게 달라졌을 것이다. 그렇게 했다면 로마인 부대들과 비로마인 부대들이 동등한 권리를 지닌 별개의 요소로서 서로 대립했을 것이며 로마인들은 수적으로 다수였던 야만인들에게 눌려 있게 되었을 것이다. 따라서 로마군은 완전히 로마화 된 일부 야만인들을 흡수한 레기온을 중앙에 놓고 아직 야만인 단계에 있거나 야만인 단계를 크게 벗어나지 못한 보조부대들을 레기온 주변에 위치시켜 하나의 집단으로 묶어 놓음으로써 전체 조직 내에서 로마적 요소가 지배적 위치를 차지하게 했었다. 여러 부족 출신들로 혼합 편성된 개별적인 단위부대로 분리되어 있던 코호르트들은 오로지 그들과 함께 묶여 있는 레기온 이외의 다른 무엇과는 연대連帶가 없었다. 로마적 핵심인 레기온으로부터 외곽을 향해서 로마화 과정이 점차 퍼져 나가게 하는 체계였다.

완전 편성된 레기온의 병력은 종전대로 각 6,000명 수준이었지만 이에 배속된 기병대와 보조부대가 있어 그 총 병력수를 9,000~10,000명으로 볼 수 있다.

병역의무는 법률상 그리고 원칙상 종전과 같이 보편적 의무였지만 현실적인 이유 때문에 병력충원은 모병募兵과 지원에 의존하고 있었다. 한번 입대한 병사의 복무기간은 20년이었고 프레토르 근위대Prätorianer=Garde/Praetorian Guard의 경우는 16년이었지만 그보다 훨씬 연장되는 경우가 흔했다. 이미 신체적 적격성을 잃거나 복무기간이 공식적으로 종료된 후에도 계속 복무하는 병사가 있었다 한다. 이런 병사들에게는 잡다한 노역이 면제되었는데 아마도 그들은 레기온에서 방출되어 벡시라티오니Vexillationi(본래 의미는 '분견대')라고 불리었던 그들만의 소규모 단위부대로 재편성되었을 것이다. 그렇게 했던 이유는 아마도 신병모집이 어렵거나 신병훈련이 힘들었기 때문이 아니라 퇴역병退役兵에게 약속되어 있던 경제적 혜택을 충족시키려면 너무 큰 비용이 필요했기 때문이었을 것이다.

지원병志願兵이 모자라 징집이 필요할 때도 있었을 것이다. 그러나 징집병으로 선정될 수 있는 자가 대체복무자를 사전에 준비할 수 있었다. 피징집자를 대신해서 군에 복무할 준비가 되어 있는 사람이 실제로 있었음을 의미한다. 그들은 보다 부유한 젊은이들이 징집될 경우 당국의 재량에 따라 국가가 주는 보너스를 자신이 받기 위해서 피징집자 대신 입대했던 것이다.

그러나 노예들에게는 군복무라는 죽음의 고통이 금지되어 있었다.

우리는 당시의 상황을 비티니아Bithynien/Bithtnia 총독 플리니우스Pliny/Plinius와 트라야 누스Trajan/Trajanus 황제 사이에 오고 간 서신의 내용을 통해서 분명히 알 수 있다. 플리니우스가 입대선서는 했지만 아직 부대로 배치되지는 않은 신병들 중에서 적발된 2명의 노예들을 처벌해야 할 것인지를 문의하는 서신을 황제에게 보내자 황제는 그들이 지원병인지 징집병인지 대체복무자인지 여부에 따라 결정되어야 한다는 회신回信을 보냈다. 그가 징집병이면 당국의 실수일 것이고 대체복무자면 그를 대신 보낸 자의 책임일 것이며 지원병일 경우에만 그들을 처벌해야 한다는 것이었다. 아직 그들이 부대에 배치되지 않았다는 점은 문제가 되지 않았다.

현대 군대에서도 중요시되는 "군인 키Militärmasses"라는 개념은 로마인들에게도 있었다. 로마제국에서는 이를 "인콤마incomma"라 했다. 그러나 이 키가 어느 정도 였는지에 대해서는 학자들마다 의견이 분분하다. 어떤 학자는 로마인들의 유모 러스한 수수께끼를 근거로 "5 로마 피트(1.48m)는 병사들에게도 매우 선망의 대 상인 키였다"고 해석할 수 있을 것으로 믿는다.6) 이는 당시의 로마인을 난쟁이 민족으로 보이게 하는 견해이다. 그들을 가장 작은 현대의 독일인이나 프랑스인 보다도 6cm나 작게 보기 때문이다. 그러나 어떤 학자는 이 키가 평균 5피트 10 인치(1.725m)였을 것으로 믿고 있는데 이는 프로이센 근위대의 최소 신장보다 큰 키일 것이다.7) 여하간 문제의 구절(프론티누스Frontin/Frontinus의 《전략론戰略論 /Strategemetos》, III, 15장)에서는 "인콤마incomma"가 제1코호르트의 경우에만 요구되었 다고 말했을 뿐이다. 이는 5피트 7인치(1.651m)를 말한 후일의 기록8)과도 부합될 것이다. 징집해야 할 인원이 소수에 불과할 경우에는 자연히 외모가 보기 좋은 인원만 선발되었고 "키 큰 녀석들"을 뽑는 것이 지휘관들의 일종의 취미였었다. 네로Nero 황제는 키가 6피트(1.774m)인 자만 선발해 자신의 레기온legion을 새로 편 성한 후 그 명칭을 "알렉산더 대왕 팔랑스"라고 했고 이 레기온과 함께 카스피 관문關門/Kaspischen Tore으로 가려 했다고 한다.9)

촌락이나 마을에 주둔한 병력은 매우 적었다. 로마 시의 경우만 수비병력이 좀 많았지만 프레토르 근위대Prätorianer=Garde/Praetorian Guard의 병력은 보조병력인 도시 코호르트Stadtkohort/city cohort들을 포함해도 12,000명 이내였고 이들 중 일부는 로마 시 외곽에 주둔했다. 골Gallien/Gaul 지역에는 수도 리옹Lyons에 주둔한 1,200명 규모의 1

---

6) 제크Seeck, 《고대세계 흥망사興亡史 Geschichte des Untergangs der Antiken Welt》, 제I편, 390쪽 및 534쪽.

7) 마르카르트Marquart, 《로마의 정치행정 Römische Staatsverwaltung》, 제II편(제2판), 542쪽.

8) 서기 376년의 《테오도시아누스 법전 Codex Theodosianus》(위의 마르카르트의 책에 인용되어 있음). 독일 은 서기 1870년에야 최소신장을 1.54m로 낮추었다. 1893년 당시 규정은 "최소신장은 1.57m이다. 단, 1.62m 이하인 자는 특별히 강한 신체를 지닌 자에 한해, 또 이들을 입대시키지 않으면 연간 보충병력 을 채울 수 없을 때에 한해 입대할 수 있다"고 되어 있었다. 현재 근위대의 최소 신장은 1.70m이다.

9) 수에토니우스Suetons/Suetonius, 《황제전皇帝傳 De vita Caesarum》, 〈네로Nero 전傳〉, 19장.

개 수비대가 전부였다. 그 외에 제국 내부의 속주屬州에는 수비대가 없었다. 레기온legion들은 국경 근처의 요새화된 대규모 숙영지에 주둔했었다. 이 요새화된 숙영지에서 그리 멀지 않지만 숙영지 성벽城壁의 주위를 넓은 개활지가 둥그렇게 감싸고 있을 정도로 간격을 두고 떨어진 곳에는 카나베Canabae라는 민간거주지가 발달했으며 이들이 때로는 도시로 발전하기도 했다.10)

보조 코호르트Kohort/cohort들도 대개 국경을 따라 크고 작은 요새들에 주둔했었다.

병사들은 40세 또는 50세까지 군에 복무했으나 결혼은 금지되었었다. 그들은 어쩌다 가정을 꾸미더라도 숙영지 내에 거주하는 것이 허용되지 않았었다. 이런 가정은 "정당한 부부관계justum matrimonium"가 아니므로 당국에서는 부대가 다른 곳으로 이동할 경우 이 가정에 대해 아무 배려도 하지 않았다.

금혼禁婚은 센튜리온Centurio/centurion도 같았다. 최고위 지휘관들도 그들이 지휘관으로 로마를 떠날 경우에는 언제나 가족을 집에 두고 갔을 것으로 추정된다.

고급장교인 트리뷴tribune이나 장군 급인 레가티legati(역자 주: 이 책 제I편, 제V권, 제I장 말미의 '역자 주' 참고)들은 로마 아니면 속주 도시의 귀족가문 출신이었다. 그들은 원래 엄격한 의미의 군인은 아니었다. 공화정 시대에 그들은 사법 행정 및 군사 분야의 상급기능을 수행하던 간부였다. 그들에게 필요했던 유일한 자격은 높은 신분 즉, 귀족정신이었다. 높은 신분은 모든 일을 할 수 있는 능력의 징표였다. 그의 시대에 루쿨루스Lucullus는 미트리다테스Mithridates(역자 주: 동부 소아시아 산악지대의 카파도키kappadocischen/Cappadocian의 왕. 이 책 제I편, 제VI권, 제IV장 참고)와 싸우기 위해 지휘관으로 아시아로 떠날 때까지는 전쟁에 대해 아는 것이 아무것도 없었고 가는 도중에 강습과 독서를 통해 임무수행을 준비한 것으로 추정된다.11) 그러나 그는 주어진 임무를 훌륭하게 완수했다. 마리우스Marius가 이런 지휘관들에 대해 부정적으로 말했다는 것은 사실이다.12) 시저의 기록에도 트리뷴을 높이 평가한 말은 거의 발견되지 않는다. 이런 점에서 아우구스투스는 숙영사령宿營司令/Lagerpräsekt이란 새 직위를 창설함으로써 로마의 사회구조와 군사적 소요가 균형을 이룰 수 있게 할 방법을 발견했다. 이 직위는 그 이름으로 볼 때 원래는 큰 기지基地숙영지의 주둔지 지휘관이었을 것이나 이들의 수와 이들이 수행하는 임무들은 곧 증대되었다. 다소 아마추어적 트리뷴tribune에게는 익숙하지 못했을 근무행정의 감독 및 통제는 그들의 소관사항이 되었다. 그들은 직업군인이므로 센튜리온Centurio/centurion 출신이었고 무서운 군기軍紀 감독관이었다. 후일 3세기쯤에 그들의 계급은 완전히 레가

---

10) 슐텐Schulten, "레기온의 영역Das Territorium legionis," 《헤르메스Hermes》, 제29권, 481쪽.
11) 키케로Cicero, 《아카데미 학파 철학 Academica》, II, 1. 2절.
12) 살루스티우스Sallust/Sallustus, 《유그르타 전기戰記 Bellum Jugurthinum》, 85, 12절.

티legati계급으로 변하고 레기온legion 지휘관이 된다.

그러나 군대의 근간은 공화정 시대 같이 여전히 센튜리온이란 직위에 있었다. 앞서 우리는 그들의 지위를 중대장 급 원사元士로 묘사했었다(이 책 제I편, 제VI권, 제III장 참고). 공화정시대에는 센튜리온이 일반병사들 중에서 나왔지만 이제 교육받은 젊은이들도 황제의 요청에 따라 센튜리온으로 임명되어 군에 입대해서 참모장교로 진급도 했었다. 전자를 "엑스 칼리가ex caliga"(병사 출신)라고 불렀고 후자를 "엑스 에키테 로마노ex equite Romano"(로마 기사騎士 출신)라고 불렀다.

결국 장교단은 이제 더 이상 과거와 같이 두 계급으로 나뉘지 않게 되었다. 병사로 입대한 자라도 센튜리온으로 또는 숙영사령으로까지도 진급할 수 있게 되었고 센튜리온으로 입대한 자는 트리뷴tribune으로 진급할 수 있었고 최고가문의 아들 특히 원로원 의원의 아들들은 트리뷴으로 입대해서 오늘날의 장군에 해당하는 레가티로 진급했다. 아마도 레기온에는 시저 시대 초기부터 이미 상설지휘관으로 1명의 레가티가 있었을 것이다(이 책 제I편, 제VII권, 제I장, 부기 3 참고). 한편 아우구스투스Augustus 시대나 하드리아누스Hadrian/Hadrianus 시대쯤은 트리뷴이 코호르트Kohort/cohort의 상설지휘관이 되었을 것이다. 이는 초기의 마리우스Marius 시대 때부터 군사원칙상 실제로 요구되던 상황이었을 것이다. 레기온에는 언제나 10개 코호르트가 있었지만 트리뷴은 6명만 있었는데 베게티우스Vegez/ egetius는 일부 코호르트는 트리뷴이 지휘했고 일부는 프레포시티Praepositi가 지휘했다고 분명히 말했다(이 책 제I편, 제VI권, 제III장, 각주 2 참고). 따라서 현실적 이유로 인해 레기온의 10개 코호르트 중 4개 코호르트의 지휘관 직위를 센튜리온Centurio/centurion에서 진급한 자들이 차지하게 되면서 이때 또 한번 출신 신분간 균형이 이루어진 것으로 추정해 볼 수 있다. 아마 프레포시티Paepositi는 센튜리온 과 숙영사령 사이의 중간직위였을 것이다.13) 현대군대의 위계로 보면 병장兵長을 포함한 부사

---

13) 이 문제는 아마 좀 복잡한 문제일 것이다. 센튜리온 진급 기준은 이해가 쉽지 않다. 이 문제에 관해 이론이 분분하나 모든 상황을 명확히 설명해 줄 이론은 아직 없다. 이 문제에 관한 한 베겔레벤 Theodor Wegeleben의 《로마 센튜리온의 위계Die Rangordnung der römischen Centurionen》(베를린대학교 학위 논문, 서기 1913년, 베버Ad. Weber 출판사)가 도마스제프스키Domaszewski의 연구보다 우수함이 분명하며 금석문에 대한 광범위하고 세밀한 비교를 통해 이 주제에 대한 연구에 상당한 희망을 주고 있기는 하지만 아직 많은 의문점이 남겨져 있다. 베겔레벤의 결론에 의하면 센튜리온들은 원칙상 같은 계급이지만 제1코호르트에 근무하는 6명의 센튜리온은 예외로서 그들 중 가장 높은 3명 즉, 프리무스 필루스 primus pilus와 프린세프스princeps와 하스타투스hastatus의 지위는 너무 높은 지위라서 그들을 더 이상 센투리온이라고 볼 수 없었다고 한다. 제1코호르트에서의 이 직위들은 단순한 명예직이 아님은 실제 조직을 보아도 알 수 있는데 여타 코호르트는 병력이 약 480명이지만 제1코호르트는 1,000명이었다(베겔레벤, 37쪽). 그럴 때 레기온 편성이 어떻게 균형을 맞출 수 있었는지에 대해서는 알려진 바가 없다. 제1코호르트의 센튜리온 6명 또는 그중에서 가장 지위가 높은 3명은 프리미 오르디네스primi ordines에 임명되었었다. 프레포시투스praepositus라는 말의 의미도 또한 불분명하다(그로쎄Grosse, 《로마군의 역사 Römische Mititärgeschichte》, 143쪽 참고). 지휘관 직책의 인수에 관한 베겔레벤의 말(그의 책, 60쪽)은 아마 정확하지 않을 것이다. 그의 말은 폴리비우스Polyb/Polybius의 《역사Historiai》, II, 34장의 기록과 모순된다.

관 계층에 속한 자를 제정帝政로마 시대에는 프린시팔레스principales라고 불렀다. 일반병사 중 가장 유능하고 좀 더 좋은 교육을 받고 가장 용감한 자들은 매우 엄격한 기준에 따라 선발되어서 프린시팔레스로 진급했다. 공화정 시대에 프린시팔레스가 임명되는 가장 중요한 직위는 시그니페르signifer(기수旗手), 옵티오optio(부副센튜리온) 및 테쎄라리우스tesserarius(서판書板 휴대관)(역자 주: 이 책 제I편, 제VI권, 제III장에서는 오프티나 테쎄라리우스는 암구호暗口號를 수령해 전달하는 자라고 했다)였으며 이들은 센튜리온 대리나 그보다 작은 단위대 지휘자로 근무하기도 했다. 프린시팔레스에서 센튜리온만 나온 것이 아니라 군대 행정관이나 고위장교의 참모도 나왔고 나중에는 로마제국의 민간관료도 나왔다.14)

레기온 병사legionär/legionary들은 공화정 시대에는 1년에 본봉 75 데나리denarii(역자 주: 로마 화폐단위. 단수는 데나리우스denarius)와 생계수당(프루멘툼frumentum) 45 데나리를 받았으나 시저는 본봉을 2배로 인상했고 아우구스투스Augustus 말기에는 다시 50%를 인상해서 225 데나리(195 마르크)가 되었다. 이것이 얼마나 큰 보수인지는 같은 환경에서 살던 보조부대 병사의 보수가 그 1/3(75 데나리) 이하였음을 보면 알 수 있다. 숙영지가 아니라 로마 시와 몇 곳의 편안한 다른 기지基地에서 살던 프레토르 근위대Prätorianer=Garde/Praetorian Guard 병사들은 레기온 병사의 3배가 넘는 본봉과 생계수당 외에도 750 데나리denarii(650 마르크)를 더 받았다.

위와 같은 정규보수 외에도 새 황제가 즉위하거나 여타의 특별한 일이 있을 때는 하사금이 있었고 퇴역 시 레기온 병사인 경우 3,000 데나리(2,600 마르크) 이상, 프레토르 근위대 병사인 경우 5,000 데나리(4,300 마르크) 이상의 특전이 각각 있었다. 현금 대신 농토를 줄 때도 있었다. 그러나 18세부터 시작해서 40세 또는 50세까지 일반병사로 복무했던 자가 만족스러운 소농小農이 될 수 있었는지는 의문스럽다. 그러나 이런 특별하사금은 레기온 병사나 프레토르 근위대 병사들에게만 주어졌고 보조부대 병사들에게는 없었다.

레기온legion 병사들의 연봉은 액면가額面價가 계속 인상되어 도미티아누스Domitian/Domitianus 때는 300데나리, 코모두스Commodus 때는 375데나리 그리고 세프티미우스 세베루스Septimius Severe/Severus 때는 500데나리까지 올랐다. 이런 연봉의 실질가치가 얼마나 되었는지는 정확히 말할 수 없다. 세프티미우스 세베루스 시대에는 은화銀貨

---

14) 우리는 최근 간행된 도마스제프스키Domaszewski의 《로마군에서의 위계位階 Die Rangordnung des römischen Heeres》(서기 1908년)라는 글을 통해 비로소 프린시팔레스에 대해 잘 알게 되었다. 이 글은 로마군을 전반적으로 다룬 값진 연구서이다.

베게티우스Vegez/Vegetius의 《로마 군제軍制 Rei militaris instituta》, II, 7장에서는 프린시팔레스의 책무와 관련하여 "캄피게니 즉, 안테시그나니라는 명칭은 그들의 노력과 능력에 의존하던 야외훈련 종류에서 유래했다Campigeni, hoc estantesignani, ideo sic nominati, quia eorum opere atque virtute exercitii genus crescit in campo"라고 말하고 있다. 도마스제프스키의 책에서는 이 문구에 대한 설명이 보이지 않는다.

1데나리우스denarius의 은銀 함량이 아우구스투스 시대의 절반에 불과했으므로 보수가 크게 인상된 것 같지만 실질가치는 변함이 없었을 수 있다. 그러나 화폐의 구매력이 증대되어 병사들의 실질 보수가 실제로 크게 증가했을 것이며 이는 병사들에 대한 황제의 의존도로 볼 때 자연스런 일이었을 것이다.15)

공화정시대에는 일반병사 보수의 2배만 받던 센튜리온Centurio/centurion이 제정시대에는 5배를 받게 되면서 그 지위가 일반병사에 비해 크게 향상되었다

공화정시대부터 이미 그랬지만 제정帝政시대에도 외적 포상이나 명예 수여가 군인들의 긍지 향상 수단으로 활용되었다. 명예의 창槍, 기旗, 방패, 가슴이나 말 안장에 패용하는 장식용 메달, 팔지, 목걸이, 금관金冠, 화관花冠 등이 그들에게 수여되었다.16) 그들은 모든 단위부대들을 이런 것들로 구별되게 하거나 특별한 명예호칭을 부여해서 구별되게 하기도 했다.

각 레기온과 코호르트에는 의사, 간호원(환자를 돌보는 인원qui aegeris praesto sunt) 및 자체적인 행정관이 있는 병원(발레투디나리아valetudinaria)이 배속되어 있었다.17)

말을 돌보는 수의사獸醫士에 관한 기록도 있다.

각 코호르트에는 기수旗手 감독 하에 저축은행과 비상시를 위한 특히 장례비용을 위한 소규모 보험기금도 있었다. 병사들은 최소한 일정한 액수에 도달할 때까지는 봉급의 일부를, 특히 하사금 일부를 저축해야 했다. 니게르Pescennius Niger는 병사들이 전투에 나갈 때는 금화나 은화를 절대로 소지하지 못하도록 한 적도 있는데 병사들은 이를 저축계좌에 넣었다가 전역戰役이 끝나면 찾아갔었다.

유급有給 군대는 매우 정확한 장부기록 체계가 없이는 행정이 이루어질 수가 없다. 이집트 파피루스 종이에는 여타 수많은 서류들 외에 군대에 관한 서류도 있는데 서기 81년에서 87년 사이의 일이 기록된 페이지들 속에는 센튜리Centurie/century 서기書記가 병사들 개개인과 명령, 외출 및 유사 항목들에 관해 라틴식 계좌로 매우 세밀하게 기록해 놓은 부분도 있다.18)

매일 저녁 트럼펫 연주자와 나팔병이 모두 숙영지 내 지휘관 텐트로 집합해서

---

15) 로마병사의 보수에 관한 역사를 처음 연구한 논문은 도마스제프스키Domaszewski의 "제정帝政시대 군인들의 보수Der Truppensold der Kaiserzeitis"(《하이델베르그 신연보新年報 Neue Heidelberger Jahrbücher》, 제10권, 서기 1900년)이다. 그러나 도마스제프스키는 제정로마 시대의 보수 증가를 판단할 때 화폐의 평가절하를 고려하지 않았으므로 그는 수치적 증가의 가치를 과장한 것이다. 필자는 레기온 병사들에게 지급된 특별하사금이 센튜리온에게는 지급되지 않았다는 그의 말은(231쪽, 각주 2) 불가능하다고 본다. 실제로 그랬다면 하사금 액수(아우렐리우스Marcus Aurelius 때는 프레토르 근위대 병사에게 연봉의 5배인 5,000 데나리가 지급된 적도 있다)에 따라 일반병사가 때로는 간부보다 더 큰 보수를 받았을 것이다.

16) 스타이너Steiner, "군대 장식물Die dona militaria," 《본 연보年報 Bonner Yahrbücher》, 114권, 1쪽 이하.

17) 병원에 관한 말이 폴리비우스Polyb/Polybius의 숙영지 묘사에는 없지만 히기누스Hyginus의 기록에는 있다. 하벌링W. Haberling, 《고대 로마의 군의관Die altrömischen Militärrzte》, 베를린, 서기 1910년 참고.

18) 프레머스타인Premerstein, "이집트 레기온급 부대의 장부기록Die Buchfhrung einer gyptoschen Legionsabteilung," 《클리오Klio》, 제III권.

타투tattoo(역자 주: 귀영 또는 영문 폐쇄를 알리는 곡)라고 직역直譯해 볼 수도 있는 곡曲을 불었다. 이 곡이 울리면 야간보초가 정위치로 갔다.19)

고대 로마의 엄격한 군기軍紀는 그대로 계승되었다. 가끔 군기가 해이해지면 지휘관이 다시 다잡았다. 타키투스Tacitus의 《연대기年代記/Annals》, XI, 18장에 의하면 코르불로Gnaeus Domitius Corbulo(역자 주: 클라우디우스와 네로 당시 로마의 명장)는 레기온legion들의 풀린 군기를 클라우디우스Claudius 황제(재위: 서기 41~54년) 시절로 되돌려 놓았는데 이때 그는 규정대로 검劍을 휴대하지 않거나 단도短刀 하나만 휴대하고 성벽 위를 걷던 병사를 사형에 처했다고 한다.

센튜리온Centurio/centurion들은 18세기 독일군 장교들과 같이 언제나 포도나무 가지로 만든 작대기를 들고 다니다 가차없이 이를 휘둘렀었다. 아우구스투스Augustus가 죽은 후 유행처럼 번진 레기온들의 반란 당시는 병사들을 때려죽이는 일도 자주 있었다. 어떤 센튜리온에게는 "쎄도 알테람cedo alteram"("하나 더")이란 별명이 붙었는데 병사들 등을 작대기로 때리다가 작대기가 부러지면 언제나 다른 작대기를 하나 더 가져오라고 했다고 해서 붙여진 별명이라고 한다. 프리드리히Friedrich/Frederick대왕 당시 프로이센 군에서는 귀족 계급 출신인 중대장이 그의 부하들에 대해 일종의 가장家長 같은 지위에 있었고 부하들의 치료나 교체에 대한 책임까지 부분적으로 지니고 있었고 상관으로서의 자의적 징벌권 행사는 어느 정도 제한되어 있었다. 그러나 로마군의 센튜리온에게는 이런 요소들이 없었다. 그는 어디까지나 상관에 불과했었다. 그 자신이 부하들의 일상적 임무수행을 감독했으며 자신이 일반병사 출신이기 때문에 더욱 엄격했었다.

그러나 로마군과 로마제국을 단결시켜 준 것은 징벌권 행사와 군대명예라는 추상적 개념이 아니었다. 이 지배민족의 정치적 지혜는 로마를 세계제국의 정치 뿐 아니라 종교의 중심지로 만들었다. 로마는 그들이 정복한 민족에게 민족신앙 유지를 허용했음이 분명하지만 그들의 민족신民族神 곁에는 로마 신神과 황제를 위한 사원과 제단이 함께 세워졌다. 군대의 숙영지 내에서도 상황은 유사했지만 약간 차이가 있었다. 숙영지에 로마 신神을 위한 제단은 없었지만 레기온legion들은 로마 카피톨kapitol/Capitol 언덕 위 신전神殿에 모셔져 있던 최고신最高神 쥬피터Jupiter와 그의 아내인 여성수호신 쥬노Juno 그리고 지혜와 무용武勇의 여신 미네르바Minerva를, 그리고 보조부대들은 각 민족의 민족신民族神을 참배했었고 모든 부대가 로마 황제의 수호신守護神을 참배하는 특별의식을 거행했다. 보조부대들이 점차 다양한 민족 출신들로 충원되면서 단일의 민족색民族色을 잃고 로마화 되자 그들도 로마

---

19) 폴리비우스Polyb/Polybius, 《역사Historiai》, XIV. 3. 6절. 로마인들에게 이런 관습이 생긴 것은 보다 후일의 일일 것으로 추정해 볼 수 있다.

신神을 받아들이게 되었다. 마르스Mars(역자 주: 군신軍神)를 숭배하는 부대들이 특히 많아졌다. 빅토리아Victoria(역자 주: 승리), 포르투나Fortuna(역자 주: 행운), 호노스Honos(역자 주: 명예) 비르투스Virtus(역자 주: 무덕武德), 피에타스Pietas(역자 주: 신과 나라와 이웃과 부모에 대한 애정), 디시프리나Disziplina/Disciplina(역자 주: 군기軍紀) 및 지역 수호신, 연병장 수호신, 숙영지 수호신 등 신격화 된 모든 것들이 나름대로 제단祭壇을 가지고 있었다.20) 3세기 무렵에 조성된 것으로 보이는 로마 시를 위한 제단도 드물게 발견된다. 이 같이 민간신앙과 군대신앙이 달랐던 것은 국가 내에서 군대의 정치적 위상이 표현된 것이라고 볼 수 있는데 군대는 국가에 대한 소속감보다는 황제에 대한 소속감이 컸으며 황제를 옹립해 준 것도 사실은 군대였다.

황제를 공식적으로 신격화해서 피와 살을 지닌 인격체에 단호하게 신성神性을 부여했던 일은 결코 없었다. 후일 일부 황제들은 자신 또는 자신의 인격이 신성한 것이라고 주장한 일도 있지만 아우구스투스Augustus나 티베리우스Tiberius나 2세기 황제들 중 현명한 인물들은 자신의 인간적 측면은 뒤로 숨겨지게 하면서 자신과 비슷한 실체가 신성한 군기軍旗들이나 군신軍神들의 무리 중에서 느껴질 수 있게 만들었었다. 그러나 군대 지휘관의 명예는 흔히 신성시되었고 병사들의 신앙은 그들의 군기軍紀와 명예를 보여주는 첨탑尖塔이었다.21)

수 세기 동안 민간세계에 큰 문제없이 평화를 보장해 준 제정帝政 로마 시대의 군대는 그리스 시대와 공화정 시대의 징집된 군대는 물론 현대 군대에 비해서도 그 규모가 매우 작았었다. 아우구스투스 시대에는 상비군이 25개 레기온legion과 보조병력을 포함해서 총 225,000명 이하였다. 당시 로마제국 인구가 6,000~6,500만 명이었므로22) 인구대비 병력비율은 약 0.35%에 불과했다. 로마는 공화정 시대에 가장 긴장이 고조되었던 제2차 포에니Punischen/Punic 전쟁(역자 주: 기원전 218년~201년. 이 책 제I편, 제V권 참고) 중 인구의 약 7.5%를 무장시킨 일이 있었고, 독일과 프랑스는 서기 1914년에는 평시에도 1%를 훨씬 웃도는 인구를 무장시켰었다.

---

20) 테르툴리안Tertullian은 "로마 레기온은 완전히 군사적 성격을 지니고 있었다. 레기온은 군기軍旗를 숭배했고 군기를 가지고 서약했으며 어떤 신들보다 군기를 더 숭배했다"고 했다. 하르나크Harnack, 《크리스챤 군대Militia Christi》, V쪽에서 재인용.

21) 도마스제프스키Alfred von Domaszewski, "로마군의 종교Die Religion des römischen Heeres"(《서부 독일 역사예술지歷史藝術誌 Westdeutsche Zeitschrift für Geschichte und Kunst》, 제14권 〈트리에르Trier, 서기 1895년〉에 특별히 재수록 되어 있음). 이 논문에는 민간형 종교와 군대형 종교의 차이라는 매우 중요한 점에 대한 언급은 없다. 히르슈펠트Hitschfeld의 "로마 황제 숭배의 역사Zur Geschichte des römischen Kaiserkultus"(《베를린 아카데미 회보會報 Sitzungsberichte der Berliner Akademie》, 제35권, 서기 1888년)도 참고 할 것.

22) 벨로크Beloch의 "그리스-로마 세계의 인구Die Bevlkerung der griechisch-rmischen Welt"에서는 약 5,400만 명으로 보고 있다. 그러나 그는 후일 《라인 박물관보Rheinisches Museum》, 제54권(서기 1899년)에 게재한 논문에서는 골Gallien/Gaul 지역 인구에 대해 앞의 책에서보다 약간 높게 평가했다. 그러나 필자는 그보다도 더 높게 평가해 왔다. 이 책 제I편, 제VII권, 제IV장, 부기 2 참고. 골 지역 인구를 높게 평가할수록 여타 지방의 인구를 낮게 평가하는 경향이 있다.

　로마인들 스스로도 자랑스럽게 말한 조직과 군기軍紀 덕분에23) 그렇게 소수의 병력이 제국의 평화를 유지할 수 있었고 대부분의 국민은 사업과 농업에 전념하면서 전쟁의 위협에서 벗어나기 위한 세금만 납부하면 되었었다.

　여기서 우리는 레기온legion 숫자가 25개에서 후일 33개로 늘어난 것이 인구가 증가함에 따라 실질적으로 병력이 증가한 것인지 여부를 따져 볼 필요가 없다. 로마 시민권자가 계속 증가함에 따라 원래의 야만인 보조부대들이 레기온으로 변했을 가능성도 있기 때문이다. 도미티아누스Domitian/Domitianus 황제는 한때 경제적 이유 때문에 병력감축을 계획했던 것으로 보이지만 그럴 경우 야만인들에 비해 자신의 병력이 너무 적어질 것을 우려해서 결국 계획을 포기했었다.24)

　플리니우스Pliny/Plinius가 트라야누스Trajan/Trajanus 황제에게 보낸 서신 중의 몇 구절을 보면 우리는 당시 로마가 병력수에 대해 얼마나 인색했었는지를 알 수 있다. 속주屬州 총독과 그 휘하 장교 사이에 그리고 총독과 황제 사이에 병사 개개인을 두고 이를테면 흥정 같은 것이 있었고 이 문제에 관한 서신들이 플리니우스가 총독으로 있던 비티니아Bithynien/Bithtnia와 로마 사이를 오고 갔었다.

　레기온legion의 조직과 전술은 기본적으로 종전대로 유지되었다. 코호르트Kohort/cohort 병력수가 변하고 이중二重 코호르트(밀리아레milliariae)들이 창설되었으나 전술에는 아무런 영향도 미치지 않았다. 이런저런 황제들, 특히 하드리아누스Hadrian/Hadrianus에 의해 도입된 개혁들은 모두 규정規程들의 개혁에 불과했고 전술체계와 무관했다. 우리가 포병이라고 부를 수 있는 병력은 크게 발전한 것으로 보인다. 본래 공성용攻城用으로만 쓰이던 쇠뇌弩/Katapulten/catapults와 노포弩砲/ballista가 이제는 야전 전투에도 쓰이게 되었다(이 책 제Ⅰ편, 제Ⅲ권, 제Ⅶ장, 부기, 마지막 부분인 「만티네아Mantinea 전투〈기원전 207년〉」 참고). 시저 때 이미 그런 무기들이 정상적으로 그의 레기온에 공급되었을 가능성도 있다. 그의 기록 중에 몇몇 전투에서 자신의 부대뿐 아니라 상대방에 대해서도 그런 무기들을 언급한 곳이 있다.25)

23) "지금 짐朕은 로마제국의 가장 영광스러운 버팀목 앞에 와 있다. 이 버팀목은 군사훈련을 통해 단련된 가장 강한 보증인으로서 지금껏 끈질기게도 전 병력을 안전하게 보존해 왔다. 유쾌하고 안락한 그리고 축복 받은 평화는 이 보증인 품속에 그리고 그의 보호 때문에 존재한다Venio nunc ad praecipuum decus et ad stabilimentum Romani imperii salutari perseverantia ad hoc tempus sincerum et incolume servatum militaris disciplinae tenacissimum vinculum, in cuius sinu ac tutela serenus tranquillusque beatae pacis status adquiescit". 발레리우스Valerius Maximus, 《기억할 만한 공적功績과 격언格言Factorum et dictorum memorabilium》, Ⅱ, 7장.

24) 수에토니우스Suetons/Suetonius, 《황제전皇帝傳 De vita Caesarum》, 〈도미티아누스Domitianus 전傳〉, 12장.

25) 시저의 《골 전기戰記 De Bello Gallico》, Ⅱ, 8장, Ⅶ, 41장 및 81장 그리고 《내전기內戰記/De Bello Civili》, Ⅲ, 45장, 51장 및 56장; 《아프리카 전기戰記 Bellum Aficanum》, 31장(역자 주: 《아프리카 전기》는 히르티우스Hirtius의 작품으로 알려져 있다); 샴바흐Schambach, 《특히 시저 시대 로마군의 탄도무기 사용사례 연구Einige Bemerkungen ber die Geschützverwendung bei den Römern, besonders zur Zeit Cäsars》, 서기 1883년; 《튀링겐 프로그람Thüringen Program》에 수록된 뮐하우젠Mühlhausen의 글; 프뢸리히Fröhlich, 《시저의 전쟁Kriegswesen Cäsars》, 제Ⅰ편, 77쪽. 이 무기들을 다시 제작해 보려는 시도가 최근까지 있었다. 리페Lippe 강 주변지역에 대한 발굴 작업 중 흔치 않은 목제木製 도구가 발견되었는데 이를 쇠뇌弩/Katapulten/catapults나 노포弩砲/ballistaballista로 쏘아 내보내던 필룸 무랄레pilum murale 창槍으로 믿고 있는 사람들도 있다. 크로파체크G. Kropatschek는 이런

타키투스Tacitus는 서기 16년 안그리바리Angrivarier/Angrivarii족과 케루스키Cherusk/Cherusci족의 경계지점인 둑 위에서 벌어진 전투의 기록에서 이런 무기들의 사용을 말하고 있다. 후일 기록에 의하면26) 각 레기온에는 규정에 따라 이동식 노포弩砲/ballista 55대와 투석포投石砲 오나그리onagri 10대가 할당되었던 것으로 보인다. 전자는 큰 화살을 쏘는 무기로서 노새들이 끌고 다녔고 11명이 조작요원 필요했으며 후자는 무거운 돌을 쏘는 무기로서 황소들이 끌고 다녔다. 이런 무기들은 공성전攻城戰에서는 매우 중요한 무기였지만 야전전투에서는 큰 효과를 발휘할 수 없었다. 이들로 쏘는 투사물들은 관통력은 강했지만 손으로 쏘는 투사물에 비해 사거리가 훨씬 짧았기 때문이다. 따라서 상대방은 뒤로 물러서거나 적에게 밀고 들어가 근접전투에 돌입하면 이 투사물들을 쉽게 피할 수 있었다.

로마군의 훈련에 관한 정보는 특별히 알려진 것이 없다. 그러나 동시대 그리스 전술가들이 남긴 조직과 명령에 관한 많은 기록들로부터 얼마든지 그들의 훈련 모습을 상상해 볼 수 있는데 이 모습이 현대군대의 모습과 매우 유사한 것을 보면 당시의 로마군 역시 비슷했을 것이다. 이런 문제는 어느 면에서는 수학적이고 어느 면에서는 심리적인 너무 단순한 규칙과 기본원칙의 문제일 뿐 아니라 병사들에게는 어느 시대 어느 장소를 막론하고 유사한 행동이 필요했을 것이다.

병사들은 횡렬橫列(역자 주: 단순히 열께이라고도 함)과 종렬縱列(역자 주: 오伍라고도 함)로 나뉘어 정렬했다. 전열병前列兵도 있었고 후열병後列兵도 있었다. 좌향 앞으로 가기, 우향 앞으로 가기, 줄줄이 좌로 가기, 줄줄이 우로 가기, 제자리 뒤로 돌기, 뒤로 돌아서 가기 등의 동작도 있었다. 당시의 제식훈련制式訓練 구령口令 몇 가지를 보자.

"겨누어 칼(창)!"* - ἄγε εἰς ὅπλα(age eis to hopla)!

"부대 헤쳐!"* - ὁ σχευοφόρος ἀποχωρείτω τῆς φάλαγγος(ho skeuophoros apochōreitō)!

"부대 차려!"* - σίγα χαὶ πρόσεχε τῷ παραγγελλομένῳ(siga kai proseche tōi paraggellomenōi)!

"어깨 창!"* - ἄνω τά δόρατα(anō ta dorata)!

"세워 창!"* - χάϑες τά δόρατα(kathes ta dorata)!

"우로 봐!"* - ἐπι δόρυ χλίνον(epi dory klinon)!

"좌로 봐!"* - ἐπ ἀσπίδα χλίνον(ep' aspida klinon)!

"앞으로 가!"* - πρόαγε(proage)!

"제자리 서!"* - ἐχέτω οὕτως(echetō houtōs)!

"우로 나란히!"* - ζὺγει(zygei)!

주제에 관한 흥미 있는 연구결과를 발표했다(《고고학 연구소 연보*Jahrbücher des Archäoligischen Instituts*》, 제23권(서기 1908년), 79쪽 이하).

26) 베게티우스Vegez/Vegetius, 《로마 군제軍制 *Rei militaris instituta*》, II, 25장.

　　"전열 준비!"* - στοιχει(stoichei)!

　　제식훈련 때의 구령은 예령豫令과 동령動令 두 부분으로 나뉘어 있어야 병사들이 정확한 동작을 취할 수 있는데 고대인들도 이미 이런 요령을 알고 있었다. 아스클레피오도투스Asklepiodot/Asclepiodotus나 아에리안Aelian 같은 전술가들의 글을 보면 구령은 짧고 명확해야 할 뿐 아니라 일반적 동작에 대한 지시에 앞서 특별한 내용에 대한 지시가 있어야 한다는 취지가 보인다. 일례로 "봐 우로!"가 아니라 "우로 봐!"라고 해야 한다. 만약 "봐 우로!"라는 구령을 내리면 일부는 오른쪽을 보겠지만 성급한 병사들은 오른쪽이 아니라 왼쪽을 보게 된다.

　　로마 병사들은 군대 규정에 따라 제식훈련 뿐 아니라 방벽防壁 쌓기, 창던지기, 체력단련, 수영, 기동 등의 훈련도 했던 것으로 추정된다. 기동훈련을 의미하는 용어가 데쿠르시오decursio였는데 "전선戰線을 두 편으로 나누어서 서로 공격하는 모의전투模擬戰鬪 divisas bifariam duas acies concurrere ad simullacrum pugnae"라고 정의定義했었다. 현대의 기동훈련과 같은 의미이다. 왕복 4마일(30km)의 행군훈련(암부라티오ambulatio)을 매달 3차례 실시하도록 되어 있었다.27)

　　당시에도 군기를 몸에 익히는 기본훈련은 현대의 상비군에서와 같이 제식훈련이었다. 그러나 신병들의 숫자는 많지 않았고 레기온legion은 대부분이 노병들로 구성되어 있었다. 상황이 비슷한 18세기 군대에서는 1년 중 한 차례 짧은 기동훈련 기간 외에는 늙은 병사들 대부분을 외출이나 휴가를 내보내고 영내에 남아 있는 경우에는 위병근무를 시키는 것이 관행이었다. 그러나 늘 국경방어 임무를 수행해야만 했던 로마군에서는 그렇게 할 수 없었다. 로마 병사들은 공화정시대부터 이미 그랬던 것 같이 시설물 건설에 바빴었다. 리메스limes(역자 주: 앞의 제VI장, 부기 6 및 제VII장 참고)뿐 아니라 그에 부속된 감시탑과 요새들까지 병사들에 의해 건설되고 유지되었다. 국경 지역 속주屬州들의 큰길도 마찬가지였는데 이 도로를 건설한 부대를 오늘날 금석문金石文 속에서 찾아볼 수 있는 경우도 있다. 아우구스투스Augustus는 상관들이 병사들을 사적 용무에 이용하는 것을 명시적으로 금지했지만 사원寺院이나 여타의 공공건물을 만들 때는 병사들이 동원되었다.

　　우리는 모든 시대의 인간이 기본적으로 얼마나 같은 존재인지 그리고 동일한 제도에서는 얼마나 동일한 결과가 발생하는 것인지를 잘 보여주는 충격적 예를 우연히 우리들에게 전해져 있는 어느 사료에서 발견할 수 있다. 로마군의 부대 검열 모습을 기록해 놓은 한 금석문이 바로 그것이다.

　　알제리를 점령한 프랑스군은 로마 시대에 한 레기온legion이 오랫동안 숙영지를

---

27) 마르카르트Marquart, 《로마의 정치행정Rmische Staatsverwaltung》, 제II편(제2판), 567쪽에서 인용.

설치했었던 람베시스Lambäsis라는 비교적 황량한 지역에서 글자가 새겨진 큰 비석 하나를 발견했다. 이 비석에 새겨진 글은 하드리아누스Hadrian/Hadrianus 황제가 그곳에 있던 병력들을 검열한 다음 서기 128년 7월 1일에 그들에게 행한 연설 내용인 것으로 확인되었다. 피검열 부대의 지휘관이었던 레가티legati (역자 주: 장군) 카툴리누스Catullinus는 자신과 자신의 레기온이 황제의 검열에서 얼마나 훌륭한 평가를 받았는지를 영원히 후세에 전하려고 연설내용을 돌에 새겨놓게 했다. 이 비석을 발견한 프랑스 대령은 오래 전 세상에서 사라진 이 군인 친구가 남긴 기념물에 대한 경의敬意의 표시로 이 비석 앞에서 퍼레이드를 벌였고 그의 연대 병력은 퍼레이드에서 이 비석 앞을 통과할 때 경례를 올렸다. 그 후 비석의 깨어져 나간 조각들을 찾아서 빠진 글자들을 채우기 위한 노력이 계속된 결과 하드리아누스 황제의 연설 전문全文이 거의 복원되었다. 비록 완전하지는 않지만 그 중요부분은 분명히 읽을 수 있게 되었다. 필자는 학교 동창인 모엘러Wilhelm Möller와 함께 《라틴어 금석문 집성集成 Corpus inacriptionum latinarum》, 제VIII편에 수록되어 있는 전문을 현대 어조語調에 최대한 가깝게 번역해서 원문과 함께 《주간군사週刊軍事/Militär-Wochenblatt》, 제34호(서기 1882년)에 게재한 적이 있다. 어느 누구라도 우리 군대의 내부생활을 약간이라도 경험해 본 사람이라면 인정과 비판, 칭찬과 금지, 권위와 호의好意, 규정집, 상관의 큰 지혜, 지시 등의 모든 요소들이 어느 기동훈련에 대한 평가요소로 이 연설에서 어떻게 사용되었는지 읽어보면 세계사적 감흥感興이라 할 수 있는 감정을 반드시 느끼게 될 것이라고 필자는 믿는다.

그 전문은 아래와 같다.28)

· · · · · · · · · · · · · · ·	(레기온 전반)
· · · *et is pro causa ves(tra*	· · · 나의 레카티는 연대聯隊
legatus meus quae excusa(nda	(사단師團29))의 현재 상황에 대해
vobis aput me fuissent omnia	다음과 같이 보고했습니다:
mihi pro vobis ipse di(xit:	"1개 대대大隊는 결손缺損 되어

---

28) 데너Sebastian Dehner(《하드리아누스 황제의 유물Hadriani reliquiae》, 본Bonn 대학교 학위 논문, 서기 1883년)와 뮐러Albert Müller(《하드리아누스의 기동훈련 평가Manöverkritik Kaiser Hadrians》, 라이프찌히, 서기 1900년)는 이 연설문에 《라틴어 금석문 집성》, 제VIII편에 수록된 내용보다 몇 글자를 추가하자고 제안했다. 필자는 이 제안들 중 일부만 채택했다. 그리고 이곳에서는 필자가 앞서 모엘러와 함께 《주간군사》, 제34호(서기 1882년)에 게재했던 번역문 중 일부를 크게 수정했고 어느 곳은 보충했다. (이하는 제2판에서 추가한 내용임) 최근에 비석의 조각들 몇 개가 추가로 발견되었지만 새로 발견된 부분들의 내용은 일반적으로 제목이나 날짜에 관한 것뿐이다. 새로 발견된 내용 중에 수신자受信者 부분이 있는데 "at pilos"("프리미 필리primi pili 앞")으로 되어 있다. 빌레포세Héron de Villefosse, 《히르슈펠트 회갑 축하논문집Festschrift zur Hirschfelds 60》, 베를린, 서기 1903년.

29) "레기온"을 "연대"로 번역할 수도 있고 모든 전투 병종兵種을 다 포함한 단위부대이므로 "사단"으로 번역할 수도 있다.

quod) cohors abest, quod omnibus annis per vices in officium pr(ocon)sulis mittitur, quod ante annum tertium cohortemet et qua(ternos) ex centuris in suplementum comparum tertianorum dedistis, quod multae, quod diversae stationes vos distinent, quad nostra memoria bis non tantum mutastis castra sed et nova fecistis: ob haec excusatos vos habe(rem si miles) diu exercitatione cessasset. Sed nihil aut cessav(isse videtur, aut est ulla causa cur · · · ·a vobis excusationem accipiam. omnia strenua fecistis, cum et · · ·
· · · · · · · · · · · · · · · · · ·

vide(antur attendi)sse vobiss; primi ordines et centuriones agiles (pro mune)re suo[31] *fuerunt.*

Eq(uites) leg(ionis.)
(Exe)rcitationes militares quodam modo suas leges (ha)bent, quibus si quit adiciatur aut detratur, aut minor (exer) citatiofit aut difficilor; quantum autem difficultatis (additur, t)antum gratiae demitur, Vos ex difficilibus difficil(limum

있습니다; 행정담당관으로 1명을 임명해 놓았으나 매년 교체할 예정입니다; 3년 전에 1개 대대 전체와 각 중대中隊의 1/4 병력이 자매姉妹 연대인 제III연대에 보충병력으로 전출되었습니다;[30] 연대는 분산된 여러 요새들에 병력을 배치해 놓고 있습니다; 최근 연대는 기지基地숙영지를 두 번이나 바꾸었지만 또다시 새 숙영지를 구축하고 요새화 하지 않을 수 없게 되었습니다.”
이런 이유들은 이 연대가 오래 대규모 기동훈련을 실시하지 않은 이유가 될 것이나 검열결과 그런 해명이 불필요함을 알게 된 나는 이 연대에 대해 완전한 만족을 표현할 수 있습니다.· ·
· · · · · · · · · · · · · · · · · ·

참모장교(또는 레가티?)들은 부대 훈련을 치밀히 감독해왔고 중대장, 초급장교 및 부사관들은 모두[32] 임무를 성실히 수행해 왔습니다.[31]

기병대

군사훈련은 전체가 유기적입니다; 하나를 더하거나 뺀다면 훈련은 불충분하거나 너무 어려워집니다; 너무 어려우면 끝내지 못합니다; 이 연대는 이런 어려움의 극복으로 만족하지 않았습니다; 그들은 가장 힘든 일을 해냈습니다. 그들은 중기병을 궁수로 훈련시켰습

---

30) “자매”로 번역한 *“compares”*는 실제로는 “동지同志”를 의미한다. 람베시스Lambäsis에 주둔한 레기온 이름도 “제III 아우구스타Augusta”였고 이름에 숫자 “III”이 들어간 레기온이 2개 더 있었다(“제III 갈리카Gallicaa” 및 “제III 시레나이카Cyrenaica”). 결국 병력이 이 두 부대 중 어느 하나로 전출된 것이다.
31) 이 부분을 *“agiles et fortes more suo”*로 읽는 사람도 있는데 이렇게 읽는다면 “적절히 준비되어 있고 열성적이었다”는 정도의 의미일 것이다.
32) 필자는 이런 표현을 선택한 것은 이 세 계급은 한 계층을 이루고 있기 때문이다.

fecistis), ut loricati iaculationem perageretis. · · · lad)o, quin immo et animum probo.· · ·

· · · · · · · · · · · · · · ·

[Catullinus, leg(astus) meus, cl(arissimus) v(ir), copiis omni] bus, quibus praeest, parem curam suam exhib(et; · · · prae)fectus vester sollicite videtur vobis attendere. Congiarium accipite viatoriam in Commagenerum campos · · ·

Eq(uites) coh(ortis) VI Commagenorum.

Difficile est, cohortales equites etiam per se placere, difficilius post alarem exercitationem non displicere: alia spatia campi, alius iaculantium numerus, frequens dextrator[34] catabrius densus,[35] equorum forma, armorum cultus pro stipendi modo. Verum vos fastidium carore vitastis, strenue faciendo quae fieri debebant; addidistis, ut et lapides fundis mitteretis et missilibus confligeretis; saluistis ubique expedite. Cattulini leg(ati) mei

니다. (· · ·반면 나는 이를 비판하려는 것이 전혀 아니며) 그 뒤에 있는 정신을 칭찬하려는 것입니다.

(보조부대)

카툴리누스 장군께서는 자신이 거느린 모든 병종들에 대해 한결같은 관심을 보여주었습니다.· · · · · ·대령은 그의 부대의 훈련을 세심히 감독했습니다. 나는 이 부대가 · · · 콤마게네로 돌아가는 데 필요한 추가적 지원을 특별히 허가합니다.

콤마게네 제VI대대의 기병대

대대 기병대가 좋은 인상을 주기는 원래 어렵지만[33] 특히 기병연대 훈련이 먼저 실시된 후라면 초라한 모습을 면하기 더욱 어렵습니다; 그러나 사용공간, 병력수, 정교한 선회,[34] 밀집 대형,[35] 말 바꿔타는 솜씨, 높은 보수에 걸 맞는 멋진 장구 등 모두가 달랐습니다. 이 모든 것은 이 대대 기병대가 힘든 훈련을 극복했고 지시 받은 훈련을 다 해낼 능력이 있고 쇠뇌 등 투사무기를 전투에 사용할 수 있고 뛰어난 도약능력이 있음을 알고도 남게 해주었습니다. 이는 카툴리누스 장군께서 세심한 노

---

33) 필자는 현재의 사단 기병대의 경우를 유추해서 이런 표현을 선택했다. 로마군 보조부대의 각 코호르트에는 소규모의 기병 분견대가 영구적으로 배속되어 있었다.

34) "*frequens dextrator*"에 대한 설명은 매우 다양하며 "정교한 선회"라고 한 필자의 번역이 틀림없이 옳다고는 주장하지 않겠다. 의미와 문맥상 이 구절은 앞서 언급한 바 있는(역자 주: 앞의 기병대 항에 있는 "그들은 중기병을 궁수로 훈련시켰다"는 구절을 말한 것으로 보임) 수색정찰 궁수들의 활동 및 그 후에 이어지는 밀집공격과 관련이 있다. 따라서 어느 사료에도 보이지 않는 이 "*dextrator*"란 단어는 퍼레이드에서 보여 준 특별한 선회 동작을 지칭하기 위해 쓴 단어일 가능성이 얼마든지 있다.

35) 필자는 "*catabrius densus*"를 "밀집대형"으로 번역했으나 원문의 의미가 분명하지 않다. 여하간 특별한 공격형태를 말한 것 같다.

*c(larissimi) v(iri) (insignis cura)
apparet, quo tales vos sub* · · ·

· · · · · · · · · · · · · ·

· · · *(quas) alii (per) plures dies
divisis(sent, e)as uno di pere-
gistis; murum lo(ngi) operis et
qualis mansuris hibernaculis
fieri solet, non (mul)to diutius
exstrucxistis, quam caespite
exstruitur, qui modulo pari
caesus et vehitur facile et
tractatur et sine molestia strui-
tur ut mollis et planus pro
natura sua vos lapidibus grandi-
bus, gravibus inaequalibus,
quos neque vehere neque
attollere neque locare quis
possit nisi ut inaequalitates
inter se compareant; fossam
glaria duram scabramque recte
percussistis et radendo levem
reddidistis. Opere probato intro-
gressi castra, raptim et cibum
et arma cepistis, equitem
emissum secuti magno clamore
revertentem per (spatia ex-
cepistis* · · · · · · · · · · ·
*fecistis etmanibus non languidis
id* · · ·*non ad signum miseritis*[36]
quod iam hostis · · ·*mittendi sae-
pius et instantibus hostis ultra*[37]
non audeat castra · · ·*tarde iunx-
idtis* · · ·*erumpetis*

력을 기울인 증거로서 그는 · · ·
그대들 · · · .

(기동)

· · · 이 연대는 보통은 며칠
걸려야 할 수 있는 일을 하루에
해냈습니다; 이 연대는 운반도 힘
들고 들기도 힘들뿐만 아니라 크
기와 모양도 서로 달라 틈새를
잘 맞추지 않으면 쌓아올리기도
어려운 무거운 돌과 바위로 통상
적 형태의 월동용 기지숙영지를
만들면서 같은 크기와 모양으로
자르기 쉽고 다루기도 쉬운 떼
를 쌓아 만들 때 걸릴 시간보다
그리 많지 않은 시간에 작업을
끝냈습니다. 연대는 단단한 암반
지형에서 규정대로 정확한 참호
를 구축했으며 참호의 측면들도
모두 매끈히 잘 깎았습니다. 공사
가 완료된 후 숙영지가 점령 되
었는데 식사는 신속히 준비 되
었고 식사를 끝낸 후 병력들은
다시 대형을 갖추었습니다. 이때
앞에 나가 있던 기병대는 다시 달
려 돌아와 대형 중간의 간격들
속으로 들어가면서 만세소리를
우렁차게 소리쳤습니다. · · · ·
적들은 이제부터는 · · · · · ·

· · · · · · · · · · · · · ·

· · · · · · · · · · · · ·[36]

감히 숙영지에[37] 접근할 수 없게
되었으며 · · ·너무나도 느리게
집결하였 · · · ·출격出擊 · · ·

---

36) 필자는 "*ad signum miseritis*" 부분에 대한 번역은 생략했다. 흔히 이 구절을 "야전군기野戰軍族가 이미
탈취되었지만 구조병력이 전혀 가지 않았다"는 의미로 번역하고 있지만 필자는 이런 번역을 수용할
수는 없고 달리 그 의미를 추론해 볼 수도 없기 때문이다.

37) "*ultra*"를 "*ultra scamma*"로 고쳐보자는 제안이 있으나 필자는 이도 역시 수용할 수 없다고 본다. 그
렇게 보려면 적이 이미 실제로 침투해 들어와 있었어야 하기 때문이다("*scamma*"는 숙영지 내에 레가
티legati와 트리뷴tribune의 텐트들이 있는 장소들을 말한다).

Catullinum leg(atum) meum cl(arissimum) v(irum) laudo, quod convertuit vos ad hanc exercita(tionem, quae veram di) micationis imaginem accepit, et sic exercet, (ut probare et lau)dare vos passim; Cornelianus prefectus ves(ter offi- cio suo sa)tisfecit. Contrari discursus non placent mihi. Ne temere, Augustus est auctor. e tecto transrrat eques et pe(rsequaturcaute; si non videt) qua vadat aut si voluerit ecum[38] r(etinere nequit, non potest quin sit obnoxius caliculis tectis··· si vultis congredi debetis con- currere···iam adversus hosti facienda····

카톨리누스 장군께서는 전투상 황이 전시상황에 가깝도록 기동 훈련(일반개념)을 계획했습니다; 이 점을 나는 말하지 않을 수 없 습니다. 병력의 훈련실시도 크게 칭찬할 만 합니다. 코르넬리아누스 대령은 그 직위에 합당한 능력 을 보여주었습니다. 나는 그가 전선戰線을 확장해(?) 공격한 것 은 인정할 수 없습니다. 아우구스 투스 황제의 규정집에는 기병은 엄호병력 밖으로 함부로 전진 하지말고 추격은 조심해서 해야 한다고 되어있습니다; 기병이 자 신이 어디로 가는지 알 수 없거 나 원할 때 항상 말을 정지시킬 수 없으면 함정으로 뛰어들게 될 것입니다.····공격은 대형을 밀 집 시킨 후 시작해야 합니다.

하드리아누스Hadrian/Hadrianus 황제의 일반명령인 이 연설 외에 필자는 티베리우스Tiberius가 즉위할 무렵에 일어났었던 병사들의 대반란에 관한 타키투스Tacitus의 기록(《연대기年代記/Annals》, 제Ⅰ편)을 추가로 소개하고자 한다.

타키투스라는 거장巨匠의 손을 통해 우리에게 전해진 이 로마군 내부의 동향보다 더 생생하게 그들의 평범한 기질과 탁월한 기질을 함께 잘 보여주는 것은 어디에서도 찾아볼 수 없다. 병사들과 황실간의 관계, 로마인들과 속주인屬州人들간의 관계, 황제 또는 우두머리와 함께 한 군사국가 로마와 아직 원로원이 대표하고 있던 시민국가 로마간의 관계 등 이 모든 것들이 타키투스의 문자 속에는 앞서 우리가 센튜리온Centurio/centurion 리구스티누스Spurius Ligustinus의 연설을 읽으며 (역자주: 이 책 제Ⅰ편, 제Ⅵ권, 제Ⅲ장) 알 수 있었던 공화정 당시 로마군 모습만큼 생생하게 표현되어 있다. 지금 타키투스의 원문을 그대로 읽어보려는 것은 단지 로마군을 이해하기 위한 것만이 아니라 이 연구가 진행되어 갈수록 여타 시대 여타 민족들의 군대에서도 이와 유사한, 사실상 이와 동일한 사건들을 수시로 만나게 될 것이기 때문이기도 하다.

---

38) "ecumum" 대신 "ecum"으로 보았다.

타키투스의 기록은 다음과 같다.

   파노니아Pannonischen/Pannonian 레기온legion들이 봉기했을 때 로마의 상황은 이랬었다. 그들이 봉기한 특별한 데는 이유는 없었고 다만 황제가 바뀜에 따라 반란에 대한 처벌이 없을 것이라는 기대와 내전內戰을 통해 소득이 있을 것이라는 기대 때문이었다. 당시 3개 레기온이 블래수스Junius Bläsus 지휘 하에 여름숙영지에 함께 있었다. 아우구스투스가 죽고 티베리우스가 황제가 된 소식을 듣자 블래수스는 옛 황제를 애도하고 새 황제를 축하하려고 통상적 군사훈련을 중단했다. 이를 계기로 병사들은 난폭해지고 목소리도 거칠어졌으며 그들 중 가장 극렬한 병사의 말에 귀를 기울이다 결국 환락과 게으른 생활을 기대하며 훈련과 작업을 기피하게 되었다. 숙영지에는 극장에서 분위기 돋구는 박수꾼들 우두머리 노릇을 하다 지금은 하급병사가 된 페르세니우스Percenius라는 자가 있었는데 그는 새로운 유언비어들을 퍼뜨리면서 배우기질을 발휘해서 교묘하게 말썽을 부추기고 있었다. 그는 야간집회에서 아우구스투스Augustus 이후에 자신들에 대한 처우에 관심을 지닌 단순한 병사들의 마음을 흔들어 놓기도 했고 사리분별력 있는 병사들이 없을 때는 기회를 타서 가장 극렬한 병사들을 주변에 규합했었다. 드디어 다른 봉기 참여자들도 준비를 마치자 그는 단상에 나가서 묻기 시작했다:

   "왜 그대들은 몇 안 되는 센튜리온Centurio/centurion들에게 노예처럼 복종하고 있습니까? 아직 지위가 불분명한 새 지도자가 요청하거나 강요해도 그에게 가기 싫을 경우 그대들이 도움을 요구할 수 있는 때는 언제나 오겠습니까? 겁 많은 그대들은 지금껏 30회 내지 40회의 전투에 참여했었고 이제 대부분 부상을 입은 노인이 되었으니 충분히 많은 죄를 지은 것입니다. 복무기간이 끝난 분들도 아직 계속 복무하고 있고 다만 과거와 동일한 고생을 다른 호칭으로 불리며 견디어 내야 할 뿐입니다. 그대들은 이런 수많은 고생을 견디어 낸다 해도 질퍽한 습지나 험준한 산뿐인 야전野戰이란 이름을 지닌 먼 곳으로 가게 될 뿐입니다. 군복무란 사실 노역이고 비참한 생활입니다. 사람의 생명과 팔다리를 담보로 하는 군복무의 가치는 고작 하루 10아쎄Asse에 불과하고 그대들은 이 돈으로 옷과 무기와 텐트를 구입해야 했고 또 센튜리온의 학대와 군대의 잡다한 노동에서 벗어나기 위한 비용도 써야 합니다. 고독한 하늘 아래 늘 채찍질과 부상과 겨울의 추위와 여름의 전염병과 전쟁의 두려움이 아니면 초라한 평화를 견디어야 하는 것이 그대들에 대한 처우입니다. 그대들은 혹독한 조건 아래 복무하는 것 외에 달리 방법이 없습니다. 그대들의 보수는 1데나리우스denarius(역자 주: 로마 화폐단위. 복수는 데나리denarii)에 불과하고 의무복무기간인 16년이 지나도 복무를 계속해야 되지만 상여금은 숙영지에서 현금으로만 지급됩니다. 보수는 2데나리이고 16년만 복무하면 집으로 가는 프레토르 코호르트Prätorischen Kohort/Praetorian cohort(역자 주: 로마 시 수비대인 프레토르 근위대Prätorianer= Garde/Praetorian Guard를 말함)의 병사들이 그대들보다 더 위험한 임무를 수행합니까? 그들은 복무기간이 끝나도 자원해서 근위대 복무를 계속하려 하지만 그대들만은 바로 그대들의 텐트에서 야만인들을 상대해야 합니다."

흥분한 병사들은 함성으로 그의 말에 동의를 표시했다. 일부 극성스러운 병사들은 채찍에 맞아 부풀은 상처를 보여주기도 하고 허옇게 쉰 머리털을 보여주기도 했으며 거의 모든 병사들은 낡은 옷과 드러난 팔다리를 보여주었다. 너무 격분한 그들은 처음에는 3개 레기온을 하나로 통합하자고 약속했다가 각자 질투심 때문에 자신의 레기온이 명예를 차지해야 한다고 생각하게 되자 그렇게는 하지 않고 생각을 바꾸어서 통나무 조각들로 눈에 잘 뜨이는 높은 단을 쌓고 그 위에 3개 레기온의 독수리 상像들과 각 코호르트들의 야전기野戰旗들을 함께 세워놓기로 했다. 이렇게 하고 있을 때 브래수스Junius Bläsus가 와서 큰 소리로 "차라리 너희들 손을 나의 피로 물들여라. 너희들이 황제를 실망시키는 것은 레가티legati 하나를 죽이는 것보다도 더 신성을 모독하는 행위이다. 나는 이 레기온들의 충성심을 지키지 못하면 너희들 손에 죽겠다. 어서 참회하거라"라고 꾸짖으며 병사들의 행동을 제지했다.

그러나 그들은 통나무를 계속 쌓아 올렸었고 브래수스Junius Bläsus의 단호한 제지로 멈추었을 때는 이미 단壇 높이가 가슴에 도달해 있었다. 브래수스는 그들에게 "군인은 반란과 모반을 통해 불만을 통치자에게 알리면 안 된다. 옛날부터 군인들은 황제에게 그렇게는 하지 않았었고 너희들도 신성한 아우구스투스Augustus 황제 때는 그렇게 하지 않았었다. 이제 새 통치자에게 너희들이 이렇게 하는 것은 참으로 시기가 적절치 못한 행동이다"라고 웅변조로 말했다. 그러나 그들은 내전內戰에서 승리한 측이라도 요구할 수 없는 것들을 평시에 관철시키려고 했다. 왜 그들은 복종정신과 군기軍紀의 원칙을 어기고 폭력을 사용하려고 했을까? 그들은 대표자를 지명해서 브래수스 앞에서 자신들의 요구를 말할 책임을 맡기는 것이 옳았었다. 그러나 곧 병사들은 "브래수스의 아들인 트리뷴tribune이 우리들의 대변자가 되어서 병사들이 16년 복무기간이 지나면 제대할 수 있게 요구하기로 했습니다"라고 소리쳤다. 이제 그들은 한 번 성공하자 다음 단계로 들어가려고 했다. 브래수스의 젊은 아들이 자신들의 요구를 대변하기 위해 떠나자 분위기는 매우 평화스럽게 바뀌었고 병사들은 레가티의 아들이 자신들의 대변자가 된 것은 온당한 방법으로는 해낼 수 없는 일을 압력을 통해 해낸 것이라며 의기양양했었다.

봉기가 있기 전 몇 개 마니플manipel/maniple(역자 주: 병력 60명의 센튜리century 2개로 구성된 보병중대步兵中隊 급 부대)은 도로와 교량의 건설 및 여타의 필요한 작업을 위해 노포르투스Nauportus로 나가 있었다. 그들은 숙영지가 매우 불편하자 바로 군기軍旗들을 휴대하고 숙영지 밖으로 나가 시골 마을 노포르투스를 포함해 가까이 있는 촌락들을 약탈한 후 센튜리온들을 조롱하고 모욕했다 센튜리온들은 있는 힘껏 도주했지만 결국 병사들에게 붙들려서 얻어맞기까지 했다. 병사들은 누구보다도 숙영사령宿營司令/Lagerpräsekt인 루프스Aufidienus Rufus를 증오했었는데 그를 마차에서 끌어내려 등짐을 짊어지게 한 후 대열 앞에서 걷게 하면서 "당신도 무거운 짐을 지고 먼 길을 걷는 것이 싫겠지?"라고 비꼬아 물었다. 루프스는 오랫동안 일반병사로 근무하며 힘든 노동과 고생을 거쳐 이제는 머리가 허옇게 쉰 사람으로서 센튜리온을 거쳐 숙영사령宿營司令/Lagerpräsekt이 된 사람이지만 엄격한 복무를 요구했기 때문이다. 그는 자신이 경험 많은 사람이었기 때문에 병사들을 더 엄격하게 다루었었다.

이들이 숙영지에 도착하자 반란은 다시 불이 붙었다. 병사들은 이곳저곳 돌아다니면서 주변 지역을 부수고 불태웠다. 브래수스는 본보기로 그들 중 가장 많은 약탈품을 지니고 있던 몇 명을 골라 매질을 가한 다음 영창에 가두어 놓게 했다. 이때만 해도 아직은 복종하는 센튜리온들과 더 충성스런 병사들이 있었기 때문에 레가티가 그런 명령을 내린 것이다. 본보기로 잡힌 병사들은 옆에 서 있는 병사들의 무릎 옆으로 무기를 던지면서 저항했다. 그들은 병사들 이름과 그들이 속한 센튜리와 코호르트와 레기온의 이름을 하나하나씩 불러가면서 이제 다른 병사들도 자신들 같은 대우를 받을 것이라고 소리쳤으며 레가티를 욕하고 하늘과 신에게 맹세하는 등 병사들의 동조나 공포나 증오를 자극할 수 할 수 있는 말이면 무슨 말이든 내뱉었다. 이에 병사들은 모두 흥분했다. 그들은 영창을 깨부수고 탈영병 등 수감자들의 족쇄를 풀어 준 다음 그들을 자신들의 대열에 합류시켰다.

이제 분위기는 극단적으로 험악해졌고 반란은 새로운 지도자를 얻게 되었다. 비불레누스Vibulenus라는 일반병사가 동료들의 어깨를 타고 브래수스Junius Bläsus의 법정 앞으로 가서 청중들에게 다음과 같이 말하자 청중들은 숨을 죽이고 그의 말에 귀를 기울였다.

"사실 그대들은 죄 없고 불쌍한 이 사람들에게 빛과 목숨을 돌려주었습니다. 그러나 이 사람들도 장차 나의 형제들의 목숨을 살려주고 나의 형제들을 나에게 돌려 줄 것입니다. 그렇지 않습니까? 그러나 어제 밤 브래수스는 공동선을 위해 게르만 지역의 부대로부터 그대들에게로 전출되어 왔던 그를 검투사Gradoatoren/gradoator를 시켜 목을 졸라 죽였습니다. 브래수는 검투사들을 무장시켜 곁에 두고 있으면서 병사들을 해쳤습니다. 브래수스여! 대답하시오.

당신은 그의 시체를 어디에 내던졌소? 적이라도 죽은 자에게는 무덤 하나를 만들어 주는데 인색하지 않소. 이제 내가 그를 가슴에 안고 눈물을 훔치며 이 슬픔을 가라앉히게 되면 당신은 나 또한 목 졸려 죽게 해도 좋소. 다만 우리들이 죽거든 여기 있는 이 병사들 곁에 묻어 주시오. 우리들은 범죄를 짓고 죽는 것이 아니고 레기온의 안녕을 위해 죽는 것이기 때문이오.”

그는 손으로 가슴과 얼굴을 치고 울부짖으면서 자신의 말을 강조하며 병사들 어깨 위에서 뛰어 내려와 병사들의 발 앞에 몸을 내던졌다. 그의 말에 놀라서 적대감을 느낀 병사들이 블래수스 옆에 있던 검투사들을 밧줄로 묶었다. 블래수스의 다른 하인들을 잡으러 달려가는 병사들도 있었고 목 졸려 살해된 동료의 시신을 찾으러 달려나가는 병사들도 있었다. 살해된 동료의 시신을 찾을 수가 없다는 소식과 고문틀 곁에 있던 노예들이 그 동료의 살해 사실을 부인했다는 소식과 그 동료에게는 형제가 없었다는 소식이 신속히 알려지지 않았다면 병사들은 레가티 한 명을 죽이는데 그쳤을 것이다. 그러나 흥분한 병사들은 트리뷴들과 숙영사령 루프스Aufidienus Rufus를 끌고 다니면서 그들의 물건들을 빼앗았다. 또 병사들 등을 작대기로 때리다가 작대기가 부러지면 계속해서 큰 소리로 다른 작대기를 하나 더 가져오라고 했다고 해서 “쎄도 알테람cedo alteram”(“하나 더”)이란 별명이 붙어 있던 센튜리온 루실리우스Lucillius를 죽였다. 다른 센튜리온들은 몸을 숨길 수 있었지만 양식良識 있는 사람으로서 쓸모 있을 것으로 보인 클레멘스Clemens Julius라는 센튜리온은 병사들 요구를 대변하도록 억류되었다. 이때 돌연 제8레기온과 제15레기온은 실제로 서로 칼을 겨누게 되었다. 제8레기온은 시르피쿠스Sirpicus라는 센튜리온을 죽이려고 했지만 제15레기온이 그를 보호하고 있었기 때문이다. 제9레기온이 개입해서 완강한 병사들을 위협해 가면서 중재에 나섰다.

봉기 소식을 들은 티베리우스Tiberius는 평상시 같이 아무 말 없이 이 슬픈 사실을 최대한 숨기려 하면서 아들 드루수스Drusus(역자 주: 아우구스투스의 의붓아들로 티베리우스의 동생이며 게르만 지역을 정벌했던 드루수스와는 별개 인물)에게 고위정치가 2명과 프레토르 코호르트 2개를 거느리고 현장으로 가게 할 수밖에 없었다. 특별한 지침은 없었다. 드루수스는 상황에 따라 일을 처리해야만 했다. 이 코호르트들은 특별히 선발한 병사들로 크게 보강된 병력이었다. 보강병력 중에는 프레토르 기병대의 상당부분과 황제의 경호병이 되어 있던 게르만족 병사들 중 핵심병력도 있었다. 프레토르 근위대의 숙영사령으로 티베리우스의 총애를 받던 세자누스Aelius Sejanus는 그의 부친 스트라보Strabo에게 배속되어 젊은 드루수스를 인도할 공식적인 조언자로서 조심해야 할 일과 추진해야 할 일을 다른 사람들에게 말해 줄 임무를 부여받았다. 드루수스가 현장에 접근하자 레기온들은 겉치레로 그를 영접하러 나왔다. 그들은 애도의 감정을 보여주려는 듯 관례대로 장비들을 깨끗하게 정비하지 않고 더러운 장비를 그대로 가지고 나왔는데 사실은 도전심을 드러낸 행동이었다.

드루수스가 울타리 안으로 들어오자 병사들은 출입문에 보초를 세우고 숙영지 내의 몇몇 곳에 무장 순찰대를 돌게 했다. 나머지 병력들은 법정 주변에 모두 집결했다. 드루수스는 그곳에 서서 손을 들어 병사들의 웅성거림을 중지시켰다. 병사들은 서로 얼굴이 마주칠 때마다 위협적인 목소리로 함성을 지르다가 드루수스를 쳐다보자 두려움에 몸을 떨었다. 그들은 계속 중얼거리다가 날카로운 비명소리를 내더니 갑자기 조용해졌다. 이렇게 분위기가 바뀐 것은 두려움 때문이거나 놀라움 때문이었다. 이렇게 떠들썩했던 분위기가 가라앉자 드루수스는 아버지의 포고문을 읽어 내려갔다:

"나와 함께 그렇게 많은 전쟁터에서 싸웠던 이 용맹스런 레기온들은 나의 가슴속에 특별히 남아 있다. 나는 지금의 이 슬픔을 극복하는 대로 이 레기온들의 요구를 로마 원로원에 회부하겠다. 그러나 우선 나의 아들을 보내서 즉시 승인할 수 있는 사항이 있으면 이를 지체 없이 승인해 주도록 했다. 나머지 요구사항들은 원로원에 회부될 것이며 원로원은 법에 따라서 혜택을 승인하고 죄가 있는 자를 처벌하게 될 것이다."

병사들은 센튜리온 클레멘스Clemens Julius가 자신들의 요구를 대변하게 될 것이라고 대답했고 클레멘스는 우선 16년 복무기간이 끝나면 제대를 허용할 것을 요구했고 그다음으로 복무기간이 끝난 병사에게 혜택을 줄 것을 요구했다. 그들은 하루 1데나리우스denarius의 보수와 16년 복무기간이 더 연장되지 않도록 요구한 것이다. 그러나 드루수스가 그러려면 원로원과 자신의 아버지의 승인이 법적으로 필요하다고 지적하자마자 병사들의 함성이 터졌다.

"당신은 보수를 올려주거나 부담을 덜어주거나 어떤 혜택을 줄 권한도 없으면서 무엇 하러 이곳에 왔습니까? 우리들 각자는 맹세코 싸우다 죽을 권한이 있습니다. 먼젓번에는 티베리우스Tiberius가 아우구스투스Augustus 핑계를 대며 이 레기온들의 희망을 좌절시킨 일이 있는데 이번에는 드루수스 당신이 똑같은 핑계를 대고 있습니다. 왜 우리들에게 황제의 아들만 오는 것입니까? 황제가 병사들에게 줄 혜택에 대해서는 원로원에게 문의해야 한다는 것은 금시초문입니다. 병사들을 처형하거나 전투를 시작해야 할 일이 있을 때는 왜 원로원을 소집하지 않습니까? 처형은 제멋대로 해도 되고 보상은 더 높은 기관에 문의해야 합니까?"

결국 병사들은 법정을 떠났는데 드루수스 편의 프레토르 코호르트 소속

병사 하나를 만나자 주먹질을 해대며 말싸움을 하다 공개적인 싸움을 벌이기도 했다. 그들은 렌투루스Cneus Lentulus라는 자에 대해 극도의 모멸감을 느꼈었다. 그가 나이에 비해 뛰어난 전투경력이 있지만 드루수스를 보좌하는 자로서 자신들의 불경한 위를 혐오하고 있다고 믿었기 때문이다. 그는 얼마 후 드루수스와 함께 숙영지를 나오다 위험을 느끼고 숨으려고 숙영지 안으로 다시 들어가려 할 때 병사들이 그를 에워싸고 "황제에게 가려 했나? 아니면 원로원에 가려 했나? 그곳에 가면 레기온들에게 최상의 혜택을 주는 것을 반대하려고 했나?"라며 비꼬는 투로 물으면서 돌을 던지면서 그를 공격을 했다. 그가 병사들에게 맞아서 피를 흘리며 이미 죽어가고 있을 때 현장에 급히 출동한 드루수스의 한 부대가 그를 구했다.

그날 밤은 우연한 사건 때문에 위험했던 상황이 누그러질 수 있었다. 맑았던 하늘이 갑자기 흐려지며 달이 어두워지자 이유를 모르던 병사는 달이 어두워진 것을 자신의 불만에 비교하면서 이를 현재의 상황을 말해주는 징표로 생각했다. 그는 달의 여신이 다시 밝고 환하게 얼굴을 드러내게 되면 자신들이 어떤 일을 벌이건 다 잘 될 것이라고 생각했다. 결국 병사들은 훈장을 두드리며 트럼펫과 호른을 불어서 큰 소음을 일으켰고 달이 밝아지거나 어두워질 때마다 환호성과 탄식이 교대로 일어났다. 놀란 영혼은 미신에 의존하기 마련이다. 그들은 구름이 달을 가리면 달이 어둠 속에 묻힌 것으로 생각하면서 신들이 자신들의 죄를 미워하기 때문에 자신들은 영원히 비참한 운명에 처하게 될 것이라고 비탄했다. 드루수스Drusus는 이런 분위기를 이용해야 한다고 느끼자 우연히 주어진 기회를 영리하게 활용했다. 그는 그들의 텐트가 있는 곳으로 사람을 보냈다. 센튜리온 클레멘스Clemens Julius를 비롯해서 아직 병사들 편에 서 있지만 합리적 생각을 지닌 몇몇 사람들이 그에게 불려갔다. 병사들은 희망과 두려움 속에서 야간 감시병들과 숙영지 초병들과 출입문 경계병들과 섞여 있었다.

"황제의 아들을 앞으로 얼마나 더 포위하고 있어야만 하나? 언제나 이 싸움이 끝이 나나? 페르세니우스Percenius와 비불레누스Vibulenus를 계속 보호해야만 하나? 이들은 보상을 받게 되면 전사들에게 나누어줄까? 이들이 제대하는 사람들에게 상여금으로 토지를 받게 해줄 수 있을까? 이들이 티베리우스나 드루수스 대신 로마 국민들의 지도자가 되는 것은 아닐까? 우리는 잘못을 저지른 마지막 사람들이지만 차라리 처음으로 참회한 사람들이 되어 버리고 말까? 모두 기대에 들떠 있는 것을 보면 제정신으로 돌아오려면 아직 멀었겠지? 뉘우치고 적절한 행동을 하면 특별사면이 있겠지?"

이런 생각들을 하며 마음이 흔들린 병사들은 서로를 불신하게 되었다. 젊은 병사들은 늙은 병사들에게서 떨어졌고 레기온들도 서로 떨어졌다. 이제 갑자기 복종정신이 되돌아왔다. 그들은 출입문에서 멀리 떠났고 반란 초기에 한 장소에 모아 놓았던 군기軍旗들을 제자리로 가져다 놓았다.

새벽이 되자 드루수스Drusus는 병사들을 모두 집합시키도록 했다. 연설 경험이 많지 않은 그였지만 선천적 자질을 보여주었다. 그는 병사들의 처음의 태도를 책망하고 지금의 태도를 칭찬하면서 "이제 그대들이 다시 자제를 하게 된 것을 보았으니 위협하거나 겁주는 자가 있어도 나는 흔들리지 않겠다. 이제 그대들의 애원 소리를 듣게 되었으니 나는 아버지에게 그대들의 요청을 자비롭게 수용하기를 권고하는 편지를 보내겠다"고 말했다. 그는 브래수스Junius Bläsus와 드루수스Drusus의 코호르트Kohort/cohort에서 나온 로마 기사騎士 아프로니우스Lucius Apronius와 선임 센튜리온인 카토니우스Justus Catonius를 그들의 요청에 따라 티베리우스Tiberius에게 보냈다. 그러나 남아있던 지휘관들은 의견이 서로 갈렸다. 사자使者들이 돌아오기를 기다리며 그동안 병사들을 달래야 한다는 지휘관들도 있었고 강경책을 써야 한다고 주장하는 지휘관들도 있었다. 강경책을 주장하는 지휘관들은 군중들을 다룰 때는 타협하면 안 되고 그들에게 겁을 주지 않으면 그들이 겁을 주게 될 것이며 그들에게 겁을 주면 그들을 처벌하지 않고도 진정시킬 수 있을 것이라고 했다. 병사들이 아직 달의 미신 때문에 두려워하고 있을 때 지휘관은 반란의 지도자들을 제거해서 병사들의 두려움을 증폭시켜야만 했었다. 강경파 쪽에 기울어 있던 드루수스는 페르세니우스Percenius와 비불레누스Vibulenus를 앞에 불러다 놓고 처형했다. 그들의 시신이 지휘관 텐트 안에 매장되었다고 하는 사람도 있고 본보기로 울타리 밖으로 내던져졌다고 하는 사람도 있다.

그 이후 봉기의 주요 주동자들이 적발되었다. 그들 중에는 숙영지 밖을 걷고 있던 중 센튜리온이나 프레토르 코호르트 병사에 의해 살해된 자도 있었고 충성심을 보이려는 동료 마니플Manipel/maniple에게 잡혀 인도된 자들도 있었다. 일찍 찾아온 겨울 때문에 병사들의 고통은 커졌다. 계속되는 폭풍우 때문에 그들은 텐트를 떠날 수도 없었고 집결할 수도 없었고 비바람에 헤진 군기軍旗조차 보호할 수 없었다. 신의 분노에 대한 그들의 두려움도 계속되었다. 결국 "반란자들의 시야에서 별들이 사라지고 폭풍우가 분 것은 아무 이유가 없는 것이 아니다. 희생을 바치고 용서받은 다음에 이 성스럽지 못하고 더럽혀진 숙영지를 떠나서 자신들의 겨울숙영지로 가는 방법 외에는 고통에서 벗어날 방법이 없다"고 생각하게 되었다. 먼저 제5레기온이 떠나자 이어서 제15레기온도 떠났다. 제9레기온은 울부짖으며 티베리우스Tiberius의 대답을 기다리자고 소리쳤지만 이제 다른 레기온들이 모두 떠나고 홀로 남게 되자 스스로 현실 앞에 무릎을 꿇었다. 드루수스Drusus는 사자使者들이 돌아오는 것을 기다리지 않고 바로 로마로 돌아갔다. 모든 것이 상대적으로 다시 조용해졌기 때문이다.

거의 같은 시기에 그리고 거의 같은 이유로 게르만 지역의 레기온들도 반란을 일으켰다. 그들은 병력이 더 많았으므로 더욱 폭력적이었다. 그들 역시 다른 사람의 간섭을 참으려 하지 않는 게르마니쿠스Germanicus가 이들 레기온의 편을 들어주기를 바랐었다. 2개 부대가 라인 강을 따라 배치되어 있었는데 그들 중 북부부대北部部隊라고 불리던 부대는 레가티 실리우스Caius Silius가 지휘했었고 남부부대南部部隊라고 불리던 부대는 케시나Cäcina/Caecina가 지휘했었다. 그들 모두의 총사령관은 게르마니쿠스였지만 당시에 그는 골Gallien/Gaul 지역에서 공물貢物을 거두어들이느라고 바빴었다. 이때 실리우스 휘하의 병사들은 머뭇거리면서 다른 곳에서의 반란을 지켜보고 있었으나 남부부대 병사들은 서서히 분노가 무르익고 있었다. 봉기는 제21레기온과 제5레기온에서 시작되었다. 제1레기온과 제20레기온은 별로 할 일도 없이 우비Ubier/Ubii 지역 국경의 같은 여름숙영지에 머물고 있었기 때문에 함께 봉기에 쓸려 들어갔다. 로마에서 최근에 징집되어서 아직 군기軍紀와 작업에 익숙하지 않던 일반병사들의 무리는 아우구스투스Augustus의 사망 소식을 듣자 "이제 노병들은 즉시 제대를, 젊은 병사들은 보수증액을 요구할 수 있고 우리 모두가 고통에서 벗어나 센튜리온들의 가혹행위에 보복할 기회가 왔습니다"라며 다른 병사들을 선동했다. 이런 말을 하는 병사는 파노니아Pannonischen/Pannonian 레기온들의 반란 때 페르세니우스Percenius의 경우와 같이 하나만 있었던 것이 아니었고 보다 강한 부대들 때문에 머뭇거리며 정신 차리고 있던 병사들 귀에만 이런 말이 들린 것도 아니다. "로마의 힘은 우리 손에 있습니다. 로마가 잘 살게 된 것도 우리들이 승리 때문입니다. 황제의 별명도 우리들이 만들어 준 것입니다"(역자 주: 시저의 양자였던 옥타비아누스는 아우구스투스 즉, '존엄한 자'라는 별명으로 로마 최초의 황제가 되며 이후 로마 황제는 모두 '아우구스투스 시저'라는 별명으로 불리게 된다)라며 반란의 목소리가 여러 병사들 입에서 울려 나왔다.

레가티는 점점 커지는 반란을 중단시킬 조치를 전혀 취하지 못했다. 반란 가담 병사들이 너무 많아 용기를 잃었기 때문이다. 분노한 병사들은 돌연 칼을 빼들고 센튜리온들을 덮쳤다. 전통적으로 병사들의 증오의 대상이었던 센튜리온들이 분노한 그들의 첫 희생이 된 것이다. 비율로 보아 60명의 병사들이 1명의 센튜리온을 제압했다. 그들은 센튜리온들을 심하게 때려서 다치게 하거나 죽은 센튜리온들을 숙영지 앞에 또는 라인 강 물속으로 내던졌다. 그들은 법정으로 도망쳐 케시나Cäcina/Caecina 발밑에 쓰러져 있는 세프티미우스Septimius란 센튜리온을 내놓으라고 끈질기게 요구했다. 결국 그는 병사들에게 넘겨져 죽었다. 이때는 대담한 용기를 지닌 젊은이였지만 후일 시저Caius Cäsar/Caesar를 죽여 자신의 이름을 널리 알린 카시우스 케레아Cassius Chärea/Chaerea(역자 주: 시저 암살은 기원전 44년의 일이고 시저 암살의 배후인물로 카시우스 롱기누스Gaius Cassius Longinus라는 인물이 있었다. 그러나 이 반란은 서기 14년의 일이다. 델브뤼크는 무언가 착각한 것으로 보인다)는 무장한 반란병사 사이로 칼을 휘두르며 빠져나갔다. 이 때부터 명령을 내릴 수 있는 트리뷴이나 숙영사령이 아무도 없게 되었다. 병사들이 스스로 야간 감시병이나 보초 등 매일 필요한 여타의 모든 근무자들을 결정했다. 병사들의 분위기를 조금만 깊이 들여다본 사람이라면 이 봉기에는 가라앉기 힘든 깊은 불안감의 현저한 징후가 있음을 곧 알 수 있었다. 산발적 봉기가 아니라 모든 병력이 동시에 봉기한 것이고 몇몇 병사들의 선동으로 일어난 봉기가 아니었기 때문이다. 그러나 그들의 분위기는 늘 침착했다. 모든 병사들이 지속적으로 함께 봉기했음에도 불구하고 마치 한 명의 수괴가 있어서 그들을 지휘하고 있는 것과 같은 분위기였다.

이때 골Gallien/Gaul 지역에서 공물貢物을 걷고 있던 게르마니쿠스Germanicus는 아우구스투스Augustus의 사망 소식을 들었다. 그는 아우구스투스의 손녀 아그리피나Agrippina와 결혼해 몇 명의 자녀를 두고 있었다. 그 자신은 티베리우스Tiberius의 동생인 드루수스Drusus의 아들이었고 아우구스타Augusta(역자 주: 아우구스투스의 아내인 리비아Livia Drusilla의 별칭. 처음 클라우디우스 네로와 결혼해서 첫째 아들 티베리우스와 둘째아들 드루수스를 낳았지만 이혼 후 아우구스투스와 재혼했다. 아우구스투스와 사이에는 전처 소생인 아그리피나 외에 자식이 없었다. 드루수스는 아우구스투스의 의붓아들에 그쳤으나 티베리우스는 아우구스투스의 양자가 되어 황위를 계승했다)의 손자였다. 그러나 그는 그의 삼촌 티베리우스(역자 주: 티베리우스는 게르마니쿠스의 삼촌이자 양아버지이다)와 할머니 아우구스타의 은근한 미움 때문에 괴로워했었고 그들의 미움이 불공평한 것이므로 더 괴로워했었다. 로마 국민은 드루수스를 매우 존경했었고 그가 황위를 계승했었더라면 자유를 제도화했을 것으로 믿었다. 이제 로마 국민들은 게르마니쿠스에게 그런 희망을 걸고 있었다. 이 젊은이에게는 소극적이지만 자만심이 있는 티베리우스와는 달리 시민정신과 비범한 온정과 아주 독특한 말솜씨와 태도가 있었다. 더욱이 계모 리비아가 의붓딸 아그리피나에 대해 지니고 있던 미움이 여인 특유의 앙심으로 변해 상황은 크게 악화되었다. 아그리피나 역시 성미가 다소 급했지만 단정한 마음자세와 남편에 대한 사랑이 그녀의 강한 기질을 좋은 방향으로 이끌었다.

게르마니쿠스 자신도 황위직 계승서열에 가까워질수록 티베리우스를 더욱 성심껏 보좌했다. 그는 국경을 접한 세쿠아니Sequaner/Sequanii족과 벨기belgischen/Belgian족 마을들이 티베리우스에게 충성을 서약하게 만들었다. 그 직후 병사들의 봉기 소식을 듣자 그는 급히 현장으로 가서 숙영지 밖에서 반란을 일으킨 병사들을 만났다. 이때 병사들은 참회하는 것 같이 눈을 들지 못하고 있었다. 그러나 그가 울타리 안으로 들어가자 이곳저곳에서 목소리를 높여 불평을 늘어놓았다. 그의 손을 키스하듯 잡고 손가락으로 입을 가리키며 자신의 이빨이 모두 빠졌음을 그가 알리는 병사들도 있었고 나이 들어 휘어진 다리를 그에게 보여주는 병사도 있었다. 게르마니쿠스는 그를 둘러싸고 있는 병사들에게 열列과 오伍를 맞추어 정렬하라 명했다. 그들은 지금대로 있어야 그의 말이 더 잘 들린다고 대답하자 그는 그렇다면 최소한 병사들이 어느 코호르트Kohort/cohort 소속인지 구별이라도 할 수 있게 군기軍旗를 내오라고 했다. 병사들은 약간 주저하다 그의 말대로 했다. 그는 아우구스투스Augustus에 대한 찬사讚辭로부터 시작해서 티베리우스Tiberius가 이룬 승리들에 대해 말하면서 특히 이 레기온들과 함께 게르만 지역에서 이룬 업적들을 강조했다. 그런 다음 게르마니쿠스는 이태리의 평온과 골Gallien/Gaul의 충성을 지적하며 지금 어디에도 소란이나 불협화음은 없다고 했다.

약간 중얼중얼 대는 병사들도 있었고 그의 말에 조용히 귀를 기울이는 병사들도 있었다. 그러나 그가 반란에 대해 말하면서 "군대의 질서는 어디로 갔는가? 옛날의 군인다운 기율을 어디로 갔는가? 트리뷴들과 센튜리온들을 어디로 몰아냈는가?"라고 묻자 병사들은 모두 옷을 벗고 몸에 난 상처들과 그들이 휘두른 채찍 때문에 부풀은 자국들을 그에게 보여주었다. 그리고 비싼 외출비용, 쥐꼬리만한 보수, 힘든 노동 등에 대해 불평을 떠들썩하게 늘어놓으며 특히 땅파기와 참호 구축, 마초馬草와 건축자재와 목재 및 여타의 필요한 물품들의 운반 또는 병사들을 바쁘게 잡아두려는 작업등에 대해 불평을 털어놓았다. 가장 거친 불평은 30년 이상 복무한 노병들의 입에서 나왔다. 그들은 게르마니쿠스가 이렇게 괴로움만 당해 온 자신들이 비참하게 죽지 않게 도와주고 이제 힘든 복무를 끝내고 경제적 여유를 갖고 쉴 수 있게 해달라고 탄원했다. 그들 중엔 아우구스투스가 남긴 돈을 요구하면서 게르마니쿠스가 황제직을 원하면 자신들을 지지자로 간주해도 좋다고 우호적 제안을 내놓는 병사들도 있었다. 그러나 이 말이 나오자마자 그는 마치 그들의 반역이 자신을 오염시키기나 한 것처럼 재빨리 연단에서 뛰어 내려왔다. 그가 서둘러 떠나갈 때 병사들은 무기를 들고 그를 제지하면서 돌아서라고 위협했다. 그러나 그는 "충성심을 배반하느니 차라리 죽겠다"라고 소리쳤다. 그는 칼을 뽑아서 자신의 가슴을 찌르려 했지만 가까이 있던 병사들이 그의 손을 잡고 강제로 그를 물러서게 했다. 가장 뒤에 있던 병사들은 빽빽이 뭉치면서 "어서 때리자!"라며 믿을 수 없는 고함을 질렀다. 칼루시디우스Calucidius라는 병사는 자신의 칼을 빼어서 게르마니쿠스에게 주면서 "이 칼이 더 날카로운 칼이오"라고 말했다. 그러나 반란자들조차도 그들의 행동을 비열하고 사악한 행동이라고 비난했다. 잠시 정적이 흐른 다음 게르마니쿠스는 그의 동료들 손에 이끌려 자신의 텐트로 돌아갔다.

이때 반란자들이 북부부대北部部隊로 사람을 보내서 그들을 끌어들이려고 한다는 보고가 있자 게르마니쿠스 측은 어떻게 대응해야 할지를 협의했다. 그들이 우비Ubier/Ubii 시市(현 꼴로뉴Cologne 시市)를 공격할 것이라는 말이 있는 것을 보면 약탈대는 골Gallien/Gaul 지역을 노략질하려는 것이었다. 그러나 게르마니쿠스Germanicus는 이들보다 적敵의 반응이 두려웠다. 적은 병사들의 봉기를 알게 되면 로마군이 라인 강 둑을 떠나자마자 바로 쳐들어올지 모른다. 그렇다고 변절한 레기온들을 상대로 지원부대들과 동맹군들을 무장시킨다면 내전內戰이 일어날지 모른다. 강경책은 위험할 것이고 온건책을 쓰면 권위가 실추될 것이다. 병사들에게 모든 것을 주건 아무것도 주지 않건 공동체는 위험에 빠질 것이다. 그들은 이런 모든 요소들을 하나하나 저울질하다 총사령관 명의로 "20년 이상 복무한 병사는 퇴역을 허용한다. 16년 이상 복무한 병사는 계속 복무하되 분리 편성될 것이며 적과의 전투 이외에는 모든 노동을 면제한다. 병사들이 요청한 상여금을 2배로 늘여 지급한다"는 내용의 포고문을 작성하기로 결정했다.

병사들은 이 내용이 계획에 불과한 것임을 주목하고 조속한 이행을 촉구했다. 트리뷴들은 신속히 철수를 추진했고 병사들에 대한 현금분배는 겨울숙영지에 도착할 때까지 보류되었다. 다만 제5레기온과 제21레기온은 계속 여름숙영지에 머물다 상여금이 지급된 다음에 겨울숙영지로 출발했다. 그들에게 지급된 돈은 게르마니쿠스와 친구들이 자신들의 여행경비에서 갹출한 돈이었다. 레가티 케시나Cäcina/Caecina는 제1레기온과 제20레기온을 이끌고 우비 시市로 돌아갔다. 이 행군은 그들이 지휘관들로부터 억지로 뺏은 돈을 실은 수레를 군기軍旗와 독수리 상像 사이에 놓고 옮긴 부끄러운 행군이었다. 게르마니쿠스는 북부부대北部部隊 지역으로 갔다. 그곳에서 제2레기온, 제13레기온 및 제16레기온은 주저 없이 충성서약을 했다. 제14레기온이 잠시 머뭇거리다 상여금이 지급되자 여타 혜택들을 요구하지 않고 철수했다.

카우키Chauken/Chauci 지역에 주둔한 레기온에 소속된 벡시라리Vexillaren/Vexillarii족 병사들이 그 사이 반란을 일으켰지만 병사 2명이 처형되자 어느 정도 진정되었다. 그러나 숙영사령 메니우스Menius가 이들의 처형을 명령한 것은 적절한 재판에 의한 것이 아니고 충격적으로 본때를 보여주기 위한 것이었다. 도주 중에 웅성대며 밀려든 병사들에게 발견된 그는 숨어보았자 별 소용이 없음을 알자 대담하게 "너희가 모욕을 주려는 것은 숙영사령이 아니라 총사령관 게르마니쿠스와 황제 티베리우스다"라고 말하며 위기를 모면하려 했다. 이와 동시에 그는 등 뒤에 있던 병사에게 갑자기 달려들어 군기軍旗를 빼앗아 강 쪽으로 가면서 "누구든지 대열에서 한 발만 밖으로 나오면 군무이탈로 간주하겠다"고 소리쳤다. 그는 아직도 웅성대고는 있지만 더 이상 사태를 악화시키려고 하지는 않는 병사들을 인솔해서 겨울숙영지로 돌아왔다.

그 사이에 원로원 대표단은 먼저 돌아와 있던 게르마니쿠스Germanicus를 우비Ubier/Ubii 시市 제단祭壇에서 만났다. 이곳에서는 제1레기온과 제20레기온이 최근 복무기간이 만료되었으나 계속 복무 중인 노병들과 함께 겨울을 보내고 있었다. 약간의 죄의식을 갖고 겁을 먹고 있던 병사들은 이 대표단이 자신들이 봉기를 통해 얻은 것들을 원로원의 지시에 따라 취소시키려고 온 것에 대해 두려워하고 있었다. 비록 잘못된 혐의를 씌우더라도 희생양을 만들려는 것이 보통사람들의 흔한 모습이듯이 병사들은 전에 콘슐Konsul/consul(역자 주: 로마의 최고 집정관)이었고 지금은 대표단 수석인 플란쿠스Munatius Plancus에게 원로원 결정의 원흉 혐의를 씌웠다. 밤이 깊어지자 병사들은 게르마니쿠스의 숙소에 보관 중인 군기軍旗를 내놓으라고 요구했다. 그들은 숙소 입구로 몰려가 강제로 문을 열고 게르마니쿠스를 침실에서 강제로 끌고 나와 죽이겠다고 위협하며 군기를 달라고 했다. 그들은 거리로 몰려나가다 소란스런 소리를 듣고 급히 게르마니쿠스에게로 오고 있던 원로원 대표단과 마주치자 그들을 심하게 조롱했다. 특히 플란쿠스를 죽일 생각으로 더 조롱했었는데 그는 체면 때문에 도망칠 수도 없었다. 새벽이 되어 이 병사들과 게르마니쿠스가 다른 병사들 눈에 띄자 모두들 사태를 알게 되었다. 게르마니쿠스는 숙영지 안으로 걸어 들어가 플란쿠스를 자기에게 데려오라고 명한 후 그와 함께 연단 위로 올라갔다. 그는 이 폭력적 행위를 병사들의 분노가 아니라 다시 또 격분한 신들의 분노를 보여준 불길한 징조라고 말하면서 대표단이 이곳에 온 이유를 설명했다. 그는 웅변조로 병사들을 비난하면서 대표단의 권리와 플란쿠스가 겪은 힘들고 부당한 시련과 레기온 스스로 품위를 손상시킨 일에 대해 말했다. 그의 말에 병사들이 진정되기보다 당황스러워 하는 사이에 그는 대표단을 보조부대 기병대에 보내 보호받게 했다.

이 무서운 사건에 대해 주변사람들은 게르마니쿠스를 책망하면서 "당신은 왜 당신에게 복종하고 반란자들에 대항해서 당신을 지원해 줄 사람이 있는 북부 게르만 지역으로 가지 않았습니까? 그곳에서 당신은 노병들을 제대시켜주고 상여금도 주고 그 외에도 많은 온건책으로 너무도 충분히 타협하지 않았소? 당신은 왜 자신의 생명도 돌보지 않고 어린 아들과 임신한 아내를 이 무지막지한 야만인 사이에 놓아두고 있소? 당신은 아내와 아들만이라도 할아버지 곁으로 공동체에게 보내야 되는 것 아니오?"라고 말했다. 게르마니쿠스는 한참을 망설이다 "아우구스투스Augustus의 혈통으로 위험한 상황을 겪어보지 않았다"며 거절하는 아내와 아들을 끌어안고 떠나도록 설득했다. 아들을 가슴에 품고 피신하는 사령관 아내를 태운 마차가 슬픔 속에 출발했다. 같이 떠나야 했던 사령관 친구들의 아내들도 곁에서 울고 있었다.

평소와 달리 자신감을 잃고 자신의 숙영지에 있는 것이 아니라 적에게 정복된 도시에 있는 것 같은 모습으로 울먹이며 팔을 비틀고 있는 게르마니쿠스를 본 병사들이 텐트에서 뛰어나오며 "어째 이리 슬픈 분위기인가? 무슨 슬픈 일이라도 있었는가? 저 고귀한 부인들에게 경호해 줄 센튜리온이나 병사도 하나 없고 사령관 아내다운 예우도 하나 없고 보통 때 같은 호위도 하나 없네. 저 부인들이 이민족들이 지키고 있는 트레베리Treverer/Treveri 땅으로 가고 있네"라며 웅성거렸다. 이때 수치와 동정의 물결이 일면서 그녀의 아버지 아그리파Agrippa와 할아버지 아우구스투스Augustus와 시아버지 드루수스Drusus에 대한 추억이 되살아났다. 그들은 "저 부인은 아이도 잘 낳는 정숙한 아내였지"라고 말했다. 그들은 또 숙영지에서 태어나 레기온의 눈길 속에서 자란 어린 소년을 생각했다. 병사들은 이 소년을 "작은 군화"(칼리굴라Caligula)라고 불렀다. 그 소년은 자신도 부대원으로 인정받으려고 언제나 작은 군화를 신었었기 때문이다. 그러나 무엇보다 그들의 마음을 흔든 것은 트레베리Treverer/Treveri족에 대한 시기심이었다. 그들은 그녀가 떠나는 것에 반대하며 이곳에 그대로 있도록 요청했다. 어떤 병사는 아그리피나Agripina 앞을 가로막았고 대부분 게르마니쿠스 편으로 돌아섰다. 그는 몰려오는 병사들을 향해 분노와 슬픔을 누르고 이런 연설을 했다:

"나에게는 아내와 아들보다는 아버지와 조국이 더 소중합니다. 황제의 고귀한 지위는 그의 명예가 지켜줄 것이고 또 로마제국은 그의 군대가 지켜줄 것입니다. 나는 그대들의 명예를 위해서라면 나의 아내와 아이의 목숨을 기꺼이 바칠 각오가 되어 있습니다. 그러나 지금은 그대들의 분노 때문에 이들을 멀리 보내고 이곳에서 일어난 불경스런 일들을 나의 피만 가지고 속죄 받으려 합니다. 이제 아우구스투스Augustus의 손자가 죽고 티베리우스Tiberius의 며느리가 희생되더라도 그대들의 죄가 더 커지지는 않을 것입니다. 지난 며칠 동안에 그대들은 도대체 얼마나 무모하고 부끄러운 일을 저질렀습니까? 내가 그대들을 무어라고 불러야 합니까? 내가 그대들을 군인이라고 부를 수 있습니까? 그대들은 황제의 아들을 울타리와 무기로 둘러싼 사람들이 아닙니까? 아니면 당신들을 시민이라고 불러야 합니까? 그대들은 원로원의 고귀한 권위를 부인한 사람들이 아닙니까? 그대들은 적敵조차 존중해 주는 사자使者들을 침범하는 비상식적인 행동을 한 사람들입니다. 성스러운 시저Cäsar/Caesar는 충성서약을 거부하는 자들에게 '여러분 퀴리테스quirites(시민들)여'라는 단 한마디를 던지자 반란이 진정되었습니다. 신성한 아우구스투스Augustus는 악티움Actium에서 표정과 시선만 가지고도 레기온 가슴에 두려움을 안겨주었습니다. 내가 그들만 못한 것은 사실이지만 나는 그들의 후손입니다. 스페인이나 시리아의 전사戰士들이 나를 함부로 대했다고 하더라도 이는 비정상적이고 부적절한 일일 것입니다. 이곳에 있는 제1레기온 병사들과 제20레기온 병사들이여! 제1레기온 군기軍旗는 티베리우스Tiberius가 상으로 준 것입니다. 나와 함께 그렇게 많은 전투를 치르면서 그렇게 많은 상을 받았던 역전歷戰의 노병들인 그대들 제20레기온 병사들은 그대들의 지휘관에게 감사의 마음을 보냈던 사람들입니다. 이제 내가 이곳에서 일어난 일을 다른 모든 속주屬州들로부터는 좋은 소식만 듣고 계실 나의 아버지에게 어떻게 보고해야 합니까? 그의 젊은 전사戰士들과 그의 노병들이 퇴역이나 상여금에도 만족하지 못하고 있다고 보고해야 합니까? 여기서 센튜리온들은 살해되었고 트리뷴들은 쫓겨났고 사자使者들은 감금되었다고 보고해야 합니까? 숙영지와 강물이 피로 얼룩져 있다고 그리고 나는 화난 병사들 사이에서 위태로운 목숨을 하루하루 이어나가고 있다고 보고해야 합니까?

오! 생각 없는 친구들이여. 그렇다면 왜 그대들이 집결했던 첫날에 내가 나의 가슴을 찌르려던 칼을 빼앗았습니까? 자기 칼을 나에게 주려고 했던 병사가 더 현명하고 친절한 것이 아니었습니까? 그때 죽었다면 나는 내 부대가 저지른 이 품위 없는 일들을 모른 채 사라졌을 것입니다. 그랬었다면 그대들은 새 지도자를 선출했을 것이고 분명 나의 시체까지 벌하지는 않았을 것이고 바루스Varus와 그의 3개 레기온이 당했던 참극에 복수를 했을 것입니다. 신들이여 제발 지금 바루스의 참극을 복수하려고 나서고 있는 벨게Belgier/Belgae족 (역자 주: 대략 지금의 벨기에Belgier/Belgium 일대 거주자를 말한다) 병사들이 로마의 명성을 회복하고 게르만 민족을 정복한 명성과 상을 차지하도록 허용하지 않기를 바랍니다. 먼저 하늘로 올라간 영혼이여! 신성한 아우구스투스의 추억이여! 아버지 드루수스Drusus의 추억이여! 수치심에 빠져 있고 명예에 목마른 이 전사戰士들이 수치스런 오점을 지워버리게 해 주시고 그들의 울분을 적을 깨부수는데 돌릴 수 있게 해 주소서. 이제 표정과 심정이 바뀐 것을 내가 알 수 있는 그대들이여! 만약 그대들이 사자使者들을 원로원으로 돌려보내고 지휘관에게 다시 복종하고 나의 아내와 아들을 나에게 돌려주기를 원한다면 그대들에게 감염된 반항심을 벗어 던지고 반란자들을 색출하시오. 그렇게 하는 것이 참회의 증거가 될 것이고 충성의 끈이 될 것입니다."

그의 책망이 정당함을 겸허하게 인정한 병사들은 죄인은 벌하고 잘못 휩쓸린 자는 용서해서 다시 적과 싸우게 해달라고 간청했다. 그는 아내와 아들을 골Gallien/Gaul족의 인질이 되지 않게 레기온으로 데려와야 했지만 아내가 다시 돌아오는 것은 반대했다. 겨울인데다 출산일이 가까웠기 때문이다. 아들은 돌아오려고 했다. 나머지는 자신들이 알아서 했다. 태도가 바뀐 병사들은 가장 극렬했던 반란자들을 돌아다니며 추려낸 후 묶어서 제1레기온 레가티 페트로니우스Caius Petronius 앞으로 끌고 갔다. 그는 다음 같은 식으로 한 명씩 판결을 내리고 처벌했다. 레기온 전체가 집결해서 칼을 뽑은 상태에서 트리뷴이 피고인을 한 명씩 단상에 세웠다. 레기온이 유죄有罪라고 소리치면 그를 단상 아래 떨어뜨려 죽게 했다. 병사들은 마치 그래야 자신들이 자유로워질 수 있는 것처럼 기꺼이 그에게 칼을 휘둘렀다. 사령관이 아무 말도 아니 한 것은 이를 묵인한 것이다. 병사들은 사악하고 증오스런 행동을 한 것이다. 노병들까지 이에 동참했다. 게르마니쿠스는 그렇게 일을 처리한 직후 그들을 도나우 강 북쪽 래티아 방벽rätischen/ratian Mauer으로 보냈다. 명분은 수에브Sueven/Sueves족(역자 주: 게르만족의 한 지파)의 위협에서 속주屬州를 방어하려는 것이었지만 실은 범죄에 대한 기억과 가혹한 사후처리 때문에 으스스한 분위기가 감돌던 숙영지에서 그들을 벗어나게 하려는 것이었다. 그는 센튜리온들을 집합시켰다. 그가 한 명씩 호명하면 호명된 자는 자신의 이름, 계급, 출신지, 복무기간, 자신이 업적 및 상훈賞勳에 대해 진술했다. 트리뷴들을 포함해서 레기온이 그의 능력과 품행을 인정하면 그는 계급을 유지했고 만장일치로 그의 탐욕성과 잔인성을 비난하면 그는 군에서 제적除籍되었다.

이곳에서는 봉기가 진정되었지만 제5레기온과 제29레기온의 반항적 태도 때문에 아직도 할 일이 많았다. 이곳에서 60마일(450km) 떨어져 있는 베테라Vetera에서 겨울을 보내고 있던 이 두 레기온이 최초로 반란을 일으켰다. 그들은 극도로 비열한 폭력적 행위를 저질렀다. 그들은 동료들의 처벌되는 것을 보고도 놀라지 않았고 진정할 기미도 보이지 않고 더욱 거센 분노에 휩싸였다. 게르마니쿠스는 라인 강을 따라 무기와 함대와 동맹군을 보내 만약 그들이 복종을 거부하면 전투를 벌일 준비를 했다.

게르마니쿠스는 응징할 준비를 갖춘 병력을 집결시키기는 했지만 최근의 사건 이후 그들 스스로 마음을 바꿀 것인지를 보기 위해 좀 기다려야 할 것으로 생각했었다. 그는 케시나Cäcina/Caecina에게 "내가 큰 병력을 이끌고 가고 있다. 만약 내가 도착하기 전 그들 스스로 범죄인을 처벌하지 않으면 그들 모두를 가차없이 베어 버리겠다"는 서신을 보냈다. 케시나는 숙영지에서 기수旗手와 독수리 상像 휴대병 및 자신에게 충성하는 인원들만 비밀리에 모아 놓고 이 서신을 읽어 준 후 평시는 옥석玉石이 구분되지만 내전內戰이 터지면 무고한 자들도 죄인과 함께 죽게 되니 봉기책임을 반란자들이 지게 해야 하고 무고한 자들의 목숨은 구해야 한다고 경고했다. 이곳에 모인 사람들은 누가 믿을만한 사람들인지 물색했다. 그들은 레기온 병사들이 대부분 충성스런 자들임을 알자 레가티1와 함께 악한들과 선동자들을 일시에 베어버릴 시기를 언제로 할 것인지 합의했다. 신호가 떨어지자 그들은 텐트로 뛰어들어가 방심하고 있던 자들을 칼로 베어버렸다. 이 거사에 동참한 사람들 외에는 누구도 이 도살이 어디서 시작되고 어디서 끝이 났는지를 몰랐다.

지금껏 있었던 모든 내전內戰들 중 이렇게 극적인 경우는 없었다. 전투대형도 없었다. 상대방에 의해서가 아니라 낮에는 함께 식사하고 밤에는 같이 잠자면서 단합되어 있던 동일한 텐트 내에서 그들은 두 편으로 나뉘어서 서로 전투를 했다. 혐의가 있는 레가티나 트리뷴은 아무도 없었고 복수는 스스로 만족할 때까지 병사들 손에 맡겨졌었다. 게르마니쿠스Germanicus는 숙영지 안으로 들어가자 눈물을 흘리며 이것은 반란 진압이 아니고 피의 세례洗禮였다고 말하고 시체들을 모두 화장火葬하도록 명했다. 이제 그들은 난폭한 행동을 참회하는 마음으로 적에게 진군하고 싶은 욕구가 말없이 솟구치고 있었다. 자신들의 죄 많은 가슴에 명예로운 상처를 입는 것 외에는 죽어간 동료들의 영혼을 달랠 길이 없었을 것이다. 병사들의 이런 감정에 호응해서 게르마니쿠스는 라인 강에 다리 하나를 만들게 한 다음에 이 봉기에서 그들의 올바른 품행이 더럽혀지지 않은 12,000명의 레기온 병사들, 26개의 동맹군 코호르트Kohort/cohort 그리고 8개 기병단騎兵團/ala에게 라인 강을 건너게 했다.

이상이 타키투스Tacitis가 기록해 놓은 내용으로서 앞서 우리가 연구하고 설명한 대규모 게르만 전역戰役에 관한 기록 바로 앞에 나오는 내용이다.

부 기附記

1. 징집

카시우스Dio Cassius에 의하면 바루스Varus의 패배 소식이 로마에 전해지고 아우구스투스Augustus가 새 부대를 편성하도록 했을 때 로마에는 인적 자원이 고갈되어 있었다고 한다(《로마사Romanika》, XLVI, 25장). 아우구스투스는 지원자가 없어서 제비뽑기로 35세 이상 남성 10명 중 1명과 젊은 남성 5명 중 1명에게 재산몰수 및 자격박탈 형을 내리기도 하고 나중엔 몇 명을 처형하기까지 했다 한다. 이 구절이 자주 인용되기는 하지만 그런 조치는 사실 불필요한 조치였다. 당시 18,000명 정도를 징집해야 했었는데 이는 5,000,000명 인구 중 그리 작은 숫자가 아니므로 모병관들이 북을 치는 것만으로는 그런 병력을 신속히 모을 수 없었겠지만 정치적 경제적 측면을 보면 이는 아주 적은 숫자였다. 특히 노예신분에서 해방된 자유민과 외국인 거주자가 모두 배제된 것이 아니었기 때문이다. 젊은 로마시민의 한 연령층이 아마 40,000명은 되었을 것이다. 따라서 게르만족이 이태리에 침입해 임시로 향토방위대를 조직하는 것도 아니고 단지 보충 레기온을 편성하고 있는 상황에서 재산을 몰수할 수 있는 부유한 35세 이상의 남성들까지 소집되었다는 것은 믿을 수 없는 일이다. 전체적 상황을 보면 이런 결론을 내리는데 아무 문제가 없다. 만약 그렇지 않다면 관리들이 완전히 자의적으로 일을 처리하고 있었던 것이 된다. 그러나 카시우스는 이렇게 설명하고 있지는 않다. 더욱이 그렇게 많은 군복무 적격자 중에서 그렇게 적은 수요를 충당함에 있어 제비뽑기를 통한 선발은 현실적 방법이 되지 못한다. 실제로는 아마 17세기 및 18세기의 독일에서 흔히 그랬던 것 같이 자신들이 보기에 "없어도 될entbehrlich"것으로 보이는 젊은이를 지정할 각 구역 당국과 모병관 간 합의의 결과로 징집이 이루어졌을 것이다. 이런 남성 중 상당수는 주관적 평가에 의해 자격 있는 가용 자원으로 선언되었을지라도 군사적 적격성이 없는 자들이었다. 수에토니우스 Suetons/Suetonius가 《황제전皇帝傳 De vita Caesarum》, 〈티베리우스Tiberius 전傳〉, 8장에서 말한 것 같이 그들은 대지주大地主들의 노예들을 보호할 수 있을 방법을 모색했던 것이다. 티베리우스는 이런 이유 때문에 대지주들을 조사한 적도 있다.

《황제전》, 〈아우구스투스Augustus 전傳〉, 24장에서 수에토니우스는 "그는 어느 로마 기사騎士가 두 젊은 아들의 엄지를 군복무를 면제받게 하려고 잘랐다는 이유로 그와 그의 재산을 공매公賣에 붙였다equitem Romanum, quod duobus filliis adulescentibus causa detrectandi sacramenti pollices amputasset, ipsum bonaque subjecit hastae"고 했다. 부유한 로마귀족이 자신의 아들을 군복무에서 면제시키려면 엄지손가락을 자르는 것 외에 다른 방법들도 많았으므로 우리는 수에토니우스의 말을 그대로 믿기 어렵다. 아들은 아버지의 뜻을 어기고 (황제에게 인정받은 센튜리온으로) 군복무를 하려 하고 심한 가정불화로 격노한 아버지는 자신의 뜻을 관철시키려고 아들을 불구로 만든 경우라야 수에토니우스의 말이 있을 법한 말이 될 것이다. 진실은 여하간에 이런 이야기 하나만을 로마 징병제도를 설명하는 예로 사용하면 안 될 것이다.

타키투스Tacitus의 《연대기年代記/Annals》, IV, 4장에 의하면 티베리우스Tiberius는 "지원자가 없어 징집을 해서 레기온들을 보충해야 했습니다. 인력공급이 충분했다면 신병들이 그리 용감하고 자제력 있는 행동을 하지 않았습니다. 대개 가난한 자와 건달들이 자원해서 군복무를 했기 때문입니다dilectibus supplendos exercitus: nam voluntarium militem deesse, ac si suppedimiltiam sumant"라고 원로원에 보고한 적이 있다.

우리는 플리니우스Pliny/Plinius의 《서한집書翰集 Epistulae》, X, 39장은 트라야누스Trajan/Trajanus 황제 당시 대체복무자를 보낼 수 있었다는 증거를 발견할 수 있지만 아우구스투스Augustus 때부터 이미 그랬었는지는 의문이며 바루스Varus의 레기온들을 보충해야만 했을 당시에는 대체복무자를 발견하기 어려웠을 것이다.

타키투스의 《연대기》, XIV, 18장과 《역사Historiae》, IV, 14장 및 《아그리콜라 Agricola 전傳》, 7장을 보면 강제 복무를 위해 종종 징집이 실시되었음이 분명하다.

2. 총병력수

타키투스의 《연대기》, IV, 5장에 의하면 티베리우스는 재위 9년째 되는 해에 보조부대들의 병력도 레기온들의 병력과 거의 같다는 보고를 원로원에 제출했다 한다: "속주屬州들의 절절한 지점에는 동맹군의 트리렘 선박들과 기병단騎兵團과 보조 코호르트들이 있습니다. 그들의 병력수는 레기온 병력수와 큰 차이가 없지만 이는 확정적인 현상은 아닙니다. 그들은 그때그때 필요에 따라 이곳저곳 옮겨 다니고 병력수가 늘기도 하고 줄기도 하기 때문입니다apud idonea provinciarum siciae triremes, alaeque et auxilia cohortium, neque multo secus in iis virium; set persequi incertum fuit, cum ex usu temporis huc illuc mearent, gliscerent numero et aliquando minuerentur." 그러나 우리는 아마도 이 말을 특히 보조부대들의 병력수가 증가했을 때는 즉, 전쟁의 위협이 있을 때는 레기온들의 병력수와 보조부대들의 병력수가 거의 같아졌다는 의미로 이해해야 할 것이다. 극히 평온할 때는 보조부대들의 병력수가 줄었다. 이 점은 가능했을 개별적 수치들과도 일치한다(앞의 제VII장, 각주 5 참고). 베게티우스Vegez/Vegetius의 《로마 군제軍制 Rei militaris instituta》, II, 1장에서는 "보조부대들은 늘 병사들 숫자가 적은데 익숙해 있었고 레기온들에는 병력이 훨씬 많았다in auxiliis minor, in legionibus longe amplior consuevit militum nimerus adscribi"고 한다. 이로부터 얻을 결론은 별로 없다. 우리는 이 말이 누구의 말을 참고한 것인지도 모르고 따라서 어느 때의 일을 말하는 것인지도 모르기 때문이다.

제IX장
이 론[1]

  그리스인들은 인간정신이나 자연의 모든 측면을 지적_{知的}으로 분석했듯이 전투 역시 이를 지적으로 분석하려 했었다. 우리는 그런 전투이론가의 시조_{始祖}로 이 분야에 대한 연구의 기초를 닦아놓은 크세노폰_{Xenophon}에 대해서만 앞의 제I편에서 다룬 후 사료의 빈곤으로 더 이상 연구를 발전시키지 못했지만 이제 로마제국 시대부터는 그런 연구를 다시 시작할 수 있게 되었다.

  사상가들은 이론의 가치를 전혀 인정하지 않았지만 알렉산더가 세계를 정복할 수 있었던 것은 아리스토텔레스의 가르침 덕분이라고 서론에서 서슴없이 말하고 있는 작은 글 하나가 전해져 오며,[2] 이 글에서는 알렉산더가 스승에게서 배운 후 전투에 활용해 승리할 수 있었던 전술대형들이 모두 열거했다. 또한 한니발_{Hannibal}이 카르타고_{Karthago/Carthage}를 떠나 시리아 안티오쿠스_{Antiochus} 왕에게 망명했을 때 유세가_{遊說家} 포르미오_{Phormio}가 로마군을 격파할 때 어떻게 했어야만 했는지를 한니발에게 설명해주려고 했던 것으로 추정된다.

  그러나 우리는 그리스의 전술문제 작가들이 실제로 남긴 것을 가지고는 전혀 그런 말을 할 수 없다. 그들로부터 우리가 실제 얻은 것은 그렇고 그런 수준의 단순한 지혜에 불과할 것이다. 놀랍게도 그들이 한 말은 매우 부적절한 말이며 폴리비우스_{Polyb/Polybius}나 포시도니우스_{Posidonius}같은 당대 최고의 인물들이 전술_{戰術}에 대해 한 말들 역시 마찬가지이다. 폴리비우스와 포시도니우스가 전술에 대해 쓴 글들은 지금 남아있지 않지만 이들의 글에 뿌리를 두고 있는 후대작가 아스클레피오도투스_{Asclepiodotus}, 오노산더_{Onosander}, 아엘리안_{Aelian} 및 아리안_{Arrian}의 글들은 지금도 남아 있는데 이 글들의 내용은 조금도 사리_{事理}에 맞지 않는다. 폴리비우스는 로마군 제대전술_{梯隊戰術/Treffen-Taktik/echelon tactics}이 팔랑스_{phalanx}를 이긴 것을 직접 목격하고 또 이를 기록으로 남긴 인물이고 포시도니우스 역시 시저_{Cäsar/Caesar} 시대의 인물이며 여타의 유명작가들도 제정_{帝政}로마 시대의 인물임에도 불구하고 전술에 관해 그들이 쓴 글 속에는 레기온_{legion} 자체는 물론 레기온의 특이한 전투대형에 대해 일언반구_{一言半句}도 없다는 것은 무엇보다 놀라운 일이 아닐 수 없다. 그들의 글에는 아직도 사리싸-팔랑스_{Sarissen/sarissa-phalanx}(역자 주: 이 책 제I편, 제VI권, 제I장 참고)를

---

1) 이 장과 관련된 기본사실들에 관해서는 뤼스토프_{Rüstow}·쾌클리_{Köchly}의 《그리스 군사저술가_{軍事著述家} *Griechische Kriegsschriftsteller*》, 제II편 및 특히 옌스_{Max Jähns}의 《독일 군사과학사_{Geschichte der Krigswissenschaften vornehmlich in Deutschland}》, 제I편을 참고 바란다. 필자 역시 이 책에서 몇 구절을 인용했다.

2) 뤼스토프·쾌클리, 《그리스 군사저술가》, 제II편, 제2절, 213쪽.

보통 16,384명으로 구성된 군대를 전제로 한 공허한 구도로 보고 있는, 그리고 수백 년에 걸쳐 이 책에서 저 책으로 복사된 희미한 이론 이외에는 아무것도 없다. 그들의 글에서 16,384명이라는 숫자가 사용된 것은 이 숫자가 절반씩 계속 나뉘어 같은 규모의 그럴듯한 예하단위대가 만들어지고 이 단위대들로 전술대형이 만들어 질 수 있다고 보았기 때문이다. 지금은 이 문제를 깊이 따져 볼 필요가 없고 세부적 사항들에 대한 명확한 오류나 오해를 지적할 필요도 없다.3)

그런 로마인들 중 카토M. Porcius Cato d. Ä는 《군대론軍隊論/de re militari》이라는 글을 썼다. 손에 철필鐵筆을 든 최초의 라틴 산문작가散文作家였던 그가 전투에 대한 글을 썼다는 것은 매우 자연스런 일로 보이지만 그의 후계자가 거의 없었다는 것과 제정帝政시대에 이 분야를 연구한 글을 로마황제에게 헌정獻呈 할 수 있었던 사람들은 그리스인 이론가들뿐이었다는 것은 매우 놀라운 일이다. 켈수수Celsus의 잃어버린 수고手稿와 1세기로 넘어가는 전환기에 매우 큰 존경을 받았던 장군으로서 그로 인해 우리가 전쟁사실례집戰爭史實例集 하나를 갖게 된 인물인 프로티누스Frontinus의 글은 그 시대의 로마문학 중 주목할 가치가 있는 유일한 군사이론서軍事理論書이다. 물론 최상의 군사이론서 하나가 우리에게 전해지지 않고 분실되었을 가능성이 매우 높다. 아우구스투스Augustus가 군대를 위해 제정했고 트라야누스Trajan/Trajanus와 하드리아누스Hadrian/Hadrianus가 수정 또는 증보한 군조직법軍組織法이 바로 그것이다. 무엇보다 이 군조직법은 넓은 의미의 규정집規程集이라고 할 수 있었다. 그 속에는 징집, 모병, 조직, 일상업무 수행, 훈련, 급양給養, 행정 등에 관한 모든 규칙들이 포함되어 있었다. 이 군조직법에 포함된 현실적인 지시 및 규칙들은 아마 이론적 설명들과 일반이론들이 이를 뒷받침해 주고 있었을 것이므로 이들은 규정집임과 동시에 군사지식들이 망라된 편람便覽이었을 것이다. 이 군조직법 이후에 군사학이 더 이상 크게 발전하지 않은 것을 보면 이 군조직법이 사실상 너무 포괄적이고 완전해서 이 분야의 작가들이 더 이상 추가시킬 것이 없었고 따라서 더 이상의 연구가 없었던 것일 수도 있다.

그 후 작가들이 할 일은 투사무기投射武器 제작 전문가 비트루부스Vitruvus의 지침 같은 기술문제에 대한 설명이나 연구 외에는 없었다. 히기누스Higynus가 작성한 것으로 알려져 있는 로마군 숙영지 구축지침도 그런 것의 하나다.

카토Cato의 글과 황제들이 제정한 군조직법들은 현재 남아있지 않지만 그 내용의 상당부분은 게르만족의 민족대이동民族大移動/Völkerwanderung 시기의 혼란의 와중에,

---

3) 우리는 그들의 순수한 이론적 제안들에 대해서도 역시 깊이 따져 볼 필요가 없다. 그들의 제안들의 효과를 알려면 뤼스토프Rüstow의 《보병사步兵史 Geschichte der Infanterie》, 제I편, 54쪽에서와 같은 중요한 실험이 필요함에도 그런 실험을 통해 얻어진 긍정적 결과가 아무것도 없기 때문이다.

아마 테오도시우스Theodosius I세(역자 주: 서기 379년~395년 재위) 때 아니면 적어도 그의 손자 발렌티니우스Valentinius/Valentinian III세(역자 주: 서기 423년~455년 재위) 때인 5세기에 베게티우스Flavus Vegez/Vegetius Renatus가 남긴 글을 통해서 간접적으로 우리에게 전해져 있다. 베게티우스는 실제 군인도 아니었고 군사문제에 대한 통찰력이 있는 인물도 아니었다. 사실상 그에게는 그런 지식이 없었을 것이다. 지금 우리가 알게 된 형태의 로마군은 그의 시대 훨씬 전에 사라지고 없었기 때문이다. 그는 옛 로마제국과 로마 군대의 몰락을 안타깝게 여기고 옛 작가들이 남긴 글을 추려서 조상들 때는 사정이 어떠했고 이제 옛 로마의 영광을 부활시키려면 어떻게 해야 할 것인지를 당대 사람들에게 보여주려고 글을 썼다. 그러나 그는 조상들 시대에는 서로 차이가 큰 다양한 시대들이 있었음을 몰랐었기 때문에 연대年代의 흐름도 고려하지 않고 다소 한정된 시각으로 옛 작가들이 남긴 글들을 추려 모으기만 했다.4) 이런 오류는 그의 책의 역사적 가치를 떨어뜨리는 요소지만 후세들에게 큰 해를 끼치지는 않았고 또 그로 인해 그의 책이 읽히지 않게 된 것도 아니다. 그의 오류는 우리 세대에 와서 비로소 인식된 것이다. 그의 책은 중세시대 전반에 걸쳐서 읽혔었다. 샤를마뉴Karl/Chalemagne 대제大帝(역자 주: 프랑크 왕국 후기 카롤링 왕조 제2대 왕으로 서로마 제국 황제가 됨. 재위기간은 서기 768년~814년) 시대에는 프랑크Franken/Franks 군대를 방어하기 위한 필요성 때문에 베게티우스의 글이 다시 편찬된 적이 있다. 프레쥬Everard de Fréjus 백작이란 사람의 증언에 의하면 경건왕敬虔王 루드비히Ludwig des Frommmen/Louis the Pious(역자 주: 프랑크 왕국 왕 겸 신성로마제국의 제2대 황제. 서기 814년~840년 재위. 루드비히Ludwig/Louis I세로 불리기도 한다) 시대인 서기 837년부터 베게티우스란 이름이 거론되기 시작한다. 가야르 성城Schlosses Gaillard/Château Gaillard(역자 주: 프랑스어로 "아름다운 성"이라는 뜻을 지닌 곳으로 12세기 말 영국 프란태지네트Gottfried Plantagenet 왕조의 사자심왕獅子心王 리차드Richard I세가 프랑스 세느 강변의 언덕 위에 세운 성. 서기 1204년 프랑스 왕 필립 2세가 8개월간 포위 공격한 끝에 이 성을 함락시켰다)이 포위되었을 때 플랜태지네트 왕조에서는 최선의 방어방법을 찾기 위해 베게티우스의 글을 철저하게 검토토록 한 적도 있다. 10세기부터 15세기까지의 기간 중에 재발간 된 베게티우스의 책이 150종 이상 남아 있고 르레상스 시기에도 베게티우스의 책은 계속 재발간 되었다. 오스트리아 군 원수元帥 리그네von Ligne 공작은 "베게티우스Vegez/Vegetius는 신神이 레기온legion에게 영감靈感을 내렸다고 했지만 나로서는 신이 베게티우스에게 영감을 내린 것으로 본다"며 그의 책을 황금 같은 책이라고 선언했다.

베게티우스의 책에서 가치 있는 부분들은 주로 그가 인용한 카토Cato의 글과 아우구스투스Augustus 및 하드리아누스Hadrian/Hadrianus의 군조직법軍組織法에 뿌리가 있을

---

4) 포에르스터Johann Gustav Foerster의 베를린 대학교 학위 논문인 《베게티우스 연구De fide Fl. Vegetii Retani》 (서기 1879년)에서는 베게티우스의 글에 포함된 많은 혼란스런 부분들을 지적하고 있다.

것이다. 그의 글은 철학적 가치도 크지 않고 병법兵法의 발전에도 실질적 영향을 미치지 못했다. 오늘날 그의 책을 읽는 목적은 단지 고대사古代史를 알기 위한 것이다. 그러나 그의 책이 높이 평가되고 계속 연구되는 데는 이유가 있다. 현역군인들은 자신의 직업의 근본문제를 알고 싶어한다. 베게티우스가 이 주제를 깊이 있게 다룬 것은 아니지만 우리는 그의 책 속에 군사문제의 반성과 토의에 매우 유용한 일련의 기본적인 교리들이 명쾌하게 표현되어 있음을 알 수 있다. 적이 도주할 황금다리를 남겨놓은 것이 옳은 일인지 또는 위험한 전투를 벌이기보다 소규모의 기계奇計작전을 통해 적에게 피해를 주는 것이 바람직한 것인지는 분명하지 않을 수도 있지만 많은 군인들은 이런 교리敎理들을 작전에 이용하고 있다. 굳이 고전적 권위를 인용하지 않아도 우리가 이해할 수 있는 진리들도 분명히 있다. 훈련되지 않은 병사를 야전에 내보내면 안 된다. 자신의 능력과 적의 능력을 정확하게 평가할 수 있는 사람은 쉽사리 패하지 않는다. 기습은 적에게 두려움을 안겨준다. 부대의 보급과 급양을 소홀히 한 자는 적의 큰 타격에 의하지 않더라도 반드시 패한다. 그러나 이 같은 평범한 표현들도 이를 공식화公式化할 필요가 있을 때가 있고 일반적인 이론적 반성과 일정한 견문들을 곁들여서 잘 포장할 경우에는 인기 있는 책의 소재가 될 수도 있다.

그러나 예를 들어 베게티우스Vegez/Vegetius가 가끔 몰두했었던 꼬챙이Bratspiess 모양 대형을 포함한 일곱 가지 전투대형 같이 환상에 불과하고 하찮은 교리들까지도 그의 평가에 부정적 영향을 미친 적은 없다. "속이 빈 쐐기Hohlkeit/hollow wedge" 대형 또는 "부젓가락Zange/tongs" 대형을 말하는 그의 꼬챙이 대형에 대해 현역군인들은 자연스럽게 거의 주목하지 않음에도 학자들은 그가 말한 일곱 가지 전투대형에 관해 이를 열성적으로 연구하면서 이론화했었다.

어느 인종人種 즉, 어느 지역에서 모병募兵을 하는 것이 가장 좋은지에 대해서도 베게티우스는 온대溫帶지역을 선호했고 권위 있는 학자들도 대개 이를 지지했다. 그는 《로마 군제軍制 Rei militaris instituta》, I, 2장에서 그 이유를 설명하는데 태양에 가까운 곳에서 과도한 열로 인해 건조해진 인종은 지능은 높지만 혈액이 적고 빈혈증세가 있어 상처를 겁내므로 근접전투가 적성에 맞지 않으며 북방민족은 지능은 그리 높지 않지만 혈액이 많아서 호전적이라고 했다. 그는 죽음을 두려워하지 않을 만큼 혈액의 양도 적당하고 지능도 적당하며 전투와 숙영지생활에 적응성도 높은 온대지역 인종 중에서 모병을 해야 된다고 했다.

그는 이렇게 비상식적인 생각을 했지만 로마의 군사문헌들은 온대지역 인종들의 실용적이고 냉정한 정신을 지적하고 있다. 시적詩的 수식修飾을 통해 교훈들을 말하고 있는 크세노폰Xenophon의 《키로페디아Cyropädie/Cyropaedia》(역자 주: 페르시아 키루스

Cyrus 대왕의 전기(傳記)나 후대 그리스 작가들의 글에서는 그리스인을 사색정신思索情神이 강한 민족으로 과장하지는 않았다. 우리는 그리스 철학의 군사문제에 대한 영향은 높이 평가하지는 않지만 일반적 개념들을 기술문제 연구와 결부시킬 수 있었던 그리스인들의 태도는 크게 존중한다. 프톨레미Ptolemäer/Ptolemy 왕조 때 투사무기 제작에 관한 책을 쓴 알렉산드리아 태생의 헤로Hero는 자신이 하는 일에 대해 이렇게 말했다.5)

철학 연구에서 가장 중요하고 필요한 것은 평온한 영혼에 관해 논하는 것이며 실제로 철학가들의 연구는 대부분 이와 관련된 것이었고 오늘날도 마찬가지이다. 그러나 나는 이런 주제에 관한 이론적 연구는 끝이 없을 것으로 믿는다. 하지만 공학工學의 연구는 평온한 영혼에 관한 이론적 연구보다 한 차원이 높은 것이다. 공학은 평온한 영혼의 논의들 중 제한된 한 부분의 실천을 통해 어떻게 평온함 속에서 살 수 있는지에 관한 지식을 모든 사람들에게 가르쳐 주기 때문이다. 내가 말한 평온한 영혼의 논의들 중 제한된 한 부분이란 소위 투사무기 제작을 논하는 부분을 의미한다. 이런 논의를 통해서 우리는 투사무기에 존재하는 보편적 지혜 덕분에 평시뿐 아니라 전쟁이 발발할 때도 적의 공격을 전혀 두려워할 필요가 없게 된다. 그렇기 때문에 우리는 언제나 이 부분(투사무기)을 잘 유지하고 깊은 관심을 두어야만 한다. 투사무기 제작에 적절한 주의를 기울이면서 평화가 계속 보장되도록 희망해야 하는 때는 바로 완전히 평화스런 시기이다. 또한 우리는 이 사실을 알고 있어야 영혼의 평화를 주장할 수 있다. 사악한 음모를 꾸미고 있는 자라도 우리들이 무기제작에 깊은 주의를 기울이고 있음을 알면 위험스런 공격을 하지 않을 것이다. 그러나 우리가 투사무기 제작을 소홀히 해서 이 무기가 도시에 없게 되면 실제로 대단치 않은 적의 공격도 성공하게 될 것이다.

현대의 포병이나 국방각료나 전쟁 대비를 지지하는 사람은 고대인의 지혜가 담겨 있는 이 말을 잘 음미해 보아야 할 것이다.

---

5) 뤼스토프Rüstow와 쾌클리Köchly의 《그리스 군사저술가軍事著述家 *Griechische Kriegsschriftsteller*》, 제I편, 201쪽에 수록된 번역문을 보충한 것임.

제 X 장
로마 군사체계의 쇠퇴와 해체

아우렐리우스Marc Aurel/Marcus Aurellius 황제(재위: 서기 161년-180년)와 마르코마니Markomannen/ Marcomanni 왕국과의 전쟁을 게르만족이 로마를 쓰러뜨리게 되는 전주곡으로 보는 것이 지금까지의 관례이다. 보헤미아Böhmen/Bohemia(역자 주: 엘베 강 상류 현 체코의 서부) 지역의 마르코마니족은 여타 게르만족들은 물론 게르만족 외의 부족들과도 연합해서 도나우 강을 건너 로마 국경방어선을 쓰러뜨리고 도시들을 휩쓸며 아킬레이아Aquileia까지 침투해서 이태리를 위협했다. 아우렐리우스는 전쟁기금을 마련하려고 왕관의 보석까지 저당 잡혔다. 한번은 그와 그의 군대가 함께 매우 어려운 상황에 처하게 되었는데 전설 속에 널리 회자되는 급작스런 번개 때문에 위기를 벗어났다. 로마가 이들의 공격을 격퇴하는데는 16년이란 세월이 걸렸다.

이 전쟁은 비록 로마세계를 크게 흔들긴 했지만 장차 일어날 일의 서곡은 아니었다. 이 전쟁은 초대 황제 아우구스투스Augustus 때부터 있던 일련의 국경 전쟁에 불과했다. 이 전쟁에서 처음에 게르만족이 승리했던 것은 로마가 동방의 파르티아Parthern/Parthian족(역자 주: 이 책 제I편, 제IV장, 부기 2 참고)과의 전쟁에 전 병력을 투입해 놓고 있었기 때문이다. 이 전쟁을 위해 도나우 지역 병력을 차출한 것이었다고 말할 수는 없어도 이로 인해 마르코마니족과의 전쟁에 즉각 충분한 병력보충이 이루어지지 못했던 것만큼은 사실이다.

여러 해 동안 계속된 역병疫病은 로마인들의 곤란한 상황을 더 심각하게 만들었다. 이렇게 자신에게 상황이 유리해진 것을 알게 된 게르만족은 여러 곳에서 동시에 국경을 침범했고 이런 움직임을 로마는 야만인들의 대연합大聯合으로 보았으며 후대 역사가들은 이를 민족대이동民族大移動/Völkerwanderung의 전주곡으로 본다.1) 그러나 실제 이 전쟁은 그 민족대이동보다 앞 시기의 전쟁이다. 당시 로마군은 게르만족으로 인해 큰 위험에 처했었지만 이미 드루수스Drusus와 게르마니쿠스Germanicus에게도 같은 일이 일어난 적이 있었다. 마르코마니족과의 전쟁이 그렇게 오래 계속된 것은 당시 로마군이 그들을 도나우 강 너머로 다시 몰아내는 것이 너무 어려웠기 때문이 아니라 그들에게 약탈당한 재산과 특히 포로들이 너무 많았고 로마군은 이를 되찾으려고 했기 때문이다. 이 전쟁이 장래 일을 예고하는 전주곡이었다는 말은 그 사이에 동쪽에 한 대립황제對立皇帝(역자 주: 동부 속주屬州에서

---

1) 예를 들자면 《헤르메스Hermes》, 제34권, 135쪽 이하에 수록된 마르코마니족과의 전쟁에 관한 슈미트 Schmidt의 글이 정확히 그런 견해를 보이고 있다.

황제를 참칭僭稱하며 일어난 반란을 말함. 아우렐리우스는 안토니누스 피우스 사후에 그의 또 다른 양자였던 루키우스 베루스와 공동황제로 있다가 서기 169년 루키우스 베루스가 죽자 단독황제가 된다. 로마제국의 동부와 서부에 황제가 별도로 있게 되는 것은 동부의 디오클레티아누스〈서기 284년-305년〉와 서부의 막시미아누스〈서기 286년-305년〉이후의 일이며, 동로마제국 또는 비잔티움 제국이 탄생한 것은 로마제국 유스티니아누스 왕조가 지중해 탈환을 위해 게르만족과 벌였던 전쟁에서 패배한 서기 610년 이후의 일이다. 이곳에서 말한 대립황제란 이런 공동황제나 동부 황제 또는 동로마제국의 황제와는 무관하다)가 등장해서 아우렐리우스Aurel/Aurellius의 군대가 도나우 강에서 힘을 쓰지 못하는 상황을 만들었다는 의미에서나 가능한 말이다. 그럼에도 불구하고 아우렐리우스는 결국 이 대담한 침략자들을 완전히 격퇴할 수 있었을 뿐 아니라 만약 우리가 사료 기록을 믿을 수 있다면 로마제국의 국경을 보헤미아Böhmen/Bohemia 지역 너머로까지 넓히는데 거의 성공해 가고 있었다. 그러나 이때 아우렐리우스는 죽었고(서기 180년) 그의 어린 아들로 후계자였던 코모두스Commodus는 아버지의 사업을 완성할 인물이 아니었고 도나우 강은 여전히 국경으로 남게 되었다.

코모두스가 살해된 후 로마제국 전체를 뒤흔든 어려웠던 혼란기들과 내전들도 로마 군사국가를 붕괴시키지는 못했다. 세프티미우스 세베루스Septimius Severe/Severus(재위: 서기 193년-211년)와 카라칼라Caracalla(재위: 서기 198년-217년)그리고 알렉산데르 세베루스Alexander Severe/Severus(재위: 서기 222년-235년)는 여전히 거대한 전쟁계획을 수립하고 동쪽에 대해 승리할 생각을 품고 있었다. 메소포타미아(역자 주: 서西아시아의 티그리스 강과 유프라테스 강 사이의 지역)가 다시 한번 그들 손에 들어갔다. 그러나 서기 235년에 세베루스 왕조가 무너지면서 위기가 왔다.

아주 불투명한 시기의 와중에서조차 적어도 그때까지는 결국 안정된 체제를 확립하는 것이 언제나 가능했고 그 체제는 흔히 오래 지속되었지만 이제는 그런 시대가 더 이상 계속되지 못했다. 견고했던 세베루스Severe/Severi/Severus 왕조가 힘에 의해 무너지자 이제 제국의 위엄이 평화롭게 지속되기가 불가능한 시기로 접어들게 되었다. 황제들은 즉위 직후 실각되어 살해되었고 후일 이 속주屬州에 이어 저 속주에서 우후죽순처럼 대립황제들이 일어나 서로 싸우게 되었다. 로마제국 영토의 대부분은 수년 동안 각자가 세운 통치자들에 의해 독립하게 된다.

지금은 로마제국이 이렇게 약화된 최종 이유들을 모두 설명할 때가 아니다. 지금은 단지 로마제국의 붕괴가 점진적으로 이루어진 것이 아니라는 말만 해두기로 하자. 그러나 과거 모든 것을 결속시켜 놓았던 로마의 우위 또는 지배를 서서히 무너뜨린 야만민족들의 점진적인 민족통일은 로마제국 붕괴의 중요 요인임이 분명하다. 그러나 야만인들의 지역이 여전히 속주들로 남아있는 동안만은 야만인들이 독립할 가능성은 없었다. 속주의 야만인들이 로마제국에서 떨어져 나갔다면 그들은 과연 어떻게 되었을까? 네로Nero가 죽은 후 골Gallien/Gaul에서 이런 움직임이 시작되었지만 목표 없이 스스로 다시 가라앉고 로마는 세계제국에 자신의 인상을 심어주었고 여러 세대 동안 지배력을 유지했다. 이제 이태리뿐 아니라 아프리카, 스페인, 골 그리고 브리튼Brittannier/Briton 지역이 모두 라틴화 되었고 로마문화가 넘치게 되었다. 동쪽 세계는 이와 유사하게 그리스 문화가 유입되었다. 장교단, 민간관리, 기사騎士 계층은 물론 원로원에까지도 라틴화 된 속주인屬州人들이 점점 늘어났다.2) 그러나 스코틀랜드 칼레도니아Caledonischen/Caledonian 산맥에서 메소포타미아의 티그리스Tigris 강까지 그리고 중부 유럽의 카르파티아Karphaten/Carpathians 산맥에서 아프리카 북서부의 아틀라스Atlas 산맥까지 무력에 의해 합병된 지역들을 결속시켜 놓기가 훨씬 더 어렵게 된 것은 바로 그런 과정을 통해서였다. 정복된 지역과 도시들은 이제 자신들이 이태리 및 로마와 유사하고 또 동일한 지위를 지니고 있는 것으로 느끼게 되었다. 카라칼라Caracalla 황제는 모든 신민臣民들에게 로마 시민권을 부여함으로써 이런 상황을 법적으로 승인했다.

이때까지는 로마제국의 경제 역시 많은 사람들이 계속 믿어 왔던 것과 같이 쇠퇴하지 않았다. 지중해를 둘러싼 모든 지역들은 근면하고 정력적인 주민들과 함께 통합된 단일의 경제지역을 구성하고 있었다. 200년 동안의 기간 중에 내부 평화가 방해를 받았던 시기는 드물었고 모든 선박들은 무역의 사악한 적인 해적들의 방해 없이 지중해 전 해역뿐 아니라 흑해와 대서양까지 운항했었다. 그러나 외국과의 전쟁에서 더 이상 포로들을 얻을 수 없게 되자 노예들 숫자는 줄어들었다. 대지주大地主들은 넓은 토지를 소규모 소작지 또는 식민정착지植民定着地/Kolonenstellen로 분할할 수밖에 없었다. 하지만 가정을 꾸리지 못했던 노예들의 무리가 줄어들자 많은 가정들이 지방에 정착해서 자녀를 키우면서 인구를 늘려 갔다. 신분 높은 가문들도 도시에서 지방으로 옮겨가서 새로운 소규모의 농업 및 경제 중심을 세우기 시작했다. 과거에는 해상교역이 있는 도시만 중요한 위치를 차지했었지만 이제는 여러 지역에서 내륙의 하천 상에도 그런 도시들이 생겨났다. 세대가 지날수록 점점 도로가 늘어나 긴밀한 도로망이 구성되었다. 모두를 함께 결속시키는 거대한 행정망行政網이 질서 있게 작동되었다. 앞서 알아본 바와 같이 군사적 부담은 무거워진 것이 아니라 실제로 가벼워졌다.

로마 주민들의 정신적 도덕적 상태를 누가 묻는다면 우리는 퇴화했다고 말해서는 안 될 것이다. 세네카Seneca, 플리니우스Plinius/Pliny, 타키투스Tacitus 및 위대한 법률가 등 원고대原古代의 대표적 위인들에 바로 이어 위대한 교부敎父들이 출현했다. 이제 기독교회基督敎會의 발전기가 도래했다. 기독교회라는 단어가 얼마나 충만한

---

2) 드쏘Dessau, "1~2세기 로마제국 장교 및 관리들의 출신지역에 관한 연구Die Herkunft der Offiziere und Beamten des Römischen Kaiserreich, während der ersten zwei Jahrhunderte seines Bestehens," 《헤르메스Hermes》, 45권(서기 1910년).

영적이고도 도덕적인 힘을 우리들의 눈앞에 불러냈던가!

내전內戰도 국민들을 약화시켰다. 데시우스Decius(재위: 서기 249년-251년), 클라우디우스Claudius(재위: 서기 268-269년), 아우렐리아누스Aurelian/Aurelianus(재위: 서기 269년, 270년-275년), 프로부스Probus(재위: 서기 276년-282년), 디오클레티아누스Diocletian/Diocletianus(재위: 서기 284년-305년) 등 가장 존경받던 유능한 인물들이 황제가 되었다. 로마에 결코 인격자와 정치인과 장군들이 부족하지 않았다. 이 황제들은 과거 황제들보다 못하지 않았다.

로마제국 쇠퇴의 원인을 결코 그런 것들에서 찾아서는 안 된다. 번창 발전하던 경제 상황이 갑자기 결정적으로 돌아선 것도 아니었다. 그보다는 그렇게도 강력했었던 정치수단인 군대에서 강력하고도 거대한 정치적 변화가 생겼던 것이다.

가장 영광스러웠던 로마 세계제국으로서도 결코 성공하지 못했던 것은 자체적으로 안전한 최고 권위의 창조였다. 로마제국의 왕조들은 현대와 같은 세습왕조世襲王朝의 성격을 지니고 있지 않았으며 황제직 승계체제에는 세습의 원칙과 시저Cäsar/Caesar가 처음 말했던 원칙 사이에는 본질적 모순이 처음부터 포함되어 있었다. 시저는 군지휘관이 아니면 황제의 자격이 없다는 원칙을 말하면서 이를 자신의 권위의 기초로 삼았었다. 그러나 시저의 후계자로 그의 장군 중 하나인 안토니우스Antony/Antonius와 그의 양자인 옥타비아누스Octavian/Octavianus 중 누가 후계자가 될 것인지는 사실 오랫동안 불분명했었다. 이와 같은 내적인 틈은 결코 극복되지 못했고 극복될 수도 없었다. 세습권世襲權이 인정되었을 때는 왕위王位가 무능하고 참기 힘든 인물에게 돌아가는 경우가 있었고 수도에서의 대중봉기, 원로원, 근위대 또는 레기온legion들에 의해 한 인물이 권좌權座에 오르게 될 경우에는 언제나 자의적인 또는 권력침탈적인 성격을 지녔었다. 한 형태의 권력침탈은 다른 형태의 권력침탈과 충돌했었다. 율리우스Julian/Julischen 왕조(역자 주: 율리우스 시저Julius Cäsar/Caesar의 가계에 속한 황제들)가 끝난 이후 150년 이상 주로 군대와 원로원간 이해와 타협을 통해서 인정받는 황제와 안정된 질서를 연이어 세웠다는 것은 충분히 놀랄만한 일임과 동시에 로마국민의 정치감각을 보여주는 강력한 증명서이다. 그러나 이런 일이 더 이상 성공할 수 없게 되었을 때 결국 위기가 왔고 이 위기가 로마제국의 몰락으로 이어졌다.

몰락의 발단은 군대에서 일어난 변화였다.

앞서 우리가 알 수 있었듯이 원래 군대의 통합은 그 핵심인 레기온legion들은 로마 시민들로 구성하고 여러 속주屬州 병력으로 구성된 단위부대들을 이에 배속시킴으로써 보장되었었다. 그러나 점차 레기온 병력충원이 속주 몫으로 변했고 이태리 출신은 프레토르 근위대Prätorianer=Garde/Praetorian Guard(역자 주: 로마 시 수비대를 말함)

에만 복무하게 되었다. 그러나 레기온의 센튜리온Centurio/centurion(역자 주: 로마군 단위부대인 센튜리Centurie/century의 지휘관. 상세는 이 책 제I편, 제VI권, 제III장 참고)들은 대개 프레토르 근위대에서 수년 동안 도제복무徒弟服務를 한 이태리인들이었고 레기온들도 이를 속주들이 일반적으로 로마의 패권을 인정하듯이 인정했었다. 로마제국의 기초는 이런 권위에 있었기 때문이다. 티베리우스Tiberius 황제 때 골Gallien/Gaul에서 봉기가 일어났을 당시 로마 시민인 평민平民들은 이미 전사戰士 기질을 잃고 로마군의 힘은 비시민非市民들에게 있다는 지적이 있었지만3) 제국은 여전히 원래대로 로마를 기본으로 생각했고 정치관념이 순수한 군사관념보다 강했었다. 그러나 이런 지배형태가 여러 세대 동안 지속되면서 속주屬州들 자신이 로마화 됨에 따라서 이제 제국의 기초였던 로마의 패권은 사라지게 되었다. 세프티미우스 세베루스Septimius Severe/Severus의 황제 즉위는 이태리인들의 지배에 대해 속주들이 반기反旗를 드는 신호탄이 되었다. 황제는 이태리인 센튜리온들을 처형하고 프레토르 근위대를 없애고 레기온들에서 선발된 병사로 센튜리온을 임명했다.

만약 속주들이 완벽하게 로마화 되었었다면 이 같은 변화들이 로마군을 약화시키지 않고 오히려 강화시켰을 것이다. 그러나 속주들이 로마화 된 이면裏面에는 야만적 요소와 각 부족의 개체성個體性이 여전히 병존竝存했었고 이로 인해 군대의 결속은 느슨해졌었다. 지위가 격상됨에 따라 민족적 긍지를 자각한 일리리Illyrien/Illyricum(역자 주: 발칸 반도 서부의 아드리아Adria 해海 동쪽 지역)인, 아프리카인, 서양인 또는 동양인들은 모두가 더 우월한 지위를 차지하려 했었고 더 이상은 안정적 분위기가 지속되는 것을 허용하지 않았다.

단명短命한 많은 황제들의 연이은 교체로 인해 군대는 열병熱病을 앓게 되었고 아직 건강했던 자들까지 순식간에 병에 휩쓸리게 되었다. 레기온들이 황제 선택권을 갖게 되었고 이를 통해 자신들의 처우 결정권을 갖게 되었다. 이러한 혼란 시기에 로마 국가원수가 해결해야 할 중요 과제는 기율紀律 회복이었다. 그러나 기율이 다시 회복될 수 있으려면 반란적 움직임들 사이에 견고한 권위와 강력한 힘을 그들이 느끼게 할 수 있을 정도의 상당한 시차時差가 있어야 했고 1~2세기에는 매번 반란들이 진정될 수 있었다. 그러나 이제 반란에 이어 또 반란이 일어나는 시기가 되었고 이에 따라 병사들은 황제들에 대한 의존심을 잃고 오히려 황제들이 병사들에게 의존하게 되었다. 연이은 황제 교체와 피살, 끊임없는 내전內戰 그리고 빈번한 주인 교체는 그때까지 로마군이라는 강력한 방벽을 결속시켜 주었던 접착제를 파괴했고 로마 레기온의 군사적 능력의 기초였던 군기를 파괴

---

3) 타키투스Tacitus, 《연대기年代記/Annals》, III, 40장.

했다. 군기를 유지 회복시키려 했던 황제들—페르티낙스Pertinax(재위: 서기 193년-193년), 포스트후무스Posthumus(재위: 서기 260년-269년), 아우렐리아누스Aulerian/Aulerianus(재위: 서기 269년, 270년-275년) 및 프로부스Probus(재위: 서기 276년-282년)—은 그로 인해 피살되었다.

이 내전內戰은 우연히 동시에 시작된 한 자연스런 과정과 결합해서 로마 군사체계를 큰 회오리 속으로 빨아들여 결국 삼켜버리는 경제적 재앙을 초래했다. 모든 고급문화의 중요한 요소는 압착해서 화폐로 만들었을 때 사회적 구성체의 경제력을 가동시키는 귀금속貴金屬이었다. 고대문화와 로마 국가의 존재는 철鐵의 대량비축 뿐 아니라 금과 은의 대량비축을 떠나서 생각할 수 없을 것이다. 특히 대규모 상비군은 화폐경제의 기반 위에서만 유지될 수 있다. 제국을 둘러싸고 야만인들을 방어하던 국경 레기온들은 제국 내 속주屬州들이 납부한 세금에 의해 유지되었다. 그러나 3세기에는 귀금속 부족 현상이 나타났다. 그 이유는 사료를 통해서는 알 수 없다. 늘 만지고 광택 내고 놓아둔 곳을 잊고 숨기고 불타고 침몰된 배와 함께 물속으로 사라지는 등 자연감소도 결코 적은 양은 아니었다. 현재 발견되는 주화鑄貨들로도 확인되지만 플리니우스Pliny/Plinius의 기록에 의하면 아주 많은 금과 은이 인도와 중국으로 흘러 들어갔다고 하는데 로마와 이 국가들 사이에는 상당한 규모지만 거의 일방적인 교역이 있었다. 우리는 티베리우스Tiberius가 로마인들이 보석을 위해 그들의 화폐를 포기하고 있다고 불평한 일이 있고 베스파시아누스Vespasian/Vespasianus 황제 때는 동양으로부터 수입규모가 매년 100만 세스테르스sesterce(2,200만 마르크)에 달했었음을 이미 알고 있다.4) 따라서 아우구스투스Augustus 때부터 세프티미우스 세베루스Septimius Severe/Severus 때까지 약 40억 마르크 상당의 귀금속이 로마제국에서 인도와 동아시아로 흘러 들어갔을 수 있다.5) 중국의 사서史書 《후한서後漢書》에는 진국왕秦國王 안툰An-Tun/安頓의 사신使臣이 중국에 왔다는 기록이 있다. 아마도 그는 안토니우스 피우스Antonius Pius(재위: 서기 138년-161년) 때의 로마상인이었을 것이다.(역자 주: 안툰의 사신이 중국에 온 것은 후한 환제桓帝 말년인 서기 166년의 일로서 당시 로마 황제는 안토니우스 피우스가 아니라 아우렐리우스였다. 이를 《후한서》가 안돈安頓이라고 표기한 것은 안토니누스 피우스와 아우렐리우스를 함께 안토니네Antonine라고 불렀기 때문일 것으로 보인다. 아우렐리우스 다음의 콤모두스까지 안토니네라고 부를 때도 있다.)

많은 귀금속들이 처음에는 보수報酬로 그러나 나중에는 배당금配當金으로 야만인들의 땅, 특히 게르만지역으로도 흘러 들어갔고 이 귀금속들은 다시 돌아오지 않았다. 이렇게 감소된 귀금속이 다시 보충되지 않았다는 많은 징표들이 있다. 당시까지 채굴採掘이 계속된 것으로 알려져 있는 지중해 연안 광산鑛山들은 당시

---

4) 타키투스Tacitus, 《연대기年代記/Annals》, III, 53장.

5) 니쎈Nissen, "중국과 로마제국 사이의 교역Der Verkehr zwischen China und dem römischen Reich," 《본 연보年報 *Bonner Yahrbücher*》, 제95권.

채굴기술로 볼 때 이미 수명이 끝났었다. 물론 현재에도 금속화폐만으로 모든 교역을 다 해결할 수는 없을 것이다. 인류는 금속화폐의 부족을 지폐紙幣, 어음, 구좌대체口座對替, 수표手票 등 다양한 신용거래 방법들을 발전시켜 보충해 왔지만 만약 남아프리카에서 기대 밖으로 큰 금광이 발견되지 않았었다면 아마 지금도 (서기 1914년 이전의 시기) 큰 어려움을 겪고 있을 것이다.

로마인들이 금속화폐를 대체할 현대적인 교환수단들을 발견하는 것이 순수한 기술적 관점에서 가능했을지 여부에 대해서는 논하지 않겠다. 카르타고Karthago/ Carthage는 한때 일종의 가죽화폐를 사용했던 것으로 보이며 로마에서도 하드리아 누스Hadrian/Hadrianus 때는 정부 통제 하에 지급 및 송금 사무소들을 지닌 초보적인 은행체계가 존재했다.6) 그러나 그러한 방법과 조직을 확대하고 신용이 표시된 종이의 현금화를 보장하고 위조를 방지하기 위해서는 기술적 조건들을 구비해야 하는데 이런 조건들을 고대인들은 아직 갖추지 못했었고 이를 준비하기까지는 수세기 이상의 시간이 필요했다. 여하간 그런 기술적 조건들은 논외로 하고 당시 에는 신용화폐 통용에 사실상 불가결한 가장 중요한 정치적 상황 즉, 정치 안정 을 통한 신뢰조성이라는 조건이 실종되었다. 그런 조건이 가장 시급히 필요했을 시점에 로마인들은 이를 상실한 것이다. 황제들은 생사生死의 문제이기도 했었던 지배적 지위의 확보투쟁에 전력을 경주했고 최대로 긴장해야 했다. 그들에게는 화폐의 질을 계속 떨어뜨리는 방법 외에는 달리 해법이 없었다. 아우구스투스 Augustus 때는 데나리우스denarius가 순은純銀 화폐였다. 그렇지만 네로Nero 때는 5~10%, 트라야누스Trajan/Trajanus 때는 15%, 아우렐리우스Marcus Aurellius 때는 25%, 서기 200년경 세프티미우스 세베루스Septimius Severe/Severus 때는 50%의 비금속卑金屬이 데나리우스 은 화에 포함되었다. 60년 후 갈리에누스Galliens/Gallienus 때 데나리우스 대신 등장한 안 토니아누스antonianus 은화는 은銀 함량이 보통 5%에 불과했었다.7) 아우구스투스 당 시 현 가치로 87페니히Pfennig(역자 주: 1페니히는 1마르크의 1/100)였던 데나리우스 은화의 가치가 디오클레티아누스Diocletian/Diocletianus(재위: 서기 284년-305년) 때는 1.8페니히로 떨어 졌었다. 금화金貨의 주조는 아울레리우스 때 이미 현저히 줄었다. 카라칼라Antoninus Caracalla(재위: 서기 211년-217년) 때는 금화 크기가 줄고 주조가 너무 불규칙해서 금화가 화폐로서의 성격을 잃고 액면가치가 아닌 무게로만 통용되게 되었다.8) 화폐를 기초로 한 재산과 법의 관계는 동요 끝에 결국 해체되었다. 일단 쇠퇴기에 들어

---

6) 미타이스Mitteis의 "파피루스 문서학에 근거한 고대 은행체계의 연구Unterschung über das antike Bankwesen auf Grund der Papyruskunde,"(《법제사지法制史誌-로마 편Zeitschrift für Rechtsgeschichte, Römische Abteilung》, 제19권)에서는 분명히 매우 중요한 점이 될 수표교환의 특별한 증거들은 매우 빈약함을 입증했다.
7) 피크B. Pick, 《국가학Staatwissenschaften》, 제Ⅴ권, 918쪽.
8) 몸센Mommsen, 《로마의 화폐체계Römisches Münzwesen》, 755쪽 및 777쪽.

서자 자주 바뀌던 황제들은 화폐 부족에 더욱 시달렸다.9) 종전 제도에 기초한 세금은 더 이상 수입을 가져오지 못했다. 헬리오가발루스Heliogabal/Heliogabadus(서기 218년 - 222년)(역자 주: 엘라가발루스Elagabal/ Elagabalus라고도 함) 때 병사들이 보수를 금金으로 달라고 요구한 적도 있지만 더 이상 금이 없었다.10) 그의 후계자 알렉산데르 세베루스 Alexander Severe/Severus(서기 222년-235년)는 실제로 세금이 징수될 수 있도록 세금을 1/3로 낮추었다.11) 막시미누스 트락스Maximinus Thrax(서기 235년-238년) 때는 공공경기公共競技에서 의 수입과 상품에 대해서도 세금을 부과했으며 주화鑄貨 제조를 위해 공공장소에 설치된 장식물이나 사원寺院에 헌납된 물품까지 금·은·동을 가리지 않고 몰수 했다.12) 아우렐리아누스Aurelian/Aurelianus(재위: 서기 269년, 270년-275년)는 이런 재정財政체계 를 너무 강력하게 시행했기 때문에 로마에서 큰 봉기가 일어났었고 그나 후계자 들 역시 이 문제를 해결할 수 없었다.

우리는 3세기에 매장埋葬된 로마 보물들이 우연히 발견될 때마다 당시 로마의 재정체계가 처해 있었던 상황을 이해할 수 있었다. 이 보물들은 흔히 거의 전혀 가치가 없는 합금合金으로 만든 작은 주화鑄貨들 수천 개에 불과했다. 금이나 은은 숨겨져서 이제 로마 시민들의 금고 속에는 더 이상 금이나 은이 없게 되었을 것 이다. 그러나 게르만 지역에서 발견된 보물들은 금전金錢이나 은전銀錢들이었다. 야 만인들은 진정한 돈과 거짓 돈을 구분할 줄 알았고 자신들의 보수나 배당금을 진정한 돈으로 지급해 줄 것을 요구했었다.

이 같은 재정 파탄은 번영했던 로마 세계제국의 경제생활을 둔화鈍化 시키고 경화硬化시켰다. 거대한 구성체의 동맥에 피가 멈추었다. 3세기를 경과하며 화폐 경제는 거의 위축되고 문명세계는 다시 물물교환 경제로 돌아갔다. 화폐 경제와 물물교환 경제를 전혀 상반된 것으로 생각하면 우리는 오해에 이르게 될 것이다. 양자는 완전히 상반된 것이 아니다. 가장 발전된 화폐 경제 체계에도 물물교환

---

9) 《라인 박물관보Rheinisches Museum》, 제58권, 383쪽 이하에는 최근 아프리카에서 발견된 금석문金石文을 기초로 병력수와 보수의 감소를 가지고 이런 현상을 분명히 밝혀보려고 한 도마스제프스키Domaszewski 의 글이 수록되어 있다. 마메아Mamea는 프린시팔레스Principales(역자 주: 로마군의 부사관 및 상급의 일 반 병사)들의 보수 뿐 아니라 병력수를 줄였지만 이로써 해결된 것은 별로 없었다. 제국 내외를 막론 하고 병력수와 병사들의 복지에 대한 요구는 너무나도 컸었다.

10) 금화金貨는 경우에는 은화銀貨와 같이 합금合金으로 주조되지는 않고 단지 무게만 줄었음이 분명하다. 이로부터 우리는 금화가 사실상 더 이상 통용되지 않았을 것으로 볼 수 있을 것이다. 금화가 여전히 통용되었다 해도 그들은 분명히 금화에도 합금을 사용하는 편법을 채택하지는 않았을 것이다. 몸센 Mommsen의 《로마 화폐체계의 역사Geschichte des Römischen Münzwesens》, 832쪽에 인용된 《아우렐리아누스 의 생애Script. Hist. Aug. vita Aureliani》, 46장에는 금의 부족 현상이 명시적으로 언급되어 있다.

11) 위의 《알렉산데르의 생애》, 39장 문구를 문언 그대로 보면 세금이 1/30로 줄었다는 의미로 이해되 어야 할 것이다. 그러나 과거에는 토지대장土地臺帳 상 가액의 1/10이 세금으로 요구되었으나 로드베르 투스Rodbertus의 제안에 따라 이를 1/30로 줄인 조치는 최소한 현실적 관점에서 가능성과 신뢰성 있는 조치로서의 이점을 지니고 있다.

12) 제크Seeck, 《프로이센 연보年報 Preussische Jahrbücher》, 제56권, 279쪽.

경제의 요소들과 그 자투리가 일부 존재한다. 문명세계의 경제적 생존이 3세기에는 다시 물물교환 경제로 돌아갔고 이런 상태가 14세기 또는 15세기까지 계속된 것으로 인정하는 것이 보통이다. 그러나 물물교환 경제가 부활되었다고 해서 화폐가 완전히 사라진 것은 아니다. 단지 한 요소는 크게 확대되고 다른 요소는 축소된 것일 뿐인데 우리는 이를 단순화하기 위해 "화폐 경제"와 "물물교환 경제"라는 말로 구분해서 표현할 수 있는 것이다.

우리는 3세기에 로마제국 경제가 정상적으로 돌아가려면 귀금속이 대량으로 필요했었음을 알아야만 당시의 문명세계가 화폐 경제에서 다시 물물교환 경제로 후퇴했었음을 쉽게 이해할 수 있다. 당시 로마군은 대부분 국경지역에 주둔했다. 속주屬州에서 거둔 세금은 극히 일부만 속주 자체를 위해서 사용되었고 대부분은 로마로 갔다. 그러나 황제가 장기간 국고國庫에 보관한 것도 속주에서 거둔 세금의 일부에 불과했고 나머지는 병사들 보수로 야전 숙영지로 갔다. 국고나 야전 숙영지로 간 돈은 상품과 용역 구매비용으로 아주 느리게 속주로 다시 돌아왔다. 교역은 금이나 은을 이용한 현금결재로 이루어졌다. 병사들도 보수를 현금으로 줄 것을 요구했지만 황제들은 은전銀錢이나 금전金錢은 이를 국고에 모아 두거나 로마 평민平民들의 불만을 잠재우기 위해 평민들에게 분배했다. 아우구스투스Augustus 때는 식량과 여타 보급품 외에 병사들의 보수로 지급해야 할 액수만 약 5천만 데나리denarii에 달했다. 그는 앙카라 명문銘文Monumentum Ancyranum(역자 주: 터키 앙카라의 아우구스투스 사원寺院 벽에 라틴어 원문과 그리스어 의역意譯으로 새겨져 있는 명문. 이를 "신神 아우구스투스의 치적Res Gestae Devi Augusti"이라 하며 아우구스투스 자신이 만든 문장이다. 그는 원래 이를 청동판에 새겨 로마에 있는 자신의 무덤 앞 기둥에 붙여놓게 유언했었다. 원래의 기둥은 없어졌으나 로마제국 전체의 많은 사원에 사본이 새겨져 있다. 앙카라 명문도 그 중 하나이다.)에서 자신이 생전에 시민들에게 9억 1,980만 세스테르세스Sesterzien/sesterces(2억 5,495만 데나리. 현 가치로 약 2,500만 마르크)를 분배했다고 자랑했다. 아키타니Aquitanien/Aquitania, 시실리Sizilien/Sicily, 그리스 등과 같이 요새要塞가 없어 병사들의 보수가 필요 없는 속주들로부터 라인 강이나 도나우 강 또는 로마로 돈이 계속적으로 수송되었음이 분명하지만 병사들과 왕실과 로마시민들에게 필요한 물건들을 공급하던 상인들은 이 돈을 다시 회수해 갔다. 이렇게 느린 돈의 흐름과 상사결재商事決裁 상황에서 경제체계 전체가 붕괴되지 않으려면 세금을 내야만 하는 조그만 마을과 말단 부락에까지 상당한 기금이 현금으로 준비되어 있어야 했다.

그러나 3세기에는 돈의 공급이 너무 적어서 이런 체계가 붕괴되었다. 마지막 위기를 몰고 온 계기는 바로 임시대책으로 사용한 수단 즉, 주화鑄貨의 귀금속 함량을 줄여 통화를 현저히 증대시킨 조치였다. 통화가치가 불분명해짐에 따라 정상적인 행정은 파괴되고 교역은 마비되었다. 야만인들이 실제로 침입해 오기 전인 2세기 후반부터는 로마제국 신민臣民들은 세리稅吏들에게 빼앗기지 않으려고 돈을 땅속에 감추기 시작했고 근세기에 발견된 로마 보물들이 이를 입증한다.

디오클레티아누스Diocletian/Diocletianus(재위: 서기 284년-305년)는 정치가다운 솜씨를 발휘해 잠시 안정된 체제를 재건하는 데 성공하자 재정 및 경제 체계의 복구를 강력히 추진했다. 그는 화폐가 거의 실종됨에 따라 발생한 상품가격 불균형을 법적으로 회복하려고 전면적인 가격통제 방침을 제국의 모든 도시에 선포했고 이를 돌에 새겨놓게 했기 때문에 그 내용이 금석문金石文 조각들을 통해 오늘날까지 전해져 있다. 그러나 방침 위반자들의 처형에도 불구하고 자연적 경제법칙의 힘을 막을 수는 없었다. 학자들이 해명할 과제가 아직 많겠지만 지금은 물물교환 경제로 점진적으로 전환되었다는 점을 지적하는 것만으로도 충분하다.

세금을 현금으로 징수할 수 없던 국가는 과거에도 물론 일부 있었던 용역과 물건의 교환체계를 점점 확대했다. 동업조합同業組合/Gewerk/guild들은 공공역무公共役務의 수행을 위해 세습적 성격이 강한 협동조합協同組合/Korporation/corporation으로 합병되었다. 제빵업자는 빵을 굽고 선원은 곡물을 수송했고 광부는 광맥을 팠고 어부는 물고기를 잡고 시골사람들은 보급품을 공급하고 수레들을 준비하고 시市의원은 공공경기公共競技를 주최하고 목욕물을 데웠다. 관리는 공공비축품에서 규정대로 곡식, 양고기, 기름, 의류 등을 보수로 배급받았고 용돈 정도만 현금으로 받았다.

이런 교환경제는 군대에 어떤 영향을 미쳤을까?

필자는 로마군이 쇠퇴기로 접어든 최초 흔적이 이태리인들의 지배에 대항했던 속주屬州들의 지도자로 황제가 된 세프티미우스 세베루스Septimius Severe/Severus(재위: 서기 193년~211년) 때 나타났음을 발견했다. 그는 병사들의 곡식 할당량을 늘이고 부인과 동거를 허용했다 한다. 이런 조치가 병사들의 호감을 얻으려고 방종을 허용한 예로 간주되고 있음은 분명하지만 사실 그는 급박한 이유가 없이는 그런 결정적 양보를 허용하지 않을 만큼 경험 많고 유능한 군인 정치가였다. 우리는 그가 취한 두 가지 조치를 별개의 것이 아니라 본질적으로 상호 관련된 것으로 본다면 그가 왜 이런 조치들을 취했는지 바로 알 수 있다. 데나리우스denarius 은화銀貨의 은 함량이 50%로 떨어졌던 시대에 즉위한 이 황제는 즉위하자마자 병사들 보수를 인상한 것은 사실이지만 그는 병사들에게 현금으로 정기 보수를 지급할 처지가 못 되었다. 그는 현물現物 보수를 인상하면서 이를 가족과 함께 쓰게 허용함으로써 인상된 보수의 장점을 활용할 수 있게 했던 것이다.

이런 사실은 최근 발견된 어느 금석문金石文에서 한 병사가 자신을 레기온legion이 주둔한 토지의 소작인小作人으로 칭하고 있는 문구에서도 확인된다.13) 알렉산데르 세베루스Alexander Severe/Severus(재위: 서기 222년-235년)는 국경지역 병사들에게 할당된 토지는 그 상속인이 병사가 될 경우에만 그에게 상속된다는 칙령을 내렸다고 한다.14) 따라서 과거에는 엄격한 군기軍紀 속에 숙영지와 요새에서 살며 부인과의 동거가 법적으로 금지되었던 레기온 병사들이 이제는 이집트 레기온들이 오래전부터 그랬던 것 같이 가족과 함께 요새 밖 오두막에서 토지를 개간해 가며 흩어져서 살다가 간헐적인 근무 때만 집결하게 되었다.15) 이런 현상이 세베루스 왕조 당시에는 어느 정도였는지 몰라도 다음 세대로 가면 일반화된다.

이런 변화와 더불어 로마 레기온은 전통적인 성격도 상실하게 되었다.

로마군인의 상징으로 간주되던 센튜리온Centurio/centurion이란 직명職名이 3세기말 금석문金石文에는 보이지 않는다. 후일의 법령집에는 이 직명이 사무직事務職 이름으로 등장한다. 이와 함께 세리稅吏들도 사라졌는데 우리가 앞서 알 수 있었듯이 이 두 가지의 변화는 아주 밀접한 관계가 있다.16)

"레기온"이라는 이름은 오랫동안 쓰였다. 셉프티미우스 세베루스Septimius Severe/Severus(재위: 서기 193년~211년) 때는 레기온 숫자가 33개였다. 5세기 초 정부편람政府便覽인 《노티티아 디그니타툼Notitia Dignitatum》 (역자 주: 4세기 말~5세기 초 로마제국의 주요 직위의 명칭과 기능 그리고 군부대의 명칭 등이 기록된 직관지職官志로 서기 1551년의 사본이 남아 있다)에는 175개 레기온의 목록이 있지만 병력수를 보면 이들은 종래의 레기온과는 전혀 다른 소규모 단위부대였다. 제정帝政 초기에는 형식상 징집이 가끔 있었지만 실제로는 모병募兵이었다. 광활한 제국에는 젊고 건강한 남성이 부족하지 않았고 가용인구도 아우구스투스Augustus 때보다 훨씬 컸지만 모병은 필요 없게 되었고 옛 레기온의 능력을 보장해주던 군사조직은 이미 사라지고 없었다.

고대 로마군은 크게 다른 두 요소로 구성되어 있었다. 하나는 다소 로마화 된

---

13) 서기 205년 10월 1일에 제14레기온 소속의 카툴리누스C. Jullius Catullinus라는 병사는 주피터Jupiter 신에게 제단을 헌정하며 이 제단에 새겨 넣은 글에서 자신을 "프리무스 필루스 겔레니누스의 농지의 5년 기간의 소작인conductor prati Friani lustro Nert. Celerini Primi Pili"으로 칭했다. 이 금석문은 비엔나 부근 페트로넬Petronell 남쪽 샤플러호프Schaflerhof에서 발견되었고 내용이 《비엔나 카르눈툼 지역 조사보고서Berichte d. Ver. Carnuntum in Wien》, 서기 1899년 호, 141쪽에 공개되었다. 이에 의하면 레기온(프라툼pratum)에 속한 토지는 병사들에게 일정기간 대여되었다. 다른 여러 곳에서도 루스트라lustra(5년 기간)라는 단어가 포함된 같은 시대의 금석문들이 발견되었다. 위 잡지의 편집자 보르만Bormann은 이미 이 문구가 셉프티미우스 세르비우스가 병사들에게 부인과 동거를 허용한 조치와 관련있는 것으로 분명하고 정확하게 보았다.(역자 주: 프리무스 필루스primus pilus/Primipilars에 대해서는 이 책 제I편, 제VI권, 제II장, 부기 2 참고. 카르눈툼Carnuntum은 비엔나 동쪽 페트로넬에 있던 도나우 강 상류 국경수비 레기온의 주둔지로 티베리우스(서기 6년)와 마르쿠스 아우렐리우스(재위: 서기 171년-173년)가 마르코마니족을 공격할 때 기지로 쓰였다. 특히 아우렐리우스는 이때 이곳에서 유명한 《명상록瞑想錄》, 제2권을 썼다 한다.)

14) 《알렉산데르의 생애Script. Hist. Aug. Vita Alexandri》, 58장.

15) 프레머스타인Premerstein, 《클리오Klio》, 3권, 28쪽.

16) 비에더만Biedermann의 《이집트 정부사政府史 Studien zur ägyptischen Verwaltungsgeschichte》 (서기 1913년)에서는 이집트의 고대 행정조직은 3세기 중반쯤에 사라졌음을 상세히 입증했다(108쪽).

레기온과 점차 로마화 되어 가는 속주屬州 출신 보조부대로17) 이들은 군기軍紀가 엄정한 질質 높은 병력이었다. 다른 하나는 순수한 야만인들로서 이들의 군사적 가치는 길들여지지 않은 야만성에 있었고 최고통수권자는 권위를 상실하고 경제 상황은 바뀌었지만 그들의 이런 높은 군사적 자질은 영향을 받지 않았다.

앞서 이 책의 제I편에서(제VII권, 제VI장) 우리는 로마 레기온의 군사능력이 같은 규모의 용맹한 야만인 무리의 군사능력을 상대할 수 있었는지 물음을 던진 후에 로마군의 월등한 군사능력은 군기 때문만은 아니었다는 결론을 내렸었다. 로마군이 월등했던 부분은 전술적 능력보다는 전략적 능력이었다. 그들에게는 결정적인 지점에서 병력수의 우위를 유지할 수 있는 유능한 지휘관들이 있었다. 그러나 이는 레기온들의 군기가 엄정했던 경우였고 군기가 해이해진 부대들은 야만인들을 상대할 수 없었을 것이다. 시저 자신이 계속 강조한 설명을 보면 우리는 옛 병력과 새 병력의 차이가 얼마나 컸었는지를 알 수 있다. 세베루스Severe/Severi/Severus 왕조 이후 농부로 지내다 근무 때만 가끔 집결했던 병사들도 분명히 전투를 했지만 그들로 구성된 레기온은 더 이상 게르마니쿠스Germanicus나 트라야누스Trajan/Trajanus 시대의 레기온이 아니었다. 물론 시저 시대 이전의 레기온들도 전쟁 때만 집결했고 군사임무에 어울리지 않게 사는 경우가 흔했고 오로지 전쟁이 있을 때만 강해졌었다. 그들이 킴브리Cimbern/Cimbri족과 브리튼Brittannier/Briton족을 처음 만났을 때는 사정이 아주 나빴었다. 아리오비스투스Ariovist/Ariovistus(역자 주: 제I편, 제VII권, 제II장 및 제III장 참고)와 싸우러 나갈 때 그들이 얼마나 두려워했었는지 우리는 안다. 그들은 전문직업군인 제도가 도입된 후에야 비로소 최대의 능력을 갖추게 되었었다. 그런데 이제 그들은 전문직업군인의 성격을 포기하고 다시 민병대民兵隊의 성격을 갖게 되었고 이에 따라 군사능력의 비교적 우위가 적敵 측으로 넘어 갔을 뿐 아니라 로마군 내에서는 야만인들로 편성된 보조부대 측으로 넘어갔다. 특히 이들 야만인 보조부대들은 로마군에 복무하며 로마의 보호장비와 무기로 무장함으로써 그들의 태생적 군사능력을 더 증대시켰다. 이제 레기온이 아니라 야만인이, 결국은 주로 게르만인이 로마군의 핵심이 되었고 이런 추세는 로마의 모든 군사체계에 급속히 흘러 넘쳤다. 여러 대립황제對立皇帝들이 나타나서 서로 싸웠던 내전기內戰期에는 많은 야만인을 전투에 동원할 수 있는 인물이 전투에서

---

17) 일반적으로 2세기쯤에는 보조부대의 비용이 레기온의 비용보다 작아서 보조부대 숫자가 증가했던 것으로 추정한다. 예를 들어 아우구스투스Augustus 당시 보조부대의 보수는 레기온의 1/3에 불과했고 큰 하사금을 요구하지도 않았지만 레기온은 군사적 효율성은 감소해 가고 있음에도 요구사항은 계속 늘어났다고 한다. 도마스제프스키Domaszewski, 《하이델베르그 연보年報Heidelberger Yahrbücher》, 10권. 226쪽. 이런 견해는 보조부대들이 레기온으로 개편되었을 가능성이 있을 것으로 보았던 필자의 견해(앞의 제VIII장)와는 충돌하지만 이 두 이론은 모두 가능성만 말한 것일 뿐이다. 물론 이런 두 가지 모습이 실제로는 동시에 그리고 연이어 나타났었을 것으로 생각해 볼 수도 있다.

이겨 생명을 보존하고 황제직을 주장할 수 있었다. 대립황제들은 서로 경쟁하는 과정에서 야만인 부족들을 통째로 군에 편입시키기도 했다. 이들은 황제를 자칭하며 야만인 부족들을 무장시켜 질서 있게 제국의 핵심부로 진군했었다.

4세기 이후의 로마군은 앞서 우리가 묘사했던 모습과는 전혀 다르게 변했다. 디오클레티아누스Diocletian/Diocletianus(재위: 서기 284년-305년)는 새 환경에 부합하는 체계를 세웠고 콘스탄티누스Konstantin/Constantinus(재위: 서기 312년-337년)가 이 새 질서를 완성했던 것으로 보인다. 이제 군대는 팔라티니palatini, 코미타텐세스comitatenses, 짝퉁 코미타텐세스pseucomitatenses 및 리미타네이limitanei의 네 부류로 나뉘게 되었다. 이태리인들로 충원되었던 옛 프레토르 근위대Prätorianer=Garde/Praetorian Guard(역자 주: 로마 시 수비대)는 세프티미우스 세베루스Septimius Severe/Severus 때 없어졌고 레기온legion 출신 병사들로 구성된 새 근위대가 생겼다. 레기온에서 이 새 근위대로 전출轉出하는 것은 속주屬州에 근무하며 공을 세운 병사에 대한 보상이었다. 이런 개혁이 실제로 중요한 군사적 의미는 없었지만 정치적 관점에서는 중요했었다. 이는 속주에 대한 로마와 이태리의 우위優位가 사라지는 신호탄이었다.18) 팔라티니palatini는 옛 근위대와 크게 다를 것이 없었다. 그러나 이 근위대 외에 황제의 경호부대이기 때문에 코미타텐세스comitatenses라는 이름이 붙은 특별부대가 생겼다. 초기에 거의 모든 병력이 국경에 주둔했던 것이 비하면 혁신적 변화였고 이로써 국경수비는 약화되고 국경은 야만인의 침략에 희생되었다. 작가들은 이를 비판하지만 황제들은 병력을 즉시 가용한 상태로 유지하지 않고는 황제직을 유지할 수 없었다.

물론 국경에도 여전히 병력들이 주둔했고 이들을 리미타네이limitanei 또는 리파리엔세스riparienses라고 했다. 그러나 방어력이 매우 약한 이들은 훈련된 부대라기보다 현대의 "국경수비대"정도 되는 병력으로서 국경방어 의무를 지닌 농민에 불과했다. 이런 민병대民兵隊가 게르만 전사戰士들을 방어해 줄 것을 기대할 수는 없었기 때문에 제4부류인 짝퉁 코미탄텐세스pseucomitatenses가 있어야 했다. 리미타네이limitanei로는 도둑떼나 방어할 수 있었기 때문에 이들 외에 소규모 정규부대를 국경에 주둔시킬 필요가 있었을 것이다. 물론 그들에게는 황제경호 임무가 없었지만 조직이 코미타텐세스comitatenses와 유사해서 그런 특이한 이름이 붙었다.

군대가 이 같은 상이한 형태의 단위부대들로 개편된 것이 레기온legion 숫자가 엄청나게 늘어난 이유이다. 과거의 레기온은 폐기되고 그 병력은 일부는 과거 그들이 복무했던 요새 부근에서 리미타네이limitanei로 정착했으며 일부는 짝퉁 코미탄텐세스pseucomitatenses로 잔류했고 또 다른 일부는 코미타텐세스comitatenses 또는

---

18) 필자는 카시우스Dio Cassius의 《로마사Romanika》, XXXLVII, 7장에 기록되어 있는 카라칼라Caracalla 황제의 경솔한 군사적 조치들에 대해서는 큰 의미를 부여할 필요가 없을 것으로 믿는다.

팔라티니*palatini*로 전환되었다. 새로운 조직들도 여전히 모두 "레기온"이라는 이름으로 불렸지만 "숫자"를 의미하는 "누메루스*numerus*"라는 이름이 단위부대들, 특히 야전 단위부대들의 명칭으로 더 흔하게 사용되었다.

만약 팔라티니*palatini*와 코미타텐세스*comitatenses*와 짝퉁 코미탄텐세스*pseucomitatenses* 만이라도, 아니면 앞의 두 부대만이라도 과거의 군기軍紀를 유지했다면, 그리고 로마군의 병력수가 크게 늘어난 것이 사실이라면, 이 새로운 형태는 결코 나쁜 방향으로의 변화가 아니었을 것이다. 실제로 그랬었다면 옛 프레토르 근위대 Prätorianer=Garde/ Praetorian Guard는 이제 라티니*palatini*로 그리고 옛 레기온은 이제 미타텐 세스*comitatenses*로 계속 생명을 유지했고 이 전문직업적인 야전군을 리미타네이 *limitanei*라는 국경민병대가 보충하고 강화한 것이라고 말할 수 있을 것이다.

그러나 실제로는 그렇지 못했다. 로마군의 총병력수는 특히 그 효율성이 절반에 불과한 리미타네이*limitanei*의 군사능력을 고려할 때 늘어난 것이 아니라 감소한 것이다. 여전히 "레기온"으로 불리던 부대들은 잘 훈련되고 군기軍紀가 엄정했던 옛 레기온 같은 부대라기보다 약간 훈련된 유용한 용병傭兵집단 정도에 불과했다. 새 레기온은 야만인 숫자가 많을수록 강한 부대였었다. 프로부스Probus 황제는 16,000명의 게르만족 신병들을 각 레기온에 고루 분배해서 레기온이 이들의 야만적인 힘을 활용하면서도 승리가 누구의 공인지 너무 크게 드러나지 않게 했다고 한다. 그들의 본능적 힘은 군기軍紀를 가지고는 이룰 수 없는 무엇을 레기온에 제공했을 것으로 보인다.

로마군에서는 군기가 사라지자 그들의 특이한 전투기술도 사라졌다. 투창投槍 투척과 칼 사용의 절묘한 결합은 잘 훈련된 부대만 쓸 수 있는 기술이었다.[19]

이제는 로마군도 게르만족의 방진方陣/Gevierthausen/square formation 즉, 멧돼지 머리Eberkopf 대형(역자 주: 앞의 제II장 참고)을 그들의 전투대형으로 사용했다.

과거 로마군 조직의 지원병력에 불과했던 야만인 보조병력들이 이제 로마군 조직의 뼈대와 힘이 되었다.

이제 보다 야만적인 것이 보다 유능한 것으로, 보다 로마적인 것이 보다 무능한 것으로 서열이 변했다. 3세기 중반 이후의 조각상彫刻像들을 보면 군신軍神 마르스Mars와 헤라클레스Herakles/Heracles에 대한 참배가 전면으로 나서고 로마 카피톨 kapitol/Capitol 언덕 위의 신전神殿에 모셔져 있던 신들(역자 주: 최고신最高神 쥬피터Jupiter와 그의

---

19) 페테르선Petersen의 《아우렐리우스 기둥의 원문*Die Markus-Säule, Textband*》, 44쪽에서는 부조浮彫에 보이는 레기온 병사들에 대해 "그들이 휴대한 방패는 보통의 스쿠툼scutum 방패가 아니고 창 역시 결코 필룸 pilum 창으로 보이지 않는다"고 말한 후 이어서 45쪽에서는 "…그들은 흔히 바지를 입고 있었다"고 했다. 이는 흔치 않은 현상으로 필자는 이를 어떻게 설명해야 할지 모르겠다. 게르만족과의 전쟁에 대한 타키투스Tacitus의 기록에도 필룸 창을 가지고 싸우는 로마군의 특별한 모습에 대한 언급이 거의 없는 것을 보고 필자는 더 큰 충격을 받았었다.

아내인 여성 수호신 쥬노Juno 그리고 지혜와 무용武勇의 여신 미네르바Minerva)에 대한 참배가 퇴조했음을 보여준다. 헤라클레스는 게르만족의 도나르Donar 신神이었다.[20]

과거 로마군 지휘관들은 원로원 의원직을 겸했었다. 1세기의 로마제국에서는 엄격한 의미의 군대는 직업군인들로 구성되었지만 최고지휘관들은 정부관리의 지위를 유지하는 특이한 현상이 있었다. 그러나 이제 원로원 의원 급 레가티legati(역자 주: 장군)들은 사라지고 직업군인이 레기온 지휘관이 되었고 그들 중 때로는 게르만인도 있었다.[21] 이제 과거와 달리 민간 관리계층과 최고위직에까지 계속 진출하는 장교단이 분명히 구분될 수밖에 없게 되었다. 이를 갈리에누스Galliens/Gallienus 황제가 원로원을 누르려고 의도적으로 취한 견제수단이었던 것으로 보는 것이 지금까지의 관례였지만 우리는 생각을 바꾸어야 한다. 이 변화는 원로원 기능의 퇴조라기보다는 군대 지휘관직이 야만인들 차지가 됨에 따라 로마인들이 민간 관리계층을 장악한 것에 불과할 것이다.

로마군은 게르만화 되어가고 있었다. 로마 레기온은 끝까지 야만인에게 패배하지 않았으며 다만 북방의 아들들로 구성원이 대체되었을 뿐이다. 우리는 이런 사실을 알고 있어야 민족대이동民族大移動/Völkerwanderung으로 불리는 세계사의 단계로 들어가는 문을 열 수 있다.

---

20) 도마스제프스키Alfred von Domaszewski, 《로마군의 종교Die Religion des römischen Heeres》, 49쪽. 또한 113쪽도 참고할 것.(역자 주: 헤라클레스는 그리스의 국민적 영웅이기도 하다.)

21) 방Martin Bang은 《로마군에서 복무한 게르만 전사戰士 Die Germanen im römischen Dienst》, 91쪽에서 콘스탄티누스 이전에 게르만인이 군대에서 올라갔던 가장 높은 계급으로 어느 바타비Bataver/Batavian족 출신이 "파노니아 제2사비아 지도자dux in Pannonia Secunda Savia" 지위까지 올라간 일이 있음을 자신이 입증할 수 있다고 믿고 여타의 사료들은 배척하고 있다. 그러나 리터링Ritterling은 《독일 문예평론Deutsche Literatenzeitung》, 17권(서기 1908년)에서 방Bang의 견해를 반박하며 그가 너무 앞서 나갔다고 본다.

부 기附記

1. 인구변동人口變動

로마제국의 사회·경제적 환경에 관한 지배적인 이론은 대체로 두 갈래로 나뉘어 있다. 우리는 로마문명이 고도로 발전했었음을 부인할 수는 없다. 현재까지 남아있는 로마 시대의 견고한 건축물 잔해들은 이를 입증할 설득력 있는 증거이다. 그러나 옛 사료들을 보면 로마문명의 쇠퇴와 끊임없는 부패 그리고 특히 지속적인 인구감소를 불평하는 기록들이 너무 많음을 우리는 부인할 수 없다. 이러한 혼란을 최초로 분별력 있게 정리한 글로는 《비엔나 논문집Wiener Studien》, 제1권(서기 1879년), 185쪽 이하에 수록된 정J. Jung의 논문과 베버Max Weber의 《로마 농업사農業史 Römische Agrargeschichte》(서기 1891년)라는 책이 있다. 그러나 필자에게는 이들이 사료 내용들을 충분히 수정하지 못한 것으로 보인다. 다른 면에서는 매우 가치 있는 논문인 마이어Eduard Mayer의 "고대경제의 발전Wirtschaft- liche Entwicklung des Alturtums"(《콘라드 국민경제 연보年報 Conrads Jahrbücher für Nationalökonomie》, 서기 1895년) 역시 마찬가지이다.

로마제국의 인구감소를 말해주는 증거로 보이는 사료의 문구들을 하나하나 정확히 검토해 보면 우리는 이 문구들이 지역적 또는 일시적 현상을 말한 것에 불과하고 제국 전체와 전 시대에 관한 것이 아님을 알 수 있다.

아우렐리우스Marcus Aurelius가 젊은 남성들의 부족 때문에 노예들을 징집할 수밖에 없었던 적도 있다는 플리니우스Pliny/Plinius의 기록(《자연사自然史 Historia Naturalis》, VII, 45장)이나 "인력人力의 소진消盡 Hispanis exhaustis"이란 표현을 사용한 《아우렐리우스의 생애Script. Hist. Aug. Vita Marcus Aureli》, 11장에서는 로마제국 인구문제에 관한 아무 결론도 얻을 수 없다. 이들은 일시적으로 우연히 발생한 어려운 상황들을 말한 것일 뿐이다. 예를 들어 아우렐리우스 당시 스페인에는 큰 역병疫病이 돌았었다.22)

서기 92년 도미티아누스Domitian/Domitianus가 곡물 경작지를 포도밭으로 바꾸는 것을 금하고 속주屬州에서는 모든 포도밭의 50%를 곡물경작지로 바꾸라고 명하기까지 했던 것(수에토니우스Suetons/Suetonius, 《황제전皇帝傳 De vita Caesarum》, 〈도미티아누스 Domitianus 전傳〉, 7장)은 사회농업경제의 후퇴가 아니라 과음過飮 습관이 만연되어 있었음을 말한 것일 뿐이며 또한 곡물가격의 일시적 폭등 때문이었다. 우리는 황제가 이런 명령을 내리게 된 이유는 결국 사치와 방종의 만연, 농민들의 포도 경작 선호 및 외국으로부터 곡물 수입에 의존하는 습관 때문인 것으로 우리는 믿어 왔다. 따라서 사치금지법奢侈禁止法이 통과되었고 이로 인해 국민들은 조상들의 단순한 농업관행과 사회전통으로 되돌아갔을 것으로 추정된다.

스트라보Strabo는 그가 살던 초기시대 시실리Sizilien/Sicily의 모습을 인구의 감소와 부족으로 묘사해 놓았다(《지리학Geography》, VI, 1장). 한때는 그렇게도 번성했던

---

22) 《금석문 총람C. J. L. X》, 1401번에 수록된 문구 역시 마찬가지이다. 이 문구는 시골로 이사 나가는 자체를 금지한 것이 아니라 파괴용 건출물들을 이윤을 붙여 매각하는 것을 금지한 것일 뿐이다.

그리스 지역, 특히 유보에아Euböa/Euboea 지역과 로마 주변지역인 고대 라티움Latium도 이와 유사했던 적이 있다는 기록도 있다. 하지만 그런 지역들은 로마제국 전체 중 극히 일부였고 각 지역마다 나름대로 이유가 있었다. 매우 큰 도시의 바로 주변지역에서 농업이 퇴조하고 가축사육이 늘어나는 현상은 다른 곳에서도 발견된다. 마이어Eduard Mayer는 앞서 소개한 "고대경제의 발전Wirtschaftliche Entwicklung des Alturtums"이란 논문에서 그와 같은 예로 오늘날의 더블린Dublin을 들고 있다. 시실리는 노예전쟁 기간 중 큰 어려움이 있었음에도 여전히 막대한 양의 곡물을 로마로 수출했다. 이태리는 공화정 말기에 대규모 가축사육과 함께 노예를 이용해서 농사를 지으려다가 농업이 후퇴했지만 제정帝政 시대 초기에는 인구가 다시 증가해서 소농小農 가족 형태로 분산되었다.23) 300년 내지 400년이라는 긴 기간 동안 중부 이태리에서부터 켈트Kelt/Celt, 북부 이태리, 프랑스, 브리튼, 라인, 도나우, 스페인, 북아프리카 및 나중에는 다키아Dacien/Dacia(역자 주: 현재의 헝가리와 루마니아)까지 포함한 광대한 지역들이 모두 라틴화 된 것은 대규모 이민의 결과로밖에는 생각할 수 없다. 레기온legion들은 국경지역에서 라틴화 과정을 밟았지만 제국 내부에 주둔하는 부대는 거의 없다시피 적었다. 로마에서 파견된 소수 관리들은 거의 문제가 되지 않았으며 농업식민農業植民 현상은 기껏해야 극소수 지역에만 있었다. 라틴화 과정은 주로 도시에 상인과 장인匠人들이 정착하게 되면서 진행된 것이 분명하다. 한 지역의 언어표준화는 장기적으로 보면 농촌이 아닌 도시에서 이루어진다. 도시생활은 사람들의 언어 습관을 쉽고 빠르게 변화시키며 이런 변화는 하향식下向式으로 일어난다. 숫자가 아주 많지는 않지만 자본과 기술에서 우위를 차지하고 있고 정치적 지원을 받는 상당수 이민자移民者들은 어느 한 지역의 민족성民族性을 해체시키기에 충분한 힘을 지니게 된다. 이것이 바로 라틴인종이 동방세계 전체를 그리도 빨리 합병할 수 있었던 힘이다. 저변에서는 이태리를 포함한 전 세계로부터 프로레타리아적인 요소들이 로마로 흘러들고 있는 반면 문화의 본류本流는 로마에서 속주屬州로 흐르고 있었다. 로마에서 대규모 인종혼합이 이루어지면서 유능하고 근면한 수많은 사람들은 자신들의 운명을 개선시킨 후에 우월한 도시의 대표자로 속주로 가서 계속 번영하면서 한편으로는 새로운 경제·사회 생활을 창조하고 다른 한편으로는 레기온들을 라틴화 시킬 수 있었다. 우리는 1세기 중에 500명 이상의 로마 기사騎士(부유한 상인)들이 카디즈Cadix/Cadiz와 파두아Padua에 살았음을 우연히 알 수 있었다.24) 골Gallien/Gaul, 스페인, 아프리카 등지에서 라틴문화를 퍼뜨린 사람들의 직계 선조들은 아마 그곳 속주屬州들로부터 로마로 가서 라틴화 된 사람들이었을 것이다. 이런 이중적二重的 인구이동이 있었음은 의문의 여지가 없다. 한편에서는 로마에서 속주屬州로 큰 인구이동이 있

---

23) 하르트만Hartmann, 《오스트리아 고고학考古學 금석문金石文 연보年報 *Archäologisch-epigraphische Mitteilungen aus Oesterreich*》, 서기 1894년, 제2권, 126쪽.

24) 스트라보Strabo, 《역사 스케치*Historical Sketches*》, III, 5. 3절 및 IV, 5. 7절.

었을 것으로 보지 않을 수 없고 ―그렇지 않았다면 속주들의 급속한 라틴화가 설명될 수 없다― 다른 한편에서는 이로 인한 인구손실이 속주로부터 계속적인 인구이동에 의해 보충되어서 로마는 여전히 매우 큰 도시로 남아있었을 것이며 아마도 더 큰 도시로 발전했을 것이다.

이렇게 지속적인 대규모 인구이동이 있었다면 당연히 그로 인한 마찰도 많이 생겼을 것이며 로마제국 전체는 발전해 가는 반면에 어떤 뜻밖의 이유들로 인해 퇴보하는 지역들도 상당수 있었을 것이다.

우리는 특히 농업인구 부족과 농지 황폐화를 불평하는 구절들이 사료에 빈번하게 보이는 것 때문에 전체 로마제국 인구가 감소한 것으로 보면 결코 안 된다. 인구가 늘고 있는 오늘날의 잉글랜드에서조차 노동력 부족으로 광활한 토지를 비워두지 않을 수 없다는 불평이 있다. 독일제국도 인구가 매년 90만 명 이상 증가하고 있다(서기 1914년 이전). 그렇다면 농촌노동력 부족에 대한 플리니우스Pliny/Plinius의 불평, 농촌인구를 강제로라도 늘이려던 하드리아누스Hadrian/Hadrianus 이후의 계속적인 노력, 공한지空閑地 점유를 허용하고 조장한 페르티낙스Pertinax의 조치(서기 194년),25) 아우렐리아누스Aurelian/Aurelianus 시대(서기 270년-275년) 이후의 공한지에 관한 법규정들26) 등은 어떤 경우에도 인구감소의 증거가 되지 못한다.

제정帝政로마 시대 인구변화에 관한 수치는 전혀 기록에 남아있지 않다.27) 인구가 오히려 상당히 증가했음을 보여주는 다음 같은 증거들이 있다.

아피안Appian은 로마인들의 경제생활(대략 2세기 중반쯤)이 고도로 번성했다는 증거를 제시했다(《서언序言/Prooemium》, 제7장). 이는 대규모 건설작업, 특히 지금도 일부 남아있는 도로들의 흔적을 통해서도 확인되며 다양한 금석문金石文들을 통해서도 입증된다.28) 수세기에 걸친 도로건설은 생활수준 향상을 입증할 증거임이 분명하다. 경제적 힘과 목표가 없이 황실의 일시적 취향이나 군사적 목적만으로 도로를 건설했다면 그런 거대한 건설작업은 불필요했을 것이다.29)

---

25) 헤로디안Herodian, 《막시미니아누스Maximinianus 전傳》, II, 4. 6절.

26) 하르트만Hartmann, 《오스트리아 고고학考古學 금석문金石文 연보年報 Archäologisch-epigraphische Mitteilungen aus Oesterreich》, 서기 1894년, 제2권, 131쪽.

27) 기록으로 전해진 마지막 인구조사는 서기 48년 클라우디우스Claudius 때의 것으로서(타키투스Tacitus, 《연대기年代記/Annals》, XI, 25장) 로마 시민권자는 총5,984,072명이다. 32년 전인 서기 16년 조사로는 4,937,000명이었는데 이런 수치들로는 아무 결론도 얻을 수 없다. 새로 시민권을 획득한 사람의 수가 증가한 것인지 인구 자체가 증가한 것인지 알 수 없기 때문이다. 마이어Eduard Meyer, 《국가학편람 Handwrterbuch der Staatswissenschaften》에 수록된 "인구Bevlkerungswesen"라는 제목의 논문을 참고할 것.

28) 쉴러H. Schiller의 《고마제국사Geschichte der römischen Kaiserzeit》에서는 건축물에 새겨져 있던 금석문들을 각 황제별로 소개하고 있다. 특히 제II편, 378쪽(세베루스Severe/ Severi/Severus 왕조의 황제들) 및 753쪽, 772쪽, 798쪽, 871쪽 그리고 제III편, 151쪽을 참고할 것.

29) 매우 권장할만한 글인 막스 베버Max Weber의 《로마 농업사農業史 Römische Agrargeschichte》는 로마의 도로들은 군사적 의미는 컸지만 경제적으로는 큰 의미가 없었다는 견해를 취하고 있으나 이 견해는 현대의 대량수송 체계를 전제로 할 경우에만 타당한 견해이다. 그들은 내부를 안정시켜 놓은 후에도 군사목적으로 제국 내에 그렇게 많은 도로들을 건설하지는 않았을 것이 분명하다. 또한 《파네기리키 라티니Panegyrici Latini》(역자 주: 고대 로마의 공직 출마자나 황제 등의 연설집), VIII권에는 "군사도로들까지 빈약하고 울퉁불퉁해서 대중들의 수송이나 상품수송이 어려웠다"는 구절(부르카르트Jacob

생활수준은 향상하면서 인구가 지속적으로 감소할 수는 결코 없다. 오늘날의 프랑스가 생활수준은 향상되면서도 인구는 크게 늘지 않고 있는 것은 사실이다. 그러나 아우구스투스Augustus에서 알렉산데르 세베루스Alexander Severe/Severus까지 265년 동안에 인구가 19세기의 프랑스만큼 아주 느리게 증가했다고 해도 여전히 3배는 증가했을 것이다. 19세기 프랑스도 연간 0.04%씩은 인구가 증가했고 이는 174년 이면 인구가 2배로 증가하는 수치이다. 고대 및 중세의 인구증가는 아마도 일관 성이 없었을 것이라는 점에서 현대와 크게 달랐을 것이다. 오늘날의 문명화된 세계에서는 전염병이나 기근은 인구문제에 거의 영향을 미치지 못하지만 로마제 국이 평온했던 시기에도 전염병과 기근이 많았다는 불평이 자주 있고 이는 분명 인구증가에 영향을 미쳤을 것이다. 따라서 고대에는 경제적 번영에도 불구하고 일반적으로는 인구가 크게 증가하지는 않았음이 분명하지만 2세기 반 동안에 2 배 정도는 증가할 정도로 매년 최소한의 증가는 있었을 것이다. 우리는 과장하 지 않고 로마제국의 인구가 이 265년의 기간 중에 분명히 6천만 명에서 9천만 명으로 최소한 1.5배는 증가했을 것으로 볼 수 있을 것이다.30)

필자는 로마제국의 인구가 상당히 증가되었을 것으로 보는 것도 불가능하지는 않다고 생각한다. 그러나 만약 2배로 증가했다고 해도 이는 인류의 자연적 번식 능력으로 보면 너무나 작은 증가일 것이다. 이렇게 보아야 결혼과 자녀양육을 권장한 아우구스투스 및 후대 황제들의 법령을 이해할 수 있다. 그러나 우리는 이 법령들을 고려대상에서 완전히 배제할 수도 있을 것이다. 이 법령들은 결국 특정한 소수 계층에 대해서만, 특히 로마 시에 대해서만 적용된 법령이기 때문 이다.31) 그러나 이 문제를 떠나 만약 우리의 평가가 정확하다면 당시 인구증가 가 너무 느려서 당대인當代人들은 인구의 증가를 거의 느끼지 못했을 수도 있다. 황제들의 결혼촉진법들은 결코 인구증가가 멈추었다든지 인구가 감소했다는 평 가의 근거는 될 수 없고 단지 로마시민 또는 로마시민 중 일부의 인구증가율이 평균 인구증가율보다 크게 떨어졌다는 증거가 될 뿐이다. 때로는 실제로 인구가 줄기도 했겠지만 고대작가들의 불평이나 황제들의 결혼촉진법들에도 불구하고 우리는 로마제국의 인구가 일반적으로 조금씩 증가했을 것으로 볼 수 있다.

헤로디안Herodian의 《막시미니아누스Maximinianus 전傳》, Ⅲ, 4장에는 아프리카에도 인구가 넘쳤다는 증거가 있다. 아프리카에는 분명 카르타고Karthago/Carthage 등 많은 도시들이 있었지만 그는 서기 237년 당시 농민들도 역시 많았다고 했다. 하이스

Burckhardt, 《콘스탄티누스 황제Constantin》, 제3판, 8쪽에서 인용)까지 있다.

빌헬름 베버Wilhelm Weber의 《하드리아누스 황제의 역사에 관한 연구Untersuchungen zur Geschichte des Kaisers Hadrian》(서기 1907년), 204쪽에서는 하드리아누스 당시 아프리카의 도로건설에 대해서 이 도로들은 거의 군사도로는 아닌 듯 하며 "최대한 많은 도로들을 이용해서 전 지역으로 육로수송을 분산시킴으 로써 특정 도시에 대한 편중을 막기 위한 것"이 그 목적인 듯 하다고 보고 있다.

30) 벨로크Beloch는 알렉산데르 세베루스 시대 로마 인구를 16세기말의 인구와 비교를 통해 약 1억명으로 보고 있다. 《사회과학지社會科學誌Zeitschrift für Sozial-Wissenschaft》, 2권(서기 1899년), 619쪽.

31) 카시우스Dio Cassius의 《로마사Romanika》, XLVI, 7장에 인용된 아우구스투스의 연설문 참고.

터베르크Heisterbergk의 《소작제도小作制度의 기원起源Die Entstehung Kolonats》(서기 1876년), 113쪽 이하는 여러 증거들을 비교해 가며 이 증언의 신빙성을 확인한 바 있다.

필자는 스페인 인구문제에 대해서는 융Jung의 《로마제국 내의 로마인 지역Die römanischen Landschaften des römischen Reichs》, 제I편, 43쪽에서 증거를 발견했다. 그가 인용한 4세기 초의 어느 지리학자는 스페인에 관해 "광대한 지역으로서 무역에 익숙한 사람들이 많았다. 이곳에서는 오일, 돼지기름, 짐수레 끄는 동물들을 전세계로 수출했고 없는 물건이 없었으며 모든 것이 뛰어났다"고 했다.

제정帝政 시대에는 골Gallien/Gaul과 북부 이태리가 번성했고 인구도 많았다는 사실에 대해 의문을 갖는 사람은 없다. 고대문헌들이 말해주는 이 지역의 고도로 발달한 도시문명은 일반적인 경제적 번영을 말해주는 것이다.

알렉산드리아를 제외한 이집트 인구를 디오도루스Diodor/Diodorus의 《세계사世界史/Bibliotheca historica》, I, 31장에서는 700만 명으로, 조세푸스Flavius Josephus의 《유태 고대사Anitiquitates Judaicae》, II, 385장에서는 750만 명으로 말하므로 알렉산드리아까지 포함하면 최소 800만 명은 되었을 것이지만 이는 좀 의심스러운 수치들로서(이 책 제I편, 제III권, 제VII장, 각주 2 참고) 필자는 제크Seeck의 견해(《고대세계 흥망사興亡史Geschichte des Untergangs der Antiken Welt》, 제I편, 505쪽)를 즐거운 마음으로 인정하고는 있지만 이 같이 우연한 비교를 통해 얻은 수치들로부터는 분명한 결론을 얻을 수 없다. 그러나 여하간에 이 수치들은 최소한 인구가 감소한 것이 아니라 크게 증가한 것으로 볼 증거가 된다. 최근 발견된 파피루스 기록을 보면 제정帝政 로마 시대 이집트에는 인구가 대단히 많았음을 확인할 수 있다. 에르만Ermann과 그레프스Crebs는 한 세금신고서稅金申告書를 근거로 아우렐리우스Marcus Aurelius 당시 파윰Fayum 지역 가옥들 중 1/10은 27명 이상이 산 것으로 보았다(《왕립 박물관의 파피루스 기록에 관한 연구Aus den Papyrus der Königlichen Museen》, 서기 1899년, 232쪽). 인구가 밀집해 거주하는 곳에서는 이 같이 많은 인구가 살았음이 분명하다.

지금까지 언급한 내용들은 3세기 중반 이후 발생한 경제대변혁의 시기까지만 크게 적용되어야 한다. 우리는 당분간 물물교환경제 시대로의 후퇴가 인구변동에 어떤 영향을 끼쳤는지의 문제는 접어두기로 하자. 다만 어떤 경우이건 그 영향은 그리 빠르고 크지는 않았을 것이다.

2. 귀금속貴金屬 공급

3세기 중 귀금속 실종 문제의 성격을 아주 상세히 검토해 보는 것은 이 연구에 있어 극히 유용할 것이다. 몸센Mommsen의 기념비적 작품인 《로마 통화사通貨史Geschichte des römischen Mnzwesens》는 이 문제를 화폐의 품질저하 문제에 비해 좀 소홀히 다루고 있다.32) 필자는 화폐의 품질저하 문제를 조사해 본 결과 이 역시 사실은 광산의 귀금속

---

32) 최근 발표된 피쫄러Fitzler의 《이집트의 채석장과 광산Steinbürche und Bergwerke in Aegypten》(서기 1910년) 역시 이 주제에 관한 연구에 기여했다.

채굴 중단이나 채굴량의 대폭 감소가 주원인일 것으로 확신할 수 있었다.

고대에는 광산 채굴량이 때로는 매우 컸을 것이 분명하다. 5세기 그리스에서는 많은 주화鑄貨가 통용되고 있었음이 분명한데 고대 작가들은 스페인에 은銀이 풍부했다는 말을 할 수 없었다. 1세기 시인詩人 스타티우스Statius는 징수된 세금에 대해 말하면서 가장 먼저 "스페인 금광金鑛에서 캐낸 것들 무엇이든 달마티 산을 비추고quidquid ab auriferis ejectat Iberia fossis Dalmatico quod monte nitet"라고 했다. 그러나 어느 한 지역에서 수세기에 걸쳐 귀금속을 계속 채굴하기는 쉬운 일이 아니다. 그리스 아티카Attika/Attica의 라우리움Laurium 은광銀鑛들은 기원전 마지막 세기에 채굴량이 이미 크게 감소해서 더 이상 채굴할 것이 없었다고 한다.33) 스페인 광산에 관한 직접 기록은 없다. 스페인 은광銀鑛의 채굴량이 1세기 초 이미 거의 고갈되었다는 마르카르트Joachim Marquardt의 말(《로마의 국가행정國家行政 Römische Staatsverwaltung》, 제II편, 260쪽)은 착오로 보인다. 필자는 관련 기록은 보지 못했지만 모든 징후들은 첫 두 세기 동안 로마제국에서는 광산산업이 매우 번창했었음을 말해주고 있다. 그 당시 로마인들은 다키아Dacien/Dacia(역자 주: 현재의 헝가리와 루마니아 지역) 등지에서 새 광맥을 발견해 냈고 채굴작업이 활발하게 이루어졌었다. 그러나 후일 다키아의 채굴량은 크게 줄어서 히르쉬펠트O. Hirschfeld는 《로마 행정사行政史 영역에 관한 연구Untersuchungen auf dem Gebiete der römischen verwaltungsgeschichte》, 91쪽(제2판은 "디오클레타아누스 시대까지의 국가 행정공무원들Die Kaiserlichen verwaltungsbeamten bis auf Diocletian"이라는 제목 하에 180쪽)에서 광업공무원鑛業公務員을 이렇게 대폭 줄인 일은 전례가 없다고 말할 정도였다. 《노티티아 디그니타툼Notitia Dignitatum》(역자 주: 4세기 말~5세기 초 로마제국의 주요 직위의 명칭과 기능 그리고 군부대의 명칭 등이 기록된 직관지職官志로 서기 1551년 사본이 남아 있다)에는 국가 광업공무원이 단 1명만 줄었다는 말이 있지만 이는 일리리Illyrien/Illyricum에서의 일을 말한 것이다. 《테오도시아누스 법전法典 Codex Theodosianus》에는 광업 관련 규정이 간단한 몇 개가 있을 뿐이다(제X권, 제XIX장). 서西고트Westgoten/Visigoths족 시대의 스페인 은광에 관한 기록은 전혀 없고 기껏 타구스Tagus에서의 사금砂金 채취 기록만 있다.34) 타구스 외의 다른 곳의 은銀 채굴은 무어Mauren/ Moors 시대에 재개된다.35)

마크리누스Macrin/Macrinus 시대(서기 217년)에는 금과 은으로 만든 조상彫像에 관한 기록이 있고(카시우스Dio Cassius, 《로마사Romanika》, XLXXVIII, 12장), 갈리에누스Galliens/Gallienus가 사망했을 때(서기 268년) 국고에 금이 많아 즉시 모든 병사들에게 20조각씩 분배할 수 있었다는 기록도 있고(《갈리에누스의 생애Script. Hist. Aug. Vita Gallieni》, 15장), 이와 유사한 다른 기록도 있지만 이런 기록들은 그 어느 것도 거대제국의 경제 소요를 충당할 만큼 주화鑄貨 공급이 충분했다는 증거는 못된다.

---

33) 관련 기록들이 《파울리스 백과사전Paulys Real-Enzyclopädie》에 "금속과 화폐Metalla und Montes"라는 제목으로 모두 수록되어 있다.

34) 렘프케Lembke, 《스페인사Geschichte von Spanien》, 제I편, 235쪽.

35) 쉐페르Schäfer, 《스페인사Geschichte von Spanien》, 제II편, 241쪽.

콘스탄티누스Konstantin/Constantinus(재위: 서기 312년-337년) 당시 재정체계가 어느 정도 질서를 회복했었다면 우리는 그 이유를 한편으로는 경제생활이 그리 많은 통화를 필요로 하지 않는 형태로 변했고, 다른 한편으로는 사원寺院 보물들의 몰수가 실제는 통화유통을 증가시키지 않았다는 데서 찾을 수 있을 것이다.

3. 세프티미우스 세베루스SEPTIMIUS SEVERE/SEVERUS 시대의 현물배급 체계

헤로디안Herodian의 《세베루스Severus 전傳》, III, 8. 4절에는 "그는 병사들에게 대부분의 돈χρήματα πλεῖστα/chrēmata pleista과 과거에는 없던 특전特典을 주었다. 사실 그는 병사 보수σιτηρέσιον/sitēresion를 인상한 최초의 황제였다. 그는 또 병사들의 금반지 착용과 부인과의 동거同居를 허용했다. 그는 이런 것들은 모두 "군인다운 절제나 질서나 전쟁 대비 자세와는 어울리지 않는 것으로 보았다"*는 구절이 있다.

이 구절 중 "시테레시온σιτηρέσιον/sitēresion"이란 매우 넓은 의미에서 "보수"를 말하는 단어일 수 있고 따라서 위의 구절에서 먼저 말한 "케르마타 플레이스타χρήματα πλεῖστα/chrēmata pleista"는 하사금을 말한 것이고 나중 말한 "시테레시온"은 375데나리denarii에서 500데나리로 인상된 연봉年俸을 말한 것일 수도 있을 것이다.36) 보수를 이렇게 인상했다는 것은(카라칼라Caracalla 때는 또다시 750데나리로 인상되는데 이 액수는 아우구스투스Augustus 당시 프레토르 근위대Prätorianer=Garde/Praetorian Guard 병사의 보수와 같다) 점차 돈이 부족해지자 현물배급체계가 확산된 것으로 본 필자의 생각과 전혀 모순된 것으로 보인다. 그러나 세베루스가 시테레시온σιτηρέσιον/ sitēresion을 인상한 "최초의" 황제였다는 헤로디안Herodian의 말이 정기적 보수를 말한 것일 수 없다. 정기적 보수는 이미 아우구스투스Augustus 이후 여러 배 인상되었고 바로 얼마 전인 코모두스Commodus 때도 인상된 적이 있기 때문이다. 따라서 필자는 보수 인상이 분명히 "케르마타χρήματα/chrēmata"에 포함되었던 것으로 생각할 수 있다. 한편, 세베루스Severe/Severi/Severus가 대단히 많은 현금도 병사들에게 주었다고 해서 경제구성체가 이미 현금 부족의 압박을 느끼고 있었을 가능성이 없어지는 것은 아니다. 세베루스가 보수인상 조치를 철회한 것은 대규모의 처형과 몰수를 통해 가능했을 뿐이고 그것도 금전金錢이나 은전銀錢의 귀금속 함량을 줄여가면서 실시한 조치들이었기 때문이다. 금전이나 은전의 귀금속 함량이 이때 이미 50%까지 줄어들었다는 사실을 우리는 잠시라도 잊으면 안 될 것이다.

도마스제프스키Domaszewski는 "사람들은 그들이 가지고 있던 돈을 세리稅吏들에게 빼앗기지 않으려고 땅속 깊이 묻었다"면서 지금까지 발견된 2세기 후반의 많은 매장埋藏 보물들은 야만인의 침입 때문에 매장되었던 것이 아니라 로마제국 내부의 체제 때문에 매장된 것이었다고 정확하게 평가했다.37)

필자의 판단은 마크리누스Macrin/Macrinus(재위: 서기 217년-218년)가 병사들에게 돈만 준

---

36) 도마스제프스키Domaszewski, 《하이델베르그 연보年報Heidelberger Yahrbücher》, 10권. 230쪽 이하.
37) 《라인 박물관보Rheinisches Museum》, 제58권, 230쪽, 각주.

것이 아니고 그들이 빼앗겼었던 완전한 식량食量("트로페trophē")을 돌려줄 것을 약속했다는 카시우스Dio Cassius의 기록(《로마사Romanika》, XLXXVIII, 34장)에 의해서도 확인된다. 마크리누스는 병사들 개인의 식량을 줄이지 않았음이 분명하므로 이 기록은 보다 많은 식량공급 즉, 가족들에 대한 식량할당을 말한 것이 틀림없다. 일반적으로 마크리누스를 세베루스Severe/ Severi/Severus 왕조 이후에 역개혁逆改革을 실시한 황제로 보므로 우리는 그가 문제점 많은 현물식량 공급증대 및 가족생활 허용에 기초한 체계를 완전히 폐지하려고 시도했던 적이 있다고 볼 수 있다.

《알렉산데르의 생애Script. Hist. Aug. Vita Alexandri》, 15장 역시 분명히 "알렉산데르는 병사들의 식량공급을 철저히 감독했다annonam militum diligenter inspexit"고 했다.

학자들은 아직도 로마 병사들의 결혼역사 전반에 대해서나 "기나익시 시노이케인Ɣυναιξί συνοιχεῖν/gynaixi synoikein"(부인과 공동생활)이라는 구절의 의미에 대해서나 의견이 나뉘어 있다. 필자는 가장 가능성 높은 것으로 보이는 해석을 취해왔다. 그러나 필자에게는 하드리아누스Hadrian/Hadrianus 때까지도 속주屬州 출신 외국인들이 로마법이 부여한 권리에 따라 정상적으로 결혼하는 것이 허용되고 따라서 시민들보다 더 나은 대우를 받았다는 것이 특히 아직도 이상하게 보인다. 이집트에서는 레기온들에게 특별한 혜택이 있었다. 빌만스Wilmanns의 "아프리카의 로마군 숙영지 도시Die römische Lagerstadt Afrikas"(《몸센 기념논문집Comm. in. hon. Mommsens》, 서기 1877년, 200쪽 이하), 마이어P. Meyer의 《로마의 첩妾 제도Das römische Konkubinat》(서기 1895년) 및 《샤비니 재단財團 학술지Zeitschrift Savigny-Stiftung》, 18권, 44쪽 이하에 수록된 마이어P. Meyer의 글 등을 참고할 것.

4. 4세기의 병력수와 모병募兵

사료에 의하면 디오클레티아누스Diocletian/Diocletianus(서기 284-305년)는 로마군을 몇 배로, 심지어 4배까지 늘인 것으로 보이며 특히 라크탄티우스Lactantius(역자 주: 저서로 《신의 교훈Divinae institutiones》이 있다)는 디오클레티아누스가 군사적 부담을 늘린 것을 강하게 비판하고 있다. 몸센Mommsen은 《노티티아 디그니타툼Notitia Dignitatum》등 여타의 모든 증거들을 통해 4세기 로마군의 총병력수는 약 50만~60만 명에 달했을 것으로 볼 수 있지만 세베루스 왕조가 레기온 숫자를 33개로 늘렸던 3세기 초에는 총병력수가 30만 명이었다고 한다.38)

그러나 몸센Mommsen 자신도 지적하고 있다시피 이런 수치들은 근거가 매우 불확실하다. 《노티티아 디그니타툼》에 기록된 부대들 중 어느 부대들이 실제 가용한 부대였는지 그리고 각 부대별 병력수는 얼마였는지 불분명하고 국경지역 민병대民兵隊인 리미타네이limitanei를 일반적으로 어느 정도나 군인으로 여겼는지도 불분명하다. 다른 수치들을 비교 판해 볼 수 있는 기준이 될 절대로 신뢰성 있는 수치를 필자는 어디에서도 발견할 수가 없다. 콘스탄티누스Konstantin/Constantinus가

---

38) "디오클레티아누스 시대 이후 로마군Das rmische Heerwesen seit Diocletian," 《헤르메스Hermes》, 제24권, 257쪽.

벌인 전투에 참여한 병력수로 역사가들이 기록해 놓은 수치들도 역시 무가치한 수치들이다. 여하간 차후에도 수시로 언급할 기회가 있겠지만 우리는 물물교환 경제의 기초 위에서는 대규모 병력을 유지하는 것이 처음부터 불가능한 것으로 생각해야만 할 것이다. 우리가 알고 있는 수치들 중 신뢰성이 있는 합리적 수치뿐 아니라 그들의 작전경과를 생각해 보면 3~4세기의 군대들은 아우구스투스 Augustus나 티베리우스 Tiberius 시대의 군대보다는 규모가 매우 작았음을 알 수 있다.

발레리아누스 Valerian/Valerianus(재위: 서기 253년-260년)가 아우렐리아누스 Aurelian/Aurelianus(재위: 서기 269년, 270년-275년)를 대부대 지휘관에 임명한 어느 문서에는 그가 지휘할 병력으로 1개 레기온, 게르만족 대공 大公/princip 4명, 이투레아 Ityräische/Iturean족 궁수 300명, 아르메니 Armenier/Armenian족 병사 600명, 아랍 Araber/Arabs 병사 150명, 사라센 Saracenen/Saracens 병사 400명, 메소포타미아 Mesopotamier/Mesopotamians 병사 400명 및 중기병 重騎兵 800명이 열거되어 있다.39) 그러나 이는 중요하지도 않은 분견대들까지 특별히 열거된 매우 작은 병력일 수밖에는 없다.

가장 큰 문제는 율리아누스 Julian/Julianus가 황제가 되기 전 서기 357년의 스트라스부르크 Strassburg/Strasbourg에서 35,000명의 병력을 보유하고 있었던 것으로 추정되는 알레만 Alemannen/Alamanni족(역자 주: 게르만족의 일파. 독일을 말하는 프랑스어 알레마뉴 Allemagne와 스페인어 알레마니아 Alemania는 바로 이 이름에서 유래되었다)을 13,000명 미만의 병력을 가지고 이겼다는 기록이다.40) 이 수치는 아마 율리아누스 자신의 말에서 유래된 수치일 것이다. 현재 우리의 관심사는 병력수인데 뒤의 제II권에서 이 전투를 다시 다루겠지만 35,000명이란 수치는 늘 있는 과장된 수치로서 우리는 이를 바로 부인할 수 있다. 13,000명의 로마군이 개활지 전투에서 35,000명의 게르만족을 이긴 적은 없다. 특히 4세기에는 그런 일이 결코 없다. 문제는 13,000명이란 수치를 우리가 인정해야 할 것인지 여부다. 자신의 승리가 더욱 빛나 보이도록 자신의 병력수를 낮게 말하는 것은 너무도 흔한 태도이다. 골 Gallien/Gaul 전체는 물론 브리튼과 스페인의 병력도 이용할 수 있었을 것이고, 병력집결에 방해될 것도 없는 상황이었고, 우연한 교전이 아니라 분명히 예견되어 대비할 수 있었던 결전 決戰에서 한 장군이 병력 13,000명으로 전투를 치렀다면 이는 지나치게 적은 병력이다.

비록 율리아누스가 말한 로마군 병력수는 너무 적은 숫자라고 해도 우리는 그 당시의 큰 결전에서 60,000명 또는 80,000명 정도의 큰 병력이 싸웠을 것이라고 말할 수는 없다. 당시에 과대평가 또는 과소평가 풍조가 분명히 있었다고 해도 율리아누스는 당대인 當代人들이 곧 알아차릴 정도로 로마군 병력수를 너무 왜곡해서 말하지는 않았을 것이다. 물론 그는 허풍을 떨고자 했다면 알레만족 병력수를 훨씬 더 과장해서 말했을 것이다. 필자는 그가 말한 로마군 병력수 13,000명

---

39) 《아우렐리아누스의 생애 Script. Hist. Aug. vita Aureliani》, 11장. 이 기록의 사료 가치는 크지 않음이 분명하다. 그 문체가 사기 詐欺에 가깝기 때문이다.

40) 암미아누스 Ammian/Ammianus, 《사건연대기 事件年代記 Rerum gestarum libri》, XVI, 12장.

을 절대적으로 신뢰하지는 않지만 그가 적은 병력으로 싸웠던 것만큼은 분명한 사실이다. 필자는 이 시기에는 시저나 게르마니쿠스Germanicus 시대보다도 적은 병력이 전투를 했을 것으로 믿는다.

이와는 달리 율리아누스는 그의 사촌인 콘스탄티누스Konstantin/Constantinus 황제가 질투와 의심 때문에 고의로 자신을 곤란하게 만들고 지원에 인색했었다고 매우 심한 불평을 늘어놓은 것을 보면 이는 예외적 경우로 보아야 한다고 말할 수도 있을 것이다. 하지만 그의 불평 이유가 크게 의심될 뿐 아니라41) 설령 실제로 그랬다 해도 율리아누스는 가장 부유하고 훌륭한 속주屬州들의 자원을 즉시 이용할 수 있는 상황이었고 암미아누스Ammian/Ammianus는 래티아Rätien/Reatia에서 율리아누스의 상대방이었던 바르바티오Barbatio의 병력을 25,000명 이하였다고 말하고 있다 (《사건연대기事件年代記 Rerum gestarum libri》, XVI, 11장).

이런 조건들을 고려하지 않더라도 이 시대 병력규모가 작았음은 로마군에서 게르만인들이 큰 비중을 차지할 수 없었던 점에서도 확인된다. 이 시기 게르만족 총인구가 얼마였는지 측정할 수는 없지만 그 당시 이미 수십만 명의 게르만인들이 로마군에 복무하고 있었을 수는 없다. 게르만인의 비중이 로마군에서 점차 커졌다고는 해도 로마군의 규모가 그리 컸을 수는 없다.

필자는 감히 특정 수치를 말하지 않겠지만 디오클레티아누스Diocletian/Diocletianus는 세베루스Severe/Severi/Severus 왕조 때처럼 병력을 늘일 수 없었음이 분명하다. 3세기 초의 병력수가 30만 명에 달했었다는 평가부터 이미 너무 높은 평가이다. 셉티미우스 세베루스Septimius Severe/Severus(재위: 서기 193년~211년)가 레기온 숫자를 늘렸을 때 실병력도 증가했는지 매우 의심스럽고 어떤 경우라도 보조병력까지 증가했을 것으로 볼 수는 없다. 필자로서는 세베루스 왕조 때 33개 레기온의 총병력수를 25만 명 이하로 보는 것도 불가능하지는 않을 것으로 본다.

우리는 이와 같이 적은 병력수를 인정할 수 있다면 4세기의 모병募兵에 관한 생각도 바뀌어야 한다. 법령사료法令史料들뿐 아니라 베게티우스Vegez/Vegetius의 기록을 보아도 지주地主들에게는 신병新兵 제공 의무가 있었다고 한다. 이는 몸센Mommsen의 말(《로마사Römische Geschichte》, 246쪽)과 같이 그 시초가 불분명한 전혀 새로운 제도인데 아마도 이와 유사한 새로운 주민정착住民定着 제도였던 농노제農奴制와 함께 도입된 제도일 것으로 보인다. 이런 신병 규정은 지금껏 대규모 토지의 소유에 수반된 실질적 부담인 것으로 인용되어 왔다.

이 새로운 형태의 모병募兵 제도에 대한 필자의 이해가 정확하다면 이 제도는 단지 종래의 제도가 지속적으로 발전하는 과정에서 생긴 새로운 사회적 정치적 조건들이 직접 반영된 제도이다. 종래 로마 지방행정의 기반이 도시에 있었고 농촌주민들도 도시의 지배하에 있었으며 지주들은 도시에 살면서 토지를 경영했

---

41) 쉴러H. Schiller의 《로마제국사Geschichte der römischen Kaiserzeit》, 제III편, 303쪽 이하에서는 이 문제를 매우 상세히 논하고 있지만 우리는 그보다도 더 큰 의문을 지닐 수가 있다.

었고 감독이나 휴가 때만 자신의 땅에 가보았었다. 그러나 이들이 점차 시골로 이동해서 그들의 토지를 도시공동체의 통제에서 벗어난 독립 행정구역으로 발전시켰고 이 행정구역에서는 그들 자신이 최고당국자가 되었다.42) 이러한 과정은 경제가 물물교환 체제로 변하면서 더욱 가속화되었다. 지주들은 토지를 담보로 충분한 현금을 대여받을 수 없게 되자 토지의 산물을 직접 소비할 수 있도록 스스로 농촌으로 이동하게 되었던 것이다.

우리는 종래의 모병募兵 제도를 보고 모병 담당관은 공동체의 당국자들과 함께 많은 가용자원 중에 몇 명만을 선발했을 것으로 생각했었다. 새로운 제도하에서 지역 당국자는 지주地主들이었다. 따라서 이제 모병 문제에 있어서는 도시가 완전히 배제되게 되었다. 도시민들은 위로는 데큐리온Dekurionen/decurions(역자 주: 세리稅吏 등의 관리) 등 다양한 형태의 세습적인 의무를 이미 국가에 부담하고 있었기 때문이다. 공급할 신병 숫자는 아주 적었다. 그러나 우리는 인구수나 병력수를 평가할 기준점이 될만한 확실한 수치가 없으므로 신병 소요에 대한 평가는 하지 않을 것이다. 다만 문제점을 분명히 인식하기 위해 일례로 로마제국 전체의 총인구를 9,000만 명으로 보고 야만인 보조병력을 제외한 상비군 총병력수를 150,000명으로 본다면 복무기간이 20년이므로 총병력의 1/15인 약 10,000명이 매년 보충을 위해 필요했을 것이다. 이를 20,000명이나 30,000명으로 보더라도 총인구가 5,400만 명인 현재의(서기 1900년) 독일제국이 매년 250,000명의 군복무 적격자를 찾아내 신병으로 입대시키고 있는 것과 비교를 해 본다면 우리는 로마제국의 모병 규정 자체는 인구에 비해 큰 부담이 될 수 없었음을 알 수 있다. 로마제국 총인구를 더 작게 보고 총병력수를 더 크게 본다고 해도 마찬가지이다.

30~40명의 군복무 적격자 중 단 1명만 소집하는 모병제도는 자동적으로 징집제도보다는 지원병제도에 가깝게 되었다. 따라서 "보충병력이 디오클레티아누스 Diocletian/Diocletianus 이전 시대에 이미 지원志願입대를 통해 공급된 것이라면 그 이후 시대에는 더 그랬을 것이 분명하다"43)고 한 몸센Mommen의 말에 우리는 전적으로 동의할 수 있다. 《테오도시아누스 법전法典 Codex Theodosianus》에 포함되어 있는 칙령勅令들(제VII권 ~ 제VIII장: 모병de tironibus. 제XX장: 제대군인de veteranis. 제 XXII장: 병사의 하인의 아들과 제대병사의 아들de filiis militarium apparitorum et veteranorum) 중에는 완전하고 분명한 해석이 불가능한 부분들이 많지만 지주 地主들에 의한 모병 규정 역시 현실적인 목적 상 지원입대에 가까운 규정이었음이 분명하다. 제대군인의 아들은 군사적 의무를 세습하는 것으로 간주되었고 부모와 부인들에게까지 특별한 세금혜택을 적용해서 여타 인원들을 군복무에 유인하려고 했었다. 매년 모병 소요가 동일한 규모였다면 아

---

42) 이에 따른 도시와 농촌간의 대립과 관련해서 필자는 하이스터베르크Heisterbergk의 《소작인小作人 제도 *Entstehung des Kolonats*》, 116쪽에서 프론티누스Frontinus의 《토지분쟁에 관하여*de controv. agr.*》라는 글에서 인용한 흥미 있는 구절 하나를 발견했다.

43) 《헤르메스*Hermes*》, 제24권, 245쪽.

마 어려운 일들이 초래되었을 것이지만 모병 소요는 심각한 전투손실의 발생이나 크게 위험한 상황의 발생에 따라서 자연적으로 매우 불규칙했고 간헐적으로 대두되었다. 그런 상황이 발생할 때는 전체 인원수는 적절해도 지원자는 부족했을 수도 있으므로 모병 제도가 18세기의 경우와 같이 다소 강제성을 띠게 되었고 그 결과 신병으로 강제 선발된 자가 자해행위自害行爲를 통해 군복무를 피하려는 일도 발생했었다.

　우리는 지원 입대가 일반적이었을 것으로 주장할 수 있지만 이를 군사적 관점에서 입증할 필요는 있다. 이 점이 입증되지 않는다면 로마군이 여전히 이루어냈던 성과들을 우리가 전혀 이해할 수 없게 될 것이기 때문이다. 징집된 또는 강제로 선발된 병사들은 강인한 간부들을 지닌 잘 훈련된 부대에 소속되어 있을 경우에만 능력을 발휘할 수 있다. 그러나 당시의 로마 레기온legion들은 더 이상 그런 부대들이 아니었음이 분명하다. 좋은 태도와 자발적인 의지를 지니고 전사戰士 생활을 위한 동물적 본능을 가지고 입대한 사람들만 유용한 병력으로 쓰일 수 있는 법이다. 따라서 상황에 따른 실질적 관점에서 지원자들이 신병으로 차출되었지만 모병募兵 업무의 단순화 및 국가의 비용절감을 위해서 형식상으로는 지주地主들의 지명指名 제도가 유지되었던 것이다. 그 결과 신병으로 지명될 의무가 현금 기여로 대체되는 현상이 생겼다. 이런 일은 자주 발생했는데 가끔 이를 허용하기도 했지만 직접 이를 명령하는 일도 흔했다. 서기 406년에 큰 위기가 닥쳤을 때는 국가가 직접 모병 업무를 관장하면서 지원자에게 장려금으로 처음에는 3솔리디solidi(금 조각)를 나중에는 10솔리디를 지급했다. 노예들이 입대하면 자유를 약속했고 그들에게는 여행경비(먼지 돈pulveraticum)로 2솔리디가 추가 지급되었다.44) 지주地主들이 입대를 피하려면 그를 대신해서 복무할 자에게 30솔리디 또는 25솔리디를 주어야만 했다. 이때 지주들 몇 명이 그 비용을 공동으로 부담하기도 했을 것이다.45)

5. 베게티우스VEGEZ/VEGETIUS의 기록

　4 세기 로마 군사제도의 역사 문제에 있어서 필자는 베게티우스가 《로마 군제軍制 Rei militaris instituta》, I, 12장에 기록해 놓은 내용들을 완전히 무시했다. 여타 학자들과 마찬가지로 뤼스토프Rüstow도 《보병사步兵史 Geschichte der Infanterie》, 제I편, 52쪽에서 베게티우스의 기록을 신뢰하고 있지만 베게티우스의 기록을 상세히 검토해 보면 우리는 그의 묘사가 전혀 불가능한 일이라는 결론을 내리지 않을 수가 없다. 그는 그라티아누스Gratian/Gratianus 시대까지도 로마 보병은 몸통 갑옷과 투구로 무장했었지만 이런 보호장비가 훈련되지 않은 병사들에게는 너무 무거웠기 때문에 그

---

44)　《테오도시아누스 법전Codex Theodosianus》, 제VII권, 제XIII장, 제16조 및 제17조.
45) 위의 법전, 제VII권, 제XIII장의 규정들. 지금 이들을 상세히 알아 볼 필요는 없다. 필자는 본장本章 전반에 걸친 연구과정에서 다행히 직장동료인 히르쉬펠트Otto Hirschfeld 씨와 제켈Emil Seckel 씨의 조언을 얻을 수 있었다. 이에 대한 감사의 말을 이곳에서 해 두고자 한다.

이후에는 폐기되었다고 했다. 보호장비 없는 로마 보병을 상상할 수 있을까? 로마 병사들이 그때부터 오로지 경무장 병력으로만 사용되었단 말인가? 있을 수 없는 일이다. 유능한 궁수나 투석수投石手 또는 펠타스트Peltasten/peltast/λογχοφόροι(역자 주: 투창수投槍手)가 되려면 호프라이트Hoplit/hoplite(역자 주: 중무장 장갑보병裝甲步兵)에 비해 더 많은 훈련이 필요하기 때문이다. 보호장비 없는 호프라이트란 있을 수 없다. 그의 묘사는 모두 그가 전해져 오는 속설俗說들을 근거로 글을 쓴 비현실적 문학작가였다는 증거에 불과하다. 그의 묘사대로라면 우리는 당시 진정한 로마 병사는 전혀 없었고 오로지 야만인들만 군복무에 사용했다는 결론밖에 내릴 수가 없다. 베게티우스가 기록해 놓은 내용은 그의 귀에 들어왔던 공허한 속설들일 뿐이다. 우리는 그가 묘사한 개별적 내용들에서도 이를 확인할 수 있다. 그는 보호장비 없는 로마 병사들이 고트Gothen/Goths족에 비해 얼마나 취약했는지 분노와 비탄을 섞어 말하고 있다. 그러나 로마 병사들이 이렇게 취약했던 것은 고트족이 예를 들어 창이나 칼이나 도끼를 휘두르며 돌격했기 때문이 아니라 화살 세례를 퍼부었기 때문이다. 그는 보호장비 결여를 로마 호프라이트의 문제로 말하지 않고 방패를 휴대하는 것이 불가능하므로 갑옷과 투구가 필요했을 궁수들의 문제로 보았다. 이로부터 우리는 그가 모든 사실들을 두서없이 혼동했음을 알 수 있다. 이 때문에 우리는 그의 묘사 전체를 무가치한 것으로 보아야 한다.

6. (이하는 제2판에서 추가한 내용임.) 이 개정판에서 필자는 로마제국 군대와 그 최종 해체에 관한 2개 장章을 도마스제프스키Alfred von Domaszewski의 여러 글들을 기초로 크게 보완했다. 그러나 필자는 로마군의 쇠퇴에 관한 이 유능한 학자의 견해에 동의할 수 없었다. 그는 로마제국 몰락의 원인을 큰 물질적 소요와 변화가 아니라 몇몇 황제들 특히 세프티미우스 세베루스Septimius Severe/Severus와 그 후계자들의 개인적인 실수에서 찾고 있다. 그는 아우구스투스Augustus는 자신의 안전을 위해서 시민들의 무장을 해제했고 이런 군사체계로 인해서 로마제국이 결국 몰락했다고 한다.46) 그러나 시민들의 무장을 해제한 것은 그가 아니었다. 이와는 반대로 제2차 포에니 전쟁(역자 주: 기원전 218년~201년. 이 책 제I편, 제V권 참고) 이후 점진적으로 진행된 시민들의 무장해제는 전문직업군대 창설의 원인이 되었고 이들이 제정帝政 시대를 만들었다. 베버Max Weber의 말과 같이 아우구스투스가 전문직업군대를 유지했던 것은 자신의 안전만을 위한 것이 아니었고 지주地主나 소작인小作人들을 위한 것도 아니었고 국가를 위한 것이었다.47) 과연 그들이 시민군대를 그대로 유지했다면 정복지인 속주屬州에서 지배권을 유지하고 게르만 야만인들로부터 문명세계의 국경선을 방어할 수 있었을까?

도마스제프스키는 끊임없이 증가한 군사적 부담은 아우구스투스의 군사체계의 부정적 요소로 이 요소가 국가본질을 파괴한 것으로 믿고 있다. 그러나 우리는

---

46) 《하이델베르그 신연보新年報 *Neue Heiderberger Jahrbücher*》, 제10권, 240쪽.
47) 《정치학 소사전*Handwörterbuch der Staatswissenschaften*》, 제I편, 180쪽.

군사적 부담 증가는 병사들 보수에 나타난 것 같이 그리 크지는 않았을 것임을 알 수 있었다(앞의 제VIII장 참고). 보수 증가를 절대적으로 인정한다 해도 이는 군사체계 때문이 아니라 국가의 정치구조政治構造 때문이었다. 당시의 정치 구조는 국가원수의 선정選定과 왕위 유지를 군대에 의존하게 만들었고 이에 따라 군대는 점점 더 강력한 압력을 행사할 수 있는 기회와 능력을 지니게 되었다. 도마스제프스키 자신도 잘 비교해 보았지만 영국군과 로마군을 비교해 보면 이를 알 수 있다. 영국에서는 군사체계가 아무런 역기능적 요소도 지니고 있지 않다. 이는 물론 영국의 정치구조가 로마와는 다르기 때문이다. 도마스제프스키는 세프티미우스 세베루스에 이어 그의 아들 카라칼라Caracalla 때의 보수 인상(1년에 500데나리denarii에서 700데나리로)을 "범죄적"이고 "터무니 없는" 것이라고 부르고 있다. 그는 이제 야만인들이 분명한 우위를 차지하게 된 병사들의 행동거지가 이런 방종放縦을 통해 거칠어졌고 한때 그리도 긍지가 높았었지만 이제 군기軍紀라고는 찾아볼 수 없게 된 로마 군대가 조국에서는 공포의 대상이 되고 적에게는 조롱거리가 되었다고 한다.48) 도마스제프스키Domaszewski에 의하면 세프티미우스 세베루스Septimius Severe/Severus 자신은 끊임없는 군대의 매수買收, 터무니없는 상여금, 보수 인상 같은 것을 통해서만 병사들의 충성을 확보할 수 있었던 무능한 장군이 된다. 그는 카라칼라Caracalla에 대해서도 아버지의 뒤를 이어 근 100년에 걸쳐 로마제국을 재정파탄상태로 몰아넣은 인물로 본다.49) 또한 그는 동부東部 왕조의 방만한 행동들이 제국의 기초를 흔들면서 로마제국의 권위가 붕괴되었다고 한다.50)

그러나 반대 논거로 우리는 우선 도마스제프스키 자신이 입증한 바와 같이51) 세프티미우스 세베루스가 용병傭兵들에 대한 통제권을 재확립했고 그들의 품행을 바로잡았던 사실을 들 수 있다. 아우구스투스Augustus나 마찬가지로 세프티미우스 세베루스도 그렇게 할 수 있었다면 이제 역사적 의문점은 왜 그런 일이 후일에는 불가능했는지에 있다. 카라칼라가 병력들을 자신의 목적에 따라 결속시키고 형兄을 암살한 후 병사들의 환심을 사기 위해 허용했던 보수 인상이 실제로 국가 경제력에 비해 지나친 것이었을 가능성도 있다. 그러나 도마스제프스키는 이런 사실을 "회복이 불가능한" 국가붕괴의 원인으로 인용하고 있는데 왜 "회복이 불가능한" 것이었는지를 묻지 않을 수 없다. 초기 황제들 역시 정치적 위기상황에서는 군대의 충성심 확보를 위해 돈을 뿌렸고 티베리우스Tiberius도 세자누스Sejans/Sejanus를 처형한 후 그런 일을 했었다. 가끔 황제들이 국고國庫가 허용하는 범위를 넘어 병사들에게 많은 돈을 주거나 주기로 약속하는 따위의 실수 때문에 세계제국이 붕괴되는 일은 없다. 비록 크게 타락한 용병傭兵군대라 해도 탁월한 능력을 지닌 최고지휘관이 있고 또 필요한 금액을 정기적으로 공급할 전쟁자금만 있으면 언제든 군기軍紀가 다시 회복될

---

48) 《로마 군대의 타락Die Rangordnung des römischen Heeres》, 196쪽.

49) 《라인 박물관보Rheinisches Museum》, 제53권, 689쪽.

50) 위의 잡지, 제58권, 218쪽. 그러나 이 말은 세프티미우스 세루베스를 "위대한 정치가"라고 했던 그의 말(《하이델베르그 신연보新年報 Neue Heidelberger Jahrbücher》, 제10권, 235쪽)과는 물론 모순된다.

51) 위의 신연보新年報, 제10권, 233쪽 및 235쪽.

수 있었다. 로마군에서 군기가 실종되고 이에 따라 로마제국이 붕괴한 원인은 세베루스 왕조 황제들의 개인적 행동이나 실수 때문이 아니라 탁월한 최고지휘관과 전쟁자금이란 두 가지 조건이 앞서 말한 이유들로 인해 더 이상 충족될 수 없었기 때문이다.

베베Max Weber는 《로마 농업사農業史 Römische Agrargeschichte》 및 그 후속편인 "고대문명 붕괴의 사회적 원인Die sozialen Gründe des Untergangs der antiken Kultur"(《진리眞理/Wahrheit》, 제6권, 제3호, 스투트가르트Stuttgart, 서기 1896년)에서 로마제국 붕괴에 관해 나름대로의 견해를 제시했다. 그는 특히 로마세계가 방대한 내륙지역들(스페인, 골Gallien/Gallia/ Gaul, 일릴리Illyrien/Illyricum 및 도나우 지방)을 병합하면서 크게 팽창한 사실과 그에 따라 인구 중심重心이 내륙지역으로 옮겨진 점을 강조하고 있다. 그는 "상품교역과 재정소요가 지중해 연안을 따라 이루어졌던 수 세기 동안과는 달리 고대문명이 거대한 경제구역으로 확산되었다"면서 로마 고대문명은 중심구역을 옮겨서 연안문명沿岸文明에서 내륙문명內陸文明이 되려 했지만 내륙에서의 상품교역은 너무 힘들고 교역량도 변변치 않아서 필요한 모든 것들이 거의 모두 물물교환 경제의 늪으로 빠져들게 되었다고 한다.

이 같이 연안교통沿岸交通과 내륙교통內陸交通 그리고 연안문명과 내륙문명을 비교하는 것은 유용할 때도 있지만 그는 진실이 가려질 정도로 이를 과장했다. 고대문명은 주로 해상교통을 기초로 했던 것이 분명하지만 결코 해상교통에만 의존하지는 않았다. 그리스 전설과 역사에서 그리도 큰 역할을 했던 테베Theben/Thebes 같은 도시나 로마 다음 가는 이태리 제2도시 카푸아Capua도 내륙도시였다. 반대 관점에서 로마제국에 병합된 소위 내륙지역은 이미 연안沿岸이 크게 발전해 있던 지역이기 때문에(이는 이미 기원전 3세기의 일임을 강조해야 한다) 뺀다고 해도 베버Max Weber가 간과했던 곳으로 연안지역이 크게 발전된 곳인 브리튼Brittannier/Briton 지역을 추가한다면 인구 중심重心이 내륙으로 옮겨갔다고 말할 근거는 없어진다. 또한 내륙지역에도 고대 로마가 내륙으로 침투할 때 이용했던 작은 하천들을 포함해서 선박 운항이 가능하고 상품 교역상 결코 바다 못지않은 이점을 지닌 하천들이 얼기설기 교차되어 흐르고 있다는 점을 고려한다면 더 그렇다. 그 외에도 베버의 관점에 대한 역증거로서 필자가 이미 인용한 적이 있는 매우 훌륭한 로마의 군사도로들(앞의 각주 29 참고) 역시 상품수송에 이용되었다.

더욱이 베버는 과거에 도시에 살았던 대지주大地主들이 농촌으로 이동한 것을 앞서 필자가 말한 것 같이 경제생활의 팽창이나 강화로 보지 않고 이 과정에서 도시가 몰락하고 영향력을 잃은 것으로 보고 그들이 농촌으로 이동해서 토지의 산물을 현지에서 소비한 것은 화폐 경제에서 물물교환 경제로의 전환을 의미한다고 본다. 그는 "국가 재정정책이 도시 몰락에 큰 영향을 미쳤다. 국가의 재정정책이 점점 물물교환 경제로 바뀌자 사람들은 필요한 것들을 가능한 최소한만 시장에서 해결하고 나머지는 모두 자체적으로 해결하는 자급공동체 오이쿠스Oikus로 변하는 경향이 있었고 그 결과 금융자산의 발전이 제약되었다"고 한다.

하지만 그의 견해는 재정정책이 물물교환 경제로 전환된 이유가 무엇이었는지 묻지 않을 수 없게 만든다. 화폐 경제는 물물교환 경제에 비해서 이루 다 말할 수 없는 많은 장점들이 있고 특히 관료제官僚制의 재정절차에 많은 장점이 있다. 세계사에 있어 모든 관료제는 언제나 물물교환 경제에서 화폐 경제로의 전환과 관련이 있다. 봉건제封建制와 물물교환 경제가 함께 가듯이 관료제는 화폐 경제와 함께 간다. 그와 반대의 상황은 특별한 필요에 의해 생기는 것이 분명하다. 그렇다면 로마의 관료제가 왜 물물교환 경제를 택한 것일까? 베버는 그 인과관계를 충분히 검증해 보지 않은 것이다. 관료제가 물물교환 경제를 창설하거나 조장함으로써 화폐 경제를 제약한 것이 아니라 그와는 반대로 화폐 경제가 어떤 이유로 인해 관료제를 제약해서 그 결과 물물교환 경제로 전환된 것임이 분명하다. 이런 평가들은 모두가 명백하고 분명한 것이므로 필자는 이 책 제1판에서는 이 문제를 다루거나 베버의 견해를 반박할 필요를 필요가 없다고 보았었다. 그러나 이제 필자는 다시 처음으로 돌아가서 이 문제를 다루지 않을 수 없게 되었다. 베버가 콘라드Conrad 출판사의 《정치학 소사전Handwörterbuch der Staatswissenschaften》, 제3판에 수록한 "농업사農業史/Agrargeschichte"라는 글에서 자신의 이론을 수정된 형태로 다시 거론하면서 앞서 말한 필자의 결론을 직접 반박했기 때문이다.

베버Max Weber는 연안沿岸지역의 번창한 상업과 내륙지역의 빈약한 상업이라는 모순 명제命題에 크게 집착하고 있다.

그는 그라키Grachen/Gracchi 지역에서는 카라갈라Caracalla 시대까지 교역이 현저히 늘어났고 이는 자연스러운 일일뿐이지만 문명지역 팽창에 비해 교역이 그렇게 크게 늘어나지 않았음이 분명하다고 믿고 있다(같은 글, 180쪽). 그는 "연안지역에서는 자급공동체 오이코이Oikoi에서도 노예들에 대한 음식과 옷의 공급은 다소간 시장에 의해 해결되었다. 내륙지역 대지주大地主들의 노예와 소작인小作人들은 물론 물물교환 경제 속에서 살았다. 소수의 상류층에게만 상품구매 소요가 있었으며 이런 소요는 생산물의 잉여량 판매를 통해 해결되었다. 이런 교역은 물물교환 경제 저변에서 미미하게 이루어졌을 뿐이다. 반면에 큰 자본資本들은 사적私的 교역이 아니라 국가적 생산(안노나annona)에 의해 공급되었다"고 했다. 베버Max Weber는 이런 설명에 대한 증거로 카토Cato, 바로Varro, 콜루멜라Columella 등 로마의 농업문제 작가들의 기록들을 인용하고 있다.(같은 글, 224쪽).

필자는 우선 베버가 자신이 인용한 문구들의 취지를 잘못 이해했음을 지적하지 않을 수 없다. 그는 이 문구들을 교통로交通路들이 현실적 가치는 없었던 증거일 것으로 보고 있다. 그러나 사실은 정반대이다. 카토Cato는 농지農地는 가능한 한 산자락에 위치한 남향의 땅이어야 하고 노동자를 이용할 수 있고 비옥한 지역에 있어야 하고 좋은 물이 있고 큰 도시나 바다나 선박운항이 가능한 강이나 널리 쓰이는 좋은 도로와 가까워야 한다 했다(《농업론農業論/De agricultura》, 제I장).(역자 주: 델브뤼크의 원문에는 카토의 저작 이름이 《드 레 루스티카De re rustica》로 표기되어 있으나 《드 아그리

쿨트라*De agricultura*》의 오기誤記로 보고 고쳤다.) 이는 바로 연결도로의 가치를 말한 것이다. 도로들에 대해 베버는 이는 추수철에 노동자들을 불러오게 하기 위한 것이라며 그 중요성을 폄하하려고 하지만 카토의 원문에는 그런 취지의 말이 전혀 없다. 베버는 아무 근거도 없는 말을 자신이 가져다 붙인 것이다.

베버는 또한 바로Varro의 말을 인용하며 바다 근처 토지의 소출을 내륙 토지 소출의 5배로 보고 있다. 바로Varro는 짐승이나 물고기 등을 키워 이를 배로 로마까지 수송했던 알바Alba 지역과 관련해서 해안 토지가 이렇게 이용될 수 있다면 ("만약 그가 원하던 대로 바다를 따라서 농장을 얻을 수 있다면*secundum mare, quo loco vellet, si parasset villam*") 그 소득이 5배는 될 것이라고 말했다(III, 2장).(델브뤼크의 원문에 는 바로Varro의 저작 이름이 누락되어 있다.) 그러나 알바 지역은 아피아 통로Appischen Strasse 상에 로마 관문에서 겨우 3마일(23km) 떨어진 곳이므로 바로Varro가 바다를 말한 것은 수송문제 때문이 아니라 어류魚類 사육의 유리함 때문이었다.

베버는 마지막으로 콜루멜라Columella의 말을 인용하며 그는 교역에 유리한 바다와 큰 강의 이름들을 말하고 큰 도로가 가까이 있는 것은 노략질을 일삼는 악당들 때문에 불리할 것으로 보았다고 했다. 베버가 인용한 구절(I, 5장)(델브뤼크의 원문에는 콜루멜라의 저작 이름도 누락되어 있다.)에서 콜루멜라가 큰 군사도로가 가까이 있을 때의 잘 알려진 단점을 언급한 것은 사실이다. 그러나 다른 부분(I, 3장)에서는 토지평가 요소로 비옥성肥沃性 다음에 도로와 물과 이웃을 말하고 이어 "수입과 수출이 필요할 때 좋은 도로는 저장된 산물의 가격은 증대시키고 수입비용은 감소시킨다. 수입품은 들여오는 노력이 적어야 낮은 비용에 들여올 수 있다. 만약 당신이 빌린 화물 수송용 짐승과 함께 여행해야 할 경우에는 수송도 중요하다. 당신 자신의 짐승들을 돌보는 것에 비해 좋은 도로가 더 유용하기 때문이다 *ad invehenda et exportanda utensiilia, quae res frugibus conditis auget pretium et minuit impensas rerum invectarum, qui minoris apportentur eo quo facili nisu perveniatur. Nec nihil esse etiam parvo vehi, si conductis iumentis iter facias, quod magis expedit quam tueri propria* "라며 좋은 도로의 장점을 상세히 설명하고 있다.

베버의 설명에 대해 더 지적해두어야 할 것은 "국가적 생산(안노나annona)"은 로마 시만을 위한 것이었다는 점이다. 도시에서는 곡물교역을 자유롭게 방치하지 않고 당국이 이를 감독했었다. 그러나 곡물교역은 주로 사적인 사업이었음이 분명하며 도시에서도 이런 사적 사업이 금지된 것은 결코 아니었다.52)

내륙지역의 소작小作 농민들이 오로지 물물교환 경제 속에서만 살았다는 것도 사실이 아니다. 중세시대 농노農奴들과 마찬가지로 그들에게도 일정한 작은 사업과 문화적 욕구가 있었다. 극히 가난한 오두막집에서도 몇 개의 토기土器와 쇠로 만든 연장이나 도구들 그리고 몇 개의 밝은 색 스카프와 장식물들이 전혀 없었을 수 없으며 이런 것들은 대부분 농촌이 아니라 도시에서 생산되었다. 우리는 이런 사실을 소규모 농업생산도 있고 농산물의 값을 공장에서 제조한 상품으로

---

52) 히르슈펠트Hitschfeld, 《문헌학文獻學/*Philologus*》, 제29권, 23쪽 이하.

지불했을 많은 중소도시들의 존재로부터 알 수 있다. 중세시대를 보면 알 수 있듯이 이런 종류의 경제관계는 물물교환이 압도적으로 우세한 시대에도 존재할 수 있다. 그러나 우리는 이는 절대적인 차이가 아니라 상대적 차이일 뿐이라는 점과 도시들이 발전했던 중세 후기에는 화폐를 기초로 한 경제요소가 계속 성장해서 이미 중요한 역할을 했던 점을 기억해야 한다. 로마제국의 조세租稅 체계를 보면 로마제국에서도 이런 화폐 경제적 요소가 중세 후기만큼 컸음이 분명하며 아마도 더 컸을지도 모른다. 영업세나 주민세나 토지세 같은 것은 소작小作 농민들이 소출 일부를 상인들에게 또는 시장에서 처분하지 않았다면 생각할 수 없는 일이다. 이런 점에서 우리는 소작小作 농민들은 지주地主들에게 농산품이나 노동력만 제공한 것이 아니라 차용금借用金을 갚기도 했음을 기억해야 한다. 1세기 당시 이태리 소작 농민들은 금전만 차용했었는데 2세기 들어 농산물 차용借用 체계가 등장했다면 이는 현금 통용이 이미 드물어진 결과일 것이다. 반면에 이태리나 마찬가지로 연안沿岸문명에 속했던 아프리카에는 농산물 차용 체계가 처음부터 있었다. 이 문제는 여하간에 국가에 지급해야 할 세금이 있을 경우에는 반드시 활발한 상업활동이 필요해 진다. 매년 많은 돈이 속주屬州에서 로마로 그리고는 다시 군대 숙영지로 흘러 들어갔다가 상품구매를 위해서 속주로 점차 다시 흘러 나가는 외에 다른 문제는 있었을 수 없다. 이런 과정은 연안沿岸지역과 마찬가지로 내륙지역에서도 활발한 상업활동이 있어야 가능하다.

일부 귀족가문이 도시에서 농촌으로 이동함에 따라서 교역이 일반적으로 감소했는지 증가했는지는 위의 사실 하나만이 아니라 일반적인 경제생활의 성격에 따라서도 달라졌다. 농촌지역에 귀족영역들이 있게 되었다는 것은 소규모 문화 중심지가 많아졌다는 것을 의미했다. 이런 이동의 결과 여러 측면에서 생산수단들은 절약되고 새로운 생산력은 촉진되고 새로운 상업소요가 창출되었으며 그 결과 농촌들이 얻은 것을 도시들이 반드시 잃게 될 필요는 없게 되었다. 그러나 이런 일이 로마제국 내에서 발생했다는 증거는 아직 없다.

끝으로 베버는 관료제官僚制 자체는 물물교환 경제를 선호하고 화폐유통을 제약하는 경향이 있다는 생각을 비친 것 같은데 이는 간접효과로 직접효과를 대체한 것이다. 그는 관료제가 자본주의 성장을 억제했다고 본다. 고대 자본주의는 전쟁포로로 잡힌 노예 무리 그리고 국가와 세금과 생산품 배달간 사업적 연계라는 정치적 기반 위에 구축된 것인데 황제가 전쟁을 끝내자 노예 유입도 끝나고 그로 인해 자본가로부터 사업을 접수한 관리들이 사업을 직접 경영함으로써 위계질서가 생긴 것이라고 한다. 또한 그 결과 아우렐리우스Marcus Aurelius 당시까지는 화폐 경제가 성장했었지만 마치 농촌에서 소작小作 농민들이 노예경작을 대체한 것과 같이 소규모 상인 및 장인匠人들이 상인영주商人領主들을 대체했다고 한다.

그러나 이런 것들은 경제붕괴의 징후가 아님이 분명하다. 그와 반대로 우리는 이런 면에서 큰 진보와 소득이 있었음을 알 수 있다. 베버는 "관료제官僚制 조직은 하층계급의 정치적 적극성을 철저히 말살시킴으로써 그들의 경제적 적극성까지 말살시켰고 이를 회복할 기회들은 물론 없었다"면서("농업사農業史/*Agrargeschichte*", 182쪽) 필자와는 정반대의 결론에 이르고 있다.

그의 이론은 맥락 파악이 쉽지 않다. 그의 공중 제비돌기*salto mortale*는 한번으로 그치지 않았다. 그는 관료제는 시민의 정치적 적극성을 말살시킴으로써 경제적 적극성까지 말살시켰고, 자본주의를 제약함으로써 일반적인 경제적 적극성까지 말살시켰고, 시민의 경제적 적극성 상실은 화폐 경제를 물물교환 경제로 강제로 전환시켰지만 이런 과정의 종착점은 결국 고대문명의 몰락이었다고 한다.

관료제가 로마 신민臣民의 정치적 적극성을 말살했다는 것이 사실일까? 우리는 기껏해야 로마제국 인구의 대부분을 차지했던 이태리인들은 그들이 로마에 복속된 공화정 시대에 이미 참정권을 박탈당했다고 말할 수 있을 뿐이다.

자본주의가 세금 대여 및 곡물 유통을 통해 성장할 수 있었던 최상의 기회가 자본주의의 제약으로 인해 박탈되거나 약화된 결과 실제로 일반적인 경제관념이 질식되었다는 것이 사실일까? 베버 자신도 크게 늘어난 소상인小商人과 이 시대에 크게 성장하고 번영한 도시는 자신의 생각과 분명히 모순된다고 말하고 있다. 대규모 자본이 축적될 수 있는 기회가 관료제 때문에 완전히 박탈당했다는 것은 사실이 아니다. 관료제官僚制로 인해 자본가들이 세금 대여 및 수도首都와 군대에 대한 상품공급을 더 이상 할 수 없게 되었다고 해도(이 역시 매우 점진적으로 일어난 일이다) 자본가들에게는 여전히 활동공간이 남아있었다. 우리는 화폐가 속주屬州와 도시 및 군대 숙영지들을 지속적으로 오가며 얼마나 광범위하게 유통되었는지 알 수 있었다. 소상인小商人들만으로는 그런 일을 감당할 수가 없었다. 로마는 힘찬 화폐 상업의 중심지였고 은행업은 언제 어디에서나 수지맞는 사업이었다. 속주들이 매년 세금 형태로 빼앗겼던 화폐를 다시 얻기 위해서 도시와 군대숙영지로 보내야 했던 농산물 등은 큰 기업가들의 참여 없이는 생산될 수도 집결될 수도 선적船積될 수도 교환될 수도 판매될 수도 대가가 지불될 수도 없었다. 더욱이 일부 광산들은 언제나 사유재산으로 남아 사적으로 운영되었었다.53) 사원寺院이나 원형 경기장이나 수로水路 체계를 갖춘 대도시의 건설, 소금이나 술이나 과일의 교역, 섬유나 금속이나 피혁이나 석재石材 또는 목재를 재료로 한 사치품들의 대량 생산 및 유통, 다중 주거용 가옥의 건설 및 대여貸與 등이 모두 이윤利潤의 기회가 될 수 없었다거나 로마인들은 이런 활동에 필요한 경제적 적극성과 정열이 없었다는 것은 증거도 없을 뿐 아니라 사실과도 모순된 단순한 공리공론空理空論적인 해석에 불과하다. 그의 견해는 정치경제, 국영철도 및 사회정치 분야에서 국가에 의한 간섭을 개인의 경제관념을 질식시키는 요소로 보고 모두 거부하는 "오로지 자유만 원하는 상인들"의 마지막 외침으로 들린다. 우리가 라

---

53) 히루슈펠트Hirschfeld, 《로마제국의 관료*Die kaiserlichen Beamten*》, 제2판, 158쪽. 노이부르그Neuburg의 견해는 뒤에 소개한다.

틴문학 속에서 만나는 많은 부유한 가문들이 단지 상속받은 토지 때문에 부富를 누린 것은 분명히 아니다. 필자는 베버Max Weber의 명제命題와는 반대로 "제국帝國의 당국자들은 시민이 정책에 접근하지 못하게 했고 주인인 로마도 속주屬州에 대해 그렇게 했기 때문에 정책에서 소외된 사람들은 더욱 경제활동에 매진할 수밖에 없었고 이 시기의 경제적 활력은 예수Jesu/Jesus와 그의 제자들과 또 그 후계자들로부터 비난과 경고를 받게 된 배금주의적拜金主義的인 태도를 발전시킨 것이다"라고 말해도 지나친 말이 아니라고 믿는다.

로마 국가와 고대문명의 몰락 원인을 규명해 보려고 한 베버의 설명은 그보다 초기의 설명들이나 제크Seeck나 도마스제프스키Domaszewski의 최근의 설명들과 마찬가지로 부족한 설명이 되고 말았다.

그가 필자의 개념을 반박할 유효한 증거를 제시했는지 묻지 않을 수 없다.

우선 필자가 "후기 로마시대에 물물교환 경제가 등장한 것은 광산 채굴량이 고갈되기 시작한 결과"라고 했다는 그의 표현("농업사農業史/Agrargeschichte", 60쪽)은 필자의 설명을 매우 부정확하게 해석한 것이다. 필자의 견해로는 당시 광산의 생산성 저하는 함께 작용했던 여러 요인들 중 하나일 뿐이며 진정으로 결정적인 요인은 이보다는 오히려 정치적 상황들이라고 본다. 그러나 필자는 광산의 퇴조 역시 실제로 매우 중요한 요인이었다고 굳게 믿고 있다. 그는 필자와 반대의견을 지니고 있으므로 이를 분명히 밝혀 둘 필요가 있다.

첫째, 그는 귀금속의 공급량 자체가 줄었다는 것을 불신하는 것으로 보이지만 필자가 인용한 증거들에 대해서는 아무 의견도 없다. 그는 광업 생산성이 어느 정도 저하했다 해도 이는 당시 기술문제 때문이 아니라 변화된 경제적 상황으로 채굴량이 고갈된 결과로 본다. 즉, 그들은 종래의 노예노동 시대에서 이제 소작小作 농민 시대로 들어섰고 이런 경제체제에서는 그들이 더 이상 광산사업을 계속할 수 없었다는 것이다. 그러나 그 정도만 인정되더라도 필자에게는 충분하다. 필자에게 중요한 것은 결국 로마제국의 조직이 계속 기능을 발휘하려면 많은 귀금속이 필요했다는 사실과 이런 귀금속 공급이 중단되어가고 있었다는 사실의 입증에 있기 때문이다. 그 원인이 무엇이었는지는 필자에게 중요한 것이 아니다. 그러나 필자는 이 문제가 세계사적으로 너무나도 중요한 문제이므로 좀 더 깊이 다루어 보고 싶었던 차에 베버가 이 문제의 중요성을 너무 과소평가하고 있으므로 이제 이 문제를 더 검토해 보지 않을 수 없다. 그는 "여러 세대에 걸친 고대 화폐경제의 몰락"이라는 표현을 쓰고 있다("농업사", 181쪽). 그러나 실제로 물물교환 경제는 단지 여러 세대에 걸쳐서가 아니라 1천 년 이상에 걸쳐서 문명세계를 지배했다. 물물교환 경제는 서구西歐를 거의 완전히 지배했었고 동로마제국도 잠시 다시 화폐경제로 접근했었음은 사실이지만 결코 고전시대古典時代와 같은 수준으로까지 돌아가지는 않았었다.54) 이런 현상을 근거 없이 무시하면 안 된다.

그렇다면 고대 광산의 생산성이 저하된 이유는 무엇이었을까? 베버도 최소한 고대 광산의 생산성이 저하되었을 가능성만큼은 인정한다.

베버 자신도 경제생활에 있어서는 귀금속 공급이 대단히 중요한 일임을 강조하고 있다. 그는 귀금속 자체가 마치 생산효과를 지니고 있는 양 귀금속의 기능을 과장하는 것은 올바로 경고하고 있지만 그 역시 귀금속이 매우 중요한 것이라고 본다. 그는 분명히 표현하고 있지는 않지만 특히 로마로서는 레기온들에게 현금을 지급하려면 귀금속이 근본적으로 필요했을 것임을 인정하고 있다. 과연 우리는 로마인들이 생존에 그렇게 중요했던 귀금속의 획득을 단지 노예 숫자가 감소한 결과 과거의 노동구조가 더 이상 기능을 발휘하지 못하게 되었다는 이유만으로 포기했다고 믿어야 하는 것일까?

그러나 이 역시 사실이 아니다. 노이부르그Neuburg는 "로마 광업사鑛業史 연구Untersuchung zur Geschichte des römischen Bergbaus"(《역사정치학 저널Zeitschrift für die geschichtliche Staatswissenschaft》, 제56권)라는 논문에서 로마제국 후기에는 자유로운 임금노동자들이 광범위하게 광산에 채용되었다는 사실을 입증했는데[55] 그들 중 일부는 노동자임과 동시에 광산 공동소유자이기도 했다. 그 외에 노예들과 민간인 죄수들도 광산업에 사용되었고 노예들이 점차 사라지게 되자 기독교도基督教徒들이 민간인 죄수 대열에 추가되게 되었다. 노이부르그는 인구감소만으로 광산업의 쇠퇴를 설명하고 있으나 이 견해는 더 이상 지지를 받지 못하고 있다. 광산업이 완전히 몰락하지 않았음은 당연하다. 광산업은 비교적 잘 유지되었던 것으로 보이며 특히 발칸 반도 북부에서 그러했다. 그러나 광산업이 크게 쇠퇴하고 있었음은 부인할 수 없는 사실이며 노이부르그의 연구가 없었더라도 이런 쇠퇴를 노동구조 때문으로 볼 수 없다는 것을 알 수 있다. 3세기만큼도 노예들을 이용할 수 없던 중세시대를 한번 생각해보면 이를 바로 알 수 있다. 그러나 10세기부터는 광산들이 새로 발견되면서 광산업이 다시 성장했다. 게르만족은 특히 하르쯔Harz, 에르쯔게비르게Erzgebirge, 피히텔게비르게Fichtelgebirge 및 보헤미아Bohemis 등지에서 광산을 잘 운영했다. 로마인들만 이런 성공을 거둘 수 없었을까?

더욱이 나중 필자는 몽테스키외Montesquieu가 《로마의 번영과 몰락의 원인 연구Considérations sur les causes de la grandeur des Romains et de leur déscadence》(서기 1734년), 제17장에서 이미 귀금속의 실종 및 광산업의 쇠퇴가 군대의 몰락과 나아가 제국의 몰락에 미친 영향을 인식했었음을 알게 되었다.

베버Max Weber의 견해는 군대와 제국의 몰락 원인 중 최소한 하나로 경제적 성격이 아니라 정치적 성격을 지닌 제국帝國의 구조라는 원인을 생각해 낸 것을 보면 그가 어느 정도는 정확한 역사적 직관直觀을 지니고 있는 인물임을 알 수 있다.

---

54) 뒤에 유스티니아누스Justinian/Justinianus 시대의 군사체계 및 전략을 다룬 장章들을 참고할 것. 그곳에서 이 강력한 국가가 큰 규모의 군대에 지급할 돈을 준비할 수 없었음을 보여줄 것이다. 또한 이 책 제III편, 제VII장(비잔티움Byzanz/Byzantium)도 참고할 것.

55) 최근에는 이런 일이 이집트에서도 있었음이 입증되었다. 휘쯜러Kurt Fritz Fitzler, 《프톨레미 시대 로마 이집트의 채석장과 광산Steinbrüche und Bergwerke im Ptolemäischen und Römischen Aegypten》, 라이프찌히, 서기 1910년 참고.

그러나 그는 이로 인한 결과를 잘못된 곳에서 즉, 관료제官僚制 발달에 따른 자본주의 제약에서 찾고 있다. 그는 자본주의가 제약됨에 따라 경제관념까지 일반적으로 파괴되었던 것으로 본다. 그러나 로마제국에서 관료제의 발달과 자본주의 제약은 적절히 일정한 한도 내에서 이루어진 것이어서 우리는 오히려 이를 다행으로 볼 수 있을 뿐이다. 잘못은 그보다는 로마제국에는 "자유"란 개념을 수용해서 첫째는 로마시민들에게 그리고 최종적으로는 로마제국의 모든 거주민에게 인간존엄성을 보장하도록 제도화 할 능력이 본질적으로 결여된 데 있었다. 로마제국에서는 모든 것이 황제의 인격에 달려 있었다. 황제직 계승권을 신뢰하는 것조차 불가능함이 입증되었고 이는 황제란 개념과 모순된 것이었다. 이 때문에 제정帝政 초기에 아우구스투스Augustus는 계승권자였던 그의 친손자를 무능하다는 이유로 희생시키고 다른 사람을 양자로 받아들여야만 했다. 이로써 국가의 중심인 법法이 영원히 불분명한 존재가 되고 말았다. 황제직의 계승 때는 현 황제를 몰아내기 위해서나 계승권자의 경쟁자를 몰아내기 위해서 또는 공개적인 내전 때문에 언제나 피를 흘려야 했었다. 로마제국에는 이런 황제직 계승의 불명확성이라는 본질적 결함이 있었다. 그 결과 로마제국은 태동하는 경제적 장애(통화위기) 뿐 아니라 정치적 위기(당파주의 태동)를 극복할 수 없었고 레기온들의 군기는 해체될 수밖에 없었으며 야만인들의 군복무가 수용될 수밖에 없었으며 결국은 제국의 몰락이 초래될 수밖에 없었다.

방Martin Bang의 《로마군에서 복무한 게르만 전사戰士 *Die Germanen im römischen Dienst*》(베를린, 비드만 출판사Wiedmann, 서기 1906년)에서는 로마에 복무한 게르만인들과 관련된 금석문金石文들을 정리해서 결론을 내리고 있다. 그러나 그는 게르만족의 능력에 관한 로마인의 증언들을 아주 잘 정리해 놓기는 했지만(16쪽) 이들을 제대로 평가하지 못하고 게르만족의 숫자에 관한 전설적인 거대한 수치들을 굳게 믿고 있다(6쪽, 각주 36 및 93쪽 참고). 우리는 실제로 게르만인들이 얼마나 적은 인원으로 큰 업적을 남긴 것인지를 하나하나 검토해 본 후에야 그들을 높이 평가할 수 있다. 게르만인들이 로마제국의 고위직까지 오르게 된 것을 "편견偏見의 돌파"라고 본 그의 생각도 정확한 견해가 아니다. 이는 사실 다른 문제였다.

방Martin Bang은 아우렐리우스Marcus Aurellius 때 가서야 "게르만족이 로마제국을 위해 체계적으로 대규모로 복무할 수 있게 되었다"고 했다(60쪽). 그러나 그런 현상은 이미 시저Cäsar/Caesar와 아우구스투스Augustus 때도 있었고 티베리우스Tiberius와 게르마니쿠스Germanicus 때도 있었다. 아마 아우렐리우스Marcus Aurellius 때 시작되어 3세기까지도 완성을 보지 못했던 변화는 새 체계로의 변화가 아니라 실질적 비중比重의 변화에 불과했다. 종래 로마군 보조병력에 불과했던 ―그러나 로마제국 신민臣民들과 함께 처음부터 자유민이었던― 게르만인들은 레기온들이 군기軍紀를 잃고 또 그에 따라 힘을 잃게 되었기 때문에 최고위직까지 오르게 된 것이다.

제 I 장
로마제국의 게르만 병사

필자는 이 책 제I권 제목을 "로마와 게르만족의 충돌"로 했으며 이제 제II권 제목을 "민족대이동民族大移動/Völkerwanderung"으로 했다. 지금도 통용되는 전통적 견해에 의하면 이 같이 평행적인 제목들을 연이어 쓰지 말고 제II권 제목의 내용이 제I권 제목의 내용에 종속되어야 한다고 볼 것이다. 과연 "민족대이동"을 "로마와 게르만족의 충돌"의 핵심과 결정적 요소가 아니라고 보아야 할까?

실제는 그렇지 않다. 전쟁사적 의미로 실전實戰과 관련된 로마인과 게르만족의 충돌은 3세기에 이미 끝났고 그 이후로는 게르만족과 싸울 능력을 지닌 로마의 군사체계 또는 로마군은 더 이상 존재하지 않았다. 로마라는 국가 즉, 로마제국은 분명히 그다음 세기에도 거의 발전이 완성된 상태로 계속 존재했었고 이후 서부西部 속주屬州들을 잃은 후에도 동부東部의 절반에서 꼬박 1천 년을 존속했지만 그 정치체계가 존속할 수 있게 해준 군사적 힘이 이제는 로마인들의 힘이 아니었다. 4세기부터 로마제국을 방어한 것은 레기온legion들이 아니었다. 로마제국은 자신의 군대에 편입시킨 야만인들의 힘으로 자신을 위협하고 압박하는 또 다른 야만인들을 몰아냈다. 당시의 투쟁도 여전히 야만인들과 로마의 싸움이었음은 분명하지만 실제 전투는 게르만족과 여타 야만인인 훈Hunnen/Huns족 및 슬라브Slaven/Slavs족 전사戰士들이 그들끼리 싸운 것이었다. 우리가 앞의 제I권에서 알 수 있었던 것과 같이 로마제국에서 종래의 고유한 군사체계가 붕괴된 이후 발전된 야만인 용병傭兵 체계는 야만인 민족들의 이주移住를 초래케 했다.

민족대이동이라는 용어가 요즘에는 가끔 논란의 대상이 되는데 이런 종류의 이주는 5세기나 6세기에만 있던 일이 아니라 세계사의 흐름 전반에 걸쳐 있던 일이기 때문이다. 고대로부터 중세로 전환기에 있었던 민족이동과 마찬가지로 십자군十字軍 전쟁과 유럽인들의 아메리카 대륙 정착도 정확히 이런 용어로 불릴 만한 자격이 있겠지만 그래도 한때 그리도 널리 인정되었던 이 용어는 특별한 의미를 그대로 지니게 하는 것이 옳을 것으로 보인다. 민족이주는 언제나 끊임없이 있어왔지만 각 시대마다 그 특징과 형태가 달랐고 가능하다면 각 시대마다 고유한 용어를 사용하는 것이 좋을 것이기 때문에 필자는 이 옛 표현을 그대로 쓰기로 하겠다. 민족대이동이라는 용어는 훈족과 슬라브족의 이동 이외에 주로 게르만족의 로마제국 영토 정착을 의미하는 용어이다.

종래에는 늙은 로마제국은 결국 정력적인 젊은 게르만족에 의해 쓰러졌을 것이라며 게르만족의 로마제국 영토 정착을 지속적이고 광범위한 정복활동으로 보아야 한다는 견해도 있었다. 그러나 앞의 제I권에서 우리는 그렇지 않았음을 알 수 있었다. 로마 레기온legion들은 게르만족에 의해 대체되기는 했지만 정복된 적은 없었다. 우리는 로마인과 게르만족이 계속 투쟁을 한 것으로 볼 것이 아니라 로마 세계제국이 그 영토 내에서 여러 게르만 왕국들로 분리되는 과도기적 형태를 마음속에 그려보아야 할 것이다. 이 과도기적 형태에서 로마제국의 병사들은 이제 로마인이 아니라 게르만족이었다.[1]

시저 시대 이후로, 사실은 제2차 포에니Punischen/Punic 전쟁(역자 주: 기원전 218년~201년. 이 책 제I편, 제V권 참고) 이후로 줄곧 궁수와 기병으로부터 시작해서 외국인 용병傭兵들이 로마군의 일부가 되었었다. 레기온에 이런 야만인 요소들이 강하게 침투했다. 아우구스투스Augustus의 정치적 지혜는 레기온의 로마적인 성격을 회복하고 유지시킬 방법과 수단들을 찾아냈었고 야만인 보조병력들의 비율이 때에 따라 그리고 아마도 계속해서 증가하기는 했어도 레기온의 이런 로마적 성격은 3세기까지는 유지되었을 것이다. 아우렐리우스Marcus Aurel/Aurelius는 "게르만족을 막기 위해 게르만족의 도움을 끌어들였다emit et Germanorum auxilia contra Germanos"고 했다. 카라칼라Caracalla의 후임자는 카라칼라가 군대 전체의 보수보다 적지 않은 돈을 야만인들에게 선물을 주느라고 소비했다고 비난했었다.[2]

그러나 3세기 내전內戰 중에는 야만인적 요소가 점점 우위를 차지하게 되었다. 갈리에누스Galliens/Gallienus는 나울로바투스Herulian Naulobatus의 도움으로 고트Goten/Goths족을 격퇴했고 그에게 콘술Konsularischen/consular 휘장徽章을 수여했다.

로마 레기온은 이름은 유지되었지만 허약한 민병대民兵隊로 변했다. 이런 약화된 레기온(리미타네이limitanei) 외에 야만인 용병傭兵부대 체계를 도입해서 군사적 효율성을 유지한 다른 레기온이 몇 개 더 있었다. 디오클레티아누스Diocletian/Diocletianus(재위: 서기 284년-305년) 당시 조비아니Jovianer/Joviani 레기온과 헤루쿨리Herukers/Herculians 레기온이 그런 경우이다. 옛날의 진정한 레기온 체계의 기초는 군기軍紀에 있었다. 이런 레기온의 구성요원에는 전사戰士 기질을 타고난 자들로 군신軍神 마르스Mars를 위해 봉사하려고 입대한 지원자 뿐 아니라 징집병들도 있었다. 그러나

---

1) 그로쎄Robert Grosse의 《갈리에누스 시대로부터 비잔티움 테마헌법 초기까지의 로마군의 역사Römische Militärgeschichte von Gallienus bis zum Beginn der byzantinischen Themenverfassung》(베를린, 서기 1920년)은 큰 노력을 기울였지만 불행히 소득은 별로 없는 글이다. 필자는 이 글에서 이 연구에 도움이 될만한 부분을 찾아낼 수 없었다. 이 글에 대한 필자의 서평書評(《역사지歷史誌 Historische Zeitschrift》, 서기 1921년 호)을 참고할 것.

2) 카시우스Dio Cassius, 《로마사Romanika》, XLXXVIII. 17장.

후자도 처음에는 신체 적격성만 갖춘 인원이었지만 군사훈련과 엄격한 센튜리온 Centurio/ centurion(역자 주: 로마군 단위부대 센튜리Centurie/century의 지휘관. 상세 내용은 이 책 제I편, 제VI 권, 제III장 참고)들의 손에 의해 쓸모 있는 병사로 변했었는데 이제 이런 강점은 사라지고 그들의 타고난 호전성만 남게 되었다. 문명화된 민족 중에도 게르만족에 대한 타키투스Tacitus의 평가와 같이 노동보다는 피를 생계수단으로 삼고 강한 군사적 자부심 또는 육체적 용기만 지닌 자들이 언제나 상당수 있기 마련이다. 그러나 그런 자들은 언제나 극소수였고 그들만으로는 아우구스투스Augustus나 세베루스Severe/Severi/Severus 왕조 때 규모의 부대를 구성할 수 없었다. 그들로 탁월한 로마적 성격을 지닌 부대 몇 개를 구성할 수는 있었지만 이제는 잘 훈련된 레기온적인 성격은 사라졌다. 그들의 외모나 전투방법은 야만인들과 유사했었다. 야만인들의 전투기질은 타고난 개인적 용기와 단결심esprit de corps에서 유래된 것이었다.

고대 로마의 군사체계는 점차 새 형태로 바뀌어서 3세기 말 디오클레티아누스 Diocletian/Diocletianus(재위: 서기 284년-305년) 때는 완전히 바뀌었다. 그들에게 아직 남아있던 로마적 요소는 이제는 옛날 같은 로마적 요소는 아니었다. 콘스탄티누스Konstantin/ Constantinus(재위: 서기 312년-337년)가 이태리 전역을 석권席捲하고 막센티우스Maxentius(재위: 서기 306년-312년)를 밀브milvischen/Milvian 다리에서 격파하고 로마를 빼앗을 때 거느리고 있던 병력은 이미 대부분이 야만인들이었다. 교황敎皇 조시무스Zosimus의 기록에 의하면 콘스탄티누스는 로마가 정복한 게르만족, 켈트Kelt/Celt족, 브리튼Brittannier/Briton족 등 야만인들로 부대를 구성했다 했다.3) 이 부대들이 상징물로 십자가十字架를 가지고 다녔던 것은 콘스탄티누스가 카피톨kapitol/ Capitol 신神(역자 주: 로마의 카피톨 언덕 위 신전神殿에 모셔져 있던 최고신最高神 쥬피터Jupiter와 그의 아내인 여성 수호신 쥬노Juno 그리고 지혜와 무용武勇의 여신 미네르바Minerva)을 두려워 않는 병력을 원했기 때문이 아니라 —게르만족과 켈트족은 그런 민족이 아니었다— 로마시민 중에는 기독교도基督敎徒들이 있었고 이들을 막센티우스는 억압했지만 그는 설득하려고 했었기 때문이다. 그 자신이 전사戰士인 게르만족 왕 같이 콘스탄티누스도 옛날의 원로원 의원인 기사騎士계층을 대체한 새로운 귀족 계층인 "코미티부스comitibus"(역자 주: 대공大公. 복수는 "코미테comite")라는 수행원들에 둘러싸여 있었다.

4세기 전반에 걸쳐서 로마군에는 로마적 요소와 게르만적 요소가 병존竝存했던 흔적이 자주 발견된다. 율리아누스Julian/Julianus는 황제가 되기 전 군사령관으로서 스트라스부르크Strassburg/Strasbourg 전투를 앞두고 병사들의 전의戰意를 고취시키려고 한 어느 연설에서 "옛 로마의 영광을 회복시키자"고 요구하며 상대방을 야만인

---

3) 조시무스Zosimus, 《서신설교집書信說敎集/Epistola tractoria》, II, 15. 1절. "그는 병력을 모았는데 이 병력에는 복속된 야만인들인 게르만족과 여타의 켈트족이 포함되어 있었고 일부는 브리튼에서 왔다."*

들이라고 불렀다(암미아누스Ammian/Ammianus, 《사건연대기事件年代記 *Rerum gestarum libri*》, XVI, 12. 31절). 그러나 실제로 전투를 설명한 부분을 보면 그의 병력은 게르만족이 일부가 아니라 주력을 이루고 있었음이 분명하다. 이들 중에는 코르누트Cornuten/Cornuti족, 브라카트Braccaten/Bracciati족, 바타브Bataver/Batavian족 등 게르만 종족들이 있었는데 그들은 공격할 때면 "바리투스baritus"라는 전투군가戰鬪軍歌(역자 주: 소리가 울리게 방패를 입 앞에 대고 부르는 군가로서 타키투스Tacitus에 의하면 "둔탁한 중얼거림같이 시작되나 전투가 무르익을수록 점점 커져서 나중에는 파도가 바위에 부딪는 소리 같이 들렸다"고 한다)를 불렀으며 얼마 후 율리아누스를 황제로 추대할 때 게르만족의 방식대로 그를 방패로 들어올렸다.4) 이 로마인 작가에 의하면 서西고트Westgoten/Visigoths족이 도나우를 넘으면서 게르만족의 민족이동이 본격적으로 시작했을 때 벌어진 첫 번째의 큰 전투에서 "야만인"들은 그들의 조상을 찬양하는 영웅찬가英雄讚歌를 불렀지만 "로마인"들은 바리투스 전투군가를 불렀다고 한다.5)

최근 고고학자들은 발굴을 통해 4세기의 로마군이 얼마나 게르만화 되어 있었는지를 보여주는 특이한 증거가 발견되었다. 도나우 강과 도브루차Doburdscha 강의 모퉁이 지역은 각기 다른 시대에 축조된 3개의 방어선들로 덮여 있었다. 이들 중 가장 오래된 방어선은 남향의 낮은 토성土城으로 되어 있음이 최근 확인되었는데 아마도 로마군을 방어하기 위한 게르만족의 방어선이었을 것이다. 이보다 조금 높은 두 번째의 토성 방어선은 완전한 게르만 지역 리메스limes(역자 주: 앞의 제I권, VI장, 부기 6 및 VII장 참고) 형태를 지녔는데 아마 같은 시대에 로마군이 축조했을 것이다. 나머지 방어선은 4세기에 축조된 것이 분명한 석성石城인데 이와 연계된 요새要塞들은 게르만 땅에 있는 중세 초기 요새들과 형태가 완전히 같다. 그러나 게르만족이 그들의 힘만으로 이를 축조했을 수는 없다. 그 시대 게르만족은 그런 힘든 일을 하는 경우가 매우 적었다. 그러나 이미 게르만족 지도자들은 이런 시설물의 축조를 명하고 세부적으로 계획했었던 것이다. 게르만족은 여타의 모든 군사체계들과 마찬가지로 요새구축에 있어서도 더 이상 로마의 군사전통을 따르지 않았다. 그들은 고향 땅에서부터 지니고 있던 개념들로 눈을 돌렸으며 이를 그들이 로마 땅에서 본 다양한 수단들을 본보기 삼아 발전시켰다.6)

이 시기에 병사를 말하는 용어로 "바바루스barbarus"(역자 주: "야만인barbarian"에서 유래된

---

4) 암미아누스Ammian/Ammianus, 《사건연대기事件年代記/*Rerum gestarum libri*》, XX, 4. 17절. 별로 큰 가치가 없는 사료인 칼리스투스Nicephorus Callistus의 기록에서는 이와 동일한 일을 발렌티니아누스Valentinian/Valentinianus I 세의 일이라고 했다. 그러나 웅변가 시마쿠스Symmachus의 《연설문집演說文集/ *orationes*》, I, 10장을 믿을만한 기록이라고 본다면 실제로 그랬을 가능성은 없다.

5) 암미아누스Ammian/Ammianus, 《사건연대기事件年代記 *Rerum gestarum libri*》, XXXI, 7. 11절.

6) 슈크하르트Schchhardt, "콘스탄티노플의 아나스타시우스 성벽과 도브루차 성벽Die Anastasiusmauer bei Konstantinopel Und die Dobrudschawälle," 《고고학연구소 연보年報/*Jahrbücher des Archäologischen Instituts*》, 16권, 107쪽.

말)란 단어가 있고 군사예산을 "피스쿠스 바바리쿠스fiscus barbaricus"라고 했었다.7)

우리는 이 시기의 사료들도 여전히 로마적 체계, 로마적 명성 및 로마적 용기 등을 말하고 있는 것을 보고 잘못 생각할 수도 있다. 로마의 승리는 주로 야만인들 덕분이라고 기회 있을 때마다 강조한 프로코피우스Procop/Procopius조차 6세기에 로마가 제국帝國의 기치旗幟 아래에서 야만인들을 이겼다는 이유로 이를 계속해서 야만인들에 대한 "로마적 용기"의 승리라고 말하고 있다.8)

3세기말 이후에 로마군은 다양한 형태의 용병傭兵부대들로 구성되어 있었다. 그들은 대부분 ―아마도 이미 주로― 순수한 야만인 게르만족이었고 전투에서는 용감했지만 전투 외에서는, 특히 평시에는 매우 다루기가 어려웠다. 옛날의 잘 훈련된 레기온legion들도 반란을 일으키는 일이 너무 흔했지만 이제 황제들과 제국은 오직 이 무리들의 선의善意만을 기대할 수밖에는 없었다. 첫 두 세기 동안 황제들을 위해 로마군에 복무했던 게르만족은 자신들이 보조병력이라는 느낌만 갖고 있었다. 그들은 반란 같은 것을 일으킬 생각을 못했었다. 벌과 복수를 가할 레기온들이 가까이 있었기 때문이다. 그러나 여전히 레기온이라고 불리던 로마의 민족부대들은 이제 병력수도 적었고 그들 중에는 야만인도 포함되어 있어서 용병부대들과 너무 비슷한 태도를 지니게 되었다. 게르만 전사戰士들이 오늘은 무기를 든 대가로 황제에게 보수를 받다가 계약이 조금이라도 지켜지지 않거나 자신들의 요구가 충족되지 못한 것을 알면 내일은 그들의 과거 지휘관들을 향해서 반기反旗를 드는 것을 막을 것은 아무것도 없었다.

이런 군대는 그 병력수나 효율성이나 준비태세가 레기온 병사legionär/legionary들로 구성되었던 옛 군대에 미칠 수 없었음이 분명하다. 콘스탄티누스Konstantin/Constantinus (재위: 서기 312년-337년) 같은 황제는 로마제국의 힘과 권위를 완벽하게 재건한 것 같이 보이지만 이는 단지 외견상 변화에 불과했다. 과거 군대의 견고했던 기초였던 군기軍紀가 실종되고 없었기 때문이다.

이제 잠시 로마제국의 이런 약화가 우리의 정신생활에 지속적으로 미친 영향을 평가해 보자. 콘스탄티누스는 이제 군대에서 실종된 것을 대체할 것을 찾기 위해 사제대연합司祭大聯合인 기독교회基督敎會와 동맹을 맺는다. 그는 레기온들로부터 옛날과 같은 지원을 받을 수만 있었다면 결코 기독교회와 같은 주권적 권력이 자신과 어깨를 나란히 하는 것을 아마 ―보다 적절한 표현으로는, 결코― 허용하지 않았을 것이다. 옛날 같은 레기온이 있었다면 자신만만한 독립적인 새로운 세력인 기독교회를 억압할 수 있었을 것이다. 기독교회가 데시우스Decius(재위: 서기

---

7) 브루너Brunner, 《게르만 법제사Deutsche Rechtsgeschichte》, 제I편, 39쪽(제2판은 58쪽).
8) 단Dahn의 《프로코피우스Procop von Cäsarea》, 391쪽에서는 이를 정확히 평가하고 있다.

249년-251년) 때부터 디오클레티아누스Diocletian/Diocletianus(서기 284년-305년) 때까지 억압을 이겨내고 생존할 수 있었던 것은 순교자들의 힘 못지않게 더 이상 옛날 같은 군사력을 지니지 못하게 된 국가의 약화 덕분이었다.

고대문명이 침몰하자 기독교회도 생존공간을 얻게 되고 그리 오랜 세월 동안 리메스limes를 지키던 로마제국 국경방어부대가 이제 없어지자 게르만족은 라인강과 도나우 강을 넘었고 흑해에서 배를 타면 지중해나 북해 어디로든 건너갈 수 있었다. 이제 그들의 약탈습격을 막을 곳은 어디에도 없게 되었다. 그들은 주민들을 노예로 끌고 가거나 무자비하게 죽였다. 오늘날 60개 이상의 프랑스 도시에는 그 당시 —로마인들이 알레만Alemannen/Alamanni족(역자 주: 게르만족의 일파. 독일을 말하는 프랑스어 알레마뉴Allemagne와 스페인어 알레마니아Alemania는 바로 이 이름에서 유래되었다)의 크노도마르Chnodomar 왕에 대해 말하고 있을 때— 그들이 폭소와 함께 조롱하며 불태워 버렸던 흔적들이 남아있다.9) 이 도시들은 심하게 파괴되었다가 조밀하게 압축된 형태로 복구된 후 주위를 성벽으로 둘러쌓았다. 평화롭던 앞 세기까지의 도시들은 넓었었고 흔히 확장되어 나갔지만 이제는 방어를 위해 가능한 좁은 도로를 지닌 작은 도시로 축소되었다. 이때 축조되었다가 현대의 도로공사나 고고학 발굴을 위해 허물어지기까지 오랜 세월을 남아있던 두툼한 탑이나 성벽에서는 기둥, 조상彫像, 프리즈frieze(역자 주: 출입문 위의 수평 벽면) 등의 흔적이 발견되는데 가끔 축조연대를 확인할 수 있는 글자들이 새겨져있기도 했고 야만인들에 의해 불에 탄 흔적이 발견되기도 했다. 이 요새화된 도시의 출입구에서 멀리 떨어진 곳에서 파괴된 사원寺院이나 원형극장의 잔재들이 발견되기도 하는데 이를 통해 우리는 과거에 이 도시가 넓게 자리잡고 있었을 때의 크기를 짐작할 수 있다.10) 아우구스투스Augustus 시대에 비해 인구도 많고 문명자원도 풍부했던 시대에 로마제국은 자신의 문명을 지킬 힘이 너무 약화되었는데 이는 상비군과 잘 훈련된 레기온들이 사라졌기 때문이다. 아르카디우스Arkadius/Arcadius 시대의 시네시우스Synesius 같은 애국적 웅변가의 다음과 같은 불평도 소용이 없었다.11)

"우리는 스키트Skythen/Scythians족(고트Gothen/Goths족)이 돌아다니는 것을 참고만 있기 전에 농촌에서 모든 사람들을 칼과 창으로 무장시켜야 합니다. —이렇게 인구 많은 국가가 명예로운 전투를 외국인들에게 맡겨야만 한다는 것은

---

9) 암미아누스Ammian/Ammianus, 《사건연대기事件年代記 Rerum gestarum libri》, XXII, 12. 61절.

10) 라비쎄Lavisse, 《프랑스사Histoire de la France》, 제I편, 2쪽. 블로슈G. Bloch, 《독립시대 골 지역과 로마시대의 골 지역의 기원La Origines, la Gaule indépendante et la Gaule Romaine》, 서기 1901년, 299쪽 이하. 블랑쉐Ad. Blanchet의 《골 지역의 로마 성벽Les enceintes Romaines de la Gaule》(서기 1901년)에서는 광범위한 조사를 기초로 이 요새들이 디오클레티아누스Diocletian/Diocletianus(서기 284년-305년) 시대인 4세기 초 아니면 그 이후에야 늦게 건설되었을 것으로 보는 이론을 부인하고 있다.

11) 단Dahn, 《게르만 왕국Könige der Germanen》, 제V편, 26쪽에서 인용.

부끄러운 일이며 비록 그들이 우리에게 유용하다 해도 그들의 승리는 우리를 부끄럽게 만듭니다. 이렇게 무장한 사람들은 장차 우리들과 함께 주인 노릇을 하려 할 것이 분명하며 그때는 군사훈련도 받지 않은 우리들이 노련한 전사戰士들을 상대로 싸워야 할 것입니다. 우리는 고대의 로마정신을 다시 일깨워야 하고 우리 스스로 싸워야 합니다. 야만인들과는 아무것도 함께 해서는 안되며 그들을 원로원 뿐 아니라 모든 공직에서 몰아내야 합니다. 그들은 제국 내부에서 우리 로마인들이 언제나 가장 존경해 온 고귀한 인물들을 부끄럽게 만들어 왔기 때문입니다. 로마 제복을 착용한 사람들을 벌거벗다 시피 한 채로 지휘하거나 그들의 양가죽 옷을 옆으로 밀어놓고 재빨리 우리의 토가toga를 걸치면서 로마 행정관들과 함께 제국의 일을 협의하거나 결정하고 있는 야만인들을 보고 테미스Themis와 아레스Ares는 얼굴을 돌려야 했습니다! 그들은 원로원 의사당에서 콘술Konsul/consul(역자 주: 공화정 시대에는 투표에 의해 선출되었던 국가 지도자. 흔히 집정관執政官으로 번역된다. 제정 시대에는 단순한 최고위 공직자를 말함) 바로 다음에 고귀한 로마인들보다 윗자리에 앉았다 의사당을 빠져 나오자마자 다시 토가를 벗어제치고 동족들과 함께 토가를 비웃으면서 이 옷을 입으면 칼을 뺄 수 없다는 농담을 합니다. 옛날 우리들이 집에서 유용하게 쓰던 이 야만인들이 이제는 우리 국가를 지배하려 하고 있습니다. 그들의 군대와 지도자들이 봉기해서 이제 노예로 제국 전체에 흩어져 살고 있는 수없이 많은 그들의 촌뜨기들과 합류한다면 도대체 어떻게 됩니까?"

순진한 작가이고 골동품 연구가였던 베게티우스Flavus Vegez/Vegetius Renatus는 이와 같은 분위기에서 연구에 착수했고 고대작가들의 글을 통해 과거 위대했던 로마인들의 기초인 군사체계를 연구했다. 그는 과거 로마인들이 실제로 지녔던 것은 무엇인지, 그들에게 어떤 군사규정이 있었는지 그리고 로마제국을 구하고 옛 힘을 회복하려면 지금 무엇을 재창조하고 본보기로 삼아야 할 것인지를 연구했다.

로마군에서 복무한 게르만 용병傭兵들은 아직은 서로마제국을 몰락시킨 병력과 동일한 병력은 아니었다. 이 용병들은 고향을 떠나 복무했던 국가의 정치적 사회적 관습에 잘 적응하기도 했지만 잘 적응하지 못하는 경우도 있었고 스스로 헤게모니를 장악하기에는 아직 너무도 미약하고 뿌리가 얕은 존재였다. 제1차 포에니Punischen/Punic 전쟁(역자 주: 기원전 264년~146년) 이후 용병들은 그들이 복무했던 도시인 카르타고Karthago/Carthage에게는 매우 위험하고 반항적인 존재가 되었었다. 그들은 결국 패배했었지만 한니발Hannibal은 같은 종류의 부대들을 가지고 제2차 포에니 전쟁(역자 주: 기원전 218년~201년)을 수행했다. 우리가 민족대이동民族大移動/Völkerwanderung이라고 부르는 사건과 그로 인해 수없이 많은 결과들이 발생한 것은 이런 전사戰士들의 무리가 개별적으로 로마군에 복무하러 들어가는 것에 그치지 않고 민족 전체가 처자식과 함께 전 재산을 가지고 로마 땅으로 이동해서 단일 게르만 민족을 유지하면서 로마군으로 복무함으로써 시작된 것이다.

숫자가 아무리 많아도 개별적으로 로마군에 복무하는 것과 민족 전체가 자신의 사회구조와 정치조직을 유지하면서 로마군에 복무하는 것은 큰 차이가 있다. 게르만족이 이렇게 바뀔 수 있었던 것은 그들의 민족성 때문이었다. 이 민족은 완전히 호전적인 민족으로 전사戰士적인 본능과 충동과 정열로만 가득 차 있었기 때문에 로마에게는 고갈되지 않는 모병자원募兵資源이 되었지만 그보다도 그들은 과거 부족 전체가 이웃과 싸우러 전쟁터로 나갔었던 것 같이 익숙하지 않은 군대에서도 그리고 어떤 목적을 위해서라도 싸울 준비가 되어 있었다. 게르만족은 옛 영역이 증가하는 인구에 비해 너무 좁아져서 민족대이동에 착수했다고 보는 사람도 혹 있겠지만 그들은 보수와 노획품과 모험과 명예를 탐하는 군부대로서 민족대이동에 착수한 것이다. 때로는 땅이 협소해서 부족이 내밀린 경우도 분명히 있었을 것이고 다른 적들에게 밀려난 경우도 있을 것이다. 그러나 이런 이유들은 개별적인 부족들의 이동이나 국경전쟁의 사유나 되었을 뿐이다. 세계사적으로 볼 때 결정적인 요인은 게르만 부족들은 전쟁과 보수와 노획품과 지배를 위해서 이동한 대규모 전사집단戰士集團이었다는 점이다. 그들이 로마제국 영토로 들어갔던 것은 땅을 얻고 농부가 되기 위해서 아니라 —그들은 고향을 완전히 비워두고 떠나기도 했었다— 원하는 군사작전에 참여하기 위한 것이었다.

로마제국에 복무하다 적대심을 나타내고 그러다가는 다시 또 로마제국에 복무하기도 했었던 3세기로부터 5세기까지의 게르만족은 라인 강과 도나우 강 및 브리튼Brittannier/Briton 지역의 일부 국경지역을 말 그대로 정복했었다. 이런 곳에서는 원래의 주민이 완전히 쫓겨나지는 않았지만 남은 숫자가 너무 작아져서 새 주인들이 점차 그들을 흡수할 수 있었다. 이태리, 골Gallien/Gaul 지역의 대부분, 스페인 및 아프리카에서 게르만족의 지휘관인 왕들은 이 속주屬州들을 로마제국에서 일시에 분리시키지는 않으면서 실질적인 권력자로서의 법적 지위를 확보했다. 오도아케르Odoaker/Odoacer도 서로마제국 황제를 폐위시킨 다음 주권적 왕이 아니라 동로마제국 황제에 의해 제국 서부를 통치할 부황제副皇帝에 임명된 게르만 대공大公의 지위에서 이태리를 통치했고 동東고트Ostgote/Ostrogoth족의 테오데리히Theodorich/ Theodoric도 자신의 지위를 이와 달리 생각하지는 않았다.12)

이런 형태와 마찰은 점진적으로 겨우 사라졌고 골, 스페인, 아프리카 및 이태

---

12) 몸 젠Mommsen, "동東고트에 관한 연구Ostgotische Studien," 《고대독일사 신보新報 Neues Archiv für ältere deutsche Geschichte》, 14권, 460쪽. 슈미트L. Schmit, 《반달족 역사Geschichte der Vandalen》, 서기 1901년, 65, 72 및 122쪽.

리의 로마제국 영역에 독립된 게르만 왕국으로 동東고트Ostgoten/Ostrogoths 왕국, 서西고트Westgoten/Visigoths 왕국, 부르고뉴Burgund/Burgogne 왕국, 프랑크Franken/Franks 왕국 및 반달Vandalen/Vandals 왕국이 세워졌다.

이 시대의 전투들 가운데 전쟁사적 관점에서 쓸모 있는 가치를 지닌 기록이 있는 것은 4세기의 스트라스부르크Strassburg/Strasbourg 전투와 아드리아노플Adrianopel/Adrianople 전투 둘뿐이다. 밀브milvischen/Milvian 다리 전투13) 등 콘스탄티누스Konstantin/Constantinus 대제大帝의 전투들과 5세기의 카타로니Catalaunischen/Catalaunian 평원 전투 등에 관해서는 사료가 없어서 필자는 아무것도 할 말이 없다. 6세기 이후로 가면 우리는 벨리사리우스Belisar/Belisarius와 나르세스Narses(역자 주: 유스티니아누스 1세 〈서기 527년 -565년〉 당시 동로마제국의 장군들임)의 전투들에 관한 기록 같이 좀 더 상세하고 신뢰성 있는 정보를 다시 얻을 수 있다.

---

13) 트레벨만F. Trebelmann의 "밀브 다리 전투에 관한 연구Die Untersuchung über die Schlacht an der Milvischen Brcke," 《하이델베르그 아카데미 논문집Abhandlung der Heidelberger Akademie》(서기 1915년)은 지형학적 가치는 있지만 전쟁사적 관점에서는 제크Seeck의 글과 마찬가지로 핵심을 놓치고 있다. 두 작가 모두 게르만족은 대병력이었다는 환상에 사로잡혀 있다. 그들은 심지어 막센티우스Maxentius가 콘스탄티누스에 비해 월등히 많은 —심지어 몇 배나 많은— 병력을 가지고 있었다는 사료의 기록들을 그대로 믿고 있다. 그런 선입견을 가지고는 합리적 설명이 당연히 불가능해 지자 제크Seeck는 전략적인 고찰을 포기한 채 두 지휘관이 꿈속의 계시적인 병력을 거느리고 나갔던 것이라는 편법을 취했다. 필자는 왜 두 지휘관은 그들의 꿈과 계시를 과거 테미스토클레스Themistokles/Themistocles(역자 주: 이 책 제I편, 제I권, 제 VI장, 부기 1 참고)나 파우사니아스Pausanias(역자 주: 이 책 제I편, 제I권, 제IX장 참고)나 마르도니우스Mardonius(역자 주: 역시 이 책 제I편, 제I권, 제IX장 참고) 같이 해석하면 안 되는지 이해할 수가 없다. 되글러Dögler의 《콘스탄티누스 대제大帝와 그의 시대Konstantin der Grosse und seine Zeit》(서기 1913년)에 수록된 란트만Landmann의 설명은 합리적이지만 사료기록의 결여 때문에 전쟁사적으로 의미 있는 결론은 전혀 찾아내지 못하고 있다.

부 기附記

그라티아누스GRATIN/GRATIANUS 황제의 실각

다른 면에서는 존경받고 있던 그라티아누스 황제(재위: 서기 375년-383년)에 대항해서 서기 383년에 일어난 반란을 랑케Ranke는 황제의 게르만족 선호와 승진조치에 대한 레기온legion들의 봉기로 본다. 우리가 이런 충돌을 로마제국 역사에서 자주 발견할 수밖에 없는 것은 매우 당연한 일이다. 랑케의 견해에 의하면 누가 황제에 오를 것인지를 언제나 그들이 결정했던 자신만만한 레기온들은 외국에서 온 야만인 용병傭兵들을 자신들보다 위에 두려는 생각에 반발할 수밖에 없었다. 그러나 그들이 레기온과 보조병력의 차이를 그리 크게 느끼고 있지는 않았음이 분명하다. 사료에는 그런 시기심 때문에 충돌이 발생했다는 기록이 전혀 없다. 그런 충돌이 있었던 것으로 해석될 여지가 약간이라도 있는 기록은 기껏해야 서기 238년 발비누스Balbinus와 푸피에누스Pupienus Maximus 두 황제의 실각에 관련된 헤로디안Herodian의 기록(VIII, 8장)뿐이다. 이 기록에서는 프레토르 근위대Prätorianer=Garde/Praetorian Guard(역자 주: 로마 시 수비대를 말함)는 두 황제에 대해 적대적이었고 게르만족은 그들을 보호했다고 분명히 말하고 있지만 이는 혼란기에 발생한 부수적인 문제에 불과했다. 이 충돌은 원로원이 두 사람을 공동황제로 선출하자 프레토르 근위대가 황제 지명은 자신들의 특권이라고 주장함으로써 발생했었다. 원로원이 선출한 황제를 게르만족이 보호하려 했던 것은 원로원과 근위대의 충돌이 그들에게는 당치 않은 일이고 자신들은 이미 두 사람을 군사지도자로 승인한 일이 있었기 때문이다.(역자 주: 두 황제는 결국 근위대에 납치되어 살해된다.)

그라티아누스의 경우에는 이런 충돌이 더 큰 의미를 지닌다. 만약 그에 대한 반란의 원인을 게르만족 선호에 대한 로마인 병사들의 시기심에서 찾아야 한다면 적어도 4세기 말까지는 옛날과 같은 레기온들 아니면 적어도 야만인들과 달리 분명한 로마 국민정신을 지닌 병력이 아직은 존재했었다는 말이 되기 때문이다. 그러나 서기 383년 사건에 관한 사료에는 그런 병력에 관한 언급이 없다. 학자들은 《노티티아 디그니타툼Notitia Dignitatum》(역자 주: 4세기 말~5세기 초의 주요 직위의 명칭과 기능 그리고 군부대의 명칭 등이 기록된 직관지職官志로 서기 1551년 사본이 남아 있다)에 기록된 구도와 베게티우스Vegez/Vegetius의 기록 그리고 고대로마 군사체계가 5세기까지 유지되었다는 작가들의 어투語套로 인해 잘못된 생각을 하게 되었다. 만약 실제로 그랬었다면 게르만족에 대한 군사적 선호를 레기온들이 강한 반발 한번 없이 받아들였다는 것을 우리가 이해할 수 없게 된다.

그러나 문헌상 증거들을 검토해보면 레기온들이 게르만족에 대한 반발로 봉기한 예는 전혀 발견되지 않는다. 이런 충돌이 있었다는 것은 리히터Heinrich Richter의 《그라티아누스, 발렌티아누스 II세 및 막시무스 치하의 서로마제국Das weströmische

Reich besonders unter den Keisern Gratian, Valentinian II, und Maximus》이라는 글에서 비롯된 가설일 뿐이다. 리히터는 특히 교황教皇 조시무스Zosimus의 《서신설교집書信說敎集/*Epistola tractoria*》 및 시네시우스Synesius 주교主敎의 《서신집書信集》 등 몇 편의 사료들을 근거로 벌거벗다시피 하고 장발에 수염을 덥수룩하게 기른 야만인들이 의사당에서 중요 직위와 높은 자리를 차지하고 있는 것에 대해 로마인들이 얼마나 분개하고 있었는지를 설득력 있게 묘사하고 있지만 그 자신도 이런 불평은 그 당시 일부의 생각만 대변하고 있는 노변爐邊 철학자인 작가들의 글에서만 볼 수 있다고 했다. 제국의 동쪽에서 있었던 그런 불평들이 서쪽에 주둔하던 병력들에게도 있었다고 말할 수는 없으므로 우리는 단순한 유추만으로 어떤 결론을 내려서는 안 된다.

문제의 증언은 아우렐리우스 빅토르Aurelius viktor의 계승자가 한 말로서 그라티아누스Gratian/Gratianus에 관해 다음과 같이 말하고 있다(제17장)(역자 주: 빅토르는 4세기 로마의 정치가 역사가로서 〈로마국의 기원Origo Gentis Romanae〉 등 4편의 글을 남겼다. 그의 글들은 개별적으로 여러 차례 출간되었으며 스코투스Andreas Schottus는 그의 글들을 모아서 《로마사Historia Romana》 〈총8권, 안트위프Antwerp, 서기 1579년〉 라는 제목으로 출판했다):

"그는 자신의 태도와 경험부족 때문에 거의 몰랐던 통치학統治學의 학습에 주의했더라면 좋은 자질을 모두 갖춘 인물이 되었을 것이다. 그는 지금의 군대를 소홀히 하고 옛 로마 군대보다 많은 황금을 주고 얻은 소수의 알란족을 선호해서 병사들의 증오를 유발시켰다. 그는 이들과 똑같은 복장을 하고 나들이를 할 만큼 야만인 수행원들을 좋아했고 이들과 거의 친구같이 지냈다. 이때 막시무스가 브리튼을 완전히 장악한 후 골 지역으로 넘어오자 그라티아누스에게 적대적이었던 레기온들이 그를 받아들였고 그는 즉시 그라티아누스를 기습해서 죽였다*cunctis fuisset plenus bonis, si ad cognoscendam reipublicae gerendae scientiam animum intendisset, a qua prope alienus non modo voluntate, sed etiam exercitio fuit. Nam dum exercitum negligeret, et paucos ex Alanis, quos ingenti auro ad se transtulerat, anteferret veteri ac Romano militi, adeoque barbarorum comitatu et prope amicitia capitur, ut nonnunquam eodem habitu iter faceret, odis contra se militum excitavit. Hoc tempore cum Maximus apud Britanniam tyrannidem arripuisset et in Galliam transmisisset, ab infensis Gratiano legionibus exceptus, Gratianum fugavit, nec mora exstinxit.*"

이 구절은 만약 옛날과 같은 레기온이 여전히 있었고 그들이 게르만족을 거부했다는 다른 증거가 있다면 얼마든지 리히터나 랑케Ranke가 해석한 것과 같은 의미로 해석될 수 있을 것이다. 그러나 이 구절은 달리 해석될 수도 있다.

이 글의 작가에 의하면 그라티아누스가 좋아하던 병력은 게르만족이 아니고 알란Alanen/Alanis족이었다. 그를 증오한 "베투스 로마누스 밀레스*veteri ac Romano militi*" ("옛 로마 군대")(역자 주: 원문의 "*veteri ac Romano militi*")가 반드시 로마의 레기온 병사일 필요는 없고 일찍이 로마제국에서 복무한 여타 야만인들일 수 있다. 기본Gibbon도 이 부분을 이렇게 넓은 의미로 이해했다. 마지막에 나오는 "아브 인펜시스 그라티아노 레기오니부스*ab infensis Gratiano legionibus*"("그라티아누스에게 적대적이던 레기온들") 부분도 마찬가지이다. 당시에는 "레기온"이 부대를 말하는 일반명칭이었기 때문이다. 그렇다면 문제는 당시의 소위 레기온들은 어떤 병력으로 구성되었는지의 여부이다. 과연 그들은 여전히 특별한 로마 국민성을 지닌 자들이었을까? 과연 위의 구절에서 야만인 보조병력들과 비교를 위해 레기온이라는 이름을 쓴 것일까? 그러나 작가가 사용한 단어들을 보면 그런 해석이 추론될 수 없다.

실제로 "로마인"들과 "게르만인"들의 대립이 문제였다면 왜 게르만인들이 결국 그라티아누스Gratian/Gratianus와 싸우지 않았는지 전혀 이해될 수 없게 된다. 리히터Heinrich Richter 자신도 "여타의 게르만인들도 어느 정도 (알란Alanen/Alanis족에 대해) 적대감을 느꼈을 수 있다"는 자신의 생각을 말하고 있다(567쪽). 그타리아누스에 대한 불만의 원인이 무엇이건 간에 궁정과 군대에서 나타난 게르만족 선호를 계기로 로마인들이 게르만인들을 상대로 봉기한 적은 한 번도 없다. 게르만인들이라면 이런 게임을 그리 쉽게 포기하지 않았을 것이다. 두 황제가 처음에 파리Paris 부근에서 서로 대치했을 때 그라티아누스 편에서 막시무스Maximus 편으로 넘어갔던 병력은 누미디아Numidier/Numidian 기병騎兵이었다.

이유를 찾아보기 힘든 그라티아누스에 대한 이 반란을 이해하려면 무엇보다 먼저 우리는 군기軍紀가 그리 엄격하지 않은 용병傭兵들을 평시에 통제하는 일이 일반적으로 매우 어려운 일임을 알아야 한다. 그들은 사소한 일에도 불만을 품을 수 있다. 그들은 단지 전투를 하고 싶다는 이유만으로도 반란을 일으킨다.

더욱이 그라티아누스가 재정상태를 잘 유지한 것으로는 보이지 않으며 그 결과 병력수를 급격하게 줄이기도 했고 병사들 보수를 체불滯拂하기도 했다.

서기 383년에 레기온을 대표한 막시무스가 게르만족을 대표한 그라티아누스를 격파한 것이라면 이 승자는 그가 통치한 5년 동안 그의 주요 지지세력인 레기온들을 적극적으로 육성했을 것이 분명하다. 그러나 그런 흔적은 전혀 없다. 만약 진정한 로마군사체계에 새로운 생명을 불어넣었을 가능성이 조금이라도 있다면 그라티아누스보다 그런 일을 할 좋은 위치에 있던 사람도 없었다. 그는 알레만allemannen/Alamanni족(그들의 한 지파인 렌티엔스Lentienser/Lentienses족)을 상대로 자랑스러운 승리를 거둔 적도 있고 가족에 대한 게르만 연합의 위협을 느꼈었던 인물이다. 그는 대양大洋에서 티그리스Tigris 강에 이르는 모든 지역에서 전력을 기울여 집결시킨 병력을 가지고 무서운 서西고트Westgoten/Visigoths족을 로마 땅에서 몰아내려고 서둘러 골Gallien/Gaul로부터 삼촌 발렌스Valens를 구원하러 가려고 했지만 그의 계획은 아드리아노플Adrianopel/Adrianople에서 야만인들에게 패배함으로써 좌절되었다.

결국 그라티아누스의 실각에 관한 기록에서 필자는 로마의 군사체계는 이미 100년 전에 실종되었다는 필자의 생각을 포기할만한 근거를 발견하지 못했다. 콘스탄티누스Konstantin/Constantinus 대제大帝는 기독교회基督敎會와의 연합뿐 아니라 야만인들을 군사체계에 적극 수용함으로써 새 기초 위에서 제국을 재건했던 황제이다. 이로써 기독교회와 게르만족은 어느 때보다 긴밀한 관계를 지니게 되었다. 그의 사촌인 율리아누스Julian/Julianus가 야만인들을 고위직에 앉혔다고("그는 야만인에게

파시스 〈역자 주: 막대기 다발 속에 도끼를 끼운 일종의 지휘봉〉를 쥐어주고 콘술 복장을 입힌 최초의 인물이다*quod barbaros omnium primus as usque fasces auxerat et trabeas consulares*”) 그라티아누스를 비난한 것은 우연한 사건이 아니라 그의 정책의 핵심을 지적한 말이다.

병역의무의 세습世襲

4세기에는 퇴역병사의 아들에게는 군복무가 있는 것으로 간주되고 이로 인해 그에게는 특전도 있었다. 이에 관한 첫 규정들은 서기 319년에 제정되었다(몸센 Mommsen, 《헤르메스*Hermes*》, 24권, 248쪽 참고). 리미타네이*limitanei*(역자 주: 국경지역의 일종의 민병대民兵隊)의 경우는 좀 달랐겠지만 이 규정의 현실적 의미는 당연히 아주 미미했다. 우리는 이를 군대가 순수한 야만인 군대로 변하는 것을 막기 위한 마지막의 그러나 실제로는 별 효과가 없었던 편법으로 보아야 한다. 이제 군기軍紀가 할 수 없는 일을 한 가족의 군사적 전통이 해 주었을는지도 모른다.

프리기두스FRIGIDUS 전투

우리는 테오도시우스*Theodosius*가 아르보가스트*Arbogast*와 유게니우스*Eugenius*를 격파했다는 이 전투(서기 394년)에 대해 아는 것이 없다.

굴덴페닝*Guldenpenning*과 이프란트*Ifland*의 공저共著인 《테오도시우스 대제大帝 *Kaiser Theodosius der Gross*》, 221-227쪽에는 이 전투에 관련된 것일 수 있는 사실들을 사료들로부터 수집해서 모아 놓았다. 그러나 이 기록들은 군소리에 불과하다. 거명되거나 거론된 병력들은 양측 모두 야만인들이다.

제 II 장
스트라스부르크 전투(서기 357년)

서기 350년 로마제국에서 콘스탄티우스Constantius II세(재위: 서기 337년-361년)와 마그넨티우스Magnentius(재위: 서기 350년-351년) 사이에 내전內戰이 벌어진 틈을 이용해 알레만Alemannen/Alamanni족(역자 주: 게르만족의 일파. 독일을 말하는 프랑스어 알레마뉴Allemagne와 스페인어 알레마니아Alemania는 바로 이 이름에서 유래되었다)은 리메스limes(역자 주: 라인 강과 도나우 강 지역의 로마제국 국경선. 앞의 제I권, VI장, 부기 6 및 VII장 참고)를 돌파해 라인 강 동안東岸 지역을 약탈한 후 라인 강을 건너서 엘사스Elsass/Alsace 등 보스게스Vosgesen/Vosges 산맥까지의 지역을 점령했다. 콘스탄티우스가 공동황제로 지명해 골Gallien/Gaul 지역 통치를 맡긴 율리아누스Julian/Julianus(서기 360년-363년)는 알레만족을 다시 라인 강 너머로 몰아낼 뿐 아니라 심한 타격을 가해서 다시는 돌아오지 못하게 할 계획을 세웠다. 그는 라인 강을 넘어온 알레만족을 기습공격으로 일거에 몰아내려고 하지 않고 자베른Zabern 부근 보스게스 산맥 통로 출구에서 요새화된 숙영지를 구축해 놓고 본대本隊를 그곳에서 기다리게 하고 적에게는 몇 차례 교란공격攪亂攻擊을 가하는데 그쳤다. 이때 라인 강을 아직 넘지 않고 있던 알레만족이 엘사스 지역에 있는 동족을 구원하러 라인 강을 건너왔는데 이는 바로 율리아누스가 기다리던 상황이었다. 율리아누스는 상당한 규모의 적 병력이 라인 강을 건너서 강 서안西岸의 스트라스부르크Strassburg/Strasbourg에 집결한 것을 알자 곧 그들을 향해 진군했다.

이 전투가 기록된 사료로는 두 가지가 있다. 하나는 율리아누스 휘하 장교로 복무했던 암미아누스Ammian/Ammianus의 《사건연대기事件年代記 *Rerum gestarum libri*》이며 다른 하나는 리바니우스Libanius의 《연설집演說集》이다. 리바니우스는 율리아누스와 개인적으로 매우 가까웠던 웅변가로서 그가 쓴 율리아누스의 추도사追悼辭도 지금껏 우리에게 전해져 있다. 이 전투에 관한 두 사람의 기록은 아마 모두가 율리아누스 자신의 비망록備忘錄을 근거로 작성된 것으로 보인다.

리바니우스는 지휘관의 전투계획은 탁월한 것이었음을 매우 강조하고 있다. 그는 율리아누스가 야만인들의 도강渡江을 막을 수도 있었지만 소규모의 적들과 싸우는 것은 원하지 않았기 때문에 그렇게 하지 않았다고 했다. 그러나 이어서 리바니우스는 자신이 나중에 들은 바에 의하면 율리아누스는 야만인들이 군복무 적격자들을 모두 집결시켜 놓고 있었기 때문에 그들이 모두 강을 건너게 하지도 않으려고 조심했다고 한다. 그로서는 적의 작은 병력과 싸우기도 그렇지만 적의 전 병력과 싸우는 것도 너무 위험하고 현명한 일이 못된다고 판단했던 것이다.

이런 율리아누스Julian/Julianus의 판단과 암미아누스Ammian/Ammianus의 기록을 비교해 보면 우리는 양측의 상대적 병력수를 짐작해 볼 수 있다. 암미아누스는 율리아누스의 병력이 13,000명이었다고 했다. 우리는 앞서 다른 문제와 관련해서 이 수치가 좀 작기는 하나 실제와 큰 차이는 없을 것으로 보았다(앞의 제I권, 제X장, 부기 4 참고). 그의 병력을 13,000명에서 15,000명 사이로 보면 적절할 것이다.

이 로마인 작가들이 평소의 습관대로 과장해서 말한 알레만Alemannen/Alamanni족의 병력수는 인용할 가치가 없다. 우리는 율리아누스의 전략계획을 보면 그는 적의 병력이 자신의 병력보다 적지만 크게 적지는 않을 때 공격하는 것이 중요하다고 보았을 것이라고 자신 있게 말할 수 있고 결과적으로 그의 판단이 옳았음을 알 수 있다. 따라서 우리는 알레만족의 병력수를 6,000~10,000명으로 볼 수 있다.

리바니우스Libanius가 말한 율리아누스의 전략판단과 짝을 이루는 것이 이 로마 지휘관은 자베른Zabern에서 출발해서 한낮에 행군을 중지한 후 이튿날로 전투를 미루려 하면서 병사들이 즉시 진격하자고 자신을 극성으로 설득하길 기다렸다는 암미아누스의 설명이다. 실제로 반나절 이상을 주춤거렸다면 적의 병력이 크게 늘어나는 것을 허용하게 되었을 것이다. 자베른에서 스트라스부르크까지 거리는 최소한 4마일(30km)은 된다. 따라서 당시의 상황은 아마도 율리아누스는 당장 전투를 벌이고 싶지만 8월의 뜨거운 태양 아래 행군한 병사들의 사기를 고취시키려고 병사들 스스로 공격시기를 결정한 것 같이 보이게 했던 것일 수도 있다. 그는 숙영지를 구축할 것 같은 인상을 주었기 때문이다.

전투장소는 정확히 알 수 없다. 다만 분명했던 것은 로마군은 병력수가 우세했을 뿐만 아니라 극히 위험한 상황이 되면 피할 요새화된 숙영지를 뒤에 두는 전략적 이점을 지니고 있었던 반면에 알레만족은 등 뒤에 라인 강을 두고 있었던 점이다. 호전적이고 완강한 게르만족은 아마 율리아누스와는 정반대로 후퇴가 불가능한 상황에서 자신들이 최대의 힘을 발휘할 것으로 판단했을 것이다.

이때 게르만족은 7명의 왕(대공大公/Fürsten: 옛말로 프린시프Princip)들이 지휘했고 그 중 가장 뛰어난 인물은 크노도마르Chnodomar로서 좌익左翼의 기병을 지휘했다. 그는 과거 수년 동안 골Gallien/Gaul을 종횡무진 휘젓고 다니며 로마제국 도시들을 희롱하고 약탈이 끝나면 불태워 버렸었다. 로마인들의 묘사에 의하면 그는 거품을 입에 문 말 위에서, 번쩍이는 갑옷을 입고, 엄청나게 긴 창을 들고, 자신이 든 무기의 힘을 믿으면서, 머리를 붉은 리본으로 묶고, 언제나 용맹한 전사로 그리고 지금은 탁월한 지휘관으로 기병대 선두에서 질주했다고 한다.

알레만족 우익右翼의 보병은 지형장애물들을 끼고 있었는데 암미아누스Ammian/Ammianus는 이 장애물들을 "감추어 둔 함정insidiae clandestinae" 또는 무장병력으로 채워진 "참호"라고 했다. 리바니우스의 기록에도 그들이 매복을 설치한 수로水路와 갈대 숲에 관한 말이 있다. 로마군의 좌익은 이 장애물을 보자 주저했지만 율리아누스Julian/Julianus의 호령만으로 또는 200명의 소규모 기병분견대를 앞세워 좌익을 지원케 하면서 그대로 전진하도록 했던 것으로 보인다. 이 좌익에는 지형을 보고 처음에는 기병을 배치하지 않았지만 이제 실제 적의 진지 가까이 접근하자 어느 정도 측면보호가 필요하다고 판단했었던 것으로 보인다. 그러나 이때 좌익을 지원하러 간 기병은 곧 적에게 밀려 추격 당했다.

양측 기병대의 주력(역자 주: 알레만족 좌익과 로마군 우익)은 개활지에서 대치했었다. 게르만족 기병대는 크노도마르Chnodomar 지휘 하에 오른 손으로 무기를 휘두르며 야만스런 쇳소리를 내면서 긴 머리털을 휘날리며 눈에서 분노를 쏟아내며 돌격했다("그들은 오른손으로 무기를 뻗치고 괴물같이 이빨을 갈아대며 우리 기병 투르마turma(역자 주: 약 32명 규모의 기병 단위부대)들을 포위했다tela dextris explicantes involavere nostronum equitum turmas, frendentes immania, eorumque ultra solitum saevientium comae fluentes horrebant et elucebat quidam ex oculis furor"). 알레만족의 기병대에는 경보병輕步兵도 섞여 있었다. 로마군 기병대는 돌격해 오는 적의 모습에 버틸 수가 없어서 꼬리를 돌렸다.

그런데 사료들에 의하면 이때 로마군 지휘관 율리아누스는 도주하는 기병대 앞에 뛰어나가 그의 설득력 있는 말을 가지고 그들이 다시 임무를 수행하도록 이끌었다고 하며 물론 사료마다 조금씩 다르기는 하지만 이때 율리아누스가 한 말까지 기록해 놓았다. 리바니우스Libanius는 율리아누스를 텔라몬 아약스Telamon Ajax (역자 주: 그리스 신화에 나오는 트로이 전쟁의 영웅)에 견주고 있고 암미아누스Ammian/Ammianus는 그를 미트리다테스Mithridates와 싸울 때 이와 유사하게 도주중인 병력을 되돌린 것으로 보이는 술라Sulla(역자 주: 이 책 제I편, 제VI권, 제IV장 참고)에 견주고 있다. 지휘관의 이와 같은 행동은 전쟁사에서 흔히 발견되지만 규모가 큰 군대일수록 이런 기록은 엉터리일 가능성이 더 높아진다. 이런 일은 규모가 작은 병력일 경우에나 있을 수 있다. 이미 도주를 시작해 적의 심한 압박을 받고 있는 병력은 명령만 가지고는 세울 수가 없다. 기병대는 더 그렇다. 대규모의 기병대는 겁을 먹고 일단 도주를 시작하면 물리적 장애물을 만나거나 기력이 소진되기 전에는 세울 수가 없다. 호헨로헤Kraft Hohenlohe 대공大公의 《군사서신집軍事書信集/Militärischen Briesen》에는 실제 추격하는 적이 없음에도 공황상태에 빠진 기병부대를 세우려 할 때 지휘관이 얼마나 무력한지를 잘 묘사해 놓은 부분이 보인다(I, 78장). 병사들은 그의 말을 듣지 못했고 질주하는 큰 집단은 후방으로 몇 마일을 가도 세울 수 없었다 한다. 도주하는 병력을 되돌려 다시 공격했던 때는 새로 전개된 병력의 도움이 있었던 경우뿐이다. 훨씬 더 완벽하게 남아있는 현대사 사료들을 읽어보면 우리는 그런 기록의 진실과 허위를 분명히 구분할 수 있다. 이 사건도 마찬가지다. 합스부르그Habsburg 작가들은 아스페른Aspern 전투에서 칼Karl 대공大公이 흔들리는 전선戰線을 바로잡은 모습을 묘사하며 그는 대대기大隊旗들을 기수旗手들로부터 빼앗아 들고 어느 병사에겐 번쩍이는 눈빛을 다른 병사에겐 찌릿한 눈빛을 또 다른 병사에겐 신비한 눈빛을 보냄으로써 모든 것을 되돌릴 수 있었던 것 같이 말하고 있다. 그러나 그 시대의 기록들을 잘 검토해 보면 이때 오스트리아군 예비대인 17개 척탄병擲彈兵 대대(역자 주: 요새 공격 부대. 멀리까지 폭탄을 던질 수 있도록 힘이 센 병사들로 구성됨. 후일 척탄병이라는 개념은 단순히 정예병력을 의미하게 된다)가 전선으로 이동한 사실이 드러난다. 아첨 성향이 있는 작가들에게는 이 점이 혁혁한 지휘관의 영웅적 행동에 비해 언급할 가치가 없는 것으로 보였을 것이다.

로마인들의 기록을 자세히 검토하면 위와 매우 유사한 일이 알레만Alemannen/Alamanni족과의 전투에서도 있었음을 알 수 있다. 암미아누스Ammian/Ammianus 자신은 로마 기병의 전선 복귀를 지극히 막연한 용어들만으로 표현하고 있다. 후일의 작가인 교황敎皇 조시무스Zosimus의 기록(《서신설교집書信說敎集/Epistola tractoria》, III, 4장)에서도 도주하던 로마 기병들을 돌아가도록 설득할 수 없었다는 명시적 기록이 발견된다. 알레만족 기병이 로마 기병을 이긴 후 보병을 공격했다는 암미아누스의 이어진 설명을 보아도 실제로 그랬음을 알 수 있다. 만약 알레만족 기병이 아직 기병전을 끝내지 못했다면 그렇게 할 수 없었을 것이다.

고대 그리스-로마 시대의 수많은 예들을 통해 우리는 적의 기병에 의한 측면공격이 보병에게 얼마나 위험한 일이었는지 알고 있다. 이를 통해 우리는 크노도마르Chnodomar는 병력들을 장악하고 있었고 그들을 어떻게 써야 하는지를 이해하고 있었음을 알 수 있다. 그러나 우리는 또한 고대 로마의 전술은 아직 살아있었고 율리아누스Julian/Julianus는 위험한 상황에 충분히 대처할 능력이 있는 장군이었음을 알 수 있다. 암미아누스는 앞에서는 율리아누스가 병력 대부분을 전개해서 야만인들을 상대로 하나의 전선을 형성토록 했다고 했지만 나중에는 알레만족 기병대가 로마군 보병을 향해 방향을 틀자 로마군의 게르만족인 코르누트Cornuten/Cornuti족과 브라카트Braccaten/Bracciati족이 전투군가戰鬪軍歌 바리투스baritus를 불렀다고 했기 때문이다. 이는 분명히 그들이 이제야 전장戰場으로 이동 중인 것이고 따라서 전에는 제2제대梯隊나 제3제대 또는 예비대로 배치되어 있다가 이제 적의 측면공격을 막기 위해 이동 중인 것임을 의미한다. 이는 파살루스Pharsalus 전투 당시 시저의 우익과 같은 모습이다. 그 당시에도 한 보병부대가 그런 이동을 위해 준비하고 있다가 적의 기병이 측면을 공격하자 반격을 가했다.(역자 주: 이 책 제I편, 제VII권, 제IX장 참고.) 이런 전통적 방식이 로마군에 보존되어 있었음이 분명하다.

만약 그렇지 않았다고 해도 율리아누스Julian/Julianus는 시저의 《주석註釋/Kommentaren/Commentaries》 (역자 주: 《골 전기戰記 De Bello Gallico/Bellum Gallicum》 및 《내전기內戰記/De Bello Civili/Bell Civ.》)에 친숙한 교양인이었음이 분명하다.

시저의 파살루스 전투에서는 그런 측면반격側面反擊으로 승부가 되었지만 스트라스부르크Strassburg/Strasbourg 전투에서 이와는 약간 달리 측면보강側面補强으로 우익의 전투가 교착되었을 뿐이다. 그러나 그 사이에 로마군은 좌익에서 승리했고 결국 이 좌익 병력이 우익을 지원해서 알레만Alemannen/Alamanni족을 이길 수 있었다. 당시 우익 역시 기병의 도주에도 불구하고 병력이 크게 우세했었음이 분명하다.

암미아누스Ammian/Ammianus에 의하면 로마군 전사자戰死者는 4명의 고위장교를 포함해서 243명이다. 그러나 이 수치는 극도로 격렬했던 것으로 묘사된 전투의 모습과는 모순된다. 그러나 사상자死傷者 총수(우리는 통상 1,500명으로 평가한다)는 불가능한 수치가 아닐 수도 있다. 도주해 버림으로써 적의 충격을 받지 않은 로마 기병은 전혀 손실이 없었을 수 있고 보병이 적의 측면공격을 견디어 내자 전투가 알레만족의 패배로 바로 끝났을 수도 있기 때문이다.

크노도마르Chnodomar와 그의 수행원들은 모두 로마군의 포로가 되었다. 알레만족 병력은 라인 강물 속으로 도주하다 대부분 죽었다.

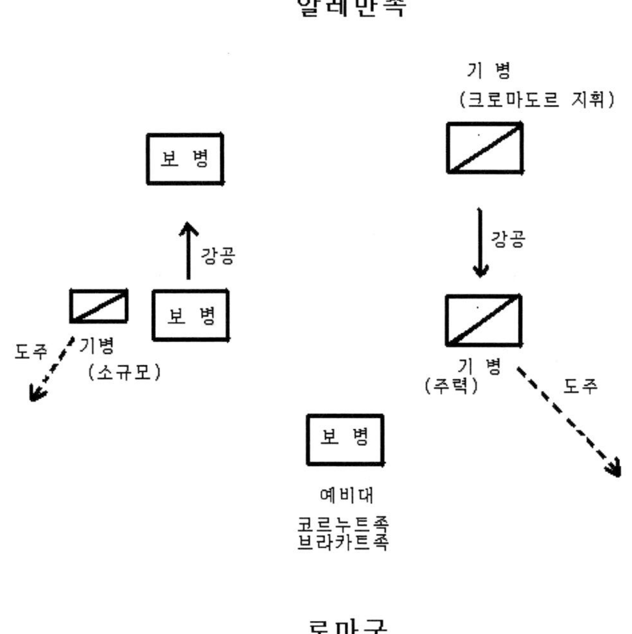

요도 1-1. 스트라스부르크 전투의 경과(1단계)

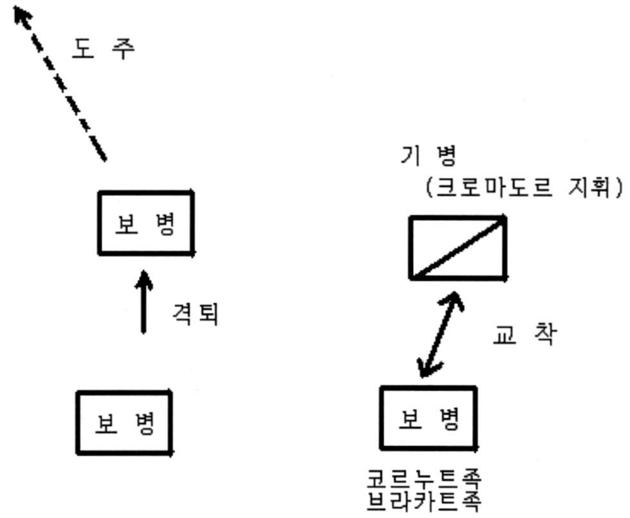

요도 1-2. 스트라스부르크 전투의 경과(2단계)

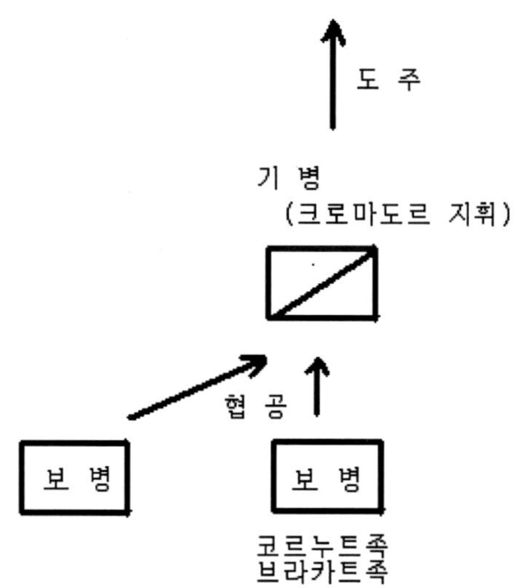

요도 1-3. 스트라스부르크 전투의 경과(3단계)

부 기附記

1. 비간트W. Wiegand는 《엘사스-로트링겐 지역의 지방행정과 민속民俗 논집論集Beit-räge zur Landes=und Volkskunde von Elsass-Lothringen》, 3권(서기 1887년)에 기고한 글에서 이 전투를 분석해 보려 했다. 그는 사료들의 세심한 선택과 분석을 통해서 유익한 정보들을 제공하기는 했지만 아마추어적 접근으로 개관적인 핵심을 놓치고 있다. 틀린 결론들과 문맥은 토론의 대상이 될 가치도 없다. 그는 스트라스부르크Strassburg/ Strasbourg 지역에서 2마일(15km) 떨어진 후르티가임Hurtigheim과 오베르하우스베르겐Oberhausbergen의 중간쯤이 전투장소였음을 입증하는데 주력했지만 이는 사료기록이나 전략상황과 부합되지 못한다. 왜 율리아누스Julian/Julianus는 16km도 안 가서 행군을 멈추고(역자 주: 앞서 자베른에서 스트라스부르크까지는 최소 30km이며 율리아누스는 도중에 행군을 멈추었다고 했음) 다음날로 전투를 미루려고 해야만 했을까? 만약 4마일(30km) 쯤 가다가 정지했다면 병력이 너무 지쳤었기 때문은 아니었을까 하는 생각을 해 볼 수도 있을 것이다. 비간트 자신도 암미아누스Ammian/ Ammianus의 기록에서는 강이 알레만족 뒤에 가까이 있는 것으로 묘사되어 있음을 인정한다(36쪽). 그러나 그는 이 기록을 이해하기 위해 당시에는 일Ⅲ 강이 라인 강의 한 지류로서 알레만족 전선戰線 뒤로 겨우 8km 떨어져 있었을 것으로 추정하고 있다. 물론 그렇게 볼 수도 있겠지만 8km는 너무 멀다. 암미아누스는 도주하는 알레만족에 대해 "그들은 이미 뒤에 가까이 있어 유일한 도움을 줄 강으로 접근했다*ad subsidia fluminis petivere, quae sola restabant, corum terga jam perstringentis*"고 했기 때문이다. 알레만족이 행동의 자유를 위한 충분한 공간을 확보한 후에 로마군 쪽으로 더 접근해야 할 이유가 있었을까? 그들은 라인 강 가까이 있으면 하루 동안 더 많은 병력과 합류할 수 있었을 것이고 로마군은 하루 동안 힘든 행군을 더 한 후에 전투에 들어가게 되었을 것이다. 라인 강에서 12km나 떨어진 곳에서 전투가 있었다면 낮 동안에 강을 건넌 알레만족이 바로 전투를 벌일 수는 없었을 것이다. 라인 평원에서 로마군은 언덕 위에서 아래로 공격할 수 있었을 것이라는 비간트의 말(27쪽)도 틀린 말이다. 평원의 폭이 아주 넓기 때문이다. 또한 알레만족이 측익을 어느 곳에 기댈 지형을 원했다면 분명히 강 가까이서 그런 지형을 찾을 수 있었다. 이때 불리한 점은 좌우측에 공간이 없어서 후퇴 시에는 바로 강물로 뛰어들어야만 했을 것이라는 점뿐이다. 그렇지만 사료들은 당시의 상황을 바로 그렇게 묘사해 놓았다. 전투가 강둑으로부터 12km(역자 주: 비간트가 말한 전투장소에서 라인 강 본류까지 거리)나 8km(역자 주: 비간트가 말한 전투장소에서 라인 강 지류 일Ⅲ 강까지 거리) 떨어진 곳에서 있었다면 강까지 추격에도 시간이 걸렸을 것이고 로마 기병대는 전장戰場에서 밀려난 후 대부분 다시 추격에 가담하지 못했을 것이다.

2. 암미아누스는 로마군의 대형에 대해 "그들은 각자의 위치에 딱 멈추었고 안테필라니, 하스타티 및 프리미 오르디네스가 철옹성鐵甕城 같이 늘어섰다*steterunt*

vestigiis fixis, antepilanis hastatisque et ordeninum primis velut insolubili muro fundatis"고 묘사해 놓았는데 (XVI, 12. 20절) 이 문장은 이해가 쉽지 않다. 프리미 오르디네스primi ordines는 가장 우수한 센튜리온Centurio/centurion(역자 주: 이 책 제I편, 제VI권, 제III장 참고)으로서 아마 코호르트Kohort/cohort(역자 주: 대대급 부대) 지휘관이었을 것인데 이 시대까지도 여전히 그랬을까? 또한 4세기에는 안테필라니antepilanen/antepilani와 하스타티hastaten/hastati(이 책 제I편, 제IV권, 제III장, 부기 1 참고)의 자리가 어디였는지 알 수 없다. 여하간 하스타티가 앞에 서고 안테필라니가 다음에 서고 프리미 오르디네스 즉, 필라니pilani 또는 트리아리triariern/triarii가 마지막에 선 3개 제대梯隊 대형이라는 마르카르트Joachim Marquardt의 해석(《로마의 국가행정國家行政 Römische Staatsverwaltung》, 제II편, 372쪽, 각주 1)은 틀린 해석이다. 전투의 전개과정을 보면 알 수 있듯이 후미 제대에는 코르누트Cornuten/Cornuti족과 브라카트Braccaten/Bracciati족이 있었다. 또 프리미 오르디네스는 트리아리가 아니다. 또한 안테필라니가 제2제대라면 이를 가장 먼저 말하지는 않았을 것이다. 아마도 암미아누스는 대형의 견고성을 최대한 화려하게 묘사하려고 선두 횡렬橫列의 모습에서 과거시대의 가장 노련한 장교인 프리미 오르디네스와 함께 안테필라니와 하스타티라는 표현을 수식적인 용어로서 사용했을 것이다.

3. 전투에 선행된 전략적 이동에 관한 암미아누스의 설명은 신뢰성도 없고 이해도 되지 않지만 이 연구의 목적상 이 문제에 대한 세부적 언급은 불필요하다.

4. 암미아누스는 전투 초기에 알레만족은 왕들에게 후퇴할 경우 곤경에 빠진 병사들을 버리지 않고 구해 줄 수 있도록 말에서 내려서 싸울 것을 요구했다고 매우 생생하게 묘사해 놓았다. 크노도마르Chnodomar는 이런 외침소리를 듣자 바로 말에서 뛰어내렸고 다른 왕들도 뒤따라 그렇게 한 것으로 보인다.

그러나 필자는 이를 믿을 수가 없다. 패배한 후 크노도마르는 말을 타고 도주했다. 만약 그가 발로 싸웠다면 쐐기 대형(카일Keil)의 선두에 서야 했을 것이다. 그런 그가 어떻게 200명의 수행원들과 함께 도주하려고 다시 말이 있는 곳까지 갈 수 있었을까? 그것이 전혀 불가능한 일이 아니라 해도 기병대는 여하한 경우라도 1명의 지도자가 필요하다. 그 지도자가 크노도마르가 아니라면 다른 왕이라도 1명은 반드시 기병대 지도자로서 말을 타고 있었어야 한다. 또한 체중이 매우 무거웠다는 그가 기병들 틈에서 말을 타지 않고 싸웠다는 것은 전혀 불가능한 일이다. 결국 모든 왕들이 말에서 내려서 싸웠다는 취지의 설명은 불가능한 설명으로 보인다. 이 문제는 더 따지지 말고 그대로 넘어가기로 하자.

5. 쾌프Koepp는 《독일 지역의 로마군Die Römer in Deutschland》, 96쪽에서 믿을만한 기록도 없고 우리들 자신의 평가기준도 전혀 적절하지 못하므로 알레만Alemannen/Alamanni족의 병력수가 얼마였는지 판단하려고 고생할 필요가 없다고 했다. 그의 견해가 옳다고 볼 수 있고 결국 그에게 비쳐진 필자의 견해와 크게 다르지 않을 것 같다. 그도 알레만족의 병력수로 사료에 기록된 수치 중 최소치인 30,000~

35,000명 또는 수만 명이라는 수치는 너무 큰 수치라고 했다. 또한 그도 13,000명이란 로마군 병력수를 적절하고 믿을만한 수치로 보았다. 13,000명이란 수치는 로마인인 율리아누스Julian/Julianus의 말에서 연유되었을 것이므로 (또한 우리는 모든 시대의 지휘관들이 이런 약점을 보이고 있음을 알고 있기 때문에〈이 책 제I편, 제VII권, 제XI장, 부기 4 참고〉) 로마군 병력수를 수천 명으로 본다 해도 너무 작은 수치라고 했었던 필자의 단서를 누구도 반박할 수 없을 것이다. 아마 쾌프Koepp도 알레만족 병력수가 6,000명 이하였을 것으로 믿지는 않을 것이다. 결국 우리 둘의 견해의 전반적 차이는 쾌프가 알레만족의 병력수를 필자의 추정보다 수 천명 정도는 많았을 것으로 볼 것이라는 점이다. 필자는 그렇게 보는 것이 불가능하다고 주장하지는 않지만 그렇지 않았을 가능성이 매우 높다. 첫째, 그렇게도 사나운 알레만족이 병력수도 크게 우세했었다면 로마군이 이를 격파할 수 있었을 것 같지 않다. 둘째, 로마군의 기병이 이미 격파되었었다면 더욱 그럴 수 없었을 것이다. 셋째, 율리아누스는 상대방이 집결하기 전에 그들을 격파할 수 있다는 확신을 갖고 공격했다고 사료가 분명히 말하고 있다. 이제 우리는 필자 같이 비록 추정에 근거한 것이지만 단정적인 수치를 말하지는 않고 그런 상황을 지적하는 것만으로 만족할 수도 있을 것이다. 그러나 분명히 틀린 사료상 수치들에 대해 의문을 표시하는 것만으로 끝내기보다는 대략적으로나마 특정한 수치를 적극적으로 제시해 보는 것이 언제나 바람직하다. 왜냐하면 그런 의문 표시에도 불구하고 독자들은 여전히 게르만족은 거대한 집단이었다는 막연한 무의식적 생각과 더불어 민족대이동民族大移動/Völkerwanderung의 본질에 대해서도 크게 왜곡된 생각을 지니고 있기 때문이다. 필자는 스트라스부르크Strassburg/Strasbourg 전투 당시 알레만족 병력이 6,000~10,000명에 불과했다는 적극적 증거는 발견하지 못했고 이는 단지 가능성의 문제일 뿐이라고 분명히 밝혔었다. 필자는 또한 대충 넘어가는 것에 만족하지 않고 특정 수치를 제시하게 된 동기도 분명히 설명했었다. 필자는 파살루스Pharsalus 전투 당시의 병력수를 검토하면서 설명했던 것 같이(이 책 제I편, 제VII권, 제IX장, 부기 1 참고) 분명하게 알고 있는 것이 아무것도 없는 사실들을 말할 때만 이런 입장을 취하지는 않으며 추정에 근거한 것이라도 적극적 수치를 제시해 주어야만 독자들의 분명한 이해가 가능해 질 때도 이런 입장을 취한다. 지금이 특히 그런 경우로서 역사연구에 있어 사료상의 잘못된 수치들에 근거한 통상적 견해들과 싸워서 이들을 우리의 사고思考 영역에서 몰아내는 것이 중요한 때이다. 이를 수시로 강조해야 할 필요성은 최근 도마스제프스키Domaszewski 같은 학자도 갈리에누스Gallien/Gallienus 황제가 이태리를 침공한 알레만족 300,000명을 여지없이 격퇴했다고 말하고 있는 것(《문헌학文獻學/Philologus》, 서기 1906년 호, 356쪽)을 보면 알 수 있다.

제 III 장

아드리아노플 전투(서기 378년 8월 9일)

아시아 내륙에서 몰려오는 훈Hunnen/Huns족으로부터 압박을 받던 서西고트Westgoten/Visigoths족은 도나우 강 하류 지역에 나타나서 로마제국에게 동맹을 맺자고 요청했다. 로마인들은 그들을 강한 무기로 삼아 이 지역에서 제국의 국경선을 더 잘 방어할 수 있을 것으로 기대하고 그들의 제안을 흔쾌히 수용하고 강을 넘도록 허락했다. 그러나 얼마 후 로마인들이 그들에게 제공키로 약속한 것으로 보이는 식량문제 때문에 이 새로운 동맹군들과 로마인들 사이에 다툼이 생겼다. 고트족은 "야수野獸 같이" 약탈과 살인을 하며 발칸 반도半島 로마 속주屬州로 밀려들었다. 그들은 또 도나우 강 건너 멀리에 살던 동東고트Ostgote/Ostrogoth족의 대부분과 오래 전부터 로마군에서 복무하던 고트족 그리고 도주한 노예들 특히 트라케Thracien/Thrace 광산의 노동자 등 다른 무리들과도 합류했다.

이때 동부황제 발렌스Valens(재위: 서기 364년-378년)는 페르시아인들과 싸우고 있었는데 그가 보낸 제1군(동부군)이 서부황제 그라티아누스Gratian/Gratianus(재위: 서기 375년-383년)가 보낸 제2군(서부군)의 도움으로 고트족을 도브루차Dobrudscha 지역으로 몰아냈지만 그들을 완전히 제압할 수는 없었다. 고트족이 알란Alanen/Alani 및 심지어 도나우 강 건너의 훈족으로부터도 병력을 보충받자 로마 장군들은 감히 전투를 계속하려 하지 않았다. 동부군은 콘스탄티노플Konstantinopel/Constantinople로 돌아갔으며 서부군은 일리리Illyrien/Illyricum로 돌아갔다.[1] 다만 돌아다니며 약탈을 일삼는 고트족의 산발적 무리들을 잡으려고 각 연대에서 300명씩 차출한 정예병력 2,000명만 정력적인 세바스티아누스Sebastianus 장군 지휘 하에 트라케 평원에 잔류했다.[2]

동부황제 발렌스는 이런 소식을 듣자 페르시아인들과 강화講和를 맺고 이로써 여유가 생긴 병력을 이끌고 출전했고 이때 그의 사촌인 서부황제 그라티아누스는 자신의 병력을 이끌고 골Gallien/Gaul에서 출발해서 그에게로 가고 있었다.

고트족은 스키프카 통로Schipkapass와 연결된 도로가 끝난 발칸 산맥 남쪽 베뢰아Beröa/Beroea(스타라 자고라Stara Zagora) 부근에 집결했다.

---

[1] 서부군이 도브루차에서 싸우다 일리리로 돌아가던 중 테팔레Taifalen/Taefalae족과 만났다는 것은 어딘가 이상하다. 그에 앞서 그들이 테팔레족을 뒤에 두고 있었다는 것이 가능한 일일까? 테팔레족 무리는 로마군이 동쪽으로 멀리 이동한 후에야 도나우 강을 건넜을 것이다. 또 암미아누스Ammian/Ammianus는 알라테우스Alatheus와 사프락스Safrax가 지휘하는 동東고트족이 이미 도나우 강을 건넜다고 했지만 그렇지는 않았을 것이다. 여하간 서西고트족과 합류로 보강된 게르만족은 병력이 매우 많았음은 분명하다.
[2] 이는 유나피우스Eunapius와 조시무스Zosimus의 기록에만 있는 내용인데 필자는 이 부분이 암미아누스Ammian/Ammianus의 기록을 보충할 수 있을 것으로 믿는다. 뒤의 부기附記를 참고할 것.

두 황제의 과제는 우선 병력을 합류시켜 연합병력으로 고트족과 싸우는 것이었고 고트족의 과제는 이 두 병력의 합류를 저지해서 각개격파 하는 것이었다.

그라티아누스는 도나우 강 가의 큰길로 올라가서 오늘날의 세르비아를 통해 필립포폴리스Philippopel/Philippopolis를 경유해서 마리차Maritza 강을 따라 아드리아노플Adrianopel/Adrianople을 거쳐 다시 콘스탄티노플까지 갈 계획이었다. 고트족이 상대방을 분리시키려면 두 로마군의 중간지점인 이 경로상의 필립포폴리스 근처 어느 곳을 쉽게 점령할 수도 있었겠지만 그들의 기동은 아마 성공하지 못했을 것이다. 로마군은 요새화된 숙영지 구축 기술을 잊지 않고 있었다. 더욱이 두 로마군은 자신들의 이동을 세심히 엄호하면서 이 지역에 있는 강력한 도시들을 기지 삼아 적에게 공격기회를 주지 않고 그들 주위를 돌아서 병력을 합류시켰을 것이 틀림없다. 만약 적이 한 통로의 입구를 봉쇄한다면 로마군은 어떤 우회로를 이용해서라도 그들을 우회할 수 있었을 것이고 양 방향에서 그들을 공격할 수도 있었을 것이다. 또한 고트족이 이렇게 한 곳에 집결해서 두 로마군을 격리시키려고 했다면 로마군은 오히려 환영했을 것이다. 적어도 그동안만은 그들이 농촌지역으로 퍼져 나가 노략질을 할 수는 없었을 것이기 때문이다.

요도 2. 아드리아노플 전투 지역

고트족 지도자였던 프리티게른Frithigern/Friedigern이 이런 상황에서 어떻게 자신의 과제를 해결하고 그의 민족이 승리를 거두도록 이끌었는지를 알면 우리는 그의 지적이고 영리한 전략을 인정하지 않을 수 없게 된다.

그는 두 로마군의 중간지점을 점령하지 않았고 마리차Maritza 강 가의 큰길은 비워두고 베뢰아Beröa/Beroea에서 카빌레Kabyle/Cabyle(잠볼리Jamboli)까지 더 동쪽으로 이동했다.3) 이때 발렌스Valens는 아드리아노플에서 마리차 계곡을 따라 필립포폴리스로 가던 중에 고트족이 아드리아노플 근처에 나타나 콘스탄티노플로 가는 길을 위협한다는 보고를 받았다. 뒤의 마리차 도로에 고트족 기병까지 보이자 그들이 황제와 아드리아노플 간 교통선까지 차단하려는 것으로 믿기 쉽게 되었다.

발렌스는 곧 돌아섰다. 마리차 도로에 보이던 고트족의 기병은 수색정찰대에 불과할 수도 있었지만 그는 전투를 벌이지 않고 아드리아노플로 돌아왔다.

이제 발렌스는 아드리아노플에서 조용히 머물면서 제2군이 도착하기를 기다릴 수 있었다. 이때 고트족은 전진해보았자 아무 소득도 없을 것이 분명했었지만 그렇다고 잃을 것도 없었다. 그들은 결코 두 로마군의 합류를 직접 저지할 수는 없었다. 그들은 두 황제를 상대로 동시에 전투를 벌이는 모험을 하지 않으려면 베뢰아 근처의 현 위치나 트라케Thracien/Thrace 평원으로부터 손쉽게 도나우 강 하류 지역으로 철수할 수도 있었을 것이다. 그러나 그들은 적 후방으로 이동함으로써 또 다른 기회를 얻었다. 이곳에서 그들은 적이 보급로로 이용하고 있는 교통선을 차단했고 콘스탄티노플 바로 앞에까지 아직 전화戰禍를 입지 않은 풍요롭고 광활한 트라케 경작지대를 약탈할 수 있는 위치에 있게 되었다. 고트족으로서는 그라티아누스Gratian/Gratianus가 도착하기 전에 발레스가 불리한 전투에 응하게 유인하려면 그의 후방에서 이런 작전을 벌이는 것보다 더 좋은 미끼가 없었다. 고트족이 보급로를 차단하고 있었으므로 로마군으로서는 사실 전투에 응하지 않을 수 없었다고 보는 것도 불가능하지는 않다.

사료들은 발렌스가 이때 그라티아누스가 알레만Alemannen/Alamanni족의 한 지파인 렌티엔스Lentienser/Lentienses족과의 전투에서 승리를 거두자 시기심 때문에 스스로 전투에 빠져들었다고 주장한다. 발렌스가 조급해지도록 아첨꾼들이 충동질했을 가능성도 있다. 전투가 패배로 끝나자 낙담하고 분노한 국민들이 어떻게 이미 북부 모에시아Mösien/Moesia(세르비아)까지 와있던 제2군을 기다리지도 않고 전투를 벌일 수 있었는지 따졌을 것은 너무 당연한 일이다. 당시의 결정이 실제로 충동질이나 시기심 때문에 이루어졌다면 이를 누가 알 수 있었을까? 암미아누스

---

3) 지레첵Constantine Joseph Jirecek, 《벨그라드와서 콘스탄티노플 사이의 군사도로Sie Heerstrasse von Belgrad nach Konstantinopel》, 서기 1877년, 145쪽.

Ammian/Ammianus의 기록이 황제 최측근의 말을 전한 것으로 본다 해도 그들이 황제의 가장 내면적인 일까지도 알 수 있었다고 누가 말할 수 있을까? 한 가지 분명한 것은 사촌에게 지원을 요청한 발렌스Valens는 이제 사촌이 이미 가까이 접근해 있는 상황에서 홀로 전투를 시작하는 것이 불가피하거나 혼자서도 확실히 승리할 수 있다고 믿었던 것이 아니면 결코 홀로 결전決戰에 돌입하지 않았을 것이라는 점이다. 필자는 발렌스가 시기심 때문에 홀로 전투에 돌입했다는 말을 숙영지에서나 나돌던 유언비어라고 본다.

이때 고트족 병력이 10,000명도 안 된다는 보고가 황제에게 들어갔다고 한다. 발렌스가 전투에 돌입하기로 결정한 동기를 사촌에 대한 시기심이나 아첨꾼들의 충동질에서 찾는 것보다는 바로 이 보고에서 찾는 것이 분명히 더 논리적이다. 적보다 큰 병력을 보유한 황제가 자신의 수도首都 문전에서 풍요로운 속주屬州를 노략질하고 있는 야만인들을 그저 바라보고만 있을 수 있었을까?

그러나 고트족 지도자 프리티게른Frithigern/Friedigern은 발렌스를 전투로 유인하려고 또 다른 수단을 동원했다고 한다. 그는 기독교 사제司祭 한 명(그가 바로 울피라스Ulfilas였는지는 의문의 대상이 되어 왔다)을 로마군의 숙영지로 보내서 만약 트라케Thracien/Thrace 속주를 그곳의 양떼와 곡식과 함께 고트족에게 넘겨주면 황제에게 평화를 지켜주겠다는 말을 전하게 했는데 이 공개적인 메시지 외에도 그 사제는 황제가 병력과 함께 나와서 고트족이 두려워하며 평화를 원할 수 있게 해달라고 요청하는 프리티게른 대공大公의 비밀서신을 지니고 있었다고 한다.

발렌스가 실제로 자신의 병력이 확실히 많은 것으로 알지 않았다면 고트족의 계략은 너무 조잡해서 그라티아누스 도착 전에 전투에 응하도록 그를 유인할 수 없었을 것이지만 로마군 수뇌부의 판단으로는 프리티게른의 메시지가 그다지 터무니없어 보이지는 않았다고 한다. 사실 우리는 그가 적어도 반쯤은 진지했었다고 볼 수도 있을 것이다. 고트족은 좋은 보수와 대우를 받는 로마 용병傭兵이 되는 것 외에 큰 욕심이 없었고 고트족 지도자들은 이때 프리티게른이 제시한 조건과 유사한 조건에 그 후에도 실제 동의했기 때문이다. 그러나 이 설명에서 간과된 점은 황제가 어떻게 평화협정 체결을 생각할 수 있었을 지에 관한 문제이다. 로마인들이 야만인들에게 징벌을 가해 그들이 로마 영역에서 야기한 고통을 복수하지 않고 속주 하나를 그들에게 비워준다면 로마의 권위는 물론 황제의 위엄도 회복할 수 없는 지경으로 손상되는 것이다. 발렌스Valens가 행동에 나서기에는 자신의 병력이 너무 적다고 느끼고 있었다면 물론 그라티아누스Gratian/Gratianus의 지원을 기대할 수 있었을 것이다.

우리는 이때 발렌스가 프리티게른의 강화 제의를 거부하고 고트족을 향해서 진격했다고 알고 있다. 모든 상황은 발렌스가 전투를 하려 했건 아니면 우세한 무력시위를 통해 고트족에게 항복을 강요하려 했건 어떤 경우에도 승리에 대한 확신을 가지고 있었음을 말해준다.

기록에 의하면 이틀날 발렌스가 고트족을 향해 진격 중일 때도 프리티게른이 보낸 사자使者가 두 차례 더 나타났는데 로마인들은 그들이 지위 높은 자가 아니었으므로 그들을 실제로 믿지는 않았지만 프리티게른이 인질교환을 제의했다는 말을 듣자 결국 동의했다고 한다. 이때 양측은 이미 마주 포진布陣하고 있었는데 인질교환이라는 위험한 임무수행을 다른 사람이 거절하자 리코메르Richomer 장군이 자원했었고 그가 중간쯤 갔을 때 로마군 전선戰線의 일부가 명령 없이 전투를 시작했고 이 전투가 전 전선에 걸친 전투로 확대되었다고 한다.

그러나 실제 그랬을 가능성이 높아 보이지는 않는다. 프리티게른이 사자使者를 더 보내 자신이 겁먹은 것처럼 보이게 해서 로마인들이 더욱 거세게 공격하게 유인하거나 협상하면서 시간을 벌었다면 이는 충분히 가능한 일일 것이다. 아마 약탈을 나가서 돌아오지 않던 알라테우스Alatheus와 사프락스Safrax의 기병 분견대가 마침 돌아오자 인질교환에 동의한 것일 수도 있겠지만 그렇다 해도 왜 발렌스가 인질교환에 동의했었는지는 여전히 의문이다.

발렌스는 속주屬州를 넘겨주고 평화를 얻을 생각은 없었지만 그라티아누스의 도착 때까지 적을 묶어둘 시간을 벌기 위해 협상을 원했을 수도 있다. 그러나 실제로 그랬다면 그는 요새화된 숙영지 내에서 최대한 안전을 확보하고 있어야 했을 것이다. 그는 고트족이 자신에게서 빠져나가는 것을 우려했을 수도 있고 그들이 잔학행위를 멈추는 대가로 트라케Thracien/Thrace를 양보하려는 의도에서가 아니라 지금은 그들이 빠져날 수 없으므로 그들을 안심시켜 집결된 채로 묶어둔 상태에서 그라티아누스를 기다리기 위해 인질교환 제의를 수락했을 수도 있다. 그러나 이 경우에도 왜 그가 일찍 멈추지 않았는지 의문이 남는다.

우리는 또한 발렌스는 그때까지 승리를 확신하고 있다가 마지막 순간 자신이 고트족을 과소평가 했고 그들이 자신이 믿었던 것보다는 훨씬 큰 병력임을 깨달았을 것으로 볼 수도 있을 것이다. 그러나 실제로 그랬다면 이를 사료들이 완전히 간과했을 수는 없고 그는 우선 병력이 더 이상 전진하지 못하게 정지명령을 내려야 했을 것이다. 당시 무기들의 사정거리를 보면 병력들이 명령 없이 전투를 시작할 수 있으려면 양측이 수백 보 이내에 접근해 있었어야만 한다. 그러나 그전에 로마군 수뇌부는 적의 병력이 얼마나 되는지 곧 알았을 것이 분명하다. 전투대형으로 전개된 병력은 움직임이 느리다. 지휘관은 병력 전개 중에 자신이 적을 직접 볼 수 없어도 장교들을 앞으로 내보내서 적을 관측하게 한다. 전투가 시작되기 수 시간 전에도 발렌스Valens가 노련한 장교들의 평가에 의한 정확한 적 병력수를 아직 몰랐다는 것은 있을 수가 없는 일이다. 기껏해야 이때 갑자기 나타난 알라테우스Alatheus와 사프락스Safrax의 기병이 로마인들을 놀라게 하는 정도였을 것이다. 그러나 사료에는 이 기병의 출현이 협상결정과 어떤 관계가 있었을 흔적이 전혀 없다. 결국 우리는 로마군 수뇌부가 마지막 순간까지도 승리를 확신하고 있었음을 의심할 수 없다. 그렇지 않았다면 그들은 어느 정도 일찍이 병력을 정지시킨 후 협상을 해가면서 병력을 숙영지로 돌아가게 한 다음에 서부군을 기다릴 수 있었을 것이다. 그럼에도 불구하고 이 마지막 순간에 또는 너무 늦은 시간에 발렌스가 인질교환 제의를 수락했다면 그는 처음부터 그라티아누스Gratian/Gratianus를 기다릴 것인지를 고민하다가 고트족이 전투대형으로 전개한 것을 보자 더 이상 참지 못한 것이라고 설명할 수밖에는 없을 것이다.

사료에는 이 전투의 전술적 측면에 관한 설명이 없다. 다만 최초 공격 시에 고트족 기병대가 로마 기병들(이 중 빌렌스가 시리아에서 데려 온 아랍Araber/Arabs 기병들도 있었다)을 본대에서 분리시켰고 그 후 로마군은 거의 몰살당했다고 할 뿐이다. 발렌스는 쓰러졌고 아무도 그가 어떻게 쓰러졌는지 모른다고 한다.

로마군이 대패大敗한 것을 보고 고트족 병력이 훨씬 많았었다는 말을 할 수는 없을 것이다. 우리는 칸네Cannä/Cannae 전투를 기억할 필요도 있지만 고대전투에서는 패한 측은 흔히 큰 피해를 입었고 거의 전멸되기 쉬웠다는 점을 명심해야 한다.

우리는 이 전투기록에서 전술적 교훈을 얻을 수 있다는 희망은 포기해야 하고 또 당시의 정치 군사적 관계도 불분명하지만 이 전투는 전쟁사의 관점에서 매우 흥미 있는 전투이다. 한 게르만족 헤르조그Herzog(장군)가 타고난 전략가였음을 보여주고 또 단 10,000명의 고트족이 로마황제의 공격을 유인했다는 점 때문이다.

이 수치를 기록으로 남긴 암미아누스Ammian/Ammianus는 막연하게 이 수치가 착오라고 하면서도 고트족 병력수가 실제로 얼마였는지에 대해서는 아무 말도 없다. 그는 처음에 단지 거대한 무리가 도나우 강을 건넜다고 했고 그와 동시대 인물 유나피우스Eunapius는 고트족 병력수를 군복무적격자 20,000명으로 평가했다(제6장).(역자 주: 유나피우스는 덱시푸스Publius Herennius Dexippus의 《연대기年代記/Annales》에 부록을 썼다.) 이 때문에 현대학자들은 이 10,000명이라는 수치를 일종의 선발대로 생각해 왔다. 그러나 그렇게 생각할 근거가 암미아누스의 기록에는 없다. 사실 문맥을 보면 그런 해석이 허용되지 않는다. 원문을 읽어보면 로마군 정찰대는 그들이 본 것은 10,000명 이하임을 확신했다고 한다("어떻게 그들이 이런 착오를 범했는지는 불명확하지만, 정찰병들은 자신들이 목격한 적은 전부 합해 10,000명이라고 주장했다*incertum, quo errore- procursatoribus omnem illam multitudinis partem, quam uiderant, in numero decem millum* *esse firmantibus*"). 정찰병들의 이런 보고 때문에 황제는 갑자기 공격을 결정한 것이다. 만약 정찰병의 보고가 얼마인지 모르는 많은 병력 중 단 1,000명만 자신들이 직접 보았다는 의미라면 "인세르툼, 쿠오 에로레*incertum, quo errore*"(역자 주: "어떻게 그들이 이런 착오를 범했는지는 불명확하지만")라는 구절이나 황제의 급작스런 결정은 말이 안 된다. 이 보고의 의미는 큰 무리로 추정되는 야만인들 중 이곳 아드리아노폴에 있는 자들이 10,000명 이하라는 것일 뿐이다.

정찰병의 보고가 착오라는 암미아누스*Ammian/Ammianus*의 말을 밀을 수 있다 해도 착오에는 한계가 있는 법이다. 10,000명으로 생각하고 공격한 적敵이 실제로는 200,000명이나 될 수는 없다. 100,000명이 될 수도 없다.

고트족의 주력은 다른 어느 곳에 있는 사이에 적의 습격대를 자신이 차단하고 있다고 생각했던 발렌스*Valens*가 사실 적의 주력과 마주친 것으로 볼 수도 없다. 프리티게른*Frithigern/Friedigern*이 사자使者를 보냈다는 것은 그들이 단순한 습격대가 아니었음을 말한다. 따라서 암미아누스의 기록은 달리 읽혀야만 될 것이다. 처음에는 착오를 했어도 적에게 접근하는 중 이미 이를 깨달았을 수밖에 없다. 결국 고트족은 협상을 제의하면서 로마군에게 두 번의 시간과 기회를 준 것이며 황제는 실제 전투가 벌어질 때까지 자신의 착오를 눈치 채지 못했던 것이다.

따라서 발렌스는 프리티게른이 직접 지휘하며 사자를 보내고 있는 상대방은 고트족의 주력이고 그들의 병력수는 10,000명이라고 보고 전투를 결정한 것임이 분명하다. 암미아누스의 기록을 보면 고트족의 병력수는 분명 이보다 많았지만 그 2배나 되었을 수는 없다. 2배만 되었어도 로마 장군들이 적에게 접근하던 중 이를 알았을 것이기 때문이다. 도중 이를 알고 그라티아누스*Gratian/Gratianus*의 도착을 기다리자는 권고하는 소리가 있었을 가능성은 전혀 없다. 그런 소리가 있었다면 이와 관련된 기록이 어느 사료에든 있을 것이며 암마니우스의 상세한 기록도 이를 기록해 놓았을 것이 분명하다. 참극이 끝나면 누군가의 정확했던 경고의 외침소리보다 더 강조돼야 할 것은 없기 때문이다. 그러나 사료에는 그런 말이 전혀 없다. 고트족의 병력수가 10,000명 이상이었다는 말은 전혀 없고 단지 10,000명이란 숫자가 착오였다는 막연한 표현만 있다. 결국 큰 착오가 있었을 수는 없다. 아마도 착오는 전투가 시작될 때까지 본대와 합류하지 않았던 고트족 기병대와 주로 관련이 있을 것이다. 결국 우리는 고트족의 병력수를 12,000명 아니면 최대 15,000명 정도로 말할 수 있다.

이런 결론은 로마군이 전진 중에 의 원형圓形 수레 바리케이트를 보았다고 한 암미아누스의 설명에서도 확인된다("적의 수레들이 원圓을 만드는 것이 보였고 정찰병들이 보고한 정보가 확인되었다*hostium carpenta cernuntur, quae ad speciem rotunditatis* *detornata digestaque exploratorum relatione adfirmabantur*"). 암미아누스는 전년도 전투에서도(XXXI, 7. 5절) 고트족의 수레 바리케이트를 원형으로 묘사한 적이 있다("많은 수레들이 원형으로 정렬했다*ad orbis rotundi figuram multitudine digesta plaustrorum*"). 우리는 그러한 수레 바리케이드가 규모를 단정해서 말하지는 않더라도 약간의 병력만 감쌀 수 있었을 것으로 볼 수 있다. 수 만개의 수레를 하나의 원으로 정렬시키려면 몇 날이 걸렸을 것이며 혹 지형장애물이 있었다면 결코 그런 정렬이 불가능했을 것이다. 바리케드에서 밖으로 나오는 것도 그렇다. 바리케이드 속 병력은 자유롭게 이동할 수 없다. 또한 바리케이트의 둘레가 너무 크면 바리케이드 내에서 숙영지를 구축하는 동안에는 병사들이 그의 수레와 그 속의 물건들 그리고 그곳에 있었을 그의 양떼와 너무 멀리 떨어지게 되면서 바리케이트 속이 극히 무질서해 질 뿐 아니라 시설물들을 사용할 수도 없게 되었을 것이다. 또한 수 만명 병력이 수레 뒤에서 보호받으려면 여러 개의 수레 바리케이드가 필요했을 것이데 암미아누스는 언제나 단 1개의 수레 바리케이드만 말하고 있다.

우리가 내린 결론은 고트족의 행군과정에서도 확인된다. 그들은 카빌레Kabyle/Cabyle에서 아드리아노플Adrianopel/Adrianople로 이동했다. 현재 이 두 마을 사이에 있는 산을 넘으면 툰차Tundscha 강 좌우로 도로가 둘이 있는데 두 도로가 모두 강 옆에 붙어 있지 않고 강에서 아주 멀리 떨어진 곳들이 많다.4) 서기 1829년에 러시아 디에비치Diebitsch 장군은 옛날에 서西고트족이 그랬던 것 같이 8월에 이 두 길 중 동쪽 길을 이용한 적이 있는데 그때의 행군에 대해 몰트케Moltke는 이 전쟁의 역사에 관한 그의 글에서 다음과 같이 묘사했다(359쪽):

파파스크조이Papaskjoi(포포보Popowo) 건너편에서는 지형이 깊은 계곡이 있는 더 험한 산악지형으로 바꾼다. 이 지역은 흙도 나무도 거의 없는 암석지대로서 태양열을 반사하고 있는 이 암석지대에서의 행군은 지극히 힘들었다. 이 지역에서 여행객들에게 큰 도움을 주던 샘물들을 터키군이 모두 파괴해 놓아서 병력들은 극심한 식수난食水難을 겪었다. 4마일(30km)을 행군한 끝에 병력들은 부주크 데르벤트Bujuk Derbent라는 작은 마을에 도착해서 이곳에서 이틀날까지 휴식을 취했다. 제VII군단軍團은 이미 쿠츠추크 데르반트Kutschuk Derbent에 도착해 있었다. 러시아 군은 발칸산맥 행군 때보다 이 암석지대에

---

4) 아르타리아Artaria가 서기 1897년 비엔나에서 발행한 발칸 전도全圖 외에 현재 이보다 더 자세한 발칸 지도(축척 1: 420,000)가 있는데 필자는 이를 참고했다. 이 지도는 서기 1877년-1878년 전쟁 때 러시아 장교가 조사한 내용을 기초로 만든 것이다. 터키 장군참모부가 발행한 터키 전도에는 "전능한 수호자 알라Allahs 신神의 은총으로 황제폐하의 장군참모부가 작성함"이란 표제가 있지만 《왕립 군사지리 연구소 보고서*Mitteilungen des königlichen-keiserlichen miltärische geographischen Instituts*》, 18권에서 하르텐트룸 Hardt von Hartenthrum은 이 지도가 오스트리아 전도를 그대로 복사한 것이라고 했다. 탈로찌Thalloczy, 《오스트리아-헝가리 및 발간의 국가들*Oesterreich-Ungarn und die Balkanländer*》(부다페스트, 서기 1901년) 참고.

서의 행군에서 더 큰 스트레스를 받았다. 지열地熱은 참을 수 없는 정도였고 점점 많은 병사들이 열병熱病에 시달렸다. 부주크 데르벤트(또는 넓은 통로)는 지나기가 매우 어려운 협곡을 형성하고 있었다.

몰트케Moltke는 서쪽 도로는 훨씬 쉬운 길이었다고 했다(358쪽). 서쪽 도로는 툰차Tundscha 강 서쪽 둑을 따라 나있는데 이 강은 다리가 없으면 건널 수 없는 강이며 아드리아노플Adrianopel/Adrianople 부근에서 마리차Maritza 강과 합류한다(361쪽).

이런 기본적 도로상황은 옛날에도 비슷했을 것이 분명하므로 당시 고트족이 작전에 이용할 수 있는 도로는 툰차 강 동쪽 둑을 따라 부주크 데르벤트 마을을 지나는 동쪽 도로 하나뿐이었다. 그들은 병력을 나누어 두 도로를 동시에 이용할 수도 없고 전 병력이 서쪽 도로를 따라 이동할 수도 없는 형편이었다. 아드리아노플 북쪽 3~4마일(23~30km) 지점에서 통로들은 산악지대에서 언덕지대로 빠져나오고 이 언덕지대는 점차 경사가 느린 평원지대로 바뀌며 이 평원지대에 아드리아노플이 있다. 두 도로가 산악지대를 빠져나오는 지점들은 서로 2마일(15km) 떨어져 있으며 그 사이로 툰차 강이 흐른다. 고트족의 일부가 서쪽 도로를 따라서 이동했다면 로마군이 우연히 이를 알게 될 경우 즉시 그들의 측면을 공격할 수 있었을 것이다. 그렇지 않을 경우라도 통로를 빠져나오는 순간 그들은 바로 로마군의 주력과 마주치게 될 수 있었을 것이고 그렇게 되었다면 고트족을 둘로 갈라놓은 깊은 툰차 강을 등 뒤에 두게 되었을 것이다. 툰차 강은 로마군과 조우하지 않을 경우에도 매우 불편한 장애물이었을 것이다. 암미아누스에 의하면 고트족은 아드리아노플과 콘스탄티노플 사이에 있는 도로를 향해 이동했다고 했으므로 그들은 우선 서쪽 도로에 있던 병력에게 툰차 강을 건너게 해야 했을 것이다.

결국 프리티게른Frithigern/Friedigern이 두 도로를 동시에 이용했었다면 그가 통로를 빠져나오는 순간 바로 로마군과 조우하게 될는지를 알 수 없었을 것이며 우측대열은 강 건너 대열이 구원을 오기도 전에 로마군에게 공격을 당했을 것이다. 그러나 만약 그가 한 도로만 이용했다면 발렌스Valens가 먼저 와있었다 해도 전방병력이 후방병력보다 먼저 전투에 돌입되고 1~2일 행군거리를 두고 따라오던 후방병력이 전방병력을 지원할 수 있었을 것이다. 고트족은 병력규모가 작아서 도로 하나만으로도 충분하고 행군장경도 1일 거리 이상 늘어지지 않을 경우에만 감히 전진할 수 있었을 것이다. 그래야만 그들은 로마군이 밀고 올라올 경우에 신속히 전개해서 전투를 준비할 수 있을 것으로 기대할 수 있었을 것이다.

규모가 작은 군대는 규모가 큰 군대가 할 수 있는 일을 할 수 없지만 규모가 큰 군대도 역시 규모가 작은 군대가 할 수 있는 일들을 모두 할 수는 없다.

몰트케에 의하면(359쪽) 서기 1829년에 디에비치Diebitsch 장군은 동쪽 길 하나만 이용해서 아드리아노플로 이동했다. 이 길을 이용하면 아드리아노플 근처에서 툰차Tundscha 강을 건너지 않아도 되고 오히려 이 강이 필립포폴리스 방향에서 혹 있을 수 있는 적의 공격으로부터 우측면을 보호할 수 있기 때문이었다.

고트족의 서기 378년 상황 역시 같았다. 그들은 콘스탄티노플로 가는 도로 쪽으로 가기 위해 아드리아노플을 우회하려고 했었다. 그들이 카빌레Kabyle/Cabyle를 출발했을 때 발렌스Valens는 아직 아드리아노플에 있었거나 마리차Maritza 강 계곡 도로를 따라서 필립포폴리스 방향으로 막 출발했다. 발렌스가 고트족의 접근을 우연히 아주 일찍 알았다면 툰차 강 서쪽 도로의 산악통로 입구에서 미리 기다리다가 그곳과 툰차 강 도하지점 모두에서 고트족을 심각한 곤경에 몰아넣으려 했을 수도 있을 것이다. 그러나 고트족은 동쪽 도로만 이용함으로써 로마군의 방해를 받지 않고 산악통로를 빠져나올 수 있을 것으로 확신할 수 있었다.

고트족은 전진 중에 보급대열 전체를 동반하지는 않았을 것이다. 그들의 보급대열은 귀중품과 양떼와 노예들을 약탈하면서 엄청난 규모가 되었을 것이 분명하다. 그들은 보급대열의 상당부분을 작전구역 북동쪽 멀리에 호송병력과 함께 잔류시켰을 것이 분명하다. 또한 일부는 본대와 떨어져 있었을 수 있다. 알란 Alanen/Alanis족은 그라티아누스Gratian/Gratianus의 병력을 관측하면서 수색정찰 활동을 벌였다. 그러나 상당수의 하인들과 특히 많은 여자와 아이들은 늘 본대를 따라다녔을 것이다. 따라서 전사戰士 숫자는 15,000명이 안 되었어도 행군대열은 30,000명은 족히 되었을 것이며 도로 하나를 이용해서 수레들과 함께 간 행군대열은 선두와 후미가 1일 행군거리 쯤은 떨어졌을 것이다.

이제 전투의 결과를 다시 살펴보기로 하자. 우리는 고트족에게 유리한 것이 무엇이었는지 즉, 그들의 기병이 로마 기병보다 압도적으로 강했던 이유와 로마 보병이 스트라스부르크Strassburg/Strasbourg 전투 때와 달리 전투를 계속할 수 없었던 이유를 사료에서 찾아볼 수 없다. 스트라스부르크에서는 로마군 숫자가 현저히 많았음이 충분히 입증되었다. 그러나 우리는 아드리아노플Adrianopel/Adrianople에서는 양측의 차이가 어느 면에서나 결코 크지 않았다고 볼 수 있다. 발렌스Valens는 고트족 병력이 10,000명이라는 보고를 받자 승리할 수 있다고 확신했었다. 따라서 그의 병력은 아마 고트족보다 수 천명은 많았을 것이다. 암미아누스Ammian/Ammianu도 발렌스가 크고 효율적인 군대를 보유하고 있었다고 분명히 말했다.

우리는 로마군의 절대적 패배를 설명해 줄 분명한 군사적 이유를 발견할 수 없기 때문에 로마제국이 내부적 취약성, 다시 말해서 반역행위나 최소한 적극적 태도의 실종이 그 원인이었던 것으로 추정하는 경향이 있다.

율리아누스Julian/Julianus(재위: 서기 360년-363년)가 돌연 메소포타미아에서 죽고 군대가
요비아누스Jovian/Jovianus(재위: 서기 363년-364년)에 이어 발렌티아누스Valentian/Valentianus(재위: 서
기 364년-375년)를 황제로 선택했을 때 발렌티아누스는 율리아누스에게 자식은 없지
만 계승권자가 있다는 점을 간과했다. 콘스탄티누스Konstantin/Constantinus 가계家系가 아
직 끊어지지 않아서 율리아누스의 사촌인 프로코피우스Procop/Procopius가 있었는데
그는 자신의 권리를 지키려다 결국 졌지만 새 수도首都 콘스탄티노플에서는 그에
대한 동정심이 너무 커서 새 황제는 늘 긴장했다.5) 더욱이 발렌스Valens는 독실한
아리우스 교도敎徒Arianer/arians였다.(역자 주: 발렌티니아누스는 아우 발렌스를 공동황제로 임명해 제
국의 동부를 다스리게 했다. 프로코피우스는 황제를 자칭하고 안티오크에서 반란을 일으켰으나 이듬해
포로가 되어 처형당했다. 발렌스는 서기 367년 이후 3년에 걸쳐 도나우 강을 건너 서西고트족을 격파했
었지만 서기 378년 아드리아노플 전투에서 전사했다. 그는 아리우스 교도로서 통치기간 중 가톨릭 교도
를 박해하고 가톨릭 주교들을 추방했었다. 아리우스 교敎는 4세기 초 알렉산드리아의 사제 아리우스가
처음 주장한 그리스도교 이단설異端說로 예수의 신성神聖을 부인하고 예수도 신의 피조물이라고 보는 교단
이다.) 발렌스가 고트족과 싸우도록 제일 먼저 내보낸 장군들이 패하고 돌아오자
사람들은 그의 면전에서 그들의 패배는 그들의 주인이 진정한 신앙을 인정하지
않기 때문이라며 그를 비난했다 한다.6) 그가 콘스탄티노플을 출발할 때 한 사제
司祭가 진정한 교인敎人들로부터 빼앗아 간 교회敎會들을 돌려줄 것을 요구한 적도
있다. 이 사제는 만약 황제가 교회들을 돌려주지 않으면 황제는 전쟁터에서 돌
아오지 못할 것이란 말을 했다고 한다.7) 그러나 발렌스는 원형극장에서 탄핵을
받자 자신이 다시 돌아오면 콘스탄티노플을 파괴해 버리겠다고 맹세했다는 말이
콘스탄티노플에 돌았다고도 한다.8) 이런 이야기들은 사제司祭 작가들의 글을 통해
전해진 것들로서 세부적으로까지 모두 믿을만한 것들은 못 된다. 그런 작가들
중 하나였던 소크라테스Sokrat/Socrates는 기병대가 반역적으로 전투에 불참했다고 분
명히 말했지만 신뢰성 있는 사료에는 그런 증거가 전혀 발견되지 않는다. 암미
아누스Ammian/mmianus의 기록에는 반역에 관한 말이 전혀 없다. 그러나 황제로 군림
했던 발렌스Valens는 극심한 도전을 받았었고 권좌權座가 불안했던 것만큼은 분명
한 사실이다. 결국 아드리아노플 전투에서 로마군이 엄청난 패배를 당한 것은
단지 군사적 이유 때문만은 아니며 제국 내부 정치적 상황의 영향을 받은 것으
로 보아도 큰 무리는 아닐 것이다.

---

5) 소크라테스Sokrat/Socrates, IV, 38장.
6) 테오도레트Theodoret, 《증언록證言錄》, IV, 33장.
7) 소조메노스Sozomenos, 《교회사敎會史》, VI, 40장.
8) 소크라테스Sokrat/Socrates, IV, 38장.

부 기附記

주데크Walther Judeich는 《독일 역사과학지Deutsche Zeitschrift für Geschichtswissenschaft》, 제VI권(서기 1891년)에 게재한 한 논문에서 아드리아노플 전투의 이해에 필요한 결정적인 기초를 확립했다. 최근에는 룬켈Ferdinand Runkel이 베를린 대학교 학위논문에서 이 전투를 다루었다. 암미아누스Ammian/Ammianus의 《사건연대기事件年代記 Rerum gestarum libri》는 이 전투에 관한 거의 유일한 사료인데 암미아누스는 장교였음에도 불구하고 그의 묘사는 비테르스하임Wietersheim의 표현을 빌리자면 "군사적 문체文體가 아니라 거의 낭만적 문체이다." 주데크의 결론들은 군사적 관점에서는 인정될 수 없고 전혀 터무니없는 부분도 많지만 그의 글은 관련된 지리地理 문제들을 정리함으로써 암미아누스가 자료들을 오해한 것임과 이런 오해의 원인과 이를 수정할 수 있는 방법을 명확하게 제시했다는 점에서 큰 장점을 지니고 있다. 이제 우리는 주데크가 밟았던 길을 같은 방향으로 약간만 더 가기만 하면 된다.

암미아누스의 설명에는 모순이 하나 있다. 그는 발렌스Valens 황제가 콘스탄티노플을 출발 후 우선 본부를 멜란티아스Melanthias(콘스탄티노플에서 3~4마일쯤에 위치함)에 설치한 후 아드리아노플에 3.5마일(약 27km) 못 미친 곳에 있는 니케Nike로 갔다고 했다. 그리고 세바스티아누스Sebastianus 장군은 이곳에서부터 아드리아노플을 향해 서둘러("강행군으로itineribus celeratis") 갔다고 했는데 니케에서 아드리아노플까지는 1일 행군거리에 불과하므로 서둘러 갔다는 것은 혼동을 불러일으킬 수 있는 표현이다.

그러나 암미아누스는 바로 이어서 발렌스가 또다시 멜란티아스를 떠났다고 하면서 그 직후 적이 보급선을 차단하려 하자 궁수와 기병을 내보내 대응했으며 3일 후엔 야만인들이 니케로 접근했는데 이때 발렌스는 적의 병력이 겨우 10,000명에 불과함을 알고 그들과 전투를 벌이려고 아드리아노플로 갔다고 했다.

야만인들이 이미 멜란티아스와 아드리아노플 중간의 니케에 있었다면 멜란티아스를 떠난 발렌스가 어떻게 아드리아노플로 가려고 했을까? 또한 발렌스보다 앞에 있던 야만인들이 어떻게 그의 보급로를 차단하려 했을까?

암미아누스는 작전구역의 지리를 정확히 몰랐던 것이 분명하다. 그러나 그의 죄는 보기보다는 크지 않다. 우리는 이와 유사한 예를 통해 그런 지리 문제의 착오가 있을 수 있는 일임을 알 수 있다.

드로이센Johann Gustav Droysen은 서기 1814년 2월 마르네Marne 전투에서 대패大敗로 끝난 작전을 설명하면서 실레지아Schlesische/Silesian 군이 같은 행군을 이틀 연속 반복했다고 했으며 트라이츠케Treitschke는 라이프찌히 전투 전의 상황을 설명하면서 메르제부르그Merseburg가 라이프찌히 북서쪽이라고 했다. 작센Sachse/Saxon 태생으로 라이프찌히에 오래 거주한 그는 문헌학자들이 즐겨 비판하고 있듯 할레Halle가 라이프찌히 북서쪽이고 메르제부르그Merseburg는 거의 직서直西 쪽 2마일도 안 되는 곳에(약

10~15km 떨어진 곳에) 있다는 것을 분명히 알고 있었을 것이다. 그는 단지 착오를 했을 뿐이다. 비非방법론적인 고대사 연구가들이 흔히 그러는 것과 같이 이런 경우에 사료 원문을 복잡하게 해석하려고 하면 안 된다. 착오를 지적하고 수정하기만 하면 된다. 암미아누스Ammian/Ammianus의 구절들도 다를 바 없다.

무엇보다 발렌스Valens가 자신은 본대와 함께 26마일(약 195km) 후방의 멜란티아스Melanthias에 머물면서 세바스티아누스Sebastianus의 선발대를 아드리아노플 쪽으로 먼저 보냈었을 수는 없음이 분명하다.

유나피우스Eunapius(78쪽)와 조시무스Zosimus(IV, 28장)에 의하면 세바스티아누스는 발렌스가 친히 지휘한 병력의 단순한 선발대가 아니라 정예병 2,000명을 이끌고 오래전부터 고트족을 상대로 게릴라전을 성공적으로 수행했던 인물이다. 이는 가능성이 매우 높은 설명이다. 황제가 도착하기 전 오랫동안 약탈방지를 위한 아무런 조치도 없었을 수는 없기 때문이다. 따라서 필자는 서슴없이 암미아누스의 설명과 세바스티아누스의 행적에 관한 이 두 그리스인 작가들의 기록을 결합할 수 있었다.9)

사실은 어쨌건 간에 발렌스는 콘스탄티노플에 최대한 단시간만 머물다가(역자 주: 발렌스는 페르시아인들과 싸우다가 강화를 맺고 안티오크에서 출발했음) 농촌지대를 보호하고 세바스티아누스를 지원하기 위해 신속히 전진하는 것이 당연한 일이다. 따라서 암미아누스의 기록 중 처음 출발에 관한 말은 정확한 기록이고 착오가 있었던 것은 두 번째 이동에 관한 부분이다. 이 두 번째의 이동은 암미아누스가 말한 대로 멜란티아스에서 출발한 것이 아니라 실제는 이미 도착해 있었다고 한 곳인 니케Nike에서 출발했던 것으로서 앞서 세바스티아누스의 병력이 이동한 통로를 따라 이동하면서 아드리아노플을 지나 필리포폴리스Philippopel/Philippopolis로 가던 중에 고트족과 싸우려고 다시 아드리아노플로 방향을 돌린 것이라고 암미아누스의 말을 수정한다면 이보다 더 명쾌한 수정은 없을 것이다. 발렌스는 두 번째의 행군 도중에 교전을 한 것이고 교전이 있기 전에 이미 니케를 출발했음은 고트족이 니케로 이동하고 있었다는 사실에 의해 입증된다. 이때 발렌스가 아직 니케에 머물고 있었다면 고트족과 니케에서 충돌할 수밖에 없었을 것이다.

발렌스는 고트족과 싸우려고 즉시 아드리아노플로 간 것이지만 그가 니케에서 아드리아노플로 가고 있던 중일 수가 없다. 그가 니케에서 아드리아노플로 가던 중에는 아직 고트족과 만나지 못했을 것이며 아드리아노플을 지나쳤다가 다시 뒤로 돌아서서 고트족과 만날 수 있었을 것이다. 바로 이 부분이 암미아누스 자신은 명확히 알지 못했던 것을 쥬데크Walther Judeich가 정확하게 생각해 낸 부분이다.

그렇다면 고트족이 발렌스Valens의 보급선을 차단하려고 했다는 말도 의미가 분

---

9) 슈미트Ludwig Schmidt는 《게르만족의 역사Geschichte der deutschen Stämme》, 172쪽, 각주 4에서 암미아누스의 기록에 의하면 세바스티아누스가 트라케Thracien/Thrace에 도착한 것은 황제의 도착 "직전"("파울로 안테 *paulo ante*")이라면서 이런 견해에 반대하고 있다.

명해진다. 보급선 차단이란 적의 후방에서 이루어지는 것이지 적의 전방에서 이루어질 수는 없다. 발렌스는 아드리아노플에서 그라티아누스Gratian/Gratianus가 보낸 리코메르Richomer 장군과 합류했었다. 만약 고트족이 아드리아노플보다 앞에 있었다면 두 사람은 아드리아노플에서 합류할 수 없었을 것이다.

이제 필자는 암미아누스의 기록 중 문제의 부분을 원문 그대로 인용해 보겠다. 원문을 직접 읽어보면 위와 같이 수정해서 읽는 것이 얼마나 타당한 것인지를 누구나 쉽게 알 수 있을 것이다.

"당시 발렌스는 드디어 다행스럽게도 안티오크를 출발해서 콘스탄티노플까지 긴 행군을 했으며 콘스탄티노플에서는 며칠만 머물렀다. 그가 전에는 트라야누스가 맡았던 전초前哨 임무를 성실한 인물로 인정된 세바스티아누스 장군에게 그의 보병병력으로 수행하도록 맡겼을 때 주민들이 작은 봉기를 일으켰다. 세바스티아누스는 발렌스의 요청에 따라 방금 이태리에서 파견된 인물이다. 제국의 장원莊園 멜란티아스를 향해 출발한 발렌스는 병사들에게 돈과 음식을 마음껏 풀어주고 그들을 한껏 추켜세우는 말들을 늘어놓았다. 그는 질서 있는 행군으로 도중의 니케 역驛에 도착했을 때 정찰대의 보고를 통해서 로도피아 지역을 약탈한 다음 약탈품들을 가득 휴대한 야만인들이 아드리아노플에서 그리 멀지 않은 곳으로 물러나 있음을 알았다. 야만인들은 황제가 대군大軍을 거느리고 전투에 나선 것을 알고 베뢰아와 니코폴리스 근처의 고정진지들을 점령하고 있는 그들의 동족들과 합류하려고 서둘렀다. 잠시 후 성과를 거둘 수 있는 기회가 오자 세바스티아누스는 여러 부대에서 선발한 300명 병력으로 그가 약속했던 대로 국가를 위해 봉사하려고 서둘렀다. 그가 강행군 끝에 아드리아노플 근처에 나타났을 때 성문城門은 굳게 잠기고 그의 접근을 막고 있었다. 방어병들은 그가 적에게 포획되었다 첩자로 온 것이 아닌지 의심하고 있었다. 그들은 코메스comes/comitem(역자 주: 장군 지휘관) 악투스가 마그넨티우스의 병력에게 속아서 체포된 후 율리안 알프스를 통과할 수 있었던 것 같이 그들의 도시도 함락될 수 있을 것으로 생각한 것이다. 그러나 그날 늦게나마 세바스티아누스를 알아본 그들은 그를 도시로 들어오게 했다. 그들은 보급사정이 허용하는 한도 내에서 세바스티아누스의 병력에게 식품을 공급하고 휴식을 취할 수 있게 했다. 다음 날 세바스티아누스는 비밀리에 그러나 원기 왕성하게 도시를 빠져나갔는데 헤브룸Hebrum 강 부근 지역을 약탈 중인 고트족 무리의 모습이 희미하게 관측되었다. 그는 잠시 병사들과 함께 둑이나 관목灌木들 뒤에 숨었다가 야음을 이용해서 몰래 그러나 무자비하게 그들을 공격해서 전멸시켰다. 살아난 자는 걸음이 빠른 소수의 몇 사람뿐이었다. 세바스트아누스는 도시나 농촌이 생산할 수 없는 수없이 많은 약탈품들을 되찾아 왔다.

프리티게른은 이 상황에 놀랐고 자유롭게 흩어져 약탈에 열중하던 고트족이 자주 승리했다는 이 장군에게 격파당하지 않을지 두려워졌다. 그는 병력을 집결시킨 다음 카빌레 마을에서 멀리 않은 곳으로 신속히 후퇴해서 개활지에 숙영지를 구축했다. 식량은 부족하지 않았고 적의 기습도 없었다.

트라케에서 이런 일이 일어나고 있을 때 그라티아누스는 그의 삼촌에게 자신이 얼마나 큰공을 들여 렌티엔스족(역자 주: 알레만족 일파)을 격파했는지를 보고한 후 보급대열을 먼저 출발시키고 전투준비를 갖춘 병사들로 구성된 병력과 함께 도나우 강을 따라 육로로 진군했다. 그는 보노니아에 도착해서 시르미움으로 들어간 후 그곳에서 나흘을 묵었다. 때로 날이 뜨겁기는 했지만 그는 도나우 강을 따라서 마르스의 숙영지까지 내려갔다. 이곳에서 그는 알란족의 기습공격을 받고 병사 몇 명을 잃었다.

같은 시간 발렌스는 두 가지 보고에 놀랐다. 그는 렌티엔스족이 격파되었다는 것과 세바스티아누스가 자주 급습을 나가 업적을 쌓고 있음을 알았다. 발렌스는 자신을 화나게 만든 능력을 지닌 젊은 사촌과 같은 성과를 얻으려고 서둘러 숙영지를 멜란티아스로 옮겼다. 그는 혼성부대混成部隊를 거느리고 있었지만 이들은 혐오스럽거나 나태한 병력은 아니었다. 사실 그는 이 부대에 많은 노련한 병사들을 배치했는데 그들 중에는 최근까지 마기스터 아르모룸magister armorum(역자 주: 훈련대장訓練隊長 또는 보병대장步兵隊長의 직책으로 보임)으로 있던 트라야누스도 있었고 군에 복귀한 다른 저명한 인물들도 있었다.

발렌스는 세밀한 수색정찰 끝에 적의 많은 병력이 자신의 보급로 수송에 필요한 통로들로 접근하려는 것을 알자 이 유용한 통로들을 확보하기 위해 보병궁수들과 기병 투르마turma(역자 주: 약 32명으로 구성된 기병 단위부대) 1개를 내보내서 적절히 대응했다. 다음 3일 동안에 야만인들이 험한 지형으로부터 로마군이 공격해 올 것을 두려워하면서 아드리아노플에서 약 27km 떨어진 도중의 역驛인 니케를 향해 서서히 접근하고 있는 사이에 —어떻게 그들이 이런 착오를 범했는지는 불명확하지만— 로마군의 정찰병들은 자신들이 목격한 적은 전부 합해서 10,000명이라고 주장했다.

황제는 투지가 불타오르며 서둘러 그들을 맞이하러 갔다. 그는 질서 있게 방진方陣으로 진군해서 아드리아노플 교외郊外까지 접근했고 그곳에서 목책과 참호로 숙영지 방벽을 보강한 다음에 그라티아누스의 도착을 참기 힘들도록 기다리다가 황실근위대 코메스인 리코메르와 만났다. 그는 그라티아누스가 먼저 발렌스에게 보낸 사람으로 전투동지戰鬪同志를 잠시 기다려야 하고 함부로 혼자서 전투를 시작해서는 안 된다는 서신을 휴대했었다. 발렌스는 지휘관들을 소집해서 작전회의를 열고 어떻게 해야 할 것인지를 논의했다. 세바스티아누스를 위시해서 한편에서는 즉시 전투를 벌일 것을 요구했지만 사르마트의 마기스터 에키툼magister equitum(역자 주: 기병대장騎兵隊長)이지만 신중한 쿤크타토르cunctator(역자 주: 신중하고 느린 사람)였던 빅토르Victor는 황실 동지들이 오기를 기다렸다가 골 병력의 보강을 받아서 저 야만인들의 폭동의 불길을 좀 더 쉽게 끄자고 했다. 그의 제안에 공감하는 사람들도 많았다. 그러나 신속히 전투를 벌이기를 요구하는 아첨배들의 알랑거림과 황제의 숙명으로 인해 그들이 보기에 다 이긴 것이나 마찬가지인 이 승리에 그라티아누스가 동참하지 못하게 하자는 의견이 지배적이었다."

(원문)

"His forte diebus Valens tandem excitus Antiochia, longitudine uiarum emensa uenit Constantinopolim, ubi moratus paucissimos dies seditioneque popularium leui pulsatus, Sebastiano paulo ante ab Italia, ut petierat, misso, ugilantiae notae ductori pedestris exercitus cura commissa, quem regebat antea Traianus: ipse ad Melanthiada uillam Caesarianam profectus militem stipendio fouebat et alimentis et blanda crebritate sermonum, unde cum itinere edicto per tesseram Nicen uenisset, quae statio ita cognominatur: relatione speculatorum didicit refertos opima barbaros praeda a Rhodopeis tracitibus prope Hadrianopolim reuertisse: qui motu imperatoris cum abundanti milite cognito, popularibus iungere festinant, circa Beroeam et Nicopolim agentibus praesidiis fixis; atque ilico ut oblatae occasionis maturitas postulabat, cum trecentenis militibus per singulos numeros lectis Sebastianus properare dispositus est, conducens rebus publicis aliquid, ut promittebat, acturus. qui itineribus celeratis conspectus prope Hadrianopolim, obseratis ui portis iuxta adire prohibebatur: ueritis defensoribus ne captus ab hoste ueniret et subornatus atque contigeret aliquid in ciuitatis perniciem, quale per Actum acciderat comitem, quo per fraudem Magnetiasis militibus capto claustra patefacta sund Alpium Juliarum. agnitus tamen liceto sero Sebastianus et urbem introire permissus, cibo et quiete curatis pro copia, quos ductabat, secuta luce impetu clandestino erupit, uesperaque incedente Gothorum uastatorios cuneos prope flumen Hebrum subito uisos paulisper opertus aggeribus et fructetis obscura nocte suspensis passibus incompositos adgressus est, aseoque prostrauit, ut praeter paucos, cuos morte uelocitas exemerat pedum, interirent reliqui omnes, praedamque retraxit innumeram, quam nec ciuitas cepit nec planities lata camporum. qua causa percitus Fritigernus et extimescens, ne dux, ut saepe audierat, impetrabilis dispersos licenter suorum globos raptuique intentos consumeret, inprouisos adoriens: reuocatis omnibus prope Cabylen oppidum cito discessit, ut agentes in regionibus patulis nec inedia nec occultis uexarentur insidiis.

Dum haec aguntur in Thraciis, Gratianus docto litteris patruo, qua industria superauerit Alamanos, pedestri itinere, praemissis inpedimentis et sarcinis, ipse cum expeditiore militum manu permeato Danubio, delatus Bononiam, Sirmium introiit, et quadriduum ibi moratus per idem flumen ad Martis castra descendit, febribus intervallatis asflictus: in quo tractu Halanorum impetu repentino temptatus amisit sequentium paucos.

Isdemque diebus exagitabus ratione gemina Valens, quod Lentienses conpererat superatos, quodque Sebastianus subinde scribens facta dictis exaggerabat, e Melanthiade signa commouit, aequiperare facinore quodam egregio adulescentem properans filium fratris, cuius uirtubibus urebatur: ducebatque multiplices copias nec contemnendas nec segnes, quippe etiam ueteranos isdem iunxerat plurimos, inter quo et honoratiores alii et Traianus recinctus est, paulo ante magister armorum. et quoniam exploratione sollicita cognitum est cogitare hostes fortibus praesidiis itinera claudere, per quae commeatus necessarii portabantur, occursum est huic conatui conprtenter, ad retinendas oportunitates angustiarum, quae prope erant, peditibus sagittariis et equitum turma citius missa. triduoque proximo cum barbari gradu incenderent leni et mentuentes eruptionem per deuia, quindecim milibus passuum a ciuitate discreti stationem peterent Nicen —incertum, quo errore— procursatoribus omnem illam multitudinis partem, quam uiderant, in numero decem millum esse firmantibus, imperator procaci quodam calore perculsus isdem occurrere festinabat. proinde agmine quadrato incedens prope suburbanum Hadrianopoleos uenit, ubi uallo sudibus fossaque firmato, Gratianum impatienter operiens, Richomerem comitem domesticorum suscepit ab eodem imperatore praemissum cum litteris, ipsum quoque uenturum mox indicantibus. quarum textu oratus ut praestolaretur paulisper periculorum participem, neue abruptis discriminibus temere semet committeret solum, adhibitis in consilium potestatibus uariis, quid facto opus esset, deliberabat. et cum Sebastiano auctore quidam protinus eundum ad certamen urgerent, Victor nomine magister equitum, Sarmata sed cunctator et cautus, eadem sentientibus multis imperii socium exspectari censebat, ut incrementis exercitus Gallicani adscitis opprimeretur leuius tumor barbaricus flammans. uicit tamen fenesta principis destinatio et adulabilis quorundam sententia regiorum, qui, ne paene iam partae uictoriae —ut opinabantur— consor fieret Gratianus, properari cursu celeri suadebant."

제 IV 장
병력수

큰 민족집단의 병력수를 정확하게 평가하기는 매우 어렵다. 한 군대의 병력수를 정밀하게 세어 본다는 것은 지휘관이라고 해도 생각 같이 쉽지 않다. 예하 지휘관들의 보고를 단지 합산하는 것으로 만족한다면 이는 물론 매우 쉬운 일이겠지만 과연 보고 내용들이 정확한지가 문제시된다. 통제수단을 가지고 부상자, 병자, 외출자, 전출자, 비전투요원 등에 관한 명부를 늘 유지할 수 있는 기구는 바로 만들어져서 쉽게 운영될 수 있는 것이 아니다. 벨리사리우스Belisar/Belisarius의 군사적 업적을 기록한 프로코피우스Procop/Procopius는 페르시아 왕에게는 자신의 병력수를 계산하는 특별한 방식이 있었다고 했다(《폴레몬Polemon》, 〈페르시아 전기戰記bell. pers〉, I, 18장). 이 기록에 의하면 전쟁터로 나가는 병력은 늘 왕의 앞을 한 명씩 통과하면서 옆에 있는 바구니에 화살을 하나씩 던졌다고 한다. 전쟁터에서 돌아온 병사들에게 봉인되어 있던 바구니에서 화살을 하나씩 꺼내 가게 해서 전투손실이 얼마인지 알았다고 한다. 이 이야기는 페르시아의 크세르크세스Xerxex 왕이 울타리들을 쳐놓고 그의 병사 수백만 명을 그 안으로 들어가게 했었다는 그리스의 전설보다는 덜 환상적이지만 믿을만한 병력수 계산이 얼마나 어려운지를 보여주는 예이다. 따라서 민족대이동民族大移/Völkerwanderung 당시 게르만족의 병력수를 사료 기록들로부터 평가해 보는 것은 지금 우리들이 대면한 과제를 해결하기 위한 준비가 될 수 있을 것이다.

이에 관한 기록이 없는 것은 아니다.

폴리오Trebellius Pollio는 서기 267년에 로마제국을 침범한 무장한 고트Goten/Goths족의 병력수를 320,000명이라고 했다. 그는 또 유퉁그Iuthungen/Iuthungi족(과거의 알레만Alemannen/Alamanni의 일파)은 이태리를 침범했을 때 아우렐리아누스Aurelian/Aurelianus 황제에게 자신들이 기병 40,000명과 보병 80,000명을 보유하고 있는 것으로 말했다고 한다. 아우렐리아누스의 후계자인 프로부스Probus는 서기 277년의 전역戰役에서 자신이 400,000명의 게르만족을 죽였다는 서신을 원로원에 보낸 적이 있다.

히에로니무스Hieronymus는 서기 370년경 부르고뉴Burgund/Burgogne족이 라인 강에 출현했을 때 그들의 병력수가 80,000명이었다고 했다.

유피아누스Eunapius의 기록에 의하면(역자 주: 유나피우스는 덱시푸스Publius Herennius Dexippus의 《연대기年代記/Annales》에 부록을 썼다) 서기 376년에 서西고트Westgoten/Visigoths족이 도나우 강을 넘었을 때 그들의 병력수가 200,000명쯤 되었던 것으로 보인다.

프로코피우스Procop/Procopius는 동東고트Ostgoten/Ostrogoths족이 이태리로 들어갈 때 병력도 같았고 비티게스Vitiges는 150,000명의 병력으로 로마에서 벨리사리우스Belisar/Belisarius를 포위했다고 한다(《폴레몬Polemon》, 〈고트 전기戰記bell. Goth〉, III, 4장).

조시무스Zosimus의 《서신설교집書信說敎集/Epistola tractoria》는 서기 404년 라다가이스Radagais/Radagaisus가 400,000명을 이끌고 이태리로 들어갔다고 했는데 암미아누스Ammian Marcellin/Ammianus의 《사건연대기事件年代記 Rerum gestarum libri》는 이 수치를 200,000명으로 보았지만 오로시우스Orosius의 《이교도異敎徒와 투쟁사Historiarum adversus paganos》는 이 군대는 다양한 민족들로 구성된 군대였고 그 가운데 고트족만 200,000명이었다고 한다.

요르다네스Jordanes는 서기 539년에 200,000명의 프랑크Franken/Franks족이 테우데베르트Theudebert/Theudibert 왕 지휘 하에 이태리에 출현했지만 벨리사리우스를 만나자 싸워보지도 못하고 무너졌다고 했다. 프로코피우스는 프랑크족 사자使者가 자신들의 병력수를 500,000명이라고 주장하기도 했다고 한다(〈고트 전기〉, II, 28장).

서기 451년의 아틸라Attila의 군대를 요르다네스는 500,000명이라고 했고, 《역사휘보彙報 historia miscellanea》에서는 700,000명이라고 했다.

다양한 방법으로 게르만족 병력수를 몇 배나 부풀려진 이런 기록들과 쌍벽을 이루는 것은 콘스탄티누스가 90,000명 이상의 보병과 8,000명의 기병을 거느리고 이태리로 들어갔다는 조시무스의 기록인데(《서신설교집》, II, 15장) 콘스탄티누스는 170,000명 이상의 보병과 18,000명의 기병을 보유했던 막센티우스Maxentius를 밀브milvischen/Milvian 다리에서 격파했다 한다.

이런 사료들은 병력수 자체뿐 아니라 이에 관한 설명도 부풀려 놓았다.

암미아누스는 알레만족에 대해 "그들은 거대한 민족이다. 그들은 처음 출현했을 때부터 늘 패하면서 병력이 줄었지만 젊은 세대가 늘 빨리 성장해서 수 세기 동안의 병력손실에도 불구하고 병력수가 조금도 줄지 않은 것으로 믿어질 정도였다"고 했다(《사건연대기》, XXVII, 59장). 그는 바로 이어서 부르고뉴족에 대해 또 뒤로 가면(XXXI, 4장) 서西고트족에 대해 이와 유사하게 묘사했는데 특히 후자에 대해서는 해변의 모래알같이 많았다고 했다. 나자리우스Nazarius는 서기 320년의 프랑크족에 대해 같은 말을 했다.1)

이제 위와 같은 계열의 수치들을 다른 계열의 수치들과 비교해 볼 차례다.

우리는 앞서 스트라스부르크 전투 당시에 알레만족의 병력수는 6,000명~10,000명 정도였고, 아드리아노폴 전투 당시 서西고트족의 병력수는 12,000명 내지 최대 15,000명 정도였음을 알 수 있었다.

---

1) 카우프만G. Kaufmann, 《독일사Deutsche Geschichte》, 제I편, 89쪽.

제노Zeno 황제와 동시대 인물인 말쿠스Malchus는 제노가 동東고트족 테오데리히 Theoderich/Theodoric 대왕과 라이벌인 같은 부족 스트라보Theoderich/Theodoric Strabo와 약정을 맺은 적이 있는데 스트라보가 13,000명 병력을 대동하고 황제 휘하에서 복무하는 대신 제노는 이들에게 보수와 식량을 제공하기로 약속했다고 한다. 전반적인 문맥은 이 13,000명 병력이 동東고트족의 거의 전부였음을 말해 주고 있다.

교부敎父 소크라테스Sokrates/Socrates는 훈Hunnen/Huns족으로부터 심한 압박을 받던 부르고뉴족이 기독교를 받아들이고 새로운 신神의 권능을 빌어 자신들의 3,000명 병력으로 훈족의 10,000명 병력을 격파했다고 했다.

주교主敎 비텐시스Viktor/Victor Vitensis는 반달Vandalen/Vandals족 가이세리히Gaiserich/Gaiseric가 자신이 아프리카로 갈 때 실시한 인구조사 결과 총원이 80,000명이었다 했는데 무식한 자들은 이를 무장한 전사들 숫자로 믿지만 실제로는 노인과 어린이와 노예들도 포함된 수치였다고 한다.(《반달족 역사de Persecut. Vabdal.》, I, 1장). 그로부터 100년도 지나지 않아서 유스티니아누스Justinian/Justinianus 황제가 아프리카를 반달족으로부터 되찾기 위해 벨리사리우스를 보냈을 때 그에게 내어 준 병력은 15,000명 이하였지만 이조차도 모두 사용되지 않았다. 반달족을 재기할 수 없을 정도로 격파하는 데는 5,000명의 기병만으로도 충분했다.2)

후자의 계열에 속한 수치들 중에는 이외에도 콘스탄티누스가 밀브 다리 전투 당시 90,000명 이상의 보병과 8,000명의 기병을 보유했었다는 조시무스Zosimus의 기록 대신 그의 총병력을 25,000명으로 말한 당대當代 기록도 있다.3)

지금껏 소개한 두 가지 계열의 수치들은 서로 양립할 수가 없다. 만약 4~5세기 중에 병력수가 수십만 명인 군대들이 존재했었다면 10,000~25,000명 정도의 병력을 보유한 부대로는 밀브 다리 전투나 아드리아노플 전투 같은 결전決戰에서 승리할 수 없었을 것이다. 역사가들은 그러한 승리가 불가능한 것임을 언제나 알았었지만 양자 중 하나를 선택할 수밖에 없었고 결국은 두 번째 계열의 수치들이 아니라 첫째 계열의 수치들을 선택해 왔다.4) 그들은 둘째 계열의 수치들은

---

2) 슈미트L. Schmit의 《반달족 역사Geschichte der Vandalen》, 130쪽에서는 벨리사리우스가 기병 5,000명으로 적을 격파했다는 프로코피우스Procop/Procopius의 말(《폴레몬Polemon》, 〈고트 전기戰記bell. Goth〉, II, 7장)을 이는 근위대만을 말한 것이고 그 이외에도 프로코피우스가 먼저 병력수로 말했던(I, 11장) 15,000명이 더 있었다는 의미로 해석했지만 필자는 슈미트의 이런 해석을 이해할 수가 없다.

3) 《파네기리키Panegyr/Panegyriki》, IX편에서는 콘스탄티누스가 40,000명을 거느렸던 것으로 추정되는 알렉산더 대왕보다도 적은 병력으로 더 큰 성과를 올렸다고 칭송하고 있다.
　　같은 책, VIII, 3. 3절에서는 콘스탄티누스가 막센티우스를 격파할 때 "100,000명의 적을 1/4도 채 안되는 그의 병력으로vix enim quarta parte exercitus contra centum milia hostium" 격파했다고 했다.
　　발레스Anon. Bales는 서기 313년 리키누스Licinus와 싸운 콘스탄티누스의 병력을 25,000명이라고 했다.

4) 에크하르트H. Eckhardt는 "고트족과의 전쟁에 관한 사료로서 아가티아스와 프로코피우스의 기록에 대한 연구über Agathias und Procop als Quellenschriftsteller für den Gotenkrieg"(《쾨니히베르그 논집Königsberg Program》, 서기 1864년)라는 논문에서 프로코피우스가 기록한 수치들을 매우 정력적으로 분석했지만 결국 최종분석에서는 모든 요소들을 고려해 보면 동東고트족 병력수 200,000명은 매우 믿을만한 수치라고 주장했다.

매우 쉽게 부인될 수 있을 것으로 믿었다. 그들의 눈에는 콘스탄티누스의 병력이 25,000명 이하였다고 한 《파네기리키_Panegyr/Panegyriki_》의 저자는 책의 이름대로 콘스탄티누스 찬양자讚揚者/panegyriker에 불과했고, 부르고뉴족 3,000명이 훈족 10,000명 병력을 격파했다고 한 교부教父 소크라테스는 병력은 적었어도 기독교 신神의 힘은 강했다는 것을 증명하려고 했던 것에 불과했고, 반달족 가이세리히가 자신의 무장병력이 80,000명이라고 거짓말을 했다고 한 비텐시스Viktor/Victor Vitensis 주교主教는 반달족에 대해 매우 적대적인 경향이 있는 인물이었고, 말쿠스Malchus가 말한 스트라보Theoderich/Theodoric Strabo의 13,000명은 동東고트족의 극히 일부에 불과했다. 또한 그들의 눈에는 아드리아노플 전투 때 발렌스에게 보고된 10,000명의 고트족은 그들의 주력이 아니라 한 분견대에 불과한 것으로 보았다. 더욱이 암미아누스는 이 수치가 착오라고 분명히 말했다.

필자는 이미 그들과 달리 둘째 계열 수치들에 대해 우호적 입장을 취해왔다.

사료들을 보다 비판적으로 정확하게 검토해 보면 우리는 아드리아노플 전투 때 고트족 병력이 10,000명이라는 정찰대의 보고는 한 분견대의 병력을 말한 것이 아니며 로마군은 고트족 병력수가 실제 그랬을 것으로 믿고 전투를 시작했다는 것을 알 수 있다. 사건의 전개과정을 보면 우리는 로마인들의 판단에 설령 착오가 있었다 해도 그 착오가 그리 큰 착오가 아니었음을 알 수 있다.

이런 결론은 이 전역戰役의 전략적인 조건들에 의해 충분히 확인된다. 우리는 고트족이 이동한 통로를 알 수 있었고 그 통로의 조건들을 보면 결코 수십만의 병력이 이동할 수는 없었음을 알 수 있었다. 사실 10,000~15,000명보다 크게 많은 병력이라면 그런 조건에서의 이동이 불가능했을 것이다. 고트족이 자신들을 수레 바리케이드로 둘러쌌었다는 것도 마찬가지이다.5)

아드리아노플 전투에 관한 주요 사료인 암미아누스의 기록에 아무런 착오가 없는 것은 아니지만 그는 많은 정보를 지니고 있던 진실한 인간이었다.

따라서 우리가 확인한 스트라스부르크 전투 당시의 병력수는 우리가 설정한 오차범위 내에서 분명한 수치로 볼 수 있다. 이는 다른 수치들을 위해서도 결정적으로 중요한 사실이다. 만약 세계사에 기록된 수치들이 이렇게 정확한 경우가 자주 있다면 이들과 비교해서 여타 수치들을 검증해 볼 수 있을 것이며 역사에 흔히 기록되어 있는 환상적 수치들은 이들과 비교해 볼 수 있는 믿을만한 수치가 가 발견하는 순간 곧 배척되고 말 것이다. 아드리아노플 전투 당시 고트족

---

5) 로마인 작가들은 서기 101년에 브레너Brenner 통로를 지나 이태리로 내려온 킴브리Cimbern/Cimbri족 병력수를 200,000명이라고 했다. 그러나 필자는 그들이 이동한 통로의 길이와 형태를 볼 때 그들의 병력수는 최대 10,000명이었을 것으로 보는 것이 옳다고 생각한다. 이 책 제I편, 제VII권, 제VI장 및 《프로이센 연보年報 _Preussische Jahrbücher_》, 147권(서기 1912년), 199쪽 참고.

병력수가 최대로 15,000명이었다면 민족대이동民族大移動/Völkerwanderung 당시 게르만족 병력을 수십만 명이라고 한 여타 모든 기록들은 인정될 수가 없다. 서西고트족은 이동한 게르만 부족 중 인구도 가장 많고 가장 강한 부족이었기 때문이다. 동東고트족, 반달족, 부르고뉴족 또는 롬바르디Langobarden/Lombards족도 그렇지만 라다가이수스(역자 주: 서기 404년 고트족을 이끌고 이태리를 침공한 게르만족 대공大公)나 오도아케르(역자 주: 서西로마제국 황제를 격파 후 동東로마 제국 황제에 의해 부황제副皇帝로 임명되어 이태리를 통치했던 게르만족 대공大公) 역시 그들의 병력이 그렇게 많았을 수가 없다. 실제로 그들의 병력은 아드리아노플 전투 당시 서西고트족 병력보다 훨씬 작았었음이 분명하다.

서西고트족은 일부만 전투에 참여했을 수도 있다. 그들 중 일부는 도나우 강 북쪽에 남아있기도 했다. 그러나 그들 대신 동東고트족이 전투에 참여했었다.

이제 우리는 지금껏 역사가들이 거의 무시하다시피 한 둘째 계열에 속한 여타의 수치들도 좀 더 상세히 검토해 볼 필요가 있다.

제노Zeno 황제 밑에서 복무하려고 동東고트족 스트라보Theoderich/Theodoric Strabo와 함께 간 것으로 보이는 13,000명이 고트족의 작은 일부에 불과했을 수는 없다.6) 이를 고트족의 일부로 해석하는 것은 게르만족은 엄청나게 큰 무리였다는 지배적인 관념의 산물에 불과하다. 제노와 스트라보의 약정은 고트족으로부터 심한 압박을 받던 황제가 라이벌 관계에 있는 고트족의 두 지도자가 서로 견제할 수 있게 만들려던 속셈의 결과였다. 제노와 약정을 맺을 당시 스트라보는 테오데리히Theoderich/Theodoric 대왕보다도 훨씬 큰 세력이었다. 제노와 약정을 맺은 스트라보가 고트족의 일부만 거느리고 있었다면 나머지는 소외된 채 그대로 있지 않고 즉시 테오데리히 대왕의 병력에 합류해서 전쟁을 계속하려 했을 것이다. 황제로서는 그들 중 결정적인 다수 및 그 지도자와 평화를 약정해야 농촌지대 중앙에서 자신의 심장부를 향해 노략질 하고 있는 이 야만인들을 진정시킬 수 있을 것으로 기대할 수 있었을 것이다. 이제 사료에 기록된 분명히 정확한 수치인 13,000명을 다시 한번 생각해 보면 우리는 이들을 분견대 정도로 보지 않게 될 뿐만 아니라 그와는 반대로 용병傭兵/Landsknecht 시대에 우리가 그렇게 자주 직면하게 될 현상의 초창기 예를 보고 있다는 의심을 품게 될 것이다. 용병 시대에는 용병대장傭兵隊長 콘도티에리Condottieri들이 보수를 챙기려고 있지도 않은 상상 속의 추가병력으로 자신이 거느린 병력수를 부풀려 말했었다.7) 제노 황제와 약정에서 스트라보는 자

---

6) 원문은 "그들은 스트라보가 선정한 13,000명에게 황제가 보수와 식량을 공급하는 조건으로 평화를 약정했다"고 했다. 본Bonn 편編, 《말쿠스Malchus》, 27쪽.

7) 특히 이 시기에는 그런 속임수들이 로마군에서도 매우 흔했던 예들이 물러A. A. Mller의 "타키투스의 《연대기》, I, 46장 해설"이라는 논문(《문헌학文獻學/Philologus》, 제65권, 306쪽 이하)에 잘 소개되어 있다. 특히 조시무스Zosimus의 《서신설교집書信說教集/Epistola tractoria》, II, 33장 및 IV, 27장과 리바니우스Libanius의 《연설집演說集》에도 그런 기록이 있다.

신의 병력이 13,000명이라고 했지만 실제로는 6,000~8,000명 정도였을 가능성이 매우 높다. 오랫동안 모든 고트족이 그를 추종한 것은 아니었기 때문이다.

이런 식으로 생각해 본 이 수치는 사료에 반복적으로 등장하는 수 백만명이라는 게르만족 병력수에 대한 반박근거가 될 뿐 아니라 아드리아노플 전투 당시의 서西고트족 병력수로 우리가 확인한 12,000~15,000명이라는 수치와도 완전히 양립할 수 있는 수치이다.

아말Amaler/Amalian족의 스트라보는 동東고트족 지도자가 된 이후 수년 동안 이태리에서 제노 황제를 위해 오도아케르와 싸우며 일진일퇴했었다. 이때 동東고트족의 부족 전체가 파비아Pavia 시市에 집결한 적이 있었다. 그러나 이때 만약 그의 병력만 200,000명이었다면 한 곳에 집결했다는 부족 전체는 1,000,000명 정도가 되었을 것이다. 역사가들은 이런 황당한 일에 아무런 문제도 느끼지 못했으며 사료들을 보면 실제 그들이 모두 파비아 시에 집결했던 것이 아니라 그 부근의 한 항구에 집결했던 것으로 기록되어 있다면서 자위하고 있다.8) 누구라도 수송, 도로, 철도, 화폐, 조직 및 보급 등에 관한 모든 현대적 수단들을 동원했다 하더라도 200,000명의 병력을 한 곳에서 수주일 동안 먹여 살리는 것이 어떤 일인지 알고 싶다면 군수국장軍需局長 엥겔하르트Engelhart가 서기 1870년 메츠Metz에서의 급양給養문제에 관해 남겨놓은 비망록을 읽어보아야 할 것이다.9)

부르고뉴족 문제로 돌아가 보자. 그들이 서기 370년경 라인 강에 출현했을 때 병력이 80,000명이었다는 히에로니무스Hieronymus의 기록은 엉터리 기록임이 이미 밝혀졌으므로 이제 우리는 훈족의 심한 압박을 받던 그들이 기독교를 수용하고 새 신神의 권능을 빌어 자신들의 3,000명 병력으로 훈족의 10,000명 병력을 격파했다고 한 교부敎父 소크라테스의 기록은 정확한 것인지 검토해 보아야 한다.

얀Jahn의 《부르고뉴족의 역사Geschischte der Burgunder》에서는 80,000명이란 첫 번째 수치를 중심으로 연구하고 결론을 냈다. 보다 신중했던 빈딩Binding은 모험 없이 "로마-게르만 왕국들에서 로마인 병력과 비교해 볼 때 게르만인 병력이 얼마나 되었는지에 대해 분명한 결론을 얻기는 어렵다"라는 말로 그쳤다.10) 그렇지만 병력수에 대한 분명한 이해가 없이 80,000명과 3,000명 사이를 오르내린다면 부르고뉴족과 관련된 사건이나 상황에 관한 많은 부분이 불명확한 상태로 남아있게 될 것이다. 그들의 병력을 3,000명이라고 기록한 교부敎父 소크라테스의 신뢰성은 분명히 매우 낮다. 그는 부르고뉴족을 최대한 작은 부족으로 보이게 기록하려는

---

8) 단Dahn, 《게르만 왕국Könige der Germanen》, 제II편, 78쪽 참고. 그는 그런 말이 기록된 사료의 문구로 《역사 휘보彙報 historia miscellanea》, 100쪽과 《에노디우스와 에피파니Ennod. v. Epiph.》, 390쪽을 인용했다.
9) 이 비방록은 최근 《주간군사週刊軍事/Militär-Wochenblatt》, 11권(서기 1901년), 부록Beihefte에 공표 되었다.
10) 《부르고뉴-로마 왕국의 역사Geschichte des burgundisch-römischen Königsreichs》, 323쪽.

성향이 분명히 있었고 그 자신은 부르고뉴족이나 사건 발생 시기를 잘 몰랐다. 그의 기록은 역사와는 무관하게 아리우스Arianische/ Arian 교敎의 바르바스Barbas 주교主敎가 거의 같은 때인 테오도시우스Theodosius 재위在位 13년 그리고 발렌티아누스Valentian/ Valentianus 재위 3년에 즉, 서기 430년에 죽었다는 말로 끝난다(역자 주: 동부황제 테오도시우스 II세의 재위기간은 서기 408년-450년이고 서부황제 발렌티니아누스 III세의 재위기간은 서기 423년-455년이다). "거의 같은 때"라는 표현은 아주 넓은 의미일 수도 있지만 여하간 틀린 표현이다. 부르고뉴족이 기독교를 수용한 것은 그보다 훨씬 전인 서기 413년이기 때문이다.11) 이렇게 시기가 불명확하기 때문에 우리는 이 사건을 소크라테스의 말보다는 최소한 몇 년 후에, 특히 부르고뉴족이 훈족에게 크게 패했던 서기 413년에 있었던 사건으로 가정해볼 수도 있다. 소크라테스 자신도 이 사건 전에 그들은 훈족에게 많이 시달렸고 많은 사람들이 살해되었다고 했다.

만약 소크라테스가 이 사건에 대해 듣거나 기록을 읽은 것이 서기 435년 이후라고 본다면 3,000명이란 수치는 현실적인 측면이 있게 된다. 그러나 그의 기록이 소수의 기독교도가 다수의 이교도들에게 승리한 것을 찬양하려는 전설작가의 환상에 불과하다면 왜 그는 반대로 이교도들의 숫자를 적절하게 부풀리는 방법을 쓰지 않았는지 의문이 생긴다. 이런 방법은 그 당시뿐 아니라 모든 시대에 편견을 지닌 작가들이 너무 흔히 쓰는 방법이므로 이와 반대의 방법이 오히려 의아스럽다. 부르고뉴족의 병력이 실제 10,000명이었다면 만약 소크라테스가 이 10,000명이 훈족 30,000명 또는 40,000명을 격파했다고 말했다고 하더라도 이상할 것이 무엇일까? 그가 3,000명이라고 한 것에 대해서는 이를 뒷받침할 분명한 기록이 당시 존재했었다고 보는 외에는 달리 설명할 길이 없다. 부르고뉴족은 여러 민족의 연합체가 아니라 단일 부족이었다. 그들은 서기 290년엔 고트족에게 그리고 서기 435년엔 훈족에게 패한 적이 있고 사료들은 이를 섬멸 수준의 패배로 묘사하고 있다.12) 군터Gunther 왕 당시인 서기 435년의 패배가 분명히 결정적 패배였음은 그 뒤 수 세기 동안 남아있던 이 패배의 인상에 의해서도 입증된다. 이 부족이 오늘날까지도 지명地名들이 일부 그대로 남아있는 새 지역으로 이동해 들어간 일에 대해 사료들은 그들은 이 부족의 "잔재殘在"("reliquiae")였다고 한다. 이런 점들을 모두 고려해 보면 우리는 3,000명이라는 수치를 부인할 분명한 이유가 없다고 말해야 한다. 3,000명 이상이었다고 해도 그 차이가 결코 클 수 없다. 분명 그 상한선은 5,000명 정도이다.

---

11) 얀Jahn의 《부르고뉴족의 역사Geschichte der burgunder》, 제I편, 337쪽 이하는 이 문제를 상세하게 다루고 있다. 비에터하임Wietersheim의 《민족대이동사民族大移動史/Geschichte der Völkerwanderlung》, 제II편, 212쪽도 참고할 것.

12) 얀Jahn의 위의 책, 345쪽에 그런 문구들이 인용되어 있다.

이 연구는 시저Cäsar/Caesar의 《골 전기戰記 De Bello Gallico/Bellum Gallicum.》에 대한 연구와는 흥미 있는 대비를 이룬다. 시저가 말한 골족이나 게르만족의 병력도 우연히 매우 큰 병력이다. 물론 그의 기록에서도 로마군의 병력은 언제나 같지만 상대편의 병력은 여러 가지로 다르다. 학자들은 상대방의 병력에 대해서는 그 중 큰 수치를 믿어야 한다고 생각했고 이 큰 수치와 조화시키기 위해 한 문구의 원문을 바꾸는 편법까지 동원했다. 그러나 사건들을 전략적 전술적 측면에서 객관적으로 분석해 보면 시저가 진실을 숨겨놓는 방법은 그와는 정반대의 방법 즉, 《골 전기》, V, 34장의 문구와 같은 방법이었음을 알 수 있으며, 우리는 이 점을 분명히 이해하고 다른 수치들은 이를 의도적으로 과장된 수치로 보고 배척해야 한다는 것을 알 수 있다(이 책 제I편, 제VII권, 제VI장 참고).

병력수에 대한 인간의 생각은 어느 시대에나 같다. 디비치Diebitsch가 1829년에 발칸산맥을 넘었을 때 오스만 파스카Osman Pascha가 정찰 내보냈던 한 장교가 돌아와서 "적의 병력을 세는 것보다는 숲 속의 나뭇잎을 세는 것이 훨씬 쉬울 정도입니다"라고 보고했다. 디비치의 병력은 실제 25,000명이었다. 이는 몰트케Moltke의 《서기 1829-1829년 러시아-터키 전역戰役 역사Geschichte des russisch=trkischen Feldzugs 1828/29》, 345쪽 및 349쪽에 있는 이야기이다.

서西고트족이 도나우 강을 넘을 때의 규모를 페르시아 크세르크세스Xerxes 왕의 행군이 연상되게 묘사해 놓은 암미아누스의 기록에 의하면, 서西고트족의 어마어마하게 큰 무리가 평원과 산을 뒤덮으면서 속주屬州들로 퍼져 나가던 모습이 도리스쿠스Doriscus에서 크세르크세스가 자신의 병력을 일일이 셀 수 없자 부대 숫자만 세게 했었던 옛날로 다시 돌아간 것 같았고 그 시대 이후에는 결코 다시 볼 수 없는 모습이었다고 했다. 우리는 암미아누스와 당대인들에게 그렇게 어마어마한 인상을 남겼던 고트족 무리가 전사戰士 숫자만은 15,000명 이하였고 부속부대들까지 합하면 18,000명 정도였음을 입증했다. 따라서 암미아누스가 이를 크세르크세스의 행군과 비교한 것을 인정한다면 우리는 왕중왕王中王 크세르크세스의 전사들도 역시 2,100,000이나 800,000명이나 500,000명이나 100,000명이 되었을 수는 없고 겨우 15,000명에서 25,000명 사이였을 것이라는 결론을 내릴 수 있다. 우리 시대 문헌학자들은 의심이 적은 사람들이다. 그러나 암미아누스는 고전시대 작가에 속하지 않으므로 그에 대해서는 고전시대 작가인 헤로도투스Herodote/Herodotus에 대한 것보다 더 비판적인 의문을 더 제기해도 무관할 것이다. 우리가 암미아누스를 의심하는데 어느 정도 익숙해져 있다면 이미 우리 시대 인간들의 분석적이고 심리적인 기준을 가지고 헤로도투스나 그와 동시대 인물들을 비판적으로 판단하는 꽤썸죄를 범하는 것을 덜 두려워하고 있는 것이다.

이제 우리는 우리가 내린 결론들을 가지고 초기 게르만 시대의 것으로 확인된 수치들로 돌아가서 두 시대를 연결시키고자 한다. 우리는 이 400년의 세월 동안 게르만족은 인구가 크게 증가했고 특히 이런 인구증가가 민족대이동이란 거대한 변화의 원동력이었던 것으로 보아왔다. 그러나 우리는 이런 추정이 전혀 잘못된 것임을 알 수 있게 되었다. 민족대이동 시기에도 게르만족의 인구는 그리 많지 않았고 이는 매우 자연스런 일이었다. 그들의 경제 상황에 변화가 없었기 때문이다. 게르만족은 처음부터 끝까지 주로 전사戰士였지 농부가 아니었다. 만약 이 시기에 그들이 경제적으로 크게 발전했었다면 그들은 반드시 도시들을 세웠을 것이다. 그러나 그들에게는 아르미니우스Armin/Arminius의 시대나 마찬가지로 도시가 없었고 토지와 느슨히 관계 속에 살았을 뿐이다. 그들의 주업은 여전히 목축牧畜이었고 농업도 아주 미약했었다. 식량생산을 크게 늘일 수 없었으므로 인구가 거의 증가할 수 없었다. 흑해까지 영역이 늘어난 결과 전체 인구는 늘어날 수 있었어도 개개 부족의 인구나 인구밀도는 크게 늘어날 수 없었다. 인구밀도는 1 평방마일 당 250명(1㎢당 4~명)보다 크게 높을 수 없었다. 출산율이 높아도 사망률 역시 높아서 자연 인구증가율이 낮았던 야만인들은 고도의 문명을 창출하지 못하고 끊임없이 외부로 밀고 나가 이웃 특히 로마와 전쟁을 벌이기도 했지만 식량보다 넘치는 인구를 주로 로마군에 복무하면서 해결했었다.

한 개별 군대의 병력수나 한 부족의 인구를 평가함에 있어 이제 우리는 "부족"이란 개념이 명확한 개념이 아니라는 장애요소를 발견하게 되었다. 우리는 원시시대에 라인 강과 엘베 강 사이에 거주했던 부족 숫자를 기준으로 1개 부족이 차지했던 면적을 평균 100평방마일(5,625㎢)로 볼 수 있었다. 그런 크기라면 부족의 구성원 누구나 부족총회가 열리는 장소까지 하루 이내에 갈 수 있었고 따라서 약 6,000명이 부족총회에 집결해서 부족의 일을 함께 토의하고 결정할 수 있었다. 그러나 그 당시에도 영역이 크고 인구가 많은 부족들이 이미 있었고 그런 부족을 정치적으로 대표하는 것은 부족총회가 아닌 대공大公/princip들과 후노 Hunno(역자 주: 앞의 제I권, 제I장 참고)들의 총회였다. 그러나 그런 부족은 정치적 결속이 매우 느슨했었고 그들 중 1개 또는 수개 씨족이 한 후노 또는 대공大公의 지휘 하에 집단으로 떨어져 나가 각자의 길을 밟는 것이 언제나 가능했다. 이런 과정을 거치며 수개의 작은 부족들이 또는 큰 부족의 분파들이 결합해서 다시 큰 부족을 형성할 수도 있었다. 민족대이동 시기에도 물론 이런 이합집산離合集散 과정은 계속되었다. 대공大公 베데미르Wedemir가 이끌던 동東고트족의 일부는 서西고트족과 합류했고 루기Rugier/Rugii족의 일부는 동東고트족과 합류했고 반달족은 실링 그Silingen/Silingae족과 아스딩그Asdingen/Asdingae족으로 갈라졌으며 그들이 아프리카로 건너갈 때는 알란Alanen/Alani족과 고트족도 그들과 함께 있었다.

따라서 우리가 만나게 될 다양한 부족들의 평균적 또는 정상적 인구나 병력을 안다는 것은 불가능한 일이다. 다만 이주移住 중인 부족은 어떤 경우라도 전사戰士 숫자가 15,000명을 초과할 수 없었다는 것만큼은 틀림이 없다. 전사戰士 숫자가 15,000명이면 그 가족들까지 합해 60,000명이 되고 노예들까지 합하면 70,000명이 된다. 이렇게 큰 집단은 하나의 단위로 이동할 수 없으므로 여러 단위대로 나뉘거나 여러 통로들로 분산되어 이동할 수밖에 없다. 또한 전사들이 그들의 가족이나 수레와 오랫동안 떨어져 있을 수는 없기 때문에 지도자가 전사들을 모두 동원해서 전투를 치르려면 엄청난 주의와 노력이 필요했다. 대부분의 경우에는 아마도 전사들의 1/2이나 1/3만 전투에 동원할 수 있었을 것이다.

앞서 우리는 3세기 중반쯤 로마제국의 인구를 9,000만 명으로 평가했었는데(앞의 제I권, 제X장, 부기 1 참고) 이는 최소치였고 최대 1억 5,000만 명으로 볼 수도 있을 것이다. 그렇게 거대한 인구집단을 5,000∼15,000명을 넘지 않는 야만인 전사戰士들의 무리가 공격해서 이길 수 있었다고 생각할 수 있을까?

필자는 세계 역사에서 그런 일이 실제로 있었다는 사실보다 더 중요한 사실은 있을 수 없다고 믿는다. 게르만족 병력수의 전설적인 과장은 지금껏 우리 눈을 가려놓았었다. 학자들은 로마의 패배를 수수께끼로만 보는 환상에 사로잡혀 그 원인을 로마의 인구감소라는 반대방향에서 찾으려 했었다. 그러나 이는 사실이 아니었다. 로마제국은 넘쳐나는 인구와 많은 병력을 가지고도 매우 작은 야만인 군대에게 패했고 이런 현상이 민족대이동 시기를 전후해서 세계사에 나타났다.

이 책 제I편에서 우리는 군기軍紀가 엄하고 전술능력이 뛰어났던 가장 노련한 로마 레기온legion조차도 병력수가 동일한 게르만족 무리를 상대할 때는 대등한 정도 이상의 능력을 보여주지는 못했음을 알 수 있었다. 마리우스Marius와 시저는 병력이 압도적으로 우세했을 경우에만 게르만족을 격파할 수 있었다. 물론 우세한 병력이 승리의 충분조건은 아니며 이제 우리는 이 점을 알고 있다. 여하간 4세기와 5세기까지도 로마제국은 야만인 침입자들보다 10배는 큰 병력을 동원할 수 있었는데 우리는 그 당시 이미 정착된 물물교환 경제 하에서의 자원으로 과연 그런 군대를 먹여 살릴 수 있었는지 따져보아야 할 것이지만 이 문제는 뒤로 미루어 놓을 수도 있을 것이다. 우리는 훈련된 레기온이라는 상비군이 사라진 후 서둘러 징집한 시민과 농민들을 가지고는 그들이 야만인들을 상대할 수는 없었다는 사실만 알고 있으면 충분하다. 당시 평화롭게 살고 있던 로마인들에게 분노한 고트족, 알레만Alemannen/Alamanni족, 프랑크족, 반달족, 알란Alanen/Alani족, 수에브 Sueven/ Sueves족 및 롬바르디Langobarden/Lombards족은 우리가 상상할 수 없을 정도의 인상을 주었다. 로마의 고대문명은 재로 변했고 그 백성들은 도살되었으며 고트족은 밭을 갈던 농부들의 오른손을 잘랐고 롬바르디족은 제단祭壇을 지키고 있던 여사제女司祭들을 능욕했다고 로마인들은 말하고 있다. 그러나 로마의 남성들은 그들의 재산이나 가족의 명예는 물론 자신들의 몸조차 지킬 힘이 없었다. 서西고트족이 접근하고 있을 때 소수 귀족들은 그들의 농부들을 소집해서 피레네 통로를 차단하려 했었다.13) 오베르그뉴Auvergne 지역 주민들은 유리히Eurich/Euric왕에 맞서 잠시 자신들을 방어했었다.14) 반달족이 아프리카를 빼앗은 후 이태리를 위협하고 있을 때 발렌티아누스 황제는 로마인들에게 자신들을 스스로 방어하라는 칙령들을 반포했는데 그 내용이 법령집에 수록되어 지금도 전해지고 있다. 첫 번째 칙령에서는 로마시민을 강제 징집하지는 않을 것임을 약속하지만 로마시민에게는 성벽을 구축하고 이 성벽을 지킬 의무가 있는 것으로 본다고 했다. 곧이어 반포된 두 번째 칙령에서는 가공할 가이세리히Gaiserich/Gaiseric가 함대를 이끌고 카르타고Karthago/Carthage에서 오고 있으나 황제는 아에티우스Aëtius/Aetius와 시기스불트Sigiswuld가 병력을 이끌고 그들을 막으러 가고 있는 것을 알기 때문에 시민들의 도움을 원하지는 않겠지만 적이 어느 곳으로 상륙할지 모르므로 자신들의 힘과 용기로 자신들의 재산을 지킬 수 있다는 신념을 지니고 질서를 유지하면서 스스로 무기를 들고 굳건한 충성심으로 상호 도와가면서 자신들의 땅과 재산을 지킬 것을 시민들에게 알리고 있다.15) 벨리사리우스Belisar/Belisarius가 로마에서 고트족에

---

13) 오로시우스Orosius, 《이교도異敎徒와 투쟁사Historiarum adversus paganos》, Ⅶ, 40장.

14) 시도니우스 아폴리나리스Sidonius Apollinaris의 《서한집書翰集》, Ⅶ, 7장에는 "그들은 자신들의 힘으로 공공의 적의 군대를 물리쳤다. 그들은 목전에 있는 적을 막기 위한 자신들의 병사이면서 동시에 장군이었다viribus propriis arma hostium publicorum remorati: sibi adversus vicinorum aciem tam duces fuere quam milites"는 구절이 있다. 단Dahn, 《게르만 왕국Könige der Germanen》, 제Ⅴ편, 93쪽에서 재인용.

15) 《발렌티아누스 Ⅲ세 신칙령新勅令 Constit. novellae Valentin. III》, 제Ⅴ장:
  "참으로 저쪽으로부터의 모든 근심과 공포가 그대들 마음에서 반드시 제거되어야 하며, 이 칙령으로 인해 어떤 로마 시민이나 동업조합 구성원에게도 군복무가 강제되지는 않을 것이지만 필요한 성벽들과 성문들의 수비에만 동원될 것임을 그대들 모두는 알아야만 한다Ex illa sane parte totam sollicitudinem omnemque formidinem vestris animis auferendam, ut hujus edicti serie cognoscat universitas, nullum de Romanis civibus, nullum de corporatis ad militiam esse cogendum, sed tantum ad murorum portarumque custodiam, quoties usus exergerit." 제3조에 따라 각자에게는 성벽들의 구축과 보수에 참가할 의무가 있었다.
  동 제Ⅸ장(서기 440년):
  "이로써 자신의 것을 지켜야만 한다는 로마인의 힘과 정신을 신뢰하고, 적의 폭력으로 인해 필요할 때는 자신의 손으로 적에 대항하면서, 공공기율公共紀律을 흐트러뜨리지 않으면서, 고귀함의 중용中庸을 보존하면서, 그대들이 가용한 모든 무기들을 써야 한다는 것과 그대들이 팔꿈치와 팔꿈치를 성실하게 모아서 우리들의 속주屬州들과 그대들의 재산들을 지켜야 한다는 것을; 그리고 이와 같이 분명히 예상되는 고난苦難 속에서 승리자가 적으로부터 빼앗은 것은 어느 것이나 승리자 자신의 것이 된다는 사실을 의심해서는 안 된다는 것을ut Romani roboris confidentia et animo, quo debent propria defensare, cum suis adversus hostes, si vis exergerit, salva disciplina publica servataque ingenuitatis modestia, quibus potuerint, utantur armis, nostraque provincias ac fortunas proprias fideli conspiratione et juncto umbone tueantur: hac videlicet spe laboris proposita, ut suum fore non ambigat, quidquid hosti victor abstulerit."
  반달족의 시실리Sizilien/Sicily와 브루티움Bruttien/Bruttium 약탈 때는 카씨오도루스Cassiodor/Cassiodorus의 할아버지가 이를 몰아낸 것으로 추정된다. 카씨오도루스, 《바리아이Variae》, Ⅰ, 4. 14절. 슈미트L. Schmi, 《반달족 역사Geschichte der Vandalen》, 71쪽에서 재인용.

게 포위되었을 때 시민들은 스스로 무기를 들고 그를 지원했다. 벨라사리우스는 그들의 호의는 기꺼이 받아들였지만 그들을 전투부대에 편입시키지 않았다. 그들이 전투 중에 공포에 질려 무너져서 군대 전체에 영향을 줄 것을 우려했기 때문이다. 그는 시민들이 마치 병력같이 보이게 해서 적군을 분산시키기 위해 단지 적에게 보이기만 하면 되는 위치에 배치했다.16) 이런 예들은 로마인들이 아직도 감히 게르만족에 대항하려고 했거나 대항하기 위해 징집된 곳에서 있던 사건들일 뿐이다. 게르만족의 쐐기대형이나 기병대의 거센 돌격 앞에서는 병력수가 그들보다 얼마나 우세했건 관계없이 어떤 로마 부대도 흩어져버리고 말 것이라는 것을 그들은 처음부터 알고 있었다. 알라리히Alarich/Alaric는 큰 무리를 지어 자신을 놀라게 해서 물러나게 만들려고 했던 로마인들에게 "풀잎은 두터울수록 베기가 쉬운 법이다"라는 대답을 한 적이 있다.17)

시저의 레기온legion들이 아리오비스투스Ariovist/Ariovistus와 싸우러 나가지 않으려고 했을 때(역자 주: VII권, 제III장 참고) 느끼고 있었던 공포감의 이유를 우리는 소위 민족대이동民族大移動/Völkerwanderung 때의 사건들을 통해 뒤늦게 다시 발견했다. 지금 입증된 민족대이동 당시 병력수를 통해 우리가 다시 한번 알 수 있었듯이 이후의 모든 사건들은 언제나 훈련되지 않은 민족징집군民族徵集軍에 대한 직업적 전사戰士들의 절대적 우위라는 관점에서 평가되어야만 한다.

---

16) 프로코피우스Procopius, 《폴레몬Polemon》, 〈고트 전기戰記bell. Goth〉, I, 28장.
17) 조시무스Zosimus, 《서신설교집書信說敎集/Epistola tractoria》, V, 40장.

부 기附記

1. 《노티티아 디그니타툼*NOTITIA DIGNITATUM*》과 병력수

호노리우스Flavius Honorius(역자 주: 서로마 제국의 황제. 서기 393년～423년 재위) 시대 이후의 특이한 원사료原史料 하나가 남아있다. 《노티티아 디그니타툼*Notitia Dignitatum*》이라는 일종의 로마제국 정부편람政府便覽이 그것이다. 비에터하임Wietersheim은 이를 근거로 동서東西 로마제국의 총병력을 900,000～1,000,000명으로 평가했지만(《민족대이동사民族大移動史/*Geschichte der Völkerwanderung*》, 제Ⅰ편, 제2판, 34쪽) 《노티티아 디그니타툼》이 얼마나 정확한 기록인지는 불분명하다. 몸센Mommsen도 좀 신중한 자세를 취하고는 있지만 당시 로마군 병력을 수십만 명으로 평가했다(《헤르메스*Hermes*》, 제24권, 257쪽 이하). 그러나 이런 견해들이 옳다면 민족대이동은 이해할 수 없는 일이 된다. 《노티티아 디그니타툼》에 거명擧名된 수없이 많은 레기온들과 여타 부대들이 실제 전쟁이나 전투에는 등장하지 않는 것은 그들이 서류상의 부대였음을 의미한다. 아마도 로마인들은 이미 사라진 지 오래된 옛 명부名簿상의 부대 이름들을 계속 복사해 오다가 이 책에 기록으로 보존했을 것이다. 리미타네이*limitanei*라는 병력이 그 당시 있었음은 분명하지만 이들은 진정한 전투원이 아니라 전투에는 사용될 수 없는 국경수비대에 불과했었다(앞의 제Ⅰ권, 제Ⅹ장 참고).

단Dahn의 《게르만 왕국*Könige der Germanen*》, 제Ⅲ편, 58쪽에서는 게르만인과 로마인의 관계에 대해 정확한 생각에 접근해 있다. 그는 고트족이 태평하게 안전감에 젖어 있던 로마인을 바라보면서 언젠가 떠벌렸다는 "너희들은 영토의 일부를 비워놓고 너희들 자신을 방어할 병력을 얻었다"는 말과 "사실상 이태리인들의 소심함과 의심이 그리고 아마 낮은 군사적 능력도 이와 같은 방종放縱(군사의무 회피)의 이유였다"는 말을 인용하고 있다. 만약 위의 구절 중 약간 소극적 표현인 "아마 낮은 군사적 능력도"라는 말을 보다 적극적인 말로 바꾼다면 우리는 진실에 도달하게 될 것이다.

종전에는 믿을만한 것으로 간주되던 극히 일부의 적은 수치들도 이제는 의문의 대상이 되거나 아예 폐기되어야 할 것이다. 테오데리히Theoderich/Theodoric가 자신의 누이인 아말라프리다Amalafrida를 반달족 트라사문트Thrasamund에게 시집보내면서 도리포Doryphoren/Doryphori 1,000명과 정예병 5,000명을 누이에게 주었다는 말(프로코피우스Procop/Procopius, 《폴레몬*Polemon*》, 〈반달 전기戰記 *bell. Vand.*〉, Ⅰ, 8장)이 그 예이다. 그런 호송병력이라면 그로부터 30년 후 반달 제국 전체를 격파한 벨리사리우스Belisar/Belisarius의 전체 병력보다도 많은 병력이었을 것이다.

2. 반달VANDALEN/VANDALS족

아프리카로 건너갈 때 자신의 병력이 80,000명이라고 했다는 가이세리히Gaiserich/Gaiseric의 말에 대해 비텐시스Vitensis 주교主敎는 이 수치가 실제는 노인과 어린이와 노예들까지 포함된 수치라 했는데 우리는 객관적 분석과 비텐시스의 분명한 증언을 기초로 이 수치가 과연 어떤 수치였는지 납득될 수 있도록 설명하는 것이 바람직하고 필자는 그것이 가능하다고 생각한다. 비텐시스는 가이세리히가 바다를 건널 계획을 세우면서 그의 백성들의 숫자를 모두 세어보았다고 했다. 이는 결코 우연한 일일 수 없다. 바다를 건너기 위해 필요한 선박 숫자를 계산하려면 그럴 수밖에 없었을 것이다. 따라서 그는 전사戰士들만 세어 본 것이 아니라 비텐시스의 말과 같이 부족 인구 전체를 세어 본 것이다. 그렇다면 비텐시스는 빠뜨렸지만 부녀자들까지 그가 세어 본 것이 분명하다. 슈미트L. Schmit는 이 점을 정확히 평가하고 있다(《반달족 역사Geschichte der Vandalen》, 37쪽). 각 제대는 1,000명으로 편성되었었는데 그 중 전사戰士들은 분명히 200명에 훨씬 못 미쳤을 것이다. "1,000"이란 수치는 아마도 몇 번째인가 끝자리를 반올림한 숫자일 것이고 반달족은 매우 많은 노예들을 데리고 갔을 것이기 때문이다. 이는 그들의 총원을 단 50,000명이라고 한 프로코피우스Procop/Procopius의 말(《폴레몬Polemon》, 〈반달 전기戰記 bell. Vand.〉, I, 5장)에 의해서도 간접적으로 증명된다. 이 수치는 비텐시스가 말한 80,000명이 실제는 50,000이었고 따라서 각 제대가 625명(5,000명÷80개 제대)으로 편성되었다는 말일 것이다. 따라서 만약 각 제대의 전사 숫자가 100명보다 크게 많지는 않았을 것이라면 이런 제대는 고대의 백호百戶/Hundertschaft와 거의 같은 단위였음이 분명하다. 몸센Mommsen은 프로코피우스가 말한 "킬리아코χιλίαρχοι/chiliarchoi" ("천호千戶 지휘관"*)는 라틴 호칭 트리부누스tribunus를 번역한 것에 불과했을 것이고 제대 자체는 로코스λόχοι/lochoi라고 불렸을 것으로 추정했다("동東고트 연구Ost-gotische Studien," 《고대독일사 신보新報 Neues Archiv für ältere deutsche Geschichte》, 제14권, 499쪽). "그들이 밀레나리우스millenarios/millenarius(천호 지휘관)라고 불렀던 자들 중 한 명은 반달인이었다Fuit autem Vandalus de illis, quos millenarios vocant"라는 비텐시스 주교의 기록(《반달족 역사de Persecut. Vabdal.》, I, 10장)은 이런 해석과는 충돌한다. 따라서 필자는 가이세리히가 아프리카로 가기 전 백성들과 전사들 숫자를 세어 보기만 한 것이 아니라 그들을 재편성했다고 보는 것도 가능하다고 본다. 고대의 씨족(백호)은 이미 그 규모가 매우 고르지 않게 되었음이 분명하다. 아프리카로 건너간 무리에는 반달족 외에 알란족과 고트족도 섞여 있었고 아마 여타 전사들도 개별적으로 섞여 있었을 것이다. 따라서 가이세리히는 백성들을 다시 편성해서 숫자가 어느 정도 대등한 단위들을 만든 후 실제는 고대의 백호에 불과했던 이런 단위들을 그 총인원에 가깝게 그리고 또한 상대방을 현혹시키기 위해(물론 그는 당대인들보다 후대인들을 더 성공적으로 현혹시킨 것 같다) 천호라고 불렀을 것으로 상상해 볼 수 있을 것이다.

프로코피우스Procop/Procopius는 반달족의 전투에 대해 "킬리아코χιλίαρχοι/chiliarchoi(밀레나리우스millenarios/millenarius)들이 반달족의 양 측면을 지켰는데 그들은 각자 자신의 로코스λόχοι/lochoi를 지휘했다"*고 묘사했다. 뒤로 가면 프로코피우스가 군사문제를 잘 알지 못했다는 것을 분명히 알게 될 것이지만 전투대형에 관해 그들의 연대를 이끄는 연대장들이 양 측면에 서 있었다는 그의 말은 비군사적인 말에 그치는 것이 아니라 아예 말이 되지 않는다. 그러나 그 의미하는 바는 분명하다. 그는 양 측면에 백성들의 징집군인 천호千戶들이 배치되었고 왕의 수행원들은 중앙에 서 있었고 그 뒤에 무어Mauren/Moor 연합군이 있었다는 말을 하려 했던 것이다.

고대의 백호百戶가 분리 또는 인원 손실 등으로 대부분 작은 집단으로 변했을 것으로 본다면 이 집단은 이제는 새로운 천호로서 일정한 결속력을 여전히 유지하고 있었을 것이며 이런 상황은 새 땅 개척과정에서 다시 한번 입증되었다. 새 땅 개척과정에서 이 집단들은 그들의 정체성을 보존하면서 함께 정착했다. 이 반달족이 카르타고Karthago/Carthage를 떠나 밸리사리우스Belisar/Belisarius와 대적對敵하게 되었을 때의 일에 대해 프로코피우스는 그들이 왔을 때 "아주 무질서하게 전개해서 전투를 하려고 했다. 심모리아συμμορίας/symmoriai들만 예외였지만 그들은 규모가 작았다"*고 했다(《폴레몬Polemon》, 〈반달 전기戰記bell. Vand.〉, I, 18장). 그가 말한 심모리아는 호칭이 백호에서 천호로 바뀐 씨족 정착집단이었을 것이다.

8,000～10,000명 또는 그보다 약간 적은 전사戰士들이라면 아프리카에서 제국帝國을 세우고 이 제국을 위해 시실리Sizilien/Sicily, 사르디니아Sardinien/Sardinia 등 여러 섬을 정복하기에 충분한 병력이다. 특히 가이세리히Gaiserich/Gaiseric는 종래 로마 레기온legion의 견제를 받던 아프리카 자체의 야만인들인 사막부족들 중에서도 연합군을 찾을 수 있었기 때문이다. 그들은 반달족과 함께 로마를 약탈하러 나섰고 마지막에는 무어Mauren/Moor족까지도 게리메르Gelimer(역자 주: 가이세리히의 증손자)의 신민臣民 또는 연합군이 되어서 아프리카에서 패권을 탈환하려는 로마와 싸웠다.

브루너Brunner는 이제는 50,000명이라는 프로코피우스의 수치까지도 결국 너무 높은 수치라고 양보하려 하지만(《게르만 법제사法制史 Deutsche Rechtsgeschichte》, 제I편, 제2판, 62쪽) 필자가 전사戰士 숫자만 8,000～10,000명으로 보려고 하는 데 대해서는 이는 "너무" 낮은 수치라고 주장한다. 그의 말은 문제에 대한 객관적 접근을 회피하는 것으로서 필자에게는 "너무" 마음 편한 말로 보인다.

(이하는 제3판에서 추가한 부분임.) 슈미트L. Schmidt는 반달족의 숫자에 부녀자들까지 포함된 것이 분명하다는 것은 다시 강조했다(《비잔티움 학술지Byzantinische Zeitschrift》, 서기 1906년, 620쪽).

제 V 장
이동 당시의 민족군대

　게르만 부족들의 호전적이고 방랑적인 생활은 그들의 사회적 여건과 정치적 조직에 강력한 영향을 미칠 수밖에는 없었을 것이다. 그들의 고향 땅에서는 각 씨족氏族/Geschlecht이 그들의 부락部落/Dorf에서 후노Hunno 또는 장로長老/Altermann/elder의 지휘 아래 살았고 후노 역시 이 공동체의 자유민 중 한 사람이었다. 그런 씨족들 여럿으로 구성된 부족部族/Völkerschaft의 상층부에는 하나 이상의 대공大公 가문家門이 있었는데 전쟁시에는 이들 중에서 헤르조그Herzog(장군) 1명이 선출되었다. 그들은 고향 땅에서는 이런 단순한 제도 하에서도 잘 지낼 수 있었지만 이제 군사원정에 나서려면 더 이상 이런 조직으로는 안 되었다.

　상고시대에도 장군 가문 또는 대공大公 가문이 왕가王家가 되는 일이 있었고 이 왕가는 세습되기도 했고 해체되기도 했다. 그러나 이제 지속적인 수장首長을 두지 않을 수 없게 되었다. 그들이 직면한 전략적 과제는 로마제국과 로마황제 또는 서로 황제직을 다투는 여러 황제와 참제僭帝들 뿐 아니라 다른 게르만 부족과의 관계 등 정치와 늘 밀접한 관계가 있었다. 한 게르만족이 민족 단위로 로마나 비잔티움의 통치자를 위해 복무하게 되면 그 왕은 게르만족의 대공大公임과 동시에 로마 지휘관으로 불리게 되었다. 동東고트Ostgoten/Ostrogoths족의 테오데리히Theoderich/Theodoric Strabo 대왕은 제노Zeno 황제의 지시에 따라 황실 경비대장Magister militum praesentalis 자격으로 이태리로 들어갔다.[1]

　그러나 이렇게 새로 형성된 왕조들은 옛날과는 주목할만한 차이가 있었다.

　반세기를 통치한 반달족 가이세리히Gaiserich/Gaiseric는 몇 년 만에 자신이 아프리카를 통치하는 황제의 부황제副皇帝란 허구虛構를 거부했다. 그는 주권적 통치자 지위를 확보하고 자신의 완전한 독립왕조를 창건할 만큼 강했었다. 그가 선포했던 왕위 승계순위는 분명히 장자長子 승계가 아니라 연장자年長者 승계 원칙이었고 이 원칙은 실제로 준수되었다. 마지막 왕인 게리메르Gelimer는 그의 증손자였다.

　동東고트Ostgoten/Ostrogoths족 테오데리히 대왕은 결코 가이세리히보다 약하지 않았지만 그에게는 아들도 양자도 없어서 외손자에게 왕위를 물려주고 딸이 섭정攝政하도록 했다. 그러나 어린 왕 아타나리히Athanarich/Athanaric가 성년도 되기 전에 죽자 그의 어머니 아말라순타Amalasuntha도 지위를 유지할 수 없었고 이때 터진 유스티니아누스 황제와의 전쟁 중에 동東고트족은 순수한 선출직 왕제王制로 돌아갔다.

---

1) 몸센Mommsen, "동東고트 연구Ostgotische Studien," 《고대독일사 신보新報 *Neues Archiv für ältere deutsche Geschichte*》, 제14권, 504쪽.

서西고트Westgoten/Visigoths족도 선출직 왕제王制를 계속 유지했었는데 몇 세대 동안 세습왕조로 변한 적도 있었다.

프랑크Franken/Franks족의 발전과정은 전혀 달랐다. 반달 왕국과 고트 왕국은 정복민족이 세운 왕국이지만 프랑크 왕국은 정복왕征服王이 세운 왕국이다. 프랑크 왕국의 게르만족 무리는 다른 왕국들에 비해 비교할 수 없을 만큼 큰 무리였지만 그들 중 절대다수는 옛 지역에 그대로 남아있거나 로마 영역으로 단 며칠 정도의 행군거리까지만 전진했다. 메로빙Merowing/Meroving 왕조는 알라리히Alarich/Alaric 왕조, 가이세리히Gaiserich/Gaiseric 왕조, 테오데리히Theoderich/Theodoric 왕조 같은 군사왕조軍事王朝가 아니었다. 이 왕조는 살리Salier/Salian족이란 1개 부족의 대공大公인 클로드비크Chlodwig/Clovis가 많은 주변 부족들에게 왕으로 승인 받은 후 로마 영토를 정복함으로써 탄생한 왕조다. 이 왕조는 군사총회軍事總會가 없어서 선출직 왕제王制로 돌아가는 것이 처음부터 불가능했다. 비티게스Vitiges나 토틸라Totila나 테이아스Teias를 동東고트 왕으로 선출했던 군대에는 동東고트인들이 너무 많이 포함되어 있었기 때문에 군대에서의 선거가 민족의사民族意思의 표현으로 간주되었다. 그러나 프랑크 왕국에서는 왕 주변에 집결한 군대에서 왕국 창건 초기부터 줄곧 프랑크족이 극소수에 불과했다. 그리고 메로빙 가문 출신 남성만 왕위를 승계할 수 있다는 원칙이 수 세기 동안 준수되었기 때문에 반복된 왕국의 분열과 내전에도 불구하고 단일한 세습왕조世襲王朝가 수 세기 동안 존속될 정도의 강한 모습을 지니게 되었다.

이런 제도적 변화들은 하향식으로 게르만족 정치군사체계 전반에 확산되었다.

우리는 서西고트족의 병력수를 10,000~15,000명으로 평가해 왔었다. 그와 같은 큰 병력이 단순히 단기전短期戰을 수행하는 것이 아니라 늘 야전에 머물며 적지敵地를 돌아다니려면 단순한 백호百戶/Hundertschaft 조직으로는 안 되고 보다 세련된 조직이 필요했다. 왕 또는 대공大公이 자신의 명령을 직접 백호의 후노Hunno들에게 하달할 수는 없었다. 일시적으로가 아니라 상시적으로 운용되는 중간의 연결점을 만들 필요가 있었다. 마찬가지로 백호가 가장 말단 단위부대로 계속 남아있을 수도 없었다. 로마의 센튜리온Centurio/centurion(역자 주: 로마군 단위부대인 센튜리Centurie/ century의 지휘관. 상세 내용은 이 책 제I편, 제VI권, 제III장 참고)도 그 밑에 하급간부들과 상등병 일등병 같은 일련의 조직이 있었다. 단 100명으로 구성된 현대의 중대中隊급 부대에도 최소한 2명의 장교와 10~12명의 부사관이 필요하다. 그러나 게르만족 백호는 로마 센튜리 이상의 단위대였다. 흔히 병력도 많았을 뿐 아니라 특히 중요한 요소는 식솔들을 거느리고 있었다는 점이다. 로마 센튜리온은 단지 병사들의 근무에만 신경 쓰면 되고 병사들에 대한 무기, 보수, 식량 등의 공급은 병참장교들의 책임이었다. 센튜리의 책임도 기껏해야 임명과 감독과 유지뿐이었다. 그러나 게르만족 백호百戶는 자체적으로 그것도 병사들뿐 아니라 그 가족들에게까지도 식량을 책임져야 했다. 최고사령부에도 병참조직이 따로 있지 않았었다. 그런 체제는 극도의 무자비한 약탈에 의한 식량획득에도 불구하고 매우 광범위한 공산주의적 경제체제가 아니면 전혀 불가능했다. 그러나 이제는 고향 땅에서 그들의 생활을 보장해주던 경작지 공산주의로도 문제를 해결할 수 없었다. 약탈품을 공동분배 해야 했지만 그에 못지않게 거대한 보급품을 공동으로 비축해야 했었다. 만약 그들이 각 개인을 스스로 생활을 영위하도록 방치했었다면 병력 전체가 곧 흩어져서 모두 적의 희생물이 되었을 것이다. 약탈품은 우선 백호들에게 분배되고 그다음 다시 개인들에게 분배되어야 했다. 소규모 분견대들을 파견 내보내야 했고 그들이 약탈해서 가지고 온 것은 모두의 것으로 간주되어 분배되어야 했으며 그렇게 해야 군대의 주력이 늘 집결해서 대기할 수 있었다. 백호가 이런 기능을 수행하려면 후노Hunno에게 하급지도자들이 필요했다.

따라서 본래의 게르만 정치조직은 백호로만 분할되어 있었지만 이제 왕은 자신이 임명한 고위관리 코미티부스comitibus 또는 그라프Graf/count를 통해 큰 단위 또는 영역들을 지휘 또는 통치했고 그들 위에는 실제 조직이 그런 것은 아니고 계급과 권한으로만 구분되는 두키부스Ducibus 또는 헤르조그Herzog(장군)가 있었다.

그러나 하부에서 실질적인 군대위계軍隊位階의 일종으로 보이는 흔적은 한 민족의 경우에만 발견된다. 상당히 많은 부분이 현재까지 전해져 있는 서西고트족의 법령집에서는 후노(센테나리우스centenarius)보다 상급자인 천호千戶 지도자Tausend-schafführer 티우파두스thiuphadus(밀레나리우스millenarios/millenarius)란 직위와 후노보다 하급자인 십호十戶 지도자Zehnschaftführer(데카누스decanus)란 직위가 발견된다.

또 오백호五百戶 지도자Fünfhundertführer(킨겐테나리우스quingentenarius)란 직위도 발견되는데 이 직위를 밀레나리우스와 센테나리우스의 중간에 있는 지휘관으로 보면 안 되며 병력수가 다른 천호에 비해 현저히 줄어든 천호가 있을 때 그 지휘관을 지칭하는 명칭으로 보아야 한다.

그러나 우리는 이와 같은 십호, 백호, 천호 및 그 위에 있었을 수 있는 그라프Graf/count 또는 헤르조그Herzog가 지휘하는 또 다른 단위부대의 구조를 현대의 분대, 중대, 연대, 군단 등과 같이 완전한 통일성을 지닌 구조라고 보면 안 된다. 이들 가운데는 다른 것들과는 전혀 다른 성격을 유지한 조직이 있었다. 백호라는 게르만족 고유의 기본조직이 바로 그것이다.

물론 현대에도 중대中隊는 고도의 정신적 단위부대로 예를 들어 분대分隊나 대대大隊와는 성격이 크게 다르지만 게르만족의 백호는 더욱 그랬었다. 십호十戶/Zehnschaft는 백호의 보조적인 구성요소에 불과했고 천호는 군대 지휘를 위해 여러 백호

百戶들을 묶어놓은 것에 불과했다. 그러나 백호는 자신만의 독립적인 존재성을 지니고 있었다. 아무 백호나 그들이 함께 어느 천호千戶에 할당될 수도 있고 어느 백호의 병력 중 아무나 십호+戶 단위로 나뉠 수가 있었다. 그러나 백호는 쉽게 쪼개지거나 만들어지지 않는다. 백호는 자연적 탄생체인 씨족氏族이므로 쉽게 만들어진다는 것은 생각도 할 수 없다. 백호를 쪼개는 것은 그보다 좀 쉽기는 하지만 이 역시 극단적으로 힘든 일이다. 백호는 자연적인 군사단위에 그치는 것이 아니라 경제단위이기도 하기 때문이다. 군사원정에 필요한 공산경제를 유지하려면 천호는 너무 큰 단위이고 십호는 너무 작은 단위이며 오로지 그 중간 단위만이 그러한 기능을 발휘할 수 있다. 함께 가는 양떼, 수레, 보급품, 무기 등을 공유재산으로 할 수 있는 단위는 백호뿐이다. 결국 천호 지도자는 군사적 법적 문제에서만 후노Hunno의 상관이고 십호 지도자는 후노의 대리인이며 도구였을 뿐이다. 천호나 십호는 예를 들어 자체의 공동의사共同意思를 효과적으로 표현할 수 없는 집단이었다. 백호는 위로 천호가 있고 아래로 십호가 있기는 했지만 민족대이동民族大移動/Völkerwan- derung 시기에도 항상 같은 모습을 유지했었다.

단Dahn은 고트족이 이태리에서나 마찬가지로 스페인에 정착했을 때도 가족이나 씨족이 분명히 큰 역할을 했었다는 평가를 내린 일이 있다.[2] 가족이나 씨족은 법法에서도 큰 역할을 했고, 휴전이나 항복이나 적과의 대항 등의 경우에 비교적 독립된 집단들이 소규모의 견고한 유기적 단위를 형성할 때도 큰 역할을 했다. 서西고트족 법法을 보아도 고대 후노의 중요성을 알 수 있다. 후노가 군무이탈죄軍務離脫罪를 범하면 법정형法定刑이 사형이었지만 천호 지도자Tausendschaftführer인 티우파두스thiuphadus의 군무이탈죄는 아예 언급이 없고 십호 지도자Zehnschaftführer인 데카누스decanus의 탈영죄는 법정형이 벌금 5 솔리디solidi(역자 주: 금 조각)에 불과했다.

또 티우파두스나 데카누스가 낸 벌금을 포함해서 거두어진 모든 벌금은 백호 내에서 분배하도록 규정되어 있었다. 따라서 백호는 진정한 협동체였다.

그러나 천호는 진정한 이주민족移住民族인 고트족과 반달족의 경우에만 발견된다. 두 부족의 천호는 서로 의미가 달랐던 것으로 보이지만[3] 여하간 이동으로 인한 군사적 필요성 때문에 생긴 개념으로 보는 것이 가장 타당하다. 같은 용어를 두 부족이 다른 의미로 사용했다고 해서 동東게르만족(고트족 등)과 서西게르만족(반달족 등)을 민족학民族學상 다른 민족으로 볼 필요는 없다.

---

2) 단Dahn, 《게르만 왕국Könige der Germanen》, 제III편, 3쪽; 제IV편, 61쪽.

3) 동東고트족의 경우 밀레나리우스millenarios/millenarius라는 용어가 단 한번 등장하는데 몸센Mommsen은 이 용어를 전혀 달리 해석하는 것이 타당할 것으로 본다("동東고트에 관한 연구Ostgotische Studien," 《고대독일사 신보新報 Neues Archiv für ältere deutsche Geschichte》, 14권, 499쪽). 그는 이 용어를 "밀레나millena" 또는 "후페Hufe"(역자 주: 일정한 토지면적을 지칭하는 용어로서 약 60~120 에이커 정도를 말한다)와 관련된 용어로 보지만 이는 거의 틀린 견해로 생각된다.

백호百戶와 그 상하급 단위들 사이의 차이가 얼마나 컸었건 간에 실질적으로는 이런 구분과 명칭들이 곧 서로 혼동된 것으로 보인다. 처음에는 균일했던 단위 부대들의 병력수에 곧 큰 차이가 생기는 것은 전쟁 시에 자연스러운 현상이다. 서기 1814년에는 실레지아 민병대民兵隊 14개 대대가 전쟁을 치르는 6개월간 4개 대대로 재편된 적도 있다. 현대 조직들도 수시로 이렇게 재편성 과정을 거치게 된다. 게르만족에게도 같은 일이 가끔 일어났을 가능성이 있다. 앞서 설명한 것 같이(역자 주: 앞의 제Ⅳ장, 부기 2 참고) 가이세리히Geiserich /Geiseric가 백성들을 이끌고 아프리카로 건너가려고 병력수를 계산할 당시의 천호千戶들도 그런 조직들이었다.

따라서 이동 중에도 백호는 중요한 존재이기는 했지만 그 수명의 한계점에 접근하고 있었다. 당시의 상황은 백호百戶에게 새 생명을 주기도 했지만 동시에 그의 해체를 몰고 왔다. 상부로부터의 조직의사組織意思는 그의 존재의미를 축소시켰고 계속되는 전쟁과 이동의 영향으로 많은 백호들이 사라졌다. 무엇보다 중요한 것은 백호체계의 우두머리인 후노Hunno가 사라졌다는 점이다.

고대 게르만족에는 소수의 대공大公 가문 외에 귀족가문이 없었고 후노는 자유민에 속했다. 그러나 민족대이동民族大移動/Völkerwanderung 이후에는 훨씬 많은 귀족가문들이 게르만족에서 발견되는 데 우리는 이 새 계급의 뿌리는 두 갈래로 생각해 볼 수 있다. 하나는 왕실에서 근무하던 가문이고 다른 하나는 후노 가문이다. 귀족가문들의 대부분은 새 왕조의 왕실에서 근무하던 가문에서 나왔음이 분명하다. 왕실 유지와 군대 지휘와 행정을 위해 새로 관직이 만들어졌고 이로 인해 다른 가문과 구별되고 부를 누리게 되는 세습적世襲的 가문이 생겼다. 이 문제에 대해서는 뒤에 좀 더 상세히 논할 것이다.

그러나 민족대이동 시기에는 이런 왕실 근무자들로부터 새로운 계급이 형성될 만큼 왕조의 연륜이 깊지 않았고 이 당시에 형성된 귀족가문은 조상들의 지위에 뿌리를 둔 가문이었다. 이런 가문은 분명히 연륜도 깊고 독립성도 높았을 것이므로 옛 씨족 수장의 가문일 수밖에 없었다. 고대에도 대공大公 가문과 후노 가문은 서로 차이가 컸지만 서로 결합되는 경향이 있었다. 대공大公 가문의 아들 하나가 몇 개의 작은 백호들로 구성된 집단을 이끌고 과거의 부족 단위에서 떨어져 나올 때도 있었지만 한 백호가 매우 커져서 나뉘어 질 때는 언제나 몇 개의 새 후노 가문이 생기기도 했다. 그러나 이때 특별히 부유하고 연륜이 깊은 후노 가문이 우월한 지위를 주장하는 경우가 흔했다.4) 민족대이동 시기는 물론 그 이전

---

4) 왕조의 기원을 백호百戶 지도자 후노Hunno에서 찾아볼 수 있게 하는 어원학상의 흔적들도 있다. 암미아누스Ammian/Ammianus, 《사건연대기事件年代記 *Rerum gestarum libri*》, XXV, 5. 14절에서는 부르고뉴족은 왕을 헨디노스hendinos라고 부른다고 했는데 박커나겔Wackernagel은 이 용어가 "훈데트Hundert"(백百)와 관련이 있는 것으로 볼 수 있을 것이라고 했다. 그러나 다른 학자들은 그렇게 설명하지 않는다.

에 이태리 침공에 성공했을 때도 후노 가문의 지위는 대중들보다 격상되어 대공_{大公} 가문의 지위에 접근해 있었다. 이런 식으로 후노 가문들이 귀족가문으로 변했다. 이는 고대에는 없던 현상이다.

씨족의 공산_{共産} 경제는 수장인 후노 이외의 누구에 의해서도 전혀 운용될 수 없는 것이었다. 고대에는 씨족 구성원이 전투에 나갔다 돌아오면 약탈품을 서로 분배했다. 이때 후노는 모든 동료들의 질시와 감시 속에 약탈품을 분배했고 분배가 끝나면 종전 생활로 돌아갔지만 모든 약탈품이 한 번에 다 분배되지 않고 상당량이 수장의 손에 남겨졌으며 수장은 이를 자신의 판단과 구성원들의 필요에 따라 나중에 조금씩 분배했다. 전투가 계속될 때면 통제도 어려웠지만 그렇다고 불평을 늘어놓기도 어려웠으며 각 개인들은 아무도 자신의 것만으로는 살아갈 수 없는 처지이므로 후노의 재량적 판단에 의존하지 않을 수가 없었다. 그들은 고향 땅에서도 토지경작이 거의 없었고 주로 목축_{牧畜}으로 생계를 유지했었지만 이제 여러 해 동안 긴 여행을 하면서 곡식 수확은 전혀 없었고 짐수레를 끄는 짐승들 외에는 데리고 다닐 가축도 얼마 남지 않았다. 라첼_{Ratzel}은 "이주_{移住}에는 많은 손실이 따른다. 보어_{Boer}인들은 서기 1874년에 트란스발_{Transvaal}에서 서쪽으로 이주에 나설 때 양 100,00마리 및 말 5,000필과 함께 출발했지만 서기 1878년에 다마라란트_{Damaraland}에 도착했을 때는 양은 2,000마리 말은 30~40필만 남았다"고 했다(《정치지리_{Politische Geographie}》, 63쪽).

동_東고트_{Ostgote/Ostrogoth}의 테오도리히_{Theodorich/Theodoric}는 클로드비크_{Chlodwig/Clovis}에게 쫓겨서 도주해 온 알레만_{Alemannen/Alamanni}족(역자 주: 게르만족의 일파. 독일을 말하는 프랑스어 알레마뉴_{Allemagne}와 스페인어 알레마니아_{Alemania}는 바로 이 이름에서 유래되었다) 유민들을 래티아_{Rhätien/Raetia}에 정착시키면서 그들에게 그곳을 통과하는 노리쿰_{Noricum} 주민들과 "장거리 여행에 대한 걱정 때문에…그들의 행군에 도움이 되도록_{itneris longingquit- ate defecti…ut illorum provectio adjuvetur}" 양떼를 서로 바꾸게 명령한 적도 있다.5)

반달_{Vandalen/Vandals}족이 도나우 강에서 피레네산맥을 넘어 아프리카로 이동하면서 많은 젖소 떼와 작은 동물들과 함께 간다는 것은 전혀 불가능한 일이었다. 서_西고트족이 흑해에서 발칸 반도와 이태리를 거쳐 알프스를 넘어 골_{Gallien/Gaul}과 스페인까지 이동하는 중에도 그랬다. 물론 그들이 지나간 곳은 수천 호_戶의 가족을 먹여 살릴 수 있을 만큼 풍요로운 지방이었지만 그러려면 군지휘관들이 어느

---

5) 단_{Dahn}, 《게르만 왕국_{Könige der Germanen}》, 제Ⅲ편, 161쪽. 단_{Dahn}은 이 말을 카씨오도루스_{Cassiodor/Cassiodorus}의 《바리아이_{Variae}》에서 인용했다. 후일 테오데리히는 아주 일반적으로 병사들이 행군 중에 고장난 수레와 지친 짐승들을 왕실 관리 사조_{Sajo}의 중개를 거쳐 지나던 곳의 지주들과 교환할 수 있게 하라는 지시를 내린다. 그러나 병사들은 시민들을 협박해서는 안 되고 보다 많거나 보다 튼튼한 -예를 들어 작지만 건강한- 짐승을 그가 받았으면 이로써 만족해야 했다(단_{Dahn}, 같은 책, 제Ⅲ편, 88쪽. 단_{Dahn}은 이 말을 역시 카씨오도루스의 《바리아이》, V, 10장에서 인용했다).

정도 순조로운 식량배급에 관심을 두어야 했다. 지휘관들은 각자에게 식량을 분배함과 동시에 다가올 며칠 분, 몇 달 분 또는 아마도 대개는 몇 달 분의 식량을 예비로 보유해야 했다. 식량, 귀중품 외에 게르만족이 호전적 로마 주민들로부터 빼앗을 수 있었던 가장 중요한 약탈물은 주민 자체였다. 빼앗은 주민들은 노예가 되어 그들을 따라갔다. 그들은 무방비의 인구밀집 지역들에서 먹일 수만 있다면 수십만 명의 주민을 빼앗을 수 있었다. 그러나 자신들의 10,000명의 남성과 30,000명의 부녀자 및 어린이들6) 외에 또다시 40,000명 또는 30,000명의 노예들까지 함께 데리고 가려고 했을 경우에 게르만 군대의 기동성과 전투효율성은 어찌 되었을까? 우리는 후노Hunno들 자신은 공동체 운영에 필요한 많은 노예들을 차지했을 것으로 생각해 볼 수 있다. 개개의 자유민들은 자신이 약탈한 것들을 내놓고 보석이나 금이나 무기를 분배받기를 선호했었지만 이동 중에는 과거와 같은 소박한 생활을 계속해야 했다.

반면 이동이라는 상황 때문에 후노의 권위와 권력과 재산은 대중들보다 크게 증대되었다. 그의 재산은 기본적으로는 분명히 공동체 즉, 씨족 전체의 재산이지만 그의 재량권이 너무 커서 공동체 재산이라는 인식은 점차 사라졌다. 후노는 점점 더 부유해졌고 그 재산을 자신의 가족에게 남겨주었다.

고대의 후노는 선출직이 분명하지만 곧 백성들은 같은 가문에서 후노를 선출했고 그에 따라 세습世襲이 주장되다가 결국은 세습의 권리로 발전했다. 이제 후노 가문이 공동체의 경제적 주인 내지 거의 재산공급자가 되자 후노가 죽었을 때 그의 가문을 제쳐놓고 백성들 중에서 후노를 선출한다는 것이 전혀 불가능해졌다. 후노의 직위는 아주 자동적으로 아버지로부터 아들로 넘어갔고 이런 상황에서 그 가문은 공동체의 일반 자유민이 아니었고 특별 지위 즉, 귀족지위를 차지하게 되었다. 과거에는 단 하나의 대공大公 귀족가문만 있던 백성들에게 이제는 그보다는 한층 낮은 귀족들의 계층이 생겼다.

이동중인 부족들 중에서도 반달Vandalen/Vandals족은 다소 우연한 이유들로 인해 가장 강력한 왕조를 발전시켰다. 약간 높은 귀족가문들의 과두파寡頭派/Optimates가 두 차례에 걸쳐 가이세리히Gaiserich/Gaiseric에게 반기反旗를 든 적도 있었지만 가이세리히는 그들을 격파하고 굴복시켰다(서기 442년).

바이에른Byern/Bavarier/Bavaria족(마르코마니Markomannen/Marcomanni족), 알레만Alemannen/Alamanni족(슈바벤Schwaben/Swabians족, 헤르문두Hermunduren/Hermunduri족 및 유퉁그Iuthungen/Iuthungi족) 그리고 프랑크Franken/Franks족(카마브Chamaven/Chamavi족, 카투아르Chattuarier/Chattuarii족, 바타

---

6) 단Dahn은 이동중인 게르만 부족의 군대에는 부녀자들이 따라다녔지만 그들이 같은 숫자로 전투지역을 따라다녔을 가능성은 없을 것으로 믿고 있다(《게르만 왕국*Könige der Germanen*》, 제VI편, 82쪽). 그렇다면 고트족은 그들의 아내들과 딸들을 남겨두었을 것이라는 말인가?

브Bataver/Batabians족, 수감브리Sugambren/Sugambri족, 우비Ubier/Ubii족, 텐크테리Tencterer/Tencteri족, 마르시Marser/Marci족, 브루크테리Bructerer/Bructeri족, 카티Chatte/Chatti족)은 인접지역으로만 약간 이동하거나 실제로 전혀 이동하지 않고 과거의 경계선을 넘어 팽창하기만 했다. 이때 그들은 라인강과 도나우 강을 넘어 알프스산맥, 보스게스Voges 산맥 및 영국해협Aermel=meeres 입구까지 진출한 지역들로부터 로마화된 켈트Kelt/Celt족 주민들과 게르만족 주민들을 몰아내지는 못했지만 이 지역 주민들은 대부분 정복자들 틈에 잔류해서 점차 게르만화되거나 재再게르만화된다. 앞서 말한 여타지역들도 마찬가지지만 특히 바이에른Byern/Bavarier/Bavaria 지역에서는 아직도 흔히 로마 촌락이었던 것으로 알려져 있는 많은 지역들이 유력한 게르만 가문들에게 종속되었던 사실이 나중에 발견된다.7) 우리는 그런 촌락들에 대한 게르만족의 정복과정을 이런 식으로 이해해야 한다. 로마화되어 있던 촌락들이 처음에는 한 게르만족 대공大公 또는 후노Hunno에게 보호를 요청했었지만 곧 그의 신민臣民이 되어 그에게 조공租貢을 바치게 되었다. 게르만족에게는 원시시대부터 이런 형태의 종속과 강제노동 활용이 이미 일반적이었다. 우리는 이때 조공을 바치는 일종의 소작小作 가문(리트Liten/Liti 가문, 알디온Aldionen/Aldioni 가문, 바르살크Barschalken/Barschalki 가문)으로부터 넓은 토지를 획득하게 된 소수의 대공大公 가문만 그런 지위에 있었던 것으로 볼 필요는 없다. 후노 가문들도 한 지역을 보호해 주다 그 지역의 주인이 될 수 있는 위치에 있었다. 바이에른족과 알레만족의 경우는 남부 게르만지역을 정복할 당시 아직 통합된 대공大公 조직이 없었기 때문에 이런 계층이 더 강력하게 발전할 수 있었다. 스트라스부르크Strassburg/Strasbourg 전투의 기록에서 암미아누스Ammian/Ammianus는 알레만족에게는 지도자로 7명의 왕(레게스reges)과 10명의 레가레스regales가 있었다고 말할 수가 있었다. 이 왕들은 타키투스Tacitus가 말한 프린시프princip 즉, 아르미니우스Armin/Arminius 같은 대공大公이었음이 분명하다. 우리는 레가레스가 무엇을 말한 것인지에 대해서는 그대로 넘어가야 할 것이다. 여하간 알레만과 바이에른에서 이런 헤르조그Herzog(장군)의 지위가 다른 귀족보다 높은 최고의 영구적 권위를 지니게 된 것은 후일의 일인데 알레만 지역의 경우에는 그런 지위가 곧 다시 사라졌다. 바이에른 지역의 경우에는 아마도 프랑크Franken/Franks족이 이 지역을 정복했을 때 비로소 그런 지위가 생겨났을 것이다. 바이에른 법전

---

7) "그들 중 일부가 이미 로마식 이름을 가지고 있던 발시아Wälsche/Walsian족은 개별적으로 9세기에나 레벤스부르크Regensburg/Rotisbon에 출현하고, 11세기에야 에베르스베르크Ebersberg에 출현하며, 12세기 및 13세기에야 잘쯔부르크Salzburger/Salzburg에 출현했다." 리쯜러Riezler, 《바이에른족의 역사Geschichte Byerns》, 제I편, 51쪽. 로마화되었던 많은 종족들이 특히 티롤Tirol/Tyrol 지역에 정착했었다.
　《테게른제 창건사創建史Die Tegernseeer Gründungsgeschichte》에는 단 1,000명의 바이에른 기사騎士들이 영토를 점령했다고 기록되어 있다. 이 전설 자체는 타당성이 없지만 이때 영토만 정복된 것이 아니라 백성들까지 정복되었음을 말해준다.(역자 주: 테게른제는 바이에른 왕국의 수도였다.)

法典과 알레만 법전은 조공租貢 받는 양이 늘어난 귀족지위 하나를 인정하고 있다. 후일 바이에른에는 이 헤르조그 가문 외에 고위 귀족가문 5개가 더 생겼다.

브리튼 섬의 경우도 토착민과 게르만 정복자들 간의 관계가 알레만 지역과 바이에른 지역의 경우와 유사했다. 일부는 게르만족에 복속되어 점차 그들에 동화되었다. 종래의 대공大公 가문들은 작은 왕조로 지위가 올라갔고 종래의 후노Hunno (장로長老/Altermann/elder)들은 고위 귀족인 백작伯爵/earl이 되었다.

라인 강 좌안左岸의 프랑크 지역에서는 점령으로 인해 대규모 토지소유자가 등장했지만8) 메로빙Merowing/Meroving 왕조의 등장에 따라 해체되고 이 시기의 여타 게르만 부족들의 경우와는 반대로 귀족 지위가 발전하지 못했다. 이 지역에서 왕은 자신의 그라프Graf/count들을 통해 통치했으며 후노 또는 퉁기누스tunginus들은 단순한 촌장村長들로 지위가 격하되었다.

본래의 게르만 국가에서는 왕조와 고위 귀족이 모두 발전할 기회가 있었다. 둘 다 민족대이동民族大移動/Völkerwanderung 시대에 탄생한 것이다. 통치력이 강한 것이 왕조였고 약한 것이 고위 귀족이었고 프랑크 왕국 같은 극단적인 경우에는 귀족이 존재하지 않았다. 그러나 어떤 경우이건 왕조가 약화될수록 귀족의 권력은 커졌다. 알레만 지역과 바이에른 지역에는 진정한 왕조가 없었고 앙겔-작센 Angelsachsen/Anglo-Saxons족에게는 작은 왕조들만 있었고 서西고트족은 왕을 선출했다.

이런 두 계통의 발전과정에서 점차 어느 곳에서나 사라진 것이 한 가지 있는데 고대 게르만족 정치체계의 세포細胞 조직인 씨족 또는 백호百戶가 바로 그것이다. 새 귀족계층은 그들이 형성된 그리고 아직도 형성 중인 방식을 따라 이미 그들이 자란 본래의 토양으로부터 멀어져 가고 있었다. 이제 왕이 만든 새 고위직의 적지 않은 부분이 바로 이들 귀족가문의 구성원들로 채워졌다. 귀족은 왕실근무를 기본임무로 하면서 서로 섞여서 사는 백성들로부터 자연스럽게 분리되었다. 이제 백호가 그들의 새 지도자를 선출하거나 왕이 그들의 새 지도자를 임명하더라도 백호와 그 지도자 사이의 관계는 옛날과 달랐다. 그 지위를 세습으로 물려받은 것도 아니고 재산도 많지 않은 새로운 후노는 밑바닥부터 다시 출발한 단순한 관리에 불과했고 백호 자체도 지도자와 가부장적家父長的 신뢰관계를 지녔던 과거와는 달리 느슨한 조직이 되었다.

옛 후노는 씨족과 떨어질 때 홀로 떨어져 나가지는 않았다. 그는 씨족을 떠나면서 그를 따르는 특별히 유능한 백성들을 그의 수행원으로 많이 데리고 가서 왕실근무를 시작했다. 전쟁을 통해 정치적 야망을 가지고 축적했던 재산 때문에 그렇게 많은 수행원들을 거느리는 것이 가능했었다. 군사조직에 천호千戶와 십호

8) 바이츠Waitz, 《독일헌법사Deutsche Verfassungsgeschichte》, 제II편, 169쪽; 제2판은 제II편, 제1권, 282쪽.

十戸/Zehnschaft라는 단위가 생김에 따라 백호百戸는 더욱 약화되었고 대대로 이어온 수장 대신 임명된 수장이 그들을 지휘하게 되자 더욱더 약화되었다.

결국 탈취한 광대한 영역에서의 정착 및 팽창은 옛 백호 체계에 대한 완전한 파괴효과가 있었다. 모든 생존조건이 변했던 것이다.

이제 백호는 더 이상 한곳에서 모여 살지 않게 되었다. 이제 옛 백호 공동체는 사라졌다. 로마화된 지역에서 백성들은 로마화된 종족들 사이로 처져 나갔다. 새 게르만 지역에서 그들은 군사적 삶을 버리기 시작했고 점차 토지경작으로 생활 양식을 바꾸어 나갔다. 큰 씨족마을은 여러 개의 작은 마을들로 나누어졌고 이 곳에서 각자는 집 가까운 곳에 자신의 경작지를 갖게 되었다. 이제는 씨족 지도 자라는 뿌리로부터 새 귀족가문들이 생겨날 수 없게 되었다. 이제 백호는 단순 히 한 구역의 일부로만 존재하다 결국은 사라졌다.

상고시대의 씨족은 토지를 공유하며 함께 살고 일하고 교역하고 싸웠던 공동 체였다. 그들 내에서는 실질적인 친족관계를 따질 필요가 없었고 서로 아주 먼 친척들이 함께 있었을 수도 있다. 그러나 이제 공산共産 생활이 끝나고 특히 토지 소유가 공유共有에서 사유私有로 바뀌자 아직 남아있던 씨족 내에서도 복지福祉 문제 나 방어 문제나 배상범위 문제 등을 해결하려면 일정한 한계를 설정할 수밖에 없었다. 그 한계는 부족마다 차이가 있었으며 5촌까지 친척만 씨족으로 인정한 경우도 있었고 6촌, 7촌 또는 심지어 7촌까지를 씨족 범위로 한 경우도 있었다.

후일의 사료에도 고대전투의 씨족편성이 그대로 유지된 경우가 가끔 보인다. 베오불프BeoWulf라는 영웅서사시(역자 주: 유럽 속어로 씌어진 최초의 영웅서사시로서 서기 1000 년경 만들어진 필사본이 있다. 6세기 초 사건들을 다루고 있지만 8세기에 처음 쓰여진 것으로 보인다) 를 보면 씨족 중 한 사람이 전투 중에 비겁한 행동을 하면 씨족 전체가 처벌을 받았던 것으로 보인다.9) 그러나 민족대이동民族大移動/Völkerwanderung이 끝난 후에는 군 부대로서의 씨족의 흔적은 거의 사라지고 단어 자체만 남게 된다(씨족의 집단적 주거지를 말하는 "도르프Dorf"와 군부대를 말하는 "트루페Truppe/troop"는 어원語源이 같을 수 있다).

---

9) 브루너Brunner, 《게르만 법제사*Deutsche Rechtsgeschichte*》, 제I편, 85쪽.

부 기附記

1. 민족대이동民族大移動/VÖLKERWANDERUNG 당시의 백호百戶

벨러Karl Weller는 백호라는 단위가 민족대이동 당시 보여준 특별히 강인한 모습을 잘 설명했다("알레만 지역에서의 정착Die Besiedelung des Allemannenlandes,"《계간季刊 뷔르텐베르크 지역사地域史 Württembergisches Vierteljahrheft für Landesgeschichte》, 제7호, 서기 1898년). 그는 게르만족에 공통으로 존재했던 최초 제도가 천호千戶구역Tausendschaftgau이라는 생각을 아직도 버리지 못함에 따라 출발점이 잘못된 것은 사실이다. 그렇지만 그는 천호구역이 사라지고 종래 그 하부단위였던 백호가 이를 대체했다고 보면서 백호의 모습을 훨씬 더 강력하고 중요하게 보이게 만들었다.

비록 그의 견해가 필자와 다르기는 하지만 필자는 그의 글 중에서 백호와 씨족이 동일한 것이라는 강력한 증거를 발견했다.

벨러는 8세기의 원사료原史料에는 알레만Alemannen/Alamanni족 중심지의 지명地名 중에 어미語尾가 "-잉겐ingen"인 곳이 적지 않음을 지적하고 있다. *Munigisinga, Munigises huntare*, Münsingen; *Muntarihes huntari*, Munderkingen; *centena Eritgauvoia*, Ertingen; Pfullichgau, Pfullingen 등은 알레만족의 고유지명으로서 백호百戶의 이름으로 보이기도 하는데 이들 중 어미語尾가 "-잉겐ingen"인 곳은 그 백호의 지도자 이름(무니기스Munigis, 문타리Muntarih, 에리트Erit, 풀로Phulo)을 따서 붙여진 씨족 정착지 이름이다.10)

벨러는 어느 구역Gau과 그의 여러 마을Ortschaft들 중 하나의 지명만 한 인물의 이름과 같았을 것으로 보지만 그럴 수는 없다. 한 백호 내에 여러 씨족들이 있었다면 그들은 결국 모두 평등했을 것이므로 어느 구역과 그 구역 내의 여러 씨족 중 하나만 동일한 이름을 쓴 경우가 계속 발견될 수는 없을 것이다. 같은 이름이 함께 쓰인 것은 둘이 원래 같은 것이었음을 말해준다. 결국 각 백호는 원래 마을이 하나뿐이었고 백호와 그 마을은 원래 같은 것이기 때문에 이름도 같았던 것이며 다른 마을들은 본래의 마을이 나뉘어 나중에 생긴 것이다.

이런 생각과 일치되는 것이 엘사스Elsass/Alsace나 스위스 같이 알레만족에 의해 나중에 개척된 지역에서는 백호구역Hundertschaftbezirk의 비중이 라인 강의 동쪽에서보다는 훨씬 작았다는 벨러의 평가(31쪽)이다. 그렇게 된 이유는 그 사이에 백호라는 단위가 이미 느슨하고 중요하지 않은 조직이 되어버렸기 때문이다.

더욱이 도나우 강 상류지역에서 발견되는 지명들이 스위스 유크트란드Uechtland에서 보이는 지명들과 거의 같은 계통임을 보면 —Waldgau, Baargau, Ufgau(Ufafa), Schwarzenburg(Swerzagau), Scherli(Scherragau), Eritgau(Eriz), Minisiges Huntari(Munsingen) 등— 알레만족 백호百戶의 성격을 잘 알 수 있다.11) 이와 같은 현상을 설명할 방법은

---

10) 클루게Kluge는 "-잉겐ingen"은 씨족 정착지 이름에 붙는 어미語尾가 아니라 어간語幹과의 일반적 관계를 말할 뿐이라고 본다("씨족의 정착지와 이름Sippensiedelungen und Sippennamen,"《계간季刊 사회경제사社會經濟史 Vierteljahrsschrift für Soziale und Wirtschaftliche Geschichte》, 제6권, 제1호, 73쪽). 그의 견해에 의하면 예를 들어서 "시그마링겐Sigmaringen"이라는 단어는 "시그마르Sigmar의 백성 가운데"라는 의미일 수도 있다.

옛 백호들이 나누어져 일부는 있던 곳에 그대로 남았지만 일부는 다른 곳으로 이동해서 새 정착지에서도 옛 이름을 그대로 썼을 것으로 보는 방법밖에 없다.

브루너Brunner는 그런 알레만족 백호의 명칭이 대부분 사람 이름을 따서 붙여진 것을 보면 그들의 부족이 백호 단위로 나뉜 것이 프랑크족에 정복된 이후일 것으로 본다(《게르만 법제사Deutsche Rechtsgeschichte》, 제Ⅰ편, 제1판, 117쪽). 그는 알레만족 백호의 이름은 그 최초 지도자의 이름이고 "이 최초 지도자 이름으로 백호를 부르는 것이 항구적 약속이 되었다"고 믿고 있다. 그러나 프랑크족에 정복되기 전에도 백호에게 이름이 없었을 수는 없다. 오랫동안 다른 이름은 없이 지도자 이름만 알려져 있다 후일 그런 이름들 중 하나만 보존된 것일 수도 있다. 프로코피우스Procop/Procopius도 게르만족은 처음부터 씨족을 부를 때 그 지도자 이름으로 불렀을 것으로 생각했다(《플레몬Polemon》, 〈반달 전기戰記bell. Vand.〉, I, 2장). 이는 필자의 생각은 거의 같을 것이다. 그러나 브루너의 생각대로라면 이런 해석은 불가능하다. 그는 본래의 고대古代 백호를 필요시 임의로 결합된 집단에 불과한 것으로 보기 때문이다. 그의 생각이 옳다면 부족이 백호 단위로 나뉘게 된 것은 어느 정도 후기에 아마도 프랑크족에 의해 위로부터의 지시에 따라 체계적으로 만들어진 조직이었어야 한다. 그렇다면 고대의 알레만족 백호와 알레만-프랑크 시대의 백호는 서로 아무런 관계도 없었을 것이다.

하지만 전혀 그랬을 것 같지 않다. 만약 그랬다면 백호 이름과 본거지 지명地名이 같게 된 데 대한 설명이 필요하다. 만약 알레만족 백호가 프랑크족에 의해 처음 만들어져서 자신들이 선출한 후노Hunno의 이름으로 불렸었다면 어떻게 그 이후 새로 만들어진 구역Bezirk의 본거지도 그와 동일한 이름을 갖게 되었을까?

만약 한 구역에 본래 (알레만족이 개척한) 한 마을Ort만 있었다면 즉, 백호와 그 지도자가 한 장소Fleck에만 정착해 있었다면 상황이 전혀 달라진다. 실제 그랬다면 우리는 백호와 마을이 같은 인물에 의해 발전된 것이므로 모두 같은 이름을 쓰게 된 것임을 알 수 있게 된다. 그렇다면 부락Dorf과 씨족이 같은 것이 되고 따라서 백호와 씨족도 같은 것이 된다.

브루너는 《게르만 법제사》, 제Ⅰ편(제2판), 161쪽에서 종전의 견해를 약간 수정했다. 이제 그는 "결국 알레만족 백호의 기원을 프랑크족에게 정복되기 전으로 볼 수도 있다"고 했다. 알레만족 백호의 뿌리가 전사집단戰士集團이었을 수 있다는 것이다. 하지만 그는 여전히 같은 씨족 이름이 자주 발견되는 것은 분명하지만 이는 결국 우연의 일치에 불과한 것으로 본다. 결국 그는 백호와 그의 마을Ort 하나가 이름이 같다는 사실로부터 아무 결론도 얻지 못한 것으로 보인다. 그러나 그와 같은 우연의 일치가 계속 반복될 수는 없었을 것이다.

---

11) 뤼티E. Lthi, "알레만족의 발전Der Aufmarsch der Allemannen," 《선구자Pioneer》(베른Bern의 스위스-페르만 교육박물관schweizerischen-permanischen Schulausstelling 기관지機關誌), 23권, 제1호, 서기 1902년 2월. 뤼티E. Lthi, 《알레만족의 서부 스위스 개척 1500주년Zum 1500 jährigen Jubiläum der Allemannen in der Westschweiz》, 베른Bern, 프랑케A. Franke 출판사, 서기 1906년, 21쪽.

슈베브Schwäbischen/Swabian족 구역Gau 중에는 원래 "페리크티린파라Perichtilinpara", "아달
라테스파라Adalhartespara" 같이 그 이름이 "바렌Baren" 계통인 것들이 있었는데 브라
우만Blaumann은 "바렌"이란 단어가 재판소를 말하는 "바라Barra"(역자 주: 영어 "바Bar"의
어원)와 관계가 있을 것으로 본다(《뷔르템베르크의 슈바벤 지방*Gaugrafschagten im württ-
embergischen Schwaben*》 및 슈베브족의 역사 연구*Forschungen zur Schwäbischen Geschichte*》, 430쪽).
브루너Brunner도 같은 주장을 하고 있다(《게르만 법제사*Deutsche Rechtsgeschichte*》, 제Ⅱ
편, 145쪽). 피셔Hermann Fischer의 《슈베브어語 사전Schwäbischen Wörtebuch》에서는 "파라
pâra"의 "아â"를 현대 발음과 연관시켜 "파라pâra"를 "바렌baren"과 같은 말로 보고
"행정구역Amtsbezirk" 또는 "재판소 관할구역Gerichtsbezirk"이라는 의미를 끄집어냈다.
이 점에 관해 필자의 동창생 로에디게르M. Roediger는 다음과 같은 글을 보내왔다.

"만약 '파라para'의 어간語幹 '아a'가 원래 장음長音이라면 중세 고지高地 독일어
(역자 주: 중세 독일표준어)의 '바라bâra'나 '바레bâre' 또는 신新 고지 독일어(역자 주: 근세
독일표준어)의 '바레Bahre'(영어의 배로barrow: 손수레)와 같은 단어였을 수 있고
따라서 '옮긴다' 또는 '가져오다'는 뜻의 '베란beran'이란 단어와 관련된 것일
수 있습니다. '바라bâra'는 낳거나 생산하는 것 즉, 현대어로는 '소출 있는 땅'
또는 '생산성 있는 땅'을 말합니다. 이 단어에는 원래 '행정구역Amtsbezirk' 또는
'재판소 관할구역Gerichtsbezirk'이라는 의미는 없습니다."

만약 파라para라는 단어가 '재판소 관할구역'과 관련된 것이 아니라 이동기간
중 슈베브족의 구역체계를 구성했던 경제단위와 관련된 것이었다면 이는 필자의
생각을 뒷받침할 수 있는 새로운 논거가 된다. 결국 파라para는 백호였고 더 작은
마을들로 나누어지지 않았었다. 파라para는 대공大公/Prinzipes들의 전반적 통제 하에
인접 백호들과 경계를 이루고 있었다. 파라para는 지도자의 이름으로 불렸고 그
지도자 밑에서 한 지역단위로서 재산을 공유했었다.

2. 씨족 지도자의 귀족 신분

민족대이동民族大移動/Völkerwanderung 시대에 귀족가문의 발전을 설명해 주는 문구들이
사료들 속에 별로 없는 것이 당연하지만 그러나 몇 개의 개별적인 사실과 사건
들을 보면 우리는 그 과정을 분명히 알 수 있다.

사료에는 고위관직과 고위관리의 지위를 구별할 정확한 기술적 표현이 없다.
그 대신 "제1인자", "가장 현명한 사람", "가장 고귀한 사람", "가장 존경받는 사
람" 등 일반적인 용어들만 보이는데 이는 전환기의 지위와 관직과 관리계층의
출현을 매우 뚜렷하게 보여주는 표현법이다. 다음 문구들은 일부는 필자가 수집
한 것이고 일부는 단Dahn의 《게르만 왕국*Könige der Germanen*》(제Ⅱ편, 101쪽; 제Ⅲ편,
28쪽 및 50쪽; 제Ⅴ편, 10쪽 및 29쪽)에서 재인용한 것이다:

"비시고트족의 추장이며 지도자*Primates et duces Visigothorum*"(요르다네스Jordanes, 《로마

사_Romana》, 제26장); "프리리마테스_Primates"(추장)(요르다네스, 제48장 및 54장), "옵티마테스_Optimates"(귀족)(암미아누스_Ammian/Ammianus, 《사건연대기_事件年代記/Rerum gestarum libri》, XXXI, 3. 31절); "좋은 가문 태생의 귀족"*(본_Bonn 편編, 《말쿠스_Malchus》, 257쪽); "존경받아야 마땅한 당신의 고귀함_generis tua honoranda nobilitas"(카씨오도루스_Cassiodor/Cassiodorus, 《바리아이_Variae》, X, 29장—이 구절은 테오다하트_Theodahad 왕이 자신의 대공大公들 중 하나에게 보낸 서신 중에 있는 구절임); "부족 지도자들-제일의 계급과 출생"*(유피아누스_Eunapius, 52쪽) 〈역자 주: 유나피우스는 덱시푸스_Publius Herennius Dexippus의 《연대기_年代記/Annales》에 부록을 썼음〉; "뛰어난 인물"*(프로코피우스_Procop/Procopius, 《플레몬_Polemon》, 〈고트 전기_戰記bell. Goth〉, I, 2장 및 3장); "장로長老"*(같은 책, II, 22장); "최상의 인물, 가장 고귀한 인물"*(같은 책, II, 28장 및 III, 1장); "탁월한 인물"*(같은 책, I, 13장); "고트족 중에 순수한 혈통이 있다면"*(같은 책, I, 13장); "최고의 인물"*(같은 책, I, 7장 및 12장); 비티게스_Vitiges는 "뛰어난 가문 출신이 아님에도"* 왕으로 선택되었다(같은 책, I, 11장).

단_Dahn의 정확한 지적과 같이(제V편, 21쪽) 무타리_Muthari, 가이나_Gaina, 사울_Saul, 사루스_Sarus, 프라비타_Fravitta, 에리울프_Eriulf, 알라리히_Alarich/Alaric 등 고트족에게 아직 왕이 없을 때 지위가 동일한 그들의 지도자로 거명된 인물들이 많이 있다.

사루스_Sarus는 발티_Balti와 항상 대립한 것으로 유명해진 인물이지만 그의 병력은 겨우 200~300명에 불과했다(올림피오도루스_Olympiodor/Olympiodorus의 《역사》, 449쪽. 단_Dahn, 제V편, 29쪽에서 재인용).

이런 지도자들이 타키투스_Tacitus가 말한 것과 같은 옛날의 대공大公 즉, 프린시프_princip에 불과했을 수는 없다.

또한 그들은 왕실 근무를 통해 발전된 귀족들에 불과했을 수도 없다.

뿐만 아니라 그들은 임시 편성된 군사단위의 지도자에 불과했을 수도 없다. 그가 우두머리였던 집단은 매우 견고한 조직화된 집단이었음이 분명하다.

따라서 그들이 씨족의 우두머리였을(그렇지 않다면 때로는 왕이 임명한 단순한 장교였을) 가능성 외에 다른 가능성은 없다. 그들의 병력이 가장 큰 씨족의 규모보다 크게 보이는 경우라면 여러 씨족들이, 마치 전체로서 백성이 대공大公들이나 헤르조그_Herzog(장군)들을 갖는 것과 같은 식으로 한 우두머리 밑에 스스로 뭉쳤던 것으로 볼 수 있다. 그 결과 사루스_Sarus는 고유 권리만으로는 200~300명 병력을 지닌 한 씨족의 후노_Hunno였지만 일시적으로는 훨씬 더 큰 규모를 지닌 집단의 지도자로 인정되었다. 그러나 그와 같은 각 고위직의 핵심은 언제나 한 씨족의 지도자 지위를 유지하고 있었다. 사루스_Sarus의 200~300명 병력을 단지 그의 수행원에 불과했던 것으로 생각할 수는 없다. 개인의 수행원으로는 너무 많은 숫자일 것이다. 아마도 크노도마르_Chnodomar 같은 왕은 200명 정도의 수행원을 거느렸을 지도 모르나 그는 단순한 백호百戶 지도자가 아니었다.

3. 티우파두스THIUFADUS

티우파두스가 1,000명의 지휘관이었는지 10명의 지휘자였는지에 관한 의문이 있다. 그림Grimm은 10명의 지휘자라는 직위를 우리는 생각할 수 없다면서 사료에 등장하는 "tiufadus"를 "thiufadus"로 바꾸었다("thiu"는 "thiusundi"의 축약형임). 디에펜바흐Diefenbach의 《고트족 언어 사전Wörterbuch der gotischen Sprache》, 제Ⅱ편, 685쪽을 보라. 우리가 알다시피 이를 10명의 지휘자로 보는 것은 결코 옳지 않다. 그러나 이 문제에 전혀 의문점이 없는 것은 아니다.

서西고트 왕 밤바Wamba와 에르비크Erwig/Ervigius의 군사규정집(뒤의 제Ⅳ권, 제Ⅳ장에서 다시 검토함)에는 센테나리우스centenarius와 데카누스decanus는 없어졌고 티우파두스는 여전히 존재했지만 채찍질을 당할 수 있는 "보다 평범한 백성viliores personae"에 속했었다. 티우파두스가 실제로 전사戰士 1,000명의 지도자였다면 이 규정집에 등장하는 티우파두스와는 너무 거리가 멀다. 1,000명을 지휘하는 인물이라면 매우 지위가 높은 인물이기 때문이다. 비록 현실적 관점에서 그가 거느린 인원이 1,000명이 훨씬 못 되었다고 해도 그렇게 지위가 크게 격하格下되었다는 것은 아주 이상해 보인다. 그러나 이보다 더 오래된 서西고트족 규정집(이 책 제Ⅳ권, 제Ⅰ장에 복원시켜 놓았다)을 보아도 다른 해석은 허용되지 않는 것으로 보이며 크게 보면 이 점은 특히 센테나리우스가 사라진 것과 연계해 볼 때 필자의 생각을 확인시켜 줄 가능성만 높을 뿐이다. 10명 단위, 100명 단위, 1,000명 단위 그리고 이들 위에 대공大公/Graf 또는 헤르조그Herzog 등 이동시의 복잡한 조직은 한 부족이 정착한 후 더욱더 복잡해졌다. 옛날과 같은 의미의 백호는 사라졌다. 천호千戶(그 병력은 처음부터 1,000명에 크게 못 미쳤었다) 역시 점진적 정착과정에 수반된 계속적인 분할의 결과 점점 더 규모가 작아졌다. 어느 때인가 "백호"와 "천호"라는 호칭은 거의 같은 의미로 쓰여졌을 수도 있다. 흔히 그런 호칭들이 실제의 의미와 얼마나 큰 차이가 생길 수 있는지는 "사단師團/Division"이라는 호칭을 보면 알 수 있다. 나폴레옹의 군대에서 사단은 (현재의 의미와 같이) 여러 연대聯隊들로 구성된 군대의 큰 하부조직을 의미하기도 했지만 중대中隊 전술대형戰術隊形을 의미하기도 했다. 이런 이중적 의미 때문에 발생한 오해로 인해서 벨레-알리앙스La Belle-Alliance 전투(역자 주: 앞의 55~57쪽 참고) 당시 엘롱Erlon 군단軍團의 대공세大攻勢에서 참극慘劇이 발생하기도 했다. 서西고트족의 티우파드tiuphad는 지위가 낮아져서 프랑크 왕국의 마을 사법관司法官 퉁기누스tunginus와 유사한 지위가 되었고 결국은 단Dahn이 인위적인 방식으로 설명해버린 《서西고트 법전法典 Lex Visigothorum》, IX, 2, 제5조의 티우파디아thiuphadia의 모습(《게르만 왕국König der Germanen》, 제Ⅵ편, 209쪽, 각주 8)이 되었다. 서西고트족의 티우파드tiuphad는 비록 규정집의 다른 구절에서는 전형적인 지휘계통상 조직으로 되어 있기는 해도 실제로는 이미 센테나centena(백호百戶)와 같은 것이었다.

조이메르Zeumer는 밀레나리우스millenarios/millenarius가 《유리히 법전法典Codex Eurici》, 322장에는 이 법전에 상응하는 《고대 서西고트 법전Leges Visigothorum Antiquiores》, IV, 2, 제14조에는 없는 직위인 민사재판관民事裁判官 이름으로 되어 있음을 지적하고 있다 (《고대역사학 신보新報 Neues Archiv der älteren Geschichtskunde》, 제23권, 436쪽).

제 VI 장
로마인 사이에 정착한 게르만족

게르만 부족들이 부족단위로 로마군에서 복무하게 된 것이 고대 로마세계가 몰락하고 새롭고 독특한 로마-게르만 정치체계가 형성된 결정적 요인이라 해도 게르만 부족들의 이동이 언제 시작된 것인지를 정확히 말할 수는 없다. 로마인들은 아주 초기부터 국경지대에서 게르만 부족들과 방위동맹防衛同盟을 맺었었다. 처음에는 게르만 부족들이 자신의 고유 영역에 머물며 로마제국과 상호지원을 하도록 했었지만 다음 단계에서는 그들이 국경지대에 정착하도록 했고 이어서 그들이 로마제국 내부로 깊이 들어와 정착할 수 있도록 그들에게 일정한 지역을 할당해 주었으며 결국 그들은 로마인 사이에 정착하게 했다.

이런 의미의 민족대이동民族大移動/Völkerwanderung이 서西고트Westgoten/Visigoths족이 훈Hunnen/Huns족에게 밀려 도나우 강에 나타나자 그들을 로마제국 영역 안으로 들어오게 해서 동맹을 맺었을 때 시작된 것으로 보는 것이 지금까지의 관례였지만 이때 그들은 로마군을 격파했고 아드리아노플Adrianopel/Adrianople 전투에서는 로마황제까지 격파했다. 로마제국이 서西고트족을 받아들인 것이나 그들과 충돌했던 것이나 그들이 승리한 것은 어느 것도 전혀 새로운 사실은 아니지만 사실은 여기에 결정적인 요소가 있다. 이 사건 전에도 유사한 사건들이 있었지만 그런 사건들은 직접적이고도 지속적인 효과를 나타내지는 못했었다. 로마제국에게 패한 그들은 영향력을 상실했었다. 그들은 단지 선구자에 불과했을 뿐이다.

그러나 아드리아노플에서 패한 로마제국은 게르만족을 극복하지 못했다. 비록 테오도시우스Theodosius(재위: 서기 378년-395년)는 존엄한 제국의 외적 권위를 재확립하고 제국은 몇 세대를 더 이어갔지만 게르만족의 이동은 이 사건 이후 본격화되었고 잠시 주춤거릴 때도 있었겠지만 다시는 돌아서지 않았으며 결국 로마 영역 내에 독립된 게르만 왕국을 창건함으로써 그들의 이동은 끝나게 되었다.

서西고트족과 충돌은 식량보급문제로 발단되었다. 그러나 우리는 식량을 충분하게 공급하지 못한 로마관리들에게 실제로 책임이 있는지는 따져보지 않았다. 아무리 시야가 넓고 주의력 깊은 관리들이라고 해도 부녀자와 어린이와 노예들까지 거느린 전 백성에게 정기적으로 식량을 공급한다는 것은 극도로 어려운 일이고 더욱이 고트족의 요구는 적정한 선에서 그치지 않았을 것이기 때문이다.

우리는 아드리아노플 전투 때 사망한 발렌스Valens의 승계자인 테오도시우스가 고트족과 잘 지낼 수 있었던 과정을 사료를 통해서는 분명히 알 수 없다. 그는 고트족을 이겼을 것으로 보이지만 그가 큰 승리를 거두었을 수는 없다. 고트족은 로마제국 국경지대에 잔류해서 다시 로마군에서 복무했다. 과거 그들의 약탈로 주민들이 이미 밀려났거나 이제 관리들에 의해 주민들이 소개된 일부 지역이 고트족에게 할당되었다. 우리는 고트족이 이곳에서도 그들의 조상들이나 마찬가지로 경작은 거의 없이 목축에 의지하고 로마의 곡식을 지원받아 가면서 (마차 속이나 로마인들의 농가에서 살지 않았다면) 허술한 마을들에서 살았을 것으로 보아야 한다. 물론 그들의 숫자는 그리 많지 않았다. 늘 한 장소에서 그들에게 곡식을 공급하기는 어려웠지만 그들이 소규모로 분산되어 있을 때도 그들에게 주거지를 제공하고 추가적인 식량을 공급하는 것이 불가능하지는 않았다.

그러나 오래지 않아 로마제국 내의 이 외래外來 인종이 스스로의 존재를 로마인들에게 인식시키게 된 것은 자연스러운 일이다. 새로운 충돌이 시작되었다. 노동을 통해서보다는 피를 흘려가며 소득을 얻는 것을 보다 큰 명예로 생각했던 이 게르만 전사戰士들이 주위로 손만 뻗치면 얻을 수 있는 세상에 좋은 것들을 그대로 놓아둔다는 것이 과연 생각할 수 있는 일일까?

서西고트족은 알라리히Alarich/Alaric 지휘 하에 이태리로 들어가 로마를 불태웠다. 그리고는 아타울프Ataulf 지휘 하에 이태리에서 다시 골Gallien/Gaul 지역으로 이동했다. 그들이 골 지역에 도착할 때쯤 반달Vandalen/Vandals족, 알란Alanen/Alanis족 수에브Sueven/ueves족은 이미 이 무방비 지역들을 통과해서 스페인에 정착해 있었다.

우리는 5세기 중 과거의 로마 속주屬州에 게르만족 지배지역이 세워진 방식의 대부분을 부르고뉴Burgund/Burgogne족의 경우를 통해 알 수 있다. 그들의 역사책인 《연대기年代記 적요摘要 Notizen der Chroniken》와 법령집인 《군도바트 법전法典 Lex Gundobada》이 남아있기 때문이다.

본래 동부 게르만 지역에 살던 부르고뉴족은 처음 라인 강 동안東岸 보름스Worms에 정착해 있다가 군터Gunther 왕 휘하에서 훈족에게 전설적 패배를 당한 지 몇 년 후에(서기 443년) 총독 에티우스Aëtius로부터 사파우디아Sapaudia 즉, 사보이Savoyen/Savoy 지역을 새 정착지로 할당받았다. 연대기 작가 티로Prosper Tiro는 이때의 일을 "부르고뉴족의 잔당에게 사파우디아 지역을 주고 원주민들과 나누어 살게 했다Sapaudia Burgundionum reliquiis datur cum indigenis dividenda"고 기록했다.

또 다른 연대기 작가로 이 지역을 잘 알던 마리우스Marius von Avenches는 그로부터 14년 후의(서기 456년 및 457년) 일을 "그 해에 부르고뉴족은 골 지역의 일부를 점령하고 이 지역을 골의 의원議員들과 나누었다eo anno Burgundiones partem Gallae occupaverunt, terrasque cum Gallicis senatoribus diviserunt"고 기록했으며 그보다 후일의 연대기 작가인 프레데가리우스Fredegar/Fredegarius는 이때 부르고뉴족이 온 것은 그들을 오게 해서 자신들의 조세부담을 덜려고 했던 로마인의 초청에 의한 것이었다고 설명했다.

두 사건—처음 사보이Savoyen/Savoy 지역에 정착한 일과 그들의 지역을 리옹Lyon 지역을 넘어 로네Rhone 지역까지 확장한 일—에 대한 이와 같은 설명에 의하면 부르고뉴족은 정복자로서 로마 땅에 온 것이 아니라 로마인들과의 합의에 의해 로마 땅에 정착한 것이었다. 이와 같은 시기에 알란Alanen/Alanis족도 역시 똑같은 방식으로 로마 땅에 정착했다고 하며,1) 이에 앞서 서기 419년에 서西고트족이 가로네Garonne 지역에 정착하는 과정도 역시 꼭 같았었다.

정착과정을 규율한 특별규정들은 지금 남아있지 않지만 위의 사료들에 언급된 로마의 주거지 할당 절차의 형식과 관계가 있다. 그들이 정착과정에서 할당받은 토지는 로마의 주거할당 절차에서와 같이 "호스피탈리타스hospitalitas"(역자 주: 할당받은 토지를 말함. 뒤의 부기 7 참고)로 불렸다. 부르고뉴족의 군도바트Gundobad 왕은 그의 법전法典 제54조에서 "우리 백성들이 농노農奴 1/3과 경작지 2/3를 받았을 시기에 우리는 우리 또는 우리의 조상들로부터 농노와 경작지를 받은 적이 있는 자는 그가 주거지를 할당받은 마을Ort에서는 농노의 1/3이나 토지의 2/3를 요구할 수 없도록 규정했었다"고 했다. 그는 또 이 명령을 준수하지 않는 사람들이 일부 있었기 때문에 원주민들로부터 부당하게 빼앗은 토지는 돌려주고 과거에 잘못 대우한 로마인들이 안심하고 살 수 있게 하라는 명령을 내렸었다고 했다.

《서西고트 법전法典 Lex Visigotorum》에서도 이와 매우 유사한 규정이 발견되는데 한번 고트족과 로마인이 나누어 가진 것은 나중에 변경하지 못하게 했다. 로마인도 고트족이 가진 2/3에 대해 아무런 주장을 할 수 없었고 고트족도 로마인들이 가진 1/3에 대해 아무런 주장을 할 수 없었다.(역자 주: 뒤의 각주 10 참고.)

마지막으로 게르만족은 토지의 1/3을 요구했으나 로마가 이를 승인하지 않자 오도아케르Odoaker/Odoacer가 로마제국(역자 주: 서로마제국) 마지막 황제를 폐위시켰다고 한다. 부르고뉴족과 서西고트족이 모두 2/3를 요구했던 것에 비하면 오도아케르의 백성들은 1/3만 요구할 정도로 온화했던 것 같다.

이는 게르만족이 로마인 사이에 정착하게 되는 과정의 모습을 알아볼 수 있는 사료의 중요한 내용이며 이로부터 후일의 모든 역사가 결정되었다.

로마제국의 농업구조에 관해서는 세 가지 토지소유 형태를 생각해 볼 수 있다. 첫째는 주로 자신과 가족의 노동으로 토지를 경작했지만 남성 또는 여성 노예들

---

1) 티로Prosper Tiro(서기 440년): "발렌티나 시市 외곽에 주민이 없는 농촌지대를 알란족에게 나누어 쓰게 주었다Deserta Valentinae urbis rura Alanis⋯partienda traduntur."
   티로(서기 442년): "총독 에티우스로부터 먼 골 지역을 원주민들과 나누어 쓰도록 받은 알란족은 원주민들의 무장저항을 진압했다. 그들은 지주들을 몰아낸 후 강제로 토지를 차지했다Alani, quibus terrae Galliae ulterioris cum incolis dividendae a Patricio Aëtio traditae fuerant, resistentes armis subigunt, et expulsis dominis terrae possessiones vi adipiscuntur."

의 도움을 받았을 것 같은 소농小農들이 있었다. 그리고 스스로 일하지는 않고 노예들에게 토지를 경작하게 하면서 자신은 매일 지시나 감독만 했고 만약 그가 도시에 살 경우에는 감독의 일까지 집사執事에게 맡긴 중농中農이 있었다. 마지막으로 그런 중농中農과 같은 식으로 토지를 경작할 수도 있었겠지만 대부분은 토지에 예속되어 소농小農으로 일하면서 소출의 일부를 주인에게 돌려주고 필요에 따라서는 주인에게 다른 부역賦役도 제공했던 반半자유민 농노農奴인 소작인小作人들에게 자신의 토지를 분배했던 대지주大地主도 있었다.

이 중 첫째 형태는 매우 드물기는 해도 지금도 있다. 과거 자유로웠던 소지주小地主들이 지금은 대부분 소작인으로 변하면서 과거와 같이 완전한 자유를 누릴 수 없게 된 것은 분명하지만 그 대신 부유한 주인이 만든 법에 따라서 강력한 경제적 지원과 보호를 받을 수 있게 되었다. 대부분의 큰일을 노예들이 하는 두 번째 형태는 오늘날도 여기저기 있기는 하지만 도시에 거주하는 시민농민의 경우를 제외하면 역시 드물다. 오늘날 대부분의 토지와 농지는 소작인을 쓰는 대지주들이 소유하고 있다.2)

부르고뉴족과 토지를 분할하기에 적합한 로마인의 토지소유 형태는 세 번째 형태였음이 분명하다. 소작농민은 자신의 토지를 타인과 분할할 수 없다. 그렇게 하면 자신은 쓸모 있는 토지를 보존할 수 없을 것이기 때문이다. 부르고뉴족도 역시 소작인 한 명의 몫도 되지 못할 작은 땅덩어리를 경작하는 농민이 되는 것으로는 만족하지 못했을 것이다. 그들은 농부가 되기 위해서가 아니라 전사戰士로서 그 지역을 지키라고 불려 들어온 사람들이었다. 70년 후 부르고뉴족의 시기스문트Sigismund 왕 자신도 비잔티움Byzanz/Byzantium 제국 아나스타시우스Anastasius 황제(재위: 서기 491년-518년)에게 보낸 서신에서 자신의 백성을 황제의 병사(밀리테스 milites)라고 칭했었다. 그때까지도 게르만족은 농사는 거의 없었고 주로 목축牧畜과 사냥으로 살았고 따라서 그들은 언제라도 야전으로 몰려나갈 준비가 되어 있었다. 그들이 농민이었다면 그렇게 할 수 없었을 것이다. 농민들은 농토를 오랫동안 떠나 있을 수 없다. 더욱이 부르고뉴족은 숫자가 너무 적어서 만약 그들이 농민이었다면 인원을 일부 절약해서 야전에 내보낸다 해도 별 도움이 될 수 없었을 것이다. 그들이 전투에 나가려면 최대한 많은 인원이 나갔어야만 했다.

그들은 숫자가 너무 적어서 서기 443년에는 그들의 넓은 지역을 바로 채우지 못했고 다음 세대에 가서 종래의 농장에 사는 로마인 1명 옆에 부르고뉴족 농민 1명이 정착하는 방식으로 겨우 그들의 넓은 지역을 점령할 수 있었다. 얀A. Jahn은

---

2) 토지대여土地貸與 형태로 발전하는 중간형태도 있었지만 이는 더 이상 논하지 않고 넘어가겠다. 브루너 Brunner, 《게르만 법제사法制史 Deutsche Rechtsgeschichte》, 제I편, 199쪽 참고.

그들이 서기 443년에 새 지역으로 이동할 당시의 병력수를 과거에 신뢰성 있는 것으로 보아왔던 우화적寓話的 수치를 근거로 93,900명(부족 총원은 281,700명)으로 평가했다(《부르고뉴족과 부르고뉴왕국의 역사Geschischte der Burgundionen und Burgundiens》, 제Ⅰ편, 389쪽). 그러나 필자의 평가에 의하면 당시 그들의 병력수는 3,000~5,000명에 불과하므로 정착과정의 전제조건이 완전히 달라지게 된다.

마지막으로, 부르고뉴족은 그들의 땅을 몇 단계에 거쳐 점진적으로 겨우 점령할 수 있었다는 것도 생각해 보아야 한다. 서西고트족의 경우도 역시 동일하다. 서西고트족은 처음에는 가로네Garonne 지역에 정착했다 점진적으로 로아르Loire 강과 로네Rhone 강에 이르는 모든 지역을 점령했고 다시 남쪽으로 로네 강을 넘어서 알프스까지 그리고 나중에는 스페인의 대부분까지 점령했다. 자신들에게 할당된 농장에 만족하고 그곳에 정착했던 백성들이 수년 내에 또다시 다른 곳에서 비슷한 몫의 토지를 차지하려고 무리를 지어 떠났을 것으로 볼 수는 없다. 그와는 반대로 동東고트족의 경우에는 유스티니아누스Justinian/Justinianus 황제와 전쟁 당시에 자신들은 이태리 전역에서 철수하고 포Po 강 북쪽의 땅에 만족할 수 있다고 말한 적이 있다.3) 이는 그들이 50년 전부터 이태리에 있었지만 농민으로 정착하지는 않았음을 보여주는 충분한 증거이다.

그러면 이 같은 토지분할이 많은 노예들에 의해 경작되던 중농中農들의 농지에 대해서도 적용되었을까? 전혀 상상도 못할 일이다. 중농中農들은 대부분 도시거주민이었다. 아직도 남아있는 그 당시 행정 및 조세 규정에 의하면 이런 지주地主에게는 재산세 부담이 있었는데 만약 그들이 토지를 빼앗겼다면 이 부담도 바로 사라졌을 것이다.4) 그러나 로마인의 관점에서나 게르만족의 관점에서나 그 같은 중간 규모 토지의 분할이라는 생각은 수용될 수 없었다.

부르고뉴족이 그런 토지를 차지했다면 매우 난처했을 것이다. 그들은 스스로 농사를 지을 수 있는 지식도 전혀 없었고 농사가 그들의 적성에도 맞지 않았다. 매일 할 일을 지시하거나 소출을 이윤을 남겨 파는 것도 그랬지만 특히 농사에 필요한 계산이 그들의 적성에 전혀 맞지 않았다. 결국 집사를 고용하지 않을 수 없었겠지만 그들에게는 집사 감독 능력도 없었고 집사를 고용하는 것이 이익도 되지 않았을 것이다. 이 새 주인들은 분할 받은 2/3의 토지를 재편해야 했겠지만 분명히 실패로 그치고 말았을 것이다. 야만인들이 비교적 넓은 토지를 이용할

---

3) 프로코피우스Procop/Procopius, 《폴레몬Polemon》, 〈고트 전기戰記bell. Goth〉, Ⅲ, 2장.

4) 하르트만Hartmann의 《중세 이태리사Geschichte Italiens im Mittelater》, 제Ⅰ편, 109쪽에서는 이 점을 환기시키고 있다. 큐리아curiae(역자 주: 옛 로마의 행정구역) 공동체에 대한 의무는 게르만족에게는 이전되지 않았다. 물론 토지분할의 결과 조세부담이 이전되었는지 이전되었다면 어느 곳에서 그런 일이 있었는지에 관한 논의는 보이지 않는다.

수 있는 유일한 형태는 소작인을 두고 토지를 나누는 방법이었다. 타키투스Tacitus
에 의하면 그들은 고향 땅에서도 이런 방법에 늘 익숙했다고 한다. 그러나 소작
농업은 어중간한 크기의 토지에는 적합하지 않은 방법이다. 고대의 게르만족의
평범한 자유민들은 거의 소작인들을 두지 않았었다. 소작인을 두면 흉년 중에도
자신의 곡식으로 먹여 살려야 할 가정을 그들이 꾸미는 것을 허용해야 하고 흉
년이 드물게 있는 것도 아니었기 때문이다. 큰 농장의 경우는 이용 가능한 많은
식량이 있으므로 그럴 경우 달리 해결방법이 있다. 지주地主 한 명의 가족을 부양
하려면 소작인이 3~4명 정도로는 안 되고 훨씬 많아야 한다. 결국 중간 규모의
농장은 소작인이 아니라 농장의 손발인 농노農奴들에 의해 경작될 수밖에 없다.
농지의 소작경영은 어떤 면으로 보건 큰 사업이다.

따라서 게르만족과 토지를 나누기에 적합했던 로마인의 유일한 토지소유 형태
는 소작인들을 두는 대규모 토지 소유였다.

우리는 앞서 로마인들에게 토지의 2/3와 농노의 1/3을 포기하도록 요구할 수
있는 권리를 부르고뉴족의 법전法典에서 인용했었다. 이 법전은 그에 이어서 각
파트너에게 농가農家, 정원(포도밭), 임야林野 및 벌목지伐木地도 1/2씩 속한다고 했다.
이 같이 분할기준이 2/3, 1/3 및 1/2의 세 가지로 규정된 것은 특별한 이유가 있
었음이 분명하고 설명이 필요하다.5) 아마 다음 같은 이유 때문이었을 것이다:

로마인 지주가 포기한 토지 2/3는 주로 소작농지였다. 그가 계속 소유한 1/3은 일부
는 소작농지이지만 주로 자신이 경작하는 농지였고 그는 이 토지 1/3과 농가農家, 정원
(포도밭), 임야林野 및 벌목지伐木地의 1/2을 계속 소유했다. 그는 이 몫을 계속 경작하려
면 농노農奴 2/3를 계속 소유해야만 했다. 농노들은 단순한 농부에 그치는 것이 아니라
가정의 하인이면서 각종 기술자들이므로 그 숫자를 줄일 수 없었고 경작지 대부분을
포기했다는 이유만으로는 그 숫자를 줄일 필요도 없었기 때문이다.

그렇다면 토지는 2/3 농노는 1/3만 취득한 부르고뉴족은 어떻게 했을까? 그들
은 농장에서 작업하는데 필요한 노예 중 부족한 인원을 데리고 왔을 것으로 보
는 것이 얼마든지 가능할 것이다. 물론 전혀 다를 이유가 있었을 수도 있다.

우리가 앞서 알 수 있었듯이 토지분할의 전제조건과 목적을 볼 때 큰 토지만
이 그런 전제조건과 목적에 부합할 수 있었다.

부르고뉴족 각자가 모두 로마의 대지주大地主들과 토지를 분할해서 소유한다는
것은 전혀 있을 수 없는 일이다. 토지분할에 참여한 인원이 아무리 적었다 해도

---

5) 처음에는 토지를 절반씩 분할하게 했다가 나중에 2/3 대 1/3로 분할기준을 변경했을 것이라는 생각도
  있었지만 카우프만Kaufmann은 《독일사 연구Forschungen zur deutschen Geschichte》, 제10권에 게재한 논문에서
  이를 부인했는데 그 이유가 타당하고 분명하다.

토지분할을 위해서는 너무 많았었고 특히 사파우디아Sapaudia 즉, 사보이Savoyen/Savoy 지역에 처음 정착했을 때는 더 그랬다.

로마인들과 토지를 나눌 수 있던 게르만족은 결국 탁월한 인물들과 지도자들 뿐이었다. 부르고뉴족이 귀족 대지주大地主를 말하는 그 시대 속어俗語인 "의원議員"들과 토지를 나누었다는 연대기年代記 작가의 표현은 있는 그대로 보아야 한다.

이제 우리는 비로소 로마인들이 토지는 2/3를 포기하면서 노예들은 1/3만 포기해야 했던 외면상의 불일치를 이해할 수 있는 이유를 알게 되었다. 이에 따라 로마인들은 소작농민들이 쓰던 많은 가옥들을 비워서 부르고뉴족에게 인계했고 평범한 부르고뉴족 자유민들이 이 농가農家로 들어갔다.

사료에 기록되어 있는 정착 및 토지분할 방법은 게르만족의 일반대중에게는 결코 적합하지 않았다. 작은 토지는 그들에게 소용이 없었을 것이고 큰 토지를 다룰 능력도 없었다. 게르만족은 농업경영에서는 아직 제대로 배우거나 개발된 사람들이 아니었다. 그들이 그때까지 살아온 씨족체계의 반공산주의적半共産主義的 생활방식에서 개인적 경제경영 형태로 전환하는 속도는 느릴 수밖에는 없었을 것이고 특히 처음에는 그럴 이유도 없었기 때문에 더욱 느렸을 것이다. 그들은 지금까지 살아온 전사戰士로서의 지위를 가급적이면 포기하지 않고 그대로 유지했다고 보는 것이 가장 좋은 생각일 것이다.

문제는 게르만족의 조직을 로마 문명에 적응시키는 것이었다. 이 사나운 전사戰士들이 로마인 사이에서 과거 방식대로 계속 살게 방치할 수는 없었다. 우리가 사료들로부터 수집한 내용들은 이해가 가능한 새로운 환경의 모습을 우리들에게 생생하게 말해주고 있다. 과거 거대한 식량과 세금으로 야만인 용병傭兵들을 지원해 주었음에도 충돌이 생길 때마다 그들로부터 무자비한 약탈을 당할 수밖에 없었던 로마인 지주地主들은 토지를 그들에게 넘겨줌으로써 그런 약탈의 부담을 일부 그들과 나누어 가진 것이다.

게르만족은 적절한 크기로 무리 지어 넓은 토지로 흩어졌다. 그들의 지도자는 가옥, 정원, 포도밭 및 임야林野의 1/2 씩과 경작지의 2/3 및 그 위에 있던 소작인들의 농가農家에 대한 소유권을 취득했다. 그는 비워진 농가에서 씨족 동료들이나 부하들이 가족과 함께 자리 잡게 했고 이들은 자신이 아는 범위 내에서 토지를 경작했다. 그러나 그들은 여전히 자신들을 전사戰士로 여기면서 이를 생업生業으로 삼기를 기대했다. 1년 내내 전투가 없으면 그들은 농장의 소출과 비축해 놓은 식량으로 살아야 했다. 전쟁이 있을 때는 지휘관이 그들에게 현금으로 보수를 지급하지는 않았지만 식량과 약속된 약탈품을 그들에게 지급했다.

전사戰士라면 개인적 용기와 무기사용 능력뿐 아니라 명령에 따라 출동할 수 있는 능력이 필요했지만 아주 근거리로 출동하는 경우가 아니면 출동에 필요한 식량과 장비 등을 개인으로서는 마련할 수 없었다. 개인들이 스스로 휴대할 수 있는 것보다 훨씬 많은 식량과 예비용 무기가 필요했고 병이 들거나 부상당했을 때 치료를 받을 수 있어야 했다. 또한 개인은 이런 것들을 모두 운송할 수 있는 수레나 짐승을 공급할 처지가 못되었다. 중농中農급 지주라 해도 그런 일은 할 수 없었다. 이를 위해서는 과거의 씨족조직 같이 그들에게 필요한 수단들을 지닌 지속적 조직이 필요했었다.

케루스키Cherusk/Cherusci족과 그 동맹군들이 여러 주일 내지 여러 달 동안 알리소Aliso 요새를 포위한 적이 있었다면(역자 주: 앞의 제I권, 제V장 참고) 각 지역에서 파견된 그들 분견대들은 현지에서 동료 씨족들에 의해 보급품과 식량을 공급받았을 것이다. 여러 주일 이상 행군하는 데만 해도 많은 보급품이 필요했을 것이기 때문이다. 이런 조직은 이주移住를 위한 이동기간 중에도 역시 작동을 했었다.

우리는 사료들을 통해 게르만족이 로마 영역에 정착한 이후에 이런 수요를 잘 충족시켜 나갔다는 결론을 내릴 수 있다.

우리는 지도자들에게 할당된 토지는 완전한 자유토지로 그에게 할당된 것이 아니었다고 본다. 그들의 지분은 상속권자에게 상속되었음이 분명하지만 그들은 자신의 지분을 마음대로 남에게 팔거나 분할할 수 없었으며 상속자들이 있는 한 딸들은 제외하고 남성 직계비속들에게 물려주어야 했다. 부르고뉴족의 법전法典에는 가족공유재산의 개념이 포함된 것 같은 표현이 있다.6) 개인은 다른 토지가 없으면 자신의 지분을 마음대로 처분할 수 없었다. 왕에게서 토지를 하사받은 사람들은 그 대가로 전력을 다해 충성을 바쳐야 했다(제I장, 제4조).

이를 통해 필자는 새로 등장한 게르만족 대지주大地主에게는 그의 농장에 정착한 부족구성원들을 지원할 의무가 있었을 것으로 추론해 낼 수 있다. 물론 부르고뉴족의 법전이나 다른 어디에도 이런 의무를 규정한 조항은 보이지 않는다. 그러나 그런 규정들을 법률로 명문화하는 것은 불필요하고 또 어려웠을 것이다. 아무리 약화되어 있다고 해도 고대 씨족 개념이 남아있는 한 가부장적 공산共産적 전통도 아직 살아있었다. 지도자들에게는 자신이 직접 처리할 수 있는 넓은 토지와 노예들이 할당되었지만 로마 땅에 정착한 각 집단들은 고대 씨족의 성격을 어느 정도 보존하고 있었다. 따라서 게르만적 기준에 의하면 그들에게 전쟁터 출동이 요청될 경우 지도자가 자신이 지닌 수단으로 출동준비를 갖추게 하는 규정이 특별히 필요하지 않았다. 그런 특별규정은 없었다.

---

6) 가우프Gaupp, 《서로마제국 속주屬州에서 게르만족의 정착과 토지분할Die germanischen Ansiedlungen und Landteilungen in den Provinzen des römischen Westreich》, 서기 1844년, 352쪽, 각주.

우리는 이런 전통이 언제까지 어느 정도 실제로 존속했는지 말할 수 없지만 이를 완전히 부인할 수는 없다. 그 밖에도 그들은 로마인 손에 있던 공공행정公共行政을 곧 완전히 장악하게 된다. 게르만족 왕은 그의 관리로 각 지역에 대공大公/Graf을 한 명씩을 책임자로 두었고 이들은 로마 주민이 제공한 보급품과 식량을 군대에 공급했다. 우리는 서西고트족과 동東고트족에게 로마의 조세체계가 적용된 것을 알 수 있다. 그러나 로마시민들은 현금 대신 식량공급으로 의무를 이행할 수 있었다. 서西고트족 법령에는 식량공급 및 보급품비축 규정들과 불성실한 행정요원에 대한 처벌규정이 보이며7) 동東고트족 법령에는 보급품 저장소에 관한 언급이 자주 보인다.8)

부르고뉴족 지역과 서西고트족 지역의 팽창은 필자의 생각과 잘 맞아떨어진다. 평민들은 자신의 농장에 영구적으로 정착한다는 생각이 없었다. 그는 과거 라인 지역이나 동부 게르만 지역 멀리에서 그랬던 것처럼 자신의 농장을 일시적으로 점령한다는 생각을 지니고 있었다. 그는 왕이나 지도자들이 요구하면 곧 다른 지역으로 이동하는 것을 반대하지 않았다. 이런 과정에서 자신의 권력과 수입을 늘이면서 많은 것을 얻은 사람은 첫째는 왕이었고 둘째는 이미 토지에 정착한 최고 가문들의 젊은 자제들로서 아니면 왕의 호의 덕분에 이제는 큰 토지를 차지하게 된 사람들이었다. 부르고뉴 왕국은 마지막에 2,000~2,500평방마일(110,000~180,000㎢)의 토지를 장악했을 것이며 이를 약 30개의 영지領地/Grafschaft 또는 구역Gau으로 나누었을 것이다. 따라서 각 영지領地가 보유했던 전사戰士 숫자는 약 200명 이하였다.9)

이 전사戰士들 중 상당수는 이제 평범한 씨족 구성원이 아니라 새 영주領主/Edelherren 또는 왕실 대공大公/Graf 밑에 복무하고 있었다. 게르만족이 로마 땅에 정착하며 취득한 거대한 토지의 혜택은 대부분이 소수계층에게 돌아갔었다. 왜 일반 자유민들이 이런 상황을 참고 있었는지 묻고 싶을 것이다. 그러나 전사戰士 집단 전체가 큰 영주領主/grossen herren가 될 수는 없었다. 그들은 새로운 대지주大地主/Grundherren 밑에서 복무하면서 토지의 혜택을 간접으로 누렸고 이로써 전사戰士 지위를 유지했다. 새로운 대지주들에게 필요했던 것은 바로 전사戰士들이었기 때문이다. 이런 과정을 통해 고대 씨족의 개념과 응집력은 와해된 것이다.

---

7) 《서西고트 법전法典 *Lex Visigothorum*》, IX, 2, 제6조.

8) 단Dahn, 《게르만 왕국*Könige der Germanen*》, 제III편, 162쪽, 각주 4.

9) 부르고뉴족의 《군도바트 법전法典 *Lex Gundobada*》에는 코미티부스comitibus(역자 주: 그라프Graf/count 또는 대공大公) 31명 또는 32명의 서명署名이 있다(빈딩Binding, 《폰테스 레룸 베르넨시움*Fontes rerum Bernensium*》, 95쪽, 각주 16). 그러나 이들 코미티부스 모두가 실제로 영지領地들의 행정관이었을 것으로 볼 필요는 없음이 분명하다. 빈딩의 《부르고뉴-로마 왕국의 역사*Geschichte des burgundisch-römischen Königsreichs*》, 제I편, 324쪽에서는 당시에 최소한 32개의 영지들이 있었을 것으로 보고 있다.

지금껏 우리는 전체 로마인 토지의 2/3가 모두 게르만족을 그들 사이에 정착시키려고 넘겨주었다고 생각해 왔지만 그곳에는 역사상 유례가 없는 토지혁명이 있었던 것이며 지금 우리는 종래의 개념에서 물러서게 되었다.

모든 토지소유관계가 엄청나게 전환된 것이 아니라 물물교환 경제의 상황에 적합한 새 군사행정 방식이 등장했던 것이다. 우리는 토지가 실제로 넘겨진 곳들에서도 임의로 소유권을 빼앗긴 지주地主들이 그들의 토지를 희생해야 했을 것으로 볼 필요도 없다. "경작지 2/3, 농가農家 1/2 및 농노農奴 1/3"이라는 기본 표현은 로마인 토지 전체에 관한 것이 아니었다. 로마인 토지는 그 소유형태가 매우 다양했을 수 있고 여러 구역에 흩어져 있었을 수 있다. 위와 같은 표현은 결국 게르만족의 정착을 위해 지정된 토지나 마을에 한해서 적용된 것이었다.10)

지금 우리가 생각해 본 토지분할에 있어서는 매우 부유한 지주地主들의 토지만 선택해서 부담을 어느 정도 평등하게 나눌 수 있게 했을 가능성도 있고 실제로 그랬었다면 희생을 감수하기가 쉬웠을 것이다.

중농中農급 지주地主가 토지의 2/3를 빼앗기면 매우 가난해질 뿐 아니라 사회적 지위까지 완전히 바뀌었을 것이지만 대지주大地主의 경우에는 두 필지의 토지에서 1/3 내지 2/3를 빼앗겨도 사회적 지위에 변화가 없었을 것이다.

로마에서 내전內戰이 끝난 이후 옥타비아누스Octavian/Octavianus가 그의 노병老兵들을 이태리에 정착시킬 때는(역자 주: 기원전 1세기) 전지역에서 주민들을 모두 내쫓고 몰수한 토지를 병사들에게 나누어주는 방법 외에는 해결책이 없었다. 그때는 야만인 병사들에게 토지를 할당해 주는 일이 이때보다는 훨씬 수월했을 것이다.

로마인 작가들은 로마인이 행정을 맡았을 때는 조세부담을 견디기 어려웠지만 야만인의 통제를 받게 된 후 로마인의 형편이 낳아졌다는 취지의 글을 남겼다. 만약 이 말이 사실에 근거한 것이라면 이는 직접적 토지 인계가 광범위하지는 않았을 뿐 아니라 거의 모든 조세租稅가 현물공납現物貢納으로 바뀐 때문일 가능성도 얼마든지 있다. 그러나 로마 인접지역은 현물공납現物貢納이 어렵지 않았겠지만 로마에서 먼 지역은 현물공납에 너무 많은 비용이 들기 때문에 결국 불가능해진다. 귀금속 공급이 충분하지 않았기 때문에 현물공납 대신 현금납부도 어려웠을 것이다. 더욱이 이제 인접 야만인들의 약탈과 습격이 평화협정 체결로 인해 중단되었으므로 로마인들의 형편이 실제로는 개선되었을 것이다.

---

10) 만약 어느 고트인이 어느 로마인 토지의 1/3을 강제로 빼앗았다가 다시 돌려 준 것인데 그런 상황이 50년 동안은 존재하지 않았던 것이라면 《서西고트 법전法典 Lex Visigothorum》, IX, 1, 제16조는 결국 부재지주不在地主의 토지에 대해서만 적용될 수 있는 것이다. 이와는 달리 어느 신분 높은 로마인이 자신의 토지 중 한 곳을 여러 해 동안 불법적으로 빼앗긴 것을 알고는 있었지만 나중에 새 지주地主/Herrscher들에게 준법의식이 굳어진 후에야 비로소 자신의 권리를 다시 주장하게 된 것일 수도 있다.

로마인 귀족들이 이제 그들의 토지 위에서 그들 곁에 영구적으로 살게 된 이 게르만족 "호스피테스hospites" 즉, "손님들"에 대해 어떤 감정을 지니고 있었는지 실감 있게 묘사한 군도바트Gundobad 왕 시대의 시詩 한 편이 있다. 주교主敎 시인인 아폴리나리스Sidonius Apollinaris가 친구에게 제대로 된 결혼 축시祝詩를 써주지 못했던 일을 사과하기 위해 써서 보낸 시로서 다음과 같이 번역된다.

"다른 때면 몰라도 여기 장발족들 사이에 앉아 게르만족 말을 들어가면서 썩은 버터를 머리털에 바른 저 탐욕스런 부르고뉴족의 노래를 심각한 표정으로 칭찬해야 하는 내가 어찌 결혼 축시祝詩를 지을 수 있으리? 내 시정詩情이 얼마나 억눌려 있는지 굳이 말해야 할까? 이 야만인들의 수금竪琴을 보지 못한 탈리아Thalia는 그녀 곁의 7척 신사紳士들을 보고 6척(hexameter) 남성들은 이제 눈에 차지 않겠지? 마늘 냄새 양파 냄새 내뿜는 열 개의 주방기구들(프라이팬이나 국냄비?)이 아침 일찍 그대의 눈과 귀와 코를 괴롭히지 않는다는 게 얼마나 행복한 일인 지나 알게. 그대는 알키노스Alconos의 주방廚房으로도 만족하지 못할 거구巨軀들이 동트기 전부터 와락 대드는 늙은 아저씨나 유모乳母의 남편 같이 시달림을 받지는 않으려니. 허나 이제 뮤즈Muse 여신女神은 침묵에 잠기며 떠오르는 그녀의 익살맞은 몇 가닥 시상詩想을 억누르네. 그녀의 시가 그저 야유로 끝나게 하지 않으려나 보지."

이 시는 교양 있는 한 로마인의 농담이겠지만 우리는 축제에서 노래하는 7척 거인들을 생각하면 웃음이 저절로 나온다. 그러나 만약 아폴리나리스가 이 시에서 비웃고 있는 게르만족 노래의 단 구절만이라도 소개했거나 아니면 그의 손님들이 말해주었을 군터Gunther 왕의 죽음이나 카탈라우눔Catalaunischen/Catalaunian 평원 전투에 관한 이야기 중 하나만이라도 겸손한 자세로 소개했었다면 우리는 그의 시작詩作 기술쯤은 기꺼이 그냥 지나칠 수 있었을 것이다(역자 주: 고대 북유럽 신화집에 실린 "아틀라크비다Atlakvida"라는 시에 의하면 부르고뉴족의 군터 왕은 훈족의 아틸라Attila 왕에게 살해되지만 아틸라 왕의 아내가 된 그의 동생이 복수를 해준다. 카탈라우눔 평원 전투는 서기 451년 프랑스 남부 샬롱에서 고트족인 테오데리히 왕 휘하의 서로마제국 군대가 아틸라Atilla 왕 휘하의 훈족과 싸웠던 전투로서 이 전투를 계기로 훈족의 서진西進이 저지된다).

지금 우리는 부르고뉴족과 서西고트족의 토지분할과 정착에 대해서만 살펴보았는데 다른 게르만 부족들의 경우에도 같았을 것이라는 말은 아니다.

반달Vandalen/Vandals족의 경우는 사정이 매우 달랐던 것으로 추정되어 왔다. 그들은 처음부터 로마인들과는 다른 정치적 행보를 했었다. 부르고뉴족 왕들은 에티우스Aëtius 총독으로부터 땅을 할당받으려고 했으며 끝까지 자신들을 로마황제의 병사로 여겼고 서로마제국이 멸망한 후에는 콘스탄니노플에 있는 황제의 병사로 여겼다. 적어도 스스로는 그렇게 생각했었다. 서西고트족 역시 오랫동안 자신들의 왕국을 로마제국의 일부라고 생각했었지만 반달족의 가이세리히Gaiserich/Gaiseric는 아프리카를 무력으로 빼앗고 곧 이를 완전한 독립왕국으로 바꾸었다. 프로코피우스Procop/Procopius의 《폴레몬Polemon》, 〈반달 전기戰記bell. Vand.〉나 비텐시스Viktor/Victor Vitensis의 《반달족 역사de Persecut. Vabdal.》에 의하면 이때 그는 그의 백성들을 전 지역에 나누어 정착시키지 않고 로마인들을 완전히 몰아낸 다음 수도인 카르타고Karthago/Carthage에서 아주 가까운 조이기타나Zeugitana에 집결시켜 두었다고 한다. 그러나 이를 좀 더 깊이 살펴보면 반달족의 정치적 행보 역시 여타 게르만 부족들과 매우 유사했던 것으로 볼 수도 있다. 그들의 지역은 서西고트족 지역보다 훨씬 넓었지만 그들의 인구는 적었었다. 그들의 전사戰士 숫자는 8,000~12,000명을 넘지 않았을 것이다. 따라서 그들이 북아프리카의 전 해안지역에 분산되지 않은 것은 자연스러운 일일 뿐이다. 비옥한 튜니지아 지역만으로도 그들은 먹고살기에 충분했고 그들은 그곳에 집결해 있는 것이 군사적으로 더 유리했다. 멀리 떨어진 지역들의 행정을 위해 왕이 파견한 관리들에게는 아주 소규모 분견대만 할당되었었다. 문제는 과연 조이기타나 지역에서는 정복자들에 의해 로마인이 모두 쫓겨났던 것인지 아니면 그곳에서도 역시 토지분할과 더불어 로마인들이 잔류했었는지 여부인데 두 사료에는 이에 관한 단서가 전혀 없다. 두 사람 모두 반달족에게 매우 적대적이고 최선을 다해 반달족의 잔인성과 혹독함을 강조한 인물이기 때문이다. 그러나 그들의 말이 옳았을 가능성도 있다.

특별히 이상한 것은 부르고뉴족이나 서西고트족은 로마인 토지의 2/3를 차지했었던 반면 오도아케르Odoaker/Odoacer가 주도했고 나중 동東고트족이 참여한 이태리에서의 토지분할에서는 로마인이 1/3의 토지만 포기했던 점이다. 그러나 토지분할 규정에 대한 필자의 해석에 의하면 분할 몫의 차이는 중요하지가 않다. 분할의 효과는 결국 개별 토지에서 분리되는 몫이 아니라 분할이 요구된 지역이 모두 얼마나 컸었는지에 따라 달라진다. 만약 이태리에서는 각 토지에서 적은 몫만 분할되었다면 더 많은 필지의 토지들이 분할대상으로 지정된 것일 수도 있다.

따라서 분할비율보다 중요한 요소가 다른 데 있었던 것으로 보인다. 사료에 의하면 동東고트족은 재산세를 납부해야만 했었다. 부르고뉴족이나 서西고트족과 달리 그들에게는 토지할당이 말하자면 보수였기 때문이다.11) 테오데리히Theodorich/Theodoric는 전사들에게 현금 보수도 지급했었는데 이는 정기 보수가 아니라 연간

---

11) 가우프Gaupp, 《서로마제국 속주屬州에서 게르만족의 정착과 토지분할Die germanischen Ansiedlungen und Landteilungen in den Provinzen des römischen Westreich》, 서기 1844년, 404쪽.

상여금이었음이 분명하다. 그는 자신이 구두쇠 같이 세금에서 자신의 수입을 챙기지 않고 모두 동지들에게 주었다고 강조한 적도 있다.

이태리에서 롬바르디Langobarden/Lombards족의 경험에 관한 믿을만한 당대 기록은 없다. 후일의 기록인 디아코누스Paulus Diaconus의 기록에 의하면 그들은 로마인 귀족들을 모두 몰아내고 그들의 땅을 빼앗았던 것으로 보인다.

원래 로마 땅에서 게르만족은 군대에 불과했다. 그들의 최초 정착지는 일종의 군대숙영지로 간주되었었다. 이들 군대의 지휘관인 게르만족 왕들은 이때 민간행정을 장악했다. 그들은 종래의 로마관리 대신 자신이 임명한 대공大公/Graf들을 통해 토지를 지배했다. 토지분할은 이런 변화의 진정으로 근본적이고 결정적인 측면이 아니었다. 토지분할은 로마인에게는 조세부담의 부분적 해제였고 게르만족에게는 식량과 숙영지의 제공이었다. 결정적으로 중요한 요소는 게르만족의 전쟁방법과 군사체계 덕분에 게르만족의 정치체계와 법적 사회적 개념들 모두가 점차 로마의 조직을 대체하거나 로마조직 내로 투영되었다는 점이다.

보다 현대의 역사 속에서 계속된 발전은 이런 게르만-로마적 정치구조와 대비된다. 필자가 말하고 있는 것은 프로이센 국가의 행정조직이다. 부르고뉴족과 고트족은 원래 군대에 불과했고 이 군대가 자신의 필요에 따라 민간행정과 토지의 일부를 장악했었던 것과 마찬가지로 후일 프로이센의 행정기관으로 발전한 것도 원래는 군대의 보급기관이었다. 로마의 국민적이고 공동체적인 기관들 대신에 고대 게르만 부족 구역에 해당하는 것으로 볼 수 있는 한 구역을 통치하기 위해 게르만족 왕이 임명한 게르만 대공大公/Graf이 등장했었다. 후일 30년 전쟁(역자 주: 서기 1618년-1648년에 유럽의 여러 나라들이 종교, 정치 및 통상 문제로 벌인 전쟁) 중에 그리고 그 이후에도 브란덴부르그 군의 행군통제관과 숙영통제관 및 병참통제관은 각각 관구관管區官/Landräte, 군무관軍務官/Krirgskammer 및 총무관總務官/Generaldirektorium이 되었다. 군대를 위한 보급 식량 체계 및 조세 징수徵收 체계에서 전국토의 행정근무 체계로 발전했고 브란덴부르그-프로이센 군대가 프로이센 국가로 성장한 것이다.

부 기附記

1. 참고문헌

게르만족의 정착과정에 관한 가장 기본적인 연구서는 여전히 가우프Gaupp의 《서로마제국 속주屬州에서 게르만족의 정착과 토지분할*Die germanischen Ansiedlungen und Landteilungen in den Provinzen des römischen Westreich*》(서기 1844년)이다.

그 외에 중요한 연구서로는 다음과 같은 것들이 있다: 빈딩Binding, 《부르고뉴-로마 왕국의 역사*Geschichte des burgundisch-römischen Königsreichs*》, 서기 1868년; 얀Albert. Jahn, 《부르고뉴족과 부르고뉴왕국의 역사*Geschischte der Burgundionen und Burgundiens*》, I·II편, 1874년; 카우프만Kaufmann, "골 지역의 부르고뉴족 역사에 관한 비판적 고찰*Kritische Eröterungen zur Geschichte der Burgunder in Gallien*," 《독일사 연구*Forschungen zur deutschen Geschichte*》, 제10권.

단Felix Dahn의 대작大作인 《게르만 왕국*Könige der Germanen*》에서 우리의 연구에 가치가 큰 것은 제III편(서기 1866년)(특히 "이태리에서 동東고트족의 조직*Verfassung des ostogo- tischen Reiches in Italien*" 부분)과 제V편(서기 1870년) 및 제VI편(제2판, 서기 1885년)에서 서西고트족 역사 및 조직을 다룬 부분이다.

최근의 연구서인 살레유R. Saleilles의 "골-로마 지역에서 부르고뉴족의 정착에 관한 연구*Sur l'établissement des Burgundes sur les domaines des Gallo-Romains*"(《부르고뉴 지역 고등교육 회보*Revue bourguignonne de l'enseignement supéieur*》, 서기 1891년, 제1호 및 제2호)에도 참고서적 목록이 수록되어 있다.

《군도바트 법전法典 *Lex Gundobada*》 또는 《부르고뉴 법전法典 *Lex Burgondionum*》이 최근 빈딩의 《폰테스 레룸 베르넨시움*Fontes rerum Bernensium*》(서기 1883년)에 수록되었다.

젱젱Gingins의 "골 지역에서 부르고뉴족의 정착에 관한 연구*Sur l'établissement des Burgundes dans la Gaule*"(《토리노 아카데미 회보*Memorie della Academia di Torino*》, 제40권, 서기 1838년)에서는 부르고뉴족과 로마인이 분할한 것은 개별 토지가 아니라 파구스pagus라는 단위지역이었다고 주장하고 있다(역자 주: 파구스는 육지의 한 지역을 말하는 단어로서 복수형은 파기pagi이다. 앞의 제I권, 제I장, 부기 1 참고). 그의 생각은 분명히 옳지 않으며 이를 더 따져볼 필요도 없다. 다만 그의 생각 속에도 일말의 진실은 포함되어 있는데 그와 반대되는 생각 즉, 어느 곳에서나 토지들이 분할되었고 그에 따라 부르고뉴족이 전 지역으로 개별적으로 흩어져 나갔다는 생각은 옳지 않은 생각이라는 것이 이미 입증되었기 때문이다. 부르고뉴족의 평민들은 집단을 이루어 함께 있었고 아리우스 교도敎徒Arianer/arians(역자 주: 아리우스 교敎는 4세기 초 알렉산드리아의 사제 아리우스가 처음 주장한 그리스도교 이단설異端說로서 예수의 신성神聖을 부인하고 예수도 신의 피조물이라고 보는 교단이다)가 되었기 때문에 로마인들과는 오랫동안 분리되어 살았었다. 젱젱은 아르보아Arbois 시市의 일부는 파라마니Faramanni 마을로 불렸다고 했다(224쪽). 이 점은 부르고뉴족의 한 집단이 이곳에 함께 정착했다는 사실을 정확히 말해준다. 파라마니Faramanni는 씨족의 구성원들 즉, 동료 씨족원들을 말한다.

2. 만시피아MANCIPIA

필자의 생각은 토지 분할 때 함께 분할되었던 만시피아 즉, 농노農奴에는 소작 농민들도 포함된다는 것을 전제로 한 것이다. 만시피아가 진짜 노예뿐 아니라 소작농민까지 의미한다는 것은 분명하다. 부르고뉴족의 《군도바트 법전法典 *Lex Gundobada*》, 제VII장은 세르부스servus, 콜로누스colonus, 오리기나리우스originarius 및 만시피움mancipium이라는 용어들을 혼용混用하고 있다. 바이츠Waitz의 《독일헌법사*Deutsche Verfassungsgeschichte*》, 제II편, 173쪽 이하에서는 이와 유사한 다른 사료의 구절들도 인용해 놓았다. 아이코른Eichorn은 로마인들이 부르고뉴족에게 넘겨주어야 했던 만시피아를 단순히 "소작인Kolonen"으로 번역했지만 실제로 그랬다면 특별한 증거가 필요하다. 토지분할 당시의 만시피아는 학자들의 보다 최근의 번역과 같이 진짜 노예들도 의미할 수 있기 때문이다. 필자는 다음과 같이 설명할 수 있을 것으로 본다. 《군도바트 법전》에서 말한 만시피아가 소작인은 제외된 용어라면 토지 분할은 부르고뉴족이 얻은 노예 1/3만으로 경작하기 위해 2/3를 받은 대규모 경작지에서만 이루어졌을 것이며 로마인들이 소작농지의 2/3까지 부르고뉴족에게 양도할 수 없었을 것이다. 숫자가 그대로인 소작인들이 소작농지의 2/3를 포기했다면 경제적 생존의 수단을 잃어버렸을 것이기 때문이다. 그렇다면 분할된 토지가 충분하지 못했을 가능성도 있다. 대규모 경작지는 소작농지들에 비해 많지 않았을 것이 분명하기 때문이다. 또한 비교적 많은 소작인들이 공급하는 식량은 제외하고 가옥, 농장 및 정원(포도밭)의 1/2은 양도했다면 이는 결국 부르고뉴족에게 빈 헛간만 내어주는 꼴이 되었을 것이다. 따라서 토지분할 당시의 만시피아라는 표현에는 소작인들도 포함되어 있었음이 분명하다.

동東고트 테오데리히Theodorich/Theodoric 왕의 칙령, 제142조는 지주地主들이 그의 토지에서 다른 곳으로 옮기는 것과 "그곳에서 태어난 자들이라고 해도 농장의 노예들을*rustica mancipia, etiamsi originaria sint*"파는 것을 허용하고 있다.

이를 단Dahn은 고트족이 많은 노예들과 함께 왔다는 사실(이는 다른 곳에서도 이미 입증된 사실이다)과 이 노예들을 소작농지에 정착시키려고 했다는 사실을 가지고 설명하고 있다(《게르만 왕국*Könige der Germanen*》, 제IV편, 96쪽). 따라서 고트족은 자신들의 희망대로 과거의 소작인들과 거래를 할 계획이었던 것이다.

3. 큰 토지의 분할

부르고뉴족은 귀족들만 로마인 귀족들과 토지를 분할했음은 부르고뉴족 법전法典이 서西고트족 법전과 같이 토지분할과 관련해서 임야林野를 특히 강조한 점을 통해서도 확인된다. 작은 토지의 소유에는 통상 임야의 소유가 동반되지 않는다.

단Dahn의 《게르만 왕국》, 제VI편(제2판, 서기 1885년), 168쪽에서는 "(서西고트족의) 일반자유민들의 지위는 세 종류로 나뉘게 된다. 최상위층은 지배귀족으로 까지 끊임없이 지위가 상승했고 지위가 기울어 가는 소수층은 많지 않은 중산층을 이루었으며 나머지 대다수는 '가진 것이 적은 자들', '낮은 자들', '적은 자들' 즉, 농노農奴 아니면 그보다 낮은 수준의 빈곤층이 되었다"고 했다.

지위가 낮아진 자들은 중간 크기 토지의 소유자가 결코 아니었음이 분명하다.

4. 가옥 및 농장의 분할

부르고뉴족의 《군도바트 법전法典 Lex Gundobada》, 제45장에서 가옥을 분할대상으로 언급하지 않은 것은 매우 이상하다. 《서西고트 법전法典 Lex Visigotorum》도 같다. 따라서 흔히 로마인은 자신의 가옥을 계속 소유했고 게르만인은 집을 새로 지은 것으로 보아 왔다. 이는 맞는 말일 수도 있다. 우리가 통상 좀 큰 성城과 같았을 것으로 상상하는 한 가옥을 계속 분할한다는 것은 많은 불편을 초래할 수밖에 없었을 것이기 때문이다. 로마의 군대숙영지 규정에는 주거지 할당이 정확하게 언급되어 있음이 분명하지만 이는 어디까지나 일시적인 성격의 규정일 뿐이다. 토지분할은 기존의 거주방법과도 관련이 있음은 분명하지만 이 문제는 성격이 아주 다르다. 이때는 토지가 분할대상이었기 때문이기도 하지만 그보다는 주로 이때는 일시적 상황이 아니라 영구적 상황이 문제가 되기 때문이다.

하지만 필자에게는 가옥분할 문제보다는 더 어려운 문제라고 할 수 있는 것이 마구간과 헛간을 포함한 농장분할 문제라고 생각된다. 게르만족은 농장을 매우 특정된 장소로 보았다. 《바주바리 법전法典 Lex Bajuvariorum》, 제XI장, 제1조에는 "누구라도 위법하게 타인의 농장에 들어가는 자는Si quis in curte alterius per vim contra legem intraverit"이라는 구절이 있고 《알레만 법전法典 Lex Allemannorum》(제III책), 제C장, 제3조에도 "타인의 농장에 들어간 자는Si in curte aliena ingressus fuerit"이라는 구절이 있으며 《서西고트 법전》, VIII, 1, 제4조에는 "누구라도 농장주를…그의 농장의 가옥 또는 출입문 안에 가둔 자는Quicumque dominum…infra domum vel curtis suave januam incluserit"이라는 구절도 있다. 따라서 필자는 부르고뉴족의 경우 실제로 농장분할이 있었을 것으로 볼 수 있는지 여부에 대해 오랫동안 결정을 미루어 왔다. 《부르고뉴 법전》, 제44장, 제2조는 "우리는 오래전에 확립된 바와 같이 파라마니(부족 구성원들) 부근의 농장과 목장에 적용된 것과 유사하게 로마인들이 임야林野의 1/2을 소유하도록 즉, 로마인들이 그들의 절반 몫에 대해 우선권이 있다고 생각하도록 일반적으로 명한다quoniam sicut jam dudum statutum est, medietatem silvarum ad Romanos generaliter praecipimus pertinere, simili de curte et pomariis circa faramannos conditione servata: id est ut medietatem Romani estiment praesumendam"고 했다. 필자는 이 조항 중 "쿠르테curte"(역자 주: "농장")를 소작농지들 전체와 같은 집합적 의미의 농장으로 보고 그 중 절반을 비워주어야 했다는 뜻으로 이해할 수는 없는지를 검토했었다. 그러나 이 조항에는 정확한 라틴 형식을 위반한 부분이 많음에도 불구하고 필자에게는 이 같은 해석은 전혀 불가능할 것으로 보인다. 따라서 이 조항 중 "쿠르테"는 집합적 의미가 아니라 각 지주들의 농장을 말하며 이런 각 지주들의 농장이 실제로 분할되었을 것으로 보아야 한다. 이때 그 농장에 있는 가옥도 분할대상에 포함되었을 것이다.

5. 2명의 호스피테스HOSPITES

가우프Gaupp, 빈딩Binding, 얀Albert. Jahn 및 카우프만Kaufmann은 각 경우마다 1명의 로마인 호스페스hospes(역자 주: 원주민으로서 주거지 또는 토지를 할당받은 사람. 뒤의 부기 7 참고)와 함께 토지를 분할한 부르고뉴인은 1명이었다고 본다. 이와 반대로 살레유R. Saleilles는 부르고뉴족의 《군도바트 법전法典 Lex Gundobada》에 언급된 몇 가지의 권원權原들(역자 주: 권리 취득의 원인) 특히 제67장에서 말한 권원은 몇 명의 부르고뉴인 호스피테스hospites(역자 주: 손님 즉, 외부에서 와서 주거지 또는 토지를 할당받은 사람)들이 1명의 로마인과 함께 토지를 분할했다는 의미로밖에 해석될 수 없다고 설명하려고 했다. 그의 견해는 필자와 일치한다. 제67장은 "야지野地 또는 농지를 소유한 자는 그가 소유한 토지의 확정된 규모에 따라 임야林野도 그렇게 서로 분할해야 함을 알고 있다. 그러나 그 임야의 1/2은 벌목伐木된 야지野地로 로마인이 계속 소유한다 *Quicumque agrum aut colonicas tenent, secundum terrae modum vel possessionis suae ratum sic silvam inter se noverint dividendam. Romano tamen de silvis medietatem in exartis servata*"고 했는데 빈딩은 이 구절 중에서 두 번째 문장을 후일 누군가에 의해 개찬改竄된 부분으로 본다.

그러나 제13장과 제31장의 내용은 이와는 반대로 보인다. 제13장에서는 "어느 부르고뉴인이나 로마인이 공유임야共有林野에서 야지野地를 벌목伐木했거나 벌목하게 되면 그는 그의 손님에게 그 야지野地의 같은 크기의 다른 부분을 돌려주어야만 하며 그가 벌목한 부분은 다투지 말고 그의 손님과 함께 소유한다*Si quis tam Burgundio quam Romanus in silva communi exartum fecit aut fecerit, aliud tantum spatii de silva hospiti suo consignet et exartum, quem fecit, remota hospitis commotione (communione) possideat*"고 했다. 그리고 제31장에서는 "타인의 반대 없이 공유야지共有野地에서 포도밭을 일군 사람은 자신이 그의 야지에서 포도밭을 일군 사람을 위해서 같은 크기의 공간을 남겨놓아야 한다*Quicumque in communi campo nullo contradicente vineam fortasse plantaverit, similem campum illi trstituat, in cujus campo vineam posuit*"고 했다. 두 조문을 보면 공유야지*communi campo*의 공유자共有者가 분명히 2명뿐이었을 것으로 보인다. 임야林野를 벌목하거나 포도밭을 일굴 수 있는 부르고뉴족 평민을 그때는 분명 생각할 수 없었기 때문이다. 이런 고도의 경작능력을 지닌 인물은 탁월한 인물뿐이었다. 20명 또는 30명의 씨족 구성원과 함께 한 마을에 정착해서 목초지와 임야를 공유했던 평범한 씨족 구성원(파라마누스faramanus)은 사실 한 구획을 홀로 점령해서 포도밭을 일구고 비슷한 크기의 토지로 로마인 공유자를 만족시키는 것 같은 일을 할 필요가 없었을 것이다. 반면에 로마인도 그런 부르고뉴인들 모두와 토지를 분할하게 되면 아무 이득도 없었을 것이다.

결국 서西고트족에게도 역시 유사하게 존재했던 그런 규정들이 필요했던 것은 결국 농사에 대한 게르만족의 적극적 의지 때문이라기보다 로마인들에게 그런 규정들이 필요했기 때문이었음이 분명하며 그들은 야지野地 결손을 아직 공유재산으로 있던 새 임야林野를 벌목伐木해서 벌충하려고 했던 것이다.

6. 나중에 온 부르고뉴족BURGUNDIONES, QUI INFRA VENERUNT

부르고뉴족의 《군도바트 법전法典 Lex Gundobada》, 제107장, 부록 II, 제11조는 "실제 우리는 로마인과 관련해서 이렇게 명했었다: 나중에 온 부르고뉴인은 현재 필요한 것 즉, 1/2보다 더 많은 토지를 요구하면 안 된다. 나머지 1/2과 모든 노예는 로마인이 계속 소유해야 하며 이후로는 그들이 폭력에 의해 고통을 받으면 안 된다De Romanis vero hoc ordinavimus, ut non amplius a Burgun- dionibus, qui infra venerund, requiratur, quam ad praesens necessitas fuerit, medietas terrae. Alia vero medietas cum integritate mancipiorum a Romanis teneatur: nec exinde ullam violentiam patiantur"라고 했다. "나중에 온qui infra venerund" 부르고뉴인은 나중에 이주해 온 부르고뉴인을 말하는 것일 수밖에는 없을 것이다. 그러나 그럴 경우 노예들은 제외하고 그들에게 주었을 것으로 보이는 절반의 "토지terra"는 어떤 토지였을까? 한 소작농지의 절반이었을까? 앞서 언급한 여러 가지 이유 때문에 이는 불가능하다. 큰 토지의 절반이었을까? 그랬을 가능성이 높아 보이지만 노예들이 제외된 그런 토지는 이주자에게 별 소용이 없었을 것이다. 이주자가 정착하기를 원했거나 정착할 예정인 토지를 소유한 대공大公/Graf이 자신의 토지에서 이주자의 경작능력을 기준으로 그에게 할당될 토지를 결정했을까? 따라서 그 대공大公은 농사일손과 함께 양떼와 장비들을 가지고 온 부유한 이주자를 위해서는 좀 큰 토지를 할당하고 거의 맨손으로 온 이주자에게는 한 소작농지만 할당하려고 했을까? 그러나 이는 참을 수 없이 자의적恣意的인 조치가 되었을 것이고 또한 가장 부유한 로마인들에게는 부담을 완전히 덜어주는 조치만 되었을 것이다.

필자는 이 문제를 대략 다음과 같이 생각할 수 있다고 본다. 나중에 온 부르고뉴인이란 잠시 이태리나 콘스탄티노플에서 개인적으로 로마군에 용병傭兵으로 복무했었던 사람들일 수도 있고 —실제로 대부분 그랬을 것이다— 어느 씨족의 전부 또는 일부였을 수도 있다. 그러나 그들은 개인별로 와서 정착하지 않았고 어느 부르고뉴족 귀족 밑에 들어가 복무하거나 자신의 씨족과 가족을 찾아내서 이들과 함께 왔을 것이다. 사료들은 이런 경우는 말하지 않고 게르만 지역에서 바로 온 집단들만 말한 것일 뿐이다. 여하간 이때도 그들은 부유한 로마인의 토지 중 하나를 할당받은 후 다시 각 가족이 초기의 토지분할 때와 같이 지도자로부터 한 필지의 소작농지 또는 그에 상응하는 한 구획을 그 가족의 토지로 받았으며 지도자는 토지를 내준 본래의 소작인들을 다른 어느 곳으로 옮기게 했다. 이때 로마인이 포기했을 절반은 "최대로 절반"을 의미하며 "꼭 절반"을 의미하지는 않는다. 그들이 "꼭 절반"을 포기했다면 마침 그때 도착한 정착자 숫자와 그의 토지의 크기에 따라서는 참을 수 없을 정도로 불평등한 상황이 발생했을 수 있기 때문이다. 최초 정착이 있었던 시기에는 실제로 양도된 토지가 언제나 2/3였고 혹 남는 부분이 있으면 후노Hunno 또는 집단의 여타 지도자에게 돌아갔으며 앞서 보았던 바와 같이 그들은 이를 분명한 군사적 필요를 위해서만 사용해야 했고 이를 통해 자신의 경제적 사회적 지위를 크게 향상시킬 수 있었다. 그러나 나중에 온 사람들에게는 이런 이점이 주어지지 않았다. 그들이 전쟁에 소집되면 그들을 무장시킬 부담은 대공大公/Graf에게 돌아갔다.

7. 왕의 토지 하사와 호스피탈리타스HOSPITALITAS

부르고뉴족의 《군도바트 법전法典 Lex Gundobada》, 제54장은 이미 토지를 받은 사람과 왕의 은총으로 복무하는 사람은 "그에게 이미 호스피탈리타스hospitalitas가 할당된 곳에서는ex eo loco, in quo ei hospitalitas fuerat delegata" 토지의 2/3와 노예의 1/3을 주장할 수 없었다. 어느 곳에 살건 왕으로부터 토지를 받은 사람은 다른 곳에서는 호스페스hospes가 될 수 있었다면 어느 정도로 그럴 수 있었을까? 이 문제에 대해서는 두 가지의 해석이 가능하다.

호스페스hospes란 말은 이미 의미가 크게 바뀌어서 실제로 어느 곳에서 토지를 할당받은 사람이라기보다는 마치 어느 곳에서 토지를 할당받은 사람 같이 일정한 소출에 대한 권리를 주장할 수 있는 사람을 의미했을 수도 있다. 그랬었다면 지주地主들이 먼저 어느 중심지로 그의 소출을 수송한 후에 이 소출이 그곳에서 다시 백호百戶들에게 분배되도록 하는 번거로움을 피할 수 있었을 것이다. 만약 그렇다면 위의 규정은 백호의 수장이나 예하 지도자들이 소출을 제공할 의무가 있는 사람들을 직접 찾아갔지만 때로는 자신의 권리를 잘못 사용해서 그들에게 땅을 요구한 경우를 말한 것일 수도 있다.

그러나 진실과 좀 더 가까울 수 있는 해석은 이때의 호스피탈리테스hospitalitas는 옛날과 같이 할당받은 토지를 의미하며 이런 토지할당은 그가 왕으로부터 토지를 하사받기 전에 이루어졌다고 보는 것이다. 그렇다면 위의 규정은 왕이 하사한 토지의 소유권을 취득한 사람이 앞서 할당받았던 토지에 대한 권리 행사를 유보留保하고 이를 근거로 새로운 토지분할을 요구한 경우를 말한 것이 된다.

그렇다면 지역 전체가 분할되었던 것이 아니라 선정된 특정한 토지들만 분할되었었다는 것이 된다. 《군도바트 법전法典 Lex Gundobada》, 제54장은 로마인들이 부당한 토지분할을 강요당하고 있음을 전제로 한 것이 분명하기 때문이다. 그런 로마인이 예를 들어 선정된 사람만을 의미할 수는 없다. 선정된 사람의 경우는 그들이 선정된 조건 또는 상황이 동시에 그들이 불법으로 토지를 빼앗기지 않게 보호해 주었을 것이 분명하기 때문이다. 이런 규정은 자신이 소유한 토지를 분할할 필요가 없었던 로마인의 계층이나 집단이 있었을 경우에만 있을 수 있다.

　　필자가 보기에 브루너Heinrich Brunner는 《게르만 법제사法制史 *Deutsche Rechtsgeschichte*》, 제2판에서도 게르만족에 의한 "토지 취득"의 본질과 절차를 명확하게 파악하지 못한 것 같다. 그는 게르만족의 숫자가 그러기에는 매우 부족했음에도 불구하고 새 주민들과 옛 주민들의 주거지들이 마치 바둑판 눈금과 같이 함께 섞여 있었을 것으로 굳게 믿고 있다. 그러나 그 역시 이제는 분할된 토지는 소작농지가 아니었다는 점을 인정하면서(74쪽, 각주 4), 유력한 새 증거를 가지고 이를 강조하고 있다. 하지만 그는 큰 토지들이 토지분할의 주요 대상이었을 것이지만(74쪽) 그 이외에 중간 크기의 토지들도 그 대상에 포함되었을 것으로 본다(76쪽, 각주 4). 과연 부르고뉴인 각자가 이런 식으로 각 토지의 2/3를 받았을까? 만약 그랬다면 부르고뉴족의 숫자가 필자의 생각보다도 훨씬 적었어야만 했을 것이다. 그러나 브루너는 "우리 백성들은…그 토지의 2/3를 받았다*populus noster…duas terrarum partes accepit*"는 《군도바트 법전》의 문구를 근거로 부르고뉴족이 그런 식으로 토지를 받았다는 결론을 내려야 한다고 실제로 주장하는 것으로 보인다.

　　하지만 부르너가 말한 "이런 호스피탈리타스hospitalitas에 대한 권리로 인해 모든 게르만인의 지위가 지주地主로 상승되고 할당받은 소작인들이 바치는 공물貢物로 편하게 살 수 있었듯이"라는 문구(76쪽)가 누구에게 적용되는 것인지를 필자는 판단할 수가 없었다.

제 III 권
유스티니아누스 황제와 고트족

《 요도要圖 목록 》

제 I 장
유스티니아누스의 군대조직

　2세기와 3세기 역사에 관해 우리가 지니고 있는 정보는 매우 빈약한 반면에 스트라스부르크 전투에서 아드리아노플 전투에 이르는 4세기 역사에 대한 총체적인 이해와 연구는 암미아누스Ammian/Ammianus가 남긴 기록 때문에 가능한 편이다. 5세기에는 사료가 빈약해지지만 6세기로 가면 프로코피우스Procop/Procopius가 남긴 화려한 기록이 또 등장하며 우리는 그와 그의 뒤를 이은 아가티아스Agathias가 남긴 기록(《유스티니아누스 통치사統治史》)을 통해 벨리사리우스Belisar/Belisarius와 나르세스Narses(역자 주: 유스티니아누스Justinian/Justinianus 1세〈서기 527년-565년〉 때 동로마제국의 장군들)가 벌인 전투들과 반달족 및 동東고트족의 몰락 등에 관한 역사를 알 수 있다.

　프로코피우스는 벨리사리우스의 비서로 그를 수행해서 그가 지휘한 전쟁들의 대부분에 참전했던 인물이다. 그는 많은 정보를 지니고 있었을 뿐 아니라 위대한 선구자들인 헤로도투스Herodote/Herodotus와 폴리비우스Polyb/Polybius를 모방해서 그들과 동일한 형식의 기록을 남겼다. 그의 분석능력은 빈약했지만 그렇다고 그의 기록이 지니고 있는 사료적 가치가 떨어지지는 않는다. 이는 물론 헤로도투스뿐만 아니라 폴리비우스조차 마찬가지며 앞서 우리는 폴리비우스의 분석능력이 종래 흔히 알려져 있는 것보다는 현저히 약했음을 이미 알 수 있었다. 프로코피우스는 그들과 같은 약점을 가지고 있었을 뿐 아니라 상당한 부분을 누락했고 또한 사료 기록자로서 우리가 기대하는 풍부하고 분명한 기록들을 제공하지는 못했지만 이는 진실성 결여(그에게 이런 측면이 전혀 없는 것은 물론 아니다)나 편견偏見에서 비롯된 것은 아니었다.1) 그의 기록에는 타키투스Tacitus를 군사적 관점에서 거의 쓸모없는 역사가로 만들어 버린 것과 같은 미사여구는 없지만 그 역시 객관적 사실들만 말하지 않고 객관적 사실들을 희생해서라도 강한 인상을 심어주려고 노력하는 경향이 있었다. 우리는 그의 기록을 읽을 때 헤로도투스의 기록이 연상되는 때가 너무 많다. 만약 그가 일관성 있게 헤로도투스를 모방했었다면 그의 기록이 이 역사의 아버지가 남긴 기록보다 훨씬 더 가치 있는 기록이 될 수도 있었을 것이다. 헤로도투스가 지니고 있던 정보는 대중들의 전설傳說에 불과했었지만 그는 그래도 핵심인물인 장군들 곁에서 직접 사건들을 파악할 수 있었던 현장목격자였기 때문이다. 그러나 끝까지 분석해 보면 그의 기록보다

---

1) 아울러A. Auler, 《유스티니아누스 I세의 제2차 페르시아 전쟁에 관한 프로코피우스의 기록의 신뢰성에 관한 연구de fide Procopii in sec. bello Persico Justiniani I imp. enarrando》, 본Bonn 대학교 학위논문, 서기 1876년.

는 헤로도투스의 기록에서 진실에 가까이 접근할 수 있는 경우가 더 많다. 헤로도투스의 기록은 실제의 사건에 집중하고 있지만 프로코피우스의 기록은 자신의 상상력이 허용하는 범위 내에서 사건들의 인과관계를 창조해 나가면서 당시의 장면들을 묘사해야 한다는 압박감 속에 작성된 기록이기 때문이다. 그가 묘사해 놓은 장면은 일종의 활인극活人劇이라고 말할 수 있을 정도이다. 필자는 두 사람의 기록을 하나는 식물이나 동물의 모습을 자연 그대로 묘사한 것이고 하나는 멋을 부리며 묘사한 것이라고 비교할 수 있을 것 같다. 전자는 화가畵家가 자신의 능력범위 내에서 자연의 모습을 본 그대로 묘사한 경우이고 후자는 특정 형식에 따라 간접적으로 인식한 자연을 묘사한 경우이다. 프로코피우스의 기록은 비록 사건에 가까이 접근해 있거나 높은 가치를 지니고 있는 경우라 해도 극단적으로 조심해서 해석되고 이용되어야만 하는 사료이다.2)

우리는 고대 로마제국의 레기온legion들이 용병傭兵부대로 전환되어 있는 모습을 4세기 사료들을 통해서도 관찰하고 추적해 볼 수는 있어도 그런 사료들의 수준 때문에 희미한 모습밖에는 알 수 없었지만 6세기에 작성된 프로코피우스의 기록 덕분에 이제 훤히 알 수 있게 되었다.3) 잘 알려진 바와 같이 당시의 지휘관과 장군들은 후일의 콘도티에리Condottieri(역자 주: 용병대장)와 같은 성격의 인물들이었다. 그들은 자신의 이름으로 모집한 병력을 주변에 거느리고 있었다. 이들을 히파스피스트hipaspisten/hipaspists(역자 주: 중보병重步兵보다 다소 가볍게 무장한 정예보병) 또는 부켈라리buccellarii라고 했는데 이들이 단지 "신변 경호병"이었을 것으로 볼 수는 없다. 그 숫자가 수 천명에 이른 경우가 흔했기 때문이다. 또 그 조직을 보아도 그들은 경호병은 아니었다. 그들의 조직인 용병체계에서 중요한 요소는 지도자가 동시에 사업주事業主 즉, 군복무라는 사업의 중개인仲介人일 때 조직이 더욱 쉽게 운용된다는 점이다. 지휘관의 근접수행원은 이를 도리포리doryphoren/doryphori라고 했었는데 참모, 부관, 측근 또는 경호병으로 부를 수 있을 것이다. 우리는 유스티니우스 황제의 군대에서 민족구성이 확실치 않은 히파스피스트들의 부대 외에도 훈족, 아르메니Armenier/Armenians족, 이사우리Isaurier/Isaurians족, 페르시아인, 헤룰Heruler/Herulians족, 롬바르디Langobarden/Lombards족, 게피트Gepiden/Gepids족, 반달족, 안테Anten/Antes족, 슬라브족,

---

2) 프로코피우스와 동시대에 쓰여진 글로서 그 자체로는 별 내용이 없지만 프로코피우스의 기록에 있는 내용들을 검증 비판함에 있어 중요한 이론서가 두 편 있다. 하나는 우르비키우스Urbicius(또는 오르비키오스Orbikios)의 글이고 다른 하나는 저자著者 미상의 《페리스트라테지케스περὶ στρατηγικῆς/Peristrategikēs》(장군의 도道)*라는 글이다. 이 두 글에 대한 상세한 논의는 옌스Max Jähns의 《독일 군사학사軍事學史 Geschichte der Krigswissenschaften vornehmlich in Deutschland》(뮌헨Munich 및 라이프찌히Leipzig: 독일과학사Wissenschaften in Deutschland, 서기 1889년), 제I편, 141쪽 및 쾌클리H. Köchly · 뤼스토프W. Rüstow의 《그리스 군사저술가軍事著述家Griechische Kriegsschriftsteller》, 제II편, 2쪽 참고.

3) 《유스티니아누스 I세 때로부터 콘라드 벤자민 시대까지의 군사문제들De Justiniani Imperatoris aetate quaestiones militares scripsit Conradus Benjamin》, 베를린대학교 학위논문, 서기 1892년, 베버W. Weber 출판사.

아랍족, 무어Mauren/Moors족, 마싸게트Massageten/Massagetae족 등의 극히 다양한 민족단위 부대들을 발견할 수 있다.

　현역의 병력들은 매우 적었다. 서기 530년 다라스Daras에서 페르시아군을 격파했을 당시 벨리사리우스Belisar/Belisarius의 병력은 25,000명이었다. 그가 아프리카에 상륙 당시 거느리고 있던 병력은 15,000명 이하였고 그중에 포함되어 있던 기병 5,000명만으로도 개활지에서 충분히 반달족을 이길 수 있었다. 테오데리히Theodorich/Theodoric가 죽고 11년 후에 벨리사리우스가 동東고트 왕국을 격파하기 위해 이태리로 진군했을 당시 거느리고 있던 병력은 그보다 적은 10,000~11,000명 이하였다. 그가 서기 539년 이태리에서 고트족의 지배를 실제로 종식시키기까지 5년 동안의 보충병력들을 모두 포함해서 그가 거느렸던 병력은 25,000명에 불과했으며, 고트족이 다시 일어선 다음에 나르세스Narses가 토틸라Totila와 싸우기 위해 바다를 건넜을 때는 그만한 병력도 거느리지 못했다. 타기네Taginä/Taginae 결전決戰 당시에 그의 병력은 15,000명 정도였을 수도 있다.

　당대 인물 아가티아스Agathias는 당시 로마군 총병력이 645,000명이나 되었음이 분명하다고 평가했지만(《유스티니아누스 통치사統治史》, V, 13장) 유스티니아누스Justinian/Justinianus의 실제 가용병력은 150,000명에 불과했다.4) 아가티아스의 평가는 《노티티아 디그니타툼Notitia Dignitatum》(역자 주: 4세기 말~5세기 초 로마제국의 주요 직위의 명칭과 기능 그리고 군부대의 명칭 등이 기록된 직관지職官志) 같은 고대의 어떤 명부名簿에 근거한 것일 수 있지만 우리에게는 전혀 가치가 없다. 앞서 우리는 아우구스투스Augustus의 병력을 약 225,000명으로 보았고 세베루스Severe/Severus의 병력은 약 250,000명으로 보았다(앞의 제I권, 제VIII장 및 제X장, 부기 4 참고). 그 외에도 유스티니아누스 당시는 로마제국이 절반으로 축소되어 있었다는 것을 우리가 기억한다면 유스티니아누스의 가용병력을 150,000명으로 보는 것이 불합리하지는 않을 것이다. 그러나 그 규모가 신뢰성 있게 기록된 실제 야전 병력수와 비교해 보면 우리는 150,000명이란 수치도 실제의 상비군 병력수로는 너무 많음을 알 수 있다. 만약 이런 수치의 근거가 될 어떤 기록이 처음부터 있었다면 우리는 이를 실제 작전에는 부적합했던 국경경비대인 리미타네이limitanei(역자 주: 앞의 제I권, 제X장 참고)까지 포함된 수치로 볼 수밖에는 없을 것이다.5)

---

4) 몸센Mommsen, 《헤르메스Hermes》, 제24권, 258쪽.

5) 유스티니아누스도 "국경경비대Grenzer" 제도를 유지하려 했고 새로운 국경경비대들을 아프리카에 조직했다. 이에 관한 칙령勅令이 법령집에도 수록되어 현재 전해져 있다. 몸센Mommsen, 《헤르메스Hermes》, 제24권, 200쪽. 그러나 이들에게 토지는 주었지만 약속했던 보수는 지급할 수 없었다. 다른 곳에 현금 소요가 너무 많았다. 결국 유스티니아누스는 이들에게 보수뿐 아니라 병사의 성격까지 박탈한 것으로 보인다. 프로코피우스Procop/Procopius, 《비사秘史/hist. Anecdota》, 24장. 몸센, 《헤르메스》, 제24권, 199쪽에서 재인용. 다른 학자들은 이를 로마제국 동부에 국한된 일로 본다.

나르세스Narses가 예상대로 토틸라Totila에게 결정적 타격을 입혔을 때 동원한 그 시대 군대의 가장 큰 특징은 프로코피우스Procop/Procopius의 설명(《폴레몬Polemon》, 〈고트 전기戰記bell. Goth〉, IV, 26장)에 의하면 다양한 민족으로 구성되어 있었다는 것과 부대 호칭으로 숫자를 쓰는 등 여타 종전의 방식을 쓰지 않고 지휘관 이름을 썼다는 데 있다. 그의 기록은 다음과 같다.6)

"나르세스는 토틸라와 싸우기 위해 로마군의 전병력을 이끌고 살로나Salona를 떠났다. 이때 황제가 그에게 적을 상대하기에 풍부한 자원을 쓸 수 있도록 허용했기 때문에 그는 큰 규모의 군대를 집결시킬 수 있었고 여타의 군사적인 소요도 모두 충족시킬 수 있었다. 그 외에도 병사들에게 약속한 보수를 종래 대로 국고國庫에서 바로 지급하지 않고 미루어두었다가 이태리에서 일시금一時金으로 지급할 수 있는 권한을 황제가 그에게 주었다. 심지어 그는 과거 토틸라 측으로 넘어간 자들도 마음을 바꾸면 다시 쓸 수 있는 권한도 지니고 있었고 그의 유혹에 끌린 그들은 다시 로마제국을 위해 복무하게 되었다. 처음에 큰 열의熱意 없이 이 전쟁을 시작했던 유스티아누스도 나중에는 매우 큰 노력을 기울이게 되었다. 나르세스는 자신이 반드시 이태리로 가야 한다고 판단하자 지휘관다운 욕심을 보여주었다. 황제에게 불려 갔을 때 자신이 이용할 병력을 충분히 받아야만 황제의 소원을 충족시킬 수 있을 것이라고 설명했기 때문이다. 그 결과 그는 황제에게 로마제국의 위엄에 어울릴 많은 돈과 사람과 장비를 받았고 지칠 줄 모르는 정력으로 엄청난 군대를 집결시켰다. 그는 비잔티움에서 많은 병력을 차출했지만 트라케Thracien/Thrace와 일리리Illyrien/Illyricum에서도 많은 병력을 그의 군기軍旗 아래 소집했다. 요한네스Johannes도 그가 거느린 병력과 함께 그와 합류했고 게르마누스Germanus의 양자養子들도 그와 합류했다. 더욱이 롬바르드족 아우두인Auduin 왕도 유스티니우스가 많은 선물을 보내자 결국 설득당해서 자신의 측근병력 중 용감한 전사戰士 2,500명과 3,000명 이상의 종자從者집단Gefolgschaft을 선발해 나르세스에게 지원군으로 보내기로 약정했다. 그 외에도 필레무트Philemuth가 거느린 헤룰Heruler/Herulians족 3,000명과 여타 병력, 많은 훈Hunnen/Huns족, 감금되었다가 이 전쟁을 위해 풀려난 다시스테우스Dagistäus/Dagistaeus와 그의 종자從者/Gefolge들, 카바데스Kabades와 자메스Zames의 아들과 페르시아 왕인 카바데스Kabades의 손자가 거느리고 있는 많은 페르시아인 귀순자들(이들은 앞서 설명한 바와 같이 그의 삼촌 코스로에스Chosroes에게 잡혀 있다가 카나랑그Chanarang/Chanaranges의 도움으로 탈출해 이때 로마 측으로 넘어온 자들이다), 용맹한 동족 전사戰士 300명을 거느린 매우 용감한 게피드Gepiden/Gepids족 젊은이 아스바트Asbad, 헤룰족의 아루트Aruth(그는 어릴 때부터 로마식으로 양육되었고 문두스Mundus의 아

---

6) 코스테Coste의 번역(《초기 게르만 시대 역사 작가들Geschichtsschreiber der deutschen Vorzeit》)에서 인용.

들인 마우리티우스Mauritius의 딸과 결혼한 용감한 전사戰士로 그와 동일하게 용감한 많은 헤룰Heruler/Herulians족 전사戰士들을 거느리고 있었다)가 나르세스Narses에게 있었다. 요한네스Johannes는 '대식가大食家'라는 별명이 있었고 앞서 자주 말한 대로 한 무리의 유능한 로마인 전사戰士들을 거느리고 있었다. 나르세스 자신은 매우 관대한 성격에 도움을 청하는 사람이 있으면 거절을 못 하는 인물이었다. 그는 황제에게 풍부한 지원을 받았기 때문에 그의 관대한 성격대로 행동할 수 있었다. 그로부터 은혜를 입고 그를 존경하는 장교와 병사들이 많았다. 그들은 그가 토틸라Totila의 고트군과 싸우러 나가는 군대의 지휘관에 임명되었다는 소식을 듣자 모두 진정한 열의熱意로 앞장섰는데 이는 한편으로는 과거에 입은 은혜로 인한 의무감 때문이었고 다른 한편으로는 그와 함께 풍부한 소득을 얻을 수 있으리라는 자연스런 기대 때문이었다. 그에게 가장 충성하는 자들은 헤룰족과 여타 야만인들이었는데 그는 특별한 관용을 통해 그들의 호의를 확보할 수 있었던 것이다."

이 묘사에는 로마인들도 참전했다는 말은 전혀 없고 나르세스라는 이름을 벨렌스타인Wallenstein으로 바꾸는 등 이름 몇 개만 바꾸면 마치 훗날 발렌스타인Wallenstein이 황제에게 다시 불려가서 엄청난 병력을 거느리고 구스타프 아돌푸스Gustavus Adolphus와 싸우러 나가던 때의 기록을 읽는 듯한 느낌이 든다.

그러나 이 화려한 무리들이 전투를 통해 얻은 바람직한 군사적 성과는 아무것도 없었다. 믿음직한 것으로 묘사된 나르세스의 이 군대는 앞서 우리가 총 25,000명 미만이라고 말했듯이 숫자도 적었을 뿐 아니라 그 외에도 그들에게는 군기軍紀의 결여라는 기본적인 취약점이 있었다.

고대 로마 군대가 야만인 군대로 바뀌기 시작했을 때부터 병사들의 무리한 요구와 국가에 끼친 피해에 대한 불평이 높았었다. 사료 기록을 직역해 보면 니게르Pescenius Niger 황제(서기 194년 사망)는 "병사들이 지급된 빵만으로 만족할 수밖에는 없도록buccellato jubens milites et omnes contentos esse" 지휘했었고, 아우렐리아누스Aurelian/Aurelianus 황제(서기 275년 사망) 역시 "병사들과 여타 인원들이 비스케트로 만족하게 지휘했었으며"7) 또한 "누구도 남의 닭을 빼앗거나 양을 건드리거나 포도송이를 훔치거나 곡식을 타작하거나 기름 소금 나무 등을 요구하지 못하도록Nemo pullum alienum rapiat, ovem nemo contingat. Uvam nullus auferat, segetem nemo deterat, oleum, sal, lignum nemo exigat, annona sua contentus sit" 했었다.8) 그러나 6세기 군대에 관한 기록에는 병사들이 남의 닭이나 양이나 포도송이를 훔치거나 기름 소금 나무 등을 요구하지 못하게 하는 등 사소한 사항에 대한 경고는 거의 보이지 않는다.

---

7) 스파르티안Spartian, 제X장.
8) 보피스쿠스Vopiscus, 제VII장.

프로코피우스Procop/Procopius는 "병력이 500명에 불과해도 질서 있게 도시로 들어가는 일이 결코 없던" 로마군이 카르타고로 들어갈 때 질서 있게 들어간 것을 벨리사리우스Belisar/Belisarius의 거의 기적적인 업적으로 보았다. 그러나 그는 같은 군대가 반달Vandalen/Vandals족 숙영지를 점령한 후에 보여준 행동은 너무 무질서했고 지휘관도 무시할 정도라서 이때 만약 적이 공격해 왔다면 많은 인원이 도주했을 것이라고 했다. 후일 게르마누스Germanus 대공大公의 군대도 자제심이나 복종심은 거의 없이 행동했다. 벨리사리우스는 나폴리Neapel/Naples에서 그의 병력이 너무 군기軍紀가 없어서 공포에 떨었었고 나르세스Narses는 승리한 이후 무엇보다 먼저 롬바르디족 보조병력들을 고향으로 보내야 했다.9)

프로코피우스에 의하면 벨리사리우스가 로마에 남겨둔(서기 548년) 수비대는 지휘관 코논Konon이 병력을 위해 써야 할 군세軍稅로 치부致富하자 그를 탄핵했다고 한다(《폴레몬Polemon》, 〈반달 전기戰記bell. Vand.〉, III, 30장). 그들이 코논을 죽인 후 주교主敎 몇 명을 황제에게 사자使者로 보내서 만약 자신들을 사면赦免하지 않거나 자신들의 밀린 보수가 특정 날짜까지 곧 지급되지 않으면 토틸라Totila의 고트족에게 귀순하겠다고 라자 황제는 그들의 요구를 전면 승인했다.

벨리사리우스가 이태리를 정복하러 갈 때 같이 갔던 병력 중에는 그가 처음 적에게 포위되었다가 구원되어 잠시 이태를 지배했지만 다시 붕괴되고 토틸라가 고트 왕국을 세우자 고트족에게 귀순한 인원이 많다.

토틸라는 센툼켈레Centumcellä/Centumcellae를 포위한 후(서기 549년) 로마수비대에게 그들은 로마황제로부터 아무런 구원도 기대할 수 없을 것이라는 점과 자신은 그들을 자유롭게 비잔티움Byzanz/Byzantium으로 돌아가게 하겠지만 고트군 측으로 귀순하는 자들을 고트군 병사와 똑같이 대우하고 있음을 알리게 했다. 그러나 로마수비대에 복무하던 용병傭兵들은 가족들과 헤어지기를 원치 않았기 때문에 고트군 측으로 귀순하지 않았고 즉각 항복하지도 않았지만 로마황제에게 현 상황을 말하고 특정 날짜까지 구원군이 도착하지 않으면 로마 시를 적에게 넘겨줄 수밖에 없다고 통보하자는 데 의견이 일치했었다.

프로코피우스의 기록에 의하면 대개 게르만족이었던 로마제국 용병傭兵들은 게르만족에게 귀순하기도 하고 페르시아인들에게 귀순하기도 했다(《폴레몬Polemon》, 〈페르시아 전기戰記bell. pers〉, II, 7장 및 17장). 그들은 로마제국에 있는 동안은 동족들과의 연락이나 고향 땅과의 접촉을 기대할 수 있었을 것이다. 그들이 페르시아인들에게 귀순한 자들은 자신들의 민족적 사회적 배경과 단절되어 있었던 경우일 것이다.

---

9) 단Dahn의 《프로코피우스Procop von Cäsarea》, 395쪽.

반면에 비티게스Vitiges와 토틸라Totila의 고트족 병사들도 기회만 있으면 다시 로마황제 밑에서 복무하려고 했었다. 그들은 이태리를 정복했을 때도 결국은 황제의 전사戰士였으며 테오데리히Theodorich/Theodoric 자신도 늘 황제의 밑에 있다는 것을 인정했었다. 황제로서도 포획된 반달족과 고트족을 메소포타미아로 보내 그곳에서 자신을 위해 페르시아인들과 싸우게 하는 것 외에 더 좋은 방법은 없었으며,10) 페르시아인 귀순자들도 이태리에서 고트족과 싸웠다.

그들은 벨리살리우스Belisar/Belisarius에게 더 이상 저항할 수 없음을 알게 되자 적의 지휘관인 그에게 자신들의 왕관을 씌워 주겠다고 제안했다는 세계사에 유례가 없는 사실은 그들이 태어난 고향 땅의 뿌리에서 떨어져 나온 그들의 전사戰士 기질을 잘 보여준 예이다. 그들이 벨리살리우스에게 제안했던 왕관이 고트족의 왕관이 아니라 서로마제국 황제의 왕관이었다고 해도 전혀 차이는 없다. 고트족이 자신을 주인으로 받아들이고 그의 휘하로 들어가겠다고 제의 했을 때 로마제국 지휘관인 그가 고트족 측으로 귀순했었다면 그는 정치감각 이 전혀 없는 인물이었을 것이다. 그러나 그는 성실했을 뿐 아니라 이 같이 허공에 세워진 지도자 자리는 오래갈 수 없고 따라서 고트족의 제의를 수락해 도 아무것도 얻을 것이 없다는 것쯤은 알만큼 현명했다. 그는 오히려 이런 고 트족의 제의를 그들로부터 마지막 견고한 진지陣地를 빼앗는데 이용했다.

유스티니아누스Justinian/Justinianus의 군대는 구성과 성격이 고대 카르타고Karthago/ arthage 군대와 비슷했다. 한니발Hannibal의 군대는 아프리카인, 스페인인, 발레아리 Balearer/alearic족 및 골Gallien/Gaul족으로 구성되어 있었고 그의 휘하에 있던 누미디아 Numidier/ umidian 기병의 일부가 로마군에 귀순한 일도 있었다. 또 그는 아프리카 로 돌아갔을 때 자신을 따르려 하지 않던 골족 병사들을 처형해야겠다고 생각 한 적도 있었다. 그러나 이런 일이 흔했던 것은 아니고 이 위대한 카르타고인 이 그의 야만인 병사들을 정상적으로 강력하게 통제할 수 있었던 데에는 그의 인격뿐 아니라 다른 요인도 있었다. 그들이 그를 떠나려 한다면 무엇을 기대 할 수 있었을까? 로마군은 그들 중에 소수를 보조병력으로 채용할 수도 있었 겠지만 대부분 바로 그들의 고향 땅으로 돌려보냈을 것이다. 당시 로마는 자 신의 병력으로 전쟁을 수행하고 있었고 로마 레기온legion 대신 그들만 야전으 로 내보내면 무슨 일이 일어날지를 원로원에서는 잘 알고 있었기 때문이다. 따라서 우리는 카르타고 진영의 야만인들이 그들이 추종하고 있는 지휘관에게 계속 충성하게 만든 것은 역으로 로마의 민족 레기온이었다고 할 수도 있다.

---

10) 프로코피우스Procop/Procopius,《폴레몬Polemon》, 〈페르시아 전기戰記bell. pers〉, II, 17장 및 18장; 〈반달 전기戰記bell. Vand.〉, II, 14장.

그러나 어느 군대의 내부상황은 적의 내부상황에 반응한다. 4세기 이후 그런 레기온이 사라지자 이제 모든 상황이 변했다. 야만인 용병傭兵들은 이제 자신이 자신의 주인이라는 생각을 갖게 되었다. 엄격한 통제로 감히 그들의 불만을 자극하는 대공大公이나 장군에게는 재앙이 닥칠 수밖에 없었을 것이다!

또한 이제는 예하 지도자들의 복종심이 병사들의 신뢰성이나 군기軍紀보다 더 중요한 문제가 되었다. 지휘관들은 예하 지도자들에게 자신의 의지를 관철시킬 능력이 없었다. 병력들이 직접 지휘관에게 소속된 것이 아니라 자신의 종족을 거느린 추장酋長 아니면 자신의 이름으로 병력을 모집한 콘도티에리 Condottieri(역자 주: 용병대장)인 예하 지도자들에게 직접 속해 있는 것이 보통이었기 때문이다. 프로코피우스Procop/Procopius의 기록 중에는 벨리사리우스Belisar/Belisarius가 메소포타미아에서나 이태리에서나 예하 지휘관들이 그에게 복종하지 않아서 자신의 전쟁계획을 실천할 수 없었다고 불평한 경우가 자주 보인다.

고전시대의 군대에서 우리는 기본적이고 분명한 전투병종戰鬪兵種의 분리를 볼 수 있었다. 당시에는 군대의 핵심을 구성한 중보병重步兵인 호프라이트Hoplit/hoplite 외에 경보병輕步兵, 궁수弓手 또는 투척수投擲手가 따로 있었다. 보병 외에 기병도 있었는데 이들은 주로 철鐵 갑옷을 착용했었다. 그리 흔하지는 않았지만 기마궁수騎馬弓手도 있었다. 유스티니아누스의 군대도 같은 무기들을 사용했고 전투용 도끼도 사용했으며 각 분견대들은 여타의 민족고유 무기도 사용했었지만 전투병종戰鬪兵種의 구별은 없었다. 그들은 모든 보병과 기병이 활을 휴대했고 투사投射무기와 근접전투용 무기 그리고 중보병과 경보병이 결합되어 있었다. 보병과 기병이 완전히 분리되어 있지도 않았다. 말을 탄 보병도 있었고 말에서 내려서 싸우는 기병도 있었다. 그러나 압도적으로 많고 결정적인 역할을 했던 병종은 말을 탄 인원이었다. 벨리살리우스Belisar/Belisarius는 로마에 포위되어 있던 중 출격을 계획할 때도 이들만 내보내려 했었는데 프로코피우스Procop/Procopius의 설명에 의하면 노획한 말을 가지고 있던 대부분 보병들이 말을 타고 싸우려 했고 나머지 보병만으로는 팔랑스Phalanx(역자 주: 보병의 밀집전투대형)를 편성할 수 없었기 때문이라 한다(《폴레몬Polemon》, 〈고트 전기戰記bell. Goth〉, I, 28장). 벨리사리우스가 말을 타지 않은 보병을 전투에 참가시킨 것은 지도자가 요청한 두 경우뿐이다. 그러나 타기네Taginä/Taginae 전투 당시 나르세스Narses는 말에서 내린 기병을 대형隊形 중앙에 세우기도 했다.

프로코피우스도 고전시대의 군대에서는 화살보다 철鐵 갑옷을 귀중하게 여겼고 궁수弓手보다 근접전투 전사戰士를 선호했음을 알고 있었지만 그의 시대에는 궁수도 완전한 갑옷으로 무장하고 말을 탔으며 시위도 옛날같이 가슴까지만 당기지 않고 귀 너머까지 당기게 되어 화살 위력이 훨씬 강력해지는 등 고전시대와는 크게 달라졌다고 보았다(《폴레몬*Polemon*》, 〈페르시아 전기戰記*bell. pers*〉, I, 1장). 그는 또한 다른 구절에서는 페르시아인의 화살이 여타 민족의 화살보다 속도가 훨씬 빠른 것은 사실이나 그들의 활은 시위가 느슨해서 화살에 위력이 없었기 때문에 로마인이 쏜 화살과는 달리 갑옷을 착용한 상대방에게 해를 입히지 못했다고 보았다(I, 18장). 그러나 그의 평가는 모두가 사실과 다르다. 그의 설명은 골Gallien/Gaul족의 칼은 쇠가 너무 물러서 상대방을 한번 가격한 후에는 매번 다시 곧게 펴서 써야 했다는 폴리비우스Polyb/Polybius의 설명과 같은 종류에 속한다(이 책 제I편, 제IV권, 제V장, 부기 8 참고). 아시아인의 궁술弓術은 언제나 유명했었다.11) 또한 활쏘기가 언제나 그들의 민족 스포츠였었던 페르시아인과 파르티아 Parther/Parthians인의 궁술이 캄비세스Kambyses/Cambyses(역자 주: 기원전 6세기 페르시아 왕국을 세운 키루스Cyrus의 아들. 메디아, 바빌로니아, 리디아, 이집트를 모두 정복했다) 시대 이후 다른 민족들의 궁술에 비해 약해졌다고 볼 수는 없다. 카시우스Dio Cassius는 페르시아인의 화살은 방패와 갑옷까지도 관통했었다고 분명히 말했다(《로마사史 *Romanika*》, XXXX, 22장). 코스로에스Chosroes II세가 그려진 그림에서는 사냥을 하는 왕이 시위를 귀 너머까지 당기는 모습이 보인다.12)

포로코피우스의 평가는 통찰력이나 역사지식이 있는 사람의 말이 아니라 허풍 심한 병사들이 숙영지 내에서 주고받던 말을 옮긴 것이다. 그의 설명에는 진짜 문제점이 언급되어 있지 않다. 로마인이건 페르시아인이건 가장 좋은 활을 가진 뛰어난 궁수弓手가 아주 가까운 거리에서 쏘지 않는 한 적의 갑옷을 뚫을 수는 없었다. 바로 그 시대 글인 《궁술입문弓術入門/Anleitung zum Bogenschiessen》13)에서는 적의 전선戰線에 화살을 쏠 때 말의 다리를 쏘는 경우 외는 직각이 아니라 사각斜角으로 쏘아야 한다고 했다. 이는 상대방이 자신의 전면을 방패로 가리고 있어 화살로 방패를 뚫는 것이 쉽지 않기 때문이다. 따라서 진정한 문제점은 무거운 갑옷을 착용한 전사들이 어떻게 활을 쏠 수 있었는지에 관한 문제이다. 그들이 사용한 "쇠뇌弩/kataphrakten/cataphractes"란 무기도 새로운 무기는 아니다. 다리우스Darius와 크세르크세스Xerxex 때도 페르시아 전사戰士들은 이미 같은 형태의 활을 사용했다. 왕국을 세운 이후 그렇게 오랜 세월 패배를 거듭해 온 페르시아에서 어떻게 이 전투

---

11) 이 책 제I편, 제I권, 제V장(마라톤 전투) 참고; 루샨Luschan, "고대의 활über den antiken Bogen," 《벤도르프 축하논문집*Festschrift für Benndorf*》, 서기 1898년; 옌스Jähns, 《공격무기의 역사*Geschichte des Trutzwaffen*》 -이 책 에는 활에 관한 매우 많은 정보가 별개의 장으로 수록되어 있다. 또한 이 책 제III편, 제III권, 제VIII 장(영국의 궁술Das englische Bogenschiessen)도 참고할 것. 같은 설명이 그곳에도 있다.

12) 디엘Diel의 《유스티니아누스와 비잔티움 문명*Justinien et la civilisation byzantine*》, 209쪽에 수록되어 있다.

13) 쾌클리H. Köchly·뤼스토프W. Rüstow, 《그리스 군사저술가軍事著述家 *Griechische Kriegsschriftsteller*》, 제II편, 201 쪽. 《궁술입문弓術入門》은 저자著者 미상의 책자이다.

수단이 갈수록 더 중요한 무기로 발전한 것일까? 우리는 이 문제를 뒤에 별개의 장章(역자 주: 제III편, 제III권, 제VIII장)에서 다루게 될 것이다.

유스티니아누스의 시대는 로마제국이 다시 한번 외부세계에 보여 주었던 강력하고 역동적인 힘뿐 아니라 이때 세워진 방어시설물로 인해 다른 때와는 구분되는 시대였다. 우리는 국경선이 될 자연적인 지형장애물이 없는 곳에서 고대 로마제국을 보호해 주었던 리메스limes를 기억한다(역자 주: 앞의 제I권, 제VI장, 부기 6 참고). 유스티니아누스는 그가 다시 얻은 국경지역을 과거와는 차원이 다른 방식으로 요새화要塞化 했다. 연결된 과거의 방어선은 그리 큰 역할을 수행하지 않았다. 유스티니아누스는 그 대신 지금도 우리가 그 잔재들을 보면 놀랄 정도의 숫자와 크기로 국경지역에 요새들을 만들었고 마을들도 요새화했다. 이 요새들은 단순한 병사들의 숙소가 아니라 방어시설임과 동시에 주변의 모든 주민들과 재산을 보호해 줄 피난처였다. 이 요새들은 이를 점령할 정규군은 많지 않았지만 지역에서 농사를 짓던 국경수비대 즉, 리미타네이limitanei(역자 주: 앞의 제I권, 제X장 참고)는 물론이고 높고 튼튼한 장벽들 뒤에 있는 로마제국을 방어할 수 있었던 것으로 보인다. 이렇게 요새화된 곳들이 야만부족 방어를 위해 모로코 케우타Ceuta에서 시작해서 아프리카 전체를 가로질러 뻗어나갔다. 메소포타미아와 소小아시아에도 페르시아인들을 방어하기 위해 요새화되었던 그런 지역들이 발견된다. 도나우 강 북쪽과 흑해黑海를 따라서는 게르만족과 훈Hunnen/Huns족 및 슬라브Slaven/Slavs족을 방어하기 위해 요새화 되었던 그런 장소들이 발견된다. 이 요새 체계와 군대 구성과 무장 및 전술 사이에는 일정한 상관성이 있으며 우리는 뒤에 이에 대해 토의할 기회를 다시 갖게 될 것이다.

부 기附記

헤룰Heruler/Herulians족

프로코피우스Procop/Procopius의 《폴레몬Polemon》, 〈페르시아 전기戰記bell. pers〉, II, 25장에 의하면 로마군에 복무한 헤룰족은 투구나 갑옷 없이 방패만 휴대하고 두터운 겉옷을 착용했었고 일반 병사들은 처음에는 방패조차 없이 전투에 나갔으며 전투에서 용감한 행동을 보여준 자들에게만 상으로 방패가 지급되었다고 한다.

두터운 겉옷이라도 착용했다는 헤룰족은 그래도 고대의 게르만족의 모습보다 (앞의 제I권, 제II장 참고) 낳아 보인다. 그러나 필자는 젊은 병사들에 관한 이런 이야기를 믿을 수 없다. 방패가 없었다면 그들은 전투요원이 아니라 전투요원을 따라간 하인들이었을 것이다. 상으로 방패가 지급되었다는 말은 믿음직한 수행원은 전사戰士로 받아들였다는 의미일 것이다.

(이하는 제3판에서 추가한 내용임.) 《문헌학文獻學/Philologus》, 서기 1912년, 102쪽에 게재된 밀러A. Müller의 글과 《비잔티움 학술지Byzantinische Zeitschrift》, 서기 1912년, 97쪽에 게재된 마스페로Maspero의 글은 유스티니아누스Justinian/Justinianus의 군대에 관한 최근의 연구논문들이다. 마스페로는 포이데라토이φοιδεράτοι/phoideratoi(푀데라티 föderaten/foederati)와 심마코이σύμμαχο/symmachoi(동맹군 병사들)와 스트라티오타이στρατώται/stratiōtai(병사들)를 구분했다. 푀데라티란 옛 이름은 그 당시에는 로마군의 모집에 개별적으로 응해서 로마인 지도자 휘하에 할당되었지만 특별부대를 구성했던 부유한 야만인들을 말했다. 심마코이는 초기의 동맹군 병사들과 같은 자들로서 그들의 민족과 로마군과의 협정에 따라 자신들의 지도자와 함께 왔었다. 스트라티오타이는 로마제국 내에서 모집되거나 징집된 인원을 말한다. 밀러의 글에서는 유스티니아누스의 군사조직을 체계적으로 연구하고 있다. 그러나 그의 글에서는 프로코피우스의 《비사秘史/hist. Anecdota》를 근거로 들면서 유스티니아누스가 수치심도 없이 병사들에게 보수를 지급하지 않았고 그로 인한 결과를 두려워하지도 않았다고 했는데 이는 그가 이 사료 기록의 가치뿐 아니라 이 황제 또는 당시 로마제국의 성격을 크게 잘못 판단한 것이다. 유스티니아누스에게는 즉시 병사들에게 보수를 지급할 수만 있다면 이보다 더 즐거운 일은 없었을 것이 분명하다. 그러나 그 돈이 어디서 나올 수 있었을까?

유스티니아누스의 군대에서는 연대聯隊를 카타로고스χατάλοϒος/katalogos라고 했었다. 밀러에 의하면 프로코피우스는 그 예하 단위대인 로코스λοχος/lochos를 레기온legion과 동일시했다고 한다. 이는 그 당시에 레기온이라는 이름이 너무 하찮은 수준으로 떨어져 있었다는 새로운 징표이다.

제 II 장
타기네 전투(서기 552년)

필자는 이 전투에 대한 연구를 프로코피우스Procop/Procopius의 《폴레몬Polemon》, 〈고트 전기戰記bell. Goth〉, IV, 29~32장의 내용을 한 단락씩 그대로 옮겨가면서 매 단락마다 분석과 평가를 삽입하는 방식으로 진행해 보도록 하겠다.[1]

토틸라Totila가 이끄는 고트군은 로마에서 왔고 나르세스Narses가 이끄는 비잔티움군은 라벤나Ravenna에서 왔다. 그들은 아펜니노Apennin/Apennino 산악지대에서 만나서 언덕으로 둘러싸인 계곡 같은 평지 위에 화살 비거리飛距離의 2배도 안 되는 거리를 사이에 두고 마주 보며 포진했다. 이제 프로코피우스의 기록을 그대로 옮겨 보자.

"그곳에는 로마군이 이를 점령하면 위에서 아래로 활을 쏠 수 있는 이점이 있고 고트군이 이를 점령하면 오른쪽에 있는 시골길을 따라 전진해서 로마군을 후방에서 공격할 수 있는 이점이 있어 양측 모두 기꺼이 점령하려고 했을 조그만 언덕이 하나 있었다. 이 언덕은 양측 모두에게 대단히 중요할 수밖에 없었다. 이를 고트군이 점령하면 전투 중 적을 포위해서 두 방향에서 공격할 수 있었고 로마군이 점령하면 이를 방지할 수 있었다. 나르세스는 선수를 써서 한 보병연대에서 50명을 선발한 후 밤이 깊어지기 전에 이를 점령하도록 내보냈다. 그들은 적과 조우遭遇 없이 그곳에 도착해 방어진지를 구축했다. 앞서 말한 시골길 옆의 언덕 앞에는 개울이 하나 있었고 이 개울 너머에 고트군 숙영지가 있었다. 50명은 이 개울을 앞에 두고 정지한 후에 그곳의 좁은 공간이 허용하는 범위 내에서 밀집된 팔랑스phalanx 대형을 취했다. 토틸라는 적의 이런 움직임을 전혀 모르고 있다가 새벽녘에야 이를 알고 그들을 몰아내려고 했다. 그는 즉시 기병 1개 분대를 내보내며 최대한 신속히 그들을 몰아내도록 명령했다. 이 기병대는 일격에 적을 몰아내려고 매우 요란한 소리를 내며 돌격했다. 그러나 각자 제멋대로 달려오고 있는 이 고트군의 공격을 50명은 방패를 맞댄 밀집대형으로 기다리고 있었다. 50명이 방패와 창으로 만든 벽은 너무 두터워서 적의 공격을 멋들어지게 격퇴했다. 그들은 적의 기병들이 자신들의 창끝에 밀려 뒤로 물러서는 순간에 방패로 큰 소리를 내서 적의 말들을 놀라게 했다. 방패소리 때문에 흥분한데다가 앞으로도 뒤로도 움직일 수 없게 된 말들이 앞발을 번쩍 들어 올리

---

[1] 인용된 원문은 코스테Coste의 번역문(《초기 게르만 시대 역사작가들Geschichtsschreiber der deutschen Vorzeit》)을 그대로 사용했다.

니쎈Nissen은 이 전투장소 이름을 "타기네Taginä/Taginae"가 아니라 "타디네Tadinä/Tadinae"로 읽어야 한다고 주정한다.

며 서버리자 말 위의 적은 쓸데없이 말에 박차만 가할 뿐 흔들림 없는 견고
한 상대방 대형 앞에서 아무것도 할 수 없었다. 이렇게 첫 공격은 격퇴되었
고 두 번째 공격 역시 별로 나을 것이 없었다. 그들은 몇 차례 공격을 해보
다 결국 포기했다. 이때 토틸라Totila는 두 번째 기병 분대를 같은 임무를 주
어 내보냈다. 이들도 역시 임무수행에 실패하자 세 번째 분대가 나갔다. 이
런 식으로 토틸라는 그의 기병분대들을 모두 내보냈지만 아무런 성과도 얻
지 못하자 결국 노력을 포기했다. 이때 보여준 용기로 그 50명 모두가 불멸
의 명성을 얻었지만 그들 중 누구보다도 뛰어난 활약을 한 것은 파울루스
paulus와 아우실라스Ausilas 두 사람이었는데 이들은 팔랑스phalanx 앞으로 뛰어나
가서 찬란한 용맹성을 발휘했다.”

이 예비접전에 대해 우리는 뒤에 다시 토의할 것이다. 프로코피우스는 이어서
양측 지휘관이 그들의 병사들에게 한 연설 내용을 기록한 후 계속 말했다:

“그러나 병력들은 다음같이 배치되어서 전투를 준비하고 있었다. 그들은
각자 가능한 최대로 깊고 길게 만들려고 한 직선 정면을 가지고 있었다.”

위의 둘째 문장을 직역하면 “그들은 팔랑스의 정면을 최대로 깊고 길게 만들
었다”*로 되어 있는데 무슨 말인지 알 수 없다. 팔랑스는 종심縱深을 깊게 하면
정면이 짧아지고 정면을 길게 하면 종심이 얕아진다. 프로코피우스가 말하고자
했던 것이 가용한 병력이 모두 전개되었다는 의미인지는 모르겠지만 여하간 긴
정면과 깊은 종심 두 가지를 동시에 만들 수는 없다. 우리가 어순을 따라 특별
하게 번역해서 “최대로”라는 표현을 바로 다음에 언급된 대형의 종심(역자 주: “깊
고”라는 표현)에만 관련된 말로 보다고 해도 논리상 문제점은 여전히 남게 된다.

“로마군의 좌측면에는 나르세스Narses와 요한네스Johannes가 언덕 옆에 붙어서
(언덕에 가까이ἀμφι τὸ Γεώλοφον/amphi to geolōphon)* 서 있었다”

독자들은 이 언덕을 차지하려는 전투에 대한 앞의 설명을 보고 이 언덕이 양
측의 중간 어디에 있었을 것으로 예상했을 것이다. 그러나 로마군은 이 언덕에
서부터 좌측면을 주전선主戰線과 약간 꺾어지게 전진시켰다는 말이 뒤에 나온다.
이 말대로라면 이 언덕은 로마군 쪽에 좀 더 가까웠음이 분명하다. 그뿐 아니라
양측 사이의 거리가 화살 비거리飛距離의 2배도 안 된다고 했으므로 이 언덕은 로마
군 쪽에 아주 가까웠음이 분명하다. 우리는 고트군이 이 언덕에서 로마군 50명을
몰아낼 수 없었던 이유를 바로 여기에서 찾아볼 수 있다.

"그리고 나르세스Narses와 요한네스Johannes는 로마군 정수精髓와 함께 있었다. 두 지도자에게는 보통 병사들 외에도 선발된 수행원인 도리포리doryphoren/doryphori(역자 주: 참모, 부관副官, 측근 또는 경호병 등)와 히파스피스트hipaspisten/hipaspists(역자 주: 중보병重步兵보다는 다소 가볍게 무장한 정예보병)와 훈Hunnen/Huns족 병사들이 있었기 때문이다. 우측면에는 발레리안Valerian과 대식가大食家 요한네스Johannes와 다기스테우스Dagistäus/Dagistaeus가 여타 로마군과 함께 있었다. 양 측면에는 보병연대들에서 나온 약 8,000명의 궁수가 있었다. 나르세스는 팔랑스phalax 중간에 롬바르디족, 헤룰족 및 여타 야만인들을 배치하고 이들을 말에서 내리게 했는데 이는 그들을 발로 싸우게 함으로써 전투 중 혹시 겁을 먹거나 복종하지 않게 되더라도 신속히 철수하지 못하게 하려는 것이었다."

나르세스가 야만인들을 발로 싸우게 한 것이 불신 때문이었을 것으로 믿을 수 있을까? 바로 이 병력들이 나중에 고트족의 모든 돌격들을 물리친다. 나르세스가 정말 그의 병력에 대해 그렇게 잘 모를 수 있었을까? 이 게르만족 병사들이 진짜 기병이었다면 아무런 현실적 이유도 없이 그들에게 발로 싸우라고 명령할 수 있었을까? 이 이야기는 너무 신뢰성이 없다. 그들이 직업적인 보병이었는데 프로코피우스가 어떤 오해로 인해 그들을 말에서 내린 기병으로 둔갑시켜 놓은 것일 수도 있고 그가 이해하지 못했거나 노변정담爐邊情談으로 채색되는 과정에서 빠뜨린 어떤 분명하고도 현실적인 이유가 있었을 수도 있다.

"나르세스는 로마군 전선戰線 좌측면의 끝에 있는 기병 1,500명을 주전선主戰線과 약간 꺾어지게 전진시켰다. 그들 중 500명에게는 어느 곳이든 로마군이 전투에 지려는 곳이 있으면 최대한 신속히 그곳으로 가라는 명령을 내렸다. 나머지 1,000명에게는 전투가 시작되면 바로 적의 보병을 포위해서 아군이 적을 두 방향에서 공격할 수 있게 하라는 임무가 주어졌다."

위급한 상황이 생기는 곳이면 어디든 지원할 임무를 지닌 예비대는 가장 좌측면에 배치되면 안 된다. 특히 좌측면이 앞으로 구부러져 나갔을 경우 더 그렇다. 어느 곳이든 지원할 예비대는 대형의 중앙 뒤에 있어야만 한다. 그러나 우리는 나르세스가 취했던 조치를 이해할 수 있다. 계곡과도 같은 평지를 둘러싼 언덕들은 분명히 경사가 매우 급하고 높아서 로마군은 적을 포위할 수 없었다. 로마군이 적을 포위할 수 있는 유일한 곳이 있다면 그곳은 앞서 말한 독립된 작은 언덕과 주변의 언덕들 사이를 지나는 시골길뿐이다. 이 길은 고트군 쪽에서 보면 오른쪽에 있었고 오르막길이었다. 나르세스Narses는 협곡과 같은 이 오르막길 뒤에 기병 1,000명을 배치해서 상대방 보병이 우군의 정면을 공격하면 그 측면을 덮치게 했고 이 1,000명의 기병 뒤에 자신이 직접 지휘하는 다른 500명의 기병을 예비대로 보유했던 것이다. 로마군의 좌측면은 아주 조금만 앞으로 꺾여 있었기 때문에 이 500명의 기병은 위급 시에 중앙을 지원하러 올 수도 있었던 것이다.

　"토틸라Totila는 이에 대응해서 자신의 전 병력을 전개시킨 다음 말을 타고 전선戰線 앞을 지나며 입과 몸짓으로 병사들을 격려했다. 건너편에서는 나르세도가 똑같은 일을 했다. 그는 병사들이 위험한 전투가 시작되면 용기를 발휘하게 하려고 금으로 만든 팔찌, 목걸이, 말고삐, 재갈 등을 작대기에 걸쳐서 몸 앞에 흔들면서 보여주었다. 양측은 서로 직의 공격을 기다리는 것 같이 잠시 조용히 마주 보고 있었다.

　이때 코카스Kokas란 용감한 전사戰士가 말을 타고 고트군 대열에서 뛰쳐나와 로마군 전선戰線으로 접근하며 누구든 자신과 일대 일로 싸워보지 않겠냐고 소리쳤다. 그는 원래 로마군에 있다가 앞서 고트군으로 귀순한 자였다. 이때 나르세스Narses의 도리포리doryphoren/doryphori 중 하나로 안잘라스Anzalas란 아르메니Armenien/Armenia족 병사가 말을 타고 나와 그를 맞았다. 코카스가 먼저 공격을 시작해 안잘라스의 몸통을 창으로 찌르려 했지만 안잘라스는 재빨리 말을 옆으로 돌려 이를 피하면서 자신의 창으로 상대방 왼쪽 옆구리를 찔렀다. 코카스가 땅에 쓰러져 죽자 로마군은 큰 함성을 질렀다. 그러나 양측 모두 아직은 움직이지 않았다. 다만 토틸라가 홀로 말을 몰고 양측의 중간으로 나왔는데 개인전투個人戰鬪을 벌이려는 것이 아니라 시간을 벌려는 의도였다. 그는 아직 자신과 합류하지 못한 고트족 2,000명이 가까이 와있다는 보고를 받고 그들의 도착 전에는 전투를 시작하지 않으려 했지만 우선은 적에게 자신이 어떤 사람인지를 보여주고 싶었던 것이다. 그는 전체가 금으로 장식된 장비들을 착용하고 있었고 투구에서부터 창까지 왕에게 어울리는 매우 아름답고 현란한 깃털을 나부끼고 있었다. 그는 멋진 말을 타고 무기를 허공에다 휘두르고 있었다. 그는 먼저 말을 타고 지극히 우아하게 회전하면서 점프를 했다. 그런 다음에 허공에다 힘껏 창을 던졌다가 떨어지는 창을 다시 나꿔채서 잡았고 두 손을 번갈아 쓰면서 이런 동작을 반복하면서 자신의 능력을 보여주었다. 또한 그는 말 위에서 상하좌우로 뛰어내렸다가 다시 올라타는 묘기도 보여주었다. 마치 어릴 때부터 마상곡예馬上曲藝 훈련을 해 온 사람 같았다. 그는 아침 내내 그렇게 했다. 그런 다음 전투개시를 좀 더 늦추려고 사자使者 한 명을 로마군 측으로 보내 협상을 제의했다. 그러나 나르세스Narses는 협상할 시간이 이미 많았고 이제 적극적으로 전투의지를 드러낸 토틸라가 전투 도중에 다시 협상하려 한다면서 그의 제의를 거부했다. 나르세스는 그에게 속아 넘어가지 않으려 하고 있었다."

시간을 벌려는 고트족의 속임수에 나르세스가 넘어가지 않았다고 했는데 그렇다면 왜 바로 공격하지 않았을까? 양측 모두가 보는 앞에서 벌인 코카스Kokas와 안잘라스Anzalas의 개인전투와 고트족 왕의 기사騎士 같은 행동은 보기에는 멋지다. 또 기병 2,000명의 추가적 도착을 기다리던 토틸라Totila가 시간을 벌려고 했다는 말도 믿을만하다. 그러나 한 쪽이 시간을 벌면 다른 쪽은 시간을 잃는 법이다. 따라서 위의 설명이 우화寓話에 불과한 것이 아니라면 나르세스에게 역시 계속 수세守勢를 유지하면서 상대방의 선공先攻을 기다리려야 할 어떤 전술적인 이유가 있었지만 프로코피우스Procop/Procopius가 이를 소홀히 한 것으로 보아야 한다.

"그 사이에 그 2,000명의 고트족 기병이 도착했다. 그들이 숙영지에 와있다는 것을 알았을 때는 점심시간이 되었으므로 토틸라는 그의 텐트로 갔고 병사들도 전투대형을 풀고 철수했다. 그는 텐트에 도착해서 2,000명이 이미 와있는 것을 확인한 후 모두에게 점심을 먹으라고 명했다."

그렇다면 왜 나르세스는 아직 전개되어 있는 그의 병력으로 적이 전투대형을 풀고 숙영지로 돌아가는 매우 유리한 순간을 이용해서 공격하지 않았을까? 과연 고트군의 이런 움직임이 로마군 전선 앞에서의 움직임이었을까?

그러나 이 문제에 관한 의문점은 한 가지만 생각해 보면 모두 설명되며 이로써 모든 공백은 채워지고 사건의 전체적 맥락도 연결된다. 우리는 나르세스가 매우 유리한 방어위치를 차지하고 있었고 이 위치에 있는 자신을 토틸라가 공격하지 않을 수 없다고 굳게 믿었던 것으로 보아야 한다. 바로 이 때문에 그는 말에서 내린 기병으로 구성되거나 또는 이들로 보강된 보병을 중앙에 배치한 후 적의 공격을 기다리면서 토틸라의 마상곡예馬上曲藝를 지켜보기만 했던 것이다. 그러나 토틸라 역시 추가병력 도착을 기다리려고 전토전前哨戰 시늉만 하며 오전을 보냈지만 적이 공격해 오면 질서 있게 퇴각하려고 그의 본대本隊를 꽤 먼 곳에 배치해 놓았던 것이다. 그는 기병에서 우세했으므로 그렇게 할 수 있었을 것이다.

"토틸라는 오전과는 다른 복장을 착용하고 병사들에게도 전투를 준비하게 해서 적을 기습하러 갔다. 그러나 로마군도 준비를 하고 있었다. 나중 무슨 일이 있을지 정확히 예상했던 나르세스Narses는 적의 기습에 대비해서 병사들에게 요리를 만들거나 낮잠을 자거나 장비 하나라도 몸에서 멀리 놓거나 말고삐를 풀지 못하게 했었다. 모든 병사들이 음식과 음료수를 휴대했었고 대형을 유지한 채 식사를 하며 적의 동태를 놓치지 않으려고 주시하고 있었다. 그러나 전투대형은 변경되어 있었다. 나르세스는 말에서 내린 궁수弓手

4,000명씩을 각각 배치한 양 측면을 초승달 모양의 대형으로 휘돌게 했다."

토틸라Totila는 자신이 숙영지로 가면 로마군도 철수하리라 기대했을 수는 있었겠지만 나르세스Narses가 코앞의 적에게 기습을 당할 정도로 감시를 소홀히 할 것으로 기대할 수는 없었을 것이다. 물론 서기 1476년 무르텐Muren 전투와 같이 코앞의 적에게 기습을 당한 경우가 가끔 있었던 것은 사실이지만 그때는 적의 기습이 계획적인 것이 아니었고 특수한 상황 때문에 기습이 가능했었다.

로마군 양 측면의 궁수弓手들이 초승달 모양으로 앞으로 휘어진 것은 아마도 그들이 평지를 둘러싼 주변 언덕에서 약간 앞으로 이동했었기 때문일 것이다. 그러나 그들은 앞으로 멀리 나갈 수는 없었을 것이다. 뿔같이 앞으로 튀어나가 본대와 너무 떨어지게 되면 적의 공격에 희생당할 수 있었을 것이다.

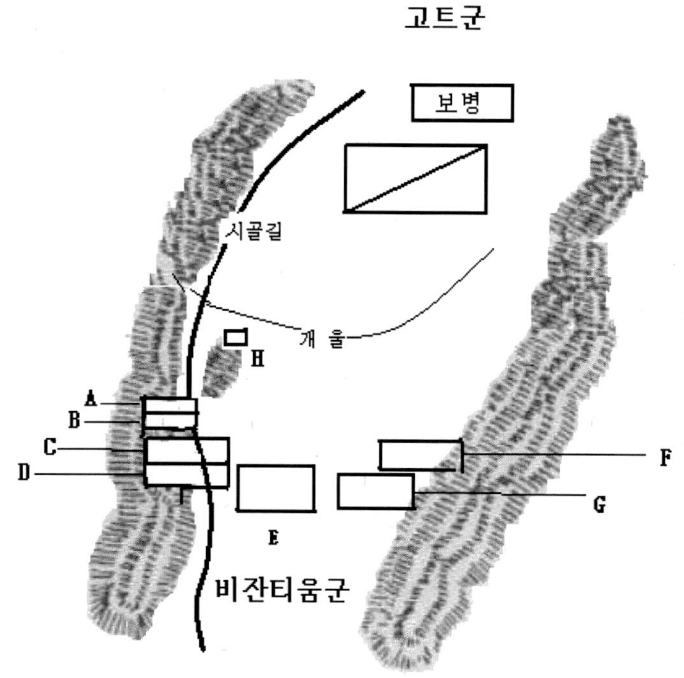

A: 기병 1,000명

B: 기병 500명(예비대)

C: 궁수 4,000명

D: 도리포리, 히파스피스트, 훈족

E: 롬바르트족, 헤룰족, 기타 야만인병사

F: 궁수 4,000명

G: 여타 로마병사

요도 1. 타키네 전투(지형 및 병력배치)

"고트군 보병은 모두 기병 뒤에 있었으므로 기병은 패배하더라도 뒤에서 지원을 받아서 다시 앞으로 돌아가 보병과 함께 공격을 할 수 있었다."

만약 모든 고트족 보병들에게 예비대 임무밖에 없었다면 그들의 숫자는 매우 적었고 고트군은 거의 기병으로 구성되어 있었음이 분명하다.

"모든 고트군 병사들에게는 전투 시에 창 외에는 활 등 다른 무기를 사용하지 말라는 엄명嚴命이 내려져 있었다. 무기 등 모든 면에서 상대방에 뒤져 있던 토틸라Totila가 어떻게 이런 현명하지 못한 조치로 전투초기에 자신의 병력을 적에게 내던졌다. 그가 왜 그렇게 했는지 나는 모른다. 반면 로마병사들은 상황에 따라 활도 쓰고 창도 쓰고 칼도 썼으며 이런 식으로 그들은 모든 상황들을 유리하게 이용했다. 일부는 말을 타고 싸웠고 일부는 발로 싸웠으며 어느 곳에서는 적을 포위했고 어느 곳에서는 기다리다가 적의 제1격을 방패로 잘 막아냈다. 반면에 고트군 기병은 보병을 멀리 뒤에 남겨둔 채 창의 힘만 맹목적으로 믿고 거칠게 돌격했지만 적과 마주치자 함부로 돌격한 쓴 열매만 거두게 되었다. 그들은 로마군의 중앙을 공격했지만 앞서 말한 대로 서서히 앞으로 휘돌아나간 8,000명의 로마 궁수弓手들 사이에 예상 외로 직접 위치하게 되었기 때문이다. 그들은 적에게 도달하기도 전에 양측에서 불화살이 쏟아지자 곧 혼란에 빠졌고 수많은 병력과 더불어 그보다 더 많은 말을 잃게 되었고 로마군이 이렇게 완강히 대응하자 그들은 결국 백병전白兵戰을 벌이게 되었다."

이 단락에서 말한 로마군의 기본전술과 무기를 보면 고대 로마 레기온legion의 경우와 완전히 달라졌음을 우리는 알 수 있다. 이 문제는 나중 다시 논하겠지만 지금은 우선 고트군 기병이 로마 궁수弓手들로부터 입은 피해가 그렇게 클 수는 없었다는 사실만 확실히 말해두겠다. 로마 궁수들은 전투장소를 둘러싼 언덕들 위에서 활을 쏘았다. 그들이 평지에 위치해 있었을 수는 없다. 만약 그랬었다면 그들은 고트군 기병의 거친 돌격 앞에 곧 쓰러졌을 것이다. 위에서 아래로 활을 쏘는 것은 매우 효과적이지만 이로 인해 큰 위협을 받는 것은 주로 대형의 양 측면에 있는 기병과 말뿐이었을 것이다. 평지가 그렇게 좁았을 수 없음이 분명하므로 대형 중앙까지 화살의 위력이 미치지는 못했을 것이기 때문이다(이 책 제I편, 제I권, 제V장, 각주 6 참고). 더군다나 고트군 기병은 병사들뿐 아니라 말까지도 갑옷을 착용했었고(프로코피우스Procop/Procopius, I, 16장 참고) 로마 궁수들 곁을 무거운 갑옷이 허용하는 한 최대한 빠른 속도로 질주했을 것이다.

프로코피우스는 다른 구절에서는 고트군 기병은 활에는 전혀 숙달되지 않았고 칼과 창만 썼다고 했다(I, 27장).

"이 전투에서 우리가 로마병사들을 더 칭찬해야 할지 그들의 야만인 동맹군을 더 칭찬해야 할지 나는 말할 수 없다. 적의 공격을 몰아낼 때 보여준 용기는 둘 다 같았기 때문이다. 양측이 갑자기 움직여서 고트족은 도주하고 로마군은 추격을 시작했을 때는 이미 날이 저물고 있었다. 고트군의 공격은 완전히 실패했고 그들은 로마군의 압력에 밀려 꼬리를 돌렸지만 로마군의 우세한 병력과 탁월한 질서 때문에 갈팡질팡 했다."

고트군 기병은 밀집해서 적의 보병에게 돌격했지만 적의 보병은 지형상 이점을 가지고 있었다. 프로코피우스Procop/Procopius의 기록에는 그런 말이 없지만 앞서 말한 점들을 볼 때 그렇게 볼 수 있다. 나르세스Narses는 기병들을 말에서 내려 싸우게 했고 또 철저히 수세守勢를 유지했다. 그러나 전투가 한낮부터 저녁까지 이어졌다는 것은 매우 심한 과장이다. 고트군 예비대는 전투에 불참했다. 그들은 막강한 기병의 거센 공격만으로 로마군 중앙을 돌파할 수 있다고 확신했었다. 하지만 그렇게 되지 않았을 때 그들은 이미 전투에서 패한 것이다. 다시 공격을 시도하더라도 새 병력의 지원이 없으면 더 강한 공격이 아니라 더 약한 공격이 되었을 것이기 때문이다. 이런 상황에서는 전투가 오래 지속될 수가 없다. 만약 기병의 충격행동으로 적 보병의 중앙을 돌파하는 데 성공했다면 유리한 위치에 섰을 것이고 적의 보병이 바로 흩어졌을 것이 분명하다. 그러나 그들은 돌파에 실패했고 양쪽에서 화살 공격을 받았으므로 정면 공격에서 아무것도 얻을 수 없었을 것이다. 그럼에도 프로코피우스는 이 전투가 오래 계속되었다고 묘사해 놓았는데 그렇다면 어떤 운명이 로마군의 손을 들어주었는지 진정한 이유를 알 수 없게 된다. 하지만 그의 묘사에서 과장된 부분들을 제거하고 "우세한 병력과 탁월한 질서" 때문에 로마군이 고트군의 공격을 격퇴하고 승리했다는 사실에만 집중한다면 그의 묘사는 의미가 분명해진다. ("돌격해오는 적의 맹공猛攻을 맞이해서 모두가 매우 용감하게 이를 격퇴시켰다. 이미 날이 저물고 있었고 양측의 병력은 갑자기 움직였다. 즉, 고트군은 후퇴했고 로마군은 추격했다. 고트군은 쏜살같이 밀려오는 적에게 저항하지 못했으며 그들이 공격하다가 돌아서서 도주했을 때는 대형과 전선戰線이 공황상태에 빠졌으며 결국 무너졌다."*)

이때 나르세스Narses가 좌측면에 있던 기병 1,000명으로 그쪽의 협곡 같은 통로를 이용해서 적을 포위하려 했던 계획이 실제로 시행되었는지는 분명하지 않다. 그의 계획은 물론 고트군 보병을 포위하려는 것이었지만 고트군 보병은 전투에 불참했다. 따라서 나르세스는 고트군의 보병이 멀리 뒤에 있는 것을 보고 결국 좌측면에 있던 자신의 기병에게 고트군 기병의 우측면을 공격하게 해서 승부를 결정했을 것으로 본다 해도 비논리적이지는 않을 것이다.

"고트군은 더 저항할 엄두를 내지 못하고 마치 유령幽靈이나 알 수 없는 어떤 큰 힘과 싸우던 것처럼 생각하며 도주했다. 그들이 곧 보병이 있는 곳으로 돌아갔을 때 공황상태는 더 확산되었다. 그들이 재집결한 다음 전투를 재개하려고 질서 있게 철수한 것이 아니라 우군 보병들을 쓰러뜨릴 정도로 무질서하고 거칠게 퇴각했었기 때문이다.

또한 이 때문에 고트군 보병은 퇴각하는 기병들이 통과할 길을 열어주지 못했고 그렇다고 굳게 버티면서 그들을 안심시키지도 못했으며 각자 기병들과 섞여 난잡하게 도주했다. 그들은 마치 야간전투 때와 같이 우군끼리 서로 사상자死傷者를 내게 되었다. 로마군은 상대방의 이런 공황상태를 이용해서 감히 자신을 방어하려 하지도 못하고 고개조차 들지도 못하고 서 있는 그들을 모두 베어버렸다. 어떤 병사는 목구멍을 적의 칼끝에 노출시키기도 했다. 그들의 공포는 가라앉기는커녕 더 증폭되었다. 이 도살극屠殺劇에서는 6,000명이 죽었다. 로마군은 항복한 적에게 처음에는 숙소를 주었지만 나중에는 결국 죽여 버렸다. 고트족 병사들뿐 아니라 앞서 말한 것 같이 로마군에서 복무하다 앞서 토틸라Totila 측으로 넘어갔던 병사들도 대부분 죽었다. 고트군 병사들 중에서 죽거나 적의 수중에 들어가지 않은 자들은 행운과 상황과 지리적 조건이 허락되어 몰래 도주한 자들이다."

우리는 이런 설명으로부터 생각해낼 수 있는 전술적 조치를 다음과 같이 표현할 수 있을 것이다. 고트군의 공격이 멈추자 나르세스Narses는 전 전선戰線에 공격으로 전환하라는 명령을 내려서 적의 기병을 그들의 보병이 있는 곳까지 밀어낸 다음 결국 그들 모두가 무질서하게 도주하도록 만들었다.

전투의 맥락을 보면 고트군 보병은 숫자가 매우 적었던 것으로 보이며 이조차 전혀 쓸모없는 병력이었다. 그들은 기병을 지원하러 전진하지도 않았고 패배한 기병을 받아들이지도 보호하지도 않았다. 또 상대방 대형의 구조를 보면 그들이 해야 할 특별한 일이 있었음에도 그들은 이런 일도 하지 않았다. 그들이 주변을 둘러싼 언덕으로 올라가 적 궁수弓手들의 튀어나온 양 측면 중 하나를 공격해서 격파했다면 전투 전반에 영향을 미칠 수도 있었을 것인데 그들은 이런 조치도 취하지 않았던 것이다. 결국 그들은 정상적인 전투부대가 아니라 단지 늙은이들, 부분적 무능력자들 및 어린애들로만 구성된 부대였었고 따라서 이 전투에서는 고트군의 실질적인 전투병력이 기병으로만 구성되어 있었을 가능성도 얼마든지 있다. 물론 고트군에게 상당한 보병 전투병력이 있었지만 기병들의 공격이 너무 빨리 실패함에 따라 이들에게는 전투에 뛰어들 시간이 없었을 것이라는 해석도 가능할 것이다. 로마군의 극렬한 추격에 쫓겨 후퇴하는 고트군 기병의 물결이 아직 전선戰線으로 이동하지 못한 우군 보병을 덮친 것일 수도 있다.

만약 실제로 그랬다면 프로코피우스Procop/Procopius의 기록에 내포된 주된 오류는 전투 지속시간에 관한 부분이다. 전투 지속시간에 관한 그의 기록은 어떤 경우라고 해도 과장된 기록이다. 전투가 단 30분 정도만 지속되었다 해도 이 시간에 고트군 보병이 밀고 올라가지 않았다면 이 역시 믿을 수 없는 말이 될 것이다. 실제 그랬다면 우리는 토틸라Totila를 매우 무능한 지휘관으로 보아야 한다.

한편 프로코피우스는 토틸라의 운명이 어떻게 되었는지 잘 모른다고 하면서 그가 전투 중에 죽었다는 말도 있고 화살에 맞아 치명상을 입었다는 말도 있면서 여하간 그가 쓰러지자 고트군이 너무 큰 공포감에 휩싸여 이미 로마군보다 열세였던 그들이 도주한 것이라고 했다. 우리는 그가 전투 중에 치명상을 입었는지 도주하다 치명상을 입었는지를 따질 필요가 없다. 그가 치명상을 입었다는 것은 결코 승부에 직접적인 영향을 미칠 수 없다. 일단 백병전白兵戰이 시작되면 대부분 병사들은 지도자가 쓰러지는 것을 알 수 없게 되기 때문이다.

고트군의 사망자가 6,000명이라는 말이 맞는지도 따질 필요가 없다. 이 수치는 크게 과장된 수치임이 분명하다.

로마군은 병력수에서 분명히 압도적 우위에 있었다. 우리는 그들의 병력수를 약 15,000명으로 평가할 수 있을 것이다.

제 III 장
베스비우스 산 전투(서기 553년)

　고트군은 타기네Taginä/Taginae에서 패배한 후에도 새로 뽑은 왕 테이아스Tejas/Teias의 지휘 하에 전쟁을 계속했다. 양측은 베수비우스Vesuv/Vesuvius 산에서 멀지 않은 곳에서 작은 강이지만 둑이 가파른 드라콘Drakon/Dracon(사르누스Sarnus) 강을 사이에 두고 여러 달 동안 대치해 있었다. 나르세스Narses는 이 전투를 위해 가용병력을 모두 미리 집결시켜 놓고 있었으므로 전투를 회피하며 지연전술을 쓰려고 했던 것은 고트군 측이었다고 볼 수 있다. 고트군은 로마군 내의 변덕 심한 용병傭兵들이 무슨 사고를 내거나 프랑크족이 개입하기를 기대했을 수도 있다. 나르세스는 위치를 옮겨서 적을 향해 직접 기동하려고 하지 않았지만 적 측에서 일어난 배신행위로 인해 지금껏 고트군에 식량을 보급해주던 한 선단船團을 그의 세력 밑에 두게 되었다. 지도를 보면 나르세스가 이미 고트군을 포위해서 철수로까지 차단하고 있었을 것으로 볼 수 있다. 프로코피우스Procop/Procopius의 기록에는 분명한 말이 없지만 고트군은 먼저 우유산牛乳山(몬 락타리우스Mons Nactarius)으로 철수했었지만 식량이 없던 그곳에서 굶어 죽기보다는 싸우다 죽으려고 했었음을 알 수 있다. 널리 알려져 있는 대로 필자 역시 이 전투에 관한 프로코피우스의 기록이 군사적 관점에서 유용하지 않다고 본다. 이제 앞의 제II장에서 했던 대로 그의 기록(《폴레몬Polemon》, 〈고트 전기戰記bell. Goth〉, IV, 35장)을 한 단락씩 그대로 옮겨가면서 매 단락마다 분석과 평가를 해보겠다.

　"베수비우스 산은 캄파니아Kampanien/Campania에 융기해 있는 산이다. 이 산의 기슭에는 누케리아Nuceria 옆을 흐르는 드라콘 강으로 흘러 들어가는 개울들이 있었고 이 개울들의 물은 음료수로 쓸 수 있었다. 이때 양측은 이 강 양쪽 둑 위에 숙영지를 구축해 놓고 마주 보고 있었다. 드라콘 강은 분명 작은 강이지만 기병이나 보병이 그대로 건널 수는 없었다. 수심이 깊고 둑은 매우 가팔랐기 때문이다. 이것이 본래의 지형 때문인지 물살 때문인지 나는 말할 수 없다. 여하간 고트족은 강 위의 다리를 점령하고 있었고 이 다리 가까운 곳에 숙영지를 구축해 놓고 있었는데 이 다리는 목탑木塔들과 소위 발리스타ballista 등 각종 형태의 장비들로 요새화되어서 적이 위에서 아래로 화살을 쏘지 못하게 방해할 수 있었다. 앞서 강조한 것 같이 강이 양측을 분리시키고 있었으므로 백병전은 생각할 수 없었다. 그들은 강둑에 최대한 접근해서 서로 화살을 쏘기만 했다. 고트군이 다리를 건너 와서 소리치며 도전할 때는 산발적인 전투가 몇 차례 있기는 했다. 이런 식으로 서로 마주 보고 몇 달간 대치했다. 고트군의 숙영지는 바다에서 멀지 않았으므로 바다를 장악하고 배로 식량을 조달할 수 있는 한 얼마든지 버틸 수 있었다. 그러나 그들의 함대를 지휘하던 한 고트인이 배반해서 로마군은 곧 적의 선박들을 자신의 것으로 만들었고 거기다가 시실리Sizilien/Sicily 등 로마제국의 여러 곳에서 많은 선박들이 로마군에게 왔다. 또한 나르세스도 강둑 위에 목탑木塔들을 세우게 했기 때문에 고트군은 완전히 절망할 수밖에는 없었다. 그렇지 않아도 식량부족으로 고통받던 고트군은 당황해서 로마인들이 라틴말로 '몬 락타리우스Mons Nactarius'라고 부르던 근처 산으로 물러났다. 이때 지형상 불리함 때문에 로마군은 그곳까지 그들을 따라갈 수 없었다. 그러나 야만인들은 곧 그곳으로 물러난 것을 후회했다. 그들은 사람과 말의 먹거리를 아무것도 구할 수 없어 전보다 더 심한 식량난에 시달리게 되었기 때문이다. 결국 그들은 싸우다가 죽는 것이 굶어 죽는 것보다 나을 것으로 생각하게 되었다."

그렇다면 왜 고트군은 더 후퇴할 수가 없었을까?

"따라서 그들은 의외로 전진해서 로마군을 기습 공격했다. 로마군은 당시 상황에 맞추어 자신들을 방어하고 있었다. 즉, 그들은 정상적 지휘편성대로 분대나 연대 등으로 열列과 오伍를 맞추어 정렬하지 않고 서로 섞여 있었고 이 때문에 지휘자들의 구령도 듣지 못할 정도였다. 그럼에도 그들은 있는 힘을 다해 방어에 성공했다. 고트 군은 자신들의 말을 모두 쫓아버린 다음 적을 마주 보고 서서 종심縱深 깊은 팔랑스phalanx로 정렬했다. 이런 그들을 본 로마군도 역시 같이 말에서 내린 다음 상대방과 같은 대형으로 정렬했다."

왜 고트군은 말을 쫓아버렸을까? 프로코피우스는 그 이유를 말하지 않았다. 그러나 로마군은 왜 또 말에서 내렸을까? 고트군이 발로 왔다면 로마군으로서는 더더욱 최소한 일부라도 기병으로 적의 측면을 공격해야 했을 것이다.

그러나 로마군이 고트군을 포위한 후 요새를 구축해서 적을 둘러싸고 있었을 것으로 보면 모든 것이 분명해진다. 고트군은 발로 로마군 요새들을 돌파하려 했던 것이고 로마군도 역시 말에서 내려 그들을 방어하려 했던 것이다.

"여기서 나는 매우 특출한 전투 하나와 소위 영웅으로 불리는 누구보다도 모든 면에서 뒤지지 않는 한 인간의 영웅적인 용기를 발견했다. 내가 말하고자 하는 것은 테이아스Tejas/Teias 왕에 관한 이야기이다. 고트군은 절망적인 상황에서도 더 용기를 냈다. 로마군은 적이 절망적으로 대들고 있음을 알았지만 자신들보다 약한 적에게 무너지는 것을 수치로 여겼기 때문에 온힘을 다해 그들과 맞섰다. 양측 병사들은 모두 가까이 있는 적들을 거세게 공격했다. 한쪽은 죽을 각오로 싸웠고 다른 한쪽은 승리의 찬가를 위해 싸웠다. 전투는 아침 일찍 시작되었다. 테이아스Tejas/Teias는 동료 몇 명과 함께 방패로 몸을 가리고 창을 휘돌리면서 멀리서도 보이게 팔랑스phalanx 앞에 서 있었다. 이를 본 로마군은 그를 쓰러뜨리면 전투를 곧 끝낼 수 있을 것으로 믿었다. 로마군 중에 가장 용감한 사람들이 큰 무리를 이루어 밀집대형으로 그에게 접근해서 창으로 그를 찌르기도 하고 그에게 창을 던지기도 했다. 그러나 그는 적의 창을 방패로 받아내면서 번개같은 동작으로 많은 적을 죽였다. 그는 방패에 창이 그득히 박힐 때마다 무기휴대병에게 그 방패를 건네주고 다른 방패를 받았다. 이런 식으로 그는 근 반나절 가량을 싸웠다."

고트군은 종심 깊은 팔랑스 대형으로 정렬했을 것으로 보인다("고트군은 모두 말에서 내린 다음 처음에는 종심 깊은 팔랑스로 정면을 형성했다"*). 그렇다면 테이아스가 동료 몇 명만 데리고 이 팔랑스 앞에 서서 여러 시간 동안 자신의 위치를 지켰다는 말인가? 이는 한편의 시詩이지 전투라고 할 수 없다. 고트군의 종심 깊은 팔랑스가 근 반나절 동안 무얼 했다는 말인가? 그들이 전진을 겁내고 있었다는 말인가? 또 로마군이 단 몇 사람을 이길 수 없었다는 말인가? 일리온 Ilion(역자 주: 트로이Troja/Troy의 별칭) 성벽 앞의 전투와 같은 신화神話시대의 전투에서는 그런 일이 가능했을지 몰라도 인간이 팔랑스 대형을 취하는 법을 알게 된 다음에는 그런 일은 불가능하다. 테이아스가 아무리 힘세고 용맹한 자였다고 해도 단지 동료 몇 명만 그와 함께 있었다면 신병新兵만으로 구성된 고대 로마 마니플 Manipel/maniple(역자 주: 보병 중대) 1개 정도면 이를 제압할 수 있었을 것이다. 전문적인 의미의 팔랑스 2개가 서로 대치했었다는 말이나 테이아스의 개인전투 같은 말은 무시되어야 한다. 이 구절의 의미는 고트군이 로마군 전선戰線을 돌파하려 할 때 테이아스가 누구보다 용감하게 싸우다 죽었다는 말에 불과할 것이며 이 때문에 그의 죽음이 이런 전설로 미화되었을 것이다.

"이때 그의 방패에 적의 창이 12자루나 박혀 무거워져서 이 방패를 가지고는 더 이상 적의 공격을 막을 수 없게 되었다. 그러나 그는 무기휴대병을 소리쳐 부르면서 손톱만큼도 뒤로 물러서지 않았고 잠시도 적이 접근하지 못하게 했다. 그는 방패로 등을 보호하며 뒤로 돌아서지도 않았고 옆으로 몸을 기울이지도 않았고 마치 방패 뒤의 땅에 심어놓은 나무 같았다. 그는 오른손으로 죽거나 부상 입은 자들을 어루만지면서 왼손으로는 적을 밀어내면서 무기휴대병을 큰 소리로 불렀다. 그러나 이때 무기휴대병이 새 방패를 가져오자 그가 방패를 바꿔 들려다가 잠시 가슴을 노출시켰는데 바로 이 때 적의 창 하나가 그의 가슴을 찔렀으며 그는 땅에 쓰러져서 죽었다. 몇 명의 로마병사가 그의 머리를 잘라 막대기에 꽂아서 양측 병사들에게 보여주었다. 로마군에게는 더 큰 질투심을 유발시키려는 것이었고 고트군에게는 절망해서 전투를 포기케 하려는 것이었다. 그러나 고트군은 왕의 죽음을 알았음에도 흔들리지 않고 밤까지 계속 싸웠다. 어두워지자 양측은 서로 떨어져서 무기를 든 채 밤을 보냈다. 이튿날 그들은 일찍 일어나서 어제와 같은 대형을 취했고 또다시 밤까지 싸웠다. 양측 모두 사망자가 많았지만 서로 한치도 물러서지 않고 무서운 살육전殺戮戰을 계속했다. 고트군은 자신들이 최후의 전투를 치르고 있음을 잘 알고 있었고 로마군은 적에게 질 수 없다고 생각했기 때문이다. 결국 야만인들은 지도자 몇 명을 나르세스Narses에게 보내 자신들은 신神이 자신들 편이 아님을 느끼고 있고 —그들은 어떤 거역할 수 없는 힘을 상대하고 있다고 생각했었다 — 이제 상황을 제대로 알고 마음을 바꾸어 전투를 포기하려고 하지만 이는 자신들이 황제의 신민臣民이 되려는 것이 아니라 다른 야만인들 같이 자유롭게 살기 위함이라는 말을 전하게 했다. 그들은 자신들이 평화롭게 철수하도록 허용할 것과 그들이 전에 이태리의 여러 항구에 비축해 놓았던 돈을 여행비용으로 줄 것을 요청했다. 나르세스는 이 문제에 대한 처리를 머뭇거렸지만 비탈리안Vitalian의 조카인 요한네스Johannes는 죽음이 더 이상 공포가 아닌 저들과 이제 더 싸우지 말도록 나르세스를 설득했다. 그는 절망감 때문에 자신들뿐 아니라 상대방에까지 치명상을 입힐 수도 있는 그들의 투지를 더 이상 시험하지 말고 그들의 요청을 수락하라면서 현명한 자는 승리로 만족하지만 욕심이 과한 자는 낭패를 보기 쉽다고 했다. 나르세스는 이 말에 수긍하고 이태리에 남아있는 모든 야만인은 소유물과 함께 즉시 이태리를 떠날 것과 어떤 경우라도 다시는 로마에 반기反旗를 들지 말 것을 요구했다. 그 사이에 1,000명의 고트족 병사들이 앞서 말한 인둘프Indulf 등의 지휘 하에 숙영지를 뛰쳐나가 티키눔Ticinum 시와 포Po 강 너머의 다른 마을들로 이동했지만 나머지는 모두 나르세스의 요구를 지키겠다고 약속했다.”

“로마군은 같은 방식으로 쿠메Cumä/Cumae 등 다른 마을들까지 다 점령했고 이로써 나 프로코피우스가 묘사한 로마군과 고트군 사이의 18년 전쟁은 끝이 났다.”

프로코피우스의 기록은 이렇다. 인상적이긴 하지만 역사라고 하기에는 너무 만족스럽지 못한 기록이다. 마지막에 말한 1,000명의 고트족 병사들은 왜 그리고 어떻게 동족들과 헤어지게 되었을까? 그들은 어떻게 베수비우스Vesuv/Vesuvius 산에서 파비아Pavia까지 이동했을까? 우리는 고트군의 상당수가 로마군 포위망을 뚫는데 성공했을 것으로 그리고 마지막에 항복한 병력은 고트군의 전체가 아니라 절반이 좀 넘는 병력이었을 것으로 추정해 볼 수 있을 것이다.

아가티아스Agathias의 기록(《유스티니아누스 통치사統治史》)은 프로코피우스의 기록과 바로 연결되는데 그의 기록에서는 토틸라Totila를 따르던 고트족 추장 테이아스Tejas/Teias가 전 병력과 함께 다시 로마군과 전쟁을 벌일 때 나르세스와 대치하고 있다 무엇에 머리를 맞고 죽은 것으로 되어 있다. 또한 로마군의 끊임없는 공격을 받던 나머지 고트군은 심한 압박을 받다 물도 없는 곳에서 포위되었고 결국 그들 땅으로 가기로("자신들의 땅에서 두려움 없이 살도록"*) 합의하고 이후 로마황제의 신민臣民이 되겠다는 협정을 나르세스와 체결했다고 되어 있다.

이 두 기록을 조화시킬 수 있는 방도를 역사가들은 아직 발견하지 못했다.

제 IV 장
카실리누스 강 전투(서기 554년)

프랑크Franken/Franks족이 패한 카실리누스Casilinus 강 전투에 관한 아가티아스Agathias 의 기록(《유스티니아누스 통치사統治史》)은 전략적 맥락조차 잘못 기록된 것으로 베수비우스 산 전투에 관한 프로코피우스의 기록만큼 군사적 가치가 거의 없다.

프랑크족은 장래 이익을 위해 고트족과 로마군의 전쟁에 여러 차례 개입해서 고트족을 지원한 적이 있다. 그런데 나르세스Narses가 고트족을 거의 다 처리해 가고 있을 때쯤 알레만Alemannen/Alamanni족의 형제 장군Herzog 부틸린Butilin(역자 주: 원문 에는 부켈린Buccelin으로 되어 있으나 이후로는 모두 부틸린Butilin으로 되어 있어 오기誤記로 보고 고쳤다) 과 류타르Leuthar/Lothar가 지휘하는 프랑크족이 또다시 고트족을 지원하려고 로마 영토에 등장했다. 이때 나르세스는 아직 고트족이 점령하고 있던 지역들을 탈환 하기 위해 바쁠 때였다. 프랑크족의 침입 소식을 듣고 그가 취해야 할 최선의 대책은 즉시 그들을 쫓아가 알프스 너머로 몰아내는 일이었다. 알프스를 넘어온 프랑크족 병력이 75,000명이나 되었다고 하지만 우리는 이 우화寓話 같은 병력수에 현혹되면 안 된다. 프랑크 왕국 전체도 아니고 일부에서 동원되어서 높은 산을 넘어온 지원군은 자신의 지역에 머물던 중 나르세스와 싸웠던 고트군보다 규모 가 현저히 적었을 것이 분명하다. 만약 거듭된 승리와 2명의 용감한 고트족 왕 의 죽음으로 사기가 올라 있던 로마군이 집결해서 공격했더라면 프랑크족을 다 시 알프스 너머로 몰아낼 수 있었을 것이며 이로써 이태리에는 그에게 저항할 강적이 없어졌을 것이다. 그러나 나르세스는 병력의 일부만 헤룰Heruler/Herulians족인 풀카리스Fulcaris에게 주어 이 새로운 적에게 보냈는데 아가티아스에 의하면 이때 그는 적을 견제하고 있다 승리할 좋은 기회가 있을 때만 공격하게 풀카리스에게 명했다고 한다. 그러나 이 실수는 큰 대가를 치르게 된다. 풀카리스는 패배했고 나르세스를 볼 면목이 없다며 전투 중 스스로 죽으려 했다. 아가티아스는 패배 의 책임을 풀카리스의 부주의와 무모함에서 찾고 있지만 그의 말대로 적의 병력 이 많다는 것을 나르세스가 처음부터 알고 있었다면 진짜 책임은 나르세스 자신 에게 있을 것이다. 그는 프랑크족을 과소평가 했을 수 있고 그가 풀카리스에게 조심하라고 일렀다는 기록은 불충분한 병력을 보냈던 이 최고지휘관의 책임을 면해주려고 누군가 후일에 삽입한 구절일 수도 있을 것이다.

풀카리스가 패했음에도 나르세스는 여전히 루카Lucca 시市를 포위하고 있었고 이 를 함락시킨 후에도 병력을 나누어 여러 도시의 겨울숙영지로 보냈을 뿐이다.

만약 시저Cäsar/Caesar였다면 이런 상황에서 어떻게 했을까? 그는 분명히 각처에서 병력을 모두 집결시켜서 가능한 최대규모의 군대를 만든 다음 프랑크족을 쫓아 갔을 것이다. 그러나 아가티아스에 의하면 나르세스는 추운 겨울이 왔고 고향 땅에서부터 추위에 익숙한 프랑크족이 겨울전투에 특별히 강할 것으로 판단하고 병력을 여러 겨울숙영지에 분산시킨 다음 참을성 있게 기다리게 했다. 따라서 그들이 성벽 안에서 안전하게 지내는 사이에 프랑크족은 메씨나Messina 해협海峽에 이르기까지 이태리 전역을 돌아다니며 무서운 약탈행각을 벌였다. 이때 프랑크 족은 병력을 집결시킬 필요조차 없다고 생각하고 둘로 나누었으며 새롭게 용기 를 얻은 고트족까지 그들과 합류했다.

우리는 로마제국의 운명을 위탁받은 나르세스가 다른 절박한 이유 없이 이런 비극에 제국을 노출시켰으리라고는 믿을 수 없다. 프랑크족이 특히 겨울 전투에 익숙했다고 하지만 로마군 역시 그들과 비슷한 게르만족으로 구성되어 있었다.

추측에 불과할 뿐이지만 사건이 그렇게 진행되었던 진정한 이유는 전진하라는 요청을 받은 몇 개 부대가 밀린 보수 때문에 이를 거부했기 때문일 수도 있다. 여하간 나르세스는 프랑크족이 반도 남쪽까지 갔다가 봄이 되어 방향을 돌렸을 때 비로소 병력을 집결시킨 다음 카푸아Capua 시市 근처의 카실리누스Casilinus(볼투르 노Volturno) 강에서 프랑크족의 이동을 차단했다. 아가티아스에 의하면 이때 나르세 스는 자신의 병력 중 절반인 18,000명을 이곳에 집결시켰다고 한다. 프랑크족의 병력수는 30,000명이었다고 하는데 이는 전혀 믿을 수 없는 수치이다.

신두알Sindual이 지휘하는 헤룰Heruler/Herulians족 분견대는 이 전투를 위해 전개하기 직전에 군기문제로 인해 지휘관 나르세스와 충돌한 후 참전하지 않겠다고 했다. 그러나 나르세스가 누구든 승리에 동참하고자 하는 자는 따라오라고 외친 후에 진군을 시작하자 헤룰족은 뒤에 남는 것은 자신들이 비겁해서 그랬다고 해석될 것이므로 창피한 일이라고 생각하고 결국 가겠다고 했다. 나르세스는 기다릴 수 없다고 대답했지만 전투대형으로 정렬할 때는 그들을 위한 자리를 남겨놓았다.

아가티아스는 전투 자체에 대해서는 다음과 같이 기록해 놓았다.

"그가 전투장소로 계획했던 곳에 도착한 나르세스는 즉시 병력을 팔랑스 phalanx로 전개시켰는데 양 측면에 배치된 기병들은 손에는 투창投槍과 방패를 들고 어깨에는 활과 칼을 걸쳤으며 일부는 장창長槍을 휴대했다. 나르세스 자신은 우측면에 있었는데 그의 곁에는 집에서 데려온 집사執事 잔달라스 Zandalas가 전투능력이 있는 하인들을 거느리고 있었다. 양 측면에는 발레리안 Valerian과 아르타바누스Artabanus/Artabanos가 있었는데 나르세스는 그들에게 숲의 끝자락에 몸을 숨기고 있다 자신이 공격할 때 기습적으로 적에게 돌격해서 자신을 지원할 수 있도록 하라고 명했다. 중앙은 모두 보병들로 채워졌다. 전선戰線 앞에는 전방 병력이 있었는데 이들은 머리끝에서 발끝까지 철갑鐵甲을 착용하고 방벽防壁을 형성했고 그 뒤로 여타의 횡렬橫列들이 밀집대형으로 후미까지 정렬해 있었다. 후미 뒤에는 경보병輕步兵과 투석수投石手들이 어슬렁거리면서 장사정長射程 투사물投射物들을 쓸 기회만 기다리고 있었다. 팔랑스의 한가운데는 아직 도착하지 않은 헤룰Heruler/Herulians족의 자리로 비워 두었다. 이때 방금 전에 프랑크족에게 귀순한 헤룰족 병사 2명은 신두알Sindual이 후에 어떤 결정을 내렸는지도 모르고 야만인들에게 헤룰족은 지금 참전을 완강하게 거부하고 있고 다른 로마군도 그들의 참전거부에 크게 동요하고 있으므로 되도록 빨리 공격을 시작해야 한다고 독촉했다. 이 말에 쉽게 설득을 당한 부틸린Butilin은 그들의 말이 옳은 말이기를 바라며 병력을 이끌고 전진했다. 그들은 빨리 싸우고 싶은 생각에 로마군에게 돌진했지만 질서 있게 돌진하지 못하고 마치 일격에 적을 휩쓸고 지나가 버릴 것 같은 기세로 더 이상 빠를 수 없을 것 같이 돌진했다. 그들의 전투대형은 고대 그리스 문자 델타(Δ)를 닮은 쐐기 모양이었고 정면 앞의 첨단부는 방패를 지붕같이 서로 잇대어서 마치 '멧돼지 머리Eberkopf'같이 보였다. 양 측면의 분대와 소대들은 점차 더 넓은 정면으로 변할 수 있게 각도가 매우 좁은 사다리꼴로 정렬했고 중간에는 빈 공간이 있었다. 횡렬의 병사들은 맨살을 드러낸 등이 앞에서도 보일 정도로 비스듬히 서 있었다. 그들은 측면에서 접근하는 적도 이를 마주 보고 방패의 보호 하에 싸울 수 있게 다양한 정면을 형성하며 정렬한 것이다. 이런 대형에서는 후방도 자연스럽게 보호될 것으로 보였다.

그러나 모든 일은 행운과 그의 능력에 의해서 탁월한 방식으로 필요한 조치를 취하기를 좋아했던 나르세스의 희망대로 진행되었다. 1차 돌격에서 무서운 함성과 함께 로마군과 충돌한 야만인들이 로마군의 전방 병력들을 돌파한 다음 아직 헤룰Heruler/Herulians족이 도착하지 않아서 비어 있던 빈 공간 속으로 들어왔다. 야만인들의 뾰족한 쐐기는 로마군의 모든 횡렬들을 뚫고 후미까지 진출했지만 로마군에게 별 피해를 주지는 못했다. 그들 중 몇 명은 마치 로마군 숙영지까지 휩쓸어 버리려는 듯이 로마군 후미보다도 더 멀리까지 진출했다. 이때 나르세스는 서서히 그의 양 측면을 앞으로 구부려 대형 앞으로 휘돌아 오게 한 다음에 그들 옆에 있던 기마궁수騎馬弓手들에게 적의 후미를 쏘도록 명했다. 그들은 어렵지 않게 그렇게 했다. 말을 타지도 않았고 전선戰線이 늘어남에 따라 자신의 등 뒤를 방어할 수 없게 된 상대를 기마궁수들이 멀리서 쏘는 것은 쉬운 일이었다. 내가 보기에도 양 측면의 기마궁수들이 자신들 앞에 가까이 있는 우군 병사들 너머로 반대편 측면에 있는 적 횡렬의 등 뒤까지 화살을 쏘아 보내는 것은 매우 간단한 일이었다.

이런 식으로 프랑크족 병사들의 등은 전 방향에서 맹공猛攻을 받게 되었다. 양 측면에 있던 로마군 기마궁수들이 모두 적의 쐐기 속 야만인들을 쏠 수 있었기 때문이다. 쐐기 가운데 있는 야만인들은 화살이 어느 곳에서 날아오는지도 모르고 이를 방어할 수도 없는 상황에서 사방으로부터 화살세례를 받았다. 그들은 오로지 한 방향만 쳐다보고 자신들 앞에 있는 중무장한 로마군과 싸웠기 때문에 멀리 등 뒤에 있는 로마군 기마궁수들을 거의 볼 수 없는 상황에서 가슴이 아니라 등에 화살을 맞았으므로 왜 자신들이 부상을 당하는지 알지 못했다. 더욱이 화살을 맞으면 치명상을 입었으므로 도대체 무엇이 무엇인지 생각할 틈도 없었다. 쓰러지는 것은 언제나 중앙의 병사들이었다. 중아의 병사들이 쓰러지면 그다음 중앙의 병사들 등이 노출되는 일이 반복되면서 그들은 순식간에 사라져버렸다. 그 사이에 신두알Sindual이 이끄는 헤룰Heruler/Herulians족이 도착했다. 그들은 로마군 중앙을 돌파해서 후방으로 더 진출해 있던 적을 향해 이동한 다음 즉각 공격을 시작했다. 프랑크족은 심하게 동요했고 매복에 걸린 것으로 믿고 돌아서 도주하면서 헤룰족 병사 2명의 귀순이 위장귀순이었다고 탄식했다. 그러나 신두알과 그의 병사들은 멈추지 않았고 적이 쓰러지거나 소용돌이치는 강물 속으로 뛰어들 때까지 밀어붙였다. 이 헤룰족 병사들이 자신들의 자리를 찾아 빈 공간을 채우면서 로마군이 밀집된 팔랑스phalnx로 정렬했을 때는 프랑크족은 마치 그물 속에 걸린 사냥감 같이 도살屠殺 당했다. 그들의 전투대형은 완전히 무너졌고 다시 개별적으로 모인 작은 무리들도 어느 쪽으로 도주해야 할지 몰랐다. 로마군은 적을 화살로만 쓰러뜨린 것은 아니었다. 이제는 중보병重步兵과 경무장輕武裝 병력도 창과 몽둥이와 칼을 가지고 공격했다. 기병들도 역시 적을 완전히 포위해서 후미에서 공격했고 도주하는 적을 모두 쓰러뜨렸다. 로마군 칼날을 피한 자들도 추격을 당하다 강물로 뛰어들어 물에 빠져 죽었다. 지극히 무참하게 도살당하는 야만인들의 비명소리가 사방에서 울렸다. 그들 모두가 지도자 부틸린Butilin과 함께 지상에서 쓸려나갔고 이 과정에서 앞서 프랑크족에 귀순했던 로마병사 2명도 죽었다. 어느 야만인도 고향집을 다시 보지 못했다. 겨우 도주할 수 있었던 자는 오직 5명뿐이었다. 누가 이 게르만족이 자신들의 잘못된 행동에 대해 벌을 받은 것이 아니라고 할 수 있겠는가? 누가 보다 높은 어떤 힘이 그들을 정벌한 것이 아니라고 할 수 있겠는가? 프랑크족과 알레만족의 이 거대한 무리는 함께 갔던 다른 여타 족속들과 함께 궤멸되었다. 로마군 측 사망자는 적의 최초 충격을 버티다 죽은 80명뿐이었다. 로마인 연대들이 특히 잘 싸웠다. 야만인 동맹군 중에서는 고트족의 알리게른Aligern과 헤룰족 연대장 신두알Sindual이 가장 뛰어났으며 누구도 그들보다 잘할 수는 없었다. 그러나 사람들은 나르세스Narses를 찬양했다. 그는 뛰어난 리더십을 발휘해서 이런 큰 명성을 얻은 것이다.”

아가티아스Agathias의 기록은 바로 이렇다. 그러나 필자는 이 기록 전체가 "멧돼지 머리Eberkopf"라는 단 한마디 말을 가지고 그가 발전시켜 놓은 자유로운 환상이었다는 의심을 지울 수가 없다.

분명히 나르세스Narses는 병력수에서 우세했었고 특히 기병이 우세했었다. 그의 전선戰線은 양 측면 모두 프랑크족의 전선보다 길었다. 양 측면의 가장 끝 부분이 처음에 숲 속에 숨어 있었는지 여부는 결과적으로 별로 중요하지 않다. 프랑크족은 강력하고 종심縱深 깊은 보병 종대와 소위 멧돼지 머리를 가지고 적의 중앙을 돌파해서 승부를 결정지으려고 했었다.

그러나 만약 그들의 종대의 끝 부분이 뾰족했다면 이 부분은 즉시 적에 포위되었을 것이고 그 부분의 속이 비어 있었다면 적의 전선을 돌파할 힘이 없었을 것이다(게르만족 쐐기대형에 관해서는 앞의 제I권, 제II장을 참고할 것). 따라서 그들의 종대의 끝이 아가티아스의 말대로 뾰족하고 속이 비어 있지는 않았을 것이지만 여하간 적의 전선을 돌파하지는 못했음이 분명하다. 당시 상황은 마지막 순간에 도착한 헤룰Heruler/Herulians족 병력이 흔들리고 있던 로마군의 중앙을 보강해 줌으로써 프랑크족의 공세가 교착상태에 빠지게 된 것일 수 있다.

이렇게 되고 있던 때에 투창投槍과 활로 무장한 로마군의 기병대가 돌격 중인 프랑크족 종대의 양 측면으로 달려나와서 투창과 활로 맹렬히 공격했을 것이며 곧 그들의 후미도 공격했을 것이다. 칸네Cannä/Cannae 전투 때와 유사했을 것이다.

이 기병들이 그들과 아주 가까이 있던 적의 전투대형 측면을 넘겨서 반대편 측면의 적병들 등을 향해 높은 포물선으로 계속 화살을 쏘았다는 기록은 사면에서 공격받던 프랑크족 병사들이 당연히 등에 화살을 맞는 일도 있었던 것으로 해석될 수도 있을 것이다. 로마 궁수弓手들은 아가티아스가 말한 속이 빈 첨단부 때문에라도 적의 정면 가까이로 신속히 움직일 수는 없었을 것이다. 그러므로 그들은 적의 쐐기 대형 반대편 측익側翼과 적어도 수백 보 이상 떨어져 있었을 것이고 따라서 화살과 투창으로 반대편 측익에 피해를 입힐 수는 없었을 것이다.

아가티아스의 기록에 대한 필자의 의심을 부인하고 싶은 사람이 있다면 필자는 그에게 왜 이 전투에 관한 아가티아스의 기록을 칸네 전투와 자마Zama(나라까라Naraggara) 전투에 관한 아피안Appian의 기록(역자 주: 이 책 제I편, 제V권, 제I장 〈칸네 전투〉 및 제V장 〈자마 전투〉 참고)보다 더 신뢰하려 하는지 그 이유를 묻겠다.

제 V 장
전　략

　유스티니아누스Justinian/Justinianus가 황제가 된 서기 527년에는 옛 로마제국의 서쪽 영토가 모두 황제와 격리되어 있었는데 일부는 격리된 지 100년도 넘었고 나머지도 50년은 되었다. 그러나 유스티니아누스는 황제가 된 후 아프리카와 이태리를 되찾고 스패인도 거의 되찾아가고 있었다. 이제 이태리의 대부분은 비잔티움Byzanz/Byzantium 제국에 속하게 되었다. 동로마 세력의 급작스런 발전은 이 체제를 화려하게 장식했던 스티니아누스 법전corpus juris이나 소피아 대성당Sopkienkirche(역자 주: 비잔티움 제국 수도인 콘스탄니노플 즉, 현재의 터키 이스탄불에 세운 성당) 같은 문화적 업적들을 생각해 보면 더욱 놀랍고 위대한 것이다.

　유스티니아누스의 메소포타미아 전역戰役과 아프리카 전역 및 이태리 전역은 서로 크게 다른 모습을 보여주었다. 메소포타미아 전역은 페르시아인들과 밀고 당기다 큰 결전決戰 없이 끝났고 아프리카에서는 반달Vandalen/Vandals족을 1개 근위대의 일격으로 격파했으며 이태리에서는 동東고트Ostgote/Ostrogoth족과 18년간 끝까지 밀고 당기다 1회의 큰 결전을 통해 비잔티움의 완승으로 끝났다.

　지금껏 학자들은 벨리사리우스와 나르세스Narses의 승리를 이해하지 못했었다. 이는 두 사람이 거느렸던 병력은 아주 적었고 반달족이나 고트Goten/Goths족의 군대는 큰 무리였던 것으로 알려져 있었기 때문이다. 학자들은 비잔티움 역사가들이 기록해 놓은 수치들을 보고 고트족의 비티게스Vitiges가 150,000명의 병력으로 로마에서 벨리사리우스Belisar/Belisarius를 포위했던 것으로 보았었다. 실제로 그랬었다면 그로부터 2년 후 라벤나Ravenna에서 벨리사리우스가 25,000명도 안 되는 병력으로 비티게스를 포위했을 때 그 150,000명 병력은 어디서 무엇을 하고 있었을까?

　그러나 이제 우리는 반달족과 고트족의 병력을 분명히 알 수 있게 되었으며 따라서 고트족이 이태리에서 약 25,000명의 로마군에 맞서 그렇게 오래 버틸 수 있었던 것에 비해 반달족이 아프리카에서 로마군 약 15,000명에 감히 맞설 생각을 하지 못했다는 것을 기적적인 일로는 보지 않게 되었다.

　언제나 그렇듯이 전쟁 수행을 결정하고 전략 방침들을 규정하는 것은 이때도 역시 정치였다.

　벨리사리우스는 이태리를 정복하기 위해 바다를 건너면서 처음에는 아주 적은 병력으로 먼저 시실리에 상륙했다(서기 535년). 그가 정면전투 없이 나폴리Naepel/Naples, 로마 및 스폴레토Spoleto를 차례로 점령한 후에야 비로소 고트족의 큰 병력이 나타나서 로마에서 그를 1년 동안 포위했다. 순수한 군사적 관점에서는 이런 작전이 이해 될 수 없을 것이다. 고트족에게 이렇게 적을 포위할 만큼 병력이 많았다면 왜 그들은 일찍 나타나서 적이 여러 도시를 점령하는 것을 막지 않았을까? 또한 그들이 로마를 포위만 한 채 꼬박 1년 동안 아무런 적극적인 행동을 하지 않은 이유는 무엇일까? 여기에는 특별한 이유가 있었음이 분명하다.

당시 유스티니아누스가 다른 병력으로 달마티아Dalmatia에서 고트족을 위협하고 있었고 한편에서는 프랑크족의 공격이 임박해 있었음은 사실이지만 이런 사정들은 고트족이 로마를 포위만 한 채 꼬박 1년 동안 아무런 적극적인 행동을 하지 않은 이유가 될 수 없다.

유스티니아누스가 그렇게 적은 병력만 보내는 모험을 할 수 있었던 것은 당시 동東고트 왕국이 심각한 내분상태에 있었기 때문이다. 테오데리히Theodorich/Theodoric가 죽은 후 그의 딸인 아말라순타Amalasuntha와 공동섭정자共同攝政者에 불과했던 테오다하트Theodahat는 아말라순타를 죽이고 권력을 장악하자 비잔티움군은 적통의 왕위 계승권자를 죽인 자를 응징한다는 명분 하에 이태리에 나타난 것이지만 테오다하트는 용감하게 이에 맞서 적극적으로 싸울 전사戰士형 인물이 아니었다. 고트족은 그런 인물 밑에서 전투가 시작되면 패배할 것으로 생각하고 그를 제거한 후 고대 관습에 따라 군대가 선출한 비티게스Vitiges를 왕으로 옹립했다. 이후 비티게스가 알라라순타의 딸과 결혼해서 지위를 굳힌 다음에야 고트족은 비로소 야전野戰에 나타난 것이다. 이렇게 되자 벨리사리우스와 그의 병력이 로마에서 고트족에게 포위될 정도로 비잔티움의 병력수가 적었음이 바로 드러나게 되었다.

그러나 우리가 알다시피 고트군 역시 숫자가 많지 않아서 로마 같은 큰 도시를 제대로 포위할 능력이 없었다. 벨리사리우스는 굳게 방어했고 수도 콘스탄티노플Konstantinopel/Constantinople에서는 고트족이 반달족보다도 많은 전투병력을 보유하고 있다는 사실을 알자 증원군을 보냈다. 증원군은 로마를 포위한 고트족 후방에 나타나서 주민들의 동의 하에 배후의 요새화된 도시들을 점령했다. 이로 인해 비티게스는 로마 포위를 풀 수밖에 없었다. 그는 개활지에서 로마군 연합병력을 다룰 수 있는 능력이 자신에게는 없다고 생각했기 때문이다.

이로써 상황은 돌연 역전되었다. 이번에는 역으로 벨리사리우스가 단 한 번의 정면전투도 없이 라벤나Ravenna에서 비티게스를 포위했다.

라벤나에서 고트족이 벨리사리우스에게 자신들의 왕이 되어 줄 것을 제의한 놀라운 사건이 있은 후 비티게스는 결국 항복했다. 벨리사리우스는 불과 몇 해 전 반달족 왕 겔리메르Gelimer를 그렇게 했던 것 같이 이번에는 비티게스를 콘스탄티노플로 압송했다. 4년 간 투쟁 끝에 그러나 실질적인 전투는 없이 고트족은 결국 비잔티움에 굴복한 것으로 보인다.

그러나 곧 반전이 생겼다. 고트족은 다시 반기反旗를 들었고 새로 왕을 선출한 다음 짧은 시간 내에 토틸라Totila 휘하에서 다시 이태리와 시실리를 탈환했으며 함대艦隊까지 만들었다. 토틸라는 수년간 통치하며 빛나는 승리를 이어갔다. 이후 그리스 함대가 고트족 함대를 격파하고 유스티니아누스가 18년간의 전쟁 끝에 상당한 병력을 주어 나르세스Narses를 보낸 서기 552년에야 타기네Taginä/Taginae 결전決戰이 벌어졌다. 다음해에도 두 차례의 접전接戰이 이어졌다. 베수비우스Vesuv/Vesuvius 산 전투에서는 토틸라의 후계자인 테이아스Tejas/Teias가 패했고 카실리누스Casilinus 강 전투에서는 부틸린Butilin이 이끄는 프랑크Franken/Franks족이 몰살당했다.

이 시기에 로마의 주인은 다섯 차례나 바뀌었던 것이다. 서기 536년에는 로마의 베리살리우스Belisar/Belisarius, 그 10년 후에는 고트족의 토틸라, 이듬해에는 다시 베리살리우스, 또 2년 후에는 다시 토틸라 그리고 또다시 3년 후인 서기 552년에는 나르세스가 로마를 차지했다.

결국 전쟁 첫 단계부터 큰 승리나 전술적 승부가 없는 운명의 요동질만 계속 반복되었다. 전쟁 초기에 쌍방은 당연히 모든 병력을 집결시켜 적을 공격했어야 했지만 그런 전투는 최종단계에 가서야 있었다. 이는 쌍방의 내부적 취약성이 서로 맞물려 돌아갔기 때문이다. 유스티니아누스는 페르시아와 강화講和를 맺음으로써 아프리카에 이어 이태리로 상당한 병력을 보낼 수 있었음이 분명하지만 그러나 이는 잠시뿐이었다. 서로 차지하려고 싸웠던 지방과 도시들의 크기에 비해 쌍방은 병력이 늘 모자랐다. 토틸라 휘하에서 고트족이 기습적으로 재건된 것은 로마군 내의 용병傭兵들 상당수가 비잔티움 제국의 체제와 특히 보수에 불만을 품고 고트족 측으로 귀순했기 때문일 가능성도 있다. 또한 처음에는 비잔티움군을 환영했던 이태리 도시들도 새로운 행정과 세금 요구에 실망하고 고트족의 왕이 다스릴 때 생활이 적어도 이보다는 좋았음을 알게 되었다.

결국 로마와 고트족의 이 전쟁에서는 다투던 광대한 지역에 비해 양측 모두 동원할 병력이 매우 적었고 이로 인해서 양측의 전략도 결정되었다. 고트족은 요새화된 수많은 이태리 도시들을 충분히 점령할 수가 없었다. 주민들은 중립이 아니라 양측 모두를 싫어했다. 그들은 압력이 교체될 때마다 이쪽에서 저쪽으로 쉽게 옮겨 붙었고 지배자의 교체에 맞서지 않았다.

비티게스Vitiges가 벨리사리우스를 향해 진격했을 때 그는 자신의 병력이 너무 적다고 보고 정면전투를 거부한 채 로마에 포위되어 있기를 택했다. 1,000명의 병력만으로도 —실제 그 정도였을 것이다— 상황을 역전시키기에 충분했었다. 결국 이 전쟁에서는 반복적인 도시 포위와 함락만으로 승부가 결정되었다.

고트족의 토틸라Totila는 그가 탈환한 도시들의 성벽을 허물었고 로마군은 이를 재탈환하면 다시 요새를 구축해서 이를 지키려고 했었다.

현대 학자들은 간단하게 "고트족은 병력이 크게 우세했지만 모두 로마 성벽을 들이받고 쓰러졌다. 이 때문에 그들은 도시의 성벽을 증오했고 어디서나 성벽을 허물었다"고 말해 왔다.1) 그러나 토틸라는 결코 단순한 증오 때문에 그렇게 한 것이 아니었다. 그는 자신이 무엇을 하는지를 아는 전략가였다. 반달Vandalen/Vandals 족의 가이세리히Gaiserich/Gaiseric도 아프리카를 탈취했을 때 성벽들을 허물어버렸다. 그들에게는 광대한 영역 내의 모든 도시들을 만족스럽게 점령할 충분한 병력이 없었기 때문이다. 그뿐만 아니다. 믿을 수 없는 주민들은 적에게 성문을 열어주었고 그렇게 되면 요새화된 도시들이 적의 강력한 거점이 되어 버렸다.

우리는 이와 유사한 상황을 현대에도 볼 수 있다. 서기 1813년 가을 연합군이 라인 강에 도착했을 때 그나이제나우Gneisenau는 프랑스의 그 유명한 3중 요새지대要塞地帶에 병사들이 놀라지 않게 지체 없이 계속 진군해야 한다고 주장했다. 이때 그는 나폴레옹에게는 이제 더 이상 많은 병력이 없으므로 이 수많은 요새들이 오히려 그에게 불리하게만 작용할 것임을 예언했다. 그가 이 요새들을 점령하면 그에게는 야전병력이 없어질 것이고 그가 이 요새들에서 수비병력을 철수시키면 이 요새들이 곧 연합군들 손에 들어올 것이라는 것이었다. 나폴레옹이 신속하게 이 요새들을 파괴하고 요새 수비병력으로 그의 야전병력을 보강할 수 있었다면 그 시점에서 그에게 전략적 이익을 주었을 수 있다. 토틸라가 그렇게 했던 것을 보면 우리는 그가 전략적 식견을 지닌 지휘관이었음을 알 수 있다.

여하간 정치적인 요인들이 지배하는 동안 이 전쟁은 갈팡질팡했었다. 여기서 정치적 요인에는 이태리 주민들의 변덕성만이 아니라 용병傭兵들로부터 복종심을 확보할 수 없던 비잔티움 제국의 무능한 행정도 포함된다. 이 전쟁에서 승부는 유스티니아누스가 두 번째로 제대로 된 큰 병력을 보내고 고트족 역시 요새들을 파괴시킴으로써 전면전을 벌일 수 있을 만큼 충분한 병력을 집결시켰다고 믿게 됨으로써 결정되었다. 그러나 이 결전은 고트족의 마지막 패배로 끝났다.

유스티니아누스는 전례 없이 새로운 군대를 발전시킨 것은 아니지만 기존의 군대를 영리하게 조직한 데다가 행운도 따라서 큰 승리를 거둘 수 있었다. 그의 군대는 비잔티움 제국의 막대한 재정이나 자원에 비해 규모가 매우 작았지만 상배방 군대가 그보다 더 작았었기 때문에 큰 업적을 이룰 수 있었다. 그가 큰 승리를 거두고 있던 중에 훈Hunnen/Huns족에 이어 슬라브Slaven/Slavs족의 큰 무리가 도나우 강을 넘은 다음 발칸 반도를 지나 그리스까지 휩쓸며 약탈과 살인을 저지

---

1) 단Dahn, 《프로코피우스Procop von Cäsarea》, 412쪽.

른 적도 있었지만 그에게는 이들을 막을 병력이 없었다.

여하간 비잔티움 제국은 동쪽에서 평화를 유지하고 있었기 때문에 서부에서 성공을 거둘 수 있었다. 그들은 벨리사리우스Belisar/Belisarius를 아프리카로 보내기 전에 페르시아와 강화를 맺었고 게르만족도 이런 사실을 잘 알고 있었다. 비티세스Vitiges 왕이 이런 절박한 상황에서 페르시아의 코스로에스Chosrus/Chosroes 왕에게 공격을 재개하게 부추기자 유스티니아누스는 막대한 돈을 주고 페르시아를 다시 진정시킨 후에야 고트족을 상대로 마지막의 결정타를 날릴만한 충분한 병력을 주어서 나르세스Narses를 이태리로 보낼 수 있었다. 그러나 여러 제약들 때문에 그가 집결시킬 수 있었던 병력은 25,000명 미만이었다.

유스티니아누스는 그들 영역 내에서1 숙영지에 박혀있던 반달족과 고트족의 매우 적은 병력을 격파할 자신이 있었지만 페르시아에 대해서는 애초 그런 목표를 세울 수가 없었다. 그들에게도 로마군과 같은 용병傭兵들, 특히 훈Hunnen/Huns족 용병들이 있었고 로마군에 복무하던 용병들이 페르시아 측으로 귀순하는 일도 아주 흔했다. 그보다도 페르시아군의 핵심은 자신들의 땅을 지키던 한 단일민족 이었고 이들이 그들의 힘이었다. 이 같은 상황에서 전혀 다른 전략이 필요했다.

우리는 양측이 결정적인 대규모 작전을 피해 가면서 상호파괴보다는 단순한 지구전持久戰을 선호했던 상황을 전쟁사에서 이미 자주 볼 수 있었다. 그 첫 번째 예는 펠로폰네소스Peloponnes/Peloponnisos/Peloponnesus 전쟁 당시의 페리클레스Perikles/Pericles(역자 주: 이 책 제I편, 제II권, 제II장 참고)였고 후일 파비우스 쿤크타토르Quintus Fabius Maximus Cunctator(역자 주: 이 책 제I편, 제V권, 제II장 참고)도 그랬다. 전투의 본질을 왜곡할 정도로 극단적인 편파성을 보여주고 있어 큰 논쟁거리가 되고는 있지만 프로코피우스Procop/Procopius는 벨리사리우스Belisar/Belisarius의 연설을 통해서 이런 종류의 전략을 말하고 있다(《폴레몬Polemon》, 〈페르시아 전기戰記bell. pers〉, I, 18장).

이 로마 지휘관은 이미 후퇴하고 있는 페르시아군을 공격해서 그들과 전투를 하라고 자신을 재촉하고 있는 병사들에게 다음과 같이 말했다.

"로마인들이여! 그대들은 어디로 달려가려고 합니까? 그대들은 무슨 정열에 불이 붙어서 스스로 불필요한 위험 속에 뛰어들려고 합니까? 사람들은 자신의 피해가 적의 피해보다 적을 때만 진정 승리했다고 생각합니다. 이제 행운의 여신은 우리에게 적이 두려워하고 있다는 이점을 주었습니다. 지금 우리가 지니고 있는 이 이점을 즐기는 것이 멀리 있는 것을 잡으려고 하는 것보다 낳지 않겠습니까? 저 페르시아인들은 큰 기대 속에 우리와 전투를 벌였지만 이제 그런 기대가 무너지자 줄행랑치고 있습니다.

이제 그들이 후퇴할 생각을 포기하고 우리와 전투를 하도록 몰아붙이면 우리는 비록 계속 이겨도 더 얻을 것이 없을 것입니다. 도망치는 자를 격파해서 무엇합니까? 혹시 우리가 진다면 지금 우리가 얻은 승리조차 날아갈 것입니다. 그리되면 적은 지금의 승리까지 우리 손에서 빼앗아 가게 될 뿐 아니라 우리 스스로 지금의 승리를 내다 버리는 것이 되고 방어할 병력이 없어진 황제의 땅은 계속 노략질 당하게 될 것입니다. 신神은 위험에 처한 사람들 곁에 서지 위험을 자초한 사람 편에 서지 않는다는 것을 그대들을 생각해야 합니다. 빠져나갈 구멍이 없는 자는 자신도 모르게 매우 용감해지기도 합니다. 게다가 우리로서는 싸우기에 바람직하지 못한 많은 사정들이 있습니다. 우리들은 걸어서 이곳까지 왔고 우리들의 뱃속은 비어 있습니다. 아직 도착하지 못한 병력이 많다는 점은 더 말할 필요도 없습니다."

프로코피우스는 이 연설에 맞추어서 벨리사리우스가 다라스Daras에서의 승리에 만족하고 페르시아군이 궁지에 몰리면 돌아서서 방심한 추격자를 쓰러뜨릴 수도 있다고 생각해서 페르시아군 추격을 제한했다고 했다("그는 도주하던 페르시아군이 구석에 몰리면 무작정 추격하는 자신들을 향해 돌아서지 않을까 염려했고 또 이 승리를 손상되지 않게 보존하는 것으로 충분하다고 생각했다."* ─같은 책, I, 14장). 현대의 무명無名 이론가들 중에서도 비록 자신의 병력이 적의 2배가 되더라도 적이 빠져나갈 구멍이 없는 것을 알게 되면 새로운 용기가 솟아오를 수도 있으므로 적을 완전히 포위하지 말도록 경고하는 경우도 있다.2) 약 50년 후 크게 승리한 지휘관으로 황제가 된 마우리키우스Mauricius의 《전술론Strategikon/ Strategicon》에서는 비록 전망이 좋은 경우라도 가능하면 전면전을 피하고 소규모 작전들로 적을 쓰러뜨리도록 권장하고 있다.3) 프로코피우스는 벨리사리우스의 상대방 역시 같은 원칙을 말했다고 한다(《폴레몬Polemon》, 〈페르시아 전기戰記bell. pers〉, I, 17장). 사라센Saracen 대공大公 알라문다루스Alamundaros/Alamundarus는 페르시아 왕에게 전쟁에서는 자신의 병력이 적보다 훨씬 많더라도 행운과 우연을 믿으면 안 되고 계략과 책략을 써가면서 적을 기다려야 하며 위험 속에 직접 뛰어든 자는 결코 승리를 확신할 수 없다고 말한 적이 있다("자신의 영원한 승리를 확신하지 않는 사람은 비록 자신이 모든 면에서 적보다 앞서 있다고 떠들는지는 몰라도 곧장 전투를 벌이면서 전쟁을 시작하지는 않으며 그보다 속임수와 책략을 써가면서 적의 의표를 찌르도록 인내합니다. 위험은 상대방에게서 오기 때문입니다. 승리는 항상 같은 길을 걷지 않습니다"*).

---

2) 그런 이론가들에 대해서는 쾌클리H. Köchly · 뤼스토프W. Rüstow, 《그리스 군사저술가軍事著述家Griechische Kriegsschriftsteller》, 제II편, 2쪽 및 167쪽. 제XXXIV장, 4절 참고.

3) 옌스Max Jähns, 《독일 군사학사軍事學史 Geschichte der Krigswissenschaften vornehmlich in Deutschland》, 제I편, 155쪽. 이 책 제I편, 제III권, 제III장(이수스 전투), 본문 및 부기 8 참고.

우리는 이런 견해들을 또 만나게 될 것이다. 이런 견해들은 16세기부터 18세기까지 나아가 19세기까지도 때로는 운명적인 역할을 했고 앞으로도 우리 눈길을 크게 끌 것이다. 알렉산더나 한니발Hannibal이나 시저Cäsar/Caesar는 이런 원칙에 따라 전쟁을 수행하지는 않았음이 분명하다. 이들 중에 누구도 도주하는 적에게 승리를 거두는 것은 진정한 승리가 아니라거나 우선 자신에게 피해가 없도록 해야 한다고는 생각하지 않았다. 알렉산더는 말이 기진맥진해서 쓰러질 때까지 도주하는 페르시아군을 추격하도록 몰아붙였다. 한니발의 전투개념은 적을 완전히 포위하는 것이었다. 시저는 적의 퇴로를 차단해서 알레시아Alesia에서는 베르킨게토릭스Vercingetorix에게 일레르다Ilerda에서는 아프라니우스Afranius와 페트레이우스Petreius에게 큰 승리를 거두었고 파살루스Pharsalus에서는 승리 후에도 적이 완전히 굴복할 때까지 고삐를 늦추지 않았다. 이 두 지휘관이 믿었던 최상의 원칙은 적의 격파와 파괴였다. 다만 한니발은 이 원칙을 전술적 승부에만 적용했고 전쟁의 승부를 최종적으로 결정할 전략적 작전에까지 적용할 수는 없었을 뿐이다.

바리살리우스의 연설에 언급된 원칙들만 보고 그가 언제나 이 위대한 지휘관들과는 정반대로 행동했던 인물이었다고 말할 수는 없다. 적의 파괴를 목표로 하는 전략의 기초는 분명하고도 간단하게 공식화될 수 있다. 그러나 지구전持久戰 전략에는 단순한 공식으로 표현할 수 없는 양면성이 있다. 이 문제에 대해 크게 고심했던 프리드리히Friedrich/Frederick 대왕은 자신의 개념을 이론적으로 분명히 표현하지 않았다. 따라서 필자는 프로코피우Procop/Procopius나 그와 동시대 이론가들의 기록에만 의지해서 벨리사리우스를 평가할 수는 없다고 본다. 그가 취한 행동의 동기나 세부적 측면에 대한 기록이 충분하지 않기 때문이다. 그의 명성은 반달족과 동東고트족에 대한 승리에 있다. 그는 이 호전적인 두 민족을 굴복시켰고 그들의 왕 겔리메르Gelimer와 비티게스Vitiges를 포로로 잡아서 콘스탄티노플로 압송했다. 그가 치른 전쟁에는 큰 전투가 전혀 없었지만 이로부터 그의 전략을 단정적으로 말할 수는 없다. 큰 전투를 회피했던 것은 그가 아니라 바로 반달족과 고트족이었다. 그는 토틸라Totila가 전투에 응한 후에야 비로소 동東고트족에 대한 섬멸전殲滅戰을 펼칠 수 있었다.

프로코피우스에 의하면 벨리사리우스는 페르시아군과 진정한 전투를 두 차례 했다고 한다. 서기 530년 페르시아군은 산악지형과 평원지대가 만나는 메소포타미아의 니시비스Nisibis 북쪽 다라스Daras에서 그가 요새를 구축하는 것을 방해하려 했을 때 그는 잘 준비된 방어진지에서 적의 공격을 잘 막아낸 후 그들에게 큰 피해를 입혀 몰아냈지만 그들을 추격하는 일은 소홀히 했다(《폴레몬Polemon》, 〈페르시아 전기戰記bell. pers〉, I, 14장). 만약 그의 승리가 프로코피우스의 말대로 큰 승리였다면 그가 적을 추격하지 않은 것은 큰 실수였음이 분명하다. 메소포타미아 평원 너머까지 그들을 추격했다면 최상의 결과를 가져다주었을 것이 분명하다. 과연 이 전투가 그렇게 큰 전투였는지 아니면 단순한 전초전이 좀 확대된 것이었는지조차 의심스럽다. 프로코피우스의 기록에 의하면 페르시아군과 로마군의 병력은 50,000명 대 25,000명으로 페르시아군이 2배나 많았다 한다. 나중 프로코피우스는 페르시아군이 다라스 부근에 있던 자신들의 진지조차 포기하지 않았고 로마군은 페르시아군이 북쪽(아르메니Armenien/Armenia)과 남쪽(시리아Syrien/Syria)에서 로마 영역을 습격하는 것을 방해할 수 없었다고 한다(I, 16. 1절).

페르시아군의 시리아 침입은 유프라테스 강 주변의 칼리니콘Kallinikon에서 두 번째 전투로 이어졌다. 이때 벨리사리우스는 철수 중인 적을 공격할 샐각은 없이 쫓아가기만 했었다. 그러나 흥분한 병사들이 공격을 하는 바람에 패배했다.

이런 사건들을 통해 우리는 이 당시는 페르시아군이 수적으로나 양적으로나 현저히 우세했고 로마군에게는 계속해서 큰 규모의 승리를 거둘 기회가 없었다고 보아야만 한다.

이와 같은 정치적–군사적 균형관계가 바로 지구전持久戰의 전략 개념이 자라난 본래의 토양이었던 것이다.

제 IV 권
중세로의 전환

제 I 장
로마-게르만 민족들의 군사조직

게르만족은 땅을 찾아 나선 농민집단이 아니라 전사戰士 집단으로 로마 속주屬州로 들어왔다. 그들은 권력을 장악한 후 자신들이 무장세력의 대표가 된 새 정치질서와 조직을 세웠다. 그들은 호전적 전사戰士들이었고 이 호전성은 야만인 생활 때부터의 씨족의 응집력과 개인의 원시적 용기에 그 뿌리가 있었다.

게르만족의 이런 군사적 가치를 제대로 평가한 로마인들은 한때 이들의 보물 같은 호전성을 유지시키기 위해 노력한 적도 있다. 그들은 로마인과 게르만족이 빨리 뒤섞이게 않도록 양자를 의도적으로 분리시키기도 했고 게르만족을 로마인과 로마문명의 독성毒性에 중독되지 않게 고립시켜 놓은 적도 있다. 그러나 3세기 후반 들어 로마인이 이 야만인들이 지니고 있는 위험성을 처음으로 알게 되었을 때 즉, 고트족과 프랑크Franken/Franks족이 육지와 바다에서 제국을 휩쓸고 있지만 레기온legion들로는 이들을 몰아내고 제국 내부를 지킬 수가 없음을 알게 되었을 때 그들은 이 야만인들을 막아낼 수 있는 방법을 바로 야만인들 자체에서 찾아 볼 수밖에 없음을 깨닫고 그들에게 필요한 야만인들을 최대한 자신들 가까이 끌어들이려고 했다. 갈리에누스Galliens/Gallienus 황제는 스스로 게르만족 여성 피파라Pipara를 아내로 맞아들였고 아우렐리아누스Aurelian/Aurelianus 황제는 장교들이 게르만족 여성과 결혼하는 것을 허용했다. 콘스탄티누스Konstantin/Constantinus 대제大帝는 게르만족에게 높은 지위를 주고 심지어 콘슐Konsul/consul(역자 주: 로마의 최고위 집정관) 직위까지 주었고 이로 인해 나중에 후계자가 된 그의 사촌 율리아누스Julian/Julianus에게 탄핵을 받기도 했다. 그러나 율리아누스의 후계자인 발렌티아누스Valentian/Valentianus 치하에서는 정반대의 시도가 있었음이 발견된다. 그는 로마인과 게르만인의 결혼을 특별히 금지했다(서기 365년).[1]

서西고트Westgoten/Visigoths족 아타울프Ataulf는 자신의 왕국을 세웠고 자진해서 로마 황제의 딸 플라시디아Placidia와 결혼했다. 그러나 그의 후계자는 백성들이 로마인과 결혼하는 것을 금지했고 이는 150년 동안 계속되었다.[2] 이런 인종분리는 게

---

[1] 발렌티아누스 황제의 이 법률이 《테오도시아누스 법전Codex Theodosianus》, 제IV장, 제14조에 포함되어 있으나 리히터Heinrich Richter는 그런 금지를 부인하고 있다(《그라티아누스, 발렌티아누스 II세 및 막시무스 치하의 서로마제국Das weströmische Reich besonders unter den Keisern Gratian, Valentinian II, und Maximus》, 681쪽 각주 150). 그러나 "바르바라 콘주크스Barbara conjux"(야만인 아내) 또는 "겐틸레스gentiles"(외국인들)라는 말이 로마제국 국경 밖의 야만인만 의미한다는 점을 보면 그의 해석은 인정될 수 없다. 발렌티아누스 자신이 메로바우데스Merobaudes란 게르만 여성을 한 로마인에게 아내로 주었던 사실과 테오도시우스가 고트족 프라비타Fravitta와 반달족 스티리코Stilicho에게 자신의 질녀姪女들을 아내로 주었던 사실은 가장 세력이 큰 사람이 스스로에게 허용한 예외였을 뿐이다.

르만인이 기독교도가 된 후에도 로마인과 게르만인이 서로 다른 종교공동체를 형성함으로써 더 현실화되었다. 프랑크족을 제외한 모든 게르만 부족들은 아리우스 교도敎徒Arianer/arians(역자 주: 아리우스 교敎는 4세기 초 알렉산드리아의 사제 아리우스가 처음 주장한 이단異端 그리스도교로서 예수의 신성神聖을 부인하고 예수도 신의 피조물이라고 보는 교단이다)가 되었다. 또한 동東고트Ostgoten/Ostrogoths족의 테오데리히Theoderich/Theodoric는 그의 백성들을 로마 영역 내에서 계속 전사戰士계층으로 유지하기 위해 각별한 노력을 기울였던 것으로 보인다. 그리고 고트족은 외국 땅에서도 계속 그들의 법에 따라 생활했다. 고트족에게는 민간관리가 되는 것이 그리고 로마인에게는 전사戰士가 되는 것이 허용되지 않았다.3) 테오데리히의 딸 아말라순타Amalasuntha는 그의 아들이 교육받기를 원했지만 고트인들은 읽고 쓰는 것은 용기와 무관한 것인데 그녀가 어린 아들을 올바로 키우지 못하고 있다고 비난했다. 그들은 교장선생님의 회초리를 두려워하는 자는 전사戰士가 되지 못할 것이고 테오데리히도 고트족 어린이를 결코 학교에 보내지 않았으며 그는 낫 놓고 기억 자도 몰랐지만 위대한 왕국을 세웠다고 주장했다.4)

게르만족은 직업적인 전사戰士라는 생각은 매우 엄격하게 유지되었다. 테오데리히의 왕국에서는 고트족에게만 병역의무가 있었지만 이는 그의 때에만 국한된 것이었다. 이 문제에 관한 문서가 하나 전해져 있는데 이를 보면 명예롭게 전사戰士로 복무하던 한 노병이 더 이상 무기를 들고 싸울 수 없게 되자 군복무에서 풀어 줄 것을 특별히 요청했을 때 그의 요청은 오랜 시간 동안 상세한 조사를 거친 후에야 왕명王命에 의해 수락된다.5)

앞서 설명했던 대로 서西고트족은 아마 그들이 아드리아노플Adrianopel/Adrianople에서 승리 한 후 트라케Thracien/Thrace에서 살고 있을 때쯤에(서기 378년-395년) 로마군을 모델로 삼아 그들의 군사조직을 개혁했다.6) 몇 개의 백호百戶/Hundertschaft들을 모아 천호千戶/Tausendschaft를 만들어서 1명의 밀레나리우스millenarios/millenarius 또는 티우파두스thiuphadus가 이를 지휘하게 했고 또 백호를 십호十戶/Zehnschaft 단위로 나누어 1명의 데카누스decanus가 이를 지휘하게 했다. 그들이 피레네산맥 양쪽에 정착했을 때는

---

2) 조이메르Zeumer의 "서西고트 법의 역사Geschichte der westgotischen Gesetzgebung,"(고대독일사 신보新報 Neues Archiv für ältere deutsche Geschchtkunde》, 제24권, 574쪽)에 의하면 레오비길트Leovigild(재위: 서기 569년-586년)가 고트족과 로마인의 국제결혼(콘누비움Connubium)을 법적으로는 허용했다고 하지만 국제결혼 금지는 사실상 전에도 수 없이 위반되고 무시되었다고 한다.

3) 몸센Mommsen은 "동東고트에 관한 연구Ostgotische Studien,"(《고대독일사 신보新報 Neues Archiv für ältere deutsche Geschichte》, 14권)에서 "테오데리히의 국가에서는 고트족만 전사가 될 수 있었으므로 장교도 고트족에서만 나왔다. 로마인들을 장교에서 배제한 것은 고트인을 민간행정관에서 배제함으로써 균형을 이루었다"고 했다(497쪽).

4) 프로코피우스Procop/Procopius, (《폴레몬Polemon》, 〈고트 전기戰記bell. Goth〉, I, 2장.

5) 단Dahn, 《게르만 왕국Könige der Germanen》, 제III편, 제V권, 36쪽.

6) 이 제3판에서는 이 단락을 올덴부르크Eugen Oldenburg의 《서西고트족의 군사조직Die Kriegsverfassunf der Westgoten》(베를린 대학교 학위논문, 서기 1909년)을 기초로 다시 썼다.

천호千戶들의 전부 또는 상당수를 나누어 오백호五百戶/Fünfhundertschaft를 만들었다. 그러나 이 같이 병력수를 기준으로 한 군사조직은 점차 지리-정치적 기준을 기준으로 한 군사조직과 혼재하다 결국 사라졌고 이제 두키부스ducibus를 수장으로 하는 속주屬州/Provinz와 코미티부스comitibus를 수장으로 하는 속현屬縣/Grafschaft으로 나뉘었다.

이제 더 이상 가까운 이웃으로 같이 살지 못하고 지역 전체에 흩어져 살게 된 백성들은 군사임무 수행을 위해 쉽게 집결할 수 없게 되었다. 복종을 게을리하는 자들은 심하게 처벌된다는 위협을 받았다. 군대급식을 위한 곡식 저장소가 건설되었다. 자신의 정당한 몫을 받지 못하는 자는 고발할 수 있었고 이에 책임이 있는 관리들은 그에게 4배의 배상을 해야 했다.

당시 일반백성들의 군대와 다른 종류의 전사戰士 집단이 발전했는데 카탈로니Catalaunischen/Catalaunian 평원 전투에서 테오도리히Theodorich/Theodoric가 죽고 뒤를 이은 그의 아들 유리히Eurich/Euric(서기 466년-484년)의 법전法典에 이런 집단이 등장한다.

우리는 로마제국 용병傭兵 체계가 콘도티에리Condottieri 체계로 변했음을 이미 알고 있다. 장군들은 개인 자격으로 복무하던 자들로 구성된 무리의 지도자였다. 그들은 이런 사병私兵들을 "부켈라리Buccellarii"(역자 주: 단수는 부켈라리우스Buccellarius)라고 했다. "비스케트Zwieback/biscuit" 또는 "한 조각Bissen/bit"을 의미하는 "부켈라Buccella"에서 파생된 말로서 "빵을 위한 인간들Brotleute"이란 뜻이었을 것으로 추정되는 이 "부켈라리"라는 이름은 처음에는 분명히 별칭이었지만 흔히 그렇듯 그런 뉘앙스는 사라지고 일반적인 호칭이 되었다. 우리는 이 용어와 그 의미를 《유리히 법전法典 Codex Eurici》에서 찾아볼 수 있다. 학자들은 "부켈라리"를 게르만족 종자從者집단 Gefolgschaft과 동일시하면서 게르만 제도가 로마인들에게 침투한 표현으로 보았다. 그리스 작가들은 종종 "파이데스παιδες/Paides(소년들)"란 표현을 쓰는데 어떤 학자는 이 단어가 독일어로는 "데겐degen"(칼)으로 번역된다고 보았다. 그러나 이 단어는 사용된 문장의 문맥상 무기인 "데겐degen"과는 무관하며 "게데이헨gedeihen"(성장하다)이란 단어의 어간語幹 아니면 보다 최근의 개념에 의하면 그리스 단어 "테크논 τέχνον/teknon"의 어간語幹과 관련이 있는 단어로서 결국 "방금 성장한 사람들" 또는 "젊은이들"을 말한다. 이 표현은 분명히 고대의 종자從者체계와 약간의 관련은 있지만 이는 아주 먼 관계일 뿐이다. 그들과는 달리 진정한 의미의 고대 게르만족 종자從者/Gefolgsmann는 그의 주인과 아주 가까운 사이였다. 그는 주인의 식탁 동료였고 주인과 함께 특전을 누렸고 때로는 그의 주인이 왕이 될 때면 대단히 높은 지위로 올라갔다. 군대를 따라다니는 사람들의 집단이 확대되어 가자 전사戰士들의 지위가 낮아져 평민병사(크리크스크네흐트Kriegsknecht)로 변하자 이들도 용병傭兵으로 복무했고 주인의 개인적 친구였던 종자從者로서의 성격은 이제는 사라졌다.

그러나 우리는 게르만의 지도자 아래 복무했던 부켈라리Buccellari는 어디에서나 분명히 고대 종자從者/Gefolgsmann들과 같이 주인에 대해 높은 충성의무를 지녔던 것으로 볼 수 있다. 《유리히 법전法典Codex Eurici》에서는 부켈라리는 자유민으로서 새 주인을 선택할 권리가 있으나 이때 전 주인에게서 받은 것을 모두 반환해야 한다고 했다. 부왕副王으로 서西고트Westgoten/Visigoths 왕국을 오래 경영하다 후일(서기 531년) 왕이 된 테우데스Theudes는 수행원을 2,000명 이상 거느렸다고 한다.7) 물론 이 2,000명은 대부분 고트족이었다. 서西고트 왕국의 전사戰士 숫자는 분명 20,000명 이하로 평가될 수 있다. 따라서 한 사람이 2,000명을 거느렸다면 이런 형태의 군복무가 높은 비중을 차지하고 있었음을 알 수 있다.

후일의 고트족 법전法典에서는 "부켈라리우스Buccellarius"라는 용어가 없어지고 이들을 "후원자가 있는in patrocinio constitutus" 사람이라고 애매하게 표현했다.8) 이 같이 애매한 표현만 있고 직접 표현할 전문용어가 없었다는 것은 이런 제도의 발전이 서西고트족에게서는 일어나지 않았다는 것을 말해주며 이는 실제의 사건들을 통해서도 확인된다.

아리우스 교도敎徒Arianer/arians가 된 모든 부족들은 게르만족과 로마인의 엄격한 분리를 통해 단순하고 부드럽게 기능을 발휘하는 군사조직을 발전시켰다. 아마 이런 상황은 동東고트Ostgoten/Ostrogoths족, 서西고트Westgoten/Visigoths족, 반달Vandalen/Vandals족 및 부르고뉴Burgund/Burgogne족이 다 비슷했을 것이다. 그러나 프랑크Franken/ Franks족은 처음부터 달랐다. 그들은 결코 지역을 분할하지 않았었고 주민들의 두 구성요소를 계속 분리시켜서 게르만족의 군사능력을 보존하려 하지도 않았다. 프랑크족은 아리우스 교도가 되지 않고 바로 가톨릭 교도가 되었다. 문제는 프랑크족 왕들도 게르만족과 로마인을 처음부터 동일한 집단으로 보고 보다 넓은 기반 위에서 군사조직과 군사의무를 운영했었는지 여부이다.

사료史料의 문구들을 보면 프랑크족 왕에게는 그의 신민臣民 모두에게 군복무를 요구할 권한이 있었음을 알 수 있다. 따라서 학자들은 지금껏 타지역들과 달리 프랑크 왕국에서는 자유민과 반半자유민 모두 보편적 병역의무가 있었을 것으로 해석해 왔다. 이런 해석은 진정 위대한 학자라 해도 책에만 의존할 경우 얼마나 잘못 생각할 수 있는지를 보여주는 증거이다. 아주 먼 곳에서 와서 자신의 비용으로 몇 달씩 머무는 농부, 비록 왕국 일부 지역에서만 그것도 1㎢당 1명씩만 징집되었다 해도 그 숫자가 수십만에 이르지만 수 세기 동안 전투 경험이 없어

---

7) 프로코피우스Procop/Procopius, (《폴레몬Polemon》, 〈고트 전기戰記bell. Goth〉, I, 12장.

8) 《유리히 법전法典Codex Eurici》, 310장에는 "부켈라리우스Buccellarius"란 표현이 네 차례 등장한다. 그러나 이에 상응하는 《고대 서西고트 법전Leges Visigothorum Antiquiores》, V, 3, 제1조에는 "그가 후원하는quem in patrocinio habuerit" 또는 "후원자가 있는in patrocinio constitutus" 사람이라는 애매한 표현이 쓰였다.

서 모든 면에서 군복무에 적합하지 않았을 병력들을 상상해 보면 아직도 많은 문헌학자들의 머릿속에서 지워지지 않고 크세르크세스Xerxes와 다리우스Darius 코도만누스Codomannus(역자 주: 대왕大王의 페르시아식 호칭)의 군대가 연상된다. 그러나 지주地主들에게만 군사의무가 요구되었다는 점을 우리가 생각해 보면 그런 대규모 징집군과 보편적 병역의무라는 개념은 흐려질 것이다. 보편적 병역의무가 존재했다고 해도 로마인 지역에는 소작인小作人들을 제외하고 나면 남는 사람이 별로 없었다. 그러나 로마인 지역과 게르만인 지역이 군사적 부담을 나누려면 소작인들도 포함시켜야 했을 것이고 그랬을 경우 다음과 같은 계산이 가능할 것이다. 피레네 산맥 너머의 전역戰役을 위해 쎄느 강 남쪽 지역에서 징집이 실시되고 3 농가農家 당 1명의 전사戰士가 나왔을 것으로 가정해 보자. 이 지역 총면적은 약 7,000평방마일(약 400,000㎢)이다. 그 중 큰 숲과 산지는 계산에서 제외되어야 하므로 1평방마일(56.25㎢) 당 평균 3~6개의 촌락과 도합 90개의 농가農家가 있게 된다. 이들로부터 전사戰士 30명이 징집될 것이므로 총 징집인원은 210,000명이 된다. 만약 1㎢당 1명씩 징집되면 총 400,000명이 된다. 3 농가農家 당 1명의 전사戰士만 나오는 제한적 징집일 경우에도 210,000명이나 징집된다니! 그러나 "매우 특별한 경우"에는 국가 전역에서 징집이 있었을 것이고9) 반半자유민 등 피종속인被從屬人들도 경무장 병력으로 징집되었을 것이므로10) 총 징집인원은 분명 1,000,000명 이상이었을 것이다.

따라서 우리는 이와는 다른 기초 위에서 문제를 검토해야 한다. 신민臣民들의 보편적 병역의무란 형식은 로마나 프랑크 왕국에서 의미가 같았다. 로마에서도 보편적 병역의무라는 형식이 완전히 사라지지는 않았었다. 발렌티아누스Valentian/ Valentianus III세의 경우에도 반달족과 싸우기 위해 긴급칙령으로 그의 신민臣民들을 징집한 적이 있고 로마시민도 로마 방어를 위해 벨리사리우스Belisar/Belisarius를 도왔었다. 이런 로마인들과 같이 게르만족 왕들도 경우에 따라서 한 지역 내의 비非호전적 주민들까지 모두 징집했을 것이다. 일례로 부르고뉴족의 군도바트Gundobad 왕은 아마 서기 507년이었을 서西고트족과의 전쟁에서 리모우신Limousin 지역에 있는 한 항구를 로마인들을 시켜 파괴토록 한 적이 있었는데 이 로마인들은 국경선 부근 지역에서 징집한 민병대民兵隊였다.11)

토틸라Totila도 고트족까지 동원할 필요는 없다고 생각되는 일을 처리하려고 이웃 지역 농부들을 소집해서 극소수 고트족만 함께 복무하게 한 적이 있다.12)

---

9) 바이츠Waitz, 《독일헌법사Deutsche Verfassungsgeschichte》, 제II편, 531쪽; 제3판은 제II편, 제1권, 215쪽.

10) 바이츠Waitz, 같은 책, 제II편, 528쪽; 제3판은 제II편, 제1권, 213쪽.

11) 빈딩Binding, 《부르고뉴-로마 왕국의 역사Geschichte des burgundisch-römischen Königsreichs》, 제I편, 196쪽, 각주 671.

그러나 고트족의 진정한 군대는 자격을 갖춘 병사들인 전사戰士계층으로 구성되었었고 프랑크족이라고 다를 바 없었다.

프랑크 왕국에는 게르만 지역과 로마인 지역이 있었다. 먼저 로마인 지역부터 보면 문제시되는 것은 프랑크족이 다른 남쪽 부족들과 달리 로마인과 땅을 분할하지 않았던 결과 군사문제에서 무엇이 달라졌는지의 여부이다.

지금껏 우리는 브루고뉴족이나 고트족이나 반달족의 경우 로마 땅에 정착하는 과정에서 소규모 집단 내의 개인들에게 농가農家를 주었지만 게르만족 지도자들이 로마인 대지주大地主들과 같은 계층이 되었다고 보았었다. 이런 새 체제에서 소수 귀족인 대공大公/Graf들은 군사 동료인 동족들에게 경제생활의 필수품을 공급해 주는 위치가 되었다. 그들은 고대 씨족단위 거주체제를 유지했지만 그들 중 일부는 직접 대공들 밑에서 복무했었다. 프랑크족의 경우에도 비록 로마인들과 토지분할은 없었다 해도 상황이 그와 유사했을 것이다. 클로드비크Chlodwig/Clovis는 로마인들과 토지분할이 필요 없을 것으로 보았다. 백성들 다수가 이주移住하지 않고 그대로 머물러 있었기 때문이다. 그는 각 대공大公들에게 소수의 전사戰士들만 주면 되었고 대공들은 이들을 과거에 로마황제가 소유했던 토지와 성城과 농장 또는 몰수한 토지에 별로 어려움 없이 정착시킬 수가 있었다.

따라서 프랑크족의 정착과정이 여타 민족들의 정착과정과 크게 달랐던 점은 처음에는 강력한 게르만인 지주地主계층이 탄생하지 않았고 이주정착민도 현저히 적었으며 고대 씨족단위 거주체제가 신속히 쇠퇴했다는 점에 있다. 대공大公 휘하에 각 속현屬縣/Grafschaft에서 일종의 우애友愛단체로 살았던 전사戰士집단은 주로 프랑크족으로 구성되었었고 이들은 직업적인 전사戰士들로서 신체적 정신적으로 군사자질을 끊임없이 연마했다. 그러나 로마화 되어 있던 원주민들이 이 우애友愛단체에 들어가는 것이 불가능하지는 않았다.13) 켈트Kelt/Celt 족이 영웅적인 전사戰士들을 배출하지 못할 정도로 완전히 전사戰士기질을 상실했던 것은 아니다.14) 로마화 되어 있던 지역에서는 누구도 게르만족 수천 명의 침입에 맞설 수는 없었지만

---

12) 프로코피우스Procop/Procopius, (《폴레몬Polemon》, 〈고트 전기戰記bell. Goth〉, III, 22장.

13) 브루너Brunner는 가장 오래된 《살리 법전lex Salica》 (역자 주: 살리Salier/Salian 왕조의 법전)에서는 이런 로마인들을 이미 신민臣民으로 지칭했지만 이들은 아직 군대에 편입되지 않았다고 주장한다(《게르만 법제사法制史 Deutsche Rechtsgeschichte》, 제I편, 302쪽). 그의 말은 클로드비크Chlodwig/Clovis 때의 일이다. 후일 그의 아들 때 제정된 법령에서는 로마인들도 군대에 편입될 수 있다고 했다.

14) 로트Paul Roth는 골 지역 로마인gallischen romanen들이 이룩한 군사적 업적들을 수집해 놓았다(《봉지封地제도의 역사Geschichte des Benefizialwesens》, 172쪽). 이로부터 그는 골 지역 로마인들은 유약한 이태리인들과 반대로 여전히 호전적인 사람들이었다고 말하고 있지만 이는 지나친 평가이다. 로트는 특히 아키타니Aquitanier/Aquitanians 지역 사람들을 높게 평가하고 있다. 그들이 특별히 용감했었을 이유는 무엇일까? 한 지역에 대한 선호는 그의 생각 전체가 틀렸음을 보여주고 있다. 그가 말한 예들은 우연히 보존된 개별적인 경우에 불과하며 이들로 인해 잘못된 모습이 그려진 것이다. 같은 사건들이 전해지지만 않았을 뿐이지 이태리에서도 얼마든지 있을 수 있었다. 문명화文明化와 이에 수반되는 유약화柔弱化는 4세기 반의 세월 동안 이태리 못지않게 골 지역에서도 주민들에게 영향을 미쳤다.

그중에는 용감한 인물도 있었다. 게르만족 왕들이 각 구역을 책임질 대공大公으로 임명한 사람들 중에는 동족뿐 아니라 그런 인물도 있었다.15)

게르만족 전사戰士들도 그런 대공大公 밑에 복무하는 것에 대해 반감이 없었다. 그들은 로마인 밑에서 복무하는 일에 익숙해 있던 사람들이었다. 또한 게르만족 대공大公이건 로마인 대공大公이건 로마인이라도 절제력이 있고 무기를 다룰 능력과 용맹성이 뛰어난 사람이 있으면 그들을 전사戰士로 쓸 수 있었다.16) 이 땅에 정착한 게르만족은 숙영지나 막사 내에 고립되어서 늘 엄격한 군기軍紀 속에서만 산 것이 아니라 민간인들 틈에 섞여 살면서 게르만-로마 전사戰士계층이 되었다. 많은 농노農奴들까지 전사戰士계층이 되었다.17) 개인적 용맹성과 유용성이 입증된 하인들도 대공大公들에게는 자유인들보다도 오히려 가치가 큰 자원이었다. 이런 자원은 자신의 의지에 철저히 복종하고 결코 그의 곁은 떠나지 않을 자원이었다. 그들은 한번 전사戰士가 되면 비록 그에게 다른 중요한 자질이 있는 경우라 해도 그의 곁은 떠나지 않고 전사戰士 정신을 유지했었다.18)

프랑크족의 경우 숫자는 여하간 서西고트족 부켈라리Buccellarii 같이 개인에 종속된 자유민 전사戰士들이 있었다는 신뢰할만한 직접적이고도 완전한 증거는 없다. 그러나 곧 알게 되겠지만 프랑크 왕국에도 초기에는 왕조가 너무 강력해서 이런 관계가 정치적 법적으로 존재하지 못했지만 실제로는 존재했다는 증거가 있다.

메로빙Merowingern/Merovingians 왕조 군사체계의 기초는 불응하면 법의 보호를 박탈한다고 위협해 가면서 필요시 왕이 관리들을 통해 전사戰士계층을 소집하는 것이었다. 사료에 보이는 "레우데스leudes"(직역하면 "사람들")는 이런 계층을 말하며,19) 같은 뜻의 "피델레스fideles"(직역하면 "충성스런 사람들")란 표현도 보인다.

---

15) 로트Paul Roth가 말한 많은 예들이(위의 책, 173쪽) 이를 증명한다.

16) 로트Paul Roth, 《봉지封地 제도의 역사Geschichte des Benefizialwesens》, 180쪽.

17) 그레고리우스Gregor/Gregorius, 《프랑크 왕국사Historia Francorum》 IV, 47장.

18) 브루고뉴족에게도 역시 자유민 이외의 전사戰士들이 있었다. 《군도바트 법전法典 Lex Gundobada》, 제X 장에서는 다음과 같이 규정했다:
"왕실 또는 군대에 복무하도록 선발된 야만인을 죽인 자는 60 솔리디solidi(역자 주: 금 조각)를 지불해야하며, 벌금으로 12 솔리디를 더 납부해야 한다Si quis servum natione barbarum occiderit lectum minisrerialem sive expeditionalem, sexagenos solidos inferat, multae autem nomine XII."
"다른 노예, 로마인이나 야만인, 농부나 목축업자를 죽인 자는 30 솔리디를 지불해야 한다Si alium servum Romanum sive barbarum aratorem 및 porcarium XXX sol. solvat."
이런 규정들을 보면 군대에 복무하는 야만인(크리크스크네흐트Kriegsknecht)이 있었음을 알 수 있다. 보통의 하인(크네흐트Knecht)은 로마인일 수도 있지만 군대에 복무하는 자일 수는 없다.

19) 프레데가리우스Fredegar/Fredegarius의 《연대기年代記/Chronicarum》, 제56장에는 "그는 자신이 아우스테르에서 다스리던 모든 레우데스(사람들)에게 군대에 나오도록 명했다universos leudes, quo regobat in Auster jubet in exercitu promovere"는 구절이 있고, 제87장에도 "시기베르트의 명령에 따라서 아우스트라스의 모든 레우데스(사람들)는 전투에 나가도록 소집되었다jussu Sigiberti omnes leudes Austrasiorum in exercitu gradiendum banniti sund"는 구절이 있다. 앞서 우리가 시도해 본 계산에 의하면 여기서 말한 "레우데스"가 일반적인 "사람들"을 말할 수는 없음이 충분히 설명된다. 따라서 위의 제56장 구절 중 "유니베르소스universos"(모든)라는 용어 역시 매우 제한적인 의미일 수밖에는 없다. 여기서 말한 사람들은 백성들 전체를 의미

이들의 의미에는 왕실에 근무하는 사람들과 관리들도 포함되지만 그 의미를 확대해서 백성들 전체를 말할 때도 가끔 있었음이 분명하다. 특히 프랑크 왕국 내의 순수한 게르만족 지역에서는 전사들과 나머지 백성들의 계층분리가 자연스럽게 매우 느리게 발전했었다.

메로빙 왕조 당시 프랑크 왕국에는 테오데리히Theoderich/Theodoric 당시 고트 왕국과 꼭 같이 왕의 무장소환에 복종해야 하는 직업적인 전사戰士계층이 있었다. 그러나 양자간에는 큰 차이가 있었다. 이태리의 고트 왕국에서는 이런 직업적인 전사戰士계층은 고트족으로서 그들끼리 살면서 로마인들과 결혼하지 않았으므로 전사戰士와 비전사非戰士가 분명히 식별되었다. 그러나 프랑크 왕국에서는 게르만족 지역이나 로마인 지역이나 그런 일이 없었다. 로마인 지역에도 전사戰士계층에 속한 로마인이 있었고 게르만족 지역에서는 전체 남성 주민 중 소수만 징집 대상이 될 수 있었다. 따라서 동東고트 왕국에서 자연적으로 등장한 전사戰士계층을 프랑크 왕국에서는 속현屬縣/Grafschaft을 다스리도록 왕이 임명한 대공大公/Graf들의 권력을 전제로 하지 않고는 생각할 수 없다. 로마인 지역의 대공大公은 로마인이라도 유능한 자를 전사戰士로 받아들일 수 있었다. 게르만 지역 대공大公은 자신이 식량을 공급해 줄 수 있거나 필요하다고 보는 인원으로 징집을 제한했다.

현대학자들에게는 메로빙Merowingern/Merovingians 왕조 당시 군사체계의 특성을 파악하기가 쉽지 않았다. 어느 때는 종자從者집단Gefolgschaft들이 있었던 것 같고 또 어떤 때는 진정한 보편적 병역의무 제도가 있었던 것 같기도 하다. 또한 군사적 의무가 어떤 때는 지주地主들 모두에게 있었던 것 같기도 하고 어떤 때는 왕으로부터 토지를 하사받은 자에게만 있었던 것 같기도 하다. 이런 문제점은 프랑크 왕국 전사戰士계층이 사회적, 정치적 그리고 행정적 관점에서 볼 때 너무 불명확한 계층이기 때문에 생기는 것이다. 우리 시대의 가장 탁월한 학자들 중 하나인 로트 Paul Roth는 프랑크 왕국을 광범위하게 기록한 주요 사료인 투르Tours 주교主敎 그레고리우스Gregor/Gregorius의 《프랑크 왕국사Historia Francorum》에는 "레우데스leudes"란 표현이 단 세 차례만 등장함을 지적하면서 이 표현이 어느 전사戰士계층을 지칭하는 전문용어였다면 이 사료 속에 훨씬 더 자주 등장했을 것이라고 했다. 그의 평가는 정확할 뿐 아니라 심리적으로도 매우 훌륭하다. 그러나 우리가 알다시피 "레우데스"라는 표현은 엄격한 의미를 지닌 전문용어가 아니었다. 프랑크 왕국에는

할 수는 없고 일종의 제한적인 집단만을 의미한 것이다. 만약 백성들 전체를 의미한다면 소집되는 병력은 너무 큰 집단이 되기 때문이다. 이 책 제III편의 제I권, 제I장과 제IV권, 제VI장에 소개된 대담한 샤를르Charles le Téméraire/Karls des Kühnen의 서기 1471년(?) 5월 3일자 포고령布告令 및 막시밀리안Maximilian, Ferdinand 황제(역자 주: 멕시코 황제. 서기 1832년-1867년)의 포고령들을 참고할 것(마이네르트Meynert, 《전쟁사Geschichte des Kriegswesens》, 제II편, 27쪽 이하에서 재인용했음). 이 포고령들은 문언 상으로는 언제나 모든 사람들을 소집하고 있으나 그 의도는 언제나 소수의 집단에 대한 소집령이었다.

당시 전사戰士계층이 있었지만 이를 정확히 표현하는 전문용어는 없었다. 이는 모순이 아니다. 전사戰士계층 자체가 엄격히 한정되어 있지 않았기 때문이다. "레우데스"는 어느 때는 왕실 근무자와 관리들을 말하기도 했고 어느 때는 무장해서 복무하는 사람들을 의미하기도 했으며 또 어떤 때는 특히 순수한 게르만족 지역에서는 자유민 모두를 의미하기도 했다.

역사학자들의 관점은 제자리에서 맴도는 것 같이 보이기도 한다. 한때 역사학자들은 게르만족이 모두 이주移住한 것으로 보지 않고 로마 속주屬州 토지를 차지한 무리들을 전쟁지도자들이 거느린 큰 종자從者집단Gefolgschaft인 것으로 본 적이 있었다. 그러나 사료를 통해 이 개념은 틀린 것임이 입증되었다. 옛 고향을 포기하고 새 고향을 찾은 것은 게르만 민족 전체였다. 하지만 우리들은 당시 인구가 매우 작았던 것으로 판단한 결과 수백만 인구가 이주했다는 것이 전설에 불과함을 알았고 이에 따라 비록 정치적 법적 관점에서는 아니지만 객관적으로 볼 때 또다시 과거와 유사한 개념을 도입하게 되었다.

프랑크 왕국의 전사戰士계층인 "레우데스"가 종자從者집단으로 간주되다가 이런 법형식法形式은 부적절함이 다시 지적되었다. 전시戰時 징집은 종자從者집단Gefolgschaft이나 왕이 하사한 토지의 소유자나 또는 지주地主들을 소집하는 것이 아니라 왕이 그의 신민臣民들을 소집하는 것이기 때문이다. 그러나 실질적인 징집대상으로서의 신민臣民들은 그 숫자로 볼 때 규모가 큰 종자從者집단으로 간주될 수도 있는 전사戰士계층으로 제한되어 있었다.

따라서 역사학자들의 취향은 단순히 옛날대로 돌아가지 않고 나선형螺旋形으로 변한 것이다. 최근의 연구는 옛날의 관점과 가까우면서도 과거의 관점보다는 조금 더 발전된 관점으로 변한 것이다.

부 기附記

1. 부켈라리BUCCELLARII

아가티아스Agathias(《유스티니아누스 통치사統治史》, III, 6장)와 말라라스Malalas가 말한 "파이데스Paides"(역자 주: 직역하면 "소년들")를 독일어로 "데겐Degen"으로 번역한 것은 제크Seeck의 "로마 땅에서 게르만족의 종자從者체계Das Deutsche Gefolgschaftwesen auf römischem Boden,"(《샤비니 재단財團 학술지Zeitschrift der Savigny-Stiftung》, 서기 1896년, 109쪽) 및 그가 파울리Pauly의 《레알-엔시크로페디Real-Encyklopädie》에 수록한 "부켈라리우스Buccellarius" 항 때문이다. 그가 고내 종자從者집단Gefolgschaft에는 여러 계층이 있었다고 본 것은 맞는 말이지만 이들을 용병傭兵을 동일시한 것은 지나친 견해이다. 브루너Brunner의 《게르만 법제사法制史 Deutsche Rechtsgeschichte》, 제II편, 262쪽을 보라.

"부켈라리"가 최초로 언급된 곳은 올림피오도루스Olympiodor/Olympiodorus의 "호노리우스Honorius" 항(7 페이지)이다.

《유스티니아누스 법전codex Justinians》, IX, 12. 10절에 의하면 레오Leo 황제는 이런 인원들을 거느리는 것을 금지했다("우리는 사적으로 부켈라리오스, 이사우로스 및 무장 노예를 거느릴 자유가 모든 도시와 땅에서 금지되기를 원한다omnibus per civitates et agros hadendi Buccellarius vel Isauros armatosque servos licentiam volumus esse praeclusam").

조이메르Zeumer의 《고대 서西고트 법전Leges Visigothorum Antiquiores》, 제13조에 의하면 《유리히 법전法典Codex Eurici》의 해당 조문은 아래와 같이 되어 있다:

"부켈라리우스가 누구로부터 무기나 다른 것을 받았을 때 그는 이 후원자에게 계속 충성하는 동안은 자신이 받은 것의 소유자가 된다. 그러나 자유민은 자신을 지배하고 누구도 그를 구속할 수 없기 때문에 그가 진심으로 다른 후원자를 선택하면 그는 새 후원자에게 자신을 위탁할 자유가 있다. 하지만 이때 그는 먼젓번 후원자로부터 받았던 것을 모두 반환해야 한다. 후원자나 부켈라리우스가 죽으면 그들의 아들들에게도 이와 유사한 절차가 적용된다. 부켈라리우스가 죽고 그의 아들이 아버지의 후원자에게 충성서약을 원하면 그는 아버지가 받은 것의 소유자가 된다. 그러나 그가 진심으로 아버지의 후원자의 아들 또는 손자에게는 복무할 수 없다고 믿는다면 그는 아버지가 받았던 것을 모두 반환해야 하며 아버지가 후원자의 후원을 받는 동안 취득했던 것의 절반은 후원자나 후원자의 아들 소유가 된다. 부켈라리우스가 딸을 남기고 죽었을 경우 그 딸은 계속해서 아버지의 후원자 밑에 있어야 한다. 이때 아버지의 후원자는 그녀에게 지위가 같은 남성 한 명을 주어 결혼을 시켜주어야 한다. 만약 그녀가 아버지의 후원자의 의사와 달리 스스로 다른 남성을 선택했을 경우에는 아버지가 받았던 모든 것을 아버지의 후원자나 그의 상속인에게 배상해야 한다."

"(원문)*Si qui Buccellario arma dederit vel aliquid donaverit, si in patroni manserit obsequio, apud ipsum quae sunt donata permaneant. Si vero alium sibi patronum elegerit, habeat licentiam, cui se voluerit commendare, quoniam ingenuus homo non potest prohiberi, quia in sua potestate consistit; sed reddat omnia patrono, quem deseruit. Similis et de circa filios patroni vel Buccellarii forma servetur; ut, si ipsi quis eorum obsequi voluerit, donata possideat. Si vero patroni filios vel nepotes crediderint relinquendos, reddant universa, quae parentibus eorum a patrono donata sunt. Et quidquid Buccellarius sub patrono adquesierit, medietas ex omnibus in patroni vel filiorum eius potestate consistat; alliam mediaetatem Buccellarius, qui adquaesivit, obtineat; et si filiam reliquilit, ipsam in patroni potestate manere iubemus; sic tamen, ut ipse patronus aequalem ei provideat, qui eam sibi possit in matrimonium sociare. Quod si ipsa sibi contra voluntatem patroni alium forte elegit, quidquid patri eius a patrono fuerit donatum vel a parentibus patroni, omnia patrono vel heredibus eius restituat.*"

필자는 브루고뉴족에게도 부켈라리Buccellarii 비슷한 집단이 있었다는 말은 들어 보지 못했다. 다만 《시기스문트Passio S. Sigismundi 전傳》에는 "다음의 글은……그가 옵티마테스optimates(역자 주: 귀족들)에게 어떤 사람이었는지 보여줄 것이다qualem se…suis optimatibus praebuerit…lectio succedens docebit"라는 구절이 있는데 얀Jahn은 이 구절이 "에크세르키투스exercitus는 그의 조국과 군대에 대해 걱정하고 있는 것으로 보였다patriae exercituique suo videbatur esse sollicitus"라는 뒤의 구절과 연결된 것이고 이 구절 중 "에크세르키투스"는 옵티마테스optimates의 수행원들이었다고 본다(《부르고뉴족의 역사Geschischte der Burgunder》, 제I편, 101쪽, 각주). 필자 역시 그의 해석이 옳다고 믿고 싶은데 그렇다면 이는 고트족의 부켈라리와 유사한 집단을 말한 것이 된다.

아리우스교敎Arianer/arians 주교主敎들이 도시에서 살았다는 기록이 있고 아리우스교도敎徒들의 묘비墓碑들이 도시에서 발견되었다는 사실이 또한 이를 뒷받침한다. 필자는 카우프만Kaufmann의 글(《《독일사 연구Forschungen zur deutschen Geschichte》, 제10권, 383쪽)에서 이런 사실을 발견했는데 카우프만은 이를 브루고뉴족이 도시에서 시민농부市民農夫로 살았다는 의미로 해석했다. 그러나 브루고뉴족은 그렇게 살지 않았음이 너무나 분명하다. 그들에게는 농부가 되려는 경향이 없었으며 시민이 되려는 생각은 더욱 없었다. 그들은 대부분 대공大公/Graf들의 종자從者/Gefolgsmann와 하인으로 도시에서 살았던 것이다.

2. 보편적 병역의무와 레우데스LEUDES

바이츠Waitz는 프랑크 왕국의 군사조직 내지 병역의무의 기초는 토지에 있었고 부동산 소유권과 관련이 있다고 했는데 로트Paul Roth는 《봉지封地 제도의 역사Geschichte des Benefizialwesens》(서기 1850년)에서 적어도 왕들 사이의 싸움에서만큼은 "일반징집이 법적인 개념에 그친 것이 아니라 실제로 실시되었다"라고까지 보았으며(200쪽 및 202쪽) 《봉건제도와 종자從者조직Feudalität und Untertanenverband》(서기 1863년)에서도 바이츠Waitz의 해석을 반박하고 있다. 후일의 학자들은(브루너 Brunner, 《게르만 법제사法制史 Deutsche Rechtsgeschichte》, 제II편, 203쪽; 슈뢰더Richard Schröder, 《게르만 법제사 편람Lehrbuch der deutschen Rechtsgeschichte》, 151쪽 등) 보편적 병역의무가 단지 이론상 의무로 간주된 데 그친 것이 아니라 실제로 집행되었다는 로트Paul Roth의 견해를 인정하고 있지만 앞서 본문에서 언급한 바와 같은 통계적 군사적 이유 때문에 우리는 그런 견해를 인정할 수 없다. 어느 왕의 관할지역을 3,000평 방마일로 보고 군복무 적격자가 1평방마일 당 100명만 있었을 것으로 본다 해도 이미 300,000명의 대군大軍이 되며 만약 1평방마일 당 150명의 군복무 적격자가 있 었을 것으로 본다면 450,000명이라는 대군이 된다. 또한 군사적 관점에서 현실성 있는 징집규모를 전제로 한다면 전혀 군사훈련도 받지 않은 지주地主들이나 여타 부유층까지 징집하는 것은 불가능하다. 특히 훈련된 상비군이 없었던 로마인 지 역에서는 군사능력이 개발된 전사戰士계층이 있었을 것으로 볼 수밖에 없다. 이 런 해석이라야 사료의 기록들과 조화를 이룰 수 있다.

프랑크 왕국의 주요 사료인 투르Tours 주교主敎 그레고리우스Gregor/Gregorius의 《프랑 크 왕국사Historia Francorum》, V, 27장 및 VII, 27장에는 다음과 같은 구절이 있다.

"키페리쿠스Chipericus는 교회와 바실리카basilica의 가난한 젊은이들이 자신의 군대에서 행군을 하지 않자 그들에게 이런 금지를 강제하도록 명했다. 사실 그들이 공적 책무를 수행하는 것은 관습이 아니었다."

"(원문)Chipericus de pauperibus et junioribus ecclesiae vel basilicae bannos jussit exigi pro eo quod in exercito non ambulassent. Non enim erat consuetudo, ut hi ullam exsolverent publicam functionem."

같은 책, VII, 42장에는 이런 구절도 있다.

"이 전역戰役에 참여하기를 주저하는 자는 누구라도 처벌될 것이라는 재판 관들의 포고布告가 있었다. 비투리게스Bituriges 대공大公은 그의 '푸에로스pueros'(역 자 주: 직역하면 '소년들')를 자신의 구역 내에 있는 성聖 마르티누스Martin/Martinus 주 교主敎의 집으로 보내면서 포고를 위반한 자들을 체포하도록 명했다. 그러나 그 집 관리인은 이들은 성聖 마르티니의 사람들로서 전쟁에 나가지 않는 것 이 관습이므로 이들에게 해를 가하면 안 된다며 단호하게 저항했다. 그러자 다른 사람들이 '그것은 당신의 성聖 마르티누스 주교나 우리들에게 아무 관 계가 없소. 당신은 이럴 때마다 늘 쓸데없이 성聖 마르티누스 주교를 들먹였 소. 당신들은 왕명을 어겼기 때문에 값을 치르게 될 것이오'라고 말하며 그 들 중 하나가 그 집의 안마당으로 들어갔다"

"(원문) edictum a judicibus datum, ut qui in hac expeditione tardi fuerant, damnarentur. Biturigum quoque comes misit pueros suos, ut in domo S. Martini

*homines ii sunt; nihil quicquam inferatis injuriae; quia non habuerunt consuetudinem,
in talibus causis abire. At illi sixerunt: nihil nobis et Martino tuo, quem semper in
causis inaniter profers, sed et tu et ipsi pretia dissolvetis, pro eo quod regis
imoerium neglexistis. Et haec dicens ingressus est atrium domus."*

로트Paul Roth는 이 두 문구로부터 그 당시 보편적 병역의무가 있었다는 결론을 내리고 있다(《봉지封地 제도의 역사Geschichte des Benefizialwesens》, 186쪽). 물론 그레고리우스Gregor/Gregorius가 말하고 있는 징집이 교회의 특별한 복무의무 때문이었을 수는 없다. 그런 해석은 위의 기록들의 문언과 조화될 수 없다. 또한 이 징집은 브리튼Britannen/Briton을 침략하기 위한 것이었으므로 외적外敵의 침략에 저항하기 위해 예외적으로 실시된 일반징집도 아니었다. 따라서 로트는 그레고리우스가 말한 징집은 국적과 관계없이 모든 자유민들의 보편적 병역의무를 집행한 것이라면서 "누가 프랑크족에게만 병역의무가 있었다거나 '교회의 가난한 자pauperes ecclesiae'인 레우데스leudes에게만 병역의무가 있었다는 말을 할 수 있는가?"라고 물었다. 만약 레우데스leudes가 종자從者/Gefolgsmänner나 지주地主를 말하는 것이라면 그런 말을 할 수 없다. 그러나 레우데스의 성격이 이제 우리가 말하려는 대로라면 그런 해석을 막을 근거가 없어진다. 우리는 투르Tours의 교회가 분명히 전투용 도끼로 무장한 다수의 프랑크인들을 자체적으로 보유하고 있었을 것으로 보아야 한다. 그러나 왕과 대공大公/Graf들로서는 이런 무장집단에게 징집의무를 면제해 줄 수 없었을 것이며 그들도 소집하려 했을 것이다. 결코 이런 레우데스leudes가 지주地主였을 수는 없다. 또한 투르Tours의 교회도 교회의 사병私兵들에게 보수와 식량의 지급을 약속했을 것으로 볼 수 있지만 토지는 주지 않았다. 이 때문에 그레고리우스는 성聖 마르티누스Martin/Martinus 주교主敎에 대한 기록에서 그들을 "가난한 자pauperes"로 표현할 수 있었을 것이다. 또한 외국과의 전쟁에 그들을 소집하는 것이 "관습consuetud"이 아니었다고 그가 말한 것도 정확한 기록일 수 있다.

바이츠Waitz의 《독일헌법사Deutsche Verfassungsgeschichte》, 제II편, 527쪽에서는 그레고리우스의 《프랑크 왕국사Historia Francorum》 중 다른 구절들을 인용했고 이 때문에 그는 "파우페레스Pauperes"라는 표현을 낮은 계층이지만 결코 자선구호금을 받을 정도는 아닌 사람들만 말하는 것으로 이해했다고 볼 수 있다. 그레고리우스의 《프랑크 왕국사》, X, 9장을 보면 그들이 말까지 소유했었음을 알 수 있다.

3. 리티LITI(농노農奴)의 군복무

로트Paul Roth의 《봉지封地 제도의 역사Geschichte des Benefizialwesens》, 406쪽 및 바이츠Waitz의 《독일 헌법사憲法史Deutsche Verfassungsgeschichte》, 제IV편, 454쪽 그리고 브루너Brunner의 《게르만 법제사法制史 Deutsche Rechtsgeschichte》, 제I편, 239쪽(제2판은 356쪽)에 의하면 작센Sachsen/Saxony에서는 리티Liti에게까지 병역의무가 있었다고 한다. 그러나 그들이 이를 뒷받침하기 위해 인용한 사료의 구절들은 이를 입증하지 못한다.

《레부이누스 전傳 *Vita Lebuini*》에는 리티Liti가 지역총회地域總會에 대표를 내보냈었다는 말이 있으나 브루너는 이를 허구虛構라고 정확히 보았다. 코르베이Corvey 대수도원大修道院/Fürstabtei은 "수도원의 토지에 속한 리티Liti 뿐 아니라 자유민들까지*homines tam liberos quam et lutos qui super terram ejusdem monasterii consistunt*" 대공大公/Graf들이 "전투를 위해 징집할 수 없는("그들을 강제로 군대에 합류케 하도록*in hostem ire compellunt*" 할 수 없는) 특권이 있었다고 해서 이를 근거로 이 수도원 외에 다른 곳에서는 리티Liti가 전사戰士로 징집되었다고 말할 수는 없다. 그러나 보급대열의 수레를 끄는 요원으로 그들이 소집될 수는 있었을 것이다.

4. 서西고트 왕국의 성聖 아비투스AVITUS

프랑크 왕국과 여타 게르만-로마 국가들 간 차이점들 가운데 하나는 전자의 경우 두 민족적 구성요소가 후자의 경우와 같이 엄격히 분리되지 않았다는 점과 전자의 경우에도 후자의 경우나 마찬가지로 전사戰士계층이 있었지만 이 계층이 지배층인 게르만족으로만 구성되지 않고 로마인도 이에 포함되었다는 점이다. 동東고트 왕국과 반달 왕국의 경우 그들 지역에 사는 로마인은 제외하고 오로지 게르만인들만 군사적 적격자로서 무기를 들 의무가 있는 것으로 보았음이 분명하다. 서西고트 왕국의 경우는 시대를 나누어 고찰해야 한다. 왕국 창건 초기는 다른 민족들과 차이가 있을 수 없었지만 7세기로 가면 종족간의 엄격한 구분이 사라진다. 언제 얼마나 빨리 이런 변화가 일어났는지 알 수 있는 증거가 있다. 《볼란두스 성인열전聖人列傳 *Acta Sanctorum Bollandus*》, 제2판, 제IV편(6월 17일 축일祝日편), 292쪽에 전재轉載되어 있는 성聖 아비투스Beatus Avitus의 생애에 관한 기록(「페트라고리카 교구敎區 사를란텐시스의 은둔자隱遁者 성聖 베아투스 아비투스Beatus Avitus, Eremita in Sarlatensi apud Petrovios dioecesi」 항)이 바로 그 증거이다.

"성聖 아비투스는 뿌리깊은 귀족가문 출신으로 평화롭던 시절에 그의 향기를 멀리 널리 알리는 성과를 거두었었다. 지체 높은 가문 출생인 그는 처음부터 귀족인 대공大公급 가문의 예의범절 속에서 성장했다. 그는 페트라고리카Petrogoricae 속주屬州에 있는 린코카시움Lincocasio/Lincocasium 마을에서 상서롭게 탄생했다. 그는 젖도 떼기 전부터 부모의 요구로 교육을 받기 시작했다고 한다. 그가 소년기를 막 지나서 꽃다운 젊은이가 되었을 때 두 가지로 생활방식이 갈라지면서 피타고라스 학문Pythagoricae litterae으로 나갈 수 있는 갈림길에 도달했다. 그는 현명하게도 대중의 갈채와 환락을 쫓다 결국에는 비난만 받는 삶이 아니라 이 바른 길로 매진하기를 선택했다.

이때 기독교의 공적公敵 알라리히Alarich/Alaricus가 고트족을 지배했었다. 그는 왕국의 권력을 장악한 후 잔인한 폭군의 분노와 무자비한 동물적 야만성을 긍지로 여기며 힘으로 이웃들을 빈번히 정복했다. 그는 많은 것을 얻을 수 있다는 확신이 생기자 프랑크 왕국을 침공하기로 결정했다. 힘있는 자가 늘 그렇듯이 그 역시 자신의 끈질긴 야망은 자신의 왕국 전체가 다 같이 참여함으로써 더욱 강화된다고 보았고 이에 따라 그의 수하手下들은 백성들 대부분을 단결된 군대로 만들었다. 이때 군사력을 보유한 사람들은 계급을 막론하고 자신이 원하건 원치 않건 왕으로부터 보수를 받게 되었는데 이들은 여론의 압박 속에 왕의 사자使者들에 의해서 소집되었다.

그 결과 가장 정열적인 하느님의 제자로 이미 학문적 명성을 차지하고 있던 성聖 아비투스에게도 큰 부자로서 말을 타고 다녔던 신분 때문에 그의 의사와는 관계없이 세속적世俗的인 군복무를 하라는 명령이 내려졌다. 그의 이름도 마치 그가 군복무로 보수를 받으려 했던 또 다른 마르티누스Martin/Martinus 주교主敎인 것처럼 다른 이름들과 함께 프랑크 왕국 군대와 싸울 사람 중 하나로 명부에 올라있었다. 그는 '그러므로 시저의 것은 시저에게 하느님의 것은 하느님께'라는 복음서 구절을 잘 기억하고 있는 사람이었다. 그는 겉에는 칼집과 세속의 무기를 걸치고 마음속으로는 남몰래 주님에게 예배를 드리면서 지상의 왕 밑에서 전사戰士가 되기로 동의했다."

"(원문)*Beatus Avitus ex nobili prodiens stirpe ad alta pullulando, congruenti tempore maturos fructus longe lateque redorenti suavitate produxit. Hic, secundum schema curialis prosapiae, altorum natalium productus floruit germine ac loci Principum; et in quodam vico nomine Linocasio Petragoricae provinciae felicis nativitatis sumpsit exordium. Vix tempore ablactationis emerso parentum cura urgente, litterarum imbuendus studiis traditur. Transcurso igitur puerilis metae bravio, jam juvenili pubescens flore bivium attigit Pythagoricae litterae in quo utrisque vitae confinio, dextrum ramum praeelegit sapienti comitio; malens in exilio hujus vitae coactari, quam ambitiose vivendo, vel voluptatum latitudinem sequendo, in extremo judicio damnari.*

Et tempestate Alaricus, Christiani nominis publicus inimicus, regnum Gothorum obtinuit: qui tyrannica crudelis animi rabie, et feralis saevitiae atrocitate, adepti regni potentia in superbiam elatus, et qui brachio suae fortitudinis undequaque affines vincere est solitus; spei animatus majoris fiducia, oppugnandi scilicet gratia regnum adire disposuit Franciae; quod suae pertinaciae votum ut firmis roborari videt assensu morum totius regni (argenti) ponderosa massa per exercutores in unum corpus confratur: et quisque ex militari ordine viribus potens, donativum regis volens nolens recepturus, per praecones urgente sententia invitatur.

Beatus ergo Avitus Atheleta Dei strenuissimus, jam triumpho philosophicae palaestrae nobiliter portitus, censu majore, equestri gradu natalium, licet invitus, seculari praescriptus militae, quasi alter Martinus militare donativum recepturus, inter ceteros praenotatur, ut contra hostilem Francorum aciem pugnaturus. Qui non surdus illius auditor Evangelli, ubi praecipitur Reddite ergo Caesari quae sunt Caesaris, et quae sunt Dei Deo, exterius baltheo circumcinctus et secularibus armis obumbratus: interius vero Christi gerens occultum militiam terreno Regi accessit militaturus."

성_聖 아비투스_{Avitus}가 싸우다가 포로가 된 전투는 서기 507년의 부글레_{Vouglé} 전투였다. 위의 이야기는 훨씬 후일에 쓰여진 것이지만 과거 기록을 참고해서 쓰여진 것으로서 이 이야기를 모두 믿는다면 당시 서_西고트 왕국에는 유명한 로마인까지 포함된 전사_{戰士}계층이 이미 있었던 것이 된다. 이 이야기의 세부내용까지 모두 믿을 수는 없겠지만 젊은 아비투스가 교육받은 저명한 로마인이었음에도 야전에 나갔다 포로가 되었다는 사실만큼은 믿을 수 있을 것이다. 하지만 이런 사실로부터 우리가 더 이상 어떤 결론을 이끌어 낼 수 있을지는 의문이다. 다만 당시 서_西고트 왕국에서도 프랑크 왕국과 마찬가지로 이미 저명한 로마인들이 게르만족 왕 밑에 복무하면서 왕의 무장소집에 복종할 의무가 있는 전사_{戰士}계층에 속하게 되었다고 보는 것이 불가능하지는 않다. 그러나 아비투스가 마지못해 칼을 들었다는 것은 이 글을 쓴 작가가 독실한 기독교도로서 지어낸 이야기에 불과하고 자원해서 칼을 든 젊은 아비투스를 왕이나 어떤 대공_{大公/Graf}이 종자_{從者/Gefolge}로 받아들인 것으로 볼 수도 있다. 특히 그가 보수를 받은 것을 보면 실제 그랬을 가능성이 높다. 그러나 알라리히_{Alarich/Alaricus} II세가 실제로 그의 군대에 보수를 주었을 것으로 보면 안 된다. 이 부분은 이 글을 쓴 작가가 후일 추가한 것일 수도 있고 왕이나 대공이 종자_{從者}들에게 준 하사품을 말한 것일 수도 있다.

따라서 우리가 이 기록으로부터 얻을 수 있는 결론은 6세기 초의 서_西고트 왕국에서도 개별적으로 전사_{戰士}로 복무하는 로마인들이 있었다는 사실뿐이다.

5. 《서_西고트 법전_{LEX VISIGOTHORUM}》의 규정들

《서_西고트 법전》, IX, 2, 제1조~제4조에 규정된 군사의무 조항들은 다음과 같다. 올덴부르크_{Oldenburg}는 《게르만 사료집_{Monumenta Germaniae Historica}》, LL, 제I권 tome(4절판_{四切版/quarto})에 수록된 조이메르_{Zeumer}의 《고대 서_西고트 법전_{Leges Visigothorum Antiquiores}》에서 인용해서 이 조항들이 유리히_{Euric/Euric} 왕(서기 466년-484년)이 공포한 규정들일 것으로 보고 있다.

제1조 고대법_{古代法/Antiqua}

"군대의 지휘관으로서 매수되어 병사를 전역_{戰役}에서
귀향_{歸鄕}시키거나 그가 고향을 떠나지 않게 한 경우.

티우파두스_{thiufadus}(밀레나리우스_{millenarios/millenarius})(역자 주: 천호_{千戶} 지휘관)가 그의 티우파_{thiufa}(역자 주: 천호)에 속한 병사로부터 뇌물을 받고 그 병사를 귀향시킨 경우 자신이 받은 액수의 9배를 그 티우파가 주둔 중인 구역을 관할하는 도시의 대공_{大公}에게 납부해야 한다. 그가 아무것도 받지 않았어도 건강한 병사를 귀향시켰거나 고향을 떠나 군대로 가게 하지 않았을 때는 20솔리디_{solidi}(역자 주: 금 조각)를 납부해야 한다; 킨겐테나리우스_{quingentenarius}(역자 주: 오백호_五

百戶 지휘관Fünfhundertführer)로 그렇게 했을 경우에는 15솔리디를 납부해야 한다; 센테나리우스centenarius(역자 주: 백호百戶 지휘관)로 그렇게 했을 경우에는 10솔리디를 납부해야 하며, 데카누스decanus(역자 주: 십호十戶 지휘자)로 그렇게 했을 경우에도 5솔리디를 납부해야만 한다. 그들이 납부한 솔리디는 그 병사들이 소속되어 있는 센테나centena(백호百戶) 내에서 분배되어야 한다."

"(원문)*Si hi, qui exercitui prepositi sunt, commodis corrupti aliaquem*
de expeditione domum redire permiserint vel a domibus suis
exire non coegerint.

Si thiufadus ab aliquo de thiufa sua fuerit beneficio corruptus, ut eum ad domum suam redire permitteret, quod acceprerat in novecuplum reddat comiti civitatis, in cuius est territorio constitutus. Et si ab eo nullam mercedem acceperit, sed sic eum, dum sanus est, ad domum dimiserit vel de domo in exercitum exire non compulerit, reddat solidos XX; quingentenarius vero XV; si certe decanus fuerit, V solidos reddere compellatur. Et ipsi solidi dividantur in centena, ubi fuerint numerati."

제2조 고대법古代法/Antiqua

"군대 징병관徵兵官이 병사들을 소집 중
그들의 집에서 무엇을 가져간 경우.

대공大公의 하인下人인 징병관이 고트인을 소집 중 그들의 재산 중 무엇을, 그들이 집에 있었건 없었건, 그들의 동의 없이 가져갔거나 가져가려 했고, 그들이 이를 재판관 앞에서 입증할 수 있을 경우 그 징병관은 그의 11배를 그에게 지체 없이 배상해야 한다. 또한 이런 일이 있을 때마다 그 징병관은 시장市場에서 공개적으로 채찍 15대를 맞아야 한다."

"(원문)*Si conpulsores exercitus aliquid, dum exercitum ad hostem*
conpellunt, de domibus eorum auferre presumserint.

Servi dominici, id est conpulsores exercitus, quando Gotos in hostem exire conpellunt, si eis aliquid tulerint aut ipsis presentibus vel absentibus sine ipsorum volumtaten de rebus eorum auferre presumserint, et hoc ante iudicem potuerit adprobare, ei, cui abstulerint, in undecuplum restituere non morentur; ita tamen, ut unusquisque eorum in conventu publice L flagella suscipiat."

제3조 고대법古代法/Antiqua

"군대 지휘관이 전구戰區에서 이탈해서 귀향歸鄉하거나
다른 병사를 귀향하게 한 경우.

군대에서 그의 센테나centena(백호百戶)를 이탈해서 그의 집으로 귀향한 센테나리우스centenarius는 사형에 처한다. 단, 그가 신성한 제단祭壇 또는 주교主教에게

도망갔을 때는 그가 주둔했던 구역을 관할하는 도시의 대공大公에게 300솔리디solidi를 납부해야 하며 그를 사형에 처하지는 않는다. 그 도시의 대공大公은 이런 사실을 왕에게 보고해야 하며 그 솔리디는 우리의 명령에 따라 그가 소속되어 있던 센테나(백호百戶) 내에서 분배되어야 한다. 그 센테나리우스는 이후 다시 지휘관이 될 수 없으며 데카니decani(역자 주: 십호十戶 지휘자 데카누스decanus 의 복수형) 중 하나가 되어야 한다. 센테나리우스가 군사령관이나 티우파두스thiufadus에게 보고한 후 그의 동의를 받지 않고 뇌물을 주거나 청탁한 자를 그의 센테나에서 귀향하도록 허락했거나 전역戰役에 나가는 것을 면제해주었을 경우 그 센테나리우스는 받은 액수의 9배를 그가 주둔했던 구역을 관할하는 도시의 대공大公에게 납부해야 한다. 이때 그 도시의 대공大公은 위에서 말한 대로 이를 지체 없이 우리에게 보고해야 하며 그 금액은 우리의 명령에 따라서 그가 소속되었던 센테나 내에서 분배되어야 한다. 그러나 센테나리우스가 뇌물을 받지 않고 병사를 귀향시켰을 경우에는 위에서 말한 대로 그 도시의 대공大公에게 10솔리디를 납부해야 한다.”

“(원문)*Si prepositi exercitus aut relicto bello ad domum redeant aut alios redire permittant.*

Si qui centenarius, dimittens centenam suam in hostem ad domum suam refugerit, capitali supplicio subiacebit. Quod si ad altaria sancta vel ad episcopum forte confugerit, CCC solidos reddat comiti civitaris, in cuius est territorio constitutus, et pro vita sua non pertimescat. Ipse tamen comes civitatis notim faciat regit, et sic cum nostra ordinatione partiantur solidi illi ad ipsam centenam, que ei fuerat adscripta. Ipse autum postmodum centenarius nullo modo preponatur, sed sit sicut unus ex decanis. Et si centenarius sine conscientia aut volumtate prepositi hostis aut thiufadi sui de centena sua, ab aliquo per beneficio persuasus aut rogitus, quemquam ad domum suam redire permiserit vel in hostem, ut non ambularet, relaxaverit, quantum ab eo acceperat in novecuplum comiti civitatis, in cuius est territorio constitutus, satisfacere conpellatur; et sicut superius diximus, comis civitatis nobis in notitiam referre non differat, ut ex nostra preceptione dividatur inter eos, in cuius centena fuerat adscriptus. Quod si centenarius ab eo nullam mercedem acceperit et sic eum ad domum suam ambulaturum dimiserit, ille centenarius, 냐첫 superius est conprehensum, det comiti civitavis solidos X.”

제4조 고대법古代法/Antiqua

“군대 지휘관이 전역戰役에서 이탈해서 귀향歸鄕하거나 타인을 군대에 합류토록 하지 않은 경우.

데카누스decanus가 그의 데카니아decania(십호十戶)에서 도주해서 귀향하거나 건강함에도 고향을 떠나 전역戰役에 나가려고 하지 않을 경우 그 도시의 대공大公에게 10솔리디solidi를 납부해야 한다. 만약 그가 누구에게 뇌물을 주었으면 그가 사는 지역을 관할하는 도시의 대공大公에게 5 솔리디를 납부해야 한다. 그 대공大公은 이런 사실을 우리에게 보고해야 하며 그 솔리디는 우리의 명령에 따라 그가 배정된 센테나(백호百戶) 내의 병사들에게 분배되어야 한다. 티우파thiufa에 등록된 병사가 티우파두스thiufadus나 퀸겐테나리우스quingentenarius나 센테나리우스centenarius나 데카누스의 허락 없이 군대를 이탈해서 귀향하거나 고향을 떠나 전역戰役에 나가려고 하지 않을 경우 시장市場에서 공개적으로 채찍 100대를 맞고 10솔리디solidi를 납부해야 한다."

"(원문)Si prepositi exercitus aut relicta expeditione ad
domum redeant aut alios exire minime conpellant.

Si decanus relinquens decaniam suam, de hoste ad domum refugerit aut de domo sua, cum sanus esset, exire et ad expeditionem proficisci noluerit, det comiti civitavis solidos X. Quod si alicui forte mercedes dederit, reddat solidos V comiti civitatis, in cuius est territorio constitutus; et ipse comes civitatis notum nobis faciat, ut cum nostra iussione dividantur inter eos, in quorum centena fuerat adscriptus. Quod si aliquis, qui in thiufa sua fuerat numeratus, sine permissione thiufadi sui vel quingentenarii aut centenarii vel decani sui de hoste ad domum suam refugierit aut de domo sua in hostem proficisci noluerit, in conventu mercantium publice C flagella suscipiat et reddat solidos X."

다음 제5조는 레오비길트Leovigild 왕(서기 568년-586년) 때 것이 분명하고 제6조 역시 그러할 것으로 보인다.

제5조 고대법古代法/Antiqua

"군대 징병관徵兵官이 뇌물을 받고 건강한
사람을 고향에 머물도록 한 경우.

병력을 소집해 전역戰役으로 내보내는 대공大公의 하인이 몸값을 받고 누구를 빼주었을 경우 그는 받은 액수의 9배를 그 도시의 대공大公에게 납부해야 하며 건강한 사람으로부터 전역戰役으로 내보내지 말아달라는 청탁을 받고 그를 복무에서 면제시켜준 자는 비록 그로부터 뇌물을 받지는 않았다 해도 복무를 면제받은 사람을 대신해서 그 도시의 대공大公에게 5솔리디를 납부해야 한다. 티우파두스thiufadus는 그의 센테나리우스centenarius들을 통해서 그리고 센테나리우스는 그의 데카누스decanus들을 통해서 사실문제를 조사해 보아야 하며 만약 개인적 청탁이나 뇌물을 통해 고향으로 이탈했거나 고향을 떠나 전역戰役에 나가지 않으려 한 자들이 있음을 발견하게 되면 그 티우파두스는 이를 대공大公의 사령관에게 알리고 또 그가 주둔하고 있는 지역을 관할하는 도시의 대공大公에게 서면書面으로 보고하고 지체 없이 자신을 복무에서 면제해 달라고 청탁했거나 몸값을 주고 복무를 면제받은 자에 대해 법에 규정된 처벌을 집행해서 납부 받은 벌금 전액을 관련된 티우파두스, 센테나리우스, 데카누스 또는 대공大公의 하인에게 보내야만 한다. 납부 받은 벌금을 숨기고 보고하지 않을 자는 납부 받은 전액의 9배를 납부해야 하며, 뇌물을 받았거나 준 자로부터 벌금을 납부 받지 않은 자는 자신의 돈으로 납부 받지 않은 액수의 2배를 이 벌금을 분배받기로 되어 있는 사람들에게 지불해야 한다. 그러나 벌금을 납부 받은 후 왕에게 보고하지 않고 이 금액을 받아야 할 티우파thiufa에게 이를 나누어 갖도록 명령한 자나 그가 받은 벌금을 우연히 건네주지 못한 척 한 도시의 대공大公은 그 벌금을 분배받기로 되어 있는 사람들에게 지체 없이 그 액수의 11배를 납부해야 한다."

"(원문)*Si compulsores exercitus beneficio accepto*
aliquem sine egritudinedomu stare permiserint.

Servi dominici, qui in hoste exire conpellunt, si ab eis aliquis se forte redimerit, quantum ab eo accepit, innovecuplum comiti civitatis cogatur exolvere, et eos, quos rogaverit, dum esset sanus, ut eum in expeditionem non conpellerent, etiam si nullam mercedem ab eo acceperint,illi, qui eum relaxaverint, reddant pro eo comiti civilitas solidos V. Thiufadus vero querat per centenarios suos, et centenatii per decanos, et si potuerint cognoscere, quia per precem aut per redemtionem ad domum suam refugerint aut de domo in hostem proficisi noluerint, tune thiufadus preposito comitis notum faciat et scribat comiti civitatis, in cuius est territorio constitutus, ut comes civitatis vindictam, que in lege posita est de his, qui pro se rogant aut qui se redimunt, aut thiufadis vel centenariis aut decanis vel servis dominicis, omnia ad integrum inplere non differat. Quod si exegerit celaverit et in notitiam non protulerit, omnia, que exegit, in novecuplum reddat; et si corruptus ab aliquo velrogitus exigere distulerit, in dulpum de propria facultate satisfaciat illis, qui inter se hanc solutionem fuerant divisuri. Quod si post exactam rem regi notum non fecerit, ut ipse hoc iubeat in thiufa, cui debebatur, dividere, aut comes civitatis reddere fortasse dissimulet, undecupli compositionem eis satisfacere non moretur."

제6조 고대법古代法/*Antiqua*

"분배할 식량을 받고 이를 분배하지 않은 자에 관하여.

우리는 적절한 절차를 다음과 같이 결정한다. 도시의 대공大公이건 식량보급관이건 불문하고 도시와 성城에서 식량수집관으로 임명된 사람은 병사들에게 분배할 식량을 공급하는 자들에게 신선한 식량을 공급하도록 명령해야 하며 그가 수집한 식량을 지체 없이 병사들에게 보급해서 식량이 감량減量되지 않게 해야 한다. 도시의 대공大公이나 식량보급관이 병사들에게 지급해야 할 식량을 지급하지 않은 경우(횡령하려는 것이 아니라 단지 분배하지 않으려는 경우) 병사들은 그들이 자신들에게 지급해야 할 식량을 지급하지 않고 있다는 내용으로 군대의 대공大公에게 불만을 신고해야 한다. 이때 그 군대 사령관은 지체 없이 그의 사람을 보내서 언제부터 정상적 관행대로 병사들에게 식량이 지급되지 않았는지 계산하게 해야 한다. 그런 다음 도시의 대공大公이나 식량보급관은 정상적으로 병사들에게 식량을 직급하지 않은 기간에 지급했어야 할 식량의 4배를 배상해야 하며 이때 그의 동의는 필요하지 않다. 티우파thiufa에 등록이 된 병사들에게도 이와 유사한 절차가 적용되도록 명한다."

"(원문)*De his, qui annonas distribuendas accipiunt vel fraudare presumunt.*

Hoc iustum elegimus, ut per singulas civitates vel castella quicumque erogator annone fuerit constitutus, comes civitatis vel annone dispensator, annomam, quam eis est daturus, ex integro in civitatem vel castello iubeat exiberi et ad integrum eis restituere non moretur. Quod si contigerit, ut ipse comes civitatis aut annonarius per neglegentiam suam, non habens aut forsitan nolens, annonas eorum dare dissimulet, comiti exercitus sui querellam deponant, quod annonas eorum eis dispensatores tradere noluerint. Et tunc ille prepositus hostis hominem suum ad nos mittere non moretur, ita ut numerentur dies, ex quo annone eorum iuxta consuetudinem eis inplete non fuerint. Et tunc ipse comes civitatis vel annonarius, quantum temporis eis annonas consuetas subtraxerat, in quadruplum eis invitus de sua propria facultate restituat. Similiter et de his, qui in thiufa fuerint dinumerati, observari precipimus."

제 II 장
전술의 변화

지금까지의 연구를 통해 우리는 어느 시대 전쟁사를 보더라도 한 국가 또는 민족의 군사체계와 전술은 항상 밀접한 관계가 있음을 알 수 있었다.

마케도니아 왕들은 호프라이트-팔랑스Hoplit/hoplite-phalanx(역자 주: 보병의 밀집 전투대형)를 로마공화국의 귀족관리들과는 다른 방식으로 발전시켰고 로마공화국의 귀족관리들이 코호르트 전술Kohortentaktik/cohort tactics(역자 주: 이 책 제I편, 제VI권, 제II장 참고)을 채택한 것은 헌법의 변화와 밀접한 관계가 있다. 반면, 게르만족 백호百戶/Hundertschaft들은 그들의 민족적 특성에 따라서 로마 코호르트와는 다른 방식으로 싸웠다.

이런 게르만족 민족들이 원시적 숲 속에서 개발했던 전투방식을 이제 그들의 경제적 사회적 문화적 생활조건들이 완전히 변화된 이후에도 계속 유지한다는 것이 가능했을까? 그렇지 못했다면 그들은 어떤 전투방식을 개발했을까?

고대 게르만 민족들의 보병이나 기병은 모두 능력이 있다는 격찬을 받았었다. 어느 민족은 기병이 더 뛰어났고 다른 어느 민족은 보병이 더 유명했었다. 아리오비스투스Ariovistus는 보병과 기병이 혼합된 "이중 전사戰士"들 때문에 강했었다. 시저Cäsar/Caesar는 골Gallien/Gaul 지역에서 싸우기 시작한 지 7년 후 결정적 시기에 게르만 기병을 고용해서 그의 병력을 보강했고 그들의 도움으로 베르킨게토릭스Vercingetorix를 정복했다. 이 기병들은 파살루스Pharsalus 전투에서도 그의 승리에 중요한 역할을 했으며 내전內戰 당시의 여러 결전決戰에서도 마찬가지였음이 분명하다. 서기 213년 카라칼라Caracalla 황제 당시 알레만Alemannen/Alamanni족이 처음으로 역사무대에 등장했을 때 그들은 말 타고 잘 싸우는 민족("말 타고 경이롭게 싸우는 민족gentem populosam, ex equomirifice pugnantem")으로 유명했었다.1) 스트라스부르크Strassburg/Strasbourg 전투에서 그들은 사실 기병으로 승리했다. 아드리아노플Adrianopel/Adrianople 전투 때도 역시 게르만족에게 승리의 기회를 준 것은 기병이었다. 서西고트족이 스페인을 지배하고 있을 당시의 스페인 사람인 이시도루스Isidorus는 서西고트족은 훌륭한 보병이었지만 특히 말을 타고 싸울 때 투창投槍을 잘 썼다고 했다. 베게티우스Vegez/Vegetius는 부르고뉴족과 튀링그Thüringern/Thuringians족 말을 "힘이 넘치는injuriae tolerantes" 말이라고 칭찬했다.2) 프로코피우스Procop/Procopius는 반달족은 발로 싸우는 것은 배우지 못했고 오직 기병으로만 싸웠다고 단호하게 말했다.("그들은 창병槍

---

1) 《아우렐리우스Aurel. Victor.》, 21장.
2) 《베테리아나리아Ars veterianaria》, VI(IV.), 6장. 요르단네스Jordanes 역시 튀링그족의 말을 칭찬했다(《로마사Romana》, I, 3. 21절).

兵도 궁수弓手도 아니었고 보병으로 어떻게 전투를 시작하는지를 몰랐다. 그들은 모두 기병이었으며 대부분 찌르는 창을 썼으며 칼도 썼다"*).3) 유스티니아누스 Justinian/Justinianus 황제는 포획된 반달족 포로로 5개 기병연대를 편성해서("그는 5개의 카타로고이χαταλόΥους/katalogoi를 구성했다"*) 이들을 동부지역의 수비대로 보냈다.4) 이보다 200년 전에도 그리스 작가인 덱시푸스Dexippus(서기 270년 경)는 그들이 대부분 기병으로 구성된 민족이라고 했었다.5) 그리고 동東고트족은 기병으로 싸우기를 선호했고 활과 화살은 없이 칼과 장창長槍으로 싸웠으며 사람뿐 아니라 말에게도 갑옷을 입혔었다고 한다.6)

프랑크족도 뛰어난 기병이었다. 플루타크Plutarch(《오토스Othos 전傳》, 12장)나 카시우스Dio Cassius(《로마사史 Romanika》, LV, 24장) 같은 옛 작가들도 후일의 프랑크족 주요 집단인 바타비Bataver/Batavian족에 대해 이들이 특히 훌륭한 기병이라고("게르만족의 가장 뛰어난 기병"* "그들은 말을 탔을 때 가장 우수했다"*) 했다. 《노티티아 디그니타툼Notitia Dignitatum》(역자 주: 4세기 말~5세기 초 주요직위의 명칭과 기능 그리고 군부대 명칭 등이 기록된 직관지職官志. 서기 1551년 사본이 남아있다)에서는 바타비족과 프랑크족을 기병으로 부르고 있다. 역시 후일의 프랑크족의 한 집단인 카니네파트 Canninefatium/Canninefates족이 특히 훌륭한 기병이라는 말이 금석문에 기록되어 있고,7) 투르Tours 주교主敎 그레고리우스Gregor/Gregorius의 《프랑크 왕국사Historia Francorum》에서도 가끔 그들을 기병으로 부르고 있다.8) 그러나 그들이 고트 전쟁(서기 539년-552년)에서 이태리 침공 때는 대부분 보병이었고 왕의 경호대만 기병이었다.9)

우리는 그 당시 비잔티움Byzanz/Byzantium 제국 군대에는 진정한 병종兵種 구분이 없었음을 알 수 있었다. 보병과 기병, 베는 무기와 찌르는 무기 그리고 활 등이 모두 섞여 있었다. 갑옷을 착용하고 활도 가지고 있던 기병이 말에서 내려서 싸우기도 했었다. 다른 말로 하자면 그들의 진정한 전사戰士는 모두 기병이었으며 실질적인 보병은 이제 없었다.

---

3) 《폴레몬Polemon》, 〈반달 전기戰記bell. Vand.〉, I, 8장.

4) 프로코피우스Procop/Procopius, 《폴레몬Polemon》, 〈반달 전기戰記bell. Vand.〉, II, 14장.

5) 슈미트L. Schmit, 《반달족 역사Geschichte der Vandalen》, 39쪽에서 재인용.

6) 프로코피우스Procop/Procopius, 《폴레몬Polemon》, 〈고트 전기戰記bell. Goth〉, I, 16장, 28장 및 29장; 〈페르시아 전기戰記bell. pers〉, II, 18장.

7) 브루너Brunner, 《샤비니 재단財團 학술지Zeitschrift der Savigny-Stiftung》, 서기 1887년, 6쪽.

8) 그 예로는 III, 28장; IV, 30장; VIII, 45장; IX, 31장 등.

9) 프로코피우스Procop/Procopius, 《폴레몬Polemon》, 〈고트 전기戰記bell. Goth〉, II, 25장; 아가티아스Agathias(《유스티니아누스 통치사統治史》, II, 5장. 이곳에서 프로코피우스가 말한 것을 완전히 신뢰할 수 있는지는 의문이다. 다른 여러 사료들은 프랑크족이 활과 창을 모두 썼다고 하는데 그만 이를 완전히 부인하고 있기 때문이다. 바이츠Waitz, 《독일헌법사Deutsche Verfassungsgeschichte》, 제II편, 528쪽(제2판은 제II편, 213쪽) 참고. 만약 프로코피우스의 기록이 정확한 기록이라면 프랑크족의 일파인 알레만족이 서기 552년 침공 당시 특히 기병으로 유명했다는 다른 사료 기록들은 좀 특이한 상황이었을 것이다.

보병궁수步兵弓手가 그들의 한 병종兵種이었는데 이들은 개활지에서 단독으로는 적의 기병을 상대할 능력이 없었지만 기병이나 요새 또는 지형지물의 엄호 하에 적의 기병에게 큰 피해를 주기도 했다. 이동장애물을 이용하면 보병궁수를 적의 기병으로부터 보호할 수 있다는 생각이 우르비키우스Urbicius 당시 등장했었고10) 후일 실제로 이런 방법이 사용된 경우가 있다. 그러나 궁수였던 "스페인 마병馬兵/Reiter"은 언제나 보조병종에 불과했었고 기병騎兵Kavallerie의 전투력이 그들보다 높은 평가를 받았었다.

보병 근접전투에서 주로 문제가 되는 것은 개인의 용기나 전투기술이 아니라 전술적 조직이었다. 기병과 궁수들에게도 전술적 조직이 일정한 역할을 했음은 분명하지만 조직보다는 전사戰士 개인이 중요했었다. 근접전투용 무기를 든 보병들은 효율적인 전술대형戰術隊形을 형성하지 않으면 별로 전투력을 발휘할 수 없다. 아리스토텔레스Aristoteles/Aristotle도 그의 시대에 이미 이를 알고 있었다. 그의 《정치학 Politik/Politics》, Ⅳ, 13장에는 "전술대형戰術隊形이 없는 중보병重步兵은 쓸모가 없다. 고대인에게는 이런 기술과 통찰력이 없었기 때문에 오히려 기병의 전투력이 보병보다 컸었다"*는 구절이 있다. 프리드리히Friedrich/Frederick 대왕도 이와 비슷하게 《전술론 Réflexions sur la tactique》(서기 1758년)에서 "보병은 질서 있는 집단을 형성했을 때만 힘이 있으며 그들의 대형이 느슨해지고 깨졌을 때는 약한 기병이라도 이 무질서의 순간에 그들을 덮치면 충분히 그들을 격파할 수 있다que l'infanterie n'a de force que tant qu'elle est tassée et en ordre, et que lorsqu'elle est séparée et presque éparpilllée, un faible corps de cavalerie qui tombe sur elle dans ce moment de dérangement, suffirait pour la détruire"고 했다.11)12) 로마 레기온legion은 이런 밀집대형으로 정렬한 보병이었지만 그들이 기병들에게 짓밟혀 쓰러졌다는 말은 없다.

유스티니아누스Justinian/Justinianus 황제의 군대에서는 근접전투용 무기를 든 보병이 이런 밀집대형으로 정렬했던 경우가 보이지 않는다. 그들의 보병은 궁수弓手이거나 말에서 내려서 싸우는 마병馬兵이거나 말을 갖게 되면 바로 말을 타고 싸우는 병사들이었다. 타기네Taginä/Taginae 전투 당시 고트군의 공격을 받은 그들의 중앙은 인공적으로 보강된 일종의 지형장애물에 의지하고 있었을 것이 분명하다.

벨리사리우스Belisar/Belisarius는 페르시아보병은 적의 성벽을 헐어 내리거나 죽은 자의 유품을 약탈하거나 병사들 시중을 들게 하려고 데리고 온 가난한 농부들이라고 말한 적이 있다.13) 그러나 페르시아보병의 지위가 그렇게도 형편없지는 않았을 것이 분명

---

10) 옌스Max Jähns, 《독일 군사학사軍事學史 Geschichte der Krigswissenschaften vornehmlich in Deutschland》, 제Ⅰ편, 142쪽에서 재인용.

11) 《프리드리히 전집全集 Oeuvres》, 28권, 163쪽.

12) 나폴레옹의 용기병龍騎兵/Dragoner 훈련규정에도 이와 유사한 표현이 있다. 케르크나베Kerchnawe, 《기병운용騎兵運用/Kavallerie-Verwendung》, 제Ⅰ편, 142쪽에서 재인용.

하고 로마보병들의 지위가 그들보다 좀 높기는 했을 것이지만 유스티니아누스의 군대와 페르시아 코스루스Chosrus/Chosroes의 군대는 매우 유사했으므로 페르시아보병에 관한 벨리사리우스의 판단을 통해서 우리는 로마보병의 형편까지도 짐작해 볼 수 있을 것이다.

우리가 앞서 알 수 있었다시피 고대 게르만족의 군사적 힘의 원천源泉은 개인들의 야만적 용기와 후노Hunno를 중심으로 한 씨족의 응집력이었다. 그들의 보병은 쐐기Keils/Wedges 또는 멧돼지 머리Eberkopf 모습으로 큰 무리를 이루어 적에게 돌격했다. 그들에게 진정한 군기軍紀는 찾아볼 수 없지만 씨족의 자연적 응집력으로 인해 그들은 문명민족들이 군기를 통해 유지할 수 있었던 것에 못지않은 전술조직과 단일의지를 지닌 큰 전사집단을 유지할 수 있었다. 그러나 그들의 이런 조직은 로마인들 사이에 정착하면서 완전히 사라졌다.

새 왕국에 정착한 게르만 민족들은 처음부터 두 부류로 나뉘었다. 한 부류는 옛 씨족 단위를 버리고 왕이나 왕의 대공大公/Graf들 밑에서 직접 복무했다. 그들은 왕실 아니면 그 부근에서 숙식하면서 가족 없이 살기도 했고 가족과 함께 살 작은 땅을 할당받기도 했다. 다른 부류는 계속해서 씨족 단위로 살았지만 그 규모가 이제는 크게 줄어들었을 것이다. 첫 부류는 주로 도시에서 살았음이 분명하다. 반면 둘째 부류는 때로는 토지분할의 결과 이제 대지주大地主가 된 지도자들과 함께 때로는 그런 지도자는 없이 농촌에서 살았는데 과거에는 장정壯丁 수가 100명 이상이었고 때로는 수백 명에 이르기도 했던 씨족이 이제는 그보다 훨씬 작은 규모의 단위로 갈라졌으며 그들은 더 이상 공동생활을 하지도 않았고 단체정신을 유지할 수도 없었다.14) 왕실에 있거나 대공의 곁에 있던 사람들도 그곳에서 과거와 완전히 다른 구심점을 갖게 되었지만 씨족 단위로 농촌에서 살던 집단과 그들의 지도자 사이의 관계도 완전히 변했다. 옛 후노들은 동족과 함께 공동생활을 하면서 자연적인 권위를 지니고 있었다. 그러나 새 지도자가 된 지주地主들은 이제 귀족이 되어서 보통의 농촌사람들과는 점점 더 다른 방식의 생활을 하게 되었다. 그들이 옛날과 같은 쐐기대형을 형성했다고 해도 옛날같이 견고하고 힘있는 대형은 아니었다.

그들이 옛 전술조직을 유지하거나 훈련 등을 통해 이를 재건할 수는 없었다. 그런 전술조직이 존재할 수 있는 필수조건이 사라졌기 때문이다. 옛 게르만족의 왕이나 대공大公이나 후노가 동족들에게 지녔던 권위는 지금과는 달랐었다.

---

13) 프로코피우스Procop/Procopius, 《폴레몬Polemon》, 〈페르시아 전기戰記bell. pers〉, I, 14장. 벨리사리우스는 페르시아 보병에 대해 "모든 보병은 적의 성벽을 헐어 내리거나 죽은 자의 옷을 벗기거나 병사들을 위해 다른 시중이나 들려고 온 불쌍한 촌놈들의 무리에 지나지 않는다"*고 묘사했다.

14) 독자들은 앞서 분석한 프로코피우스Procop/Procopius의 《폴레몬Polemon》, 〈반달 전기戰記bell. Vand.〉, I, 18장을 주목해야 한다(역자 주: 제II권, 제IV장, 부기 2 참고). 그는 반달족이 매우 무질서했고 전투대형도 갖추지 않았지만 그들은 "30명 또는 사실상 20명 정도의 작은 집단인 심모리아이συμμορίας/symmoriai로 편성되어 있었고"*고 했다. 이들이 매우 축소된 규모의 씨족이었을 수 있다.

치밀하게 짜여진 공동생활을 하는 큰 집단이라는 외적 조건도 이미 사라졌다. 수백 명씩 로마 땅에서 살던 고트족, 브르고뉴족 또는 프랑크족의 전사戰士계층은 무기사용 연습을 통해 그들의 전투기술을 유지하려고 했을 수는 있었겠지만 훈련군기를 세워 전투기술을 유지할 수는 없었을 것이다. 이 문제에 대해서는 차후 그들의 전술대형戰術隊形이 재건되는 시기를 연구할 때 다시 설명할 것이다. 현재 우리가 다루고 있는 시기는 로마 레기온legion의 전투력의 주된 기반이었던 이런 군사적 효율성의 기초가 점차 사라져 거의 실종되고 전사戰士 개인의 용기와 전투기술이라는 또 다른 발전의 기초에 모든 관심이 집중되기 시작한 시기이다.

이제는 활로 무장한 비교적 효율적인 보병들이 장창長槍, 프라메아framea라는 전투용 도끼, 앙고ango라는 투창投槍15) 또는 개인이 선호하는 여타 근접전투용 무기들을 사용했던 과거의 쐐기대형을 대체했을 수 있다. 비잔티움Byzanz/Byzantium 제국에서는 실제로 그랬다. 주로 게르만족으로 구성되어 있던 비잔티움 군대가 활을 극히 선호했던 것은 지휘부의 취향 때문이었음이 분명하다. 게르만 민족들 중 특히 반달족이나 동東고트족은 활에는 익숙하지 않았고 칼이나 장창長槍을 선호했다는 기록이 있다. 프랑크족이 활을 썼다는 기록도 별로 발견되지 않는다.

보병이 사라져 갈 때 기병은 성장했었다. 쇠퇴한 것은 용기나 무기 사용능력이나 호전성이 아니었고 보병이라는 특수병과였을 뿐이며 이는 당시의 상황이 보병에게 불리했었기 때문일 뿐이다. 베게티우스Vegez/Vegetius는 실질적인 지식은 없었음에도 불구하고 그의 시대에 기병은 필요한 것들을 모두 갖추고 있었다고 이미 정확히 말한 바 있다(《로마 군제軍制 Rei militaris instituta》, Ⅲ, 26장).

로마인들 사이에 정착한 게르만족으로서는 기병에 모든 노력과 주의를 기울일 수밖에 없었는데 이는 그들에게 기병에 특히 적합한 감각이 있었기 때문이 아니라 숲에서 들판으로 말로 이동해 오면서 말 다루는 법과 말 위에서 싸우는 법을 알게 되었을 뿐 아니라 필요할 때는 말에서 내려 발로 싸울 수 있는 능력까지 갖추었기 때문이다. 그들은 사실 기병이라기보다는 그저 말을 탄 병사로 보는 것이 적합할 것이다. 다시 말해서 그들은 말을 타고도 모든 것을 다 할 수 있는 능력이 있었기 때문에 기병이었을 뿐이다. 이 시기에 그들은 전술대형을 형성할 능력이 없었다. 당시 모든 군사체계의 기초는 개인 즉 인간 자체에 있었다. 근접전투용 무기만 휴대하고 발로만 싸울 수 있는 병사는 전술대형의 일원이 아닐 경우 전투력이 전혀 없지만 활과 화살만 휴대하고 가지고 발로만 싸울 수 있는 병사 역시 보조적인 역할밖에는 못 한다. 말을 타고도 싸울 수 있는 병사는 개인으로서는 위의 두 경우보다 우세한 전사戰士이다.

---

15) 앙고Ango는 로마인들의 필룸pilum 창과 유사하며 따라서 투창投槍으로 볼 수 있다.

　운동체는 한번 가속이 붙으면 계속 같은 방향으로 가듯이 가장 우수한 사람들은 이제 기병이 되길 원했고 왕들도 이제 옛날 같은 보병에는 관심이 없었다.

　경제적 요인들도 같은 방향으로 작용했다. 3세기 이후 로마제국의 급격한 쇠퇴와 로마 속주屬州들을 빈번히 괴롭혔던 게르만족의 살상과 약탈에도 불구하고 이태리와 골Gallien/Gaul 지역은 인구밀도가 현저히 높아지고 로마 세계제국이 창건된 때보다도 농업이 더욱 발전했음이 분명하다. 시저와 삼거두三巨頭 체제가 60,000명 내지 70,000명의 병력으로 들판을 휩쓸고 다니던 때도 있었지만 이는 강력한 재정과 조직적 보급체제가 있었기 때문에 가능했었다. 그러나 이제 세계는 물물교환 경제의 시대로 후퇴했고 게르만 왕들에게는 로마와 같은 행정조직이 없었다. 전사戰士들은 레기온legion으로 모이지 않고 먹고살기 위해 전 국토로 흩어졌다. 그러나 대병력을 동원해서 일을 벌이기는 매우 어려웠지만 탁월한 전사들을 먹여 살리는 일은 평범한 전사들을 먹여 살리는 일보다 어렵지 않았다. 기병은 군사기술이 보병보다 훨씬 뛰어났었다. 그러나 한 구역 내에서 수백 명의 그런대로 쓸만한 보병을 모으기는 결코 어렵지 않았지만 좋은 말을 가지고 있는 쓸모 있는 기병은 수백 명 또는 100명 아니면 단 50명도 모으기가 힘들었다. 따라서 최상은 아니더라도 훌륭한 전사들을 왕에게 데리고 온 대공大公은 왕을 훌륭하게 보좌할 수 있었다. 말을 탄 전사는 모든 면에서 보병보다 낳았다. 말의 숫자가 그리 많지 않을 때는 땅에 있는 풀만으로도 먹일 수 있었고 그들은 필요할 때는 말에서 내려서 발로 싸울 수도 있었다.

　시저는 그의 시대에 이미 기병을 가지고 많은 성과를 올렸지만 그의 군대의 핵은 여전히 근접전투용 무기를 들고 중장갑重裝甲을 착용한 레기온 병사legionär/legionary 들이었다. 그의 군대에서 기병의 비율은 5~20%로 다양했었을 것이다.16) 게르만-로마 국가들에서는 기병이 절대적으로 우위였지만 이때의 기병은 시저 때의 기병과 완전히 같지는 않았다. 이때의 기병은 유스티니아누스Justinian/Justinianus 황제의 병사들과 거의 같았다. 전투병과의 구분이 사라졌다. 유스티니아누스의 프랑크족 또는 고트족 기병들은 기병이라기보다는 말을 탄 전사戰士라고 할 수 있었다. 그들은 기병으로서의 특성을 잃지 않으면서 말에서 내려서 발로 싸우기도 했다. 그들에게는 한 가지 공통적인 특성이 있었는데 각 개인이 강하고 용감했으며 무기조작에도 익숙했었다.

---

16) 뤼스토프W. Rüstow는 기병의 수가 평균적으로 레기온 보병의 1/4 정도였고 전 병력의 20% 정도였을 것으로 본다(《시저의 군사조직과 전쟁수행 Heerwesen und Kriegführung C. Julius Cäsars》, 제2판(서기 1862년), 25쪽). 마르카르트Joachim Marquardt도 이에 동의한다(《로마의 국가행정國家行政 Römische Staatsverwaltung》, 제II편, 441쪽). 그러나 프뢸리히Fröhlich는 이를 평균수치로 보지 않는데(《시저의 전쟁Kriegswesen Cäsars》, 40쪽), 이 견해가 옳다. 사료에 기록된 20%라는 수치는 평균수치가 아니라 최대수치이다.

앞의 제I장에서 우리는 프랑크족과 여타 게르만 민족들의 정착과정에 차이가 있었음을 알 수 있었다. 프랑크족은 다른 민족들과 달리 토지분할에 참여하지 않았다. 그러나 우리는 그런 차이점의 의미가 실제로 별로 크지 않았음을 다시 확인할 수가 있다. 각 구역에서 전사戰士를 징집하는 기준은 각 구역의 장정壯丁 수보다 그들을 무장시켜 전투에 활용하고 식량을 공급해 줄 수 있는 능력이었다. 더욱이 고트족, 부르고뉴족 및 반달족의 경우는 로마 속주屬州에 정착한 인원수가 매우 적었다. 따라서 서西고트족과 부르고뉴족이 사유지私有地를 요구했었던 것은 주로 그들에게는 처음부터 몇 개의 작은 지역만 필요했었기 때문이었음이 분명하다. 반달족의 경우는 정치-군사적 이유로 기꺼이 그들의 광대한 왕국에서 단 하나의 속주屬州에만 정착했기 때문이었다. 오도아케르Odoaker/Odoacer와 동東고트족의 사정도 역시 이와 비슷했을 수 있다. 우리는 결국 남부 이태리에는 고트족 숫자가 매우 작았다는 점만큼은 분명히 알 수 있다. 클로드비크Chlodwig/Clovis 휘하에서 프랑크족은 큰 왕국을 세웠지만 이때 그들의 대부분은 그들이 늘 점령했었거나 앞 세대들이 로마인들을 모두 몰아냈거나 거의 굴복시킨 지역에 남았다. 따라서 클로드비크가 대공大公/Graf들을 내보낸 로마인 구역에서는 로마제국 영토나 공유토지 또는 부유한 로마인들에게서 빼앗은 토지만 가지고도 대공大公들은 왕이 준 얼마 안 되는 인원들을 먹여 살리기에 충분했었다.

고트족, 반달족 또는 부르고뉴족의 경우와 같이 프랑크족의 군대도 작은 군대였을 뿐이다. 게르만족 지역에서만 큰 병력을 모으기가 어렵지 않았을 것이지만 그랬을 경우 질서 있는 조직을 완전히 포기하고 그 지역 농사를 완전히 포기할 수밖에 없었을 것이다. 병력규모가 적절해야만 먼 거리까지 전략적인 이동을 할 수 있었을 것이다. 따라서 문제는 군복무적격자의 숫자가 아니라 전략적으로 활용 가능한 숫자였다. 프랑크족의 클로드비크나 그 아들들에 비해 동東고트족의 테오데리히Theodorich/Theodoric 대왕이 우세했었던 이유가 여기에 있다. 클로드비크가 더 큰 병력을 보유했음은 분명하지만 동東고트족의 군대는 비록 그들이 정복한 이태리에 널리 퍼져 있었지만 기동성 있어 쉽게 집결할 수 있었다. 그들은 왕과 예하 지휘관들의 의지에 따라서 그리고 풍족한 농촌의 자원을 활용하면서 필요한 곳이면 어느 곳으로든 이동해서 집결할 수 있었다.

시대의 흐름을 다시 추적해 보면 기병의 우위, 전사 개인의 우위 그리고 전술대형戰術隊形의 퇴조라는 요인들이 군대규모를 축소시켰던 것이다. 이 시대의 전투에서 결정적 작전들은 소규모의 용맹한 전사戰士들에 의한 것이었음을 먼저 알게 되면 왜 클로드비크Chlodwig/Clovis는 그가 정복한 광대한 로마지역에 매우 적은 프랑크족만 정착시켰고 그 결과 토지분할이 필요가 없었는지가 분명해진다.

씨족 조직의 해체와 광대한 지역에 전사戰士들이 흩어져 정착함에 따라 고대의 쐐기 모습 전투대형은 차차 응집력을 잃고 결국은 그 가치를 상실한다. 그러나 이때 전사戰士 개인의 용기와 무기조작 능력까지 쇠퇴한 것은 아니었다. 하지만 이제는 개인적 용기만 남게 되었기 때문에 개인이 가장 효과적으로 활동할 수 있는 형태의 전투가 발전되었다. 즉, 그들은 말을 타고 있었지만 상황에 따라서 말에서 내려서 싸울 수 있는 능력을 포기하지는 않았다.

병력수와 군사조직과 전술 이 세 가지는 서로 영향을 주고 서로를 제약한다. 민족대이동民族大移動/Völkerwanderung 당시의 군대와 동東고트족의 군대가 얼마나 작은 규모였는지를 입증함으로써 우리는 프랑크족의 군대규모를 평가할 수 있는 기준도 찾을 수 있었다. 프랑크족이 작은 규모의 군대로 큰 업적을 남길 수 있었던 것은 그들의 전사戰士들이 매우 유능했었음을 의미한다. 이제 기사騎士/Rittertums 시대의 군사조직과 전술이 발전할 기초가 준비된 것이다.

제Ⅲ장
고유의 게르만-로마군사체계의 쇠퇴

반달Vandalen/Vandals 왕국과 동東고트 왕국은 오래가지 못했다. 가이세리히Gaiserich/Gaiseric의 반달족은 동로마제국의 일격에 쓰러졌는데 이는 새로운 환경에서 이미 반세기를 지내는 동안 그들이 지니고 있던 북유럽 게르만족의 힘이 문명의 태양 아래 노출되어 있었기 때문이다. 동東고트 왕국 테오데리히Theoderich/Theodoric의 후예들도 동로마제국에 맞서서 최소한 18년은 싸웠지만 결국 붕괴했다. 서西고트족은 위기를 극복하고 독립을 유지했지만 이는 그들의 힘이 본래 컸기 때문이 아니라 주로 지리적 상황 때문이었다. 그러나 그들 역시 150년 후 새로운 강력한 적인 이슬람 세력이 접근하자 일격에 무너진 후 완전히 붕괴되고 말았다.

사료들을 통해 우리는 서西고트족에게서 고유의 게르만-로마군사체계가 쇠퇴하는 과정을 추적해 볼 수 있는데 이를 특히 서西고트족에게만 적용되는 것으로 볼 필요는 없다. 비록 그들 중 일부는 약간 오래 버티었고 프랑크 왕국은 오래 존속하기도 했지만 누구도 과거와 완전히 다른 새로운 정치형식을 만들어내지 못했다. 따라서 고유의 게르만-로마군사체계가 쇠퇴한 것은 게르만-로마 국가들 모두에게 공통적으로 적용되는 자연스럽고 불가피한 과정이었다.

그들은 로마 땅에 정착한 직후부터 바로 해체의 징후들을 보였고 이런 징후들에 대해서 우리는 앞서 제I장에서 살펴 본 바 있다. 고트족은 광대한 농촌지역에 흩어져 살던 동족들을 군복무에 효과적으로 동원될 수 없었다. 왕, 헤르조그Herzog(장군), 대공大公/Graf, 대지주大地主 그리고 고위 성직자聖職者들은 모두 자신들의 사병私兵으로 부켈라리buccellarii를 유지했다. 두 종류의 병력 즉, 고트족 일반백성을 징집한 병력과 지배계층의 사병私兵인 용병傭兵들이 일시 공존했었다. 그러나 천호千戶 지도자Tausendschaftführer 티우파두스thiuphadus가 이제는 군사적 의무를 소홀히 하면 법에 따라 매질을 당할 정도로 지위가 낮아졌다는 사실을 통해 우리는 그들의 일반징집 병력이 극도로 쇠퇴했음은 알 수 있다. 고트족은 대부분 그들 고유의 호전성好戰性을 잃어버린 반면에 로마인 중에서도 당연히 존재했을 전사戰士 기질을 지닌 자들은 군복무에 편입되었다.

우리는 이런 변화를 옛 체계가 붕괴된 직후에 시도된 개혁조치를 통해 알 수 있다. 이 개혁조치의 일환으로 탄생한 것이 지금껏 전해져 있는 밤바Wamba 왕(서기 672년-680년)의 법률과 에르비크Erwig/Ervigius 왕(서기 680년-687년)의 법률이다.

서기 673년에 제정된 밤바Wamba 왕의 법률은 서두에서 적의 침략기간에 너무 많은 백성들이 조국수호의 의무를 회피하고 동족을 돕는 자가 아무도 없었음을 격렬하게 비난하고 있다. 그러나 그 이후 성직자聖職者이건 평민이건 누구나 소집되는 즉시 150km 떨어진 곳까지는 "자신이 직접(비르투스Virtus)" 동족을 도우러 나가야 했다. 이런 의무를 이행하지 않으면 추방, 명예박탈, 피해배상, 재산몰수 등 혹독한 처벌을 받도록 되어 있었다.

서기 681년에 제정된 에르비크Erwig/Ervigius 왕의 법률도 서두에서 강해지기보다 부유해지기를 원하고 무기를 쓸 능력보다 자신의 재산 보호에 더 노력하고 승리하기를 그치면 자신들이 노력의 열매를 누릴 수 있다는 망상妄想을 하고 있는 자들을 비난하고 있다. 따라서 이 법전의 취지는 백성들이 자신의 이익만을 위해 행동하지 말고 필요한 곳이면 언제 어느 곳으로라도 무장소집에 응해야 할 의무를 규정하려는 것이었다. 무장소집에 응하지 하지 않는 자는 지위가 높은 자라도 왕이 결정하는 처벌을 받도록 되어 있었다. 전 재산이 몰수될 수도 있었고 추방될 수도 있었다. 티우파두스thiuphadus 이하의 평민들은 채찍 200대와 함께 불명예의 상징으로 삭발削髮과 동시에 금 1파운드의 벌금을 내야 했고 벌금을 납부할 돈이 없으면 농노農奴가 되어야 했다. 소집된 사람은 혼자만 소집에 응하면 되는 것이 아니라 그가 거느린 사람의 1/10을 제대로 무장시켜서 함께 나와야 했다.1) 규정대로 1/10을 데리고 나오지 않으면 그가 덜 데리고 인원수만큼 왕에게 보내야 했고 왕은 자신의 재량으로 이들을 누구에게나 줄 수 있었다. 이 법률은 특히 왕실 관리들에게도 적용되었고 뇌물 수수에 대한 처벌규정도 있었다.

두 법률 모두 질병이 있을 경우 면책조항이 있었다. 그러나 질병이 있었음을 적절한 증언으로 입증할 수 있어야 했고 소집된 본인은 나갈 수 없더라도 그가 거느린 사람들의 1/10은 내보내야 했다. 후일의 법률에는 나중에 추가된 것이 분명한 아주 특이한 보충조항이 있었는데 그의 질병 여부를 관할 교구教區 주교主教가 선서를 한 후에 입증해 주어야 했고 그의 입증이 없으면 믿어주지 않았다.

밤바 왕의 법률과 에르비크 왕의 법률의 가장 중요한 차이는 전자는 외적의 침입이나 반란 등 국가방위의 경우만을 위한 것이었다는 점이다. 후자는 처벌이 일부 완화된 법률로서 전자와 달리 명예박탈의 형벌은 없었지만 그 대신 직접적인 국가방위의 경우 뿐 아니라 모든 무장소집에 적용되었다.

단Dahn은 엄중한 처벌과 통제 외에 농노農奴들에게까지 병역의무를 확대한 것이 이 법률들의 가장 중요한 특징이라며 이를 진정한 군대개혁으로 본다.2) 문언文言

---

1) 일부 법률에서는 1/10이 아니라 거느린 사람 전체의 1/2을 요구하고 있다.
2) 단Dahn, 《게르만 왕국*Könige der Germanen*》, 제VI편(제2판), 222쪽.

만 보면 옳은 말이다. 그러나 병역의무를 전혀 조직화하지 못하고 수없이 많은 대중들에게 무한정 확대한 것은 실제로는 법질서의 파탄을 말해주는 신호이다.

이 법률들은 문언文言상 전 국민에게 적용된 것으로 볼 수 있고 그렇다면 필연적으로 거대한 무리가 동원되었을 것이다. 그러나 그에 이어서 소집된 사람이 일정한 인원을 데리고 나오도록 한 것을 보면 우리는 입법자의 의도가 큰 무리의 동원에 있었던 것이 아니라 주로 대지주들의 동원에 있었음을 알 수 있다. 법률에 의하면 헤르조그Herzog(장군)이건 대공大公/Graf이건 가르딩구스gardingus/garding(왕의 종자從者/Gefolgsmann)이건, 고트족이건 로마인이건, 본래의 자유민이건 나중에 자유민이 된 자이건 왕의 크네흐트Knecht(역자 주: 직역하면 "하인")이건 누구나 그가 거느리고 있는 인원의 1/10을 데리고 나오도록 되어 있다. 만약 그들이 군사문제를 국가의 존경받는 부류들에게 골고루 의존하고 있었다면 무장된 하인들의 큰 무리가 왜 필요했을까? 성직자聖職者들에게 병력의무를 확대한 것 역시 마찬가지이다. 그들은 스스로 싸우지는 않았을 것이며 병력만 제공했을 것이다.

로마 땅에 정착한 후 250년의 세월이 지나면서 고트족 본래의 전사戰士계층이 문민화文民化 되어 호전적 성향을 잃은 것이 당시의 상황이었음이 분명하다. 그들의 야만성과 호전성이 문명세계 풍조 속에서 함께 녹아 없어졌던 것이다.

당시까지 전사戰士계층이 여전히 존재했을 것이라는 생각은 비현실적이다. 전사戰士들은 어떤 식으로든 전투원 집단을 하나씩 거느린 대지주大地主계층으로 점차 변했었다. 법률의 문언文言상 입법자의 의도는 전투성향도 없고 전투능력도 없는 대중들의 큰 무리를 소집하는 데 있는 것으로 보이지만 실제로는 귀족들의 호의好意를 요청하고 있었던 것이다. 그러나 야전에서 전투력을 발휘할 수 있는 어떤 조직은 존재하지 않았다. 과거의 고트족 전사戰士들은 사라지고 없었기 때문이다. 따라서 시민들이나 농부들이 갑자기 먼 야전으로 나갈 수 없음을 훨씬 더 분명히 알고 있던 입법자는 고위 귀족과 성직자聖職者와 평민 지주地主들에게 하인들을 병력으로 데리고 나오라고 명한 것이다. 그러나 이들 지주地主들은 최소한 자신이 거느린 사람들을 무장시키고 먹일 수는 있었겠지만 그들이 거느리고 있는 사람들은 쓸모 있는 전사戰士들이 아니었다. 엄격한 법률과 정력적인 행정을 통해서 실제로 많은 인원을 동원하고 그들에게 필요한 무기와 식량을 공급할 수 있었을 것으로 생각할 수는 있지만 그들에게는 전투력이라는 핵심이 빠져있었다.

우리는 그들이 애국적이고 도덕적인 표현들과 강력한 처벌 위협으로 유용한 조직과 진정한 군사체계의 결여를 대신하려 한 것을 보고 이런 취약점을 분명히 알 수 있다. 그러나 이런 조치들은 아무 효과가 없을 수밖에 없었다. 이런 조치들은 실효성이 없을 것이라는 사실을 암암리에 드러내고 있다.

　로마인들도 호전적 정열을 완전히 잃어버리지는 않았던 것과 같이 아드리아노플Adrianopel/Adrianople 전투에서 로마군을 격파했던 프리티게른Frithigern/Friedigern이나 이태리를 석권했던 알라리히Alarich/Alaric 같은 고트족 지도자들의 자손들 역시 마찬가지였음은 분명하다. 사실 대외적 대내적으로 전쟁은 끊임없이 있었다. 지도자들이 사병私兵으로 거느렸던 전사戰士집단이면서 종자從者집단Gefolgschaft인 부켈라리buccellarii 제도도 여전히 있었다. 그러나 강력한 기능을 발휘하는 진정한 군대조직은 더 이상 존재하지 않았다.

　이 법률이 공포된 지 30년 후 과거에 반달 왕국이 그랬던 것과 같이 이번에는 서西고트 왕국이 일격에 붕괴된 것은 놀라운 일이 아니다.

부 기附記

서西고트족 법령

밤바Wamba 왕의 법률과 에르비크Erwig/Ervigius 왕의 법률은 조이메르Zeumer의 《고대 서西고트 법전Leges Visigothorum Antiquiores》, IX, 2, 제8조 및 제9조에서 발견된다. 필자는 이들보다 앞 시대에 제정된 규정들을 앞의 제I장 부기 6에서 이미 소개한 바 있는데 조이메르Zeumer와 같이 이 규정들이 지금 소개할 밤바 왕의 법률과 에르비크 왕의 법률보다 200년 이상 앞선 것으로 본다(역자 주: 조이메르는 이들이 유리히 왕 때 공포된 것으로 보았다). 조이메르의 《고대 서西고트 법전》, 8절판八切版/Octav에서는 기본원문을 레케스빈트Reccessvind 왕(서기 649년-672년)의 법전으로 재구성했으므로 후일의 이 두 법률은 빠져 있다. 이 두 법률은 《게르만 사료집Monumenta Germaniae Historica》, LL, 제I권tome에 수록된 조이메르의 《서西고트 법전》, 신판新版(4절판四切版/quarto)에 있다. 조이메르는 이 두 법률 중 둘째 것이 마드리드Madrid 판版이나 리스본Lisbon 판版의 견해같이 밤바 왕이 공포했거나 단Dahn의 견해같이 에기카Egika 왕이 공포한 것도 아니고 에르비크 왕이 공포한 것이라고 판단한 최초의 학자이다. 이제 원문을 그대로 전재轉載한다.(역자 주: 라틴어 원문은 책 뒤에 부록으로 첨부한다.)

"우리의 밤바Flavius Gloriosus Wamba 왕 전하殿下의 이름으로 공포한다.

스페인 영토 내에서 반란이 일어나면 다음을 준수해야 한다.

우리의 법이 백성들의 고통을 종식시키고 해외까지 그 권위를 높였듯이 우리들은 형제애兄弟愛의 전쟁에서도 징집과 상호조력으로 승리할 것임을 가장 은혜로운 주도적 행동으로 영광스럽게 선포한다. 법의 나팔로 우리를 소집해서 우리 모두의 관심을 선한 목적에 집중시킬 수 있을 때만 우리들 각자에게 이익과 평화가 있다는 것은 자명한 사실이다. 물론 우리는 뒤엉켜 있는 과거의 잘못된 질서를 우리 전하의 힘으로 바로잡아야 한다는 것을 알고 있다. 우리는 조국에 빈번히 해악이 발생했을 때도 일부의 태만으로 인한 다음 같은 나쁜 관행들을 증오하며 넌더리나게 참아왔다. 적이 우리 왕국의 속주屬州들을 빈번히 공격해서 외국 민족들과 가까이 사는 변경지역의 우리 백성들이 전쟁을 수행해야 할 때 일부 백성들은 적을 증오하기만 할 뿐 기회만 있으면 최대한 빨리 흩어져 피난하고 때로는 무능한 척까지 했으며 타인을 도와가며 투쟁하는 형제애兄弟愛를 보여주지 않았다. 따라서 공공업무를 수행할 책임이 있지만 형제들로부터 도움을 받지 못한 사람이 후퇴해 버리기도 했고 국가와 영토를 지키려고 과감하게 적에 대항한 백성들이 불행하고 급박한 위험에 처하거나 적에게 몰살당하기도 했다. 따라서 이 법이 공포된 후 적이 우리 영토에 도발을 했을 때 그 적대행위가 발생한 지역에 이를 방어하기 위해서 있게 되었거나 다른 이유로 그곳에 있게 되었거나 그 부근에 집결했거나 해당 속주屬州와 영역으로 들어와 그곳으로 부터 100마일 이내에 있게 된 자로서 그의 두키부스Ducibus(역자 주: 헤르조그Herzog 또는 장군), 코미티부스comitibus(역자 주: 대공大公/Graf/count), 티우파두스thiufadus, 비카리우스Vicarius(역자 주: 백호百戶 지휘관인 쎈테나리우스centenarius의 또 다른 이름)가 그를 소집했음에도 소요所要가 생기는 즉시 자신의 모든 것을 가지고 우리 국가와 국토를 방어하는 데 참여하지 않고 다른 곳으로 가려고 하거나, 속임수로 자신을 변명하거나 거짓 핑계를 대며 국가방어를 위해 형제들을 지원할 준비를 하지 않거나, 적의 군대가 전진하면서 우리 영역의 속주와 백성들에게 해를 입히거나 우리 백성들을 포획하고 있을 때 국가와 국토의 이익과 방어를 위해 나가서 전력을 다해 적과 맞서지 않거나, 고의나 두려움 또는 경악驚愕 때문에 주저하거나 두려워하거나 거부하거나 지연하는 자는, 주교主教, 성직자聖職者, 두키부스, 코미티부스, 티우파두스, 비카리우스, 가르딩구스gardingus/garding(역자 주: 왕의 종자從者/Gefolgsmann) 등 누구를 막론하고, 그들 중에 우리 땅이 적에게 입은 피해를 자신의 자원으로 치유할 수단이 없는 사제司祭나 성직자가 있을 경우에도, 코미티부스의 결정에 따라서 엄한 추방의 벌을 받는다. 이 규정만은 주교主教, 장로長老 및 집사執事들도 준수해야 한다. 현직現職이 아닌 성직자聖職者들도 평신도平信徒들에 관해 규정한 다음의 명령에 따라 진심으로 이 법률의 모든 규정들을 준수해야 한다. 우리는 평신도로서 앞서 열거한 것 같은 행위를 한 자는 그의 국가와 국토의 고귀함을 그리고 명예로운 국가가 그에게 준 혜택을 굳게 방어하기를 거부한 자이므로 신분이 높은 자이건 평범하고 가난한 자이건 그의 계급을 박탈하고 그를 가장 신분이 낮은 노예로 만들기로 이 법률을 통해 결정한다. 그가 이런 노예가 되기를 원했었는지 판단할 분명한 권한은 코미티부스에게 있고 그와 같이 결정된 자는 매우 중대한 범죄를 범해서 비열하고 무가치함이 밝혀진 사람과 동일하게 이 법률이 규정하는 바에 따라 처벌되어야 한다. 또한 우리는 평신도나 현직이 아닌 성직자로서 이 법률을 위반한 자의 재산에 대해서는 다음과 같이 결정한다. 이 법률이 공포된 이후 이 법률을 위반한 사람은 그가 우리의 국토에 입힌 모든 피해를 그 피해를 입은 사람에게 배상해야 하며, 비겁한 행동으로 인해 공격할 적을 고의로 격퇴하지 않거나 적과의 전투에서 남성다움을 보여주지 않은 자는 양심의 가책을 느껴야 하며 그의 계급과 토지를 박탈당한다. 스페인, 골Gallien/Gaul, 갈레시아Gallaecia 또는 우리의 주권에 속하는 속주의 어느 곳에서 국가와 조국 또는 우리 또는 우리의 후계자들의 통치에 대한 반란이 일어났거나 일어나려 한다는 것이 앞서 언급한 거리(역자 주: 100마일 즉, 750km)까지 인근지역에 알려졌을 때 사제, 주교, 두키부스, 코미티부스, 티우파두스, 비카리우스 등에 의해 특별히 소집되었거나, 앞서 말한 명령을 받았거나, 다른 어떤 경로를 통해 그런 사실을 알고 있고 또한 충성심을 발휘하기를 호소 받은 사람으로서 반란자들이 전복시키려 하는 왕이나 국가나 국토를 지체 없이 방어하지 않은 자나 반란진압에 나타나지 않은 자는 그가 사제司祭이건 주교主教이건 왕실의 관리이건 지위나 계급이 있는 사람이건 이런 불충不忠의 범죄에 연루된 하급자건 불문하고, 추방될 뿐 아니라 그의 모든 재산은 왕이 내리는 결정에 따라 처리된다. 이 법은 상류계층 사람으로서 질병이 너무 심해 전혀 전진할 수 없거나 위의 명령에 따라 충성에 동참할 수 없는 사람과 실제로 질병이 있음에도 왕의 권력과 국가와 충성스럽게 수고하는 사람들의 조국에 진심으로 봉사하기 위해 모든 힘을 다해 사제와 주교와 형제들을 지원하는 사람에 대해서만 예외를 인정하며 그렇지 않을 경우에는 위의 규정에 따라 위반자와 동일한 방식으로 처벌된다. 그러나 이 경우에도 그가 질병으로 무능해져서 제때에 나갈 수 없었음을 적절한 중언을 통해 입증한 때에는 처벌되지 않는다. 우리는 과거로부터 현재까지의 나쁜 영향들로 인해 잔존하고 있는 악습惡習이 발견되면 이 법에 따른 엄격한 판결을 통해 이를 밝힐 것과 백성들이 일사불란하게 단결해서 평화와 국토를 지킬 것을 명한다.

이 법은 전하殿下의 즉위 2년 9월 1일부로 비준되었다.”

“(원문)*IN NOMINE DOMINI.*
FLAVIUS GLORIOSUS WAMBA REX.

Quid debeat observari, si scandalum infra fines Spanie exsurrexerit.

Cogit nostram gloriam saluberrima intentio actionis, ut, sicut in dirimendis negotiis populorum legum est auctoritas promulgata ita in rebus bellicis mutuo suffulta presidio habilis ad expugnandum maneat fraternitas dilectione retenta. Prodesse enim omnibus tranquillitas nostra non ambigit, si cunctorum animos ad bonum propositum classica legis tuba evocando constringit; scilicet, ut que in preteritis non bene ordinata discurrunt, deinceps disposita opitulante Domino in melius proficiscant. Et ideo huinus male usitate consuetudinis mores nostra clementia perhorrescit et tediose tolerat, quod per quorundam incuriam frequentia occurant patrie damna. Nam quotiescumque aliqua infestatio inimicorum in provincias regni nostri se ingerit, dum nostris hominibus, qui in confinio externis gentibus adiunguntur, hostilis surgit bellandi necessitas, ita quidam facillima se occasione dispergunt, modo transductione loci, modo livore odii, modo etiam inpossibilitas dissimulatione subnixi, ut in eo preliandi certamine unus alteri fraterna solacia non inpendat, et sub hac occassione aut qui prestare debuit publicis utilitatibus fratrum destitutus adiutorio retrahatur, aut si adgredi pro gentis et patrie utilitatibus audacter voluerit, casu inminentis periculi ab adversariis perimatur. Adeo presenti sanctione decernimus, ut a die legis huius prenotato vel tempore, si quelibet inimicorum adversitas contra partem nostram commota extiterit, seu sit episcopus sive etiam in quocumque ecclesiastico ordine constitutus, seu sit dux aut comes, thiufadus aut vicarius, gardingus vel quelibet persona, qui aut ex ipso sit commissu, ubi adversitas ipsa occurrerit, aut ex altero, qui invicinitate adiungitur, vel quiqumque in easdem provincias vel territoria superveniens infra centum milia positus, statim ubi necessitas emerserit, mox a duce suo seu comite, thiufado vel vicario aut a quolibet fuerit admonitus, vel quocumque modo ad suam cognitionem pervenerit, et ad defensionem gentis vel patrie nostre pretus cum omni virtute sua, qua valuerit, non fuerit et quibuslibet subtilitatibus vel requisitis occasionibus alibi se transferre vel excusare voluerit, ut in adiutorio fratrum suorum promptus adque alacer pro vindicatione patrie non existat, et superveniens adversariorum hostilitas aliquid damni vel captivitatis in populos vel provincias regni nostri amodo intulerint, qui quistardus seu formidulosus vel qualibet malitia, timore vel tepiditate succinctus exiterit, et ad prestitum vel vindicationem gentis et patrie exire vel intendere contra inimicos nostre gentis tota virium intentione distulerit: si quisquam ex sacerdotibus vel clericis fuerit et non habuerit, unde damma rerum terre nostre ab inimicis inlata de propriis rebus satisfaciat, iuxta eletionem pricipis districtiori mancipetur exilio. Hec sola sententia in episcopis, presbiteris et diaconibus observanda est. In clericis vero non habentibus honorem iuxta subteriorem de laicis ordinem constitutum omnis sententia adinplenda est. Ex laicis vero, sive sit nobilis, sive mediocrior viliorque persona, qui talia gesserint, presenti lege constitutimus, ut amisso testimonio dignitatis redigatur protinus in conditionem ultime servitutis, ut de eius persona quidquid princeps iudicare voluerit postetas illi indubitate manebit. Nam iustum est, ut qui nobilitatem sui generis et statum patrie, quod prisce gentis adquisivit utilitas, constanti animo vindicare nequivit, legis huius sententia feriatur, qui notabiliter superioribus culpis adstrivtus, degener atque inutilis repperitur. De bonis autem transgressorum, laricorum scilicet adque etiam clericorum, qui sine honore sunt, id decernimus observandum, ut qui deinceps hoc fortasse commiserint, inde cuncta damna terre nostre vel his, qui mala pertulerint, sarciantur; ut recte doleat, et dignitatem se amisisse nobilium et predia facultatem, cuius maligna vel timida factio nec ledentem reppulit hostem nec se ostendit in adversariorum congressione virilem. Nam et si quilibet infra fines Spanie, Gallie, Gallecie vel in cunctis proviciis, que ad ditionem nostri regiminis pertinent, scandalum in quacumque parte contra gentem vel patriam nostrumque regnum vel etiam successorum nostrorum moverit aut movere voluerit, dum hoc in vicinis loci ipsius partibus iuxta numerum miliorum suprascriptum nuntiatum extiterit, aut etiam specialiter quisquis ille a sacerdotibus, clericis, ducibus, comitibus, thiufadis, vicariis, vel quibuslibet personis iuxta ordinem suprascriptum admonitus fuerit, vel ad suam cognitionem quoquo modo pervenerit, et statim ad vindicationem aut regis aut gentis et patrie vel fidelium presentis regis, contra quem ipsum scandalum excitatum extiterit, non citata devotione occurrerit et prestium se in eorum adiutorio ad destruendum exortum scandalum non exhibuerit: si episcopus vel quilibet ex clero fuerit aut fortasse ex officio palatino, in quocumque sit ordine constitutus vel quelibet persona fuerit dignitatis, aut fortasse inferior huius infidelitatis inplicatus scelere, non solum exilio religetur, sed de eorum facultatibus quidquid censura regalis exinde facere vel iudicare voluerit, arbitrii illius et potestatis per omnia subiacebit. Illos tantum a superioribus capitulis lex ista indemnes effeciet, qui ita ab infirmitate fuerint pregravati, ut progredi vel proficisci in consortio fidelium secundum superiorem ordinem minime possint; qui vero, et si ipsi morbis quibuslibet fuerint prepediti, omnem tamen suam virtutem in adiutorio episcoporum vel clericorum adque fratrum suorum sinceriter pro utilitate regie potestatis, gentis et patrie fideliter laborantium dirigebunt. Quod si hoc non fecerint, superiori sententia pariter cum transgressortibus feriantur. Persona autem illa tunc erit a suprascripta damnatione innoxia, dum per idoneum testem convicerit, ita se esse pre egritudine inpossibilem, ut nullum habuisset in tempore prestandi vel proficiscendi vigorem; ut vitium, quod ex preteritis temporibus male usque hactenus inoleverat, et severa legis huius censura redarguat, et concors adque unanimis adsensio quietem plebium et patrie defensionem adquirat.

Data et confirmata lex di kalendarum Novembrium anno feliciter secundo regni nostri."

IX. 에르비크Flavius Gloriosus Erwig/Ervigius 왕의 법률

"지정된 장소와 일자와 시간에 군대에 합류하지 않은 사람들과 각자의 하인 중 몇 명이 같이 전역戰役에 나가야 하는지에 관하여.

그들이 분명 조국을 구하려고 스스로 위험에 맞선 애국자였다면 그들을 조국수호자가 아닌 군무이탈자軍務離脫者로 불러야 할 이유가 있겠는가? 그들을 자발적이고 잠재적인 국토수호자로 보아야 한다면 소집되고도 누구를 조국을 구하려고 일어서지 않은 사람이라고 볼 수 있겠는가? 그들은 전쟁터로 떠나기를 머뭇거렸거나 소환을 무시하고 지체했거나 명령을 어기고 장비도 없이 전역戰役으로 나간 자들이다. 그들 중에는 자신의 농지를 경작하는데 몰두해서 많은 노예를 전역戰役에서 철수시킨 자도 있고 자신의 이익만을 위해서 거느리고 있는 인원의 1/20만 전역戰役으로 데리고 나간 자도 있다. 그들은 무기 다루는 연습보다는 가사家事 돌보는 일에 더 큰 노력을 기울이면서 재산은 보호했지만 자신들을 보호하지 않았으며 마치 승리자가 되지 않아야 노동으로 인한 소득을 누리고 지킬 수 있을 것 같이 신체의 안전을 지키기보다 이윤을 내서 부자가 되기를 원하고 있다. 따라서 우리는 자신의 이익이 줄지 않고 있는 그들 같은 자들을 처벌할 수 있는 조치를 취해야만 한다. 이에 우리는 왕국의 모든 백성들에게, 날짜와 시간을 사전지정해서 왕이 병력집결을 결정했거나 두키부스Ducibus나 코미티부스comitibus가 공공복무를 수행하도록 군대에게 명령했을 경우에, 그들 중 누구로부터 소집을 받았거나 소집되지는 않았어도 다른 사람에게 물어서 들었거나 그가 있는 곳에서 포고를 통해 군대가 전역戰役으로 나가기 위해 집결한다는 것을 알게 된 사람은 집에 계속 머물러 있거나 전역戰役으로 출발하려 할 때 지체하거나 변명을 늘어놓아서는 안 되며 왕이 명했거나 두키부스Ducibus, 코미티부스comitibus, 티우파두스thiufadus, 비카리우스Vicarius 또는 여타의 권한 있는 사람이 내린 소집령에 언급된 지정된 장소와 시간에 자신이 직접 나타나야만 한다는 것을 일반포고一般布告를 통해 명한다. 소집되었거나 소집되지 않았더라도 다른 사람에게 물어서 알고 있으면서 지정된 장소와 시간에 나타나지 않은 자가 지위 높은 자일 때 즉, 두키부스나 코미티부스나 가르딩구스gardingus/garding일 때는 왕의 명령에 따라 그의 재산을 몰수하고 추방해서 유형流刑에 처한다. 이때 왕 전하께서 선택해서 결정한 그의 재산은 왕 전하의 처분에 따른다. 티우파두스, 모병관募兵官 등 지위가 그보다 낮은 사람으로서 군대에 합류를 지연하거나 지정된 장소와 시간에 제때 나오지 않거나 속임수를 써서 철수하는 등 공공의 군대에서 이탈한 자는 채찍 200대를 맞고 머리를 삭발削髮함으로 더 큰 불명예를 안고 아울러 금 1파운드를 납부해야 한다. 왕 전하는 그에게 하사한 것을 자신의 결정대로 처분할 권한이 있다. **이런 범법자가** 배상금을 납부할 능력이 없을 때는 왕의 허가에 받아서 그를 영구노예로 만들 수 있다. 왕에게는 분명히 그와 그의 재산에 대해 결정하고 집행할 권한이 있다. 물론 우리는 이 법의 규정에 따라서, 코미티부스가 그를 사면하도록 명한 자, 나이가 아직 어리거나 너무 많은 자 그리고 병이 깊어서 물러선 자는 무죄라고 결정한다. 그러나 질병 때문에 군대에 갈 수 없었음을 적절한 증언을 통해 입증할 수 있는 사람이라도 그가 거느리고 있는 인원을 이 법의 규정에 따라서 공공복무에 쓰이도록 그의 두키부스나 코미티부스에게 즉시 보내야 한다. 앞서 우리는 모든 병력이 동시에 출발해야 한다고 했으므로 참가 인원수와 보급문제에 관한 규칙을 제정할 필요가 생겼다. 따라서 우리는 두키부스이건 코미티부스이건 가르딩구스이건 고트족이건 로마인이건 군대에 곧 합류하고자 하는 사람은 누구나 전역戰役으로 나올 때 그가 거느리고 있는 노예의 1/10을 대동할 의사를 가지고 나올 것을 특별포고로 결정한다. 이 1/10의 노예는 갑옷을 착용하지 않을 수 있으나 다양한 장비를 갖춘 것으로 보여야 한다. 따라서 우리는 각자가 귀족이나 그의 상관이 최근 요구한 대로 성실하게 그들에게 장비를 갖추게 해서 그가 데리고 온 인원 중 일부는 흉갑胸甲이나 가슴가리개로 무장하고, 대부분은 방패, 폭넓은 칼, 단검短劍, 투창投槍 및 화살 등을 갖추고, 또 다른 일부는 투석기投石器 등의 무기를 갖추게 해서 그의 왕이나 두키부스나 코미티부스에게 보낼 것을 명한다. 군대가 떠날 때 자신이 거느리고 있는 노예의 1/10을 데리고 오지 않은 자는 그의 노예의 1/10이 몇 명인지 성실하게 조사해서 확인한 1/10보다 모자란 인원을 왕에게 보내야 하며 왕은 이들을 자신이 선택한 사람에게 줄 권한이 있다. 왕실 관리라도 전역戰役에서 성실히 왕을 보좌하지 않고 그의 형제들과 함께 고생을 참아가며 복무하지 않는 자는 그에게 질병이 있었음이 분명히 입증되지 않으면 이 법의 판단에 따라 처벌된다는 것을 분명히 알아야 한다. 태생적 자유인이라도 두키부스 Ducibus, 코미티부스comitibus 또는 후원자를 따라서 전역戰役으로 나간 후 공공복무를 수행하면서 그의 상관을 위해 계속 근무하지 않고 다른 후원자들을 따르는 이탈행위는 좋은 행위가 아니며 이 법이 지위가 낮은 사람들에게 명한 것이 앞서 말한 명령에 따라 그에게도 해당된다는 것을 알아야 한다. 이제 위와 같은 규정들을 마련해서 명령한 우리에게는 의무를 이행하도록 우리가 지정한 사람들의 탐욕을 점검하는 일이 남아있다. 두키부스나 코미티부스나 티우파두스thiufadus 등 집결된 백성들을 지휘하는 사람은 뇌물이나 다른 어떤 혜택을 받은 후 그의 병력 중 누구를 전쟁에 나가는 것으로부터 빼주는 가장 비천한 행동을 하면 안 된다. 그는 군대가 적시에 출발할 수 있도록 소집령이 지정한 일자보다 미리 병력을 집결시키면 안 되고 소집령을 내린 후에 무기를 분배함으로써 이때부터 그들이 군복무를 하게 해야 한다. 뇌물이나 다른 어떤 혜택을 받으려고 미리 병력을 집결시키거나 무기를 분배하면서 누가 주는 것을 받거나 누구에게 무엇을 요구한 왕실의 고관高官은 그에게 무엇을 준 사람에게 자신이 받은 것의 4배를 되 갚아야 하며 그가 치부致富를 위해 행한 이 범죄의 대가로 왕에게 황금 1파운드를 납부해야 한다는 것을 **알아야 한다**. 지위가 낮은 사람으로서 그의 직위와 귀족 신분을 박탈당한 자는 그와 그의 재산에 관해 자신의 재량으로 결정할 수 있는 왕의 권한에 절대 복종해야 한다.”

“(원문)IX. FLAVIUS GLORIOSUS ERVIGIUS REX

De his, qui in exercitum constituto die, loco vel tempore definito
non successerint aut refugerint; vel que pars servorum uniuscuisque
in eadem expeditione debeat proficisci.

Si amatore partie hii procul dubio adprobantur, qui se periculis ultronee pro eius liberatione obiciunt cur desertores potius non dicantur, qui vindicatores eius esse desistunt? Nam quando hi tales voluntaire terram salvaturi credendi sunt, qui etiam admoniti pro liberatione patrie non insurgunt? dum aut de bellica profectione se differunt, aut quod peius est, vel remorari contra monita cupiunt, vel destituti contra ordinem proficiscuntur; cum quidam illorum laborandis agris studentes servorum multitudines cedunt, et procurande salutis sue gratiam nec vicesimam quidem partem sue familie secum ducunt; quin poyius auctiores volunt fieri fruge quam corporis sospitate, dum sua tegunt et se destituunt, maiorem diligentiam rei familiaris quam experientiam habentes in armis; quasi laborata fruituri possideant, si victores esse disistunt. Consullendum est ergo talibus per discilplinam, quos studia utilitatis propie non invitant. Unde id cunctis populis regni nostri sub generaldi et omnimoda constitutione precipitumus, ut instituto adque prefinito die vel tempore, quo aut princeps in exercitum ire decreverit aut quemlibet de ducibus vel comitibus profecturum in publica utilitate preceperit, quisquis ille sive admonitionem cuiuslibet suscipiat, seu etiam nec admonitus qualibet tamen cognitione id sentiat vel quocumque sibi indicio innotescat, quo in loco exercitus bellaturus accedat, domui ulterius residere non audeat vel qualemcumque remorationem vel excusationem profecturus exhibeat; sed defintis locis adque temporibus, iuxta quod eos vel iussio principalis monierit, vel admonotio ducis vel comitis, thiufa thiufadi, vicarii seu cuiuslibet curam agentis tetigerit, prestum se unusquisque, ut dictum est, definito loco vel tempore exhibeat. Iam vero, si quisquis ille admonitus, vel etiam si nec admonitus, et tamen qualibet cognitione sibimet innotescente non nescius, aut progredi statim noluerit, aut in definitis locis adque temporibus prestus esse destiterit: simaioris loci persona fuerit, id est dux, comes sen etiam gardingus, a bonis propriis ex toto privatus axilii relegatione iussu regio mancipetur; ita ut, quod principalis sublimitas de rebus eius iudicare elegerit, in sue persistat potestatis arbitrio. Inferiores sane vilioresque persone, thiufadi scilicet omnisque exercitus conpulsores vel hi, qui compelluntur, si aut in exercitum venire distulerint, aut in loco vel tempere constituto minime occurrerint vel proficisci neglexerint, seu de expeditione publica quocumque fraudis commento effugiendo se subtraxerint, non solum ducentorum flagellorum ictibus verberati, sed et turpiter decalvatione fedati, et singulas insuper libras auri cogantur exolvere, quas principalis potestas cui largiri decreverit, sui maneat incunctanter arbitrii. **Quod si** non habuerit, unde hanc conpositionem exolvat, tunc regie potestati sit licitum huiusmodi transgressorem perpetue servituti subicere; ut quod de eo suisque rebus ordinare decreverit, habeat sine dubio potestatem. Illos sane ab huius legis sententia decernimus permanere innocuos, quos aut pricipalis absoverit iussio, aut minoris adhuc retinuerit etatis tempus aut senectutis ventustas, vel etiam egritudinis cuiusque gravida represserit moles. Sitamen is, qui egritudine fuerit pregravatus, per legitimum testem probare potuerit, quia pre egritudinis languoro in exercitum proficisci nequivit, omnem tamen virtem rei sue ipse, qui egritudine pregravatus fuerit, secundum legis huius institutionem in publicis utilitatibus cum duce vel comite suo dirigere non moretur. Nunc vero, quia degenerali omnium progressione prediximus, restat, ut de progressorum virtute vel copiis instituta ponamus. Et ideo id decreto speciali decernimus, ut, quisquis ille est, sive sit dux sive comes atque gardingus, seu sit Gotus sive Romanus, necnon ingenuus quisque vel etiam manumissus, sive etiam quislibet ex servis fiscalibus, quisquis horum est in exercitum progressurus, decimam partem servorum suorum secum in expeditione bellica ducturus accedat; ita ut hec pars decima sevorum non inermis existat, sed vario armorum genere instructa appareat; sic quoque, ut unusquisque de his, quos secum in exercitum duxerit, partem aliquam zabis vel loricis munitam, plerosque vero scutis, spatis, scramis, lanceis sagittisque instructis, quosdam etiam fundarum instrumentis vel ceteris armis, que noviter forsitan unusquisque a seniore vel domino suo iniuncta habuerit, principi, duci vel comiti suo presentare studeat. Si quis autem extra hanc decimam partem servorum suorum in exercitus progressione accesserit, omnis ipsa decima pars servorum eius studiose quesita adque discripta, quidquid minus fuerit inventum de hac instituta adque discripta decima parte sevorum in bellicam unumquemque secum expeditionem duxisse, in potestate principis reducebdum est, ut, cui hoc idem princeps prelargiri decreverit, in eius subiaceate. Quincumque vero ex paratino officio ita in exercitus expeditione profectus extiterit, ut nec in principali servitio frequens existat, nec in wardia cum reliquis fratribus suis laborem sustineat, noverit se legis huius sententia feriendum; excepto si eum manifesta languoris ostensio conprobaverit morbidum. Nam et si quisque exercitalium, ineadem bellica expeditione proficiscens, minime ducem aut comitem aut etiam patronum suum secutus fuerit, sed per patrocinia diversorum se dilataverit, ita ut nec in wardia cum seniore suo persistat, nec aliquem publice utilitatis profectum exhibeat, non ei talis profectio inputanda est, sed *superiori ordine, que de vilioribus interioribusque personis in hac lege decreta sunt, in semetipsum noverit sustinere. His igitur ordinatis atque conpositis, restat, ut frennum cupiditati eorum ponamus, quos ad peragenda negotia utilitatis nostre inpingimus. Et ideo nullus dux, comes, thiufadus seu quislibet commissos populos regens accepto beneficio vel qualibet occasione sue pessime volumtatis quemquam ex suis subditis de bellica profectione dimittat, aut admonitiones ipsas, que fieri debent progressione exercitus vel inductiones armorum, sub ista quasi admonitionis occasione interserat, unde quemquam illorum militare presumat. Nam quisquis talia agens pro his, ut dictum est, causis a quolibet aut oblatum quodcumque perceperit, aut ipse quidquam cuicumque exegerit, et quidem si de primatibus palatii fuerit, et illi, a quo tale aliquid accepit, in quadruplum satisfaciat, et principi pro eo solo, quo se munificare presumpsit, libram auri soluturum **se noverit**. Minoes vero persone, ab honore vel dignitate ingenuitatis private, in potestate sunt principis redigende, ut, quod de eis vel de rebus eorum iudicare elegerit, sue subiaceat modis omnibus potestati.*"

후일의 법령에는 위의 에르비크Flavius Gloriosus Ervigius 왕 법령 본문 33행行 **"이런 범죄자~"**(원문은 31행 *"Quod si~"*) 부터 끝에서 3행 **"~알아야 한다."**(원문은 끝에서 3행 *"~se noverit."*)까지의 부분이 다음과 같이 되어 있다.

"이런 범법자가 배상금을 납부할 능력이 없을 때는 왕은 자신의 권한으로 이 범법자를 영구노예로 만들어 자신이 선택한 사람에게 줄 수 있고 또한 그 재산을 그의 소유였던 사람들에게 무상으로 분배함으로써 그 범법자가 후일 사면을 받아서 다시 자유민 신분을 회복하거나 재산에 대한 권리를 회복하지 못하도록 할 수 있다. 그러나 그런 범법자의 재산을 분배받은 새 주인이 어떤 범죄혐의로 기소되어 본래의 계급에서 강등되면 그가 받았던 재산은 다시 왕에게 귀속되며 왕은 이 재산을 처음에 받았던 사람을 제외하고 충성스런 사람들에게 영원히 준다. 다만 후일 전쟁에 나가는데 늦어서 계급과 재산을 박탈당한 적이 있는 사람에게 이 재산이 넘어가면 안 된다. 물론 두키부스Ducibus나 왕실의 귀족도 이 법령의 위반자로 판단될 경우에는 앞서 언급한 것과 동일한 선고를 받을 수 있다. 전쟁에서 이탈한 자나 전쟁터로 출발할 때는 참여했으나 상관 허락 없이 서둘러 전쟁터를 떠난 자도 같은 처벌을 받을 수 있다. 또한 전쟁터로 출발하는 시기에는 계급의 고하를 막론하고 누구나 다음의 내용을 준수해야 한다. 심각한 질병 때문에 도저히 전쟁터로 출발할 수 없는 사람은 그가 병으로 쓰러졌거나 머물고 있던 구역 또는 속주屬州를 관할하는 주교主敎에게 즉시 자신의 고통에 대한 심사관으로 와서 자신의 질병 상태를 조사해 주도록 요청할 수 있다. 그 주교나 그 주교가 임명한 대리인이 선서하고 입증해 주지 않으면 우리는 그의 질병을 믿지 않는다. 이 주교 또는 그 대리인은 그의 질병을 성실히 심사해서 그가 전혀 전쟁터로 떠날 수 없는 상태인지, 며칠만 있으면 군대가 전쟁터로 떠날 때 함께 떠날 수 있는 상태인지, 그가 건강을 회복하려면 집에 계속 머물러야 할 것인지 아니면 건강을 되찾은 후 전역으로 행군해 가도록 하는 것이 좋을 것인지에 대해 판단해야 한다. 그리고 우리는 그 주교의 판단을 신뢰해야 하며 이 주교들의 증언에 따라서 그의 질병을 인정하고 그가 전쟁터로 나가지 않게 하거나 만약 그의 질병이 속임수라면 그의 범죄를 중단시키고 그가 자신의 의무를 이행하도록 해야 한다. 우리가 그를 전쟁터로 나가지 않게 한 경우라도 만약 그의 상태가 계속 나아져서 근력이 회복되었으면 그는 이 법령의 규정에 따라 그의 모든 인력과 함께 그가 소집된 것으로 알고 있는 장소 또는 그 이후 군대가 가 있는 것으로 알게 된 장소로 지체 없이 가야 한다.”

“(원문) *Quod si non habuerit, unde hanc conpositionem exolvat, tunc regie potestati sit licitum huiusmodi transgressorem perpetue servituti addictum cui elegerit serviturum, res quoqueeius alibi separata collatione concedere vel donare; ita ut idemtransgressor nec ad statum liberatis quolibet sibi indulgente ulterius redeat, neque rei sue iura quocumque sibi restaurante recipiat. Quad si etiam quidem rei dominus, id est ipse, qui quidem transgressoris reiculas donatas perceperat, culpe cuiuslibet crimine forsitam dinotatus a statu dignitatis pristine cadat, unde res ipsa in principis potestatem iterum veniat, tunc id irrevocabili constitutione tenebitur, ut etiam si ipse eam habere non meruerit, qui eam prius acceperat, in aliis fidelibus transfusa res ipsa proficiat; tantum, ut in illius ultra potestatem non transeat, qui in profectione bellica tardus et dignitate semel exstitit privatus et rebus. Sane duces omnes senioresque palatii ad huiusmodi sententiam obnoxii tenebuntur, quicumque fuerint superioris precepti transgressores inventu. Nec non et illi huiuscemodi damnationis sententiammerebuntur, qui aut de bello refugiunt, aut in bellica profectione constututi extra senioris sui permissum alibi propersse reperiuntur. Id tamen in hac eadem progressione tam in maiorum quam in minorum personis est observandum, ut si quilibet sub gravi egritudine consistens nullo modo proficiscendi habeat vires, statim loci illius vel territorii episcopum ad sue egritudines inspiciendam molestiam veniendum exoptet; ita ut illum ex episcopis inspectorem sue egritudinis advocet, in cuius territorio vel provincia aut infirmasse ei contigerit aut immorasse, vel ex aliorum territorio advenisse contigerit. Nam nonaliter eis est credendum, nisi aut episcoporum testimonio, in territoriis dinoscitur infirmasse, iurisiurandi fuerit attestatione firmatum, aut eorum iuramento, quos iidem episcopi vice sua inspectores direxerint, fuerit conprobatum. Qui tamen episcopi hanc de talibus curam habeant, ut egritudines eorum aut per se aut per subditos diligenter inspiciant, si aut profiscisci nullo modo possunt, aut si post aliquos dies possint definite concurrere ad bellandum, id est, antequam exercitus in prefinitis locis ingrediatur ad prelium. Et secundum quod talium egritudines viderint, ipsorum est iudicio committendum, utrum domi sospitatis gratia reparande immorentur, an reparatis viribis illis expediat ambulandum; quakiter sub eorum episcoporum testimonio aut egritudinibus eorum compatiamur, ut concedetat, aut vitium, si sub egritudine fingitur, resecemus, ut placeat; ita tamen, ut si se quisquis ille ita viderit infirmitate defessum, ut nullo modo proficisci valeat ad prelium, virtutem rei sue secundum legis huius institutionem in publicis utilitatibus cum duce vel comite suo dirigere non moretur. Sin autem senserit, se continuo meliorari, mox ut corporis reparaverit vires, statim per se cum omni virtute sua, secundum quod legis huius sanctione precipitur, illic non moretur succedere, ubi novit se admonitum exstitisse vel exercitum cognoverit postea properasse.”*

제 Ⅳ 장
봉건제도의 기원

프랑크 왕국과 여타 게르만 국가들간 중요한 차이점은 왕조의 막강한 권력에 있었다. 클로드비크Chlodwig/Clovis와 그 아들들 및 손자들은 매우 야만적인 전제군주專制君主들이었다. 불굴의 자유의식을 지니고 있던 게르만인들은 이런 전제군주에 대항했지만 그들의 목표는 왕위찬탈王位簒奪를 빼앗거나 왕조전복王朝顚覆이 아니라 왕권제한王權制限이었다. 브룬힐데Brunhilde/Brunhilda 왕비와 프레데군데Fredegunde/Fredegunda 왕비 사이에 큰 투쟁이 있었지만 이 역시 왕조체계 내에서의 투쟁이었을 뿐이다(역자 주: 메로빙 왕조의 창건자 클로드비크가 서기 511년 죽은 뒤 왕국은 프랑크족의 관습대로 4명의 아들에게 분할상속 되었고 이들의 대립으로 왕국이 분열되었다가 서기 558년 크로타르Chrotar Ⅰ세에 의해 다시 통일되었으나 그가 죽은 후 왕국은 다시 또 4명의 아들에게 분할상속 되어 이들이 서로 대립한다. 이때 노이스트리Neustrien/Neustria 분국分國 왕비 프레데군데와, 아우스트라스Austrasien/Austrasia 분국 왕비 브룬힐데의 대립은 전국적 내란으로 발전한다). 스페인에서는 귀족들과 교회가 왕조를 그들에게 의존하게 만든 결과 실질적 왕관은 그들 손에 있었고 왕위 세습世襲은 사라졌다. 반면에 완전히 이질적인 게르만적 요소와 로마적 요소를 가지고 단일국가를 탄생시킨 프랑크 왕국의 메로빙Merowing/Meroving 왕조는 수시로 귀족들과 교회의 후견을 받아야 할 상황에 처하기는 했어도 계속 존속했고 각 세력들이 서로 맞섰던 이런 내부적 긴장상황이 그들의 군사체계에는 오히려 좋은 영향을 주었다.

본래 프랑크 왕국에는 인정된 귀족이 없었다. 클로드비크가 자신이 정복한 지역들을 책임지도록 대공大公/Graf들을 임명했을 때(아마도 그에게 개인적으로 충성 의무가 있던 종자從者/Gefolgsmann인 안투리스티온antrystion들을 대공大公으로 임명했을 것이다) 그들은 왕의 관리로서 왕이 할당해 준 레우데스leudes들을 왕을 대신해서 지휘했다. 그러나 클로드비크가 죽은 지 100년 후인 서기 614년 크로타르Chrotar Ⅱ세는 "마그나 카르타magna carta"(역자 주: 서기 1215년 잉글랜드 존John 왕이 내란을 막고자 반포한 인권헌장으로 형식적으로는 자유민의 권리를 보장한다고 했으나 실제로는 귀족들의 권리를 인정한 문서임)라는 이름을 붙일 수 있는 최초의 문서인 "파리paris 칙령勅令"에서 프랑크족 귀족들에게 여타 약속들과 더불어 특히 대공大公을 대지주大地主들 중에서만 임명하겠다고 약속했다.[1] 이 칙령은 프레데군데 왕비의 아들인 자신이 왕조 내부의

---

1) 이 칙령에서는 "다른 속주屬州 및 구역의 판사判事는 여타 지역에는 임명되지 않는다. 어떤 경우이건 그가 해를 입혔으면 그로써 얻은 것을 이 법령에 따라 자신의 토지에서 배상한다*ut nullus judex de aliis provinciis aut regionibus in alia loca ordinetur; ut si aliquid mali de quibusilibet conditionibus perpetraverit, de suis propriis rebus exinde quod male abstulerit, juxta legis ordinem debeat restituere*"고 했다. 《게르만 사료집*Monumenta Germaniae Historica*》, 〈법령집*Leg.*〉, Ⅰ, 14장. 바이츠Waitz, 《독일헌법사*Deutsche Verfassungsgeschichte*》, 제Ⅱ편, 377쪽에서 재인용. 원문 중에 "판사"는 대공을 포함한 관리들의 일반적 호칭이며 "다른 속주屬州 및 구역"이란 불분명한

갈등 시에 귀족들의 협력과 지원을 받아서 어머니의 숙적이었던 늙은 브룬힐데 왕비를 성난 말에 매달아 끌고 달리게 해서 죽일 수 있게 해준 데 대한 보답이었다. 서西고트족의 경우에도 귀족들에 의해 왕이 살해되거나 폐위 또는 옹립되기도 했지만 프랑크족의 경우에도 역시 왕권이 제한되어 있었다.

이 시기의 프랑크 왕국에서는 귀족들의 이합집산離合集散에 따라 내전內戰의 결과가 좌우되고 왕을 따라서 공권력 행사에 참여한 대지주大地主계층이 발달했었다. 사료에는 게르만족 지주계층의 기원起源에 대한 기록이 없지만 우리는 이를 대략 다음과 같이 생각해 볼 수 있다. 로마인 지역의 지주계층은 본래 원로원 의원급 상류계층의 연장이었는데 부분적으로는 일부 게르만족과 결혼한 그들이 성직자聖職者가 되자 게르만족이 재산상속인이 되기도 하고 부분적으로는 그들이 토지를 몰수당하거나 게르만족에게 양도한 결과 게르만족이 지주계층이 되었다. 더욱이 왕은 왕실 종자從者/Gefolgsmann들 즉, 주로 대공大公/Graf들에게 많은 국유지國有地를 하사했고 이들은 자신의 권력을 이용해서 토지를 넓혀갔다. 초기의 부르고뉴 왕국과 서西고트 왕국에서는 게르만인들이 로마인들과 토지를 분할함에 따라서 게르만족 대지주계층이 발달했다. 평민들이 예속적인 지위로 밀려나는 것을 아직 거부했었던 프랑크족의 초기 게르만 지역에서도 대지주계층이 생길 수 있었던 것은 아마도 주로 게르만인들 사이에 남아있던 로마인 소작농민小作農民들이 게르만인의 농노農奴가 되었기 때문일 수도 있다. 왕이 그런 종속민從屬民들을 하사함으로써 그들의 종속민 숫자가 증가하기도 했지만 이런 식으로 하사할 인적 자원이 부족했던 프랑크족의 경우에는 그들의 숫자가 그리 많았을 수 없다.

이렇게 종속민이 많지 않던 프랑크족 대지주계층이 왕위王位를 노리는 강자强者들 사이의 내전內戰에서 균형을 좌우하고 왕에게 "파리paris 칙령勅令"을 강요할 만큼 강했던 것을 보면 그들이 전투원들을 사병私兵으로 거느리고 있었음이 분명하다. 이런 대지주들은 공식적으로 대공大公/Graf 지위를 차지했을 때 이미 토지를 소유하고 있었음이 분명하다. 그들은 사실 대공大公이라는 지위로 인해 토지를 소유하게 된 것이었는데 클로드비크Chlodwig/Clovis가 그들을 대공大公으로 임명할 때 자신의 전사戰士들까지 할당해 주자 대공大公들은 전투원까지 거느린 대지주大地主가 된 것으로서 본래는 왕을 위해서 복무했던 이 전사戰士들이 이제는 대부분 대공大公들의 사병私兵이 된 것이다.

다행히도 파리Paris에서 발견된 양피지羊皮紙/Palimpsest에 쓰여져서 우리에게 전해진

표현은 사료기록자가 단지 허풍으로 말한 것일 수도 있고 여러 구역에 걸쳐 토지를 소유한 지주地主들이 있어서 이렇게 말한 것일 수도 있다. 원문에는 특히 지주地主들만 대공大公에 임명된다는 말은 없지만 "다른 속주屬州 및 구역"의 판사들에 대한 금지 및 "자신의 토지에서"라는 요건을 보면 그랬을 것으로 볼 수 있다. 토지는 없고 동산動産만 많은 사람들은 대공大公 임명대상이 될 수 없었을 것이다.

유리히Eurich/Euric 왕의 법전法典 덕분에 서西고트족의 경우 이미 5세기에 부켈라리 buccellarii라는 사병私兵이 있었다는 것을 곧 알 수 있다. 우리는 앞서 후일 서西고트 왕국의 군사체계에서는 대지주大地主들이 현실적인 목적 때문에 무장 복무자들을 비조직적으로 모집하는 제도가 발달했었음을 알 수 있었다. 프랑크족의 경우는 파리paris 칙령勅令이 있기까지 또는 7세기 중엽에 이르기까지도 직접적이고 완전한 그리고 믿을만한 사료가 없다. 그러나 파리 칙령 자체는 그런 병력들이 프랑크 왕국의 경우에도 일찍부터 그것도 매우 큰 규모로 존재했었다는 충분한 증거가 된다. 프랑크 왕국이 이룬 업적과 승리를 볼 때 우리는 그들에게 서西고트족보다 그런 병력들이 훨씬 많았고 훨씬 활발하게 이용되었을 것으로 보아야 한다.

이 복잡한 시기의 상황을 규명하기 위해 많은 노력을 기울였던 로트Paul Roth는 메로빙Merowing/Meroving 왕조의 귀족들이 자주 거느리고 있던 "푸에리pueri"(역자 주: 직역하면 "소년들")를 농노農奴들로 보았다.2) 물론 그들이 했던 일들을 보면 푸에리를 단순한 하인 즉, 노예들로 볼 수도 있지만 그렇다고 푸에리를 모두 비非자유민으로만 볼 수는 없다. 이 문제를 로트는 너무 단순하게 생각했다. 그는 종속적인 지위에 있는 사람들 중 종자從者/Gefolgsmann를 지위가 높은 사람으로 생각하고 그 외에는 모두 농노農奴로 보았던 것이다. 그러나 서西고트족의 경우 종자從者와 비非자유민 중간에 평민전투원 부켈라리가 있었는데 그들은 종속적인 지위에 있기는 했어도 자유민이었다. 필자는 투르Tours 주교主教 그레고리우스Gregor/Gregorius의 《프랑크 왕국사Historia Francorum》 등 메로빙 왕조 시대의 기록들에 등장하는 푸에리 pueri는 아가티아스Agathias의 《유스티니아누스 통치사統治史》, Ⅲ, 6장에 등장하는 "파이데스paides"(역자 주: 직역하면 "소년들") 즉, 독일어의 "데겐Degen"(역자 주: 독일어의 "데겐 Degen"은 "칼"을 말하기도 하지만 이곳에서는 "성장하다"는 뜻의 "게데이헨gedeihen"이란 단어 아니면 그리스 단어 "테크논τεXvov/teknon"의 어간語幹과 관련이 있는 단어로서 "방금 성장한 사람들" 또는 "젊은이들"을 말한다. 앞의 제Ⅰ장 본문 참고)과 같은 말로 보아도 지나친 일이 아니라고 믿는다. 이들은 사회적 지위가 매우 낮았기 때문에 비非자유민들까지도 이들과 같은 이름으로 불릴 수 있었지만 법적으로는 어디까지나 자유민이었고 자신의 의지에 의해서만 어느 지도자에게 종속되는 사람들이었다. 1,000년이 지난 후에도 이와 마찬가지로 "크리크스크네흐트Kriegknecht"(역자 주: "사병私兵")라는 용어에서와 같이 "크네흐트Knecht"(역자 주: 직역하면 "하인")가 지도자에게 종속되어 있기는 했지만 그가 원하는 지도자 밑에 복무했던 자유민 용병傭兵을 지칭하는 용어로 쓰였다. 가장 용맹한 전사戰士들을 곁에 두려 했던 메로빙Merowing/Meroving 왕조의 헤르조그Herzog(장군)나 대공大公/Graf들이 용감하고 유능한 자유민들을 전사戰士로 이용할 수 있었음

---

2) 《봉지封地 제도의 역사Geschichte des Benefizialwesens》, 153쪽.

에도 불구하고 비非자유민들만 전사戰士로 이용할 수 있었을까? 용맹한 자들을 거느리고자 하는 사람은 노예들 중에서 그런 자원을 찾지는 않을 것이다. 사료들 속에는 6세기의 프랑크 귀족들이 자유민 병사들을 거느리고 있었는지를 입증할 완전한 증거는 없지만 그렇지 않았다는 증거 역시 존재하지 않는다. 이 문제의 본질은 결국은 전사戰士들로 구성된 종자從者집단을 거느리고 있었고 그들의 동족 중 이 집단에 들어오기를 희망하는 적절한 지원자들이 있었던 프랑크족의 대공大公들이 노예들만을 종자從者로 활용하지는 않았을 것이라는 점이다. 정치적 법적 관점에서 이를 입증할 만한 증거들이 전혀 없는 것 같이 보이는 것은 그런 관계가 대공大公들과 백성간 사적私的 관계에 불과했고 왕의 왕과 백성간의 공적公的 권리 의무와는 관계없는 것이기 때문일 뿐이다.

프랑크족 귀족들 밑에 복무하던 사람들 중에는 "푸에리pueri" 외에 "아미키amici"(역자 주: 직역하면 "친구들"), "파레스pares"(역자 주: 직역하면 "동료들"), "가신디gasindi"(역자 주: 직역하면 "무장 종자從者들"), "사텔리테스satellites"(역자 주: 직역하면 "수행원들") 등이 있었지만 이들이 누구를 말하는지는 분명하지 않다. 이들 중 일부는 분명 자유민이었다고 해도 일부는 로트Paul Roth의 생각과 같이(그의 책, 157쪽) 클리엔텔라clientela의 성격을 지닌 피보호被保護 인원도 있었을 것이다. 프랑크 귀족들의 종자從者들 중에는 자유민 전사戰士들이 있을 수밖에 없다는 것이 이미 입증되었으므로 위의 여러 호칭들이 말하는 인원들도(이 호칭들은 전문용어가 아니므로 분명히 이들 모두는 아니고 부분적으로) 전사戰士들로 구성된 종자從者집단의 구성원으로서 "푸에리pueri"보다 사회적 지위가 좀 높은 사람들을 의미한다고 볼 수밖에는 없다.3)

클로드비크Chlodwig/Clovis나 테오데리히Theodorich/Theodoric 등 게르만족 왕들이 대공大公들을 임명해서 각 구역을 책임지도록 했을 때 이 대공大公들이 백성들 중에서 신뢰성 없는 비非자유민이 아니라 신뢰성이 입증된 자유민들을 동료로 쓰면서 게르만 민족들이 흔히 그랬던 것과 같이 개인적 서약誓約을 통해 그들의 충성심을 확보했을 것으로 보는 것이 가장 자연스러운 견해일 것이다.

분명 게르만법의 개념에서는 자유민이라도 종자從者집단의 충성스런 구성원이 되어 타인에게 종속된 지위에 있을 수 있다. 고대 게르만족에게는 왕만 종자從者집단을 거느릴 수 있다는 개념이 없었다. 물론 현실적으로는 매우 지위가 높고 부유한 사람만이 식탁동료로서 그가 먹여 살려야 할 종자從者집단을 거느릴 수

---

3) 이 점에 관해 필자는 브루너Brunner(《게르만 법제사法制史 *Deutsche Rechtsgeschichte*》)와 견해를 같이 한다. 다만 그는 "푸에리pueri"를 너무 비非자유민으로만 생각하는데 필자의 생각은 다르다.

　　프랑크 왕조와 다른 지역 왕조의 차이점을 처음으로 분명히 인식하고 이를 예리하게 정의한 학자는 솜Sohm이며 지켈Sickel(《서부독일 학술지*Westdeutsche Zeitschrift*》, 서기 1885년, 231쪽 이하)은 그의 견해를 더욱 효과적으로 발전시켰다.

있었을 것인데 이제 대지주大地主이며 대공大公/Graf인 사람들이 그런 위치에 있게 되었다. 결국 우리는 사료에 등장하는 "아미키amici", "파레스pares", "가신디gasindi"를 대공大公 등 지위가 높은 사람의 종자從者집단으로 볼 수 있다. 이런 관계가 본래부터 공개적 법적으로 승인된 관계는 아니었다고 해도 고대 종자從者집단 체계의 전통은 이런 관계를 조장했을 것이다. 그러나 지금 우리가 말하고 있는 종자從者집단은 고대의 종자從者집단과 같은 것으로 보기에는 너무 큰 집단이다. 우리는 고대 종자從者집단 구성원들과 같은 충성의무가 후일의 종자從者집단에도 존재했는지에 대해서는 알지 못한다. 실제로 존재했다고 해도 규모가 커진 집단에서는 일정한 변화가 있었을 수밖에는 없고 따라서 후일의 종자從者집단이 진정한 종자從者집단이었는지에 관해 당연히 의문이 생길 수밖에 없다. 이 점에 대해 우리는 일부 전사戰士들이 왕이 아닌 한 인간에게 자신을 위탁하면서 고대 왕의 종자從者집단과 유사한 충성의무를 서약했을 것이라는 말 외에는 달리 할 말이 없다.

사료에는 그런 전사戰士들의 존재가 7세기 중반부터 나타나지만 앞서 소개한 바 있는 파리paris 칙령勅令 등을 보면 그런 형태의 전사戰士들이 그보다 훨씬 전부터 존재했음이 분명하다.

우리는 국가 권한에 의한 모병이 아니라 특별한 계약적 의무에 의해 전문직업 군인이 된 이런 전사戰士들을 말하는 전문용어로 "바쌀Vassal"(역자 주: "가신家臣")이란 표현을 써 왔다. 이 단어는 "사람Mann"을 말하는 켈트Kelt/Celt족 단어에서 유래된 것으로서 원래는 라틴어 사료에 나오는 "호모homo"나 독일어 사료에 나오는 "레우데스leudes"와 같은 의미였다. 켈트족 단어에서 유래된 이 단어가 그와 같은 특별한 의미를 지니게 된 것은 우연에 의한 것이다.

"바쌀Vassal"과 어원이 같은 "바쑤스Vassus"란 단어가 등장하는 가장 오래된 사료에서는 이 단어가 현재와 같은 의미가 아니고 자유가 없는 하인을 의미했었지만 후일 다른 단어의 경우에서도 볼 수 있는 일종의 변형과정을 거친 결과 오늘날과 같은 의미를 지니게 된 것으로 보인다. 이 단어가 자유민 전사戰士들을 말하는 단어로 처음 쓰인 곳은 바이에른Byern/Bavaria 지역이다. 그러나 바이에른 지역에서는 원래 자유가 없는 사람이 없었고 따라서 그런 사람을 특별히 지칭하는 단어도 존재하지 않았기 때문에 외국어인 이 켈트족 단어가 오히려 지위가 높은 사람을 지칭하는 단어로 채택되었고 프랑크 왕국의 샤를마뉴Karl/Chalemagne 대제大帝(역자 주: 프랑크 왕국 후기 카롤링 왕조 제2대 왕으로 서로마 제국 황제가 됨. 재위기간은 서기 768년~814년)때 그런 의미로 다시 라인 강을 넘어 돌아왔다.4)

이제 우리는 용어를 쉽게 이해하기 위해 "레우데스leudes"는 메로빙 Merowing/Meroving

---

4) 디페Dippe, 《메로빙 왕조 가신家臣 집단의 충성의무*Gefolgschaft und Huldigung im Reiche der Merowinger*》, 44쪽.

왕조의 왕들이 직접 징집한 전사戰士계층을, "바쌀Vassal"은 대지주大地主들이 모병한 군사계층으로서 초기 서西고트족이 부켈라리buccellarii라고 불렀던 사람들을 각각 말하는 것으로 정의해 두겠다. 사료에는 이 두 용어의 용도가 그리 엄격히 구분되어 있지 않다. "바쑤스Vassus"란 단어가 이때 같이 타인에게 종속된 자유민이란 의미로 일반적으로 쓰이게 된 것은 샤를마뉴 대제와 경건왕敬虔王 루드비히Ludwig des Frommmen/Louis the Pious(역자 주: 프랑크 왕국 카롤링 왕조의 제3대 왕으로 재위기간은 서기 814년~840년. 루드비히Ludwig/Louis I세로 불리기도 한다) 때였다.5) 그러나 사료들은 왕의 전사戰士들만 아니라 귀족들의 전사戰士들도 "레우데스"라고 표현했는데 8세기까지도 이 단어가 계속 보인다. "레우데스"와 "바쌀"의 중간에 있는 단어가 "아미키amici", "가신디gasindi", "인제누이 인 오브세키오ingenui in obsequio"(역자 주: 직역하면 "충성하는 자유태생인"), "푸에리pueri", "사텔리테스satellites" 등이다. 따라서 "레우데스"와 "바쌀"의 의미에 대한 필자의 정의는 일종의 축약縮約적인 정의로서 "레우데스"에 대해서는 그 의미를 제한하고 "바쌀"에 대해서는 그 연대年代를 과거로 끌어올린 것이다.

이런 바쌀, 즉 가신家臣의 주인을 "시니어senior" 즉, "나리Alte"라 했고 프랑스어의 "세뇨르seigneur"(역자 주: 나리, 영감, 영주領主 등의 의미)는 이로부터 파생된 단어이다.

사료에는 언제부터 바쌀의 모병募兵 숫자가 크게 늘기 시작했는지 직접 말하는 기록이 없다. 처음에는 그 숫자가 아주 적었음이 분명하다. 그러나 파리paris 칙령勅令을 보면 브룬힐데Brunhilde/Brunhilda 왕비의 처형(서기 613년)으로 끝이 난 당시의 내전內戰에서 최종적으로 승부를 결정한 병력은 종전의 레우데스 같이 대공大公/Graf들이 징집했던 병력이 아니라 바쌀이었다. 어떻게 그리 되었을까?

우리는 이 내전 당시의 전술戰術들을 보고 그 시대의 특성상 필요해서 배출된 전사戰士들을 유능한 전사戰士들로 보았다. 유능한 전사戰士들이라야 당시의 게르만-로마 국가들이 처해있던 상황 속에서 발전하거나 생존할 수 있었다.

이 점에 대한 분명한 이해는 매우 중요하다. 메로빙Merowing/Meroving 왕조는 매우 강력한 왕조였지만 1~2세기의 로마와 같은 군사체계로 되돌아갈 수는 있었다. 농촌의 무식한 새 지도자들은 재력財力만 가지고는 관료적 행정체계를 수립할 수 없었고, 프랑크족은 엄격한 기율紀律에 얽매이기를 싫어했고, 물물교환경제 지역에서는 백성들의 세금으로 급료가 지급되는 숙련된 군대가 존재할 수 없었고, 비호전적非好戰的인 일반징집 병력은 별로 쓸모가 없었다. 이런 사회에서는 특수 군사계층에 의존하는 군사체계 외에 다른 군사체계가 존재할 수밖에 없었고, 이런 군사체계는 관료적 군사체계일 수 없었고 봉건적封建的 군사체계였음이 분명하다.

자신이 준 무기와 말과 물자를 가지고 자신을 위해 싸울 자신의 전사戰士들을

---

5) 디페Dippe의 앞의 책, 18쪽에 그런 예들이 보인다.

이끌고 야전으로 나가는 지도자들은 왕실에서 국고國庫로 무장시킨 병력을 주고 각 구역을 얼마간 다스리도록 했던 대공大公/Graf들과는 전혀 다를 수밖에 없었다. 후자는 아무리 높은 충성심을 지닌 경우라도 전자 같은 효율성을 발휘하지는 못했을 것이다. 만약 그의 의지나 자세가 조금이라도 흐트러져 자신의 이해관계를 따졌다면 그는 병력이나 말이나 무기를 최선을 다해 보살피지는 않았을 것이며 그가 쓰는 비용과 물자를 아무리 세심히 감독하고 절약하려고 해도 최대한 절약하려고 하지는 않았을 것이다. 상부에서 물물교환경제와 전사戰士들 수준을 통제한다는 것은 매우 피상적이거나 전혀 불가능할 수밖에 없었으므로 아무리 통제를 강화해도 그를 더 잘하게 만들 수는 없었을 것이다. 백성들의 세금으로 운용되는 병력은 훈련과 재정상태가 제대로 되어 있는지 여부를 검열을 통해서만 확인할 수 있었으며 야전에서는 모든 것이 군대행정과 지도자의 리더십에 따라서 좌우되었었다. 반면, 클로드비크Chlodwig/Clovis의 후계자들 당시 프랑크족 부대들은 전사戰士들의 개인적 용기와 장비에 모든 것을 의존했으며 전역戰役이 시작되자 효율성이 입증되었다. 당시 비잔티움Byzanz/Byzantium 제국은 행정기술과 조직기술이 프랑크족 메로빙Merowing/Meroving 왕조보다 훨씬 앞서 있었음에도 앞서 소개한 바와 같이 용병傭兵대장 콘도티에리Condottieri들을 통해서 병력을 공급하는 편법을 쓰고 있었다. 자신의 바쌀Vassal들을 이끌고 야전에 나갔던 프랑크족 대지주大地主들도 일종의 용병대장이었다. 그들은 말하자면 상비常備의 용병대장으로서 바쌀들로 구성된 군사조직을 전시뿐 아니라 평시에도 유지하고 있었다.

이때까지는 프랑크족 군사체계가 앞서 소개한 바 있는 서西고트족 군사체계와 매우 유사했었다. 그러나 서西고트족의 경우는 그들의 부켈라리buccellarii가 그 이후 새롭고 유용한 군사조직으로 발전하지 못했고 그런 발전이 있었던 것은 프랑크족뿐이다. 프랑크족에게는 전사戰士집단으로 바쌀체계를 유지시키고 이들이 전문적인 능력을 유지하도록 만든 새로운 요소가 하나 있었다.

그들의 새로운 요소는 바로 봉토封土/Lehen/fiefs체계였다.

우리는 앞서 부르고뉴족이 로마 땅 정착 과정에서 왕의 하사 토지는 세습世襲이 가능했지만 일정한 유보가 있었음을 알 수 있었다. 이런 요소가 이제는 다른 부족의 경우에도 법제도의 표준이 되었다. 프랑크족 역시 전사戰士들에게 충성의 대가로 토지를 하사하되 완전한 세습世襲 사유지私有地로서가 아니라 지도자가 교체되거나 전사戰士가 죽으면 회수되는 조건 하에 토지가 하사되는 관습이 발전했다. 토지를 준 자나 받은 자가 죽으면 그 토지가 준 사람이나 그의 상속인에게 회수되지만 토지를 준 사람이 죽었을 때 그 후계자는 토지를 받았던 사람이 자신에게 충성을 서약하면 그에게 이 토지를 다시 줄 수도 있었다. 토지를 받은 사람이 죽었을 때도 그 가족 중에 야전에 나갈 능력과 의사가 있고 또 충성을 서약하는 남성이 있으면 토지를 회수한 사람은 그에게 이 토지를 줄 수도 있었다. 이런 조건이 충족되지 않을 때만 지도자는 토지를 회수했다. 이런 봉토封土/Lehen/fiefs체계는 지도자가 토지소유권을 완전히 포기하지는 않으면서 자신에게 종속된 전사戰士들을 여러 세대 동안 계속 이용할 수 있는 수단이었다.

바쌀Vassal제도와 봉건封建제도는 반드시 서로 동반되지는 않는 두 정치政治제도였다. 어떤 사람이 봉토封土는 받지 않고 한 나리senior의 바쌀로 복무할 수도 있었고 봉토封土는 받았지만 바쌀로 복무하지는 않을 수도 있었다. 세계사의 중요한 한 획을 그은 봉건封建체계는 바쌀과 봉토封土 양자의 결합에 의해 만들어졌다.

우리는 여러 왕이 왕국을 분할 통치했던 메로빙Merowing/Meroving 왕조의 프랑크 왕국에서는 왕들 간 또는 왕들과 귀족들 간 긴장관계가 계속되는 속에 언제나 강력한 군사력에 대한 필요성을 느끼고 있었을 것으로 볼 수 있다. 프랑크 왕국 창건 시기에 존재했던 본래의 전사戰士계층이 점차 농민이 되자 바쌀들로 전사戰士계층을 재편再編해야 할 필요성이 생겼으며 지도자 또는 바쌀이 죽으면 토지가 재분배됨으로써 바쌀제도의 넓고도 영속적인 기초가 확립되었다.

그러나 봉토封土체계와 결합된 바쌀제도는 토지소유자가 전투원들을 유지할 수 있는 적절한 제도였고 다양한 형태의 보다 큰 조직들을 만들기에도 매우 유용한 제도였다. 피핀Pippiniden/Pepins 가문家門이나 아르눌프Arnulfinger 가문 같은 아주 큰 가문 또는 안세기셀Ansegisel과 베가Begga의 결혼으로 인한 이 두 가문의 연합체는 여러 구역에 걸친 그들의 광대한 토지들을 직접 관리할 수 없었고 또한 바쌀제도에 기초한 군사체계에서는 지도자들의 감독이 얼마나 중요한 것인지를 우리는 앞서 알 수 있었다. 따라서 봉토封土들을 재봉토再封土/Afterlehen/sub-fiefs로 재분할해서 전사戰士들에게 나누어 줄 것을 조건으로 광대한 토지들을 하사하는 방법도 생겼다.

이런 대지주大地主들 자신도 계속 토지를 소유하려면 왕조와 가까이 있으면서 전투에 참가해야 했다. 그런 결합의 가장 확실하고 믿을만한 절차는 그들이 거느린 바쌀들로 하여금 지도자 또는 왕조에게 충성을 서약하게 하는 것이었다. 사실 대지주들은 한술 더 떠서 그의 토지까지 지도자에게 헌납하고 이를 봉토封土로 되돌려 받는 방법을 쓰기도 했다. 사실상 세습상속권世襲相續權이 유지되면서 봉토체계의 중요한 특징 하나가 제거된 것은 사실이지만 적어도 법률상으로는 충성의무가 위반되면 봉토가 다시 회수될 가능성이 여전히 있었고 법률상 봉토 회수의 가능성은 바쌀들의 충성심 확보를 위한 수단 역할을 했었다. 반면, 지도자가 때때로 봉토를 추가로 하사하기도 했었다.

중세의 최대 지주地主는 교회였다. 군사력이 지주地主의 요건이 되자 교회도 자신의 권력과 안전과 광범위한 영향력을 유지하려면 바쌀Vassal들을 거느리고 그들에게 봉토를 주는 관행을 피해갈 수 없었다. 6세기에 이미 살로니우스Salonius와 사기타리우스Sagittarius라는 형제 주교主敎가 야전으로 나가 개인적으로 전투에 참가했던 경우가 있었고 투르Tours의 경건주교敬虔主敎 그레고리우스Gregor/ Gregorius는 이에 대해 격분했지만(《프랑크 왕국사Historia Francorum》, Ⅳ, 42장 및 Ⅴ, 21장) 7세기의 주교들도 병력을 거느리고 있다 이들을 전투에 보냈고 8세기 초부터는 스스로 그 지도자가 된 것을 우리는 발견할 수 있는데 이런 상황은 곧 공법화公法化된다.

어느 나리senior가 바쌀들과 함께 참여한 전역戰役의 중요한 모습이 샤를마뉴Karl/ Chalemagne 대제大帝의 동원령動員令에 합리적으로 묘사되어 우연히 지금껏 남아있다. 물론 이 때(서기 804년~811년 사이)보다 한참 후의 일이지만 이와 유사한 문서와 지령들이 이미 공포되어 시행되었음이 분명한 것을 보면 이 동원령이 보여주는 내용이 우리가 그 동원체계에 관해 알고자 하는 시기에도 같았다고 보아도 무방할 것이다. 이 동원령은 아마 프랑크 왕국 북부에 있었을 센트 쿠엔틴St. Quentin 대수도원大修道院의 수도원장 풀라트Fulrad에게 보낸 것이다.6)

풀라트에게는 동부 작센Sachsen/Saxony에 위치한 보데Bode 강 동쪽 스타쓰푸르트 Stassfurt로 그 해에 병력을 집결시키라는 왕명王命이 통보되었다. 그는 갑옷과 무기를 잘 갖춘 병력(호미니부스hominibus)을 모두 이끌고 6월 15일까지 도착해서 지정되는 곳으로 출전해야 했다. 기병들은 각자 방패, 장창, 단검, 활 및 화살을 휴대하고 도끼, 송곳, 곡괭이, 삽, 괭이 등 전쟁수행에 필요한 장비들도 가지고 가야 했다. 스타쓰푸르트에 집결한 후의 3개월분 식량도 지참해야 했고 무기와 피복도 6개월 간 재보급할 수 있어야만 했다. 병력들이 농촌지역을 통과할 때 마초馬草와 땔감용 나무와 물 이외는 어떤 피해도 농민들에게 주지 말아야 했다. 지도자들은 불법행위 방지를 위해 보급품 수레와 말들 곁에 위치해야 했다.

여기서 우리는 3개월 분 식량 휴대 문제를 잠시 검토해 보지 않을 수 없다. 풀라트는 3개월분 식량을 휴대하고 스타쓰푸르트에 도착해야 했고 그곳에 도착하려면 100마일(약 750km)을 행군해야 했으므로 출발 당시는 4개월분 식량을 가지고 출발해야 했다. 서기 811년의 어느 법령집法令集에는 로아르Loire 강 너머의 지역에서 오는 병력은 라인 강에서부터 3개월간 필요한 식량을 휴대해야 하고 라인 강 이내의 지역에서 오는 병력은 엘베 강에서부터 3개월간 필요한 식량을 지참해야 하는 것으로 규정되어 있었다. 만약 전역戰役이 스페인에서 있었다면 라인 강 너머의 지역에서 오는 병력은 3개월 분 식량을 로아르 강부터 계산해야 했고

---

6) 이 동원령 내용은 보레티우스Boretius가 《프랑크 왕국 법령집 비판 논고論考 Beiträge zur Kapitularienkritik》, 154쪽에 기고寄稿한 요약문을 참고했음.

로아르 강 너머의 지역에서 오는 병력은 3개월분 식량을 피레네 산맥부터 계산해야 했다. 결국 대부분의 경우 출발 당시에는 4개월분 식량을 가지고 출발해야 했던 것이다. 귀환 시의 식량 문제를 어떻게 했는지는 사료에 분명히 기록되어 있지 않다. 먼 곳에서 온 병력들은 이 3개월분 식량으로 귀환 시의 식량까지 해결해야 했을 것이므로 전쟁을 수행하면서 많은 노획품을 얻지 못한다면 전역戰役은 2개월 이상 지속될 수 없었을 것이다.

현대 군대에서 병사 1인의 1일분 식량(감자나 토마토 제외)은 다음과 같다:

빵 1.5파운드	750g
훈제 고기	250g
콩이나 밀가루	250g
소금	25g
커피	25g
계	1,300g

이때 커피 25g을 빼고 또 빵 750g을 만들기 위한 밀가루는 빵보다 무게가 1/4 (약 180g)이 적을 것이므로 위와 같은 1일분 식량은 약 1,100g에 해당한다. 반면 훈제 고기 250g을 만들려면 그보다 무게가 절반이 더 많은(375g) 생고기가 필요하다. 로마병사들의 경우는 16일분 식량 중 밀가루가 15kg이었다. 프랑크 병사들도 밀가루는 이와 같았을 것이고 그 외에 마른 과일, 양파 그리고 순무나 그 비슷한 것을 받았었지만,7) 그들은 로마병사들과 달리 육식肉食을 즐겨서 야전에 나갈 때도 현지에서 잡아먹기 위해 산 짐승들을 데리고 다닌 점이 주된 차이점이다. 밀가루와 소금을 합한 1,000g 외에 다른 것들을 포함해서 로마병사의 1일분 식량을 총 1,250g으로 보아야 한다면 게르만 병사의 식량은 4개월분 생고기 90kg를 제외하고 1일 750g 이상은 되었을 것이다. 그 외에 여타 품목의 개인용 짐과 짐차에 싣고 갔을 각자의 연장들을 더한 다음에 말이건 소건 화물수송용 짐승 한 마리가 운송할 수 있는 무게를 200kg으로 보고,8) 또 짐차 조종수도 먹어야 한다는 사실을 고려한다면 소나 말 1마리가 끄는 짐차 1대로 3인분의 짐도 수송

---

7) 하임M. Hyem의 《독일인의 식료품 생산Das deutsche Nahrungswesen》, 295쪽에 의하면 "로이혜른räuchern"("훈제燻製로 만들다"는 의미)이라는 단어는 독일인이 흔히 쓰는 단어이므로 이런 식으로 육류肉類를 보존하는 방법은 아주 오래된 방법이다. 따라서 멜라Pomponius Mela의 기록에서는 게르만족이 날고기를 먹는다고 했지만 하임은 그 의미를 훈제 고기를 먹었다는 말로 믿고 있다. 하임에 의하면(327쪽) 양배추나 야채를 특별한 과정을 거쳐 보존하는 방법인 "사우에르크라우트sauerkraut"("염장鹽藏하다"는 의미)는 게르만족 본래의 방법이 아니고 훨씬 후일에 도입된 방법이다. 그러나 수도원장修道院長 풀라트Fulrad가 이런 방법을 그 당시 알고 일부 그렇게 처리한 양배추나 야채를 야전에 가지고 나갔을 것으로 볼 수도 있을 것이다.

8) 뒤의 부기 5(식량 및 보급대열) 참고.

할 수 없었다. 따라서 수도원장修道院長 풀라트Fulrad가 전사戰士 100명을 거느리고 있었다면 그에게는 2필의 말이나 소가 끄는 짐차 약 15대 아니면 1필의 말이나 소가 끄는 짐차 30대 이상이 필요했을 것이다. 바쌀Vassal들이 등짐을 지지는 않았을 것이 분명하다. 우리는 그들이 흔히 부인과 자녀들을 자신의 안락한 생활뿐 아니라 가족들이 질병이나 부상을 입었을 경우 돌보기 위해 실제로 야전에 같이 데리고 갈 것으로 볼 수 있다. 또한 수도원장은 지위가 높은 사람이었으므로 자신이 필요한 것들도 많았을 것이고 그의 수행원 중 상당수도 그들 나름대로 시중 들 하인 등을 거느리고 있었을 것이 분명하므로 전사戰士 100명의 대열은 총 인원수가 200명 이상 되었을 것이다. 그밖에 이 게르만족의 갈증을 달래 줄 음료수통들도 있었을 것이므로 보급대열은 1필 또는 2필의 짐승이 끄는 가득 짐을 실은 짐차 40~50대 이상이 필요했을 것이다. 물론 짐차의 짐은 점점 줄어들었을 것이지만 이동 중 고향으로 되돌려보내는 짐차는 몇 대 되지 않았을 것이다. 거대한 무리가 동시에 이동하면서 매일 먹을 물과 마초馬草를 위해 서로 경쟁해야 하는 긴 여행과 전투에서는 전투로 인한 짐승과 연장들의 실질적 손실을 논외로 해도 재보급이 끊임없이 필요했을 것이기 때문이다. 잡아먹으려고 끌고 간 짐승들은 그리 살집이 많지 않았을 것이므로 200명이 1주일에 3마리씩은 잡아먹었을 것으로 본다면 4개월간 모두 50마리는 필요했을 것이다.

이때 문제가 되는 것은 그들이 이동 중에 새로운 식량을 얻을 수도 있으므로 수송량을 크게 줄여서 보아도 될 것인 지의 여부이다. 예를 들어 그들이 라인 강 수로水路를 통해 왕조의 조공지租貢地들을 이용할 수 있었다면 스트라스부르크Strasburg, 마인쯔Mainz, 꼴로뉴Cologne, 뒤스부르크Duisburg 등 주요 통과지점에다 라인 강 서부 지역으로부터 올라갈 병력들을 위해 보급품 저장소를 준비해 놓는 것이 그리 어렵지는 않았을 것이다. 그러나 이런 일은 있었다는 기록은 전혀 없으며 그런 일은 중앙행정과 관련된 일로서 식량은 각 분견대 책임 하에 있었다. 뿐만 아니라 만약 풀라트가 도중의 어떤 보급품 저장소에서 자신의 보급품을 재충전하려 했다면 그는 현금을 지불해야만 했을 것이고 그러려면 농민들로부터 많은 세금을 현금으로 거두어들여야 했을 것이다. 그러나 농부들에게는 그럴 능력이 없었다. 결국 풀라트는 그렇게 먼 곳까지 나가면서도 모든 식량을 자체적으로 싣고 다니는 방법밖에는 없었을 것이다.9)

위의 계산에는 말먹이가 누락되어 있다. 현대 규정에 의하면 말 1필의 1일분 먹이는 귀리 5~5.65kg, 건초乾草 1.50kg 및 짚단 1.75kg이다.10) 따라서 귀리만 생각

---

9) (이 각주는 제2판에서 추가한 것임.) 따라서 필자는 에르벤Erben의 말과 같이(《역사지歷史誌 *Historische Zeitschrift*》, 제101권, 329쪽) 라인 강 등에 보급품 저장소가 있었을 것으로 보지 않았으며 이를 기록 누락으로 보지 않았다. 필자는 그런 저장소가 있었을 가능성에 대해 분명한 반론을 펴왔다.

해 보면 말 1필은 자신이 지고 갈 수 있는 양을 6주일에 먹어치운다.11) 원거리 이동시에는 승마용 말과 특히 짐차 끄는 짐승들은 먹이를 지고 다닐 수가 없다. 도중에 먹이를 구입할 수도 없었고 징발도 허용되지 않았었기 때문에 이런 짐승들은 오로지 풀잎에 의존할 수밖에 없었고 따라서 상대적으로 약했었다.

만약 100명의 전사戰士를 거느린 한 나리senior의 보급대열에 짐차나 수레가 50대 내외였다면 필요한 짐승 수는 승마용 말까지 여기에 더하면 사람 숫자보다 즉, 전사戰士 숫자의 2배보다도 훨씬 더 많았을 것이다. 이런 숫자는 식용 짐승들이 처음에는 짐차 끄는 소의 일부였고 짐차가 점점 비워지거나 부서짐에 따라서 더 이상 필요 없게 되었을 것으로 본다고 해도 정확한 숫자일 것이 분명하다.

물물교환경제 시대에는 원거리 원정은 큰 부담이었다. 센트 쿠엔틴St. Quentin 대수도원이 매우 부유한 수도원이었다 해도 수도원장 풀라트Fulrad는 작센Sachsen/Saxony 전역戰役에 100명에 훨씬 못 미치는 전사戰士들밖에는 동원하지 못했을 것이다.

여기서 필자는 독자들이 프랑크족 대공大公/Graf들이 자신의 구역 내에서 튀링겐Thüringerern/Thuringians족에서 가스코네Gascognern/Gascons족에 이르기까지 모든 농민 또는 군복무 적격자를 자신의 장비로 무장시킨 다음에 전역戰役으로 나가서 이리 저리 국경지대를 돌아다녔을 것으로 보려고 하는 학자들의 견해에 대해 마지막으로 동정적인 시선을 던져보기를 권한다.

프랑크 왕국은 게르만족 지역과 로마인 지역으로 나뉘어 있었다. 클로드비크Chlodwig/Clovis는 이런 이질적 지역들을 하나의 왕국으로 통합해 놓았지만 그들의 사회구조가 크게 변할 수는 없었다. 한쪽에는 농사에는 흥미가 없는 평등하고 자유로운 전사戰士들의 씨족사회가 있었고 다른 쪽에는 소수의 대지주大地主들과 종속적인 농민 및 도시민들의 사회가 있었다. 그러나 수세대 만에 이 두 지역의 사회구조가 같아졌다는 것이 얼마나 놀라운 일인가? 학자들은 프랑크 왕국의 두 지역이 왜 그리 큰 차이가 없게 되었는지에 대해 오래 전에 의문을 제기했어야 했다. 필자는 이에 대한 답을 이미 말했다. 내전內戰 중 가장 우위였음이 입증된 부족은 아우스트라스Austrasien/Austrasia 분국分國이었다. 혹자는 그들이 다른 분국보다 우월했던 원인을 그들의 게르만적 성격이 탁월했기 때문일 것으로 보고 싶겠지만 실제 그랬다면 그들은 훨씬 더 강력했었을 것이다. 그러나 우리는 노이스트리Neustrien/Neustria, 아키타니Aquitanien/Aquitania 또는 부르고뉴 등 다른 분국分國들이 도대체 어떻게 아우스트라스Austrasien/Austrasia 분국과 그리 오래 싸울 수 있었는지 생각해 보아야 할 것이다. 그들이 서로 매우 오래 싸운 것을 보면 힘에는 별 차이가 별

---

10) 브론사르트Bronsart, 《장군참모부 복무편람Dienst des Generalstabes》, 제2판, 414쪽. 오늘날은 더 증가했다.
11) 당시 조건에서는 그랬었다. 오늘날의 수송용 말은 현대 도로 위에서 그보다 2배 이상의 짐을 끈다.

로 없었다고 볼 수밖에 없다. 프랑크족은 옛 지역 잔류자들을 포함해서 큰 왕국으로 통합된 이후 아주 빠른 시간 내에 전사戰士기질을 버리고 농민들로 변했기 때문에 새로운 군사체계에서는 전사戰士들의 일반징집이 무의미해졌고 그 대신 선병選兵 과정이 필요했다. 새 정착지에서는 이미 호전성을 잃어버린 지 오래된 켈트-로마 계의 농민이나 도시민이 아니라 이주移住해 온 프랑크족 중에서 주로 모병募兵된 전사戰士계층이 생겼고 옛 프랑크족 지역에서도 선병選兵 과정을 통해서 전사戰士계층이 생겼다. 이제 왕이나 대공大公/Graf들이 과거와 같이 무리를 지어 약탈을 일삼는 식의 이주移住를 허용하지 않았고 전쟁을 위해 각 백호百戶/Hundertschaft들로부터 정상적으로 식량을 공급해 줄 수 있는 인원만 최대로 소집했기 때문에 전사戰士들의 숫자는 극히 적을 수밖에 없었다. 이때 나머지 게르만족은 꽤 오래 버티기는 했지만 결국은 전사戰士로 선발된 옛 동족들에 의해 로마식 소작농민小作農民보다도 생활이 아마도 더 힘들었을 예속적인 신분으로 밀려나게 된다.

프랑크 왕국은 현실적 이유 때문에 보편적인 병역의무를 전사戰士계층에 국한시켰던 행정국가行政國家로서 출발했다. 이 전사戰士계층은 바쌀vassal의 지위에서 대지주大地主계층 밑에서만 생존할 수 있었다. 반면에 대지주계층은 봉토封土/Lehen/fiefs 체계를 통해서 전사戰士들을 거느린 무력소유자가 되었고 이런 무력소유자로서 행정직인 대공大公/Graf이 되었고 곧이어 현재의 행정각부行政各部 장관長官에 해당하는 중앙행정직인 집정관執政官/Hausmeier/seneschal의 지위를 차지하게 된다.

메로빙Merowing/Meroving 왕조는 오래갔지만 이런 새로운 귀족계층 지도자들의 후견 하에서만 존속할 수 있었다. 프랑크 왕국의 분국分國인 아우스트라스, 노이스트리 및 부르고뉴에서 각기 권력을 장악한 이런 지도자 가문家門들이 잠시동안 서로 싸우기는 했지만 그들 중 하나가 다른 분국의 지도자 가문들을 때로는 굴복시키기도 하고 때로는 결혼을 통해 흡수하기도 함으로써 결국 아우스트라스 분국이 왕국 전체를 지배할 정도의 권위를 지니게 되었다. 다만 변경지역의 바이에른Byern/Bavaria 분국과 아키타니Aquitanien/Aquitania 분국만은 계속 독립을 유지했다.

프랑크 왕국 군사체계의 봉건화封建化는 아주 느리게 점차 발전된 것이기 때문에 그 시점始點을 단정적으로 말하기 어렵다. 왕국 창건 초기에는 보편적 군사의무의 원칙과 부켈라리buccellarii 또는 바쌀vassal의 징집 관행이 병존竝存했다. 실용성이 높은 후자가 봉토封土/Lehen/fiefs 체계 내에서 안정적이고 영속적인 뿌리를 내리면서 결국 법적 정치적 제도로 굳어지게 되지만 왕에게 일반적 징집권이 있다는 기본원칙은 결코 포기되지 않았다. 오랜 세월 동안 두 요소는 병존했다. 뒤의 제Ⅲ편에서 양자의 대비를 다시 다룰 기회가 있을 것이다.

옛 레우데스leudes 전사戰士계층은 이제 바쌀vassal 전사戰士계층으로 변형되었다. 전자는 왕이 소집하는 전사계층이고 후자는 나리senior 즉, 지주地主들에게 종속된 충성스런 부하들이라는 차이가 있었다. 레우데스leudes는 전사계층이 되는 과정에 있었던 프랑크 민족들이지만 로마인들이 배제되지 않았던 것과 같이 바쌀vassal 역시 오로지 게르만족으로만 구성되지는 않았었다.

로마 땅에 정착한 프랑크족은 매우 빠르게 라틴어를 배웠지만 고급 라틴어가 아닌 평민들의 라틴어를 배웠으며 이로부터 후일 프랑스어가 발전했다. 그러나 그들은 게르만 언어를 오래 잊지 않았다. 기록에 의하면 서기 698년 로우엔Rouen에서는 성聖 안스베르트Ansbert의 장례행렬에서 참배객들이 그들의 슬픔을 다양한 언어로 표현했다고 한다.12) 서西프랑크 사람들이 게르만 언어를 알아듣지 못했던 최초의 분명한 증거는 서기 842년 게르만족 루드비히Ludwig가 그의 형인 스트라스부르크Straszbourg의 칼Karl/Charles에게 선서宣誓한 내용인데 이 선서에서 그는 형의 전사戰士들이 자신의 말을 알아듣게 하기 위해 라틴어를 사용했다 한다. 게르만 언어를 알아듣지 못한 최초의 서西프랑크 왕은 카페트Hugo Capet였다.13)

상황이 비슷했던 이태리에서는 10세기 후반에 가서야 남부 지방에서 롬바르디 Langobarden/Lombards족의 언어가 이태리어로 대체되었고 북부 지방에서는 롬바르디족 언어가 서기 1000년까지도 남아있었다.14) 게르만족은 그들의 고유 언어는 로마 땅에 정착한 후에도 300~400년 동안 계속 사용했다. 그런 일이 가능했던 이유는 전사戰士들이 굳게 단결해서 주로 그들끼리만 결혼하는 한 계층을 형성했기 때문이다. 로마인들도 전사戰士계층에 들어오면 게르만화 되었다. 우리는 프랑스 지역에서 지위 높은 로마인들이 게르만식 이름을 쓰고 게르만족의 관습, 의복, 무기, 봉토封土, 복수復讐, 맥주 마시는 습관 등을 채택했던 많은 예를 발견할 수 있다.15) 왕실과 귀족층에서는 게르만적 특성을 유지했고 로마식 문자교육에는 별 흥미가 없었다. 읽고 쓰기를 배운 사람들은 국가가 아니라 교회에 복무했다.

하나의 통일된 문명세계에서 평화로운 생활을 영위하며 거두어들인 세금으로 모병募兵된 군대를 유지했으며 이 군대가 국경지역에서 엄격히 훈련된 레기온

---

12) 로트Paul Roth, 《봉지封地 제도의 역사Geschichte des Benefizialwesens》, 99쪽, 각주 224.

13) 쥴레비유Petit de Juleville, 《프랑스 언어사言語史Histoire de la littérature française》, 제I편, 67쪽. 9세기 중엽에 가티네Gâtinais의 페리에르Ferrière 대수도원大修道院의 수도원장인 루뿌Lupus는 그의 사촌을 프랑스어를 배우도록 쁠륌Plüm으로 보냈다. 이를 보면 그들이 고향에서는 프랑스어를 배울 수는 없었지만 프랑스어를 아는 것을 바람직하게 생각했었음을 우리는 알 수 있다.

14) 브루크네르W. Bruckner, 《롬바르디족의 언어Die Sprache der Langobarden》, 스트라스부르크, 서기 1895년.

15) 로트Paul Roth, 《봉지封地 제도의 역사Geschichte des Benefizialwesens》, 98쪽, 100쪽 및 101쪽. 서기 838년에 성聖 데니스Denys 사제司祭가 작성한 어느 명부에는 130명의 명단 중에 게르만식 이름이 아닌 것은 단 18명뿐이다. 더욱이 그 18명의 이름도 대개 성경책에서 따 온 이름들이다. 골Gallien/Gaul의 최남단 지역에서도 9세기 사람들 이름이 대부분 게르만식 이름이었다. 델리슬레Leopold Delisle가 《프랑스 제도 비방록Mémoires de l'Institut de France》, 제38권, 서기 1886년, 372쪽에서 소개한 9세기 말 파리교회의 한 세례인洗禮人 명부의 경우에도 상황은 같다.

legion들로 편성되어서 모든 국경지역에서 야만인들로부터 제국의 안전을 보호해 주었던 3~4세기 전에 비하면 이제 얼마나 다른 세상이 되었는가? 이제 로마인들은 그들 자신으로는 레우데스leudes나 바쌀vassal의 전사戰士계층을 만들어 낼 수 없었고 문명화된 시민사회에는 강력한 전사戰士기질이 없어졌다. 로마의 군대는 오직 엄격한 군기軍紀를 통해서만 유지될 수 있었다. 그러나 태생적 전사戰士였던 게르만 병사들은 사라져 가는 로마체제에 접목이 된 후에도 군기軍紀가 아니라 타고난 전사戰士기질을 가지고 유지되는 독특한 전사戰士계층을 탄생시켰다.

프로코피우스Procop/Procopius의 《폴레몬Polemon》, 〈고트 전기戰記bell. Goth〉, IV, 30장에는 타기네Taginä/Taginae 전투에 앞서 로마 지휘관이 그의 병사들에게 "그대들은 지금 질서 있는 국가체계의 수호자로 전투에 나서고 있지만 저쪽 사람들은 자신들이 하는 일이 계속 발전할 수 있다는 희망이 없고 그저 하루하루 생존해 갈 수밖에 없는 사람들입니다"라고 말했다는 기록이 있다. 얼마나 의미 있는 표현인가? 이 연설이 결국은 빈말로 그치기는 했지만 나르세스Narses의 로마군에서 복무하던 롬바르디족이나 헤룰Heruler/Herulians족이나 게피트Gepiden/Gepids족 병사들에게는 그의 말이 전혀 이해할 수 없는 말은 아니었을 것이다. 게르만족은 문명을 짓밟고 파괴해 가면서 부富를 축적하기는 했지만 자신들의 야만성으로 스스로 새로운 문화환경을 탄생시킬 수 있다는 강한 의식을 지니고 있었다. 가이세리히Gaiserich/Gaiseric와 테오데리히Theoderich/Theodoric가 창조한 것이 무엇이 되었는가?

야만인 병사들을 거느렸던 옛 로마제국은 연이어 닥치는 위기를 극복 못 했고 결국 로마적 요소와 게르만적 요소가 결합해 독특한 새 정치질서가 탄생했다. 고전적 요소는 교회에 계속 남았고 국가와 군사체계는 봉건체계에서 생존하고 발전할 수 있었는데 이 봉건체계는 주로 게르만족의 뿌리에서 성장한 것이다.

이때 아랍 민족은 서西고트 왕국을 무너뜨린 후 피레네산맥을 넘었고 프랑크 왕국까지 굴복시키려고 했었다.

이슬람 세력이 콘스탄티노플Konstantinopel/Constantinople까지 들어와 포위망을 좁혔고 이태리도 큰 위협을 받았고 예언자 마병馬兵들이 로아르Loir 강 지역에 등장했고 라인 강 너머에는 이교도異敎徒들이 들고일어나고 있었다. 기독교와 로마-게르만 세계는 좁은 공간 속에 갇혀 버티지 못할 지경이 되었다. 이때 마르텔Karl Martell이 아랍세력의 진출을 저지해 몰아낸 투르Tours 전투보다 더 중요한 전투는 세계사에 없다. 우리는 이 전투에 관한 세부적인 내용을 거의 알지 못한다. 다만 우리가 한 가지만 말할 수 있다면 이는 투르 전투에서 게르만-로마 기독교 세계의 미래를 구원해 준 것은 서西고트 왕국은 소홀히 했지만 프랑크 왕국이 발전시켰던 전사戰士집단인 카롤링Karoling/Caroling 왕조의 바쌀vassal들이었다는 사실이다.

부 기附記

1. 프레텍스타투스Prätextatus/Praetextatus 주교主敎

투르Tours 주교主敎 그레고리우스Gregor/Gregorius의 《프랑크 왕국사Historia Francorum》, V, 19장에는 킬페리히Chilperich/Chilperic 왕이 로우엔Rouen 주교 프레텍스타투스를 기소한 일에 대한 기록이 있다. 메로베크Merowech가 킬페리히의 아버지에게 반란을 일으켰을 때 프레텍스타투스가 사람들에게 선물을 주면서 메로베크에게 충성을 서약하도록 했다는 혐의였다. 프레텍스타투스는 자신은 받은 선물에 대한 답례로 선물을 했을 뿐 킬페리히의 아버지를 폐위시키려는 의도는 없었다고 항변하고 있다. 로트Paul Roth는 이 기록을 근거로 그 당시의 사회질서는 왕 이외의 다른 사람에게 충성을 서약하는 일이 아직 용납되지 않았을 것으로 보고 있다(《봉지封地 제도의 역사Geschichte des Benefizialwesens》, 152쪽). 그러나 필자는 오히려 그와는 정반대였을 것으로 보고 싶다. 만약 당대의 기준에서 왕이 아닌 다른 사람에 대한 충성 서약이 범죄로 취급되었다면 프레텍스타투스 주교는 주로 이런 혐의에 대해 항변했어야 했는데 그는 이 문제를 전혀 언급하지 않았다. 그로서는 이 문제가 전혀 중요한 문제가 아니었기 때문일 것이다. 그는 단지 "왕이 그의 영토에서 추방되어야 할 이유가 없었다sed non haec causa extitit, ut rex ejiceretur e regno"는 대답만 했다.

2. 5월의 소집

서기 755년에 프랑크족 왕의 정기소집定期召集이 있었다. 정기소집은 원래 3월이었으나 이때 5월로 변경되었다. 흔히 이런 변화를 프랑크족의 군대가 보병에서 기병으로 바뀐 증거로 보았다. 소집을 늦춘 것이 마초馬草 문제 때문이라는 생각에 바탕을 둔 결론이다. 그러나 앞서 수도원장修道院長 풀라트Fulrad의 행군에 대해서 우리가 설명한 바에 의하면 그렇게 믿어지지 않는다. 보병만으로 구성된 병력의 경우에도 너무 많은 화물 운송용 짐승들이 필요하므로 마초馬草는 언제나 매우 중요한 고려요소였다. 더욱이 프랑크족은 언제나 부분적으로 기병이었다. 따라서 말의 숫자가 일부 늘었다고 해서 큰 차이가 생길 수는 없었을 것이다.

우리는 한 걸음 더 나가서 이때의 소집이 군대 사열査閱 성격의 소집이었다는 생각도 완전히 부인할 수 있을 것이다. 이런 정기소집은 사실 지위가 높은 사람들이 그들의 전 병력이 아니라 군사수행원만 대동하고 모이는 일종의 회의에 불과했었다. 그들이 바로 전역戰役으로 이동할 수 없는 어느 장소에 집결하면서 전 병력 아니면 상당한 병력을 집결시켰다면 이는 경제적 측면에서나 군사적 측면에서나 매우 기이한 일일 것이다. 브루너Brunner의 《게르만 법제사法制史 Deutsche Rechtsgeschichte》, 제II편, 127쪽 이하를 참고할 것.

3. 서西고트족의 바쌀vassal 체계

필자는 앞서 옛 군사체계를 로마 땅 정착 후에도 그대로 유지한 서西고트족과 새로운 봉건적 바쌀vassal 체계를 발전시켰던 프랑크족의 차이를 크게 강조했었지만 이는 꽤 조심스럽게 한 말이었다. 서西고트족도 처음에는 프랑크족과 비슷한 발전을 시도했던 다한 흔적들이 발견되지만 다만 이를 크게 발전시키지 못한 것이기 때문이다. 단Dahn은 고대 서西고트 법전에서 "충성을 서약한se commendare in obsequium"이란 구절을 발견하고 놀라움을 표현한 적이 있다(《게르만 왕국Könige der Germanen》, 제Ⅵ편, 141쪽, 각주 3). 그러나 그가 부켈라리우스Buccellarius와 바쌀vassal이 기본적으로 같은 것이라는 사실을 알았다면 오히려 그런 표현들이 더 이상 발견되지 않는 것에 놀랄 수 있었을 것이다.

《서西고트 법전法典 Lex Visigothorum》, V, 3, 제4조에는 그의 후원자를 떠나서 다른 후원자에게 가는 경우에 "충성을 서약 받은 사람은 충성을 서약한 사람에게 땅을 주어야 한다. 그가 떠나는 후원자는 자신이 그에게 주었던 땅과 모든 것들을 회수해서 계속 소유한다ille, cui se commendaverit, det ei terram; nam patronus, quem reliquerit, et terram et que ei dedit, obtineat"라는 구절이 있다. 이를 보면 서西고트족의 지도자들도 전사戰士들을 보유했을 뿐 아니라 그들에게 땅도 주었던 것으로 보인다.

"레우데스leudes"라는 단어는 《서西고트 법전法典 Lex Visigothorum》, IV, 5, 제5조(고대법古代法)에만 등장하는데 단지 "전사戰士"의 의미로만 사용되었음이 분명하다.

4. 교회 토지의 세속화世俗化

필자는 성직자봉록聖職者俸祿/Benefizien/benefices이라는 법적 제도의 기원과 관련해서 교회의 토지가 세속화되었다는 생각을 부인한 바 있는데 이는 정당한 판단이었다고 믿는다. 성직자봉록 제도는 카롤링Karoling/Caroling 왕조의 권력을 강화시켜 준 제도였고 무엇보다도 중요한 정치적 사건이었음이 분명하다. 그러나 바쌀vassal들에게 준 토지가 주로 교회 소유의 토지였다는 것은 결국 우연에 불과할 뿐이며 또한 바쌀들에게 토지를 줌으로써 그 토지 소유자가 이를 후손에게 상속해 줄 권리까지 소멸되는 것도 아니었다. 바쌀들에게 토지를 준 제도의 목적은 전사戰士들에게 식량을 공급해 주기 위한 것이었지 결코 토지 소유자가 이 토지를 그의 상속자에게 물려주지 못하게 하기 위한 것이 아니었다.

필자가 이 페이지를 수정하고 있는 사이에 스투츠Ulrich Stutz의 "카롤링 왕조의 십일조十一租 체계Das Karolingische Zehntgebot"(《샤비니 재단財團 법제사法制史 학술지-독일 편 Zeitschrift der Savigny-Stiftung für Rechtsgeschichte, Germanische Abteilung》, 제29권, 서기 1908년, 170쪽 이하)라는 논문이 필자의 손에 들어 왔다. 이 논문에서는 교회재산 세속화와 봉토封土/Lehen/fiefs 체계 발전의 관계를 새로운 관점에서 조명했는데 필자는 과거 교회의 제도에 불과했기 때문에 어렵고 불완전했던 십일조 체계가 페펭Pippin/Pepin Ⅲ세(역자 주: 투르Tours 전투에서 아랍세력을 격퇴한 마르텔Karl/Charles Martell의 아들로 카롤링Karoling/Caroling 왕조를 세운 왕) 당시에 국법國法으로 발전했고 이는 교회로부터 토지를 빼앗은 데 대한 보상 성격의 혜택이었음을 스투츠Ulrich Stutz가 분명히 입증했다고 본다. 그의 발견으로 인해 이제 우리는 중세의 정치 경제생활을 살펴볼 수 있는 매우 중요한 단서를 얻게 되었다. 우리는 프랑크 왕국과 중세 국가들의 일반적인 취약점은 만족스러운 조세租稅체계의 불비不備에 있었다는 점을 분명히 알고 있어야 한다. 조세 체계의 불비로 인해 통치자들은 병사들에게 줄 충분한 돈이 없었고 따라서 그들이 하사한 토지에서 자급자족하는 전사戰士계층을 이용해서 군사적 소요를 충당할 수밖에는 없었다. 그런 목적에 쓸 토지를 확보하기 위해 그들은 교회의 토지를 모두 뺏어야 했었다. 그렇게 되면 교회는 무엇으로 생활했을까? 과거 교회는 십일조十一租/Zehnten를 언제나 요구했었음이 분명하지만 일반적 정기적으로는 거두어들일 수 없었으나 이제 정치행정을 통해 이를 실질적으로 거두어들일 수 있게 되었다. 국가 자신으로서는 십일조와 같은 세금을 관리할 수도 이용할 수도 없었다. 교회가 거두어들일 수 있는 것과 같은 산물産物들을 운송, 집결, 보관, 계산 및 통제될 수 있는 범위는 극히 제한적일 수밖에는 없었기 때문이다. 게르만족의 법적인 사고思考로는 백성들이 국가와 왕에게 그런 것들을 납부할 의무를 느끼지 못했었다. 그러나 교회는 사제司祭와 주교主敎들을 먹여 살리고 시설물들을 운영하기 위해 이런 십일조가 매우 유용했고 신앙심 속에 그런 십일조에 대한 청구권이 있다고 느끼고 있었다. 이제 교회와 국가는 세계 역사상 그렇게 중요한 동맹을 맺었고 이로 인해 처음에는 집정관執政官/Hausmeier/seneschal(역자 주: 대지주 계층이 대공大公/Graf의 지위에 이어 차지한 중앙행정직으로 오늘날의 행정각부行政各部 장관)들이 대주교大主敎 보니파키우스Bonifacius를 지원하게 되었고 이어 로마교황 승인 하에 카롤링Karoling/Caroling 왕조가 탄생하게 되었으며 결국 프랑크 왕국 샤를마뉴Karl/Chalemagne(역자 주: 페펭Pippin/Pepin III세의 아들)가 서로마제국 황제직에 오르게 되었다. 이제 우리는 이런 모든 것들 즉, 이런 동맹의 기초는 교회의 토지와 십일조라는 교회세금의 맞교환이라는 정치적 현실주의였음을 알 수 있다. 국가는 한편으로는 자신과 긴밀한 동맹을 맺고 자신에게 우호적인 교회에게 필요한 십일조 수입을 보장해 주어서 교회가 이를 쓸 수 있게 해주었고 다른 한편에서는 교회가 수세기에 걸쳐 모아놓은 토지를 그 대가로 받아서 자신이 필요한 곳에 쓸 수 있었다.

여기서 우리는 다시 한번 지도자의 교체나 바쌀vassal의 사망에 따른 봉토封土/Lehen/fiefs 인도引渡라는 형식은 이런 봉토들의 다수가 원래 교회재산이었다는 사실과는 무관한 것임을 기억해 두자. 그와 같은 형식은 그 목적 즉, 군사적 목적을 가지고 특별히 설명될 수 있고 또 그와 같은 설명만 가능하다. 그러나 재산의 세습世襲이 허용된 전사戰士계층의 생성이 아니라 충분한 팽창을 위한 교회재산의 활용은 극히 중요한 의미를 지닌 사건이었다. 국가적인 십일조 체계의 도입과 더불어 이런 사실관계를 발견해 낸 것은 후대後代를 위한 너무 중요한 사건이며 후대에 큰 영향을 미칠 것이라는 인상을 우리에게 주고 있다.

5. 식량 및 보급대열補給隊列

전시戰時 식량수송 문제는 중요한 문제이므로 필자는 프랑크 왕국 샤를마뉴Karl/Chalemagne 대제大帝가 수도원장修道院長 풀라트Fulrad에게 보냈던 서신과 관련해서 본문에서 논의했던 내용들 외에 보다 특수한 사실들 몇 가지를 추가하겠다. 이 책 초판에서(제I편, 427쪽 및 제II편, 105쪽)(역자 주: 제3판에 대한 이 한글 번역본에서는 제I편, 569~570쪽) 필자는 나폴레옹 III세의 평가를 기초로 말 1필의 수송능력을 500~525kg으로 보았었다. 그러나 이제 필자는 이는 너무 크게 본 수치였음을 확신하게 되었다. 발크Balck의 《전술론Taktik》, 제II편, 제I권, 288쪽에 의하면 오늘날 말 1조組(2필)가 끄는 식량배급마차食量配給馬車/Lebensmittelwagen에서는 1필이 425kg의 무게(식량만 250kg)를 끌고, 2조가 끄는 식량배급마차에서는 1필이 432kg의 무게(식량만 250kg)를 끌며, 1조가 끄는 식량수송마차食量輸送馬車/Fuhrparkwagen에서는 1필이 650kg의 무게(식량만 450kg)를 끈다. 이 수치와 매우 근접한 수치들이 서기 1542년의 「헤쎈 규정hessische Ordnung」(페텔Paetel의 《헤쎈 군대의 조직Organisation des hessischen Heeres》, 218쪽에 소개되어 있음), 서기 1620년에 바이에른Byern/Bavaria에서 막시밀리안Maximilian이 밀가루를 수송한 기록(뒤의 제IV편, 제III권, 제IV장에 소개되어 있음) 및 서기 1779년의 「군대의 식량보급Von der Verflegung der Armeen」이라는 제목의 문서(옌스 Max Jähns의 《독일 군사학사軍事學史Geschichte der Krigswissenschaften vornehmlich in Deutschland》, 제III편, 2186쪽에 소개되어 있음)에 있는 수치들이다.

이 수치들도 나폴레옹 III세의 수치보다는 작지만 사료들을 보면 그리스-로마 시대에는 짐승 1필의 수송능력이 그 절반도 안 되었음을 알 수 있다. 크세노폰 Xenophon은 《키로페디아Cyropädie/Cyropaedia》(역자 주: 페르시아 키루스Cyrus 대왕의 전기傳記), VI, 1. 30절에서 소 1조가 끄는 무게를 675kg이라고 했는데 이는 1필이 끄는 무게가 338kg이었다는 말로서 짐만의 무게가 아니라 수레 무게까지 포함된 수치이다. 더욱이 우리는 《테오도시아누스 법전Codex Theodosianus》(L, VIII, Tit. 5) 등에 많은 기록이 남아있는 로마제국 우편郵便규정이나 역마驛馬규정도 고려해야 한다. 다만 이런 규정들 중에는 노새 8필이 끄는 짐차(레다rheda)에 500kg 이상 짐을 적재하면 안 된다는 규정도 보이지만(같은 법전, VIII, 5. 8에 있는 콘스탄티우스 Konstantin/Constantius II세의 서기 357년 칙령) 이 규정은 일정 속도를 유지하기 위한 것으로서 우리의 연구에는 큰 의미가 없다. 그러나 같은 법전에는 소 4필이 끄는 짐차(앙가리아Angaria)에 짐을 750kg 이상 실으면 안 된다는 규정도 있다(VIII, 5. 11절). 더욱이 로마 짐차는 대개 상태가 좋은 로마 도로들을 이용했었고 소가 끄는 짐차는 속도는 따지지 않는 화물 수송용이었다. 결국 소 1필이 끌 수 있는 화물 무게만은 200kg 미만이었다(1파운드가 약 330g이었던 로마 도량형을 고려하면 150kg으로까지 볼 수 있다). 그렇다면 크세노폰Xenophon은 소 1마리가 끄는 무게가 338k이라고 했으므로 짐차 자체의 무게(특히 현대식 스포크형이 아니라 흔히 견고한 일체형이던 바퀴의 무게)와 짐차와 짐승의 연결장치 무게 그리고 말 2필이 끄는 수레에서 두 말의 속도를 맞추는 장치의 무게 역시 그리 크지 못했을 것이다. 로마식 도로가 없었던 샤를마뉴Karl/Chalemagne 대제大帝 당시의 게르만 지역에서는 짐승들이 끄는 무게가 더 적었을 것이다.

　그러나 소는 고집도 세고 느릴 때도 있지만 말보다는 많은 짐을 끌 수 있다.
　짐승들에게 짐차를 끌게 하는 대신 등짐을 지게 하면 특히 산악지대에서 병사들을 잘 따라다니고 필요할 때는 병사들에게 길을 쉽게 내주는 장점이 있다. 이 때문에 로마 시대나 중세는 물론 19세기까지도 등짐 지는 짐승이 널리 이용되었다. 로마군에서는 간부는 물론 일반병사들도 이런 짐승을 가지고 있었는데 대부분 노새였다. 로마군에서 텐트 1개를 같이 쓰는 단위인 10명의 병력이 규정상 짐승 1마리를 갖는 것이 허용되었을 것으로 본다면 이 짐승은 부속품을 포함한 가죽 텐트 1개(약 20kg), 맷돌 1개, 냄비 1개, 연장 몇 가지, 밧줄 및 담요들 외에 아마도 약간의 식량을 운반할 수 있었을 것이다.
　뤼스토프W. Rüstow는 짐승 1마리가 텐트 1개를 같이 쓰는 단위인 10명의 1주일분 식량을 등에 지고 다닐 수 있다고 보았지만(《시저의 군사조직과 전쟁수행 *Heerwesen und Kriegführung C. Julius Cäsars*》, 제2판, 서기 1862년, 17쪽) 이는 불가능한 말이 분명하다. 병사 1명의 1주일 식량이 8.5~9kg 이하일 수는 없으므로 병사 10명의 1주일 식량은 적어도 85~90kg은 된다. 여기에다가 텐트 무게 약 20kg만 더한다고 해도 이미 짐승 1마리가 등짐으로 질 수 있는 능력을 초과하게 된다. 아마 텐트 외의 여타 품목들과 연장들의 무게가 적어도 50kg 이상은 될 것이다.
　등짐 짐승은 장점도 있지만 큰 단점이 있다. 짐승 1마리가 100kg 이상의 짐을 등에 질 수 없다.16) 짐차를 끄는 것이 등짐 지는 것보다 쉬우며 위에서 인용한 사료에 의하면 그리스-로마 시대에는 짐승 1마리가 150kg의 짐을 끄는 것으로 보았지만 현재는 250~450kg까지 끌 수 있는 것으로 본다. 또한 짐차 끄는 짐승은 서는 즉시 쉴 수 있지만 등짐 짐승은 서더라도 계속 등짐을 버티고 있어야 한다. 또 등짐 짐승은 짐차 끄는 짐승보다 훨씬 쉽게 부상을 입는다.
　따라서 로마군은 식량을 모두 등짐 짐승으로 날랐다는 뤼스토프의 말은(17쪽 및 18쪽) 틀린 말임이 분명하다. 프륄리히Fröhlich는 이치로 보나 플루타크Plutarch의 《폼페이우스Pompeius 전傳》과 히르티우스Pseudo-Hirtius의 글로 추정되는 《아프리카 전기戰記 *Bellum Aficanum*》에서 말한 보급품 수송차와 식량 수송차에 관한 기록을 보나 뤼스토프의 말이 틀렸음을 이미 증명한 바 있다(《시저의 전쟁*Kriegswesen Cäsars*》, 제I 편, 89쪽). 살루스티우스Sallustius/Sallust의 《유구르타 전기戰記 *Bellum Jugurthinum*》, 75. 3절에는 메텔루스Metellus가 사막에서 75km의 원정길에 나서려고 "등짐 짐승들에게 10일분 곡식과 가죽 물병 등 적절한 물병을 제외한 다른 짐들은 모두 내려놓게 하게*omnia jumenta sarcinis levari nisi frumento dierum decem; ceterum utris modo et alia aquae idonea portari*" 했다는 구절이 있지만 이로써 증명될 것은 아무것도 없다. 사막에서는 짐승들이 짐차를 끌 수 없었을 것이기 때문이다. 그러나 이 기록을 통해 우리는 겨우 75km의 원정길에 나서면서도 등짐 짐승들의 관리가 얼마나 어려운 일이었는지를(이 짐승들은 물론 필요한 음료수까지 모두 날라야만 했을 것이다) 알 수 있다. 이 때문

---

16) 물론 평소에는 1마리 짐승이 150kg까지 등짐을 질 수 있지만 전쟁시에는 불가능하다. 전쟁시에는 장거리 이동이 보통이고 마초馬草도 규칙적으로 얻을 수 없고 또 짐승의 손실을 최대한 줄여야 한다.

에 메텔루스Metellus는 토착민들의 대규모 동원을 준비했다.

병사들은 개인 무기 때문에 많은 식량을 지고 갈 수 없었다. 서기 1897년에 준츠Zuntz 교수와 숌부르크Schomburg 소령少領 박사博士는 국방성國防省의 위촉에 따라 행군시에 병사들의 휴대품 무게로 인한 심리적 효과를 시험한 적이 있고 그 결과가 《군사의학軍事醫學 학술지Militärärztliche Zeitschrift》, 서기 1897년 2월 호에 수록되어 있다. 군의학교軍醫學校 학생 5명이 이 실험에 자원해서 참여했다. 이 학생들은 3단계로 (22kg, 27kg 및 31kg) 휴대품 중량을 달리해서 실험행군을 실시했다.

발크Balck에 의하면 준츠와 숌부르크는 이 실험행군의 결과를 다음같이 보고했다고 한다(《전술론Taktik》, 제Ⅱ편, 제Ⅰ권, 208쪽).

1. 적절한 휴대품(22kg 이내)을 적절한 기온에서 1일 25~28km 이내 거리를 행군했을 때는 몸에 해로운 결과가 발견되지 않았으며 여타 원인들과 신체기관들의 사소한 기능장애로 인한 배고픔 현상을 행군 자체가 오히려 해소시켜 주는 것이 관찰되었다. 온도와 습도가 매우 높았을 때는 신체기관들 모두에 일련의 작은 장애들(활력 감소, 탈수脫水증세, 맥박 수와 호흡빈도의 증가, 충혈充血증세)이 감지되었지만 이런 증세들은 행군이 끝난 후 곧 완화되었고 어떤 경우라도 다음날은 완전히 사라졌으므로 며칠간 계속 행군을 해도 이런 증세가 누적되지는 않았다.

2. 다음 단계(27kg의 휴대품)에서도 적절한 기온에서 위와 동일한 거리를 행군한 경우 아무 장애도 감지되지 않았다. 반면 기온이 높았을 때 발생한 신체기관의 변화는 이튿날까지 사라지지 않아서 이튿날은 첫날보다 신체상태가 좋지 않은 상태에서 행군을 출발해야 했다. 어떤 경우라도 평균적인 병사가 비교적 높은 기온에서 27kg의 휴대품을 지고 행군할 수 있는 한계거리는 1일 25~28km이다.

3. 31kg의 휴대품을 지고 1일 25~28km 정도 행군했을 때는 신체기능을 손상시키는 결과가 발생하는 것이 분명했으며 이는 차가운 기온에서 행군했을 경우에도 마찬가지였다.

4. 휴대품 무게에 적응하는 문제(훈련)와 관련해서는 가벼운 휴대품(22kg까지)을 지고 행군했을 때는 여러 날 연속해서 행군하며 1일 행군거리를 점차로 증가시켜도 해로운 결과가 전혀 발생하지 않는 것으로 관찰되었다. 무거운 휴대품(31kg)을 지고 행군했을 때는 비교적 장기간 연습을 했어도 해로운 효과가 아주 조금만 줄어드는 것으로 관찰되었다.

위의 실험결과를 보면 병사들의 휴대품을 정상적인 경우보다 몇kg만 증가시켜도 능력이 크게 떨어질 수 있음이 분명하다. 현재 병사의 정상적인 휴대품은 독일군의 경우 총 25.3kg(과거에는 29kg이었음), 프랑스군은 27.75kg, 영국군은 27.25kg, 이태리군은 28kg 그리고 스위스군은 31kg이다.17)

따라서 우리 병사들이나 마찬가지로 로마군 병사들도 스스로 "비상 휴대식량 eiserne Portion"이상 식량을 휴대한다는 것은 불가능한 일이다. 더욱이 폴리비우스 Polyb/Polybius의 《역사Historiai》, XVIII, 18장에는 로마병사들이 무기 외에 숙영지 설치용 말뚝을 휴대하고 다닌 것을 칭찬하는 구절이 있는데18) 이는 병사들이 식량은 휴대하지 않았었다는 반증이 된다. 만약 로마병사들이 식량까지 휴대하고 다녔다면 이 구절에서 이를 언급하지 않았을 리가 없다.

우리는 실제로 이와 반대되는 주장을 펴고 있는 몇몇 고대 작가들의 말에 현혹되어서 길을 잃고 헤매다 잘못된 결론에 도달하면 안 된다. 고대 작가들의 말 중 어떤 것은 달리 해석될 수도 있고 어떤 것은 오해나 과장인 경우도 있다.

리비우스Livius/Liby의 《페리오카Periocha》, 제57장에는 "스키피오는 누만티아를 포위했고 방종과 사치에 빠진 군대에 엄격한 군기軍紀를 세웠다…병사들에게 30일분 식량과 숙영지 설치용 말뚝 7개를 휴대케 했다Scipio Africanus Numantiam obsedit et corruptum licentia luxuriaque exercitum ad severissimam militae disciplinam revocavit…militem…triginta dierum frumentum ac septenos vallos ferre cogebat"는 말이 있다. 이는 전시戰時 상황에 관한 말이 아니라 오늘날 모래주머니를 짊어지게 하는 것 같은 행군훈련 또는 특별 벌칙罰則에 관한 말이다. 더욱이 프론티누스Frontin/Frontinus의 《전략론戰略論/Strategemetos》, IV, 1. 1절에는 그가 "병사들에게 며칠 분 식량을 휴대하게 했다portare compolium dierum cibaria imperabat"는 말밖에는 없다. 프론티누스의 말이 원래의 정확한 말임이 분명한데 리비우스가 이를 왜곡한 결과 "며칠compolium dierum"이 "30일triginta dierum"로 변한 것이다. 우리는 이런 예를 통해서 그 같은 개별적인 구절들이 얼마나 신뢰성 없는 것들인지를 알 수 있다.

프론티누스Frontin/Frontinus의 같은 책, 같은 절을 보면 "필립은 부대편성을 마치자 모든 병사들에게 짐차 사용을 금지시켰다. 그는 기병들에게 하인 1명만 허용했다. 그러나 보병들에게는 식량과 밧줄 운반 인원으로 10명당 1명의 하인이 허용되었다. 여름숙영지를 떠날 때 그는 병사들에게 30일분 밀가루를 어깨에 짊어지게 했다Philippus, cum primum exercitum constitueret, vehiculorum usum omnibus interdixit, equitibus non amplius quam singulos calones habere permisit, peditibus autem denis singulos, qui molas et funes ferrent. In aestiva exeuntibus triginta dierum farinam collo portare imperavit"는 구절이 있다. 위의 원문 중에 "여름숙영지를 떠날 때In aestiva exeuntibus"라는 말의 구체적 의미가 무엇이었건 간에 이곳에서는 병

---

17) 발크Balck의 《전술론Taktik》, 제I편, 62쪽. 옌스Max Jähns의 《독일 군사학사軍事學史Geschichte der Krigswissenschaften vornehmlich in Deutschland》, 제III편, 2539쪽에 소개되어 있는 프리드리히Friedrich/ Frederick 대왕 시대의 인물인 알렉산더Alexander von der Goltz의 수고手稿에서 우리는 그 당시의 보병 1명은 8.8파운드의 빵과 60발의 탄환彈丸을 포함해서 겨우 52.36파운드만 휴대하면 되었음을 알 수 있다. 그러나 이 역시 너무 큰 무게이다. 이 무게 중에는 빈 탄환 케이스 4파운드와 소총小銃의 비 가리개 1파운드를 더 휴대해야 하기 때문이다. 서기 1839년에 프로이센 보병은 제복制服은 빼고 26.4kg을 휴대했었다. 《주간군사週刊軍事/Militär-Wochenblatt》, 서기 1913년 호에는 장비 경량화에 관한 토론 내용이 수록되어 있는데 이에 의하면 1908년 2월 1일 규정에 따라 독일군 보병의 휴대 무게가 24~24.75kg으로 낮추어졌다고 하며 프랑스 병사는 몇 품목을 휴대품목에서 제외시켜 휴대 무게를 겨우 20kg으로 낮추었다고 한다. 필자의 《페르시아 전쟁 및 브루고뉴 전쟁Die Perserkriege und die Burgunderkriege》(베를린Berlin: 월터 아폴란 출판사Walther und Apolant 〈현재는 그 후신인 헤르만 발터 출판사Hermann Walther〉, 서기 1887년), 56쪽 참고.

18) 이는 리어스Hugo Liers가 《고대군사체계古代軍事體系/Das Kriegswesen der Alten》(브레슬라우Breslau, 서기 1895년), 226쪽에서 지적한 내용이다.

사들이 전시戰時 행군에서 30kg의 밀가루포대를 지고 다녔다고 하지는 않았다.

리비우스Livius/Liby의 《로마사史 Ab urbe condjta Libri》, XLIV, 2장에도 "콘술은 병사들에게 1개월분 식량을 가지고 가도록 명령한 후 출발해서 숙영지를 옮겼다consul menstruum jusso milite secum ferre profectus…castra movit"는 말이 있지만 이를 반드시 병사들 각자에게 1개월분 식량을 휴대하게 했을 것으로 해석할 필요는 없다. 콘술이 원정길에 30일분 식량을 준비하도록 명령했다는 의미로만 보면 된다. 같은 책, XLIII, 1. 8절에도 이와 유사한 구절이 보인다.

베게티우스Vegez/Vegetius의 《로마 군제軍制 Rei militaris instituta》, I, 19장에는 "병사들은 또한 60파운드까지 짐을 지고 군대의 행군 속도를 맞추어야 했다. 그들은 힘든 전역戰役에서 무기뿐만 아니라 식량까지 휴대해야 했었다pondus quoque bajurare usque ad LX libras et iter facere gra여 militari cogendi sunt milites, quibus in arduis expeditionibus necessitas imminet annonam pariter et arma portare"는 구절이 있다. 이 말이 "모두 합해 60파운드(20kg)"의 짐을 병사들이 지고 다녔다는 말이라면 오늘날의 정상적 휴대품보다도 적은 무게를 지고 다녔다는 말이 된다. 만약 이 말이 무기 외에 식량만 20kg을 지고 다녔다는 의미라면 우리는 이를 "얼마나 어려운 일인가! 반 개월 식량을 가지고 다니면서 장벽구축에 쓰일 물건까지 모두 가지고 다닌다는 것이. 물론 우리 병사들의 어깨와 팔과 두 손은 방패와 창과 투구에 짓눌려 있었다"는 키케로Cicero의 말(《투스쿨룸에서의 논쟁論爭 Tusculanae》, II, I6. 37절)에 비추어 볼 때 오해에서 비롯된 말로 볼 수 있을 것이다.

여러 사료들을 통해서 우리는 로마군의 병참관兵站官이나 보급관補給官은 항상 반 개월 분 곡식을 병력에게 공급했었고 이 식량의 운반책임은 병력 스스로에게 있었음을 분명히 알 수 있다. 더욱이 병사들이 어떤 경우라도 식량부족에 시달리지 않게 하려고 17일분을 반 개월분으로 보는 것이 그들의 관행이었다.

그러나 병사 10명 당 단 1마리의 등짐 짐승으로는 17일분 식량을 모두 운반하는 것은 불가능하고 최대로 절반만 운반 가능하므로 일부만 짐승이 지고 나머지는 병사들이 지고 다녔음이 분명하다. 살루스티우스Sallustius/Sallust의 《유구르타 전기戰記 Bellum Jugurthinum》에는 10일분 식량을 등짐 짐승이 운반한 것도 비정상적인 일로 강조한 구절이 있는 것을 보면 평상시에는 그보다도 더 적은 식량을 등짐 짐승이 운반했음을 알 수 있다. 따라서 우리는 율리아누스Julian/Julianus 황제가 병사 개인에게 보통 17일분 식량을 운반하게 했고("병사들이 전역戰役으로 나갈 때 어깨에 지고 운반했던 17일분 식량annona decem dierum et septem, quam in expeditionem pergens vehebat cervicibus miles") 이로 인해 식량이 부족하게 되었다고 한 암미아누스Ammian/ Ammianus의 기록(《사건연대기事件年代記 Rerum gestarum libri》, XVII, 9. 2절)을 문언 그대로 읽으면 안 되고 수사修辭적 표현에 불과한 것으로 보아야 한다.

물론 현실을 고려한 우리의 수치평가에 반대하며 사료 기록들에 대해 "그것은 쓰여진 그대로 보아야 한다"고 단호히 말하면서 사료의 권위를 무조건 인정하는 학자들도 있다. 로마 병사들이 무기 외에 20kg의 밀가루 포대를 메고 다녔다고 보는 학자들을 날카롭게 비꼬는 스토펠Stoffel 대령大領 같은 사람도 있지만 "로마 병사들은 행군 시 15kg이 넘는 장비 외에 14~25kg이나 되는 17~30일분 곡식을 운반했다"고 말하는 니쎈Nissen 같은 학자("노베시움Noväsium," 《본 연보年報 Bonner Jahrbücher》, 111권, 서기 1904년, 16쪽)도 아직 있다. 로마 병사들은 장비 외에도 요새 구축용 말뚝을 3~4개 가지고 다녔는데 이 말뚝들의 무게만 해도 10kg은 된다. 니쎈은 로마 신병들은 행군훈련 시에 19.647kg을 휴대했다고 소수점 이하 3자리 수까지 정밀하게 말했는데 이 얼마나 정밀한 평가인가? 하지만 곧 이어서 그는 로마 병사들이 그렇게 엄청난 무게의 밀가루 포대를 운반했다고 했을 뿐 아니라 "중重보병"과 "경輕보병"은 짊어지고 다니는 무게 차이로 구분되는 것으로 보고 있다. 이 무슨 해괴한 발상인가? 로마 병사들의 휴대품 중량 문제에 관해서는 이 책 제I편(제3판), 제VI권, 제II장, 부기 6을 참고할 것.

병사들 자신이 그렇게 많은 식량을 지고 다닌다는 것도 불가능할 뿐 아니라 보급대열도 그렇게 많은 식량을 운반할 수는 없다.

담Dahm 중령은 "리페 강변 할테른 부근에 있는 로마군의 알리소 요새Die Röme festung Aliso bei Haltern an der Lippe"(라이프찌히Leipzig, 레클람Phil. Reclam 출판사)라는 글에서 "로마 병사들은 17~30일분의 곡식을 스스로 휴대했으므로 알리소(할테른)에서 식량을 재보급 받은 병력은 수감브리Sugambren/Sugambri족, 마르시Marser/Marci족, 브루크테리Bructerer/Bructeri족, 암시바리Amsivarier/Ampsivarii족 및 투반트Tubanten/Tubantes족 지역에서 수주일 동안 식량을 다시 보급받지 않고도 기동할 수 있었다"고 했다. 담 중령은 후일 이 구절에 대해 자신이 말하고자 했던 것은 병사들 자신이 20kg의 밀가루 포대를 지고 다녔다는 것이 아니라 노새 대열이 짐을 운반했다는 의미였었다고 해명했다. 하지만 이제 우리는 그랬을 경우 어떻게 되는지를 계산해 보자.

전투원이 30,000명이면(물론 골Gallien/Gaul과 게르만 지역에서 작전을 수행한 로마 병력은 그보다 훨씬 많았다) 전투원들의 30일분 식량만 1,125,000kg이 필요하고 이를 등짐 노새로 운송하려면 노새가 11,250마리는 있어야 한다. 그러나 노새몰이꾼과 여타의 비전투원들도 먹어야 하므로 노새는 약 18,000마리가 필요했을 것이며 노새들도 길거리 풀만 뜯어먹고 살지는 못했을 것이다. 짐승들이 짐차에 식량을 싣고 끌었다고 해도 짐승 수가 그 절반 이상은 필요했을 것이다. 여기에 또다시 보급대열의 나머지 짐승들과 기병대의 말들까지 합한다면 짐승숫자는 대부분의 경우 상상을 초월하게 된다(앞의 제I권, 제IV장, 부기 3 및 제I편, 제VII권, 제II장, 본문, 세 번째 쪽 참고). 유용하게 쓰이는 일이 매우 드물었을 이렇게 많은 짐승과 짐차들을 그들이 어떻게 유지할 수 있다고 생각할 수 있다는 말인가? 또한 로마군은 통상 요새화된 숙영지를 구축했었는데 어떻게 이들을 그 안에 다 수용할 수 있었을까? 결국 통상 30일분 식량을 가지고 다니거나 그것도 등짐 짐승을 이용해 가지고 다닌다는 것은 있을 수 없는 일이다. 만약 뤼스토프W. Rüstow 가 로마군에는 짐차는 없었고 등짐 짐승만 있었다고 믿은 것이라면 그는 이런 수송수단을 가지고 통상 17일분 또는 특히 30일분 식량을 수송한다는 것이 어떤 일인지를 생각해 보지 않은 것이 분명하다.

필자가 보기에는 담Dahm 중령이 로마군의 보급체계를 그렇게 생각할 수 있고 또 로마군의 요새화된 "병력전개 지역"의 종심縱深이 27km에 달했었다고 볼 수 있었다는 것은 현대 군대에서 훈련이 초기의 군사체계에 대한 명확하고 통찰력 있는 고찰 없이 진행되고 있다는 증거로 보일 뿐이다. 만약 그것이 사실이라면 이는 우리 시대 역사가들, 문헌학자들 또는 법률가들이 지니고 있는 수치개념과 걸리버Gulliver 여행기 같은 해석에 대한 변명사유가 될 수도 있을 것이다.

수도원장修道院長 풀라트Fulrad에게 하달되었던 동원령은 다음과 같다.

"성부聖父와 성자聖子와 성령聖靈의 이름으로.

하느님의 자비로우신 은혜로 프랑크와 롬바르디의 황제가 되었고 위대한 하느님께서 평화의 수호자로 왕위에 앉혀주신 가장 공정한 나 아우구수트 August 샤를마뉴Karl/Chalemagne는 수도원장 풀라트Fulrad에게 명하노라.

우리는 금년도에 보데Bode 강 동쪽 작센Sachsen/Saxonia의 스타쓰푸르트Stassfurt/ Starasfurt라는 곳으로 일반소집령을 내린 바 있음을 그대에게 상기想起시키면서 잘 무장시킨 그대의 전 병력을 이끌고 세례洗禮 요한John/Johan 추모일 7일 전인 6월 15일까지 그곳에 도착하도록 명한다. 그대는 그곳에서 우리가 지시하는 곳이면 어느 곳으로라도 갈 수 있도록 모든 준비를 갖추고 와야 한다. 다시 말하자면 그대의 병력은 무기와 전쟁에 쓰일 도구 및 여타의 장비와 함께 식량과 피복 등을 준비하되 모든 기병은 방패, 장창長槍, 폭이 넓은 칼, 활, 화살을 채운 화살주머니를 휴대해야 하고 짐차에는 도끼, 곡괭이, 굽은 손잡이의 송곳, 양날 도끼, 괭이, 삽 및 군대에 필요한 여타의 다양한 도구들을 싣고 와야 한다. 물론 이 칙령에서 지정한 날짜로부터 3개월간 쓸 식량과 6개월간 쓸 무기와 피복도 짐차에 싣고 와야 한다. 또한 우리는 일반적인 문제로서 그대들이 질서 있게 행군해서 그곳으로 갈 때 그대들의 행군경로가 우리 왕국의 어느 곳을 지나건 간에 마초馬草와 땔감용 나무와 물 이외는 어떤 것에도 손을 대서는 안 되며 모든 병력과 짐차와 기병들이 그곳까지 언제나 함께 가도록 하고 지도자가 없는 사이 병사들이 범죄행위를 할 기회를 갖지 않도록 해야 한다. 그대는 우리들이 내린 칙령에 따라서 우리에게 보내야 할 물품들을 5월 중순까지는 그때 우리가 어디에 있건 간에 우리가 있는 곳으로 차질 없이 보내야 한다. 이 물품들을 행군 중 우리에게 직접 보낼 수 있도록 그대의 행군경로가 되어 있으며 우리는 더욱 기쁘게 생각할 것이다. 그대가 우리들의 호의를 기대하고 있듯이 그대는 이후 모든 일에 소홀함이 없도록 하라."

"(원문)*In nomine patris et filii et spiritus sancti. Karolus serenissimus augustus a Deo coronatus magnus pacificus imperator, qui et per misericordiam Del rex Frankorum et Langobardorum, Fulrado abbati.*

Notum sit tibi, quia placitum nostrum generale anno praesenti condictum habemus infra Saxoniam in orientali parte super fluvium Boda in loco que dicitur Starasfurt. Quapropter precipimus tibi ut pleniter cum hominibus tuis bene armatis ac preparatis ad praedictum locum venire debeas XV, Kalendas Julias quod est septem diebus ante missam sancti Johannis baptiste. Ita vero preparatus cum hominibus tuis ad predictum locum venies, ut inde in quamcumque partem nostra fuerit iussio et exercitaliterire possis; id est cum armis atque utensilibus necnon et cetero instrumento bellico, in victualibus et vestimentis, ita ut unusquisque caballarius habeat scutum et lanceam et spatam et semispatum, arcum et pharetras cum sagittis, et in carris vestris utensilia diversi generis id est cuniadas et dolaturias taratros, assias, fossorios, palas ferreas et cetera utensilia que in hostem sunt necessaria. Utensilia vero ciborum in carris de illo placito in futorum ad tres mrnses, arma et vestimenta ad dimidium annum. Et hoc omnino prae cipimus, ut observare facietis, ut cum bona pace pergatis ad locum predictum, per quamcumque partem regni nostri itineris vestri rectitudo vos ire fecerit, hoc est ut preter herbam et ligna et aquam nihil de cereris rebus tangere presumatis, et unicuiusque vestri homines una cum carris et caballariis suis vadant et semper cum eis sint usque ad locum predictum, qualiter absentia domini locum non det hominibus eius mala faciendi. Dona vero tua quae ad placitum nostrum nobis presentare debes, nobis medio mense Maio transmitte ad locum ubicumque tunc fuerimus; si forte rectitudo itineris tui ita se conparet, ut nobis per te ipsum in profectione tua ea presentare possis, hoc magis optamus. Vide ut nullam negligentiam exinde habeas, sicut gratiam nostram velis habere."

6. 참고문헌

필자는 병법사兵法史에 관한 이 연구를 시작할 당시 독일에서 중세 군사체계의 기초를 바쌀vassal 및 봉토封土/Lehen/fiefs 체계에 둔 시기가 학자들이 흔히 생각하는 것보다 빨랐었다고 생각했었고 서기 1881년에 발표한 글에서는 프랑크 왕국의 마르텔Karl Martel이 이미 바쌀vassal들로 구성된 군대로 투르Tours 전투에서 승리했었다고 우연히 말한 적이 있다(《역사 및 정치 논고論考 *Historische und Politische Aufsätze*》, 126쪽). 카롤링Karoling/Caroling 왕조 법령집法令集에는 이런 필자의 견해와 모순되는 부분이 있는데 이에 대해서는 다음 제III편에서 상세히 검토하기로 하겠다.

보레티우스Boretius는 《프랑크 왕국 법령집 비판 논고論考 *Beiträge zur Kapitularienkritik*》에서 이 문제를 검토하고 기본논점들을 정리해 놓기는 했지만 너무 많은 과거의 틀린 개념들을 그대로 답습하고 있다. 브루너Brunner의 "기병복무騎兵服務와 봉건체계의 기원Der Reiterdienst und die Anfänge des Lehnswesen"(《샤비니 재단財團 법제사法制史 학술지 -독일 편*Zeitschrift der Savigny-Stiftung für Rechtsgeschichte, Germanische Abteilung*》, 8권, 서기 1897년)은 매우 가치 있는 논문이기는 하나 기병복무가 사라센Sarazen/Saracen과 전투 시에 특별한 필요성에서 시작된 것으로 보고 따라서 봉건체계의 기원도 기병복무의 특별한 필요성에서 시작된 것으로 본 기본적 오류를 범했다. 봉건적 군사체계의 특징과 주된 요소는 기병이 아니었고 전술적 조직체와 대비되는 개개 전투원 즉, 유능한 전사戰士였다. 롤로프Roloff는 《고대고전古代古典 신연보新年報, 역사 및 독일 문헌Neue Yahrbücher für das Klassische Altertum, Geschichte und Deutsche Literatur》, 서기 1902년 호, 389쪽 이하에 게재한 논문에서 이런 관점을 정확하게 발전시키고 있다.

비티흐Wittich의 강력한 주장들도 핵심을 벗어났다.

큰 가치가 있는 글은 디페Oskar Dippe의 킬Kiel 대학교 학위논문인 "메로빙 왕조의 바쌀체계와 복종服從 Gefolgschaft und Huldigung im Reiche der Merowinger"(반트스베크Wandsbek, 서기 1889년)인데 이 글에서도 바쌀체계의 기원起源을 깊이 있게 추적하지는 못했다. 그는 메로빙 왕조가 쇠퇴함에 따라 귀족층이 새로 권력자로 대두한 것이 다고베르트Dagoberts 왕이 사망한 서기 639년 이전일 수는 없다고 믿고 있다. 다고베르트는 그의 아버지 클로타르Chlotar Ⅱ세와 마찬가지로 개인적으로 강력한 왕권을 행사한 것은 사실이다. 그러나 다고베르트나 그의 아버지가 강력한 왕권을 행사했던 것은 그들이 도전적인 귀족들을 일시적으로 억제했던 기간 중의 일이었을 뿐이다. 왕조와 귀족층이 번갈아 가면서 일시적으로 권력을 장악하는 것은 자연스러운 일이었다. 우리는 디페와 같이 왕조가 쇠퇴한 후 귀족층이 권력을 장악했다고 말하면 안 될 것이다. 오히려 왕조 쇠퇴와 귀족층 대두라는 두 사건은 동시적인 사건이었고 왕조가 약화되었을 때는 귀족층이 이미 대두했음이 분명하다. 약한 왕조와 강한 귀족층은 같은 사정의 다른 표현일 뿐이다. 이러한 사정은 서기 614년의 "파리Paris 칙령勅令"에 의문의 여지가 없이 분명히 표현되어 있다.

디페Oskar Dippe는 그의 논문, 1쪽에서 "봉토封土/Lehen/fiefs 체계의 기원起源 및 역사적 중요성과 관련된 문제점은 이미 초기의 연구들이 해결했다. 그들의 분명한 결론들로부터 우리가 강조될 수 있는 것은 봉건체계는 메로빙Merowing/Meroving 왕조 때 이미 옛 게르만 소농민小農民들의 독립성을 파괴하기 시작했던 경제변동經濟變動의 불가피한 결과였다는 점이다"라고 했다.

그가 말한 경제변동은 단순한 경제변동이라기 보다는 오히려 군사체계로 인한 정치변동政治變動이었고, "옛 게르만 소농민小農民들의 독립성"을 파괴한 것이 아니라 옛 게르만족이 농민으로 변하며 전사戰士 기질과 독립성을 잃게 된 것이었다.

뀌이에모Guihiermoz의 《중세 프랑스 귀족들의 기원고起源考 Essai sur l'origine de la noblesse en France au moyen âge》(파리: 알퐁제 피카르 에뜨 피유 출판사Alphonse Picard et fils, 서기 1902년, 총 502쪽)은 가장 가치 있는 글로서 모든 사료들과 참고문헌들을 가능한 완전히 이해한 바탕 위에서 작성된 글이다. 그의 연구는 방법론에 충실하고 정력적이며 통찰력이 있으며 그 문체 또한 세련된 프랑스 풍이다.

필자와 그는 전혀 다른 방법을 사용했지만 중요한 문제점들에 대해서는 결국 공통된 결론에 도달했다.

뀌이에모도 바쌀vassal체계를 7세기이건 8세기이건 프랑크 왕국에서 새로 생긴 제도로 보지 않고 부켈라리buccellarii체계의 연장으로 보고 있다. 그도 또한 6세기 "푸에리pueri"(역자 주: 프랑크족 귀족들 밑에 복무하던 사람들로서 직역하면 "소년들"을 말함. 앞의 본문 참고)를 독일어의 "데겐Degen"(역자 주: 직역하면 "방금 성장한 사람들" 또는 "젊은이들"을 말함. 앞의 제I장 본문 참고)과 같은 사람들로 보고 있다.

그는 사적私的인 개인들을 위해 복무한 무장 자유민의 최초 흔적은 3세기 로마에서 발견된다고 보고 있다(21쪽). 테오도시우스Theodosius I세(역자 주: 서기 379년~395년 재위)의 아들들이 황제로 있을 때 로마제국을 장악했던 정치가인 루피누스Rufinus와 스틸리코Stilicho는 자신들에게 종속된 많은 병력을 상비군常備軍의 형태로 거느렸던 최초의 인물들이다.

뀌이에모는 "부켈라리"라는 단어를 "빵을 위한 인간들Brotleute"이라는 의미로 보는 것을 거부하지만 그 대신 다른 의미를 부여하고 있지는 않다. 이 단어는 본래 사병私兵들이 아니라 왕실 병력을 지칭하는 단어였다가 후일 사병私兵들을 말하게 되었기 때문이다. 우리는 이 점을 통상적 설명을 충분히 부인할 수 있는 요소로 보아야 한다. 이 단어가 아마도 처음에는 별명別名으로 쓰였을 것 같다는 사실은 여전한데 그 기원이 어디에서 유래된 것인지는 추측이 불가능하다.

이 명칭의 유래가 어찌 되었건 간에 중요한 것은 뀌이에모는 이 제도를 로마 특유의 제도로 보았다는 점이며 만약 부켈라리의 기원이 로마 특유의 것이라면 그들의 후신인 바쌀vassal의 기원 역시 그랬을 것이라는 점이다. 이 프랑스 작가는 보통 오늘날까지도 타키투스Tacitus가 말한 것과 같은 옛 의미에서의 종자從者Gefolgsmänner들로 보고 있는 메로빙Merowing/Meroving 왕조의 안투스티오네스antrustiones 조차 이를 단지 평범한 용병傭兵들로 보고 있다.

이 점에서 뀌이에모Guihiermoz의 견해는 제크Seeck의 견해와 전혀 일치하지 않고 있다. 앞의 제I장, 본문에서 이미 소개한 바와 같이 제크는 뀌이에모와 반대로 부켈라리buccellarii를 종자從者집단Gefolgschaft으로 봄으로써 부켈라리의 등장을 게르만적인 생각과 체계가 로마제국에 진정으로 침투한 것으로 보고 있다.

필자는 이 문제에 대해 앞서 말한 대로 절충적 관점을 지지하고 싶다. 보수報酬를 위한 복무라는 개념과 용병傭兵은 자신이 서약한 주인에게 충성의무를 진다는 생각은 게르만족 특유의 현상이라기보다 모든 인간의 보편적 현상이다. 따라서 브루너Brunner가 《게르만 법제사法制史 Deutsche Rechtsgeschichte》, 제II편, 262쪽, 각주 27에서 "서西고트족 부켈라리는 이름은 로마 식이지만 그 지위의 중요한 부분은 게르만족 종자從者와 같았다"고 본 것은 지나치다. 예를 들어 스틸리코Stilicho의 부켈라리 중에는 훈Hunnen/Huns족 출신도 있었다. 결국 이 문제에 있어서는 뀌이에모Guihiermoz의 견해가 이론상으로는 옳다. 브루너와 제크는 평범한 용병傭兵들에 불과했던 평범한 부켈라리를 너무 종자從者 같이 보았다. 그러나 뀌이에모가 메로빙Merowing/Meroving 왕조의 안투스티오네스antrustiones에 대해서까지 종자從者의 성격을 부인하고 평범한 용병傭兵들로 봄으로써 클로드비크Chlodwig/Clovis와 그의 아들들 시대에까지 고대의 게르만적 현상을 완전히 부인한 것 역시 옳지 못하다. 메로빙 왕조의 왕들과 아주 가까운 동료들이었던 안투스티오네스는 종자從者들이었음이 분명하다. 따라서 필자는 게르만족 종자從者들의 정신이 로마법 개념에 기초한 용병傭兵체계속에도 실제로 크게 존재했을 것으로 본다. 이런 정신은 사실 게르만족 특유의 것이 아니라 타민족에서도 역시 발견될 수밖에 없다. 하지만 이런 정신은 특히 게르만족에게서 크게 발전했고 중세 전반에 걸쳐 고도로 중요한 선도적 역할을 실제로 수행했음이 분명하다. 우리는 게르만족에게는 이런 정신이 5세기 중에도 크게 살아있었다고 볼 수 있다. 골Gallien/Gaul 출신 루피누스Rufinus와 게르만족 출신 스틸리코Stilicho가 부켈라리를 거느렸던 최초의 로마 정치인이었다면 이는 어쨌건 우연한 사건이 아니다. 이 전사戰士집단은 겉으로는 용병傭兵과 크게 다르지는 않았겠지만 그 지도자들은 주인들에 대해 게르만적 충성심이 충만했었고 이런 충성심을 부하들에게도 심어주었을 것이 분명하다. 뀌이에모가 로마제국 부켈라리 체계의 요람을 콘스탄티우스Konstantin/Constantius Ⅰ세가 만든 스콜라이scholae(역자 주: 로마제국 근위대 명칭. 본래는 귀족자제들로 구성된 모범부대의 명칭이었음)로 볼 수 있다고 믿고 있는데 그렇다면 우리는 로마군을 영구히 게르만화한 최초의 인물이 바로 그였었다고 볼 수도 있을 것이다. 하지만 이는 입증될 수 없는 사실이다. 법형식法形式(악수握手나 그 비슷한 행위들)만 가지고는 이를 입증할 수 없으며 사료들은 우리에게 아무것도 말해주지 않고 있다. 하지만 그럼에도 불구하고 큰 발전이 지속적으로 있었음이 분명하다. 골-로마 사병私兵집단이 게르만족의 종자從者집단 Gefolgschaft과 "동일한" 것이라는 브루너Brunner의 표현(《게르만 법제사法制史 *Deutsche Rechtsgeschichte*》, 제Ⅱ편, 226쪽)이 핵심을 찌른 것일 수도 있다.

하지만 브루너Brunner의 오류는 -이 문제에서 필자는 뀌이에모Guihiermoz와 같은 결론에 도달했다- 부켈라리buccellarii와 바쌀vassal의 연관성을 너무 약하게만 생각함으로써 때로는 양자가 전혀 무관한 것처럼 보이게 만들었다는 점뿐이다. 그의 연구에서는 메로빙Merowing/Meroving 왕조 지도자들의 종자從者집단 내에서 "비非자유민"들이 너무 큰 역할을 한 것으로 보고 있다.

뀌이에모Guihiermoz는 토지하사 제도의 기원을 세속화世俗化와 전혀 무관한 것으로 보지는 않지만 그 "목적"을 강조하고 있는 점에서는 필자의 결론과 비슷하다. 그는 토지하사 제도가 로마법과 연관된 것으로 보고 있다. 그는 서西고트 법전에 의하더라도 지도자는 그의 "후원 아래 있는in patronicinio" 사람들에게 유보와 조건을 붙여 일정한 토지를 준 것임을 지적하고 있다. 필자는 이 점에 대한 판단을 법제사法制史 학자들에게 맡겨놓을 것이다. 우리의 연구목적상 법형식法形式들과 그 기원은 그리 중요하지 않기 때문이다. 우리들에게 중요한 것은 이런 토지하사 제도가 생기고 그로 인해 수많은 결과가 발생하게 된 것은 세속화와 같은 반쯤은 우연한 상황 때문이 아니라 본래의 현실적인 필요성 때문이었다는 점이다. 뀌이에모는 이 점에 대해서는 필자와 유사하게 생각하면서도 현재의 일반적인 견해와 사실 완전히 결별하지는 못하고 있는데 이는 그의 연구가 가장 결정적인 요소인 전쟁수행의 선결조건이 무엇인지에 대해서는 미치지 못했기 때문이다. 우리는 전쟁수행의 선결조건으로 특히 전술적戰術的인 조건을 말할 수 있다. 전술戰術과 군사조직 사이에는 어느 시대를 막론하고 항상 일정한 관계가 존재했었다.

토지하사 제도가 생긴 시대는 (훈련된 전술적 조직체가 아니라) 유능한 전투원인 전사戰士 개인이 필요했던 시기였다. 지도자들로서는 자신에게 계속 복무하는 조건 하에 이 전사戰士들에게 토지를 주는 방법, 정확히 말하자면 사유재산으로서가 아니라 봉토封土/Lehen/fiefs로서 토지를 하사하는 방법 외에는 그들이 농민이나 도시민이 되어버리는 것을 막을 길이 없었던 것이다.

서기 1898년 영국 옥스퍼드 대학교 올 솔스 칼리지All Souls College 연구원 오만 Charles Oman, M.A.F.S.A.이 《병법사兵法史: 4~14세기 중세편中世編 A History of Art of War : Middle Ages, from the Fourth to the Fouteenth Century》(런던, 메투엔Methuen and Co. 출판사, 총 667쪽)를 발표했다. 필자는 이 책을 서기 1901년에 처음 보았는데 모두 4편으로 된 그의 《병법사兵法史》의 제II편으로 기억된다. 그는 중세中世 군사조직의 연구로 일찍이 이름이 널리 알려진 작가였다. 그는 역사지식에서 보충되어야 할 부분을 필자와 정확히 같게 느끼고 있으므로 우리 두 사람의 연구는 같이 진행될 것이다. 그의 연구는 학문적이며 건전한 개념들을 기초로 하고 있다. 그러나 같은 시대의 인간들을 다루고 있는 부분에서 우리 둘은 견해를 달리한다. 그러나 그 이유는 너무 명백하기 때문에 세부적인 설명이 필요 없을 것으로 필자는 생각한다.

필자가 알고 있는 한 병법사兵法史로부터 경제사經濟史를 위한 지식을 얻을 수 있음을 최초로 인식한 국가경제학자國家經濟學者는 막스 베버Max Weber였다. 그러나 통상 그러하듯이 최초의 연구에서는 쉽게 오해에 이를 수가 있다.

그는 그리스-로마 시대 이전 그리스-이태리 세계에도 기사騎士/Ritter/knight계층이 있었고 이 기사계층은 무역과 자본주의를 발전시킨 집단이었음을 정확하게 인식했었다(앞의 제I편, 제IV권, 제I장 참고).19) 반면에 마이어Eduard Meyer는 배를 타고 무역을 했던 최초의 인간들이 무산자無産者계층에서 나왔을 것으로 보고 있다.20) 여하간에 군사-경제적 요소의 영향으로 계층구분이 발전했으며 베버Max Weber가 "도시봉건주의Stadt Feudalismus"라는 이름을 붙인 정치적 지도체계가 등장했는데 이는 지도자들이 중세 기사騎士/Ritter/knight들이나 마찬가지로 농촌이 아니라 도시에서만 살면서 도시에서 농민들을 통제했었기 때문이다.

"봉건주의Feudalismus"라는 개념을 이런 고대의 기사騎士계층에까지 확대시키는 것도 나쁘지는 않지만 그럴 경우 반드시 조심해야 할 것이 있다. 우리가 오늘날 사용하고 있는 "봉건주의"라는 단어에는 고대에는 존재하지 않던 부하들의 계급서열 또는 "군인 표찰Heerschild"이란 요소가 포함되어 있다. 또한 고대 기사집단에게는 본질적 요소였던 "자본주의"가 오늘날 우리가 알고 있는 "봉건주의"와는 낯선 개념이며 오히려 정반대 개념이다. 그러나 베버는 심지어 스파르타인들의 체계까지도 이를 봉건주의의 일부로 보고 있다.

하지만 어떤 표현을 쓰건 간에 우리에게 있어서 중요한 점은 이런 계층형성의 기원起源과 고대형 기사집단과 중세형 기사집단이 차이가 나는 이유이다.

---

19) 《정치학 소사전小辭典 Handwörterbuch der Staatswissenschaften》, 제I편, "농업사農業史/Agrageschichte" 항, 53쪽.
20) 《고대사Geschichte des Altertums》, 제II편, 242쪽.

베버는 특수한 전사戰士계층 형성의 기원을 경제적 기술적 기초 위에서 찾고 있다. 그는 보다 광범위한 토지경작의 필요성 때문에 대중들의 대규모 집단을 더 이상 군복무에 동원할 수 없었고 그런 대중들의 대규모 집단은 전문기술專門技術을 보유한 직업적인 전사戰士들에 비해 별로 쓸모가 없었을 것으로 믿고 있다. 그러나 두 가지 모두 옳지 않다. 수개월 또는 수년에 걸쳐서 전쟁을 수행하는 큰 국가들에게는 그런 대규모 집단이 없으면 국가경제가 운용될 수 없지만 그런 집단을 동원해서 단지 몇 일 동안만 전역戰役을 벌이는 작은 국가들에게는 그로 인해 경제활동에 별 장애가 생기지 않는데 고대의 기사騎士계층은 작은 국가들 속에서 형성되었다. 기술의 측면 역시 기사집단에게 중요하기는 하지만 2차적 요소일 뿐이다. 농부들도 말을 잘 탈 수 있고 우리가 듣기에 중세에는 진정한 전투기술이 크게 필요하지 않았다 한다(뒤의 제Ⅲ편, 제Ⅲ권, 제Ⅰ장 참고). 아주 무거운 방어용 장갑裝甲도 결정적인 것이 아니었고 그에 못지않게 중요한 것은 방어용이건 공격용이건 보다 질 높은 무기의 생산이었다. 그러나 진정으로 핵심적인 문제는 이런 것들이 아니라 심리적 요소에 있다. 전사戰士들의 명예심이나 신뢰성이나 용기는 야만인 단계를 지나면 대중들 속에서 언제나 크게 줄어들기 마련이지만 전사戰士계층 속에서는 오히려 고도로 발전하게 된다. 이런 군인정신을 기술로 볼 수는 없으며 더욱이 베버의 생각과 같이("농업사農業史/Agrageschichte", 53쪽, 3단) 외부로부터 얻어지는 기술로는 결코 볼 수 없다.

이런 형태의 발전에 있어 가장 중요한 전문적 요소는 기마전투騎馬戰鬪를 위한 훈련이다. 앞서 설명한 바와 같이(앞의 제Ⅰ편, 제Ⅳ권, 제Ⅰ장 참고) 이런 요소가 이태리의 기사집단 형성에 기여했음은 물론 분명하지만 그러나 이는 어디까지나 기여에 그쳤을 뿐이다. 베버Max Weber가 로마 귀족계층 패트리시안Patriziertum/patricians과 같은 것으로 정확히 보고 있는 그리스 유파트리드Eupatridentum/Eupatrids 씨족들도 아직 말을 타고 싸우지는 않았었다. 물론 호머Homer의 서사시敍事詩에는 말이 끄는 전차戰車가 이미 보조수단으로 등장하지만 "말을 전투에 도입함으로써 중세 기사騎士 사회가 형성되었다"는 그의 말(177쪽)은 과장된 말이다.

같은 문단에서 더욱 부정확한 부분은 (동제銅製 무기 대신에) 철제鐵製 무기가 출현한 것은 호프라이트-팔랑스Hoplit/hoplite-phalanx가 출현하게 된 결정적 요소였고 호프라이트-팔랑스의 등장으로 인해 고대 "도시 국가"가 출현했다고 말한 부분이다. 그의 평가에는 정확한 부분도 포함되어 있지만 이런 과장들로 인해 그런 정확한 부분까지도 빛을 잃게 되고 말았다.

베버는 전사戰士계층 형성의 기원을 경제적 기술적 기초 위에서 잘못 추적한 결과 고대형 기사 집단과 중세형 기사 집단이 차이가 나는 이유도 이를 잘못 설명하게 되었다. 그는 이런 차이의 이유를 고대문명은 연안沿岸문명이고 중세문명은 내륙內陸문명이었다는 사실에서 찾고 있다. 그의 견해에 의하면 해상교역은 도시 봉건주의를 탄생시켰지만 중부유럽에서도 지상교역과 더불어 토지라는 기반 위에서 더 강력한 봉건주의가 구축되었고 그 결과 토지를 기반으로 한 지도자들을 탄생시켰다고 한다. 그러나 그의 견해는 전제前提와 결론 모두 잘못 되었다. 앞서 필자는 다른 문제를 다룰 때 베버가 연안문명과 내륙문명을 대비시킨 것은 잘못임을 이미 입증한 바 있다(앞의 제I권, 제X장, 부기 6 참고). 고대의 교역이 베베의 생각 같이 전적으로 해상무역이었던 것은 아니며 아테네도 유파트리드 씨족들이 특수계층이 되었을 때만 해도 진정한 해상세력은 아니었다. 반면 중부 유럽 특히 골Gallien/Gaul 지역에도 강물의 수로水路들을 따라 교역로가 있어서 거의 해상교역로와 같은 이점들을 제공했었다(물론 이들 지역에 해상교역로가 전혀 없었던 것도 결코 아니다). 마지막으로, 해상교역이 없이 지내던 지방에서 배타적으로 또는 특별히 중세 봉건주의가 발전했다는 생각 역시 틀린 생각이다. 바닷가에 위치했던 스페인과 이태리에도 고대뿐 아니라 중세에도 프랑스나 독일과 같은 형태의 봉건주의가 일반적으로 존재했었다. 반면에 섬에서 살던 앙겔-작센Angelsachsen/Anglo-Saxons족에게는 이런 형태의 봉건주의는 발전되지 않았지만 해상민족인 노르만Norman족(역자 주: 스칸디나비아의 북유럽 종족)이 그들을 옹호한 세력이었다. 따라서 그리스-로마 시대나 중세 시대나 봉건주의는 바다와 육지 또는 해상교역과 지상교역과는 거의 무관하다(모든 것은 결국 다른 모든 것에 일정한 영향을 미치므로 그런 요소가 아무 영향도 없었다고 말하지는 않겠다). 세계사의 매우 큰 현상인 봉건주의는 그리 간단히 설명될 수 있는 것은 아니며 단순한 자연적 조건들이나 경제적 기술적 관계들의 결과라고는 결코 말할 수 없다.

필자는 에르벤W. Erben의 "카롤링 왕조 군사체계의 역사Zur Geschichte des Karoling- ischen Kriegwesen"(《역사지歷史誌 Historische Zeitschrift》, 제101권, 321쪽 이하》)란 글에 대해서는 특별한 논쟁을 벌일 필요가 없을 것으로 믿지만 몇 가지 짚고 넘어가야 할 점은 있다. 그의 견해는 필자와는 다르며 스스로 모순을 지니고 있다. 그의 글 330쪽에서는 카롤링Karoling/Caroling 왕조의 군대가 "주로 게르만 농민들로 구성되었던" 것으로 보는 반면에 331쪽에서는 일반동원一般動員의 실제 효과는 법률상의 문구보다 크게 못미쳤을 수 있고 샤를마뉴Karl/Chalemagne 대제大帝의 전역戰役에 실제로 참전한 농민들의 수나 바쌀vassal들의 지휘 하에 농민들이 수행한 역할을 정확히 알 수는 없을 것이라고 했다. 그러나 그는 이 이 게르만 농민들이 작센Sachsen/Saxony과 바이에른Byern/Bavaria이 카롤링 제국에 편입되기 전 제국의 5/6를 차지했던 로마지역의 어느 곳에서 온 것인지 또한 이때 동원된 농민들이 여러 세기 동안 전쟁 경험이 별로 없는 로마화 된 켈트Kelt/Celt족 농민들이었는지의 문제는 전혀 다루지 않고 있다. 그는 필자의 글에서 새로운 부분은 인적人的 복무를 제공하던 관행이 세금을 납부하는 관행으로 변했다는 널리 인정되고 있는 개념에 대해서 필자가 그렇게 변한 시기를 조금 더 앞당겨 보며 새로운 이유를 제시했을 뿐이라고 주장하면서 다만 필자가 제시한 이유들이 보다 정확하다는 점만 인정한다. 마지막으로 그는 카롤링 왕조의 "국민징집군國民徵集軍"인 "농민군農民軍"의 조직과 업적들은 전문직업군대로는 달성하기 어려운 것이라고 —사실상 "불가능할지도 모른다"고— 주장하고 있다(330쪽). 그러나 이런 모든 점들보다 더 문제가 되는 것은 "군사업무와 정부업무에 경험이 많은 이 통치자(샤를마뉴Karl/Chalemagne)와 그의 왕실이 내린 판단이 카롤링 왕국 법령집法令集의 기초로서 현대의 객관적인 비판가들의 어떤 의심들보다는 더 중요한 것"이므로 카롤링 왕국 법령집에 대해서는 문언 그대로 해석하는 것이 옳다고 본 그의 태도이다(334쪽). 이런 태도는 필자가 일찍이 "신학神學적 문헌학文獻學"이라고 불렀던 "모순되므로 나는 믿는다credo, quia absurdum"는 태도의 또 다른 예이다.

마지막으로 그는 필자의 이 《병법사兵法史》 전체를 읽지 않고 부분적으로만 읽은 것으로 보아도 착오가 아닐 것으로 생각한다. 필자가 잉글랜드에서 노르만Norman족의 군사조직과 그들의 왕의 법령집法令集을 다룬 부분(뒤의 제Ⅲ편, 제Ⅱ권, 제Ⅴ장)은 카롤링 왕조 법령집을 정확히 해석하기 위해 매우 중요한 부분인데 그는 이 부분에 적절한 주의를 기울이지 않았다.

물론 그는 마지막에 가서는 필자의 나머지 견해에 대해서 전적으로 동의한다고 했지만(334쪽) 기본적으로 필자와는 모순되는 견해를 지닌 그가 어떻게 필자의 견해에 전적으로 동의할 수 있는지 알 수 없다. 필자는 기사騎士집단과 이들의 군사적 성격 및 가치에 관한 필자의 개념을 진정으로 인정하는 자라면 샤를마뉴Karl/Chalemagne 대제大帝의 군대를 농민군農民軍으로 보는 것이 불가능하다고 했다.

페르Fehr는 "중세 농민의 무기휴대권Das Waffenrecht der Bauern im Mittelalter"(《샤비니 재단財團 법제사法制史 학술지-독일 편Zeitschrift der Savigny-Stiftung für Rechtsgeschichte, Germanische Abteilung》, 제35권, 118쪽 이하)이라는 제목의 논문에서 에르벤W. Erben의 견해에 동의를 표시하면서 파우페리오레스pauperiores들은 소집되고 부유한 자들은 집에 남겨진 것을 비난한 서기 811년의 법령집法令集(보레티우스Boretius, 《프랑크 왕국 법령집 비판논고論考 Beiträge zur Kapitularienkritik》, 제Ⅰ편, 제165권. 5장)을 인용하며 이로써 에르벤이 제시한 증거가 보강되었다고 믿고 있다. 그의 견해에 의하면 이 파우페리오레스들은 소농민小農民들이었다고 한다. 왜 그들이 농민인가? 전사戰士계층에도 부유한 자도 있었고 가난한 자도 있었다. 그리고 필자는 파우페리오레스의 어원인 "포풀루스populus"라는 단어가 백성들의 무리 전체가 아니라 전사戰士계층만 지칭하던 단어였음을 필자가 입증했다고 믿는다.

■ 저자 소개

한스 델브뤼크(Hans Delbrück)

델브뤼크(서기 1848~1929)는 프러시아 프레데릭 황제의 막내아들 발데마르 왕자의 개인교사를 거쳐 서기 1896년부터 1921년까지 25년간 베를린대학교 역사학 교수로 재임했다. 서기 1883년부터 1919년까지는 《프러시아 연보》편집장을 역임했다. 제Ⅰ차 세계대전 후 독일대표단 일원으로 파리 평화회의에 참가해서 전쟁 당시 독일의 국가책임 문제를 다루었다.

■ 역자 소개

대령 민 경 길

- (현)육군사관학교 법학교수
- 서울대학교 법과대학 졸업
- 고려대학교 대학원 졸업(법학석사)
- 명지대학교 대학원 졸업(법학박사)
- 국방부 국방개혁위원회 위원
- 국방부 노근리사건 진상조사위원회 법률자문위원
- 육군사관학교 사회과학처장
- 대한 적십자사 국제법 자문위원

- 주요 저서
  · 군법개론(일신사, 1986년)
  · 핵무기와 국제법(문원사, 1990년)
  · 군대명령과 복종(법문사, 1994년)
  · 군사법원론(일신사, 1996년)
  · 북한산(집문당, 2004년)

병 법 사
제 Ⅱ 편 게르만족

초판인쇄 | 2009년 7월 20일
초판발행 | 2009년 7월 20일

지은이 | 한스 델브뤼크
옮긴이 | 민경길
펴낸이 | 채종준
펴낸곳 | 한국학술정보㈜
주 소 | 경기도 파주시 교하읍 문발리 파주출판문화정보산업단지 513-5
전 화 | 031) 908-3181(대표)
팩 스 | 031) 908-3189
홈페이지 | http://www.kstudy.com
E-mail | 출판사업부 publish@kstudy.com

등 록 | 제일산-115호(2000. 6. 19)
가 격 | 42,000원

ISBN 978-89-268-0095-9 94390 (Paper Book)
      978-89-268-0096-6 98390 (e-Book)
      978-89-268-0091-1 94390 (set Paper Book)
      978-89-268-0092-8 98390 (set e-Book)

내일을여는지식 ■ 은 시대와 시대의 지식을 이어 갑니다.